“双一流”建设高校精品教材·机械类

# 机械设计课程设计手册 第六版

清 华 大 学 吴宗泽 高志 主编
北京科技大学 罗圣国 李威

中国教育出版传媒集团
高等教育出版社·北京

#### 内容提要

本书是在第五版的基础上,根据教育部高等学校机械基础课程教学指导分委员会最新制订的《普通高等学校机械设计课程教学基本要求》,充分吸收机械设计课程设计教学改革的成果,并结合众多院校在实际使用过程中提出的改进意见修订而成的。本次修订采用最新的国家标准和行业标准。为适应目前机械原理课程设计、机械设计课程设计整合的趋势,本书增加了机械系统方案设计的内容。为了满足不同类型学校的需要,本书还新增了一些参考图例与设计题目。由于计算机辅助设计技术的不断更新,本书所附《机械设计课程设计辅助系统》也做了修订。

本书共三篇21章。第一篇机械设计常用标准和规范,主要内容包括:常用数据和一般标准,材料,螺纹连接和螺纹零件结构要素,键连接和销连接,轴系零件的紧固件,滚动轴承,润滑与密封,联轴器和离合器,线性尺寸公差、几何公差和表面粗糙度,齿轮传动、蜗杆传动和链传动公差,减速器,电动机等相关的国家标准与设计资料。第二篇机械设计课程设计指导书,主要内容包括:机械设计课程设计概述、机械系统总体设计、传动装置总体设计、传动零件的设计计算、总装图和部件装配图的设计、减速器零件图设计、编写设计说明书和准备答辩。第三篇参考图例与设计题目。

本书可作为高等学校机械类专业的教材,也可供相关工程技术人员参考。

#### 图书在版编目(CIP)数据

机械设计课程设计手册 / 吴宗泽等主编. -- 6版. -- 北京:高等教育出版社,2025.6. -- ISBN 978-7-04-064517-0

Ⅰ.TH122-41

中国国家版本馆CIP数据核字第2025GW3290号

Jixie Sheji Kecheng Sheji Shouce

| 策划编辑 | 卢 广 | 责任编辑 | 卢 广 | 封面设计 | 李树龙 | 版式设计 | 明 艳 |
|---|---|---|---|---|---|---|---|
| 责任绘图 | 于 博 | 责任校对 | 高 歌 | 责任印制 | 刘思涵 | | |

| | | | |
|---|---|---|---|
| 出版发行 | 高等教育出版社 | 网 址 | http://www.hep.edu.cn |
| 社 址 | 北京市西城区德外大街4号 | | http://www.hep.com.cn |
| 邮政编码 | 100120 | 网上订购 | http://www.hepmall.com.cn |
| 印 刷 | 高教社(天津)印务有限公司 | | http://www.hepmall.com |
| 开 本 | 787mm×1092mm 1/16 | | http://www.hepmall.cn |
| 印 张 | 20.75 | 版 次 | 1992年3月第1版 |
| 字 数 | 490千字 | | 2025年6月第6版 |
| 购书热线 | 010-58581118 | 印 次 | 2025年6月第1次印刷 |
| 咨询电话 | 400-810-0598 | 定 价 | 48.00元 |

本书如有缺页、倒页、脱页等质量问题,请到所购图书销售部门联系调换
版权所有 侵权必究
物 料 号 64517-00

# 新形态教材网使用说明

**机械设计课程
设计手册
第六版**

清　华　大　学　吴宗泽　高志
北京科技大学　罗圣国　李威
主编

## 计算机访问：

1　计算机访问 https://abooks.hep.com.cn/12269396。

2　注册并登录，进入"个人中心"，点击"绑定防伪码"，输入图书封底防伪码（20位密码，刮开涂层可见），完成课程绑定。

3　在"个人中心"→"我的学习"中选择本书，开始学习。

## 手机访问：

1　手机微信扫描下方二维码。

2　注册并登录后，点击"扫码"按钮，使用"扫码绑图书"功能或者输入图书封底防伪码（20位密码，刮开涂层可见），完成课程绑定。

3　在"个人中心"→"我的图书"中选择本书，开始学习。

　　受硬件限制，部分内容无法在手机端显示，请按提示通过计算机访问学习。

　　如有使用问题，请直接在页面点击答疑图标进行问题咨询。

扫描二维码
访问新形态教材网

https://abooks.hep.com.cn/12269396

# 前　言

　　机械设计课程设计是机械设计系列课程的一个重要的实践教学环节,也是学生接受的第一次较全面、较规范的设计训练。近年来,随着我国高校机械设计课程教学改革的不断深入,特别是在"新工科"背景下,更加注重对学生设计实践能力与创新能力的培养,机械设计课程设计等实践教学环节越来越受到重视。各高校针对机械设计课程设计的内容、选题和教学指导方法等进行了多方面的改革,取得了良好的教学效果,积累了丰富的经验。为了满足机械设计课程设计的教学需要,反映教学改革和科技发展的最新成果,本书在第五版的基础上进行了修订。与第五版相比,本次修订做了以下几方面的工作。

　　(1) 增加新的设计题目。本次修订继续引入近年来本课程教学改革的新成果,特别是开展研究性教学的经验。在设计题目的选取上更加重视对学生解决实际问题能力的培养。为加强对机械系统设计方面的训练,本次修订继续增加了一些有关机械系统设计方面的题目。

　　(2) 更新标准。自本书第五版出版以来,大量相关国家标准和行业标准进行了更新,如工程材料、梯形螺纹、螺纹连接件、滚动轴承、尺寸公差和几何公差、渐开线圆柱齿轮精度、锥齿轮精度、蜗轮蜗杆精度及电动机等。本书第一篇机械设计常用标准和规范所提供的标准全部采用最新的国家标准和行业标准,全部插图均按最新标准绘制。本次修订中国家标准及行业标准的更新比例达到 21%。

　　(3) 修订配套资源。本次修订,还根据最新的国家标准和行业标准同步修订了随书提供的计算机辅助机械设计软件。读者可根据书内《新形态教材网使用说明》介绍的方法,登录新形态教材网进行下载。

　　本书由清华大学吴宗泽、高志,北京科技大学罗圣国、李威担任主编。参加修订工作的有:清华大学高志(第一~十二章),北京科技大学李威、王小群(第十三~十六章、第十九~二十章)、清华大学刘莹(第十七章、第十八章)。第二十一章的设计题目由参加编写的人员共同提供。

　　本书由北京科技大学朱孝录教授审阅。朱教授为本书提出了很多宝贵的意见和建议,使本书的质量进一步提高,在此表示衷心的感谢。

　　本书难免还存在一些不足之处,敬请各位读者指正,联系邮箱:gaozhi@tsinghua.edu.cn。

编　者

2024 年 12 月

# 目 录

## 第一篇 机械设计常用标准和规范

### 第一章 常用数据和一般标准 ................ 3
#### 一、常用数据 ................ 3
表 1-1 常用金属材料熔点、热导率及比热容 ................ 3
表 1-2 材料线[膨]胀系数 α ................ 3
表 1-3 常用材料的[质量]密度 ................ 3
表 1-4 常用材料的弹性模量及泊松比 ................ 4
表 1-5 机械传动和摩擦副的效率概略值 ................ 4
表 1-6 各种传动的传动比(参考值) ................ 5
表 1-7 黑色金属硬度对照表 ................ 5
表 1-8 常用材料的摩擦因数 ................ 5
表 1-9 物体的摩擦因数 ................ 6
表 1-10 滚动摩擦力臂 ................ 6
表 1-11 常用法定计量单位及换算关系 ................ 7

#### 二、一般标准 ................ 8
表 1-12 图纸幅面、图样比例 ................ 8
表 1-13 机构运动简图用图形符号 ................ 9
表 1-14 标准尺寸(直径、长度、高度等) ................ 11
表 1-15 滚花 ................ 11
表 1-16 圆锥的锥度与锥角系列 ................ 12
表 1-17 中心孔 ................ 13
表 1-18 中心孔表示法 ................ 13
表 1-19 齿轮滚刀外径尺寸 ................ 13
表 1-20 齿轮加工退刀槽 ................ 14
表 1-21 滑移齿轮的齿端倒圆和倒角尺寸(参考) ................ 14
表 1-22 三面刃铣刀尺寸 ................ 14
表 1-23 砂轮越程槽 ................ 15
表 1-24 刨切越程槽 ................ 15
表 1-25 零件倒圆与倒角 ................ 16
表 1-26 圆形零件自由表面过渡圆角(参考) ................ 16
表 1-27 圆柱形轴伸 ................ 17
表 1-28 机器轴高 ................ 17
表 1-29 轴肩和轴环尺寸(参考) ................ 17
表 1-30 定位手柄座 ................ 18
表 1-31 手柄球 ................ 18
表 1-32 手柄套 ................ 19
表 1-33 手柄杆 ................ 19
表 1-34 铸件最小壁厚(不小于) ................ 20
表 1-35 铸造斜度 ................ 20
表 1-36 铸造过渡斜度 ................ 20
表 1-37 铸造外圆角 ................ 20
表 1-38 铸造内圆角 ................ 20
表 1-39 焊缝符号表示法 ................ 21
表 1-40 焊缝符号应用举例 ................ 23

### 第二章 材料 ................ 24
#### 一、黑色金属材料 ................ 24
表 2-1 钢的常用热处理方法及应用 ................ 24
表 2-2 常用热处理工艺及代号 ................ 24
表 2-3 灰铸铁 ................ 25
表 2-4 铁素体珠光体球墨铸铁试样的拉伸性能 ................ 25
表 2-5 一般工程用铸造碳钢 ................ 26
表 2-6 碳素结构钢 ................ 26
表 2-7 优质碳素结构钢 ................ 27
表 2-8 弹簧钢 ................ 28
表 2-9 合金结构钢 ................ 29
表 2-10 非调质机械结构钢 ................ 30

#### 二、型钢及型材 ................ 31
表 2-11 最小屈服强度 $R_e$ 为 260~340 MPa 钢板和钢带的厚度允许偏差 ................ 31
表 2-12 单轧钢板厚度允许偏差(N类) ................ 31
表 2-13 热轧圆钢直径和方钢边长尺寸 ................ 32
表 2-14 热轧等边角钢 ................ 32
表 2-15 热轧槽钢 ................ 33
表 2-16 热轧工字钢 ................ 33

#### 三、有色金属材料 ................ 34

表 2-17 铸造铜合金、铸造铝合金和铸造
轴承合金 …………………… 34
表 2-18 铜及铜合金拉制棒材的力学
性能 ………………………… 35
表 2-19 铜及铜合金板材的力学性能 … 35
表 2-20 铝及铝合金挤压棒材的力学
性能 ………………………… 36
表 2-21 铝及铝合金板带的力学性能 … 36
四、工程塑料 …………………………… 37
表 2-22 常用工程塑料性能 …………… 37
五、常用材料大致价格比 ……………… 37
表 2-23 常用材料大致价格比 ………… 37

# 第三章 螺纹连接和螺纹零件结构要素 …………………… 38

一、螺纹 ………………………………… 38
表 3-1 普通螺纹基本尺寸 …………… 38
表 3-2 普通螺纹旋合长度 …………… 39
表 3-3 米制锥螺纹 …………………… 39
表 3-4 55°密封管螺纹 ……………… 40
表 3-5 55°非密封管螺纹 …………… 40
表 3-6 梯形螺纹设计牙型尺寸 ……… 41
表 3-7 梯形螺纹直径与螺距系列 …… 41
表 3-8 梯形螺纹基本尺寸 …………… 41
二、螺栓、螺柱、螺钉 ………………… 42
表 3-9 六角头螺栓—A 和 B 级、六角
头螺栓—全螺纹—A 和 B 级 … 42
表 3-10 六角头加强杆螺栓—A 和
B 级 ………………………… 43
表 3-11 六角头螺杆带孔螺栓—A 和
B 级 ………………………… 43
表 3-12 双头螺柱 $b_m = d$、$b_m = 1.25d$、
$b_m = 1.5d$ ………………… 44
表 3-13 地脚螺栓 …………………… 45
表 3-14 内六角圆柱头螺钉 ………… 45
表 3-15 十字槽盘头螺钉、十字槽沉头
螺钉 ………………………… 46
表 3-16 开槽盘头螺钉、开槽沉头螺钉 … 47
表 3-17 紧定螺钉 …………………… 48
表 3-18 吊环螺钉 …………………… 49
三、螺母 ………………………………… 50
表 3-19 1 型六角螺母—A 和 B 级、六角
薄螺母—A 和 B 级—倒角 …… 50
表 3-20 1 型六角开槽螺母—A 和 B 级 … 50
四、垫圈 ………………………………… 51
表 3-21 小垫圈、平垫圈 ……………… 51
表 3-22 标准型弹簧垫圈、轻型弹簧
垫圈 ………………………… 51
表 3-23 外舌止动垫圈 ……………… 52
表 3-24 工字钢、槽钢用方斜垫圈 …… 52
五、螺纹零件的结构要素 ……………… 53
表 3-25 普通螺纹收尾、肩距、退
刀槽、倒角 ………………… 53
表 3-26 单头梯形外螺纹与内螺纹的
退刀槽 ……………………… 53
表 3-27 螺栓和螺钉通孔及沉孔尺寸 … 54
表 3-28 普通粗牙螺纹的余留长度、钻孔
余留深度 …………………… 54
表 3-29 粗牙螺栓、螺钉的拧入深度和
螺纹孔尺寸(参考) ………… 55
表 3-30 扳手空间 …………………… 55

# 第四章 键连接和销连接 ………… 56

一、键连接 ……………………………… 56
表 4-1 平键连接的剖面和键槽尺寸、
普通平键的形式和尺寸 …… 56
表 4-2 导向平键的形式和尺寸 …… 57
表 4-3 矩形花键的尺寸、公差 …… 58
二、销连接 ……………………………… 59
表 4-4 圆柱销、圆锥销 ……………… 59
表 4-5 螺尾锥销 ……………………… 59
表 4-6 内螺纹圆柱销、内螺纹圆锥销 … 60
表 4-7 开口销 ………………………… 60
表 4-8 无头销轴、销轴 ……………… 61

# 第五章 轴系零件的紧固件 ……… 62

一、挡圈 ………………………………… 62
表 5-1 轴肩挡圈 ……………………… 62
表 5-2 圆锥销锁紧挡圈、螺钉锁紧挡圈 … 62
表 5-3 轴端挡圈 ……………………… 63
表 5-4 孔用弹性挡圈(A 型) ………… 64
表 5-5 轴用弹性挡圈(A 型) ………… 65
二、圆螺母 ……………………………… 66
表 5-6 圆螺母、小圆螺母 …………… 66
三、圆螺母用止动垫圈 ………………… 67

|  |  |  |
|---|---|---|
| 表 5-7 | 圆螺母用止动垫圈 | 67 |

四、轴上固定螺钉用的孔 ............ 67
    表 5-8  轴上固定螺钉用孔 ............ 67

## 第六章 滚动轴承 ............ 68
一、常用滚动轴承 ............ 68
    表 6-1  深沟球轴承 ............ 68
    表 6-2  圆柱滚子轴承 ............ 71
    表 6-3  调心球轴承 ............ 73
    表 6-4  调心滚子轴承 ............ 75
    表 6-5  滚针轴承 ............ 76
    表 6-6  角接触球轴承 ............ 77
    表 6-7  圆锥滚子轴承 ............ 79
    表 6-8  推力球轴承 ............ 82

二、滚动轴承的配合 ............ 85
    表 6-9  向心轴承载荷的区分 ............ 85
    表 6-10  安装向心轴承的轴公差带代号 ............ 85
    表 6-11  安装向心轴承的孔公差带代号 ............ 85
    表 6-12  安装推力轴承的轴和孔公差带代号 ............ 86
    表 6-13  轴和轴承座孔的几何公差 ............ 86
    表 6-14  配合面及端面的表面粗糙度 ............ 86

三、滚动轴承座 ............ 87
    表 6-15  滚动轴承立式轴承座 ............ 87

四、其他 ............ 88
    表 6-16  向心推力轴承和推力轴承的安装轴向游隙(参考) ............ 88
    表 6-17  0级向心轴承公差 ............ 88

## 第七章 润滑与密封 ............ 89
一、润滑剂 ............ 89
    表 7-1  常用润滑油的主要性质和用途 ............ 89
    表 7-2  常用润滑脂的主要性质和用途 ............ 90

二、润滑装置 ............ 90
    表 7-3  直通式压注油杯 ............ 90
    表 7-4  接头式压注油杯 ............ 91
    表 7-5  压配式压注油杯 ............ 91
    表 7-6  旋盖式油杯 ............ 91
    表 7-7  压配式圆形油标 ............ 92
    表 7-8  长形油标 ............ 92
    表 7-9  管状油标 ............ 93
    表 7-10  杆式油标 ............ 93
    表 7-11  外六角螺塞、纸封油圈、皮封油圈 ............ 93

三、密封件 ............ 94
    表 7-12  毡圈油封及槽 ............ 94
    表 7-13  液压气动用 O 形橡胶密封圈 ............ 94
    表 7-14  旋转轴唇形密封圈的形式、尺寸及其安装要求 ............ 95
    表 7-15  J形无骨架橡胶油封 ............ 96
    表 7-16  迷宫式密封槽 ............ 96
    表 7-17  径向迷宫密封槽 ............ 96
    表 7-18  甩油环(高速轴用) ............ 97
    表 7-19  甩油盘(低速轴用) ............ 97

## 第八章 联轴器和离合器 ............ 98
一、联轴器轴孔和键槽形式 ............ 98
    表 8-1  轴孔和键槽的形式、代号及系列尺寸 ............ 98

二、联轴器 ............ 99
    表 8-2  凸缘联轴器 ............ 99
    表 8-3  GICL 型鼓形齿式联轴器 ............ 100
    表 8-4  滚子链联轴器 ............ 101
    表 8-5  弹性套柱销联轴器 ............ 102
    表 8-6  带制动轮弹性套柱销联轴器 ............ 103
    表 8-7  弹性柱销联轴器 ............ 104
    表 8-8  梅花形弹性联轴器 ............ 105
    表 8-9  滑块联轴器 ............ 106

三、离合器 ............ 107
    表 8-10  简易传动用矩形牙嵌式离合器 ............ 107
    表 8-11  矩形、梯形牙嵌式离合器 ............ 107

## 第九章 线性尺寸公差、几何公差和表面粗糙度 ............ 108
一、线性尺寸公差 ............ 108
    表 9-1  公称尺寸至 800 mm 的标准公差数值 ............ 110
    表 9-2  轴的各种基本偏差的应用 ............ 111
    表 9-3  公差等级与加工方法的关系 ............ 112
    表 9-4  优先配合特性及应用举例 ............ 112
    表 9-5  轴的极限偏差 ............ 113
    表 9-6  孔的极限偏差 ............ 118
    表 9-7  线性尺寸的未注公差 ............ 122

二、几何公差 ............ 122
    表 9-8  几何特征符号、附加符号及

| | | |
|---|---|---|
| | 其标注 | 122 |
| 表9-9 | 直线度、平面度公差 | 123 |
| 表9-10 | 圆度、圆柱度公差 | 124 |
| 表9-11 | 平行度、垂直度、倾斜度公差 | 125 |
| 表9-12 | 同轴度、对称度、圆跳动和全跳动公差 | 126 |

三、表面粗糙度 ... 127

| | | |
|---|---|---|
| 表9-13 | 表面粗糙度主要评定参数 $Ra$、$Rz$ 的数值系列 | 127 |
| 表9-14 | 表面粗糙度主要评定参数 $Ra$、$Rz$ 的补充系列值 | 127 |
| 表9-15 | 加工方法与表面粗糙度 $Ra$ 值的关系（参考） | 128 |
| 表9-16 | 表面粗糙度符号、代号及其注法 | 128 |
| 表9-17 | 表面粗糙度标注方法示例 | 129 |

# 第十章 齿轮传动、蜗杆传动和链传动公差 ... 131

一、渐开线圆柱齿轮精度 ... 131

| | | |
|---|---|---|
| 表10-1 | 渐开线圆柱齿轮精度标准体系 | 131 |
| 表10-2 | 轮齿齿面偏差的定义与代号 | 131 |
| 表10-3 | 径向综合偏差的定义与代号 | 135 |
| 表10-4 | 被测量参数 | 137 |
| 表10-5 | 典型测量方法及最少测量齿数 | 137 |
| 表10-6 | 对中、大模数齿轮推荐的最小侧隙 $j_{bnmin}$ 数据 | 139 |
| 表10-7 | 切齿径向进刀公差 | 140 |
| 表10-8 | 公法线长度计算公式 | 140 |
| 表10-9 | 公法线长度 $W'(m=1, \alpha_0=20°)$ | 141 |
| 表10-10 | 基准面与安装面的形状公差 | 142 |
| 表10-11 | 安装面的跳动公差 | 142 |
| 表10-12 | 齿坯的尺寸和形状公差 | 142 |
| 表10-13 | 中心距极限偏差 $\pm f_a$ | 143 |
| 表10-14 | 算术平均偏差 $Ra$ 的推荐极限值 | 143 |
| 表10-15 | 轮廓的最大高度 $Rz$ 的推荐极限值 | 143 |
| 表10-16 | 斜齿轮装配后的接触斑点 | 145 |
| 表10-17 | 直齿轮装配后的接触斑点 | 145 |

二、锥齿轮精度 ... 145

| | | |
|---|---|---|
| 表10-18 | 典型一齿切向综合偏差幅值及系数 $q$ 值 | 147 |
| 表10-19 | 精度等级和测量方法 | 148 |
| 表10-20 | 推荐的锥齿轮及齿轮副检验项目的名称、代号和定义 | 148 |
| 表10-21 | 接触斑点 | 149 |
| 表10-22 | 齿圈轴向位移极限偏差 $\pm f_{AM}$ 值 | 149 |
| 表10-23 | 锥齿轮副的 $\pm E_\Sigma$、$\pm f_a$ 值 | 150 |
| 表10-24 | 最小法向侧隙 $j_{nmin}$ 值 | 151 |
| 表10-25 | 齿厚公差 $T_{\bar{s}}$ 值 | 151 |
| 表10-26 | 最大法向侧隙 ($j_{nmax}$) 的制造误差补偿部分 $E_{\bar{s}\Delta}$ 值 | 152 |
| 表10-27 | 齿厚上极限偏差 $E_{\bar{s}s}$ 值 | 152 |
| 表10-28 | 齿坯公差值 | 153 |
| 表10-29 | 非变位直齿圆柱、锥齿轮分度圆上弦齿厚及弦齿高（$\alpha_0=20°$, $h_a^*=1$) | 153 |

三、圆柱蜗杆、蜗轮精度 ... 154

| | | |
|---|---|---|
| 表10-30 | 5级精度轮齿偏差的允许值 | 156 |
| 表10-31 | 6级精度轮齿偏差的允许值 | 156 |
| 表10-32 | 7级精度轮齿偏差的允许值 | 157 |
| 表10-33 | 8级精度轮齿偏差的允许值 | 157 |
| 表10-34 | 9级精度轮齿偏差的允许值 | 158 |
| 表10-35 | 10级精度轮齿偏差的允许值 | 158 |
| 表10-36 | 蜗杆副接触斑点的要求 | 159 |
| 表10-37 | 蜗杆副的 $\pm f_a$、$\pm f_x$、$\pm f_\Sigma$ 值 | 159 |
| 表10-38 | 齿厚偏差计算公式 | 159 |
| 表10-39 | 蜗杆副的最小法向侧隙 $j_{nmin}$ 值 | 160 |
| 表10-40 | 蜗杆齿厚上极限偏差 ($E_{ss1}$) 中的误差补偿部分 $E_{s\Delta}$ 值 | 161 |
| 表10-41 | 蜗轮齿厚公差 $T_{s2}$、蜗杆齿厚公差 $T_{s1}$ 值 | 161 |
| 表10-42 | 齿坯公差值 | 162 |
| 表10-43 | 蜗杆、蜗轮的表面粗糙度 $Ra$ 推荐值 | 162 |

四、传动用短节距精密滚子链和套筒链链轮公差 ... 163

| | | |
|---|---|---|
| 表10-44 | 链轮齿根圆直径 $d_f$ 极限偏差 | 163 |
| 表10-45 | 跨柱测量距 $M_R$ | 164 |

## 第十一章　减速器设计资料 ………………… 165
一、减速器箱体结构及其尺寸 ……………… 165
　表 11-1　减速器箱体主要结构尺寸 ……… 165
　表 11-2　凸台和凸缘的结构尺寸 ………… 168
二、减速器附件结构及其尺寸 ……………… 168
　表 11-3　起重吊耳和吊钩的结构及其
　　　　　尺寸 ………………………………… 168
　表 11-4　检查孔盖的结构及其尺寸 ……… 168
　表 11-5　通气器的结构及其尺寸 ………… 169
　表 11-6　凸缘式轴承盖的结构及其
　　　　　尺寸 ………………………………… 170
　表 11-7　嵌入式轴承盖的结构及其
　　　　　尺寸 ………………………………… 170
　表 11-8　套杯的结构及其尺寸 …………… 170
三、减速器传动件结构及其尺寸 …………… 170
　表 11-9　圆柱齿轮的结构及其尺寸 ……… 171
　表 11-10　锥齿轮的结构及其尺寸 ………… 172
　表 11-11　蜗杆的结构及其尺寸 …………… 172
　表 11-12　蜗轮的结构及其尺寸 …………… 173

## 第十二章　电动机 ………………………… 174
一、YE2、YE3、YE4 系列三相异步电动机 … 174
　表 12-1　YE2、YE3、YE4 系列（IP55）
　　　　　电动机技术数据 …………………… 174
　表 12-2　机座带底脚、端盖无凸缘电动机
　　　　　的外形及安装尺寸 ………………… 176
　表 12-3　机座带底脚、端盖有凸缘（带通孔）
　　　　　的电动机的外形及安装尺寸 ……… 177
　表 12-4　机座不带底脚、端盖有凸缘（带
　　　　　通孔）的电动机的外形及安装
　　　　　尺寸 ………………………………… 178
　表 12-5　机座带底脚、端盖有凸缘（带螺
　　　　　孔）和机座不带底脚、端盖有凸缘
　　　　　（带螺孔）的电动机的外形及安装
　　　　　尺寸 ………………………………… 179
　表 12-6　立式安装，机座不带底脚、端盖有
　　　　　凸缘（带通孔）、轴伸向下的电动机
　　　　　的外形及安装尺寸 ………………… 180
二、YZR、YZ 系列冶金及起重用三相异步
电动机 …………………………………………… 181
　表 12-7　YZR 系列电动机技术数据 ……… 181
　表 12-8　YZR、YZ 系列电动机安装形式及
　　　　　其代号 ……………………………… 182
　表 12-9　YZR 系列电动机的安装及外形尺
　　　　　寸（IM1001、IM1003 及 IM1002、
　　　　　IM1004 型）………………………… 182
　表 12-10　YZR 系列电动机的安装及外形
　　　　　尺寸（IM3001、IM3003 型）……… 183
　表 12-11　YZR 系列电动机的安装及外形
　　　　　尺寸（IM3011、IM3013 型）……… 184
　表 12-12　YZ 系列电动机技术数据 ……… 185
　表 12-13　YZ 系列电动机的安装及外形
　　　　　尺寸（IM1001、IM1002、IM1003、
　　　　　IM1004 型）………………………… 185
　表 12-14　YZ 系列电动机的安装及外形
　　　　　尺寸（IM3001、IM3003 型）……… 186
三、小功率异步电动机 ……………………… 186
　表 12-15　小功率异步电动机特点及适
　　　　　用范围 ……………………………… 186
　表 12-16　YS 系列电动机技术数据 ……… 187
　表 12-17　YU 系列电动机技术数据 ……… 188
　表 12-18　YC 系列电动机技术数据 ……… 188
　表 12-19　YY 系列电动机技术数据 ……… 189
　表 12-20　YL 系列电动机技术数据 ……… 189
　表 12-21　YS、YU、YC、YY 系列 IMB34、
　　　　　IMB14 型电动机的外形及
　　　　　安装尺寸 …………………………… 190
　表 12-22　YS、YU、YC、YY、YL 系列 IMB35、
　　　　　IMB5 型电动机的外形及安装
　　　　　尺寸 ………………………………… 191
　表 12-23　YS、YU、YC、YY、YL 系列 IMB3
　　　　　型电动机的外形及安装尺寸 … 192

## 第二篇　机械设计课程设计指导书

## 第十三章　机械设计课程设计概述 ………… 195
一、机械设计课程设计的目的 ……………… 195
二、机械设计课程设计的内容 ……………… 195
三、机械设计课程设计的步骤 ……………… 195
四、机械设计课程设计中应注意的问题 …… 196

## 第十四章　机械系统总体设计 …………… 197

一、机械系统运动方案选择 …………… 197
　二、动力机选择 ………………………… 198
　　表 14-1　常用动力机的类型和特点 ……… 198
　　表 14-2　常用传动机构的性能及使用
　　　　　　范围 ………………………… 200
　三、执行机构设计 ……………………… 201
　　表 14-3　常用机构的功能特点 …………… 201
　　表 14-4　常用运动形式及功能分类 ……… 202
　四、传动方案设计 ……………………… 202
　　表 14-5　常用定轴减速器的类型及
　　　　　　特点 ………………………… 204
　　表 14-6　常用行星减速器的类型及
　　　　　　特点 ………………………… 206

## 第十五章　传动装置总体设计 ………… 208
　一、计算总传动比及分配各级传动比 … 208
　二、计算传动装置的运动和动力参数 … 208

## 第十六章　传动零件的设计计算 ……… 210
　一、选择联轴器类型及型号 …………… 210
　二、减速器外传动零件设计 …………… 210
　三、减速器内传动零件设计 …………… 211
　四、计算机辅助设计 …………………… 211

## 第十七章　总装图和部件装配图的
　　　　　　设计 ……………………… 216
　一、概述 ………………………………… 216
　二、减速器装配图设计的准备 ………… 217
　三、初绘装配底图 ……………………… 217
　　表 17-1　常用密封方式适用的轴表面

　　　　　　圆周速度与工作温度 ……… 231
　四、验算轴系零件 ……………………… 232
　五、设计和绘制箱体及其附件的结构 … 233
　六、装配底图的检查 …………………… 242
　七、完成装配图 ………………………… 243
　　表 17-2　减速器主要零件的荐用配合 …… 243
　　表 17-3　二级圆柱齿轮减速器的技术
　　　　　　特性 ………………………… 244
　八、计算机绘制部件装配图 …………… 246

## 第十八章　减速器零件图设计 ………… 248
　一、概述 ………………………………… 248
　二、视图选择 …………………………… 248
　三、尺寸及其偏差的标注 ……………… 248
　　表 18-1　轴的车削主要工序过程 ………… 249
　四、表面粗糙度的标注 ………………… 250
　　表 18-2　轴加工表面粗糙度的 $Ra$
　　　　　　推荐值 ……………………… 250
　五、几何公差的标注 …………………… 251
　　表 18-3　轴的几何公差推荐项目 ………… 251
　　表 18-4　轮坯位置公差的推荐项目 ……… 252
　六、零件图的技术要求 ………………… 252
　七、传动件的啮合参数表 ……………… 252
　八、零件图的标题栏 …………………… 252
　九、计算机辅助零件图设计 …………… 253

## 第十九章　编写设计说明书和
　　　　　　准备答辩 ………………… 254
　　表 19-1　说明书书写格式 ………………… 255

# 第三篇　参考图例与设计题目

## 第二十章　参考图例 …………………… 259
　图 20-1　工件运输机总图 ………………… 260
　图 20-2　卸卷机总图 ……………………… 262
　图 20-3　带式输送机总图 ………………… 264
　图 20-4　一级圆柱齿轮减速器装配图 …… 266
　图 20-5　直齿圆柱齿轮零件图 …………… 268
　图 20-6　轴零件图 ………………………… 268
　图 20-7　齿轮轴零件图 …………………… 269
　图 20-8　箱盖零件图 ……………………… 270
　图 20-9　箱座零件图 ……………………… 271
　图 20-10　一级圆柱齿轮减速器装配图
　　　　　　（模块式结构）………………… 272

　图 20-11　一级圆柱齿轮减速器结构图 …… 274
　图 20-12　一级立轴圆柱齿轮减速器结
　　　　　　构图 …………………………… 275
　图 20-13　二级圆柱齿轮减速器装配图
　　　　　　（焊接箱体）…………………… 276
　图 20-14　焊接箱座零件图 ………………… 278
　图 20-15　焊接齿轮零件图 ………………… 280
　图 20-16　二级圆柱齿轮减速器结构图
　　　　　　（展开式）……………………… 281
　图 20-17　二级圆柱齿轮减速器结构图
　　　　　　（同轴式套装轴承）…………… 282
　图 20-18　二级同轴式圆柱齿轮减速器

图 20-19　二级圆柱齿轮减速器结构图
　　　　　（同轴式焊接箱体）………… 284
图 20-20　一级锥齿轮减速器装配图 ……… 286
图 20-21　二级锥齿轮-圆柱齿轮减速器
　　　　　结构图 ………………………… 289
图 20-22　一级锥齿轮减速器结构图
　　　　　（立式）………………………… 290
图 20-23　直齿锥齿轮零件图 ……………… 291
图 20-24　一级蜗杆减速器装配图 ………… 292
图 20-25　一级蜗杆减速器装配图
　　　　　（带风扇）……………………… 294
图 20-26　轴装式蜗杆减速器结构图 ……… 296
图 20-27　二级蜗杆减速器（立式）………… 297
图 20-28　二级行星圆柱齿轮减速器结构图 … 298
图 20-29　蜗杆零件图 ……………………… 299
图 20-30　蜗轮部件装配图 ………………… 300
结构图（电动机减速器）………… 283
图 20-31　蜗轮零件图 ……………………… 301

# 第二十一章　设计题目 …………………… 302

一、带式运输机传动装置的设计 …………… 302
二、步进式推钢机设计 ……………………… 304
三、塑封包装机封合机构主传动机构设计 … 305
四、路灯安装提升装置设计 ………………… 306
五、硬币队列式输送装置设计 ……………… 307
六、自动盖章机设计 ………………………… 309
七、曲柄连杆式飞剪机设计 ………………… 310
八、管道机器人 ……………………………… 311
九、螺旋输送机 ……………………………… 312
十、炒菜机器人 ……………………………… 312
十一、智能助餐机器人 ……………………… 313
十二、机械臂关节驱动精密谐波减速器
　　　设计 …………………………………… 314
十三、机械臂关节驱动精密 RV 减速器设计 … 315

**参考文献** ………………………………………………………………………………………………… 317

# 第一篇

## 机械设计常用标准和规范

# 第一章　常用数据和一般标准

## 一、常用数据

**表 1-1　常用金属材料熔点、热导率及比热容**

| 名　　称 | 熔点 /℃ | 热导率 /[W/(m·K)] | 比热容 /[J/(kg·K)] | 名　　称 | 熔点 /℃ | 热导率 /[W/(m·K)] | 比热容 /[J/(kg·K)] |
|---|---|---|---|---|---|---|---|
| 灰铸铁 | 1 200 | 46.4~92.8 | 544.3 | 铝 | 658 | 203 | 904.3 |
| 铸　钢 | 1 425 | | 489.9 | 铅 | 327 | 34.8 | 129.8 |
| 低碳钢 | 1 400~1 500 | 46.4 | 502.4 | 锡 | 232 | 62.6 | 234.5 |
| 黄　铜 | 950 | 92.8 | 393.6 | 锌 | 419 | 110 | 393.6 |
| 青　铜 | 995 | 63.8 | 385.2 | 镍 | 1 452 | 59.2 | 452.2 |

注：表中的热导率(导热系数)值为 0~100 ℃范围内的值。

**表 1-2　材料线[膨]胀系数 $\alpha$**　　$\times 10^{-6}$℃$^{-1}$

| 材　　料 | 温度/℃ | | | | | | | | |
|---|---|---|---|---|---|---|---|---|---|
| | 20 | 20~100 | 20~200 | 20~300 | 20~400 | 20~600 | 20~700 | 20~900 | 70~1 000 |
| 黄　铜 | | 17.8 | 18.8 | 20.9 | | | | | |
| 青　铜 | | 17.6 | 17.9 | 18.2 | | | | | |
| 铸铝合金 | 18.44~24.5 | | | | | | | | |
| 铝合金 | | 22.0~24.0 | 23.4~24.8 | 24.0~25.9 | | | | | |
| 碳　钢 | | 10.6~12.2 | 11.3~13 | 12.1~13.5 | 12.9~13.9 | 13.5~14.3 | 14.7~15 | | |
| 铬　钢 | | 11.2 | 11.8 | 12.4 | 13 | 13.6 | | | |
| 马氏体不锈钢 | | 10.5(100℃) | 11.0(200℃) | 11.5(300℃) | 12.0(400℃) | | | | |
| 奥氏体不锈钢 | | 16.0(100℃) | 16.5(200℃) | 17.0(300℃) | 17.5(400℃) | 18.0(500℃) | | | |
| 铸　铁 | | 8.7~11.1 | 8.5~11.6 | 10.1~12.1 | 11.5~12.7 | 12.9~13.2 | | | |
| 镍铬合金 | | 14.5 | | | | | | | 17.6 |
| 黏土砖 | 9.5 | | | | | | | | |
| 水泥、混凝土 | 10~14 | | | | | | | | |
| 胶木、硬橡胶 | 64~77 | | | | | | | | |
| 普通玻璃 | | 4~11.5 | | | | | | | |
| 有机玻璃 | | 130 | | | | | | | |

**表 1-3　常用材料的[质量]密度**

| 材料名称 | [质量]密度 /(g·cm$^{-3}$) | 材料名称 | [质量]密度 /(g·cm$^{-3}$) | 材料名称 | [质量]密度 /(g·cm$^{-3}$) |
|---|---|---|---|---|---|
| 碳钢 | 7.8~7.85 | 铅 | 11.37 | 无填料的电木 | 1.2 |
| 合金钢 | 7.9 | 锡 | 7.29 | 硝酸纤维素塑料 | 1.4 |
| 球墨铸铁 | 7.3 | 镁合金 | 1.74 | 酚醛层压板 | 1.3~1.45 |
| 灰铸铁 | 7.0 | 硅钢片 | 7.55~7.8 | 尼龙 6 | 1.13~1.14 |
| 紫铜 | 8.9 | 锡基轴承合金 | 7.34~7.75 | 尼龙 66 | 1.14~1.15 |
| 黄铜 | 8.4~8.85 | 铅基轴承合金 | 9.33~10.67 | 尼龙 1010 | 1.04~1.06 |
| 锡青铜 | 8.7~8.9 | 胶木板、纤维板 | 1.3~1.4 | 木材 | 0.7~0.9 |
| 无锡青铜 | 7.5~8.2 | 普通玻璃 | 2.4~2.6 | 石灰石 | 2.4~2.6 |
| 碾压磷青铜 | 8.8 | 有机玻璃 | 1.18~1.19 | 花岗石 | 2.6~3 |
| 冷拉青铜 | 8.8 | 矿物油 | 0.92 | 黏土砖 | 1.9~2.3 |
| 工业用铝 | 2.7 | 橡胶石棉板 | 1.5~2.0 | 混凝土 | 1.8~2.45 |

**表 1-4　常用材料的弹性模量及泊松比**

| 名　称 | 弹性模量 $E$/GPa | 切变模量 $G$/GPa | 泊松比 $\mu$ | 名　称 | 弹性模量 $E$/GPa | 切变模量 $G$/GPa | 泊松比 $\mu$ |
|---|---|---|---|---|---|---|---|
| 灰铸铁、白口铸铁 | 115~160 | 45 | 0.23~0.27 | 铸铝青铜 | 105 | 42 | 0.25 |
| 球墨铸铁 | 151~160 | 61 | 0.25~0.29 | 硬铝合金 | 71 | 27 | |
| 碳钢 | 200~220 | 81 | 0.24~0.28 | 冷拔黄铜 | 91~99 | 35~37 | 0.32~0.42 |
| 合金钢 | 210 | 81 | 0.25~0.3 | 轧制纯铜 | 110 | 40 | 0.31~0.34 |
| 铸钢 | 175 | 70~84 | 0.25~0.29 | 轧制锌 | 84 | 32 | 0.27 |
| 轧制磷青铜 | 115 | 42 | 0.32~0.35 | 轧制铝 | 69 | 26~27 | 0.32~0.36 |
| 轧制锰黄铜 | 110 | 40 | 0.35 | 铅 | 17 | 7 | 0.42 |

**表 1-5　机械传动和摩擦副的效率概略值**

| 种　类 | | 效率 $\eta$ | 种　类 | | 效率 $\eta$ |
|---|---|---|---|---|---|
| 圆柱齿轮传动 | 很好磨合的 6 级精度和 7 级精度齿轮传动（油润滑） | 0.98~0.99 | 摩擦传动 | 平摩擦轮传动 | 0.85~0.92 |
| | 8 级精度的一般齿轮传动（油润滑） | 0.97 | | 槽摩擦轮传动 | 0.88~0.90 |
| | 9 级精度的齿轮传动（油润滑） | 0.96 | | 卷绳轮 | 0.95 |
| | 加工齿的开式齿轮传动（脂润滑） | 0.94~0.96 | 联轴器 | 十字滑块联轴器 | 0.97~0.99 |
| | 铸造齿的开式齿轮传动 | 0.90~0.93 | | 齿式联轴器 | 0.99 |
| 锥齿轮传动 | 很好磨合的 6 级和 7 级精度的齿轮传动（油润滑） | 0.97~0.98 | | 有弹性元件挠性联轴器 | 0.99~0.995 |
| | 8 级精度的一般齿轮传动（油润滑） | 0.94~0.97 | | 万向联轴器（$\alpha \leqslant 3°$） | 0.97~0.98 |
| | 加工齿的开式齿轮传动（脂润滑） | 0.92~0.95 | | 万向联轴器（$\alpha > 3°$） | 0.95~0.97 |
| | 铸造齿的开式齿轮传动 | 0.88~0.92 | 滑动轴承 | 润滑不良 | 0.94（一对） |
| 蜗杆传动 | 自锁蜗杆（油润滑） | 0.40~0.45 | | 润滑正常 | 0.97（一对） |
| | 单头蜗杆（油润滑） | 0.70~0.75 | | 润滑特好（压力润滑） | 0.98（一对） |
| | 双头蜗杆（油润滑） | 0.75~0.82 | | 液体摩擦 | 0.99（一对） |
| | 四头蜗杆（油润滑） | 0.80~0.92 | 滚动轴承 | 球轴承（稀油润滑） | 0.99（一对） |
| | 环面蜗杆传动（油润滑） | 0.85~0.95 | | 滚子轴承（稀油润滑） | 0.98（一对） |
| 带传动 | 平带无压紧轮的开式传动 | 0.98 | 卷筒 | | 0.96 |
| | 平带有压紧轮的开式传动 | 0.97 | 减（变）速器 | 单级圆柱齿轮减速器 | 0.97~0.98 |
| | 平带交叉传动 | 0.90 | | 双级圆柱齿轮减速器 | 0.95~0.96 |
| | V 带传动 | 0.96 | | 行星圆柱齿轮减速器 | 0.95~0.98 |
| 链传动 | 焊接链 | 0.93 | | 单级锥齿轮减速器 | 0.95~0.96 |
| | 片式关节链 | 0.95 | | 双级圆锥-圆柱齿轮减速器 | 0.94~0.95 |
| | 滚子链 | 0.96 | | 无级变速器 | 0.92~0.95 |
| | 齿形链 | 0.97 | | 摆线-针轮减速器 | 0.90~0.97 |
| 复滑轮组 | 滑动轴承（$i=2\sim6$） | 0.90~0.98 | 螺旋传动 | 滑动螺旋 | 0.30~0.60 |
| | 滚动轴承（$i=2\sim6$） | 0.95~0.99 | | 滚动螺旋 | 0.85~0.95 |

### 表 1-6　各种传动的传动比(参考值)

| 传动类型 | 传动比 | 传动类型 | 传动比 |
|---|---|---|---|
| 带传动: | | 锥齿轮传动: | |
| 1) 平带传动 | ≤5 | 1) 开式 | ≤5 |
| 2) V 带传动 | ≤7 | 2) 单级减速器 | ≤3 |
| 圆柱齿轮传动: | | 蜗杆传动: | |
| 1) 开式 | ≤8 | 1) 开式 | 15~60 |
| 2) 单级减速器 | ≤6 | 2) 单级减速器 | 8~40 |
| 3) 单级外啮合和内啮合行星减速器 | 3~9 | 链传动 | ≤6 |
| | | 摩擦轮传动 | ≤5 |

### 表 1-7　黑色金属硬度对照表(GB/T 1172—1999 摘录)

| 洛氏 HRC | 维氏 HV | 布氏 $F/D^2=$ 30HBW | 洛氏 HRC | 维氏 HV | 布氏 $F/D^2=$ 30HBW | 洛氏 HRC | 维氏 HV | 布氏 $F/D^2=$ 30HBW | 洛氏 HRC | 维氏 HV | 布氏 $F/D^2=$ 30HBW |
|---|---|---|---|---|---|---|---|---|---|---|---|
| 68 | 909 | — | 55 | 596 | 585 | 42 | 404 | 392 | 29 | 280 | 276 |
| 67 | 879 | — | 54 | 578 | 569 | 41 | 393 | 381 | 28 | 273 | 269 |
| 66 | 850 | — | 53 | 561 | 552 | 40 | 381 | 370 | 27 | 266 | 263 |
| 65 | 822 | — | 52 | 544 | 535 | 39 | 371 | 360 | 26 | 259 | 257 |
| 64 | 795 | — | 51 | 527 | 518 | 38 | 360 | 350 | 25 | 253 | 251 |
| 63 | 770 | — | 50 | 512 | 502 | 37 | 350 | 341 | 24 | 247 | 245 |
| 62 | 745 | — | 49 | 497 | 486 | 36 | 340 | 332 | 23 | 241 | 240 |
| 61 | 721 | — | 48 | 482 | 470 | 35 | 331 | 323 | 22 | 235 | 234 |
| 60 | 698 | 647 | 47 | 468 | 455 | 34 | 321 | 314 | 21 | 230 | 229 |
| 59 | 676 | 639 | 46 | 454 | 441 | 33 | 313 | 306 | 20 | 226 | 225 |
| 58 | 655 | 628 | 45 | 441 | 428 | 32 | 304 | 298 | | | |
| 57 | 635 | 616 | 44 | 428 | 415 | 31 | 296 | 291 | | | |
| 56 | 615 | 601 | 43 | 416 | 403 | 30 | 288 | 283 | | | |

注:表中 $F$ 为试验力,kgf(1 kgf=9.8 N);$D$ 为试验用球的直径,mm。

### 表 1-8　常用材料的摩擦因数

| 摩擦副材料 | 摩擦因数 $\mu$ | | 摩擦副材料 | 摩擦因数 $\mu$ | |
|---|---|---|---|---|---|
| | 无润滑 | 有润滑 | | 无润滑 | 有润滑 |
| 钢-钢 | 0.1 | 0.05~0.1 | 青铜-青铜 | 0.15~0.20 | 0.04~0.10 |
| 钢-软钢 | 0.2 | 0.1~0.2 | 青铜-钢 | 0.16 | 0.1~0.15 |
| 钢-铸铁 | 0.18 | 0.05~0.15 | 青铜-夹布胶木 | 0.23 | — |
| 钢-黄铜 | 0.19 | 0.03 | 铝-不淬火的 T8 钢 | 0.18 | 0.03 |
| 钢-青铜 | 0.15~0.18 | 0.1~0.15 | 铝-淬火的 T8 钢 | 0.17 | 0.02 |
| 钢-铝 | 0.17 | 0.02 | 铝-黄铜 | 0.27 | 0.02 |
| 钢-轴承合金 | 0.2 | 0.04 | 铝-青铜 | 0.22 | — |
| 钢-夹布胶木 | 0.22 | — | 铝-钢 | 0.30 | 0.02 |
| 铸铁-铸铁 | 0.15 | 0.07~0.12 | 铝-夹布胶木 | 0.26 | — |
| 铸铁-青铜 | 0.15~0.21 | 0.07~0.15 | 钢-粉末冶金 | 0.35~0.55 | — |
| 软钢-铸铁 | — | 0.05~0.15 | 木材-木材 | 0.2~0.5 | 0.07~0.10 |
| 软钢-青铜 | — | 0.07~0.15 | 铜-铜 | 0.20 | — |

**表 1-9　物体的摩擦因数**

| 名称 | | 摩擦因数 $\mu$ | 名称 | | 摩擦因数 $\mu$ |
|---|---|---|---|---|---|
| 滑动轴承 | 液体摩擦 | 0.001～0.008 | 滚动轴承 | 深沟球轴承 | 0.002～0.004 |
| | 半液体摩擦 | 0.008～0.08 | | 调心球轴承 | 0.001 5 |
| | 半干摩擦 | 0.1～0.5 | | 圆柱滚子轴承 | 0.002 |
| 密封软填料盒中填料与轴的摩擦 | | 0.2 | | 调心滚子轴承 | 0.004 |
| 制动器普通石棉制动带(无润滑) $p=0.2\sim0.6$ MPa | | 0.35～0.46 | | 角接触球轴承 | 0.003～0.005 |
| | | | | 圆锥滚子轴承 | 0.008～0.02 |
| 离合器装有黄铜丝的压制石棉 $p=0.2\sim1.2$ MPa | | 0.40～0.43 | | 推力球轴承 | 0.003 |

**表 1-10　滚动摩擦力臂**

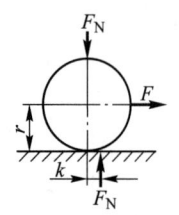

圆柱沿平面滚动,滚动阻力矩为

$$M=F_{N}k=Fr$$

$k$ 为滚动摩擦力臂

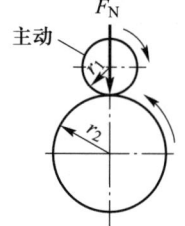

两个具有固定轴线的圆柱,其中主动圆柱以 $F_N$ 力压另一圆柱,两个圆柱相对滚动。主动圆柱上受到的滚动阻力矩为

$$M=F_{N}k\left(1+\frac{r_1}{r_2}\right)$$

$k$ 为滚动摩擦力臂

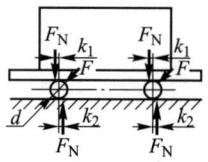

重物在圆辊支承的平台上移动,每个圆辊承受的载重为 $F_N$。克服一个圆辊上摩擦阻力所需的牵引力 $F$

$$F=\frac{F_{N}}{d}(k_1+k_2)$$

$k_1$ 和 $k_2$ 依次是平台与圆辊之间和圆辊与固定支承物之间的滚动摩擦力臂

| 摩擦材料 | 滚动摩擦力臂 $k$/mm | 摩擦材料 | 滚动摩擦力臂 $k$/mm |
|---|---|---|---|
| 软钢与软钢 | 0.05 | 表面淬火车轮与钢轨 | |
| 淬火钢与淬火钢 | 0.01 | 圆锥形车轮 | 0.8～1 |
| 铸铁与铸铁 | 0.05 | 圆柱形车轮 | 0.5～0.7 |
| 木材与钢 | 0.3～0.4 | 橡胶轮胎对沥青路面 | 2.5 |
| 木材与木材 | 0.5～0.8 | 橡胶轮胎对土路面 | 10～15 |

表 1-11　常用法定计量单位及换算关系

| 量的名称 | 法定计量单位 名　称 | 法定计量单位 符　号 | 非法定计量单位 名　称 | 非法定计量单位 符　号 | 换　算　关　系 |
|---|---|---|---|---|---|
| 转速 | 转每分 | r/min | | | 1 r/min = (1/60) r/s |
| 长度 | 米 | m | 埃<br>英寸 | Å<br>in | 1 Å = 0.1 nm = $10^{-10}$ m<br>1 in = 0.025 4 m = 25.4 mm |
| 面积 | 平方米 | $m^2$ | 公顷<br>市亩 | ha<br> | 1 ha = $10^4$ $m^2$<br>1 市亩 = 666.67 $m^2$ |
| 体积、容积 | 立方米<br>升 | $m^3$<br>l, L<br>(1 l = 1 $dm^3$) | 立方英尺<br>加仑(英)<br>加仑(美) | $ft^3$<br>gal(英)<br>gal(美) | 1 $ft^3$ = 0.028 316 8 $m^3$ = 28.316 8 $dm^3$<br>1 gal(英) = 4.546 09 $dm^3$<br>1 gal(美) = 3.785 41 $dm^3$ |
| 质量 | 千克<br>吨 | kg<br>t | 磅<br>长吨、英吨 | lb<br> | 1 lb = 0.453 592 37 kg<br>1 英吨 = 1 长吨 = 1 016.05 kg |
| 力、重力 | 牛[顿] | N | 达因<br>千克力<br>吨力 | dyn<br>kgf<br>tf | 1 dyn = $10^{-5}$ N<br>1 kgf = 9.806 65 N<br>1 tf = 9.806 65×$10^3$ N |
| 力矩 | 牛[顿]米 | N·m | 千克力米 | kgf·m | 1 kgf·m = 9.806 65 N·m |
| 压力、压强 | 帕[斯卡] | Pa | 巴<br>标准大气压<br>约定毫米汞柱<br>工程大气压 | bar<br>atm<br>mmHg<br>at(kgf/$cm^2$) | 1 bar = 0.1 MPa = $10^5$ Pa(1 Pa = 1 N/$m^2$)<br>1 atm = 101 325 Pa<br>1 mmHg = 133.322 4 Pa<br>1 at = 1 kgf/$cm^2$ = 9.806 65×$10^4$ Pa |
| 应力 | | | 千克力每平方毫米 | kgf/$mm^2$ | 1 kgf/$mm^2$ = 9.806 65×$10^6$ Pa |
| [动力]黏度 | 帕[斯卡]秒 | Pa·s | 泊 | P | 1 P = 0.1 Pa·s |
| 运动黏度 | 平方米每秒 | $m^2$/s | 斯[托克斯] | St | 1 St = 1 $cm^2$/s = $10^{-4}$ $m^2$/s |
| 能[量],功<br>热量 | 焦[耳] | J | 千克力米<br>尔格<br>热化学卡 | kgf·m<br>erg<br>$cal_{th}$ | 1 kgf·m = 9.806 65 J<br>1 erg = $10^{-7}$ J<br>1 $cal_{th}$ = 4.184 0 J |
| 功率 | 瓦[特] | W | [米制]马力 | | 1 [米制]马力 = 735.498 75 W |
| 比热容 | 焦[耳]每千克开[尔文] | J/(kg·K) | | | |
| 传热系数 | 瓦[特]每平方米开[尔文] | W/($m^2$·K) | | | |
| 热导率(导热系数) | 瓦[特]每米开[尔文] | W/(m·K) | | | |

## 二、一般标准

**表 1-12　图纸幅面、图样比例**

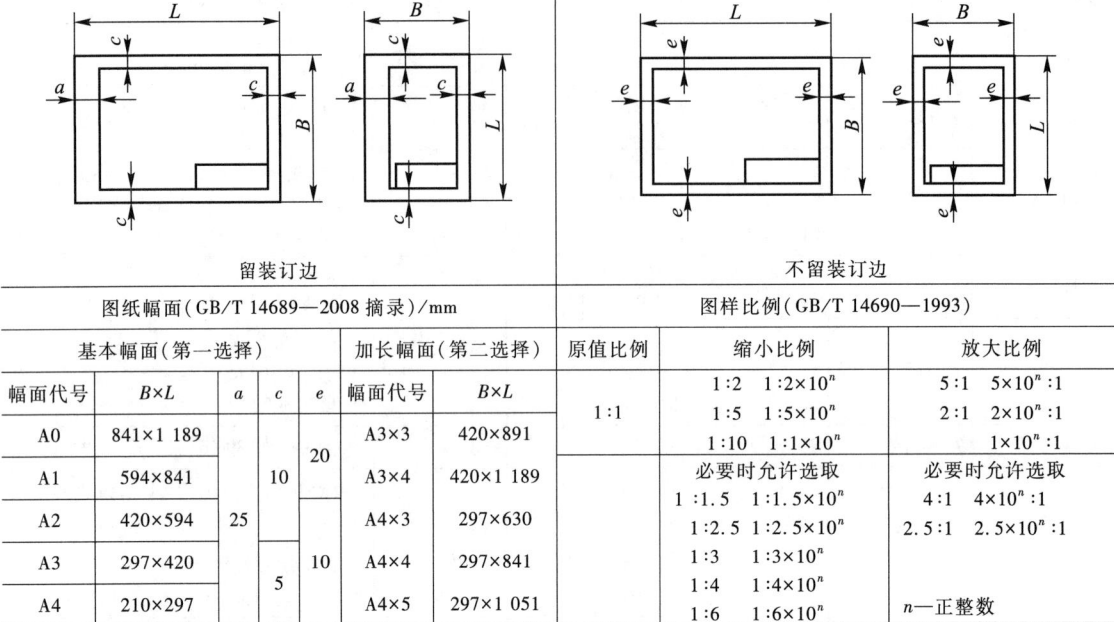

留装订边　　　　不留装订边

图纸幅面（GB/T 14689—2008 摘录）/mm

| 基本幅面（第一选择） | | | | | 加长幅面（第二选择） | |
|---|---|---|---|---|---|---|
| 幅面代号 | $B\times L$ | $a$ | $c$ | $e$ | 幅面代号 | $B\times L$ |
| A0 | 841×1 189 | 25 | 10 | 20 | A3×3 | 420×891 |
| A1 | 594×841 | | | | A3×4 | 420×1 189 |
| A2 | 420×594 | | | 10 | A4×3 | 297×630 |
| A3 | 297×420 | | 5 | | A4×4 | 297×841 |
| A4 | 210×297 | | | | A4×5 | 297×1 051 |

图样比例（GB/T 14690—1993）

| 原值比例 | 缩小比例 | 放大比例 |
|---|---|---|
| 1:1 | 1:2　$1:2\times10^n$<br>1:5　$1:5\times10^n$<br>1:10　$1:1\times10^n$ | 5:1　$5\times10^n:1$<br>2:1　$2\times10^n:1$<br>$1\times10^n:1$ |
| | 必要时允许选取<br>1:1.5　$1:1.5\times10^n$<br>1:2.5　$1:2.5\times10^n$<br>1:3　$1:3\times10^n$<br>1:4　$1:4\times10^n$<br>1:6　$1:6\times10^n$ | 必要时允许选取<br>4:1　$4\times10^n:1$<br>2.5:1　$2.5\times10^n:1$<br><br><br>$n$—正整数 |

注：1. 加长幅面的图框尺寸按所选用的基本幅面大一号图框尺寸确定，例如对 A3×4，按 A2 的图框尺寸确定，即 $e$ 为 10（或 $c$ 为 10）；

2. 加长幅面（第三选择）的尺寸见 GB/T 14689。

明细栏格式（本课程用）

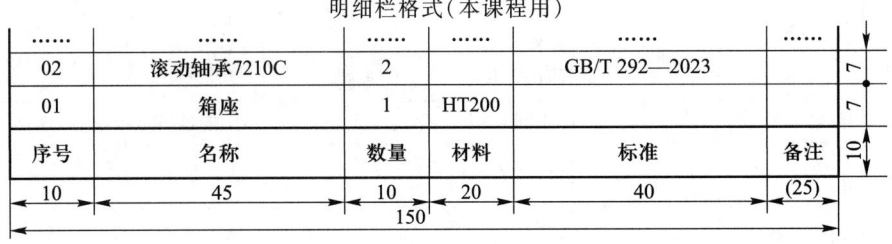

2
1
10
10
10
(25)

装配图或零件图标题栏格式（本课程用）

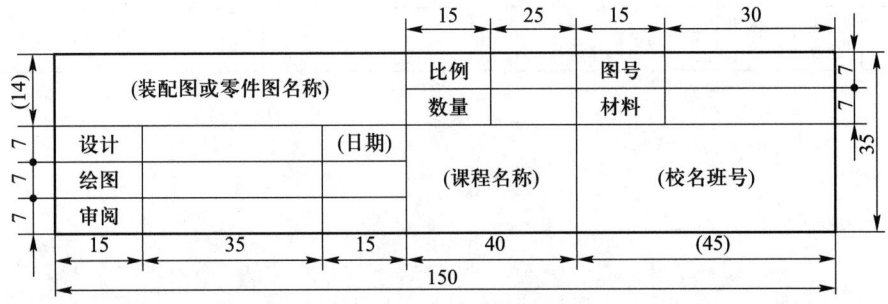

25

注：主框线型为粗实线（$b$）；分格线为细实线（$b/2$）。

表 1-13　机构运动简图用图形符号（GB/T 4460—2013 摘录）

| 名　　称 | 基本符号 | 可用符号 | 名　　称 | 基本符号 | 可用符号 |
|---|---|---|---|---|---|
| 机架 | | | 锥齿轮 | | |
| 轴、杆 | | | | | |
| 　组成部分与轴（杆）的固定连接 | | | | | |
| 连杆<br>　平面机构 | | | 圆柱蜗杆传动 | | |
| 曲柄（或摇杆）<br>　平面机构 | | | | | |
| 偏心轮 | | | 齿条传动<br>　一般表示 | | |
| 导杆 | | | 扇形齿轮传动 | | |
| 滑块 | | | 盘形凸轮 | | |
| 摩擦传动<br>　圆柱轮 | | | 圆柱凸轮 | | |
| | | | 凸轮从动杆 | | |
| 圆锥轮 | | | 尖顶 | | |
| | | | 曲面 | | |
| 可调圆锥轮 | | | 滚子 | | |
| | | | 槽轮机构<br>　一般符号 | | |
| 可调冕状轮 | | | 棘轮机构<br>　外啮合 | | |
| 齿轮传动<br>（不指明齿线） | | | | | |
| 圆柱齿轮 | | | 内啮合 | | |

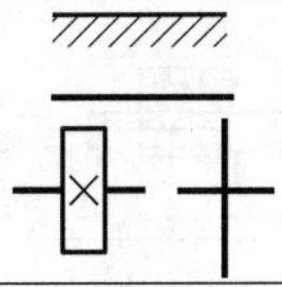

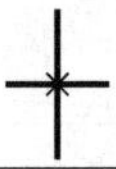

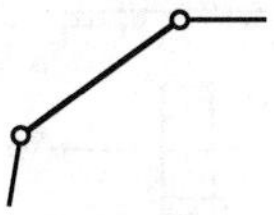

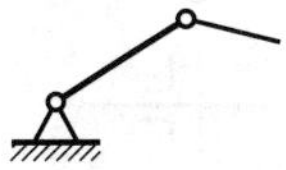

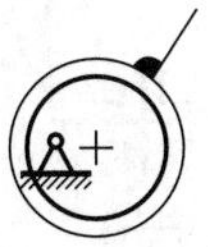

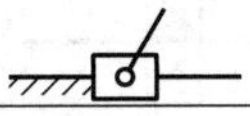

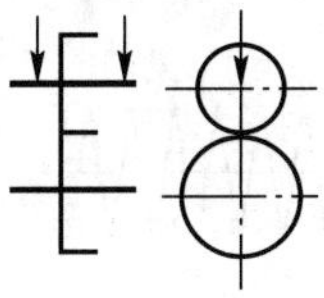

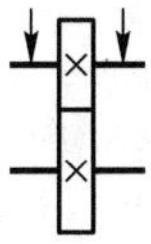

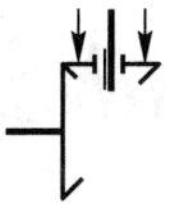

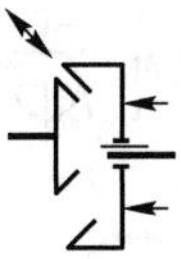

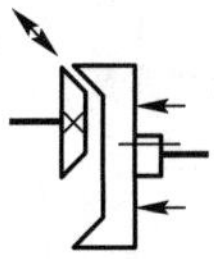

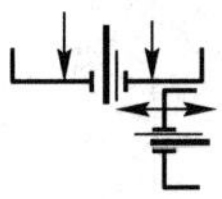

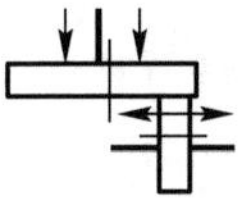

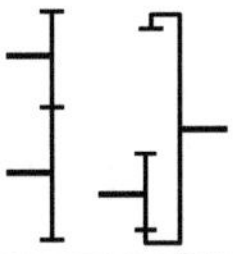

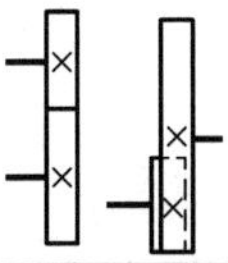

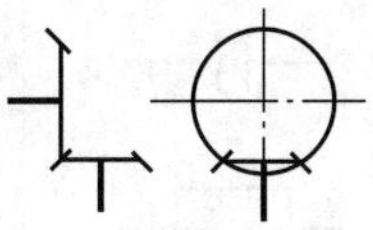

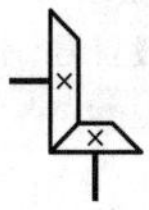

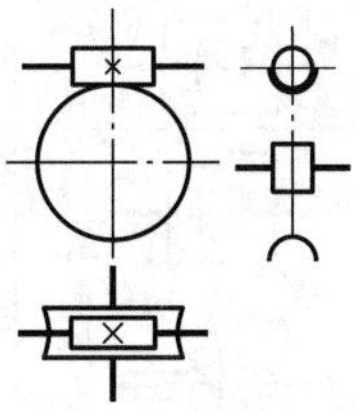

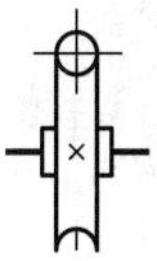

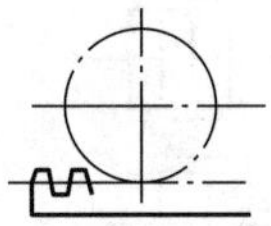

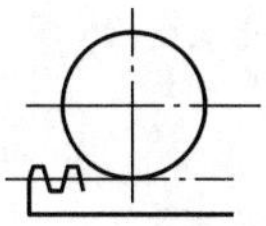

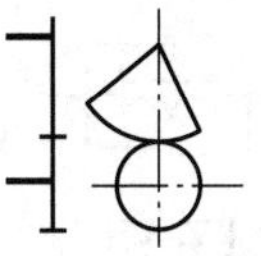

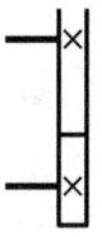

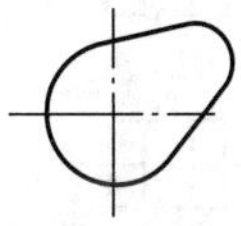

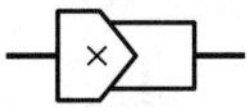

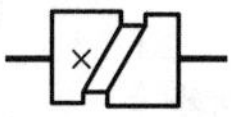

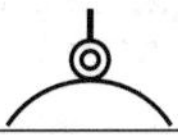

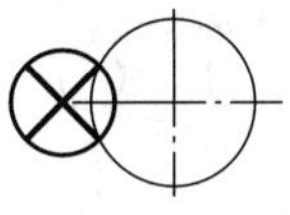

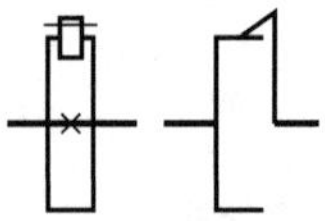

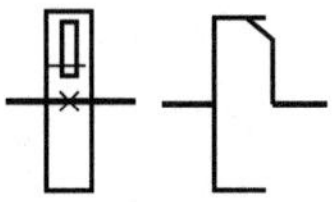

续表

| 名　　称 | 基本符号 | 可用符号 | 名　　称 | 基本符号 | 可用符号 |
|---|---|---|---|---|---|
| 联轴器<br>　一般符号（不指明类型） | | | 轴上飞轮 | | |
| 　刚性联轴器 | | | 向心轴承<br>　滑动轴承 | | |
| 　有弹性元件挠性联轴器 | | | 　滚动轴承 | | |
| 啮合式离合器<br>　单向式 | | | 推力轴承<br>　单向 | | |
| 　双向式 | | | 　双向 | | |
| 摩擦离合器<br>　单向式 | | | 　滚动轴承 | | |
| 　双向式 | | | 向心推力轴承<br>　单向 | | |
| 电磁离合器 | | | 　双向 | | |
| 安全离合器<br>　带有易损元件 | | | 　滚动轴承 | | |
| 　无易损元件 | | | 弹簧<br>　压缩弹簧 | $\phi$ 或 □ | |
| 制动器<br>　一般符号 | | | 　拉伸弹簧 | | |
| 带传动<br>　一般符号（不指明类型） | 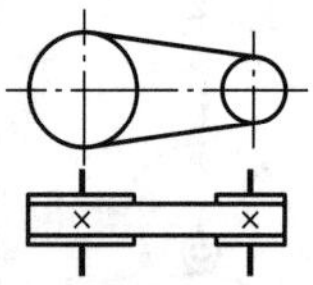 | 若需指明类型可采用下列符号：<br>　V带传动 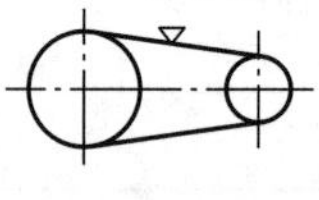 | 　扭转弹簧 | | |
| 链传动<br>　一般符号（不指明类型） | 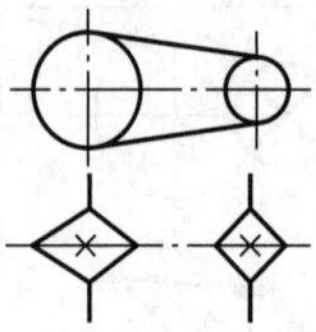 | 滚子链传动 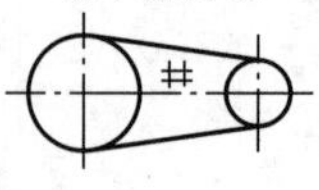 | 　涡卷弹簧 | | |
| 螺杆传动<br>　整体螺母 | | | | | |
| 挠性轴 | | | | | |

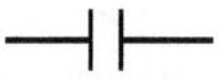

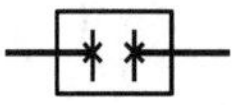

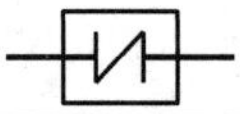

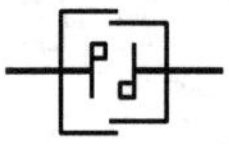

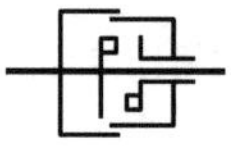

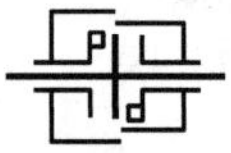

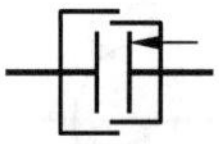

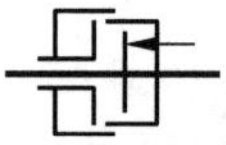

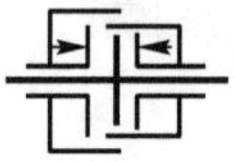

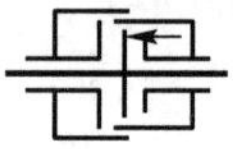

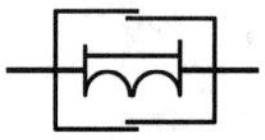

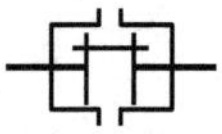

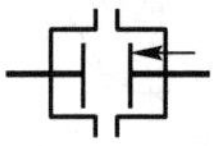

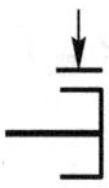

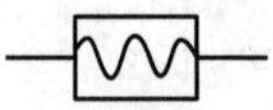

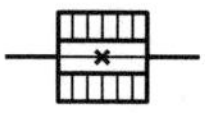

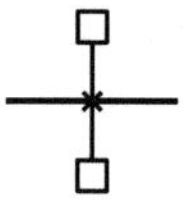

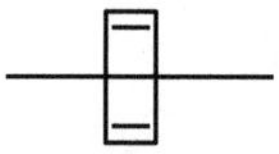

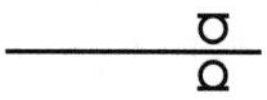

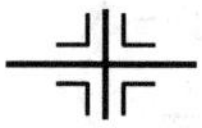

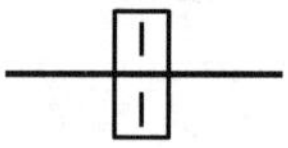

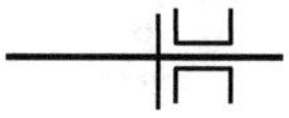

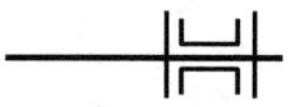

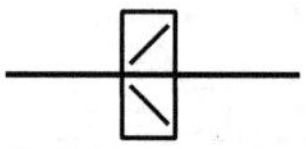

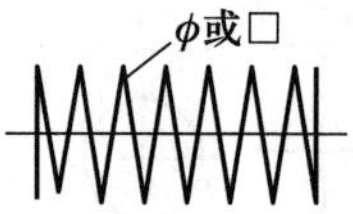

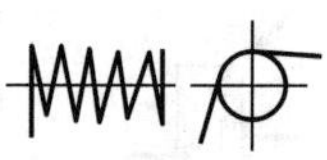

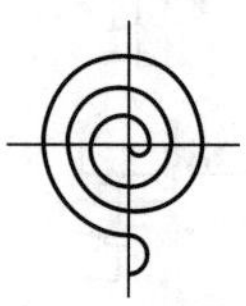

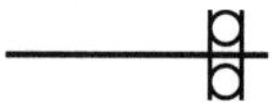

**表 1-14　标准尺寸(直径、长度、高度等,GB/T 2822—2005 摘录)**　　mm

| R | | | R′ | | | R | | | R′ | | | R | | | R′ | | |
|---|---|---|---|---|---|---|---|---|---|---|---|---|---|---|---|---|---|
| R10 | R20 | R40 | R′10 | R′20 | R′40 | R10 | R20 | R40 | R′10 | R′20 | R′40 | R10 | R20 | R40 | R′10 | R′20 | R′40 |
| 2.50 | 2.50 | | 2.5 | 2.5 | | 40.0 | 40.0 | 40.0 | 40 | 40 | 40 | | 280 | 280 | | 280 | 280 |
| | 2.80 | | | 2.8 | | | | 42.5 | | | 42 | | | 300 | | | 300 |
| 3.15 | 3.15 | | 3.0 | 3.0 | | | 45.0 | 45.0 | | 45 | 45 | 315 | 315 | 315 | 320 | 320 | 320 |
| | 3.55 | | | 3.5 | | | | 47.5 | | | 48 | | | 335 | | | 340 |
| 4.00 | 4.00 | | 4.0 | 4.0 | | 50.0 | 50.0 | 50.0 | 50 | 50 | 50 | | 355 | 355 | | 360 | 360 |
| | 4.50 | | | 4.5 | | | | 53.0 | | | 53 | | | 375 | | | 380 |
| 5.00 | 5.00 | | 5.0 | 5.0 | | | 56.0 | 56.0 | | 56 | 56 | 400 | 400 | 400 | 400 | 400 | 400 |
| | 5.60 | | | 5.5 | | | | 60.0 | | | 60 | | | 425 | | | 420 |
| 6.30 | 6.30 | | 6.0 | 6.0 | | 63.0 | 63.0 | 63.0 | 63 | 63 | 63 | | 450 | 450 | | 450 | 450 |
| | 7.10 | | | 7.0 | | | | 67.0 | | | 67 | | | 475 | | | 480 |
| 8.00 | 8.00 | | 8.0 | 8.0 | | | 71.0 | 71.0 | | 71 | 71 | 500 | 500 | 500 | 500 | 500 | 500 |
| | 9.00 | | | 9.0 | | | | 75.0 | | | 75 | | | 530 | | | 530 |
| 10.0 | 10.0 | | 10.0 | 10.0 | | 80.0 | 80.0 | 80.0 | 80 | 80 | 80 | | 560 | 560 | | 560 | 560 |
| | 11.2 | | | 11 | | | | 85.0 | | | 85 | | | 600 | | | 600 |
| 12.5 | 12.5 | 12.5 | 12 | 12 | 12 | | 90.0 | 90.0 | | 90 | 90 | 630 | 630 | 630 | 630 | 630 | 630 |
| | | 13.2 | | | 13 | | | 95.0 | | | 95 | | | 670 | | | 670 |
| | 14.0 | 14.0 | | 14 | 14 | 100 | 100 | 100 | 100 | 100 | 100 | | 710 | 710 | | 710 | 710 |
| | | 15.0 | | | 15 | | | 106 | | | 105 | | | 750 | | | 750 |
| 16.0 | 16.0 | 16.0 | 16 | 16 | 16 | | 112 | 112 | | 110 | 110 | 800 | 800 | 800 | 800 | 800 | 800 |
| | | 17.0 | | | 17 | | | 118 | | | 120 | | | 850 | | | 850 |
| | 18.0 | 18.0 | | 18 | 18 | 125 | 125 | 125 | 125 | 125 | 125 | | 900 | 900 | | 900 | 900 |
| | | 19.0 | | | 19 | | | 132 | | | 130 | | | 950 | | | 950 |
| 20.0 | 20.0 | 20.0 | 20 | 20 | 20 | | 140 | 140 | | 140 | 140 | 1 000 | 1 000 | 1 000 | 1 000 | 1 000 | 1 000 |
| | | 21.2 | | | 21 | | | 150 | | | 150 | | | 1 060 | | | |
| | 22.4 | 22.4 | | 22 | 22 | 160 | 160 | 160 | 160 | 160 | 160 | | 1 120 | 1 120 | | | |
| | | 23.6 | | | 24 | | | 170 | | | 170 | | | 1 180 | | | |
| 25.0 | 25.0 | 25.0 | 25 | 25 | 25 | | 180 | 180 | | 180 | 180 | 1 250 | 1 250 | 1 250 | | | |
| | | 26.5 | | | 26 | | | 190 | | | 190 | | | 1 320 | | | |
| | 28.0 | 28.0 | | 28 | 28 | 200 | 200 | 200 | 200 | 200 | 200 | | 1 400 | 1 400 | | | |
| | | 30.0 | | | 30 | | | 212 | | | 210 | | | 1 500 | | | |
| 31.5 | 31.5 | 31.5 | 32 | 32 | 32 | | 224 | 224 | | 220 | 220 | 1 600 | 1 600 | 1 600 | | | |
| | | 33.5 | | | 34 | | | 236 | | | 240 | | | 1 700 | | | |
| | 35.5 | 35.5 | | 36 | 36 | 250 | 250 | 250 | 250 | 250 | 250 | | 1 800 | 1 800 | | | |
| | | 37.5 | | | 38 | | | 265 | | | 260 | | | 1 900 | | | |

注:1. 选择系列及单个尺寸时,应首先在优先数系 R 系列中选用标准尺寸,选用顺序为 R10、R20、R40,如果必须将数值圆整,可在相应的 R′系列中选用标准尺寸,选用顺序为 R′10、R′20、R′40。
2. 本标准适用于有互换性或系列化要求的主要尺寸,其他结构尺寸也应尽可能采用。本标准不适用于由主要尺寸导出的因变量尺寸、工艺上工序间的尺寸和已有专用标准规定的尺寸。

**表 1-15　滚花(GB/T 6403.3—2008 摘录)**　　mm

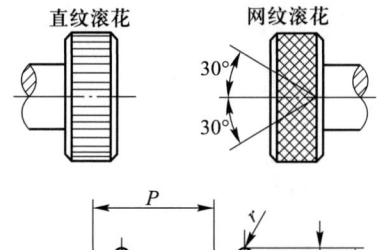

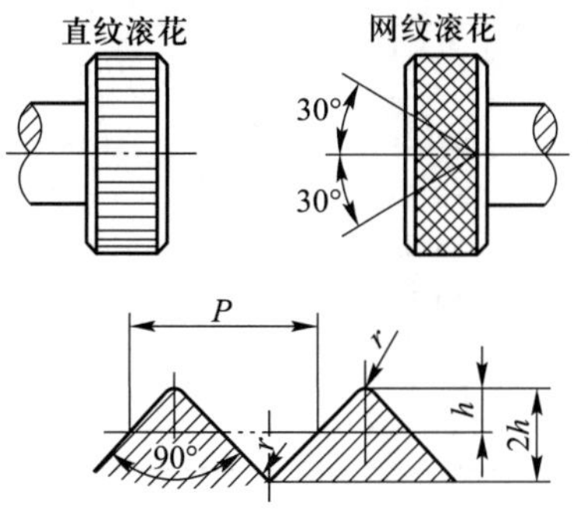

| 模数 $m$ | $h$ | $r$ | 节距 $P$ |
|---|---|---|---|
| 0.2 | 0.132 | 0.06 | 0.628 |
| 0.3 | 0.198 | 0.09 | 0.942 |
| 0.4 | 0.264 | 0.12 | 1.257 |
| 0.5 | 0.326 | 0.16 | 1.571 |

模数 $m=0.3$,直纹滚花(或网纹滚花)的标记示例:
直纹(或网纹)$m$0.3　GB/T 6403.3—2008

注:1. 滚花前工件表面粗糙度轮廓算术平均偏差 $Ra \leqslant 12.5$ μm;
2. 滚花后工件直径大于滚花前直径,其值 $\Delta \approx (0.8 \sim 1.6)m$,$m$ 为模数。

## 表 1-16　圆锥的锥度与锥角系列（GB/T 157—2001 摘录）

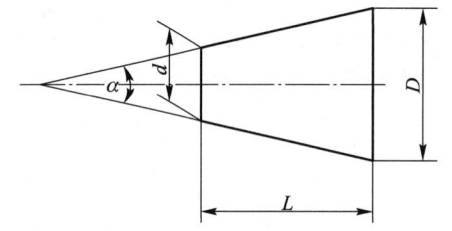

$$C = \frac{D-d}{L}$$

$$C = 2\tan\frac{\alpha}{2} = 1:\frac{1}{2}\cot\frac{\alpha}{2}$$

| 一般用途圆锥的锥度与锥角 ||||||
|---|---|---|---|---|---|
| 基本值 || 推算值 ||| 备注 |
| 系列1 | 系列2 | 圆锥角 α || 锥度 C ||
| 120° | — | — | — | 1:0.288 675 | 螺纹孔内倒角，填料盒内填料的锥度 |
| 90° | — | — | — | 1:0.500 000 | 沉头螺钉头，螺纹倒角，轴的倒角 |
|  | 75° | — | — | 1:0.651 613 | 沉头带榫螺栓的螺栓头 |
| 60° | — | — | — | 1:0.866 025 | 车床顶尖，中心孔 |
| 45° | — | — | — | 1:1.207 107 | 用于轻型螺纹管接口的锥形密合 |
| 30° | — | — | — | 1:1.866 025 | 摩擦离合器 |
| 1:3 | — | 18°55′28.7″ | 18.924 644° | — | 具有极限转矩的摩擦圆锥离合器 |
|  | 1:4 | 14°15′0.1″ | 14.250 033° | — |  |
| 1:5 | — | 11°25′16.3″ | 11.421 186° | — | 易拆零件的锥形连接，锥形摩擦离合器 |
|  | 1:6 | 9°31′38.2″ | 9.527 283° | — |  |
|  | 1:7 | 8°10′16.4″ | 8.171 234° | — | 重型机床顶尖，旋塞 |
|  | 1:8 | 7°9′9.6″ | 7.152 669° | — | 联轴器和轴的圆锥面连接 |
| 1:10 | — | 5°43′29.3″ | 5.724 810° | — | 受轴向力及横向力的锥形零件的接合面，电机及其他机械的锥形轴端 |
|  | 1:12 | 4°46′18.8″ | 4.771 888° | — | 固定球及滚子轴承的衬套 |
|  | 1:15 | 3°49′5.9″ | 3.818 305° | — | 受轴向力的锥形零件的接合面，活塞与其杆的连接 |
| 1:20 | — | 2°51′51.1″ | 2.864 192° | — | 机床主轴的锥度，刀具尾柄，米制锥度铰刀，锥齿轮 |
| 1:30 | — | 1°54′34.9″ | 1.909 683° | — | 装柄的铰刀及扩孔钻 |
|  | 1:40 | 1°25′56.8″ | 1.432 222° | — |  |
| 1:50 | — | 1°8′45.2″ | 1.145 877° | — | 圆锥销，定位销，圆锥销孔的铰刀 |
| 1:100 | — | 0°34′22.6″ | 0.572 953° | — | 承受陡振及静、变载荷的不需拆开的连接零件，楔键 |
| 1:200 | — | 0°17′11.3″ | 0.286 478° | — | 承受陡振及冲击变载荷的需拆开的连接零件，锥齿轮 |
| 1:500 | — | 0°6′52.5″ | 0.114 592° | — |  |
| 特殊用途圆锥的锥度与锥角 ||||||
| 7:24 || 16°35′39.4″ | 16.594 290° | 1:3.428 571 | 机床主轴，工具配合 |
| 6:100 || 3°26′12.2″ | 3.436 716° | — | 医疗设备 |
| 1:19.002 || 3°0′52.4″ | 3.014 544° | — | 莫氏锥度 No.5 |
| 1:19.180 || 2°59′11.7″ | 2.986 591° | — | No.6 |
| 1:19.212 || 2°58′53.8″ | 2.981 618° | — | No.0 |
| 1:19.254 || 2°58′30.4″ | 2.975 117° | — | No.4 |
| 1:19.922 || 2°52′31.4″ | 2.875 402° | — | No.3 |
| 1:20.020 || 2°51′40.8″ | 2.861 332° | — | No.2 |
| 1:20.047 || 2°51′26.9″ | 2.857 480° | — | No.1 |

注：优先选用第一系列，当不能满足需要时选用第二系列。

**表 1-17　中心孔(GB/T 145—2001 摘录)**　mm

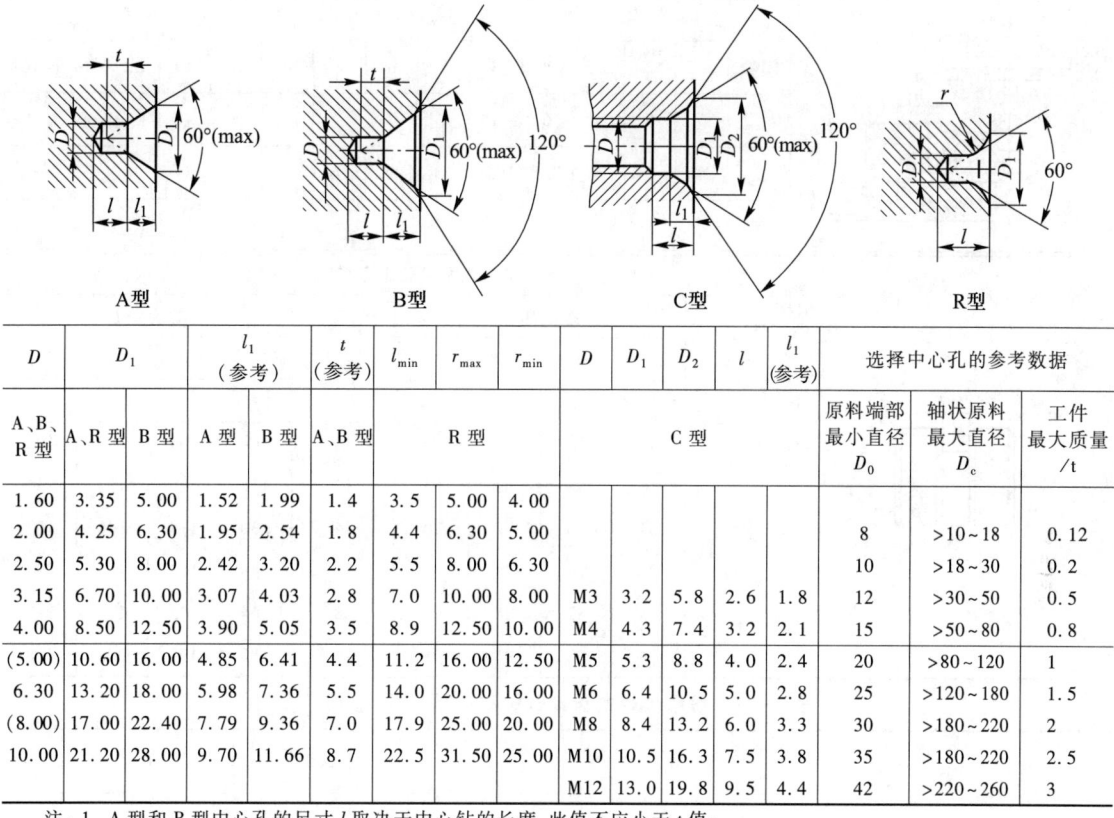

t

A型　B型　C型　R型

| $D$ | $D_1$ | | $l_1$（参考） | | $t$（参考） | $l_{min}$ | $r_{max}$ | $r_{min}$ | $D$ | $D_1$ | $D_2$ | $l$ | $l_1$（参考） | 选择中心孔的参考数据 | | |
|---|---|---|---|---|---|---|---|---|---|---|---|---|---|---|---|---|
| A、B、R 型 | A、R 型 | B 型 | A 型 | B 型 | A、B 型 | R 型 | | | C 型 | | | | | 原料端部最小直径 $D_0$ | 轴状原料最大直径 $D_c$ | 工件最大质量 /t |
| 1.60 | 3.35 | 5.00 | 1.52 | 1.99 | 1.4 | 3.5 | 5.00 | 4.00 | | | | | | | | |
| 2.00 | 4.25 | 6.30 | 1.95 | 2.54 | 1.8 | 4.4 | 6.30 | 5.00 | | | | | | 8 | >10~18 | 0.12 |
| 2.50 | 5.30 | 8.00 | 2.42 | 3.20 | 2.2 | 5.5 | 8.00 | 6.30 | | | | | | 10 | >18~30 | 0.2 |
| 3.15 | 6.70 | 10.00 | 3.07 | 4.03 | 2.8 | 7.0 | 10.00 | 8.00 | M3 | 3.2 | 5.8 | 2.6 | 1.8 | 12 | >30~50 | 0.5 |
| 4.00 | 8.50 | 12.50 | 3.90 | 5.05 | 3.5 | 8.9 | 12.50 | 10.00 | M4 | 4.3 | 7.4 | 3.2 | 2.1 | 15 | >50~80 | 0.8 |
| (5.00) | 10.60 | 16.00 | 4.85 | 6.41 | 4.4 | 11.2 | 16.00 | 12.50 | M5 | 5.3 | 8.8 | 4.0 | 2.4 | 20 | >80~120 | 1 |
| 6.30 | 13.20 | 18.00 | 5.98 | 7.36 | 5.5 | 14.0 | 20.00 | 16.00 | M6 | 6.4 | 10.5 | 5.0 | 2.8 | 25 | >120~180 | 1.5 |
| (8.00) | 17.00 | 22.40 | 7.79 | 9.36 | 7.0 | 17.9 | 25.00 | 20.00 | M8 | 8.4 | 13.2 | 6.0 | 3.3 | 30 | >180~220 | 2 |
| 10.00 | 21.20 | 28.00 | 9.70 | 11.66 | 8.7 | 22.5 | 31.50 | 25.00 | M10 | 10.5 | 16.3 | 7.5 | 3.8 | 35 | >180~220 | 2.5 |
| | | | | | | | | | M12 | 13.0 | 19.8 | 9.5 | 4.4 | 42 | >220~260 | 3 |

注：1. A 型和 B 型中心孔的尺寸 $l$ 取决于中心钻的长度，此值不应小于 $t$ 值；
2. 括号内的尺寸尽量不采用；
3. 选择中心孔的参考数据不属 GB/T 145—2001 内容，仅供参考。

**表 1-18　中心孔表示法(GB/T 4459.5—1999 摘录)**

| 标注示例 | 解　释 | 标注示例 | 解　释 |
|---|---|---|---|
| | 要求做出 B 型中心孔<br>$D=3.15$ mm，$D_1=10$ mm<br>在完工的零件上要求保留中心孔 | | 用 A 型中心孔<br>$D=4$ mm，$D_1=8.5$ mm<br>在完工的零件上不允许保留中心孔 |
| | 用 A 型中心孔<br>$D=4$ mm，$D_1=8.5$ mm<br>在完工的零件上保留中心孔与否皆可 | | 同一轴的两端中心孔相同，可只在其一端标注，但应注出数量 |

**表 1-19　齿轮滚刀外径尺寸(GB/T 6083—2016 摘录)**　mm

| 模数 $m$ | | 1,1.25 | 1.5 | 2 | 2.5 | 3 | 4 | 5 | 6 | 7 | 8 | 9 | 10 |
|---|---|---|---|---|---|---|---|---|---|---|---|---|---|
| 滚刀外径 $d_e$ | Ⅰ型 | 63 | 71 | 80 | 90 | 100 | 112 | 125 | 140 | 140 | 160 | 180 | 200 |
| | Ⅱ型 | 50 | 63 | 71 | 71 | 80 | 90 | 100 | 112 | 118 | 125 | 140 | 150 |

注：Ⅰ型适用于技术条件按 JB/T 3227 的高精度齿轮滚刀或按 GB/T 6084 中 AA 级的齿轮滚刀，Ⅱ型适用于技术条件按 GB/T 6084 的齿轮滚刀。

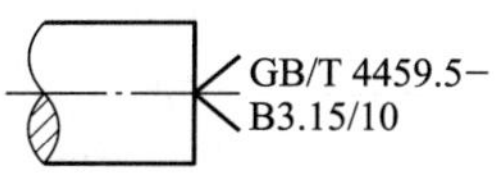

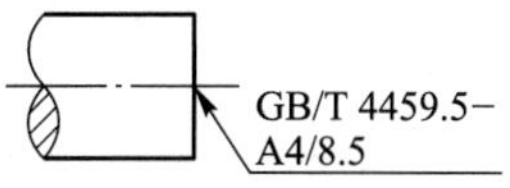

表 1-20　齿轮加工退刀槽　　mm

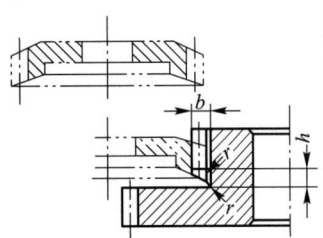

插齿空刀槽

| 模数 | 1.5 | 2 | 2.5 | 3 | 4 | 5 | 6 | 7 | 8 | 9 | 10 | 12 | 14 | 16 |
|---|---|---|---|---|---|---|---|---|---|---|---|---|---|---|
| $h_{min}$ | 5 | 5 | 6 | | | 7 | | | 8 | | | 9 | | |
| $b_{min}$ | 4 | 5 | 6 | 7.5 | 10.5 | 13 | 15 | 16 | 19 | 22 | 24 | 28 | 33 | 38 |
| $r$ | 0.5 | | | | 1.0 | | | | | | | | | |

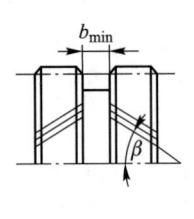

滚切人字齿轮退刀槽

| 法向模数 $m_n$ | 螺旋角 $\beta$ 25° | 30° | 35° | 40° | 法向模数 $m_n$ | 螺旋角 $\beta$ 25° | 30° | 35° | 40° |
|---|---|---|---|---|---|---|---|---|---|
| | $b_{min}$ | | | | | $b_{min}$ | | | |
| 4 | 46 | 50 | 52 | 54 | 10 | 94 | 100 | 104 | 108 |
| 5 | 58 | 58 | 62 | 64 | 12 | 118 | 124 | 130 | 136 |
| 6 | 64 | 66 | 72 | 74 | 14 | 130 | 138 | 146 | 152 |
| 7 | 70 | 74 | 78 | 82 | 16 | 148 | 158 | 165 | 174 |
| 8 | 78 | 82 | 86 | 90 | 18 | 164 | 175 | 184 | 192 |
| 9 | 84 | 90 | 94 | 98 | 20 | 185 | 198 | 208 | 218 |

表 1-21　滑移齿轮的齿端倒圆和倒角尺寸(参考)　　mm

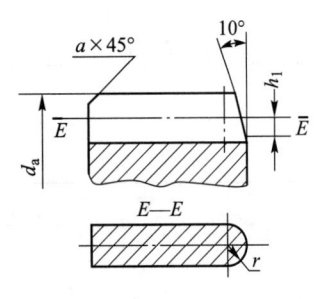

| 模数 $m$ | 1.5 | 1.75 | 2 | 2.25 | 2.5 | 3 | 3.5 | 4 | 5 | 6 | 8 | 10 |
|---|---|---|---|---|---|---|---|---|---|---|---|---|
| $r$ | 1.2 | 1.4 | 1.6 | 1.8 | 2 | 2.4 | 2.8 | 3.1 | 3.9 | 4.7 | 6.3 | 7.9 |
| $h_1$ | 1.7 | 2 | 2.2 | 2.5 | 2.8 | 3.5 | 4 | 4.5 | 5.6 | 6.7 | 8.8 | 11 |
| $d_a$ | ≤50 | | 50~80 | | 80~120 | | 120~180 | | 180~260 | | >260 | |
| $a_{max}$ | 2.5 | | 3 | | 4 | | 5 | | 6 | | 8 | |

表 1-22　三面刃铣刀尺寸(GB/T 6119—2012 摘录)　　mm

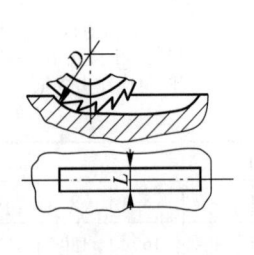

| 铣刀直径 $D$ | 铣刀厚度 $L$ 系列 |
|---|---|
| 50 | 4,5,6,8,10 |
| 63 | 4,5,6,8,10,12,14,16 |
| 80 | 5,6,8,10,12,14,16,18,20 |
| 100 | 6,8,10,12,14,16,18,20,22,25 |
| 125 | 8,10,12,14,16,18,20,22,25,28 |
| 160 | 10,12,14,16,18,20,22,25,28,32 |
| 200 | 12,14,16,18,20,22,25,28,32,36,40 |

### 表 1-23　砂轮越程槽（GB/T 6403.5—2008 摘录）

mm

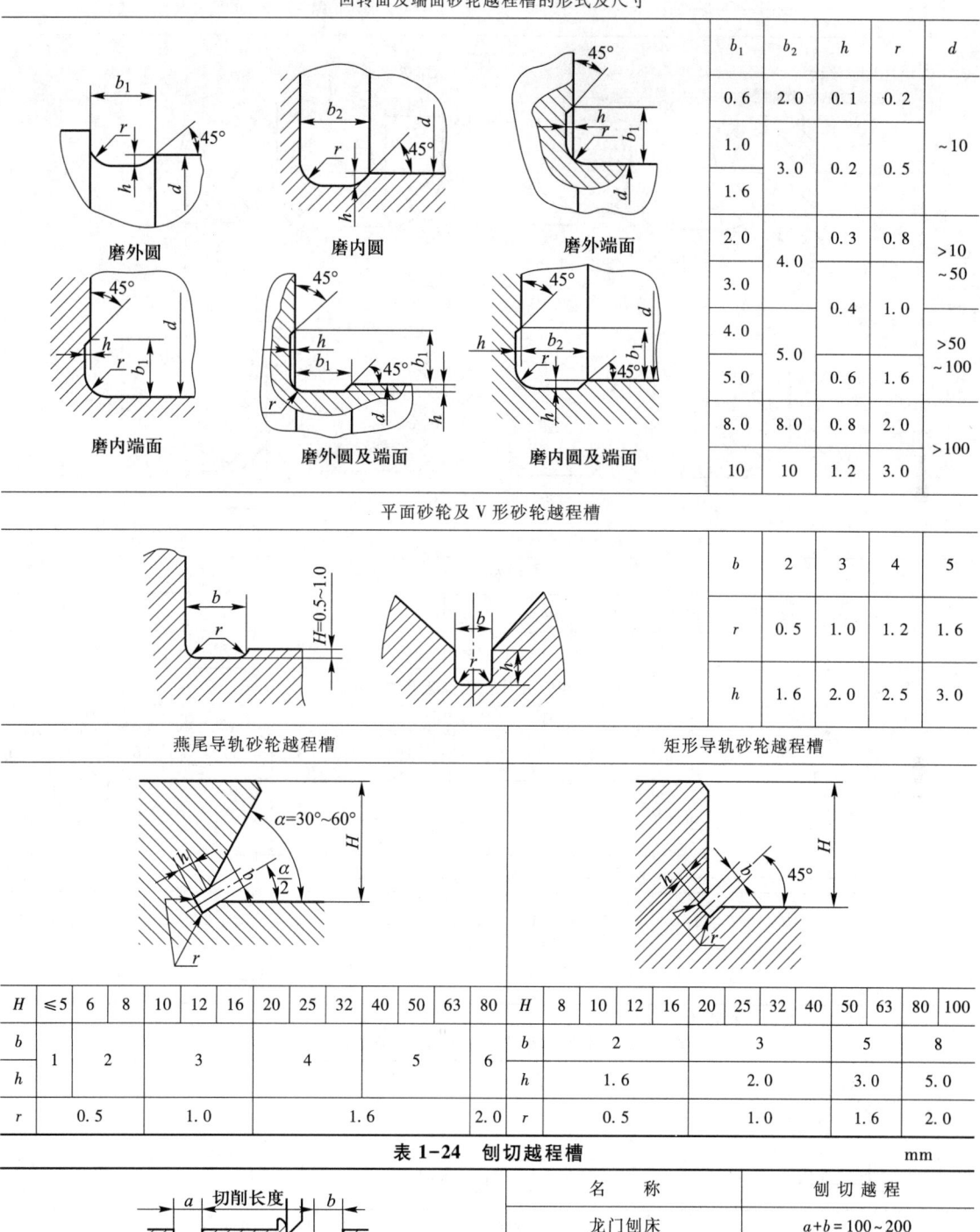

回转面及端面砂轮越程槽的形式及尺寸

| $b_1$ | $b_2$ | $h$ | $r$ | $d$ |
|---|---|---|---|---|
| 0.6 | 2.0 | 0.1 | 0.2 | ~10 |
| 1.0 | 3.0 | 0.2 | 0.5 | |
| 1.6 | | | | |
| 2.0 | 4.0 | 0.3 | 0.8 | >10~50 |
| 3.0 | | 0.4 | 1.0 | |
| 4.0 | 5.0 | | | >50~100 |
| 5.0 | | 0.6 | 1.6 | |
| 8.0 | 8.0 | 0.8 | 2.0 | >100 |
| 10 | 10 | 1.2 | 3.0 | |

平面砂轮及 V 形砂轮越程槽

| $b$ | 2 | 3 | 4 | 5 |
|---|---|---|---|---|
| $r$ | 0.5 | 1.0 | 1.2 | 1.6 |
| $h$ | 1.6 | 2.0 | 2.5 | 3.0 |

燕尾导轨砂轮越程槽

| $H$ | ≤5 | 6 | 8 | 10 | 12 | 16 | 20 | 25 | 32 | 40 | 50 | 63 | 80 |
|---|---|---|---|---|---|---|---|---|---|---|---|---|---|
| $b$ | 1 | 2 | | 3 | | | 4 | | | 5 | | | 6 |
| $h$ | | | | | | | | | | | | | |
| $r$ | 0.5 | | | 1.0 | | | 1.6 | | | | | | 2.0 |

矩形导轨砂轮越程槽

| $H$ | 8 | 10 | 12 | 16 | 20 | 25 | 32 | 40 | 50 | 63 | 80 | 100 |
|---|---|---|---|---|---|---|---|---|---|---|---|---|
| $b$ | 2 | | | | 3 | | | | 5 | | 8 | |
| $h$ | 1.6 | | | | 2.0 | | | | 3.0 | | 5.0 | |
| $r$ | 0.5 | | | | 1.0 | | | | 1.6 | | 2.0 | |

### 表 1-24　刨切越程槽

mm

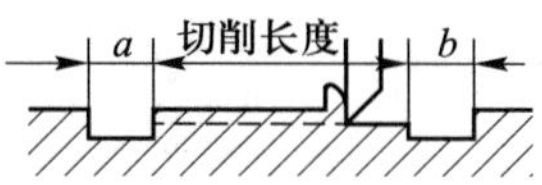

| 名　　称 | 刨 切 越 程 |
|---|---|
| 龙门刨床 | $a+b=100\sim200$ |
| 牛头刨床、立刨床 | $a+b=50\sim75$ |

**表 1-25　零件倒圆与倒角（GB/T 6403.4—2008 摘录）**　　mm

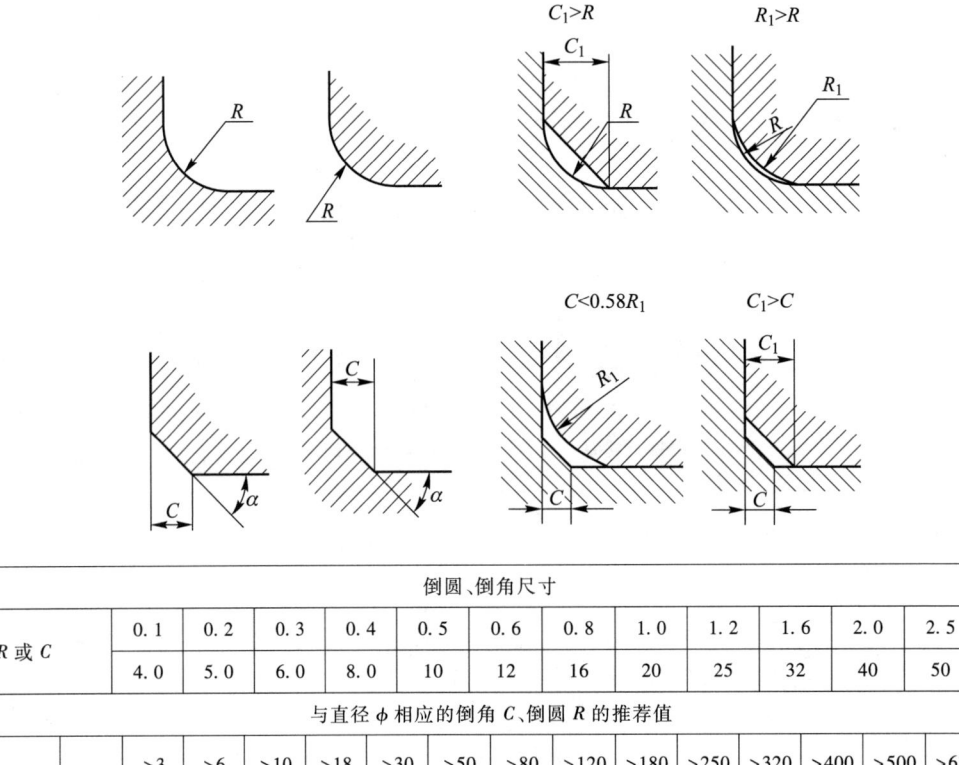

| 倒圆、倒角形式 | 倒圆、倒角（45°）的四种装配形式 |
| --- | --- |
| | |

倒圆、倒角尺寸

| | | | | | | | | | | | | | |
| --- | --- | --- | --- | --- | --- | --- | --- | --- | --- | --- | --- | --- | --- |
| $R$ 或 $C$ | 0.1 | 0.2 | 0.3 | 0.4 | 0.5 | 0.6 | 0.8 | 1.0 | 1.2 | 1.6 | 2.0 | 2.5 | 3.0 |
| | 4.0 | 5.0 | 6.0 | 8.0 | 10 | 12 | 16 | 20 | 25 | 32 | 40 | 50 | — |

与直径 $\phi$ 相应的倒角 $C$、倒圆 $R$ 的推荐值

| $\phi$ | ~3 | >3~6 | >6~10 | >10~18 | >18~30 | >30~50 | >50~80 | >80~120 | >120~180 | >180~250 | >250~320 | >320~400 | >400~500 | >500~630 | >630~800 | >800~1 000 |
| --- | --- | --- | --- | --- | --- | --- | --- | --- | --- | --- | --- | --- | --- | --- | --- | --- |
| $C$ 或 $R$ | 0.2 | 0.4 | 0.6 | 0.8 | 1.0 | 1.6 | 2.0 | 2.5 | 3.0 | 4.0 | 5.0 | 6.0 | 8.0 | 10 | 12 | 16 |

内角倒角、外角倒圆时 $C_{max}$ 与 $R_1$ 的关系

| $R_1$ | 0.1 | 0.2 | 0.3 | 0.4 | 0.5 | 0.6 | 0.8 | 1.0 | 1.2 | 1.6 | 2.0 | 2.5 | 3.0 | 4.0 | 5.0 | 6.0 | 8.0 | 10 | 12 | 16 | 20 | 25 |
| --- | --- | --- | --- | --- | --- | --- | --- | --- | --- | --- | --- | --- | --- | --- | --- | --- | --- | --- | --- | --- | --- | --- |
| $C_{max}$（$C<0.58R_1$） | — | 0.1 | | 0.2 | | 0.3 | 0.4 | 0.5 | 0.6 | 0.8 | 1.0 | 1.2 | 1.6 | 2.0 | 2.5 | 3.0 | 4.0 | 5.0 | 6.0 | 8.0 | 10 | 12 |

注：α 一般采用 45°，也可采用 30°或 60°。

**表 1-26　圆形零件自由表面过渡圆角（参考）**　　mm

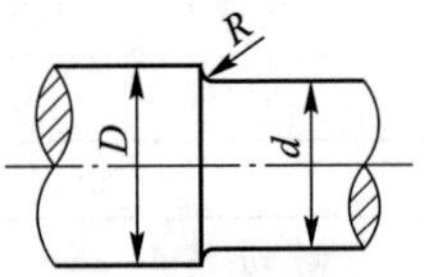

| $D-d$ | 2 | 5 | 8 | 10 | 15 | 20 | 25 | 30 | 35 | 40 |
| --- | --- | --- | --- | --- | --- | --- | --- | --- | --- | --- |
| $R$ | 1 | 2 | 3 | 4 | 5 | 8 | 10 | 12 | 12 | 16 |
| $D-d$ | 50 | 55 | 65 | 70 | 90 | 100 | 130 | 140 | 170 | 180 |
| $R$ | 16 | 20 | 20 | 25 | 25 | 30 | 30 | 40 | 40 | 50 |

注：尺寸 $D-d$ 是表中数值的中间值时，按较小尺寸来选取 $R$。例如 $D-d$=98 mm，则按 90 mm 选 $R$=25 mm。

表 1-27　圆柱形轴伸（GB/T 1569—2005 摘录）　　　　mm

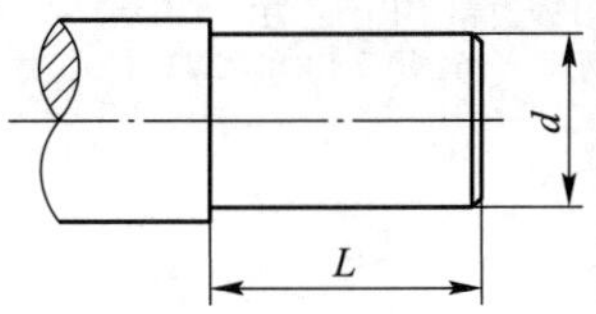

| d | L 长系列 | L 短系列 | d | L 长系列 | L 短系列 |
|---|---|---|---|---|---|
| 6,7 | 16 | — | 80,85,90,95 | 170 | 130 |
| 8,9 | 20 | — | 100,110,120,125 | 210 | 165 |
| 10,11 | 23 | 20 | 130,140,150 | 250 | 200 |
| 12,14 | 30 | 25 | 160,170,180 | 300 | 240 |
| 16,18,19 | 40 | 28 | 190,200,220 | 350 | 280 |
| 20,22,24 | 50 | 36 | 240,250,260 | 410 | 330 |
| 25,28 | 60 | 42 | 280,300,320 | 470 | 380 |
| 30,32,35,38 | 80 | 58 | 340,360,380 | 550 | 450 |
| 40,42,45,48,50,55,56 | 110 | 82 | 400,420,440,450,460,480,500 | 650 | 540 |
| 60,63,65,70,71,75 | 140 | 105 | 530,560,600,630 | 800 | 680 |

d 的极限偏差

| d | 6~30 | 32~50 | 55~630 |
|---|---|---|---|
| 极限偏差 | j6 | k6 | m6 |

表 1-28　机器轴高（GB/T 12217—2005 摘录）　　　　mm

| 系列 | 轴高的基本尺寸 h |
|---|---|
| Ⅰ | 25,40,63,100,160,250,400,630,1 000,1 600 |
| Ⅱ | 25,32,40,50,63,80,100,125,160,200,250,315,400,500,630,800,1 000,1 250,1 600 |
| Ⅲ | 25,28,32,36,40,45,50,56,63,71,80,90,100,112,125,140,160,180,200,225,250,280,315,355,400,450,500,560,630,710,800,900,1 000,1 120,1 250,1 400,1 600 |
| Ⅳ | 25,26,28,30,32,34,36,38,40,42,45,48,50,53,56,60,63,67,71,75,80,85,90,95,100,105,112,118,125,132,140,150,160,170,180,190,200,212,225,236,250,265,280,300,315,335,355,375,400,425,450,475,500,530,560,600,630,670,710,750,800,850,900,950,1 000,1 060,1 120,1 180,1 250,1 320,1 400,1 500,1 600 |

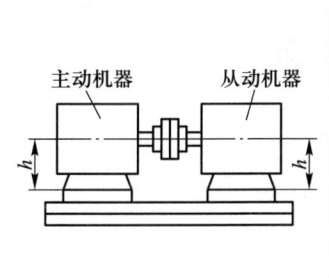

| 轴高 h | 轴高的极限偏差 | | 平行度公差 | | |
|---|---|---|---|---|---|
| | 电动机、从动机器、减速器等 | 除电动机以外的主动机器 | L>2.5h | 2.5h≤L≤4h | L>4h |
| 25~50 | 0<br>-0.4 | +0.4<br>0 | 0.2 | 0.3 | 0.4 |
| >50~250 | 0<br>-0.5 | +0.5<br>0 | 0.25 | 0.4 | 0.5 |
| >250~630 | 0<br>-1.0 | +1.0<br>0 | 0.5 | 0.75 | 1.0 |
| >630~1 000 | 0<br>-1.5 | +1.5<br>0 | 0.75 | 1.0 | 1.5 |
| >1 000 | 0<br>-2.0 | +2.0<br>0 | 1.0 | 1.5 | 2.0 |

注：1. 机器轴高应优先选用第Ⅰ系列数值，如不能满足需要，可选用第Ⅱ系列数值，其次选用第Ⅲ系列数值，尽量不采用第Ⅳ系列数值；
　　2. h 不包括安装时所用的垫片；L 为轴的全长。

表 1-29　轴肩和轴环尺寸（参考）　　　　mm

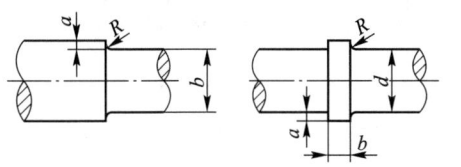

$a = (0.07 \sim 0.1)d$
$b \approx 1.4a$
定位用 $a > R$
$R$ 为倒圆半径，见表 1-25

## 表 1-30　定位手柄座(JB/T 7272.4—2014 摘录)

mm

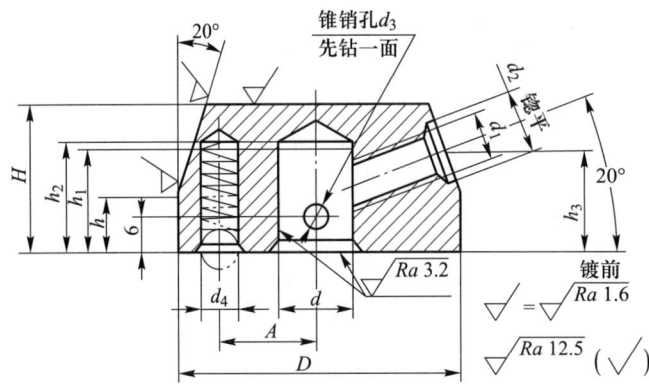

标记示例：

定位手柄座 $d=16$, $D=60$, 材料为 HT200, 喷砂镀铬, 其标记为

手柄座　16×60　JB/T 7272.4

| $d$ 基本尺寸 | $d$ 极限偏差 H8 | $D$ | $A$ | $H$ | $d_1$ | $d_2$ | $d_3$ | $d_4$ | $h$ | $h_1$ | $h_2$ | $h_3$ | 钢球 | 压缩弹簧 |
|---|---|---|---|---|---|---|---|---|---|---|---|---|---|---|
| 12 | +0.027<br>0 | 50 | 16 | 26 | M8 | 11 | 5 | 6.7 | 11 | 18 | 20 | 19 | 6.5 | 0.8×5×24 |
| 16 | | 60 | 20 | 32 | M10 | 13 | | 8.5 | 13 | 21 | 23 | 23 | 8 | 1.2×7×35 |
| 18 | +0.033<br>0 | 70 | 25 | 32 | M10 | 13 | 6 | | | | | | | |
| 22 | | 80 | 30 | 36 | M12 | 17 | | | | | | 25 | | |

## 表 1-31　手柄球(JB/T 7271.1—2014 摘录)

mm

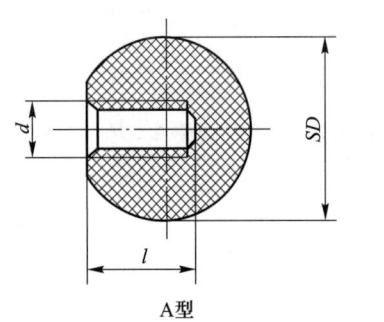

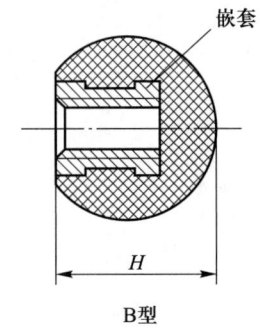

A型　　B型

标记示例：

手柄球 A 型，$d$=M10，$SD$=32，黑色，其标记为　手柄球　M10×32　JB/T 7271.1

手柄球 B 型，$d$=M10，$SD$=32，红色，其标记为　手柄球　BM10×32(红)　JB/T 7271.1

| $d$ | $SD$ | $H$ | $l$ | 嵌套 JB/T 7275 | $d$ | $SD$ | $H$ | $l$ | 嵌套 JB/T 7275 |
|---|---|---|---|---|---|---|---|---|---|
| M5 | 16 | 14 | 12 | BM5×12 | M12 | 40 | 36 | 25 | BM12×25 |
| M6 | 20 | 18 | 14 | BM6×14 | M16 | 50 | 45 | 32 | BM16×32 |
| M8 | 25 | 22.5 | 16 | BM8×16 | M20 | 63 | 56 | 40 | BM20×36 |
| M10 | 32 | 29 | 20 | BM10×20 | | | | | |

推荐材料为塑料。

**表 1-32　手柄套(JB/T 7271.3—2014 摘录)** mm

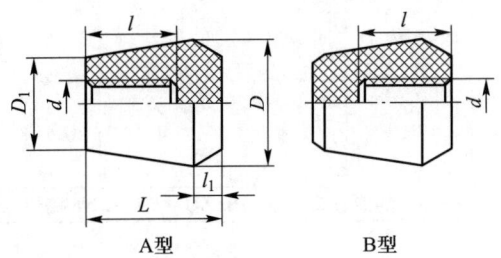

标记示例:

A 型,$d$=M12,$L$=40 mm,黑色手柄套,其标记为
手柄套　M12×40　JB/T 7271.3

A 型,$d$=M12,$L$=40 mm,红色手柄套,其标记为
手柄套　M12×40(红)　JB/T 7271.3

B 型,$d$=M12,$L$=40 mm,黑色手柄套,其标记为
手柄套　BM12×40　JB/T 7271.3

| $d$ | $L$ | $D$ | $D_1$ | $l$ | $l_1$ | $d$ | $L$ | $D$ | $D_1$ | $l$ | $l_1$ |
|---|---|---|---|---|---|---|---|---|---|---|---|
| M5 | 16 | 12 | 9 | 12 | 3 | M12 | 40 | 32 | 25 | 25 | 6 |
| M6 | 20 | 16 | 12 | 14 | 3 | M16 | 50 | 40 | 32 | 32 | 7 |
| M8 | 25 | 20 | 15 | 16 | 4 | M20 | 63 | 50 | 40 | 40 | 8 |
| M10 | 32 | 25 | 20 | 20 | 5 | | | | | | |

推荐材料为塑料。

**表 1-33　手柄杆(JB/T 7271.6—2014 摘录)** mm

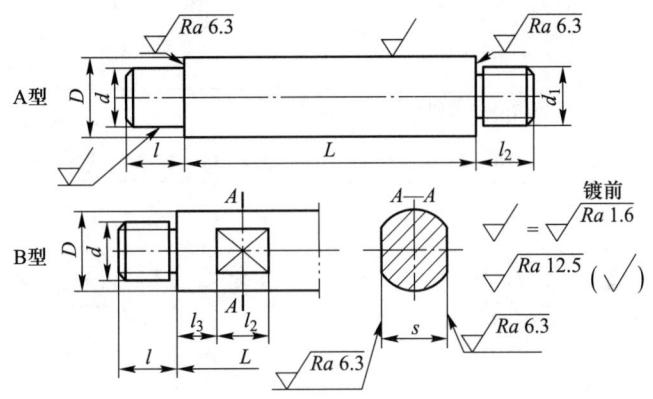

标记示例:

A 型,$d$=8 mm,$L$=50 mm,$l$=12 mm,35 钢,喷砂镀铬手柄杆,其标记为　手柄杆　8×50×12　JB/T 7271.6

B 型,$d$=8 mm,$L$=50 mm,$l$=12 mm,35 钢,喷砂镀铬手柄杆,其标记为　手柄杆　BM8×50×12　JB/T 7271.6

| $d$ | | $d_1$ | $l$ | | | $l_1$ | $D$ | $l_2$ | $l_3$ 参考 | $s$ | | $L$ 参考 |
|---|---|---|---|---|---|---|---|---|---|---|---|---|
| 基本尺寸 | 极限偏差 k7 | | | | | | | | | 基本尺寸 | 极限偏差 h13 | |
| 5 | +0.013 | M5 | 6 | 8 | 10 | 8 | 6 | 6 | 4 | 5 | 0 | 12~80 |
| 6 | +0.001 | M6 | 8 | 10 | 12 | 10 | 8 | | | 6 | -0.180 | 12~100 |
| 8 | +0.016 | M8 | 10 | 12 | 16 | 12 | 10 | 8 | 6 | 8 | 0 | 20~125 |
| 10 | +0.001 | M10 | 12 | 16 | 20 | 14 | 12 | | | 10 | -0.220 | 20~200 |
| 12 | +0.019 | M12 | 16 | 20 | 25 | 16 | 16 | 10 | 8 | 13 | 0 | 25~320 |
| 16 | +0.001 | M16 | 20 | 25 | 32 | 20 | 20 | | | 16 | -0.270 | 25~630 |
| 20 | +0.023<br>+0.002 | M20 | 25 | 32 | 40 | 25 | 25 | 12 | 10 | 21 | 0<br>-0.330 | 32~630 |

推荐材料为 35 钢、Q235A。

### 表 1-34　铸件最小壁厚(不小于)

mm

| 铸造方法 | 铸件尺寸 | 铸钢 | 灰铸铁 | 球墨铸铁 | 可锻铸铁 | 铝合金 | 铜合金 |
|---|---|---|---|---|---|---|---|
| 砂型 | ~200×200<br>>200×200~500×500<br>>500×500 | 8<br>10~12<br>15~20 | ~6<br>>6~10<br>15~20 | 6<br>12 | 5<br>8 | 3<br>4<br>6 | 3~5<br>6~8 |

### 表 1-35　铸造斜度

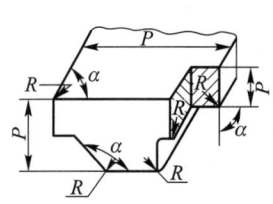

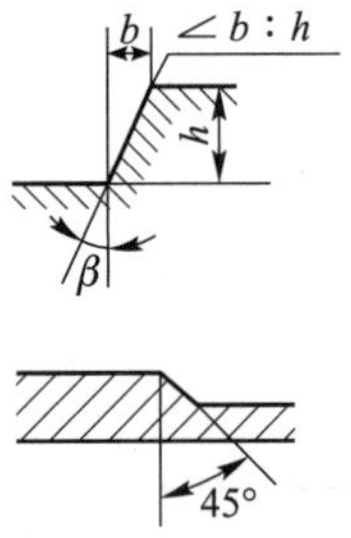

β

| 斜度 $b:h$ | 角度 $\beta$ | 使用范围 |
|---|---|---|
| 1:5 | 11°30′ | $h$<25 mm 的钢和铁铸件 |
| 1:10<br>1:20 | 5°30′<br>3° | $h$ 在 25~500 mm 时的钢和铁铸件 |
| 1:50 | 1° | $h$>500 mm 时的钢和铁铸件 |
| 1:100 | 30′ | 有色金属铸件 |

注：当设计不同壁厚的铸件时，在转折点处的斜角最大还可增大到 30°~45°。

### 表 1-36　铸造过渡斜度(JB/ZQ 4254—2006 摘录) mm

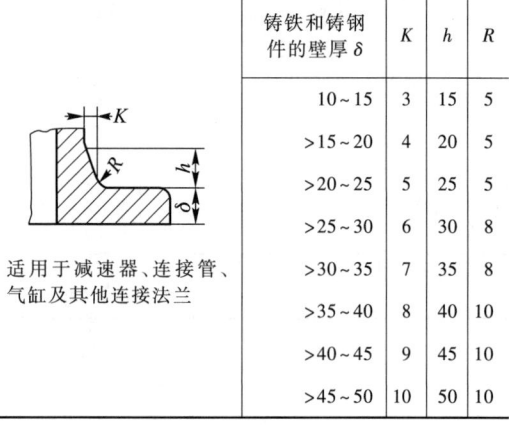

δ

适用于减速器、连接管、气缸及其他连接法兰

| 铸铁和铸钢件的壁厚 $\delta$ | $K$ | $h$ | $R$ |
|---|---|---|---|
| 10~15 | 3 | 15 | 5 |
| >15~20 | 4 | 20 | 5 |
| >20~25 | 5 | 25 | 5 |
| >25~30 | 6 | 30 | 8 |
| >30~35 | 7 | 35 | 8 |
| >35~40 | 8 | 40 | 10 |
| >40~45 | 9 | 45 | 10 |
| >45~50 | 10 | 50 | 10 |

### 表 1-37　铸造外圆角(JB/ZQ 4256—2006 摘录)

α
α
α

| 表面的最小边尺寸 $P$ /mm | $R$/mm | | | | | |
|---|---|---|---|---|---|---|
| | 外圆角 $\alpha$ | | | | | |
| | <50° | 51°~75° | 76°~105° | 106°~135° | 136°~165° | >165° |
| ≤25 | 2 | 2 | 2 | 4 | 6 | 8 |
| >25~60 | 2 | 4 | 4 | 6 | 10 | 16 |
| >60~160 | 4 | 4 | 6 | 8 | 16 | 25 |
| >160~250 | 4 | 6 | 8 | 12 | 20 | 30 |
| >250~400 | 6 | 8 | 10 | 16 | 25 | 40 |
| >400~600 | 6 | 8 | 12 | 20 | 30 | 50 |

### 表 1-38　铸造内圆角(JB/ZQ 4255—2006 摘录)

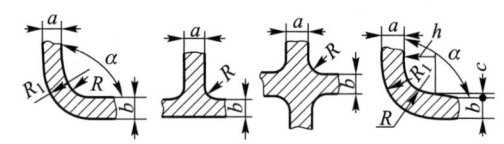

α
α

$a \approx b$
$R_1 = R + a$

$b < 0.8a$ 时，
$R_1 = R + b + c$

| $\frac{a+b}{2}$ | $R$/mm | | | | | | | | | | | |
|---|---|---|---|---|---|---|---|---|---|---|---|---|
| | 内圆角 $\alpha$ | | | | | | | | | | | |
| | ≤50° | | >50°~75° | | >75°~105° | | >105°~135° | | >135°~165° | | >165° | |
| | 钢 | 铁 | 钢 | 铁 | 钢 | 铁 | 钢 | 铁 | 钢 | 铁 | 钢 | 铁 |
| ≤8 | 4 | 4 | 4 | 4 | 6 | 4 | 8 | 6 | 16 | 10 | 20 | 16 |
| 9~12 | 4 | 4 | 4 | 4 | 6 | 6 | 10 | 8 | 16 | 12 | 25 | 20 |
| 13~16 | 4 | 4 | 6 | 4 | 8 | 6 | 12 | 10 | 20 | 16 | 30 | 25 |
| 17~20 | 6 | 4 | 8 | 6 | 10 | 8 | 16 | 12 | 25 | 20 | 40 | 30 |
| 21~27 | 6 | 6 | 10 | 8 | 12 | 10 | 20 | 16 | 30 | 25 | 50 | 40 |

$c$ 和 $h$/mm

| $b/a$ | | <0.4 | >0.4~0.65 | >0.65~0.8 | >0.8 |
|---|---|---|---|---|---|
| $c\approx$ | | $0.7(a-b)$ | $0.8(a-b)$ | $a-b$ | — |
| $h\approx$ | 钢 | $8c$ | | | |
| | 铁 | $9c$ | | | |

### 表 1-39　焊缝符号表示法（GB/T 324—2008 摘录）

#### 基本符号

| 名　　称 | 示　意　图 | 符号 | 名　　称 | 示　意　图 | 符号 |
|---|---|---|---|---|---|
| 卷边焊缝*<br>（卷边完全熔化） | 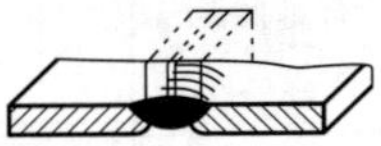 |  八 | 封底焊缝 |  | ⌣ |
| I 形焊缝 | 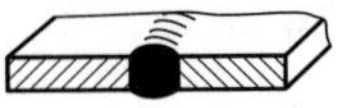 | ‖ | 角焊缝 | 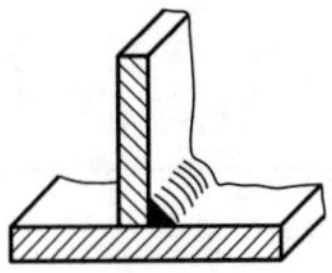 | ▷ |
| V 形焊缝 |  | ∨ | 塞焊缝或槽焊缝 |  | ⊔ |
| 单边 V 形焊缝 |  | V | | | |
| 带钝边 V 形焊缝 |  | Y | 点焊缝 | 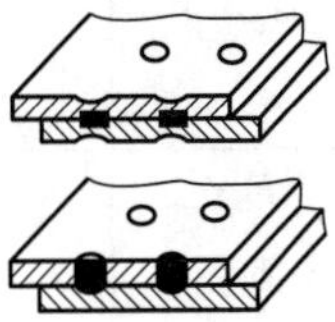 | ○ |
| 带钝边单边 V 形焊缝 |  | Y | | | |
| 带钝边 U 形焊缝 |  |  Y | 缝焊缝 | 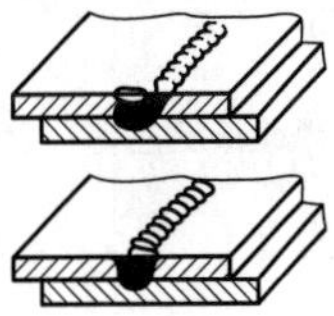 | ⊖ |
| 带钝边 J 形焊缝 |  |  ⊦ | | | |

#### 补充符号

| 名称 | 示意图 | 符号 | 名称 | 示意图 | 符号 | 名称 | 示意图 | 符号 | 名称 | 示意图 | 符号 |
|---|---|---|---|---|---|---|---|---|---|---|---|
| 平面符号 | 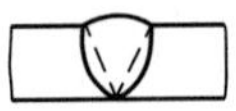 | — | 凸面符号 | 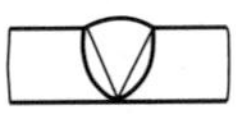 | ⌢ | 三面焊缝符号 | 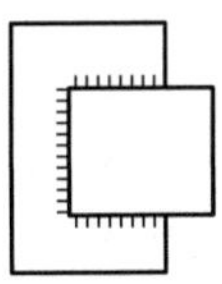 | ⊐ | 永久衬垫 | | M |
| | | | | | | | | | 临时衬垫 | | MR |
| 凹面符号 |  | ⌣ | | | | 周围焊缝符号 | 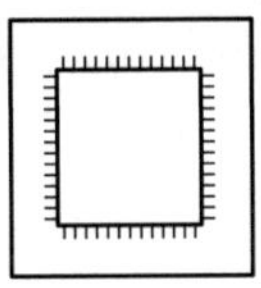 | ○ | 现场符号 | |  ▶ |
| | | | | | | | | | 尾部符号 | | < |

续表

## 焊缝尺寸符号

| 符号 | 名称 | 示意图 | 符号 | 名称 | 示意图 |
|---|---|---|---|---|---|
| $\delta$ | 工件厚度 | 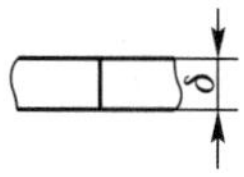 | $e$ | 焊缝间距 | 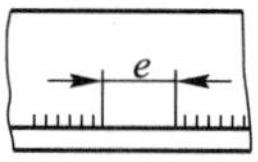 |
| $\alpha$ | 坡口角度 | 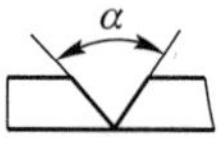 | $K$ | 焊脚尺寸 | 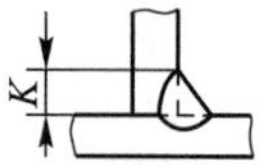 |
| $b$ | 根部间隙 | 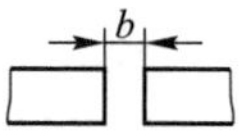 | $d$ | 熔核直径 | 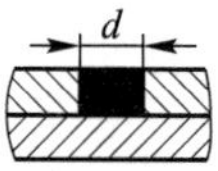 |
| $p$ | 钝边 | 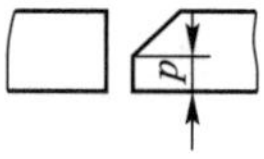 | $s$ | 焊缝有效厚度 | 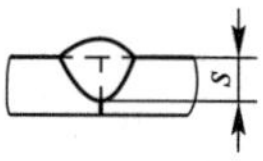 |
| $c$ | 焊缝宽度 | 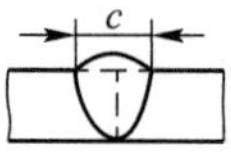 | $N$ | 相同焊缝数量符号 | 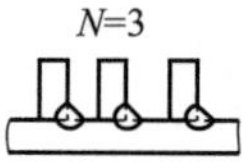 $N=3$ |
| $R$ | 根部半径 | 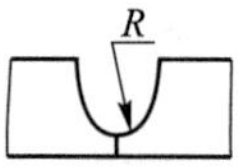 | $H$ | 坡口深度 | 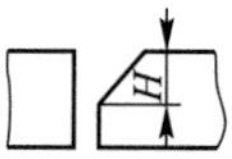 |
| $l$ | 焊缝长度 | 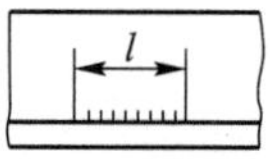 | $h$ | 余高 | 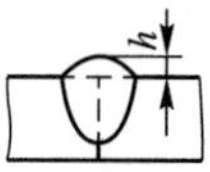 |
| $n$ | 焊缝段数 | 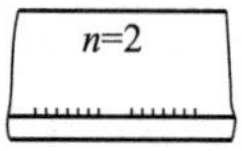 $n=2$ | $\beta$ | 坡口面角度 | 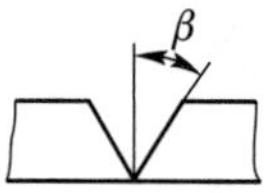 |

### 焊缝尺寸符号及其标注位置

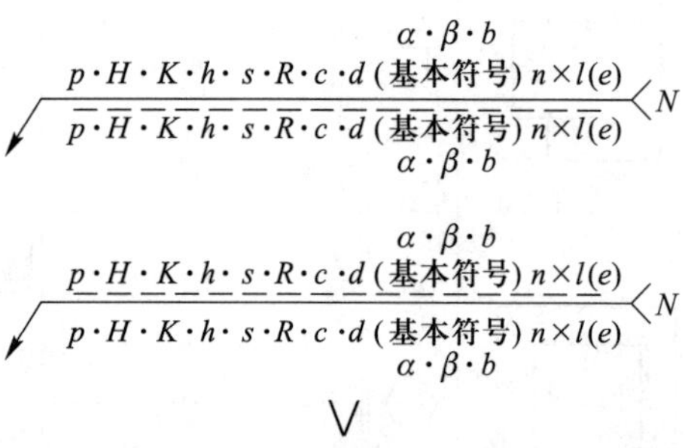

$$\frac{p \cdot H \cdot K \cdot h \cdot s \cdot R \cdot c \cdot d\,(基本符号)\;n \times l(e)}{p \cdot H \cdot K \cdot h \cdot s \cdot R \cdot c \cdot d\,(基本符号)\;n \times l(e)}\genfrac{}{}{0pt}{}{\alpha \cdot \beta \cdot b}{\alpha \cdot \beta \cdot b}\diagdown N$$

$$\frac{p \cdot H \cdot K \cdot h \cdot s \cdot R \cdot c \cdot d\,(基本符号)\;n \times l(e)}{p \cdot H \cdot K \cdot h \cdot s \cdot R \cdot c \cdot d\,(基本符号)\;n \times l(e)}\genfrac{}{}{0pt}{}{\alpha \cdot \beta \cdot b}{\alpha \cdot \beta \cdot b}\diagdown N$$

标注方法说明：

1. 指引线一般由箭头线和两条基准线（一条为实线，另一条为虚线）两部分组成。如果焊缝在接头的箭头侧，则将基本符号标在基准线的实线侧（参见表1-40中1）；如果焊缝在接头的非箭头侧，则将基本符号标在基准线的虚线侧；标注对称焊缝及双面焊缝时，可不加虚线（参见表1-40中4和5）。
2. 基本符号左侧标注焊缝横截面上的尺寸，基本符号右侧标注焊缝长度方向尺寸，基本符号的上侧或下侧标注坡口角度、坡口面角度、根部间隙等尺寸。
3. 相同焊缝数量符号标在尾部。
4. 当标注的尺寸数据较多又不易分辨时，可在数据前面增加相应的尺寸符号

注：*不完全熔化的卷边焊缝用Ⅰ形焊缝符号来表示，并加注焊缝有效厚度 $s$。

表 1-40 焊缝符号应用举例（GB/T 324—2008 摘录）

| 序号 | 符号 | 示意图 | 标注示例 | 备注 |
|---|---|---|---|---|
| 1 | V | 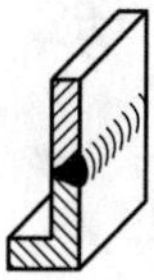 | 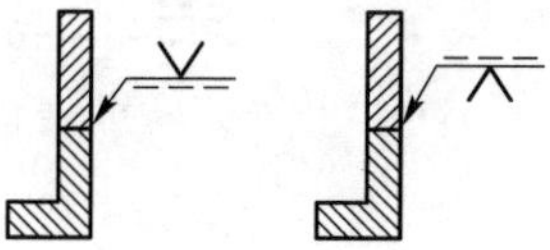 | |
| 2 |  Y | 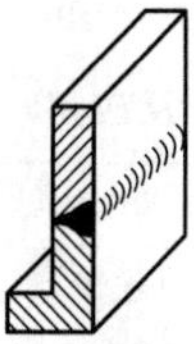 | 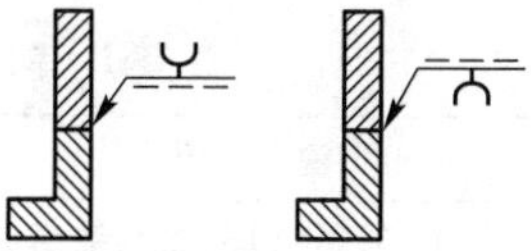 | |
| 3 | ⌐ | 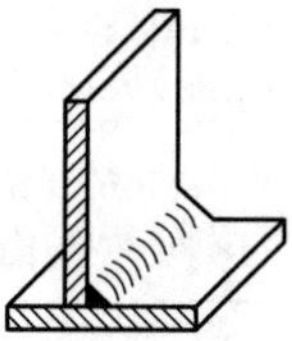 | 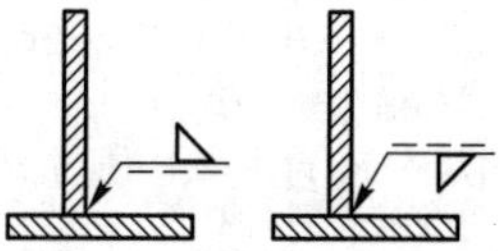 | |
| 4 | X | 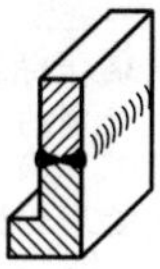 | 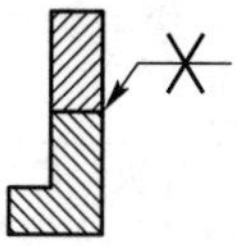 | |
| 5 | K | 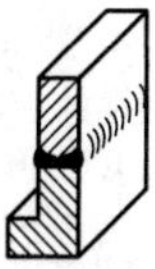 | 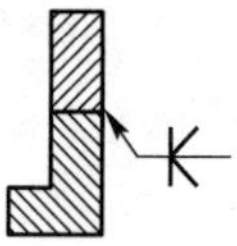 | |
| 6 |  V̱ | 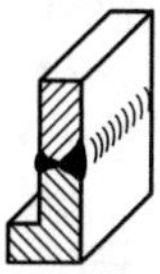 |  | |
| 7 |  X̄ | 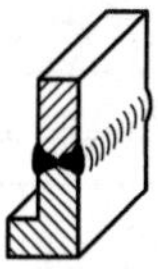 | 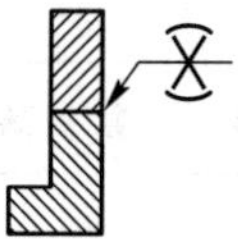 | |
| 8 |  ⌐ | 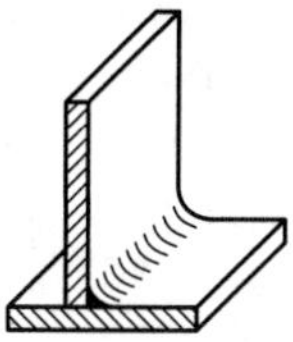 | 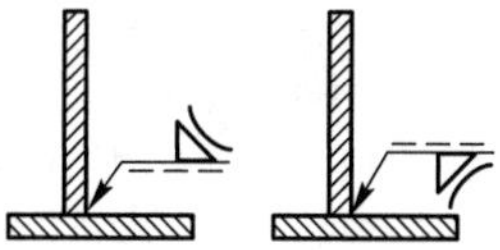 | |

# 第二章 材 料

## 一、黑色金属材料

**表 2-1 钢的常用热处理方法及应用**

| 名 称 | 说 明 | 应 用 |
|---|---|---|
| 退火(焖火) | 退火是将钢件(或钢坯)加热到适当温度,保温一段时间,然后再缓慢地冷却下来(一般用炉冷) | 用来消除铸、锻、焊零件的内应力,降低硬度,以易于切削加工,细化金属晶粒,改善组织,增加韧度 |
| 正火(正常化) | 正火是将钢件加热到相变点以上 30~50 ℃,保温一段时间,然后在空气中冷却,冷却速度比退火快 | 用来处理低碳和中碳结构钢材及渗碳零件,使其组织细化,增加强度及韧度,减小内应力,改善切削性能 |
| 淬 火 | 淬火是将钢件加热到相变点以上某一温度,保温一段时间,然后放入水、盐水或油中(个别材料在空气中)急剧冷却,使其得到高硬度 | 用来提高钢的硬度和强度极限。但淬火时会引起内应力使钢变脆,所以淬火后必须回火 |
| 回 火 | 回火是将淬硬的钢件加热到相变点以下的某一温度,保温一段时间,然后在空气中或油中冷却下来 | 用来消除淬火后的脆性和内应力,提高钢的塑性和冲击韧度 |
| 调 质 | 淬火后高温回火 | 用来使钢获得高的韧度和足够的强度,很多重要零件是经过调质处理的 |
| 表面淬火 | 仅对零件表层进行淬火。使零件表层有高的硬度和耐磨性,而心部保持原有的强度和韧度 | 常用来处理轮齿的表面 |
| 时 效 | 工件经固溶处理或淬火后在室温或高于室温的适当温度保温,以达到沉淀硬化的目的 | 用来消除或减小淬火后的微观应力,防止变形和开裂,稳定工件形状及尺寸以及消除机械加工的残余应力 |
| 渗 碳 | 使表面增碳,渗碳层深度 0.4~6 mm 或 >6 mm,硬度为 56~65 HRC | 增加钢件的耐磨性能、表面硬度、抗拉强度及疲劳极限。适用于低碳、中碳($w_C<0.40\%$)结构钢的中小型零件和大型的重负荷、受冲击、耐磨的零件 |
| 碳氮共渗 | 使表面增加碳与氮,扩散层深度较浅,为 0.02~3.0 mm;硬度高,在共渗层为 0.02~0.04 mm 时具有 66~70 HRC | 增加结构钢、工具钢制件的耐磨性能、表面硬度和疲劳极限,提高刀具切削性能和使用寿命。适用于要求硬度高、热处理变形小、耐磨的中、小型及薄片的零件和刀具等 |
| 渗 氮 | 表面增氮,氮化层为 0.025~0.8 mm,而渗氮时间需 40~50 小时,硬度很高(1 200 HV),耐磨、抗蚀性能高 | 增加钢件的耐磨性能、表面硬度、疲劳极限和抗蚀能力。适用于结构钢和铸铁件,如气缸套、气门座、机床主轴、丝杠等耐磨零件,以及在潮湿碱水和燃烧气体介质的环境中工作的零件,如水泵轴、排气阀等零件 |

**表 2-2 常用热处理工艺及代号(GB/T 12603—2005 摘录)**

| 工 艺 | 代 号 | 工 艺 | 代 号 | 工艺代号意义 |
|---|---|---|---|---|
| 退火 | 511 | 表面淬火和回火 | 521 | 例: |
| 正火 | 512 | 感应淬火和回火 | 521-04 | 513-O |
| 调质 | 515 | 火焰淬火和回火 | 521-05 | ├─ 冷却介质(油) |
| 淬火 | 513 | 渗碳 | 531 | ├─ 工艺名称(淬火) |
| 空冷淬火 | 513-A | 固体渗碳 | 531-09 | ├─ 工艺类型(整体热处理) |
| 油冷淬火 | 513-O | 盐浴(液体)渗碳 | 531-03 | └─ 热处理 |
| 水冷淬火 | 513-W | 可控气氛(气体)渗碳 | 531-01 | |
| 感应加热淬火 | 513-04 | 渗氮 | 533 | |
| 淬火和回火 | 514 | 碳氮共渗 | 532 | |

表 2-3 灰铸铁（GB/T 9439—2023 摘录）

| 牌号 | 铸件壁厚 /mm > | 铸件壁厚 /mm ≤ | 最小抗拉强度 $R_m$/MPa(min) 单铸试棒或并排试棒 ≥ | 最小抗拉强度 $R_m$/MPa(min) 单铸试棒或并排试棒 ≤ | 应用举例 |
|---|---|---|---|---|---|
| HT100 | 5 | 40 | 100 | 200 | 盖、外罩、油盘、手轮、手把、支架等 |
| HT150 | 5 | 10 | 150 | 250 | 端盖、汽轮泵体、轴承座、阀壳、管及管路附件、手轮、一般机床底座、床身及其他复杂零件、滑座、工作台等 |
| HT150 | 10 | 20 | 150 | 250 | |
| HT150 | 20 | 40 | 150 | 250 | |
| HT200 | 5 | 10 | 200 | 300 | 气缸、齿轮、底架、箱体、飞轮、齿条、衬套、一般机床铸有导轨的床身及中等压力（8 MPa 以下）的油缸、液压泵和阀的壳体等 |
| HT200 | 10 | 20 | 200 | 300 | |
| HT200 | 20 | 40 | 200 | 300 | |
| HT225 | 5 | 10 | 225 | 325 | |
| HT225 | 10 | 20 | 225 | 325 | |
| HT225 | 20 | 40 | 225 | 325 | |
| HT250 | 5 | 10 | 250 | 350 | 阀壳、油缸、气缸、箱体、齿轮、齿轮箱体、飞轮、衬套、凸轮、轴承座等 |
| HT250 | 10 | 20 | 250 | 350 | |
| HT250 | 20 | 40 | 250 | 350 | |
| HT275 | 10 | 20 | 275 | 375 | |
| HT275 | 20 | 40 | 275 | 375 | |
| HT300 | 10 | 20 | 300 | 400 | 齿轮、凸轮、车床卡盘、剪床及压力机的床身、导板、转塔自动车床及其他重负荷机床铸有导轨的床身、高压油缸、液压泵和滑阀的壳体等 |
| HT300 | 20 | 40 | 300 | 400 | |
| HT350 | 10 | 20 | 350 | 450 | |
| HT350 | 20 | 40 | 350 | 450 | |

表 2-4 铁素体珠光体球墨铸铁试样的拉伸性能（GB/T 1348—2019 摘录）

| 牌号 | 抗拉强度 $R_m$ /MPa(min) | 屈服强度 $R_{p0.2}$ /MPa(min) | 断后伸长率 $A$/%(min) | 用 途 |
|---|---|---|---|---|
| QT350-22 | 350 | 220 | 22 | 减速器箱体、管、阀体、阀座、压缩机气缸、拨叉、离合器壳体等 |
| QT400-18 | 400 | 250 | 18 | |
| QT400-15 | 400 | 250 | 15 | |
| QT450-10 | 450 | 310 | 10 | 油泵齿轮、阀体、车辆轴瓦、凸轮、犁铧、减速器箱体、轴承座等 |
| QT500-7 | 500 | 320 | 7 | |
| QT550-5 | 550 | 350 | 5 | |
| QT600-3 | 600 | 370 | 3 | 曲轴、凸轮轴、齿轮轴、机床主轴、缸体、缸套、连杆、矿车轮、农机零件等 |
| QT700-2 | 700 | 420 | 2 | |
| QT800-2 | 800 | 480 | 2 | |
| QT900-2 | 900 | 600 | 2 | 曲轴、凸轮轴、连杆、拖拉机链轨板等 |

**表 2-5　一般工程用铸造碳钢（GB/T 11352—2009 摘录）**

| 牌　号 | 抗拉强度 $R_m$ | 屈服强度 $R_{eH}(R_{p0.2})$ | 断后伸长率 $A$ | 根据合同选择 | | 硬　度 | | 应用举例 |
|---|---|---|---|---|---|---|---|---|
| | | | | 断面收缩率 $Z$ | 冲击吸收功 $A_{KV}$ | 正火回火/HBW | 表面淬火/HRC | |
| | /MPa | | /% | | /J | | | |
| | 最　小　值 | | | | | | | |
| ZG200-400 | 400 | 200 | 25 | 40 | 30 | | | 各种形状的机件，如机座、变速箱壳等 |
| ZG230-450 | 450 | 230 | 22 | 32 | 25 | ≥131 | | 铸造平坦的零件，如机座、机盖、箱体、铁砧台，工作温度在 450 ℃以下的管路附件等。焊接性良好 |
| ZG270-500 | 500 | 270 | 18 | 25 | 22 | ≥143 | 40~45 | 各种形状的机件，如飞轮、机架、蒸汽锤、桩锤、联轴器、水压机工作缸、横梁等。焊接性尚可 |
| ZG310-570 | 570 | 310 | 15 | 21 | 15 | ≥153 | 40~50 | 各种形状的机件，如联轴器、气缸、齿轮、齿轮圈及重负荷机架等 |
| ZG340-640 | 640 | 340 | 10 | 18 | 10 | 169~229 | 45~55 | 起重运输机中的齿轮、联轴器及重要的机件等 |

注：1. 各牌号铸钢的性能，适用于厚度为 100 mm 以下的铸件，当厚度超过 100 mm 时，仅表中规定的 $R_{p0.2}$ 屈服强度可供设计使用；

2. 表中力学性能的试验环境温度为（20±10）℃；

3. 表中硬度值非 GB/T 11352—2009 内容，仅供参考。

**表 2-6　碳素结构钢（GB/T 700—2006 摘录）**

| 牌号 | 等级 | 力学性能 | | | | | | | | | | | | 冲击试验 | | 应用举例 |
|---|---|---|---|---|---|---|---|---|---|---|---|---|---|---|---|---|
| | | 屈服强度 $R_{eH}$/MPa | | | | | | 抗拉强度 $R_m$/MPa | 断后伸长率 $A$/% | | | | | 温度/℃ | V 型冲击吸收功（纵向）$A_{KV}$/J | |
| | | 钢材厚度（直径）/mm | | | | | | | 钢材厚度（直径）/mm | | | | | | | |
| | | ≤16 | >16~40 | >40~60 | >60~100 | >100~150 | >150 | | ≤40 | >40~60 | >60~100 | >100~150 | >150~200 | | | |
| | | 不小于 | | | | | | | 不小于 | | | | | | 不小于 | |
| Q195 | — | (195) | (185) | — | — | — | — | 315~390 | 33 | — | — | — | — | — | — | 塑性好，常用其轧制薄板、拉制线材、制钉和焊接钢管 |
| Q215 | A | 215 | 205 | 195 | 185 | 175 | 165 | 335~410 | 31 | 30 | 29 | 27 | 26 | — | — | 金属结构件、拉杆、套圈、铆钉、螺栓、短轴、心轴、凸轮（载荷不大的）、垫圈、渗碳零件及焊接件 |
| | B | | | | | | | | | | | | | 20 | 27 | |
| Q235 | A | 235 | 225 | 215 | 205 | 195 | 185 | 375~460 | 26 | 25 | 24 | 22 | 21 | — | — | 金属结构构件，心部强度要求不高的渗碳或碳氮共渗零件、吊钩、拉杆、套圈、气缸、齿轮、螺栓、螺母、连杆、轮轴、楔、盖及焊接件 |
| | B | | | | | | | | | | | | | 20 | 27 | |
| | C | | | | | | | | | | | | | 0 | | |
| | D | | | | | | | | | | | | | -20 | | |
| Q275 | A | 275 | 265 | 255 | 245 | 235 | 225 | 410~540 | 22 | 21 | 20 | 18 | 17 | — | — | 轴、轴销、刹车杆、螺母、螺栓、垫圈、连杆、齿轮以及其他强度较高的零件，焊接性尚可 |
| | B | | | | | | | | | | | | | 20 | 27 | |
| | C | | | | | | | | | | | | | — | | |
| | D | | | | | | | | | | | | | -20 | | |

注：括号内的数值仅供参考。表中 A、B、C、D 为 4 种质量等级。

表 2-7 优质碳素结构钢(GB/T 699—2015 摘录)

| 牌号 | 推荐热处理/℃ 正火 | 推荐热处理/℃ 淬火 | 推荐热处理/℃ 回火 | 试样毛坯尺寸/mm | 抗拉强度 $R_m$/MPa | 下屈服强度 $R_{eL}$/MPa | 断后伸长率 $A$/% | 断面收缩率 $Z$/% | 冲击吸收能量 $KU_2$/J | 钢材交货状态硬度/HBW 不大于 未热处理 | 钢材交货状态硬度/HBW 不大于 退火钢 | 应用举例 |
|---|---|---|---|---|---|---|---|---|---|---|---|---|
| | | | | | 力学性能 不小于 | | | | | | | |
| 08 | 930 | | | 25 | 325 | 195 | 33 | 60 | | 131 | | 用于需塑性好的零件,如管子、垫片、垫圈;心部强度要求不高的渗碳和碳氮共渗零件,如套筒、短轴、挡块、支架、靠模、离合器盘 |
| 10 | 930 | | | 25 | 335 | 205 | 31 | 55 | | 137 | | 用于制造拉杆、卡头、钢管垫片、垫圈、铆钉。这种钢无回火脆性,焊接性好,用来制造焊接零件 |
| 15 | 920 | | | 25 | 375 | 225 | 27 | 55 | | 143 | | 用于受力不大、韧性要求较高的零件、渗碳零件、紧固件、冲模锻件及不需要热处理的低负荷零件,如螺栓、螺钉、拉条、法兰盘及化工贮器、蒸汽锅炉 |
| 20 | 910 | | | 25 | 410 | 245 | 25 | 55 | | 156 | | 用于不经受很大应力而要求很大韧性的机械零件,如杠杆、轴套、螺钉、起重钩等。也用于制造压力<6 MPa、温度<450 ℃、在非腐蚀介质中使用的零件,如管子、导管等。还可用于表面硬度高而心部强度要求不大的渗碳与氰化零件 |
| 25 | 900 | 870 | 600 | 25 | 450 | 275 | 23 | 50 | 71 | 170 | | 用于制造焊接设备,以及经锻造、热冲压和机械加工的不承受高应力的零件,如轴、辊子、连接器、垫圈、螺栓、螺钉及螺母 |
| 35 | 870 | 850 | 600 | 25 | 530 | 315 | 20 | 45 | 55 | 197 | | 用于制造曲轴、转轴、轴销、杠杆、连杆、横梁、链轮、圆盘、套筒钩环、垫圈、螺钉、螺母。这种钢多在正火和调质状态下使用,一般不作焊接 |
| 40 | 860 | 840 | 600 | 25 | 570 | 335 | 19 | 45 | 47 | 217 | 187 | 用于制造辊子、轴、曲柄销、活塞杆、圆盘 |
| 45 | 850 | 840 | 600 | 25 | 600 | 355 | 16 | 40 | 39 | 229 | 197 | 用于制造齿轮、齿条、链轮、轴、键、销、蒸汽透平机的叶轮、压缩机及泵的零件、轧辊等。可代替渗碳钢做齿轮、轴、活塞销等,但要经高频或火焰表面淬火 |
| 50 | 830 | 830 | 600 | 25 | 630 | 375 | 14 | 40 | 31 | 241 | 207 | 用于制造齿轮、拉杆、轧辊、轴、圆盘 |
| 55 | 820 | | | 25 | 645 | 380 | 13 | 35 | | 255 | 217 | 用于制造齿轮、连杆、轮缘、扁弹簧及轧辊等 |
| 60 | 810 | | | 25 | 675 | 400 | 12 | 35 | | 255 | 229 | 用于制造轧辊、轴、轮箍、弹簧、弹簧垫圈、离合器、凸轮、钢绳等 |
| 20Mn | 910 | | | 25 | 450 | 275 | 24 | 50 | | 197 | | 用于制造凸轮轴、齿轮、联轴器、铰链、拖杆等 |
| 30Mn | 880 | 860 | 600 | 25 | 540 | 315 | 20 | 45 | 63 | 217 | 187 | 用于制造螺栓、螺母、螺钉、杠杆及刹车踏板等 |

续表

| 牌号 | 推荐热处理/℃ | | | 试样毛坯尺寸/mm | 力学性能 | | | | | 钢材交货状态硬度/HBW 不大于 | | 应用举例 |
|---|---|---|---|---|---|---|---|---|---|---|---|---|
| | 正火 | 淬火 | 回火 | | 抗拉强度 $R_m$ /MPa | 下屈服强度 $R_{eL}$ /MPa | 断后伸长率 $A$ /% | 断面收缩率 $Z$ /% | 冲击吸收能量 $KU_2$ /J | 未热处理 | 退火钢 | |
| | | | | | 不小于 | | | | | | | |
| 40Mn | 860 | 840 | 600 | 25 | 590 | 355 | 17 | 45 | 47 | 229 | 207 | 用以制造承受疲劳负荷的零件，如轴、万向联轴器、曲轴、连杆及在高应力下工作的螺栓、螺母等 |
| 50Mn | 830 | 830 | 600 | 25 | 645 | 390 | 13 | 40 | 31 | 255 | 217 | 用于制造耐磨性要求很高、在高负荷作用下的热处理零件，如齿轮、齿轮轴、摩擦盘、凸轮和截面在 80 mm 以下的心轴等 |
| 60Mn | 810 | | | 25 | 690 | 410 | 11 | 35 | | 269 | 229 | 适于制造弹簧、弹簧垫圈、弹簧环和片以及冷拔钢丝（≤7 mm）和发条 |

注：表中所列正火推荐保温时间不少于 30 min，空冷；淬火推荐保温时间不少于 30 min，水冷；回火推荐保温时间不少于 1 h。

**表 2-8　弹簧钢（GB/T 1222—2016 摘录）**

| 牌号 | 热处理温度 | | | 力学性能 | | | | | 交货状态硬度/HBW 不大于 | | 应用举例 |
|---|---|---|---|---|---|---|---|---|---|---|---|
| | 淬火温度/℃ | 淬火介质 | 回火温度/℃ | 抗拉强度 $R_m$ /MPa | 下屈服强度 $R_{eL}$ /MPa | 断后伸长率 $A$ /% | 断后伸长率 $A_{11.3}$ /% | 断面收缩率 $Z$ /% | 热轧 | 冷拉+热处理 | |
| | | | | 不小于 | | | | | | | |
| 65 | 840 | 油 | 500 | 980 | 785 | | 9 | 35 | 285 | 321 | 调压调速弹簧，柱塞弹簧，测力弹簧，一般机械的圆、方螺旋弹簧 |
| 70 | 830 | | 480 | 1 030 | 835 | | 8 | 30 | | | |
| 65Mn | 830 | 油 | 540 | 980 | 785 | | 8 | 30 | 302 | 321 | 小尺寸的扁、圆弹簧，坐垫弹簧，发条、离合器簧片，弹簧环，刹车弹簧 |
| 55SiMnVB | 860 | 油 | 460 | 1 375 | 1 225 | | 5 | 30 | 321 | 321 | 汽车、拖拉机、机车的减振板簧和螺旋弹簧、气缸安全阀簧，止回阀簧，250 ℃以下使用的耐热弹簧 |
| 55SiCr | | | 450 | 1 450 | 1 300 | 6 | | 25 | | | |
| 60Si2Mn | 870 | | 440 | 1 570 | 1 375 | | | 20 | | | |
| 55CrMn | 840 | 油 | 485 | 1 225 | 1 080（$R_{p0.2}$） | 9 | | 20 | 321 | 321 | 用于车辆、拖拉机上负荷较重、应力较大的板簧和直径较大的螺旋弹簧 |
| 60CrMn | | | 490 | | | | | | | | |
| 60Si2Cr | 870 | 油 | 420 | 1 765 | 1 570 | 6 | | 20 | 321（热轧+热处理） | 321 | 用于高应力及温度在 300～350 ℃以下使用的弹簧，如调速器、破碎机、汽轮机汽封用弹簧 |
| 60Si2CrV | 850 | | 410 | 1 860 | 1 665 | | | | | | |

注：1. 表中所列性能适用于截面尺寸≤80 mm 的钢材，对>80 mm 的钢材允许其 $A$、$Z$ 值较表内规定分别降低 1 个单位及 5 个单位；

2. 除规定热处理上下限外，表中热处理允许偏差为：淬火±20 ℃，回火±50 ℃。

表 2-9 合金结构钢(GB/T 3077—2015 摘录)

| 牌号 | 热处理 淬火 温度/℃ | 淬火 冷却剂 | 回火 温度/℃ | 回火 冷却剂 | 试样毛坯尺寸/mm | 力学性能(≥) 抗拉强度 $R_m$/MPa | 下屈服强度 $R_{eL}$/MPa | 断后伸长率 $A$/% | 断面收缩率 $Z$/% | 冲击吸收能量 $KU_2$/J | 钢材退火或高温回火供应状态布氏硬度/HBW 不大于 | 特性及应用举例 |
|---|---|---|---|---|---|---|---|---|---|---|---|---|
| 20Mn2 | 850<br>880 | 水、油<br>水、油 | 200<br>440 | 水、空<br>水、空 | 15 | 785 | 590 | 10 | 40 | 47 | 187 | 截面小时与 20Cr 相当,用于做渗碳小齿轮、小轴、钢套、链板等,渗碳淬火后硬度 56~62 HRC |
| 35Mn2 | 840 | 水 | 500 | 水 | 25 | 835 | 685 | 12 | 45 | 55 | 207 | 对于截面较小的零件可代替 40Cr,可做直径≤15 mm 的重要用途的冷镦螺栓及小轴等,表面淬火后硬度为 40~50 HRC |
| 45Mn2 | 840 | 油 | 550 | 水、油 | 25 | 885 | 735 | 10 | 45 | 47 | 217 | 用于制造在较高应力与磨损条件下的零件。在直径≤60 mm 时,与 40Cr 相当。可做万向联轴器、齿轮、齿轮轴、蜗杆、曲轴、连杆、花键轴和摩擦盘等,表面淬火后硬度为 45~55 HRC |
| 35SiMn | 900 | 水 | 570 | 水、油 | 25 | 885 | 735 | 15 | 45 | 47 | 229 | 除了要求低温(-20 ℃以下)及冲击韧性很高的情况外,可全面代替 40Cr 做调质钢,亦可部分代替 40CrNi,可做中小型轴类、齿轮等零件以及在 430 ℃以下工作的重要紧固件,表面淬火后硬度为 45~55 HRC |
| 42SiMn | 880 | 水 | 590 | 水 | 25 | 885 | 735 | 15 | 40 | 47 | 229 | 与 35SiMn 钢同。可代替 40Cr、34CrMo 钢做大齿圈。适于做表面淬火件,表面淬火后硬度为 45~55 HRC |
| 20MnV | 880 | 水、油 | 200 | 水、空 | 15 | 785 | 590 | 10 | 40 | 55 | 187 | 相当于 20 CrNi 的渗碳钢、渗碳淬火后硬度为 56~62 HRC |
| 40MnB | 850 | 油 | 500 | 水、油 | 25 | 980 | 785 | 10 | 45 | 47 | 207 | 可代替 40 Cr 做重要调质件,如齿轮、轴、连杆、螺栓等 |
| 37SiMn2MoV | 870 | 水、油 | 650 | 水、空 | 25 | 980 | 835 | 12 | 50 | 63 | 269 | 可代替 34 CrNiMo 等做高强度重负荷轴、曲轴、齿轮、蜗杆等零件,表面淬火后硬度为 50~55 HRC |
| 20CrMnTi | 第一次 880<br>第二次 870 | 油 | 200 | 水、空 | 15 | 1 080 | 850 | 10 | 45 | 55 | 217 | 强度、韧性均高,是铬镍钢的代用品。用于承受高速、中等或重负荷以及冲击磨损等的重要零件,如渗碳齿轮、凸轮等,渗碳淬火后硬度为 56~62 HRC |
| 20CrMnMo | 850 | 油 | 200 | 水、空 | 15 | 1 180 | 885 | 10 | 45 | 55 | 217 | 用于要求表面硬度高、耐磨、心部有较高强度、韧性的零件,如传动齿轮和曲轴等,渗碳淬火后硬度为 56~62 HRC |

| 牌号 | 热处理 | | | | 试样毛坯尺寸/mm | 力学性能 | | | | | 钢材退火或高温回火供应状态布氏硬度/HBW不大于 | 特性及应用举例 |
|---|---|---|---|---|---|---|---|---|---|---|---|---|
| | 淬火 | | 回火 | | | 抗拉强度 $R_m$ | 下屈服强度 $R_{eL}$ | 断后伸长率 $A$ | 断面收缩率 $Z$ | 冲击吸收能量 $KU_2$ | | |
| | 温度/℃ | 冷却剂 | 温度/℃ | 冷却剂 | | /MPa | | /% | | /J | | |
| | | | | | | ≥ | | | | | | |
| 38CrMoAl | 940 | 水、油 | 640 | 水、油 | 30 | 980 | 835 | 14 | 50 | 71 | 229 | 用于要求高耐磨性、高疲劳强度和相当高的强度且热处理变形最小的零件，如镗杆、主轴、蜗杆、齿轮、套筒、套环等，渗氮后表面硬度为 1 100 HV |
| 20Cr | 第一次 880 第二次 780～820 | 水、油 | 200 | 水、空 | 15 | 835 | 540 | 10 | 40 | 47 | 179 | 用于要求心部强度较高，承受磨损、尺寸较大的渗碳零件，如齿轮、齿轮轴、蜗杆、凸轮、活塞销等；也用于速度较大受中等冲击的调质零件，渗碳淬火后硬度为 56～62 HRC |
| 40Cr | 850 | 油 | 520 | 水、油 | 25 | 980 | 785 | 9 | 45 | 47 | 207 | 用于承受交变负荷、中等速度、中等负荷、强烈磨损而无很大冲击的重要零件，如重要的齿轮、轴、曲轴、连杆、螺栓、螺母等零件，并用于直径大于 400 mm 要求低温冲击韧性的轴与齿轮等，表面淬火后硬度为 48～55 HRC |
| 20CrNi | 850 | 水、油 | 460 | 水、油 | 25 | 785 | 590 | 10 | 50 | 63 | 197 | 用于制造承受较高载荷的渗碳零件，如齿轮、轴、花键轴、活塞销等 |
| 40CrNi | 820 | 油 | 500 | 水、油 | 25 | 980 | 785 | 10 | 45 | 55 | 241 | 用于制造要求强度高、韧性高的零件，如齿轮、轴、链条、连杆等 |
| 40CrNiMo | 850 | 油 | 600 | 水、油 | 25 | 980 | 835 | 12 | 55 | 78 | 269 | 用于特大截面的重要调质件，如机床主轴、传动轴、转子轴等 |

**表 2-10　非调质机械结构钢（GB/T 15712—2016 摘录）**

| 序号 | 牌号 | 钢材直径或边长/mm | 抗拉强度 $R_m$/MPa | 下屈服强度 $R_{eL}$/MPa | 断后伸长率 $A$/% | 断面收缩率 $Z$/% |
|---|---|---|---|---|---|---|
| 1 | F35VS | ≤40 | ≥590 | ≥390 | ≥18 | ≥40 |
| 2 | F40VS | ≤40 | ≥640 | ≥420 | ≥16 | ≥35 |
| 3 | F45VS | ≤40 | ≥685 | ≥440 | ≥15 | ≥30 |
| 4 | F30MnVS | ≤60 | ≥700 | ≥450 | ≥14 | ≥30 |
| 5 | F35MnVS | ≤40 | ≥735 | ≥460 | ≥17 | ≥35 |
| 6 | F38MnVS | ≤60 | ≥800 | ≥520 | ≥12 | ≥25 |
| 7 | F40MnVS | ≤40 | ≥785 | ≥490 | ≥15 | ≥33 |
| 8 | F45MnVS | ≤40 | ≥835 | ≥510 | ≥13 | ≥28 |

## 二、型钢及型材

**表 2-11　最小屈服强度 $R_e$ 为 260~340 MPa 钢板和钢带的厚度允许偏差（GB/T 708—2019 摘录）**　　mm

| 公称厚度 | 厚度允许偏差 | | | | | |
|---|---|---|---|---|---|---|
| | 普通精度 PT.A | | | 较高精度 PT.B | | |
| | 公称宽度 | | | 公称宽度 | | |
| | ≤1 200 | >1 200~1 500 | >1 500 | ≤1 200 | >1 200~1 500 | >1 500 |
| ≤0.40 | ±0.04 | ±0.05 | ±0.06 | ±0.025 | ±0.030 | ±0.035 |
| >0.40~0.60 | ±0.04 | ±0.05 | ±0.06 | ±0.030 | ±0.035 | ±0.040 |
| >0.60~0.80 | ±0.05 | ±0.06 | ±0.07 | ±0.035 | ±0.040 | ±0.050 |
| >0.80~1.00 | ±0.06 | ±0.07 | ±0.08 | ±0.040 | ±0.050 | ±0.060 |
| >1.00~1.20 | ±0.07 | ±0.08 | ±0.10 | ±0.050 | ±0.060 | ±0.070 |
| >1.20~1.60 | ±0.09 | ±0.11 | ±0.12 | ±0.060 | ±0.070 | ±0.080 |
| >1.60~2.00 | ±0.12 | ±0.13 | ±0.14 | ±0.070 | ±0.080 | ±0.100 |
| >2.00~2.50 | ±0.14 | ±0.15 | ±0.16 | ±0.100 | ±0.110 | ±0.120 |
| >2.50~3.00 | ±0.17 | ±0.18 | ±0.18 | ±0.120 | ±0.130 | ±0.140 |
| >3.00~4.00 | ±0.18 | ±0.19 | ±0.20 | ±0.140 | ±0.150 | ±0.160 |

注：1. 钢板和钢带的公称厚度不大于 4.00 mm。钢板和钢带的公称宽度不大于 2 150 mm。
　　2. 钢板和钢带的公称厚度在规定范围内，公称厚度小于 1.00 mm 的钢板和钢带推荐的公称厚度按 0.05 mm 倍数的任何尺寸；公称厚度不小于 1.00 mm 的钢板和钢带推荐的公称厚度按 0.10 mm 倍数的任何尺寸。
　　3. 钢板和钢带推荐的公称宽度按 10 mm 倍数的任何尺寸。

**表 2-12　单轧钢板厚度允许偏差（N 类）（GB/T 709—2019 摘录）**　　mm

| 公称厚度 | 下列公称宽度的厚度允许偏差 | | | |
|---|---|---|---|---|
| | ≤1 500 | >1 500~2 500 | >2 500~4 000 | >4 000~5 300 |
| 3.00~5.00 | ±0.45 | ±0.55 | ±0.65 | — |
| >5.00~8.00 | ±0.50 | ±0.60 | ±0.75 | — |
| >8.00~15.0 | ±0.55 | ±0.65 | ±0.80 | ±0.90 |
| >15.0~25.0 | ±0.65 | ±0.75 | ±0.90 | ±1.10 |
| >25.0~40.0 | ±0.70 | ±0.80 | ±1.00 | ±1.20 |
| >40.0~60.0 | ±0.80 | ±0.90 | ±1.10 | ±1.30 |
| >60.0~100 | ±0.90 | ±1.10 | ±1.30 | ±1.50 |
| >100~150 | ±1.20 | ±1.40 | ±1.60 | ±1.80 |
| >150~200 | ±1.40 | ±1.60 | ±1.80 | ±1.90 |
| >200~250 | ±1.60 | ±1.80 | ±2.00 | ±2.20 |
| >250~300 | ±1.80 | ±2.00 | ±2.20 | ±2.40 |
| >300~400 | ±2.00 | ±2.20 | ±2.40 | ±2.60 |

注：1. 单轧钢板公称厚度为 3.00~450 mm，公称宽度为 600~5 300 mm。
　　2. 单轧钢板的公称厚度在表规定的范围内，厚度小于 30 mm 的钢板按 0.5 mm 倍数的任何尺寸；厚度不小于 30 mm 的钢板按 1 mm 倍数的任何尺寸。
　　3. 单轧钢板的公称宽度在表规定的范围内，按 10 mm 或 50 mm 倍数的任何尺寸。
　　4. 钢带（包括连轧钢板）的公称厚度在表规定的范围内，按 0.1 mm 倍数的任何尺寸。
　　5. 钢带（包括连轧钢板）的公称宽度在表规定的范围内，按 10 mm 倍数的任何尺寸。

### 表 2-13　热轧圆钢直径和方钢边长尺寸（GB/T 702—2017 摘录）

mm

| | | | | | | | | | | | | | | | | | |
|---|---|---|---|---|---|---|---|---|---|---|---|---|---|---|---|---|---|
| 5. 5 | 6 | 6. 5 | 7 | 8 | 9 | 10 | 11 | 12 | 13 | 14 | 15 | 16 | 17 | 18 | 19 | 20 | 21 |
| 22 | 23 | 24 | 25 | 26 | 27 | 28 | 29 | 30 | 31 | 32 | 33 | 34 | 35 | 36 | 38 | 40 | 42 |
| 45 | 48 | 50 | 53 | 55 | 56 | 58 | 60 | 63 | 65 | 68 | 70 | 75 | 80 | 85 | 90 | 95 | 100 |
| 105 | 110 | 115 | 120 | 125 | 130 | 135 | 140 | 145 | 150 | 155 | 160 | 165 | 170 | 180 | 190 | 200 | 210 |
| 220 | 230 | 240 | 250 | 260 | 270 | 280 | 290 | 300 | 310 | 320 | 330 | 340 | 350 | 360 | 370 | 380 | |

注：1. 本标准适用于直径为 5. 5～380 mm 的热轧圆钢和边长为 5. 5～300 mm 的热轧方钢。

2. 钢棒（截面尺寸≤75 mm）的长度 2～12 m；工具钢（截面尺寸>75 mm）的长度为 1～8 m。

### 表 2-14　热轧等边角钢（GB/T 706—2016 摘录）

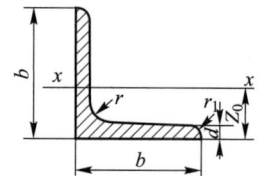

x
x

$J$—惯性矩

$i$—惯性半径

规格表示方法：

"∠"与边宽度值×边宽度值×边厚度值

如：∠200×200×24（简记为∠200×24）

| 型号 | 截面尺寸/mm | | | 截面面积 | 参考数值 | | 重心距离 |
|---|---|---|---|---|---|---|---|
| | | | | | x—x | | |
| | b | d | r | /cm² | $J_x$/cm⁴ | $i_x$/cm | $Z_0$/cm |
| 2 | 20 | 3 | 3. 5 | 1. 132 | 0. 40 | 0. 59 | 0. 60 |
| | | 4 | | 1. 459 | 0. 50 | 0. 58 | 0. 64 |
| 2. 5 | 25 | 3 | | 1. 432 | 0. 82 | 0. 76 | 0. 73 |
| | | 4 | | 1. 859 | 1. 03 | 0. 74 | 0. 76 |
| 3 | 30 | 3 | 4. 5 | 1. 749 | 1. 46 | 0. 91 | 0. 85 |
| | | 4 | | 2. 276 | 1. 84 | 0. 90 | 0. 89 |
| 3. 6 | 36 | 3 | | 2. 109 | 2. 58 | 1. 11 | 1. 00 |
| | | 4 | | 2. 756 | 3. 29 | 1. 09 | 1. 04 |
| | | 5 | | 3. 382 | 3. 95 | 1. 08 | 1. 07 |
| 4 | 40 | 3 | 5 | 2. 359 | 3. 59 | 1. 23 | 1. 09 |
| | | 4 | | 3. 086 | 4. 60 | 1. 22 | 1. 13 |
| | | 5 | | 3. 792 | 5. 53 | 1. 21 | 1. 17 |
| 4. 5 | 45 | 3 | | 2. 659 | 5. 17 | 1. 40 | 1. 22 |
| | | 4 | | 3. 486 | 6. 65 | 1. 38 | 1. 26 |
| | | 5 | | 4. 292 | 8. 04 | 1. 37 | 1. 30 |
| | | 6 | | 5. 077 | 9. 33 | 1. 36 | 1. 33 |
| 5 | 50 | 3 | 5. 5 | 2. 971 | 7. 18 | 1. 55 | 1. 34 |
| | | 4 | | 3. 897 | 9. 26 | 1. 54 | 1. 38 |
| | | 5 | | 4. 803 | 11. 2 | 1. 53 | 1. 42 |
| | | 6 | | 5. 688 | 13. 1 | 1. 52 | 1. 46 |
| 5. 6 | 56 | 3 | 6 | 3. 343 | 10. 2 | 1. 75 | 1. 48 |
| | | 4 | | 4. 390 | 13. 2 | 1. 73 | 1. 53 |
| | | 5 | | 5. 415 | 16. 0 | 1. 72 | 1. 57 |
| | | 8 | | 8. 367 | 23. 6 | 1. 68 | 1. 68 |
| 6. 3 | 63 | 4 | 7 | 4. 978 | 19. 0 | 1. 96 | 1. 70 |
| | | 5 | | 6. 143 | 23. 2 | 1. 94 | 1. 74 |
| | | 6 | | 7. 288 | 27. 1 | 1. 93 | 1. 78 |
| | | 8 | | 9. 515 | 34. 5 | 1. 90 | 1. 85 |
| | | 10 | | 11. 66 | 41. 1 | 1. 88 | 1. 93 |

| 型号 | 截面尺寸/mm | | | 截面面积 | 参考数值 | | 重心距离 |
|---|---|---|---|---|---|---|---|
| | | | | | x—x | | |
| | b | d | r | /cm² | $J_x$/cm⁴ | $i_x$/cm | $Z_0$/cm |
| 7 | 70 | 4 | 8 | 5. 570 | 26. 4 | 2. 18 | 1. 86 |
| | | 5 | | 6. 86 | 32. 2 | 2. 16 | 1. 91 |
| | | 6 | | 8. 160 | 37. 8 | 2. 15 | 1. 95 |
| | | 7 | | 9. 424 | 43. 1 | 2. 14 | 1. 99 |
| | | 8 | | 10. 67 | 48. 2 | 2. 12 | 2. 03 |
| 7. 5 | 75 | 5 | 9 | 7. 412 | 40. 0 | 2. 33 | 2. 04 |
| | | 6 | | 8. 797 | 47. 0 | 2. 31 | 2. 07 |
| | | 7 | | 10. 16 | 53. 6 | 2. 30 | 2. 11 |
| | | 8 | | 11. 50 | 60. 0 | 2. 28 | 2. 15 |
| | | 10 | | 14. 13 | 72. 0 | 2. 26 | 2. 22 |
| 8 | 80 | 5 | 9 | 7. 912 | 48. 8 | 2. 48 | 2. 15 |
| | | 6 | | 9. 397 | 57. 4 | 2. 47 | 2. 19 |
| | | 7 | | 10. 86 | 65. 6 | 2. 46 | 2. 23 |
| | | 8 | | 12. 30 | 73. 5 | 2. 44 | 2. 27 |
| | | 10 | | 15. 13 | 88. 4 | 2. 42 | 2. 35 |
| 9 | 90 | 6 | 10 | 10. 64 | 82. 8 | 2. 79 | 2. 44 |
| | | 7 | | 12. 30 | 94. 8 | 2. 78 | 2. 48 |
| | | 8 | | 13. 94 | 106 | 2. 76 | 2. 52 |
| | | 10 | | 17. 17 | 129 | 2. 74 | 2. 59 |
| | | 12 | | 20. 31 | 149 | 2. 71 | 2. 67 |
| 10 | 100 | 6 | 12 | 11. 93 | 115 | 3. 10 | 2. 67 |
| | | 7 | | 13. 80 | 132 | 3. 09 | 2. 71 |
| | | 8 | | 15. 64 | 148 | 3. 08 | 2. 76 |
| | | 10 | | 19. 26 | 180 | 3. 05 | 2. 84 |
| | | 12 | | 22. 80 | 209 | 3. 03 | 2. 91 |
| | | 14 | | 26. 26 | 237 | 3. 00 | 2. 99 |
| | | 16 | | 29. 63 | 263 | 2. 98 | 3. 06 |

注：1. 型号 2～9 的角钢，其长度为 4～12 m；型号 10～14 的角钢，其长度为 4～19 m。

2. $r_1=\frac{1}{3}d$。

### 表 2-15　热轧槽钢（GB/T 706—2016 摘录）

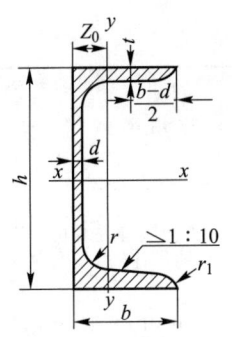

y
y

$W_x$，$W_y$—截面系数

规格表示方法：

“[”与高度值×腿宽度值×腰厚度值；

如，[ 200 × 75 × 9（简记为[20b）。

| 型号 | 截面尺寸/mm | | | | | | 截面面积 /cm² | 参考数值 | | 重心距离 $Z_0$/cm |
|---|---|---|---|---|---|---|---|---|---|---|
| | $h$ | $b$ | $d$ | $t$ | $r$ | $r_1$ | | $x$—$x$ $W_x$ /cm³ | $y$—$y$ $W_y$ /cm³ | |
| 5 | 50 | 37 | 4.5 | 7.0 | 7.0 | 3.5 | 6.925 | 10.4 | 3.55 | 1.35 |
| 6.3 | 63 | 40 | 4.8 | 7.5 | 7.5 | 3.8 | 8.446 | 16.1 | 4.50 | 1.36 |
| 8 | 80 | 43 | 5.0 | 8.0 | 8.0 | 4.0 | 10.24 | 25.3 | 5.79 | 1.43 |
| 10 | 100 | 48 | 5.3 | 8.5 | 8.5 | 4.2 | 12.74 | 39.7 | 7.80 | 1.52 |
| 12.6 | 126 | 53 | 5.5 | 9.0 | 9.0 | 4.5 | 15.69 | 62.1 | 10.2 | 1.59 |
| 14a | 140 | 58 | 6.0 | 9.5 | 9.5 | 4.8 | 18.51 | 80.5 | 13.0 | 1.71 |
| 14b | 140 | 60 | 8.0 | 9.5 | 9.5 | 4.8 | 21.31 | 87.1 | 14.1 | 1.67 |
| 16a | 160 | 63 | 6.5 | 10.0 | 10.0 | 5.0 | 21.95 | 108 | 16.3 | 1.80 |
| 16b | 160 | 65 | 8.5 | 10.0 | 10.0 | 5.0 | 25.15 | 117 | 17.6 | 1.75 |
| 18a | 180 | 68 | 7.0 | 10.5 | 10.5 | 5.2 | 25.69 | 141 | 20.0 | 1.88 |
| 18b | 180 | 70 | 9.0 | 10.5 | 10.5 | 5.2 | 29.29 | 152 | 21.5 | 1.84 |
| 20a | 200 | 73 | 7.0 | 11.0 | 11.0 | 5.5 | 28.83 | 178 | 24.2 | 2.01 |
| 20b | 200 | 75 | 9.0 | 11.0 | 11.0 | 5.5 | 32.83 | 191 | 25.9 | 1.95 |
| 22a | 220 | 77 | 7.0 | 11.5 | 11.5 | 5.8 | 31.83 | 218 | 28.2 | 2.10 |
| 22b | 220 | 79 | 9.0 | 11.5 | 11.5 | 5.8 | 36.23 | 234 | 30.1 | 2.03 |
| 25a | 250 | 78 | 7.0 | 12.0 | 12.0 | 6.0 | 34.91 | 270 | 30.6 | 2.7 |
| 25b | 250 | 80 | 9.0 | 12.0 | 12.0 | 6.0 | 39.91 | 282 | 32.7 | 1.98 |
| 25c | 250 | 82 | 11.0 | 12.0 | 12.0 | 6.0 | 44.91 | 295 | 35.9 | 1.92 |
| 28a | 280 | 82 | 7.5 | 12.5 | 12.5 | 6.2 | 40.02 | 340 | 35.7 | 2.10 |
| 28b | 280 | 84 | 9.5 | 12.5 | 12.5 | 6.2 | 45.62 | 366 | 37.9 | 2.02 |
| 28c | 280 | 86 | 11.5 | 12.5 | 12.5 | 6.2 | 51.22 | 393 | 40.3 | 1.95 |
| 32a | 320 | 88 | 8.0 | 14.0 | 14.0 | 7.0 | 48.50 | 475 | 46.5 | 2.24 |
| 32b | 320 | 90 | 10.0 | 14.0 | 14.0 | 7.0 | 54.90 | 509 | 49.2 | 2.16 |
| 32c | 320 | 92 | 12.0 | 14.0 | 14.0 | 7.0 | 61.30 | 543 | 52.6 | 2.09 |
| 36a | 360 | 96 | 9.0 | 16.0 | 16.0 | 8.0 | 60.89 | 660 | 63.5 | 2.44 |
| 36b | 360 | 98 | 11.0 | 16.0 | 16.0 | 8.0 | 68.09 | 703 | 66.9 | 2.37 |
| 36c | 360 | 100 | 13.0 | 16.0 | 16.0 | 8.0 | 75.29 | 746 | 70.0 | 2.34 |

注：型号 5~8 的槽钢，其长度为 5~12 m；型号 10~18 的槽钢，其长度为 5~19 m；型号 20~36 的槽钢，其长度为 6~19 m。

### 表 2-16　热轧工字钢（GB/T 706—2016 摘录）

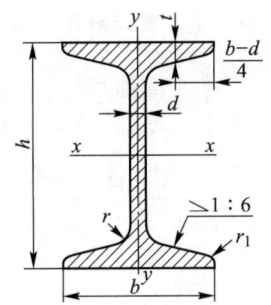

y
y

$W_x$，$W_y$—截面系数

规格表示方法：

“I”与高度值×腿宽度值×腰厚度值；

如，I450×150×11.5（简记为 I45a）。

| 型号 | 截面尺寸/mm | | | | | | 截面面积 /cm² | 参考数值 | |
|---|---|---|---|---|---|---|---|---|---|
| | $h$ | $b$ | $d$ | $t$ | $r$ | $r_1$ | | $x$—$x$ $W_x$ /cm³ | $y$—$y$ $W_y$ /cm³ |
| 10 | 100 | 68 | 4.5 | 7.6 | 6.5 | 3.3 | 14.33 | 49.0 | 9.72 |
| 12.6 | 126 | 74 | 5.0 | 8.4 | 7.0 | 3.5 | 18.10 | 77.5 | 12.7 |
| 14 | 140 | 80 | 5.5 | 9.1 | 7.5 | 3.8 | 21.50 | 102 | 16.1 |
| 16 | 160 | 88 | 6.0 | 9.9 | 8.0 | 4.0 | 26.11 | 141 | 21.2 |
| 18 | 180 | 94 | 6.5 | 10.7 | 8.5 | 4.3 | 30.74 | 185 | 26.0 |
| 20a | 200 | 100 | 7.0 | 11.4 | 9.0 | 4.5 | 35.55 | 237 | 31.5 |
| 20b | 200 | 102 | 9.0 | 11.4 | 9.0 | 4.5 | 39.55 | 250 | 33.1 |
| 22a | 220 | 110 | 7.5 | 12.3 | 9.5 | 4.8 | 42.10 | 309 | 40.9 |
| 22b | 220 | 112 | 9.5 | 12.3 | 9.5 | 4.8 | 46.50 | 325 | 42.7 |
| 25a | 250 | 116 | 8.0 | 13.0 | 10.0 | 5.0 | 48.51 | 402 | 48.3 |
| 25b | 250 | 118 | 10.0 | 13.0 | 10.0 | 5.0 | 53.51 | 423 | 52.4 |
| 28a | 280 | 122 | 8.5 | 13.7 | 10.5 | 5.3 | 55.37 | 508 | 56.6 |
| 28b | 280 | 124 | 10.5 | 13.7 | 10.5 | 5.3 | 60.97 | 534 | 61.2 |
| 32a | 320 | 130 | 9.5 | 15.0 | 11.5 | 5.8 | 67.12 | 692 | 70.8 |
| 32b | 320 | 132 | 11.5 | 15.0 | 11.5 | 5.8 | 73.52 | 726 | 76.0 |
| 32c | 320 | 134 | 13.5 | 15.0 | 11.5 | 5.8 | 79.92 | 760 | 81.2 |
| 36a | 360 | 136 | 10.0 | 15.8 | 12.0 | 6.0 | 76.44 | 875 | 81.2 |
| 36b | 360 | 138 | 12.0 | 15.8 | 12.0 | 6.0 | 83.64 | 919 | 84.3 |
| 36c | 360 | 140 | 14.0 | 15.8 | 12.0 | 6.0 | 90.84 | 962 | 87.4 |
| 40a | 400 | 142 | 10.5 | 16.5 | 12.5 | 6.3 | 86.07 | 1 090 | 93.2 |
| 40b | 400 | 144 | 12.5 | 16.5 | 12.5 | 6.3 | 94.07 | 1 140 | 96.2 |
| 40c | 400 | 146 | 14.5 | 16.5 | 12.5 | 6.3 | 102.1 | 1 190 | 99.6 |
| 45a | 450 | 150 | 11.5 | 18.0 | 13.5 | 6.8 | 102.4 | 1 430 | 114 |
| 45b | 450 | 152 | 13.5 | 18.0 | 13.5 | 6.8 | 111.4 | 1 500 | 118 |
| 45c | 450 | 154 | 15.5 | 18.0 | 13.5 | 6.8 | 120.4 | 1 570 | 122 |
| 50a | 500 | 158 | 12.0 | 20.0 | 14.0 | 7.0 | 119.2 | 1 860 | 142 |
| 50b | 500 | 160 | 14.0 | 20.0 | 14.0 | 7.0 | 129.2 | 1 940 | 146 |
| 50c | 500 | 162 | 16.0 | 20.0 | 14.0 | 7.0 | 139.2 | 2 080 | 151 |

注：型号 10~18 的工字钢，其长度为 5~19 m；型号 20~50 的工字钢，其长度为 6~19 m。

## 三、有色金属材料

**表 2-17　铸造铜合金、铸造铝合金和铸造轴承合金**

| 合金牌号 | 合金名称<br>（或代号） | 铸造方法 | 合金<br>状态 | 力学性能（不低于）<br>抗拉强度 $R_m$ /MPa | <br>屈服强度 $R_{p0.2}$ /MPa | <br>断后伸长率 $A$ /% | <br>布氏硬度 /HBW | 应用举例 |
|---|---|---|---|---|---|---|---|---|
| 铸造铜合金（GB/T 1176—2013 摘录） | | | | | | | | |
| ZCuSn5Pb5Zn5 | 5-5-5<br>锡青铜 | S、J、R<br>Li、La | | 200<br>250 | 90<br>100 | 13 | 60<br>65 | 较高负荷、中速下工作的耐磨耐蚀件，如轴瓦、衬套、缸套及蜗轮等 |
| ZCuSn10P1 | 10-1<br>锡青铜 | S、R<br>J<br>Li<br>La | | 220<br>310<br>330<br>360 | 130<br>170<br>170<br>170 | 3<br>2<br>4<br>6 | 80<br>90<br>90<br>90 | 高负荷（20 MPa 以下）和高滑动速度（8 m/s）下工作的耐磨件，如连杆、衬套、轴瓦、蜗轮等 |
| ZCuSn10Pb5 | 10-5<br>锡青铜 | S<br>J | | 195<br>245 | | 10 | 70 | 耐蚀、耐酸件及破碎机衬套、轴瓦等 |
| ZCuPb17Sn4Zn4 | 17-4-4<br>铅青铜 | S<br>J | | 150<br>175 | | 5<br>7 | 55<br>60 | 一般耐磨件、轴承等 |
| ZCuAl10Fe3 | 10-3<br>铝青铜 | S<br>J<br>Li、La | | 490<br>540<br>540 | 180<br>200<br>200 | 13<br>15<br>15 | 100<br>110<br>110 | 要求强度高、耐磨、耐蚀的零件，如轴套、螺母、蜗轮、齿轮等 |
| ZCuAl10Fe3Mn2 | 10-3-2<br>铝青铜 | S、R<br>J | | 490<br>540 | | 15<br>20 | 110<br>120 | |
| ZCuZn38 | 38 黄铜 | S<br>J | | 295 | 95 | 30 | 60<br>70 | 一般结构件和耐蚀件，如法兰、阀座、螺母等 |
| ZCuZn40Pb2 | 40-2<br>铅黄铜 | S、R<br>J | | 220<br>280 | 95<br>120 | 15<br>20 | 80<br>90 | 一般用途的耐磨、耐蚀件，如轴套、齿轮等 |
| ZCuZn<br>38Mn2Pb2 | 38-2-2<br>锰黄铜 | S<br>J | | 245<br>345 | | 10<br>18 | 70<br>80 | 一般用途的结构件，如套筒、衬套、轴瓦、滑块等 |
| ZCuZn16Si4 | 16-4<br>硅黄铜 | S、R<br>J | | 345<br>390 | 180 | 15<br>20 | 90<br>100 | 接触海水工作的管配件以及水泵、叶轮等 |
| 铸造铝合金（GB/T 1173—2013 摘录） | | | | | | | | |
| ZAlSi12 | ZL102<br>铝硅合金 | SB、JB、<br>RB、KB | F<br>T2 | 145<br>135 | | 4 | 50 | 气缸活塞以及高温工作的承受冲击载荷的复杂薄壁零件 |
| | | J | F<br>T2 | 155<br>145 | | 2<br>3 | | |
| ZAlSi9Mg | ZL104<br>铝硅合金 | S、J、R、K<br>J<br>SB、RB、KB<br>J、JB | F<br>T1<br>T6<br>T6 | 150<br>200<br>230<br>240 | | 2<br>1.5<br>2<br>2 | 50<br>65<br>70<br>70 | 形状复杂的高温静载荷或受冲击作用的大型零件，如扇风机叶片、水冷气缸头 |
| ZAlMg5Si | ZL303<br>铝镁合金 | S、J、R、K | F | 145 | | 1 | 55 | 高耐蚀性或在高温度下工作的零件 |
| ZAlZn11Si7 | ZL401<br>铝锌合金 | S、R、K<br>J | T1 | 195<br>245 | | 2<br>1.5 | 80<br>90 | 铸造性能较好，可不进行热处理，用于形状复杂的大型薄壁零件，耐蚀性差 |
| 铸造轴承合金（GB/T 1174—2022 摘录） | | | | | | | | |
| ZSnSb12Pb10Cu4<br>ZSnSb11Cu6<br>ZSnSb8Cu4 | 锡基轴<br>承合金 | J<br>J<br>J | | | | | 29<br>27<br>24 | 汽轮机、压缩机、机车、发电机、球磨机、轧机减速器、发动机等各种机器的滑动轴承衬 |
| ZPbSb16Sn16Cu2<br>ZPbSb15Sn10<br>ZPbSb15Sn5 | 铅基轴<br>承合金 | J<br>J<br>J | | | | | 30<br>24<br>20 | |

注：1. 铸造方法代号：S—砂型铸造；J—金属型铸造；Li—离心铸造；La—连续铸造；R—熔模铸造；K—壳型铸造；B—变质处理。

2. 合金状态代号：F—铸态；T1—人工时效；T2—退火；T6—固溶处理加人工完全时效。

表 2-18　铜及铜合金拉制棒材的力学性能（GB/T 4423—2020 摘录）

| 牌号 | 状态 | 直径（或对边距）/mm | 抗拉强度 $R_m$/MPa | 断后伸长率 $A$/% | 牌号 | 状态 | 直径（或对边距）/mm | 抗拉强度 $R_m$/MPa | 断后伸长率 $A$/% |
|---|---|---|---|---|---|---|---|---|---|
| | | | 不小于 | | | | | 不小于 | |
| TU1 TU2 | H04 | 10~45 | 270 | 8 | H68 | H02 | 3~40 | 300 | 17 |
| | O60 | 10~45 | 200 | 40 | | | >40~80 | 295 | 34 |
| T2 T3 | H04 | 3~10 | 300 | 5 | | O60 | ≥13~35 | 295 | 50 |
| | | >10~60 | 260 | 6 | H65 | H04 | ≤10 | 360 | 10 |
| | | >60~80 | 230 | 16 | | | >10~45 | | |
| | H02 | 3~10 | 300 | 9 | | H02 | 3~60 | 285 | 15 |
| | | >10~45 | 228 | 10 | | O60 | 3~40 | 295 | 44 |
| | O60 | 3~80 | 200 | 40 | H63 | H02 | 3~50 | 320 | 15 |
| H96 H95 | H04 | 3~40 | 275 | 8 | H62 | H02 | 3~40 | 370 | 12 |
| | | >40~60 | 245 | 10 | | | >40~80 | 335 | 24 |
| | | >60~80 | 205 | 14 | HPb61-1 | H02 | 3~10 | 405 | 9 |
| | O60 | 3~80 | 200 | 40 | | | >10~50 | 365 | 10 |
| H90 | H04 | 3~40 | 330 | — | HPb59-1 | H04 | 2~15 | 500 | 8 |
| H80 | H04 | 3~40 | 390 | — | | H02 | 2~20 | 420 | 9 |
| | O60 | 3~40 | 275 | 50 | | | >20~40 | 390 | 14 |
| H70 | H02 | 10~25 | 350 | 23 | | | >40~80 | 370 | 18 |

注：O60—软化退火，H02—$\frac{1}{2}$硬，H04—硬。

表 2-19　铜及铜合金板材的力学性能（GB/T 2040—2017 摘录）

| 牌号 | 状态 | 拉伸试验 | | | 牌号 | 状态 | 拉伸试验 | | |
|---|---|---|---|---|---|---|---|---|---|
| | | 厚度/mm | 抗拉强度 $R_m$/MPa | 断后伸长率 $A_{11.3}$/% | | | 厚度/mm | 抗拉强度 $R_m$/MPa | 断后伸长率 $A_{11.3}$/% |
| T2 | M20 | 4~14 | ≥195 | ≥30 | H80 | O60 | 0.3~10 | ≥265 | ≥50 |
| T3 | O60 | 0.3~10 | ≥205 | ≥30 | | H04 | | ≥390 | ≥3 |
| TP1 | H01 | | 215~295 | ≥25 | H70 | M20 | 4~14 | ≥290 | ≥40 |
| TP2 | H02 | | 245~345 | ≥8 | H70 H68 H66 H65 | O60 | 0.3~10 | ≥290 | ≥40 |
| TU1 | H04 | | 295~395 | — | | H01 | | 325~410 | ≥35 |
| TU2 | H06 | | ≥350 | — | | H02 | | 355~440 | ≥25 |
| H95 | O60 | 0.3~10 | ≥215 | ≥30 | | H04 | | 410~540 | ≥10 |
| | H04 | | ≥320 | ≥3 | | H06 | | 520~620 | ≥3 |
| H90 | O60 | 0.3~10 | ≥245 | ≥35 | | H08 | | ≥570 | — |
| | H02 | | 330~440 | ≥5 | H63 H62 | M20 | 4~14 | ≥290 | ≥30 |
| | H04 | | ≥390 | ≥3 | | O60 | 0.3~10 | ≥290 | ≥35 |
| H85 | O60 | 0.3~10 | ≥260 | ≥35 | | H02 | | 350~470 | ≥20 |
| | H02 | | 305~380 | ≥15 | | H04 | | 410~630 | ≥10 |
| | H04 | | ≥350 | ≥3 | | H06 | | ≥585 | ≥2.5 |

注：M20—热扎，H01—$\frac{1}{4}$硬，H02—$\frac{1}{2}$硬，H04—硬，H06—特硬，H08—弹硬，O60—软化退火。

表 2-20　铝及铝合金挤压棒材的力学性能(GB/T 3191—2019 摘录)

| 牌号 | 状态 | 直径、对边距/mm | 抗拉强度 $R_m$/MPa | 断后伸长率 $A$/% | 牌号 | 状态 | 直径、对边距/mm | 抗拉强度 $R_m$/MPa | 断后伸长率 $A$/% |
|---|---|---|---|---|---|---|---|---|---|
| | | | 不小于 | | | | | 不小于 | |
| 3003 | H112 | ≤250 | 95 | 25 | 2A06 | T1、T6 | >22~100 | 440 | 9 |
| 5A03 | H112 | ≤150 | 175 | 13 | | | >100~150 | 430 | 10 |
| 5A05 | | | 265 | 15 | 6A02 | | ≤150 | 295 | 12 |
| 5A06 | | | 315 | 15 | 2A50 | | | 355 | 12 |
| 5A12 | | | 370 | 15 | 2A14 | | ≤22 | 440 | 10 |
| 2A11 | T1、T4 | ≤150 | 370 | 12 | | | >22~150 | 450 | 10 |
| 2A12 | | ≤22 | 390 | 12 | 6061 | T6 | ≤150 | 260 | 8 |
| | | >22~150 | 420 | 10 | | T4 | | 180 | 15 |
| 2A13 | | ≤22 | 315 | 4 | 6063 | T5 | ≤200 | 175 | 8 |
| | | >22~150 | 345 | 4 | | T6 | ≤150 | 215 | 10 |
| 2A02 | T1、T6 | ≤150 | 430 | 10 | | | >150~200 | 195 | 10 |
| 2A16 | | | 355 | 8 | 7A04 | T1、T6 | ≤22 | 490 | 7 |
| 2A06 | | ≤22 | 430 | 10 | 7A09 | | >22~150 | 530 | 6 |

表 2-21　铝及铝合金板带的力学性能(GB/T 3880.2—2012 摘录)

| 牌号 | 状态 | 抗拉强度 $R_m$/MPa | 牌号 | 状态 | 抗拉强度 $R_m$/MPa | 牌号 | 状态 | 抗拉强度 $R_m$/MPa |
|---|---|---|---|---|---|---|---|---|
| 1070 | O | 55~95 | 3005 | O、H111 | 115~165 | 5A03 | O | 195 |
| | H12 | 70~100 | | H12 | 145~195 | | H14、H24 | 225 |
| | H14 | 85~120 | | H14 | 170~215 | | H112 | 165~185 |
| | H16 | 100~135 | | H16 | 195~240 | 5A05 | O | 275 |
| | H18 | 120 | | H18 | 220 | | H112 | 255~275 |
| | H112 | 55~75 | | H22 | 145~195 | 5052 | O、H111 | 170~215 |
| 1060 | O | 60~100 | | H24 | 170~215 | | H12 | 210~260 |
| | H12 | 80~120 | | H26 | 195~240 | | H14 | 230~280 |
| | H14 | 95~135 | | H28 | 220 | | H16 | 250~300 |
| | H16 | 110~155 | 3102 | H18 | 160 | | H18 | 270 |
| | H18 | 125 | 5182 | O、H111 | 255~315 | | H22、H32 | 210~260 |
| | H112 | 60~75 | | H19 | 380 | | H24、H34 | 230~280 |
| 1080A | O、H111 | 60~90 | 5A02 | O | 165~225 | | H26、H36 | 250~300 |
| | H14、H24 | 100~140 | | H14、H24、H34 | 235 | | H28、H38 | 270 |
| | H112 | 70 | | H112 | 155~175 | | H112 | 170~190 |

注：O—退火状态；H1 * —单纯加工硬化状态；H2 * —加工硬化后不完全退火状态；
H 后面第 2 位数字表示最终加工硬化程度；H 后面第 3 位数字表示影响产品性能的特殊处理。

## 四、工程塑料

表 2-22　常用工程塑料性能

| 品种 | 力学性能 | | | | | | | 热性能 | | | | 应用举例 |
|---|---|---|---|---|---|---|---|---|---|---|---|---|
| | 抗拉强度/MPa | 抗压强度/MPa | 抗弯强度/MPa | 伸长率/% | 冲击韧性/$(MJ \cdot m^{-2})$ | 弹性模量/$(10^3 MPa)$ | 硬度 | 熔点/℃ | 马丁耐热/℃ | 脆化温度/℃ | 线胀系数/$(10^{-5}℃^{-1})$ | |
| 尼龙 6 | 53~77 | 59~88 | 69~98 | 150~250 | 带缺口 0.003 1 | 0.83~2.6 | 85~114 HRR | 215~223 | 40~50 | -20~-30 | 7.9~8.7 | 具有优良的机械强度和耐磨性，广泛用作机械、化工及电气零件，例如轴承、齿轮、凸轮、滚子、辊轴、泵叶轮、风扇叶轮、蜗轮、螺钉、螺母、垫圈、高压密封圈、阀座、输油管、储油容器等。尼龙粉末还可喷涂于各种零件表面，以提高耐磨性能和密封性能 |
| 尼龙 9 | 57~64 | | 79~84 | | 无缺口 0.25~0.30 | 0.97~1.2 | | 209~215 | 12~48 | | 8~12 | |
| 尼龙 66 | 66~82 | 88~118 | 98~108 | 60~200 | 带缺口 0.003 9 | 1.4~3.3 | 100~118 HRR | 265 | 50~60 | -25~30 | 9.1~10.0 | |
| 尼龙 610 | 46~59 | 69~88 | 69~98 | 100~240 | 带缺口 0.003 5~0.005 5 | 1.2~2.3 | 90~113 HRR | 210~223 | 51~56 | | 9.0~12.0 | |
| 尼龙 1010 | 51~54 | 108 | 81~87 | 100~250 | 带缺口 0.004 0~0.005 0 | 1.6 | 7.1 HBW | 200~210 | 45 | -60 | 10.5 | |
| MC 尼龙（无填充） | 90 | 105 | 156 | 20 | 无缺口 0.520~0.624 | 3.6（拉伸） | 21.3 HBW | | 55 | | 8.3 | 强度特高，适于制造大型齿轮、蜗轮、轴套、大型阀门密封面、导向环、导轨、滚动轴承保持架、船尾轴承、起重汽车吊索绞盘蜗轮、柴油发动机燃料泵齿轮、矿山铲掘机轴承、水压机立柱导套、大型轧钢机辊道轴瓦等 |
| 聚甲醛（均聚物） | 69（屈服） | 125 | 96 | 15 | 带缺口 0.007 6 | 2.9（弯曲） | 17.2 HBW | | 60~64 | | 8.1~10.0（当温度在 0~40℃时） | 具有良好的耐摩擦磨损性能，尤其是优越的耐干摩擦性能。用于制造轴承、齿轮、凸轮、滚轮、辊子、阀门上的阀杆螺母、垫圈、法兰、垫片、泵叶轮、鼓风机叶片、弹簧、管道等 |
| 聚碳酸酯 | 65~69 | 82~86 | 104 | 100 | 带缺口 0.064~0.075 | 2.2~2.5（拉伸） | 9.7~10.4 HBW | 220~230 | 110~130 | -100 | 6~7 | 具有高的冲击韧性和优异的尺寸稳定性。用于制造齿轮、蜗轮、蜗杆、齿条、凸轮、心轴、轴承、滑轮、铰链、传动链、螺栓、螺母、垫圈、铆钉、泵叶轮、汽车化油器部件、节流阀、各种外壳等 |

## 五、常用材料大致价格比

表 2-23　常用材料大致价格比

| 材料种类 | Q235 | 45 | 40Cr | 铸铁 | 角钢 | 槽钢 工字钢 | 铝锭 | 黄铜 | 青铜 | 尼龙 |
|---|---|---|---|---|---|---|---|---|---|---|
| 价格比 | 1 | 1.05~1.15 | 1.4~1.6 | ~0.5 | 0.8~0.9 | ~1 | 4~5 | 8~9 | 9~10 | 10~11 |

注：本表以 Q235 中等尺寸圆钢单位重量价格为 1 计算，其他为相对值。由于市场价格变化，本表仅供课程设计参考。

# 第三章　螺纹连接和螺纹零件结构要素

## 一、螺纹

**表 3-1　普通螺纹基本尺寸(GB/T 196—2003 摘录)**　　mm

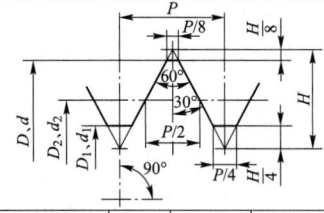

$H=0.866P$

$d_2=d-0.6495P$

$d_1=d-1.0825P$

$D$、$d$—内、外螺纹大径(公称直径)

$D_2$、$d_2$—内、外螺纹中径

$D_1$、$d_1$—内、外螺纹小径

$P$—螺距

标记示例：

M20-6H(公称直径 20 粗牙右旋内螺纹,中径和大径的公差带均为 6H)

M20-6g(公称直径 20 粗牙右旋外螺纹,中径和大径的公差带均为 6g)

M20-6H/6g(上述规格的螺纹副)

M20×2 左-5g6g-S(公称直径 20、螺距 2 的细牙左旋外螺纹,中径、大径的公差带分别为 5g、6g,短旋合长度)

| 公称直径 $D$、$d$ | | 螺距 $P$ | 中径 $D_2$、$d_2$ | 小径 $D_1$、$d_1$ |
|---|---|---|---|---|
| 第一系列 | 第二系列 | | | |
| 3 | | **0.5** | 2.675 | 2.459 |
| | | 0.35 | 2.773 | 2.621 |
| | 3.5 | (**0.6**) | 3.110 | 2.850 |
| | | 0.35 | 3.273 | 3.121 |
| 4 | | **0.7** | 3.545 | 3.242 |
| | | 0.5 | 3.675 | 3.459 |
| | 4.5 | (**0.75**) | 4.013 | 3.688 |
| | | 0.5 | 4.175 | 3.959 |
| 5 | | **0.8** | 4.480 | 4.134 |
| | | 0.5 | 4.675 | 4.459 |
| 6 | | **1** | 5.350 | 4.917 |
| | | 0.75 | 5.513 | 5.188 |
| | 7 | **1** | 6.350 | 5.917 |
| | | 0.75 | 6.513 | 6.188 |
| 8 | | **1.25** | 7.188 | 6.647 |
| | | 1 | 7.350 | 6.917 |
| | | 0.75 | 7.513 | 7.188 |
| 10 | | **1.5** | 9.026 | 8.376 |
| | | 1.25 | 9.188 | 8.647 |
| | | 1 | 9.350 | 8.917 |
| | | 0.75 | 9.513 | 9.188 |
| 12 | | **1.75** | 10.863 | 10.106 |
| | | 1.5 | 11.026 | 10.376 |
| | | 1.25 | 11.188 | 10.647 |
| | | 1 | 11.350 | 10.917 |
| | 14 | **2** | 12.701 | 11.835 |
| | | 1.5 | 13.026 | 12.376 |
| | | 1 | 13.350 | 12.917 |
| 16 | | **2** | 14.701 | 13.835 |
| | | 1.5 | 15.026 | 14.376 |
| | | 1 | 15.350 | 14.917 |
| | 18 | **2.5** | 16.376 | 15.294 |
| | | 2 | 16.701 | 15.835 |
| | 18 | 1.5 | 17.026 | 16.376 |
| | | 1 | 17.350 | 16.917 |
| 20 | | **2.5** | 18.376 | 17.294 |
| | | 2 | **18.701** | 17.835 |
| | | 1.5 | 19.026 | 18.376 |
| | | 1 | 19.350 | 18.917 |
| | 22 | **2.5** | 20.376 | 19.294 |
| | | 2 | 20.701 | 19.835 |
| | | 1.5 | 21.026 | 20.376 |
| | | 1 | 21.350 | 20.917 |
| 24 | | **3** | 22.051 | 20.752 |
| | | 2 | 22.701 | 21.835 |
| | | 1.5 | 23.026 | 22.376 |
| | | 1 | 23.350 | 22.917 |
| | 27 | **3** | 25.051 | 23.752 |
| | | 2 | 25.701 | 24.835 |
| | | 1.5 | 26.026 | 25.376 |
| | | 1 | 26.350 | 25.917 |
| 30 | | **3.5** | 27.727 | 26.211 |
| | | **3** | 28.051 | 26.752 |
| | | 2 | 28.701 | 27.835 |
| | | 1.5 | 29.026 | 28.376 |
| | | 1 | 29.350 | 28.917 |
| | 33 | **3.5** | 30.727 | 29.211 |
| | | **3** | 31.051 | 29.752 |
| | | 2 | 31.701 | 30.835 |
| | | 1.5 | 32.026 | 31.376 |
| 36 | | **4** | 33.402 | 31.670 |
| | | 3 | 34.051 | 32.752 |
| | | 2 | 34.701 | 33.835 |
| | | 1.5 | 35.026 | 34.376 |
| | 39 | **4** | 36.402 | 34.670 |
| | | 3 | 37.051 | 35.752 |
| | 39 | 2 | 37.701 | 36.835 |
| | | 1.5 | 38.026 | 37.376 |
| **42** | | **4.5** | 39.077 | 37.129 |
| | | 3 | 40.051 | 38.752 |
| | | 2 | 40.701 | 39.835 |
| | | 1.5 | 41.026 | 40.376 |
| | 45 | **4.5** | 42.077 | 40.129 |
| | | 4 | 42.402 | 40.670 |
| | | 3 | 43.051 | 41.752 |
| | | 2 | 43.701 | 42.835 |
| | | 1.5 | 44.026 | 43.376 |
| **48** | | **5** | 44.752 | 42.587 |
| | | 4 | 45.402 | 43.670 |
| | | 3 | 46.051 | 44.752 |
| | | 2 | 46.701 | 45.835 |
| | | 1.5 | 47.026 | 46.376 |
| | 52 | **5** | 48.752 | 46.587 |
| | | 4 | 49.402 | 47.670 |
| | | 3 | 50.051 | 48.752 |
| | | 2 | 50.701 | 49.835 |
| | | 1.5 | 51.026 | 50.376 |
| 56 | | **5.5** | 52.428 | 50.046 |
| | | 4 | 53.402 | 51.670 |
| | | 3 | 54.051 | 52.752 |
| | | 2 | 54.701 | 53.835 |
| | | 1.5 | 55.026 | 54.376 |
| | 60 | **5.5** | 56.428 | 54.046 |
| | | 4 | 57.402 | 55.670 |
| | | 3 | 58.051 | 56.752 |
| | | 2 | 58.701 | 57.835 |
| | | 1.5 | 59.026 | 58.376 |
| 64 | | **6** | 60.103 | 57.505 |
| | | 4 | 61.402 | 59.670 |
| | | 3 | 62.051 | 60.752 |

注：1. “螺距 $P$”栏中第一个数值(黑体字)为粗牙螺距,其余为细牙螺距；

2. 优先选用第一系列,其次第二系列,第三系列(表中未列出)尽可能不用；

3. 括号内尺寸尽可能不用。

**表 3-2　普通螺纹旋合长度(GB/T 197—2018 摘录)**　　mm

| 公称直径 D、d | | 螺距 P | 旋合长度 | | | |
|---|---|---|---|---|---|---|
| | | | S | N | | L |
| > | ≤ | | ≤ | > | ≤ | > |
| 1.4 | 2.8 | 0.25 | 0.6 | 0.6 | 1.9 | 1.9 |
| | | 0.35 | 0.8 | 0.8 | 2.6 | 2.6 |
| | | 0.4 | 1 | 1 | 3 | 3 |
| | | 0.45 | 1.3 | 1.3 | 3.8 | 3.8 |
| 2.8 | 5.6 | 0.35 | 1 | 1 | 3 | 3 |
| | | 0.5 | 1.5 | 1.5 | 4.5 | 4.5 |
| | | 0.6 | 1.7 | 1.7 | 5 | 5 |
| | | 0.7 | 2 | 2 | 6 | 6 |
| | | 0.75 | 2.2 | 2.2 | 6.7 | 6.7 |
| | | 0.8 | 2.5 | 2.5 | 7.5 | 7.5 |
| 5.6 | 11.2 | 0.75 | 2.4 | 2.4 | 7.1 | 7.1 |
| | | 1 | 3 | 3 | 9 | 9 |
| | | 1.25 | 4 | 4 | 12 | 12 |
| | | 1.5 | 5 | 5 | 15 | 15 |
| 11.2 | 22.4 | 1 | 3.8 | 3.8 | 11 | 11 |
| | | 1.25 | 4.5 | 4.5 | 13 | 13 |
| | | 1.5 | 5.6 | 5.6 | 16 | 16 |
| | | 1.75 | 6 | 6 | 18 | 18 |
| | | 2 | 8 | 8 | 24 | 24 |
| | | 2.5 | 10 | 10 | 30 | 30 |
| 22.4 | 45 | 1 | 4 | 4 | 12 | 12 |
| | | 1.5 | 6.3 | 6.3 | 19 | 19 |
| | | 2 | 8.5 | 8.5 | 25 | 25 |
| | | 3 | 12 | 12 | 36 | 36 |
| | | 3.5 | 15 | 15 | 45 | 45 |
| | | 4 | 18 | 18 | 53 | 53 |
| | | 4.5 | 21 | 21 | 63 | 63 |
| 45 | 90 | 1.5 | 7.5 | 7.5 | 22 | 22 |
| | | 2 | 9.5 | 9.5 | 28 | 28 |
| | | 3 | 15 | 15 | 45 | 45 |
| | | 4 | 19 | 19 | 56 | 56 |
| | | 5 | 24 | 24 | 71 | 71 |
| | | 5.5 | 28 | 28 | 85 | 85 |
| | | 6 | 32 | 32 | 95 | 95 |
| 90 | 180 | 2 | 12 | 12 | 36 | 36 |
| | | 3 | 18 | 18 | 53 | 53 |
| | | 4 | 24 | 24 | 71 | 71 |
| 180 | 355 | 3 | 20 | 20 | 60 | 60 |
| | | 4 | 26 | 26 | 80 | 80 |
| | | 6 | 40 | 40 | 118 | 118 |
| | | 8 | 50 | 50 | 150 | 150 |

注：S—短旋合长度；N—中等旋合长度；L—长旋合长度。

**表 3-3　米制锥螺纹(GB/T 1415—2008 摘录)**　　mm

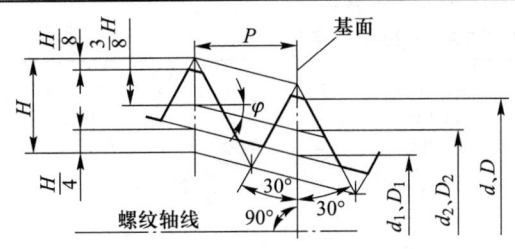

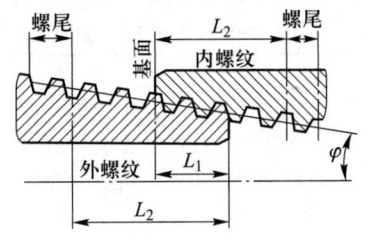

$\varphi = 1°47'24''$
锥度 $2\tan\varphi = 1:16$
$H = 0.866P$
$h = 0.6495P$

标记示例：ZM10(公称直径为 10,标准基准距离)
ZM10-S(公称直径为 10,短基准距离)
ZM10/ZM10(圆锥内螺纹与圆锥外螺纹的配合)

| 螺纹公称直径 d、D | 螺距 P | 基面上螺纹直径 | | | 基准距离 $L_1$ | | 有效螺纹长度 $L_2$ | |
|---|---|---|---|---|---|---|---|---|
| | | 大径 d=D | 中径 $d_2=D_2$ | 小径 $d_1=D_1$ | 标准基准距离 | 短基准距离 | 标准有效螺纹长度 | 短有效螺纹长度 |
| 8 | 1 | 8 | 7.350 | 6.917 | 5.5 | 2.5 | 8 | 5.5 |
| 10 | | 10 | 9.350 | 8.917 | | | | |
| 12 | | 12 | 11.350 | 10.917 | | | | |
| 14 | 1.5 | 14 | 13.026 | 12.376 | 7.5 | 3.5 | 11 | 8.5 |
| 16 | | 16 | 15.026 | 14.376 | | | | |
| 20 | | 20 | 19.026 | 18.376 | | | | |
| 27 | 2 | 27 | 25.701 | 24.835 | 11 | 5 | 16 | 12 |
| 33 | | 33 | 31.701 | 30.835 | | | | |
| 42 | | 42 | 40.701 | 39.835 | | | | |
| 48 | | 48 | 46.701 | 45.835 | | | | |
| 60 | | 60 | 58.701 | 57.835 | | | | |
| 76 | | 76 | 74.701 | 73.835 | | | | |
| 90 | | 90 | 88.701 | 87.835 | | | | |

表 3-4　55°密封管螺纹（GB/T 7306.1—2000、GB/T 7306.2—2000 摘录）　　mm

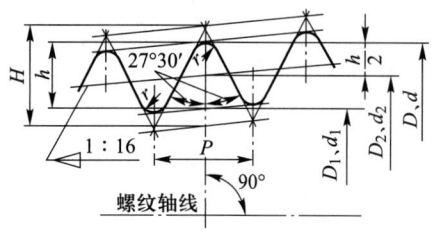
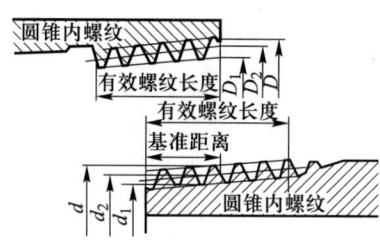

$P = \dfrac{25.4}{n}$

$H = 0.960\ 237P$

$h = 0.640\ 327P$

$r = 0.137\ 278P$

标记示例：

$R_c 1\frac{1}{2}$（$1\frac{1}{2}$ 圆锥内螺纹）

$R_2 1\frac{1}{2}$（$1\frac{1}{2}$ 圆锥外螺纹）

$R_c / R_2 1\frac{1}{2}$（$1\frac{1}{2}$ 圆锥内螺纹与圆锥外螺纹的配合）

| 尺寸代号 | 每 25.4 mm 内的牙数 $n$ | 螺距 $P$ | 牙高 $h$ | 圆弧半径 $r \approx$ | 基面上的基本直径 ||| 基准距离 | 有效螺纹长度 |
|---|---|---|---|---|---|---|---|---|---|
| | | | | | 大径（基准直径）$d=D$ | 中径 $d_2=D_2$ | 小径 $d_1=D_1$ | | |
| 1/8 | 28 | 0.907 | 0.581 | 0.125 | 9.728 | 9.147 | 8.566 | 4.0 | 6.5 |
| 1/4 | 19 | 1.337 | 0.856 | 0.184 | 13.157 | 12.301 | 11.445 | 6.0 | 9.7 |
| 3/8 | 19 | 1.337 | 0.856 | 0.184 | 16.662 | 15.806 | 14.950 | 6.4 | 10.1 |
| 1/2 | 14 | 1.814 | 1.162 | 0.249 | 20.955 | 19.793 | 18.631 | 8.2 | 13.2 |
| 3/4 | 14 | 1.814 | 1.162 | 0.249 | 26.441 | 25.279 | 24.117 | 9.5 | 14.5 |
| 1 | 11 | 2.309 | 1.479 | 0.317 | 33.249 | 31.770 | 30.291 | 10.4 | 16.8 |
| 1¼ | 11 | 2.309 | 1.479 | 0.317 | 41.910 | 40.431 | 38.952 | 12.7 | 19.1 |
| 1½ | 11 | 2.309 | 1.479 | 0.317 | 47.803 | 46.324 | 44.845 | 12.7 | 19.1 |
| 2 | 11 | 2.309 | 1.479 | 0.317 | 59.614 | 58.135 | 56.656 | 15.9 | 23.4 |
| 2½ | 11 | 2.309 | 1.479 | 0.317 | 75.184 | 73.705 | 72.226 | 17.5 | 26.7 |
| 3 | 11 | 2.309 | 1.479 | 0.317 | 87.884 | 86.405 | 84.926 | 20.6 | 29.8 |

注：本标准包括圆锥内螺纹与圆锥外螺纹、圆柱内螺纹与圆锥外螺纹两种连接形式。

表 3-5　55°非密封管螺纹（GB/T 7307—2001 摘录）　　mm

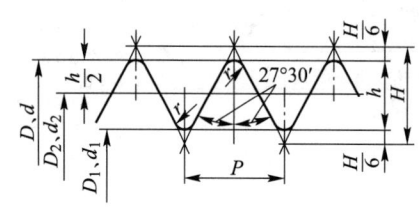

$H = 0.960\ 491P$　　$P = \dfrac{25.4}{n}$

$h = 0.640\ 327P$

$r = 0.137\ 329P$　　$\dfrac{H}{6} = 0.160\ 082P$

$D$、$d$—内、外螺纹大径

$D_2$、$d_2$—内、外螺纹中径

$D_1$、$d_1$—内、外螺纹小径

标记示例：$G 1\frac{1}{2}$（$1\frac{1}{2}$ 内螺纹）

$G 1\frac{1}{2} A$（$1\frac{1}{2}$ 外螺纹，公差等级为 A 级）

（注：外螺纹分 A、B 两级公差等级）

| 尺寸代号 | 每 25.4 mm 内的牙数 $n$ | 螺距 $P$ | 牙高 $h$ | 圆弧半径 $r \approx$ | 基　本　直　径 | | |
|---|---|---|---|---|---|---|---|
| | | | | | 大径 $d=D$ | 中径 $d_2=D_2$ | 小径 $d_1=D_1$ |
| 1/4 | 19 | 1.337 | 0.856 | 0.184 | 13.157 | 12.301 | 11.445 |
| 3/8 | 19 | 1.337 | 0.856 | 0.184 | 16.662 | 15.806 | 14.950 |
| 1/2 | 14 | 1.814 | 1.162 | 0.249 | 20.955 | 19.793 | 18.631 |
| 5/8 | 14 | 1.814 | 1.162 | 0.249 | 22.911 | 21.749 | 20.587 |
| 3/4 | 14 | 1.814 | 1.162 | 0.249 | 26.441 | 25.279 | 24.117 |
| 7/8 | 14 | 1.814 | 1.162 | 0.249 | 30.201 | 29.039 | 27.877 |
| 1 | 11 | 2.309 | 1.479 | 0.317 | 33.249 | 31.770 | 30.291 |
| 1⅛ | 11 | 2.309 | 1.479 | 0.317 | 37.897 | 36.418 | 34.939 |
| 1¼ | 11 | 2.309 | 1.479 | 0.317 | 41.910 | 40.431 | 38.952 |
| 1½ | 11 | 2.309 | 1.479 | 0.317 | 47.803 | 46.324 | 44.845 |
| 1¾ | 11 | 2.309 | 1.479 | 0.317 | 53.746 | 52.267 | 50.788 |
| 2 | 11 | 2.309 | 1.479 | 0.317 | 59.614 | 58.135 | 56.656 |

**表 3-6　梯形螺纹设计牙型尺寸（GB/T 5796.1—2022 摘录）**　mm

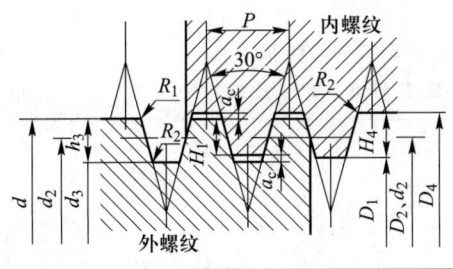

标记示例：

Tr40×7-7H（梯形内螺纹，公称直径 $d=40$、螺距 $P=7$、精度等级 7H）

Tr40×14（$P$7）-7e-LH（多线左旋梯形外螺纹，公称直径 $d=40$、导程 = 14、螺距 $P=7$、精度等级 7e）

Tr40×7-7H/7e（梯形螺纹副、公称直径 $d=40$、螺距 $P=7$、内螺纹精度等级 7H、外螺纹精度等级 7e）

| 螺距 $P$ | $a_c$ | $H_4=h_3$ | $R_{1\max}$ | $R_{2\max}$ | 螺距 $P$ | $a_c$ | $H_4=h_3$ | $R_{1\max}$ | $R_{2\max}$ | 螺距 $P$ | $a_c$ | $H_4=h_3$ | $R_{1\max}$ | $R_{2\max}$ |
|---|---|---|---|---|---|---|---|---|---|---|---|---|---|---|
| 1.5 | 0.15 | 0.9 | 0.075 | 0.15 | 9 | 0.5 | 5 | 0.25 | 0.5 | 24 | 1 | 13 | 0.5 | 1 |
| 2 | 0.25 | 1.25 | 0.125 | 0.25 | 10 | | 5.5 | | | 28 | | 15 | | |
| 3 | | 1.75 | | | 12 | | 6.5 | | | 32 | | 17 | | |
| 4 | | 2.25 | | | 14 | 1 | 8 | 0.5 | 1 | 36 | | 19 | | |
| 5 | | 2.75 | | | 16 | | 9 | | | 40 | | 21 | | |
| 6 | 0.5 | 3.5 | 0.25 | 0.5 | 18 | | 10 | | | 44 | | 23 | | |
| 7 | | 4 | | | 20 | | 11 | | | | | | | |
| 8 | | 4.5 | | | 22 | | 12 | | | | | | | |

**表 3-7　梯形螺纹直径与螺距系列（GB/T 5796.2—2022 摘录）**　mm

| 公称直径 $d$ | | 螺距 $P$ | 公称直径 $d$ | | 螺距 $P$ | 公称直径 $d$ | | 螺距 $P$ | 公称直径 $d$ | | 螺距 $P$ |
|---|---|---|---|---|---|---|---|---|---|---|---|
| 第一系列 | 第二系列 | | 第一系列 | 第二系列 | | 第一系列 | 第二系列 | | 第一系列 | 第二系列 | |
| 8 | | 1.5* | 28 | 26 | 8,5*,3 | 52 | 50 | 12,8*,3 | | 110 | 20,12*,4 |
| 10 | 9 | 2*,1.5 | | 30 | 10,6*,3 | | 55 | 14,9*,3 | 120 | 130 | 22,14*,6 |
| | 11 | 3,2* | 32 | | 10,6*,3 | 60 | | 14,9*,3 | 140 | | 24,14*,6 |
| 12 | | 3*,2 | 36 | 34 | | 70 | 65 | 16,10*,4 | | 150 | 24,16*,6 |
| | 14 | 3*,2 | | 38 | 10,7*,3 | 80 | 75 | 16,10*,4 | 160 | | 28,16*,6 |
| 16 | 18 | 4*,2 | 40 | 42 | | | 85 | 18,12*,4 | | 170 | 28,16*,6 |
| 20 | | 4*,2 | 44 | | 12,7*,3 | 90 | 95 | 18,12*,4 | 180 | | 28,18*,8 |
| 24 | 22 | 8,5*,3 | 48 | 46 | 12,8*,3 | 100 | | 20,12*,4 | | 190 | 32,18*,8 |

注：优先选用第一系列的直径，带 * 者为对应直径优先选用的螺距。

**表 3-8　梯形螺纹基本尺寸（GB/T 5796.3—2022 摘录）**　mm

| 螺距 $P$ | 外螺纹小径 $d_3$ | 内、外螺纹中径 $D_2$、$d_2$ | 内螺纹大径 $D_4$ | 内螺纹小径 $D_1$ | 螺距 $P$ | 外螺纹小径 $d_3$ | 内、外螺纹中径 $D_2$、$d_2$ | 内螺纹大径 $D_4$ | 内螺纹小径 $D_1$ |
|---|---|---|---|---|---|---|---|---|---|
| 1.5 | $d-1.8$ | $d-0.75$ | $d+0.3$ | $d-1.5$ | 8 | $d-9$ | $d-4$ | $d+1$ | $d-8$ |
| 2 | $d-2.5$ | $d-1$ | $d+0.5$ | $d-2$ | 9 | $d-10$ | $d-4.5$ | $d+1$ | $d-9$ |
| 3 | $d-3.5$ | $d-1.5$ | $d+0.5$ | $d-3$ | 10 | $d-11$ | $d-5$ | $d+1$ | $d-10$ |
| 4 | $d-4.5$ | $d-2$ | $d+0.5$ | $d-4$ | 12 | $d-13$ | $d-6$ | $d+1$ | $d-12$ |
| 5 | $d-5.5$ | $d-2.5$ | $d+0.5$ | $d-5$ | 14 | $d-16$ | $d-7$ | $d+2$ | $d-14$ |
| 6 | $d-7$ | $d-3$ | $d+1$ | $d-6$ | 16 | $d-18$ | $d-8$ | $d+2$ | $d-16$ |
| 7 | $d-8$ | $d-3.5$ | $d+1$ | $d-7$ | 18 | $d-20$ | $d-9$ | $d+2$ | $d-18$ |

注：1. $d$ 为公称直径（即外螺纹大径）；

2. 表中所列的数值是按下式计算的：$d_3=d-2h_3$；$D_2$、$d_2=d-0.5P$；$D_4=d+2a_c$；$D_1=d-P$。

## 二、螺栓、螺柱、螺钉

**表 3-9　六角头螺栓—A 和 B 级(GB/T 5782—2016 摘录)、**
**六角头螺栓—全螺纹—A 和 B 级(GB/T 5783—2016 摘录)**　　mm

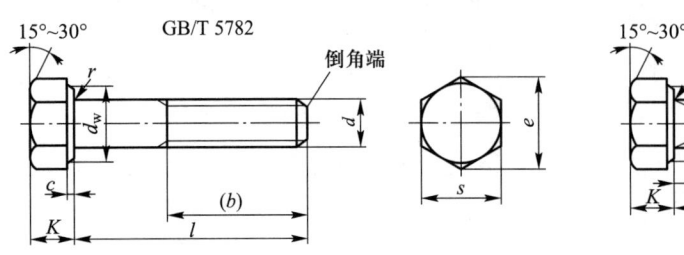

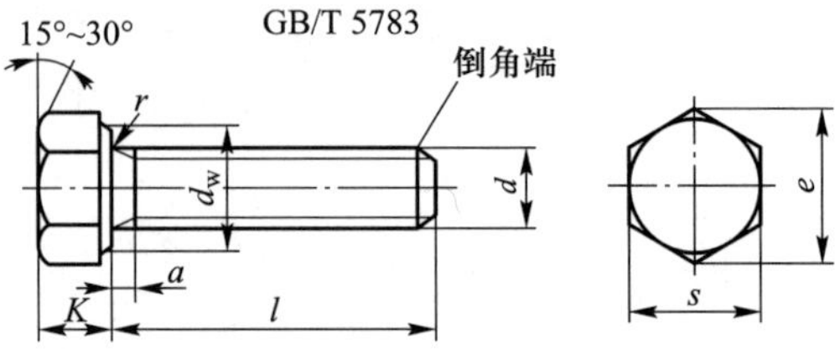

标记示例:

螺纹规格 $d$=M12、公称长度 $l$=80、性能等级为 8.8 级、表面氧化、A 级的六角头螺栓的标记为

螺栓　GB/T　5782　M12×80

标记示例:

螺纹规格 $d$=M12、公称长度 $l$=80、性能等级为 8.8 级、表面氧化、全螺纹、A 级的六角头螺栓的标记为

螺栓　GB/T　5783　M12×80

| 螺纹规格 $d$ | | | M3 | M4 | M5 | M6 | M8 | M10 | M12 | (M14) | M16 | (M18) | M20 | (M22) | M24 | (M27) | M30 | M36 |
|---|---|---|---|---|---|---|---|---|---|---|---|---|---|---|---|---|---|---|
| $b$ 参考 | $l$≤125 | | 12 | 14 | 16 | 18 | 22 | 26 | 30 | 34 | 38 | 42 | 46 | 50 | 54 | 60 | 66 | |
| | 125<$l$≤200 | | 18 | 20 | 22 | 24 | 28 | 32 | 36 | 40 | 44 | 48 | 52 | 56 | 60 | 66 | 72 | 84 |
| | $l$>200 | | 31 | 33 | 35 | 37 | 41 | 45 | 49 | 53 | 57 | 61 | 65 | 69 | 73 | 79 | 85 | 97 |
| $a$ | max | | 1.5 | 2.1 | 2.4 | 3 | 4 | 4.5 | 5.3 | 6 | 6 | 7.5 | 7.5 | 7.5 | 9 | 9 | 10.5 | 12 |
| $c$ | max | | 0.4 | 0.4 | 0.5 | 0.5 | 0.6 | 0.6 | 0.6 | 0.6 | 0.8 | 0.8 | 0.8 | 0.8 | 0.8 | 0.8 | 0.8 | 0.8 |
| | min | | 0.15 | 0.15 | 0.15 | 0.15 | 0.15 | 0.15 | 0.15 | 0.15 | 0.2 | 0.2 | 0.2 | 0.2 | 0.2 | 0.2 | 0.2 | 0.2 |
| $d_w$ | min | A | 4.57 | 5.88 | 6.88 | 8.88 | 11.63 | 14.63 | 16.63 | 19.64 | 22.49 | 25.34 | 28.19 | 31.71 | 33.61 | — | — | — |
| | | B | 4.45 | 5.74 | 6.74 | 8.74 | 11.47 | 14.47 | 16.47 | 19.15 | 22 | 24.85 | 27.7 | 31.35 | 33.25 | 38 | 42.75 | 51.11 |
| $e$ | min | A | 6.01 | 7.66 | 8.79 | 11.05 | 14.38 | 17.77 | 20.03 | 23.36 | 26.75 | 30.14 | 33.53 | 37.72 | 39.98 | — | — | — |
| | | B | 5.88 | 7.50 | 8.63 | 10.89 | 14.20 | 17.59 | 19.85 | 22.78 | 26.17 | 29.56 | 32.95 | 37.29 | 39.55 | 45.2 | 50.85 | 60.79 |
| $K$ | 公称 | | 2 | 2.8 | 3.5 | 4 | 5.3 | 6.4 | 7.5 | 8.8 | 10 | 11.5 | 12.5 | 14 | 15 | 17 | 18.7 | 22.5 |
| $r$ | min | | 0.1 | 0.2 | 0.2 | 0.25 | 0.4 | 0.4 | 0.6 | 0.6 | 0.6 | 0.6 | 0.8 | 0.8 | 0.8 | 1 | 1 | 1 |
| $s$ | 公称 | | 5.5 | 7 | 8 | 10 | 13 | 16 | 18 | 21 | 24 | 27 | 30 | 34 | 36 | 41 | 46 | 55 |
| $l$ 范围 | | | 20~30 | 25~40 | 25~50 | 30~60 | 40~80 | 45~100 | 50~120 | 60~140 | 65~160 | 70~180 | 80~200 | 90~220 | 90~240 | 100~260 | 110~300 | 140~360 |
| $l$ 范围(全螺线) | | | 6~30 | 8~40 | 10~50 | 12~60 | 16~80 | 20~100 | 25~120 | 30~140 | 30~150 | 35~150 | 40~150 | 45~200 | 50~150 | 55~200 | 60~200 | 70~200 |
| $l$ 系列 | | | 6,8,10,12,16,20~70(5 进位),80~160(10 进位),180~360(20 进位) | | | | | | | | | | | | | | | |

| 技术条件 | 材料 | 力学性能等级 | 螺纹公差 | 公差产品等级 | 表面处理 |
|---|---|---|---|---|---|
| | 钢 | 5.6、8.8、10.9 | 6g | A 级用于 $d$≤24 和 $l$≤10$d$ 或 $l$≤150<br>B 级用于 $d$>24 或 $l$>10$d$ 或 $l$>150 | 氧化或镀锌钝化 |

注:1. A、B 为产品等级,A 级最精确、C 级最不精确,C 级产品详见 GB/T 5780—2016、GB/T 5781—2016;

2. 括号内为非优选的螺纹规格,尽量不采用。

## 表 3-10　六角头加强杆螺栓—A 和 B 级(GB/T 27—2013 摘录)　mm

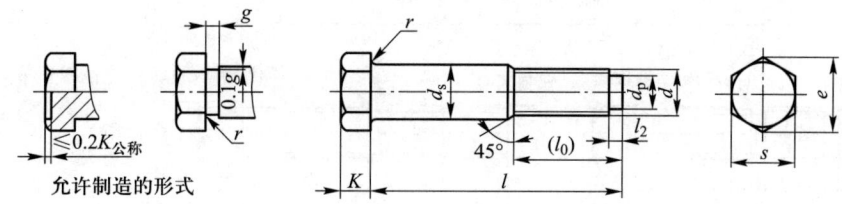

标记示例:

螺纹规格 $d$=M12、$d_s$ 尺寸按表 3-10 规定,公称长度 $l$=80、性能等级为 8.8 级、表面氧化处理、A 级的六角头加强杆螺栓的标记为

螺栓 GB/T 27　M12×80

当 $d_s$ 按 m6 制造,其余条件同上时应标记为　螺栓　GB/T　27　M12m6×80

| 螺纹规格 $d$ | | M6 | M8 | M10 | M12 | (M14) | M16 | (M18) | M20 | (M22) | M24 | (M27) | M30 | M36 |
|---|---|---|---|---|---|---|---|---|---|---|---|---|---|---|
| $d_s$(h9) | max | 7 | 9 | 11 | 13 | 15 | 17 | 19 | 21 | 23 | 25 | 28 | 32 | 38 |
| $s$ | max | 10 | 13 | 16 | 18 | 21 | 24 | 27 | 30 | 34 | 36 | 41 | 46 | 55 |
| $K$ | 公　称 | 4 | 5 | 6 | 7 | 8 | 9 | 10 | 11 | 12 | 13 | 15 | 17 | 20 |
| $r$ | min | 0.25 | 0.4 | 0.4 | 0.6 | 0.6 | 0.6 | 0.6 | 0.8 | 0.8 | 0.8 | 1 | 1 | 1 |
| $d_p$ | | 4 | 5.5 | 7 | 8.5 | 10 | 12 | 13 | 15 | 17 | 18 | 21 | 23 | 28 |
| $l_2$ | | 1.5 | | 2 | | 3 | | | 4 | | | 5 | | 6 |
| $e_{min}$ | A | 11.05 | 14.38 | 17.77 | 20.03 | 23.35 | 26.75 | 30.14 | 33.53 | 37.72 | 39.98 | — | — | — |
| | B | 10.89 | 14.20 | 17.59 | 19.85 | 22.78 | 26.17 | 29.56 | 32.95 | 37.29 | 39.55 | 45.2 | 50.85 | 60.79 |
| $g$ | | 2.5 | | | | 3.5 | | | | | 5 | | | |
| $l_0$ | | 12 | 15 | 18 | 22 | 25 | 28 | 30 | 32 | 35 | 38 | 42 | 50 | 55 |
| $l$ 范围 | | 25~65 | 25~80 | 30~120 | 35~180 | 40~180 | 45~200 | 50~200 | 55~200 | 60~200 | 65~200 | 75~200 | 80~230 | 90~300 |
| $l$ 系列 | | 25,(28),30,(32),35,(38),40,45,50,(55),60,(65),70,(75),80,85,90,(95),100~260(10 进位),280,300 | | | | | | | | | | | | |

注:1. 技术条件见表 3-9;

2. 尽可能不采用括号内的规格;

3. 根据使用要求,螺杆上无螺纹部分杆径($d_s$)允许按 m6、u8 制造;

4. GB/T 27—1988 名称为六角头铰制孔用螺栓。

## 表 3-11　六角头螺杆带孔螺栓—A 和 B 级(GB/T 31.1—2013 摘录)　mm

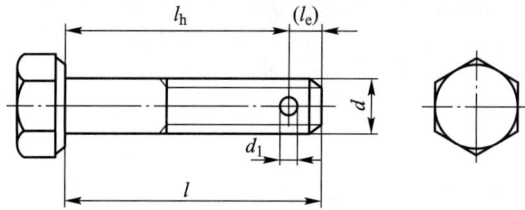

标记示例:

螺纹规格 $d$=M12,公称长度 $l$=80、性能等级为 8.8 级、不经表面处理、A 级的六角头螺杆带孔螺栓的标记为

螺栓　GB/T 31.1 M12×80

该螺杆是在 GB/T 5782 的杆部制出开口销孔,其余的形式与尺寸按 GB/T 5782 规定,参见表 3-9。

| 螺纹规格 $d$ | | M6 | M8 | M10 | M12 | (M14) | M16 | (M18) | M20 | (M22) | M24 | (M27) | M30 | M36 |
|---|---|---|---|---|---|---|---|---|---|---|---|---|---|---|
| $d_1$ | max | 1.85 | 2.25 | 2.75 | 3.5 | 3.5 | 4.3 | 4.3 | 4.3 | 5.3 | 5.3 | 5.3 | 6.66 | 6.66 |
| | min | 1.6 | 2 | 2.5 | 3.2 | 3.2 | 4 | 4 | 4 | 5 | 5 | 5 | 6.3 | 6.3 |
| $l_e$ | | 3.3 | 4 | 5 | 6 | 6.5 | 7 | 8 | 8 | 9 | 10 | 10 | 12 | 13 |

注:1. $l_e$ 数值是根据标准中 $l$-$l_h$ 得到的;

2. $l_h$ 的公差按+IT14。

表 3-12  双头螺柱 $b_m=d$（GB/T 897—1988 摘录）、$b_m=1.25d$（GB/T 898—1988 摘录）、$b_m=1.5d$（GB/T 899—1988 摘录）    mm

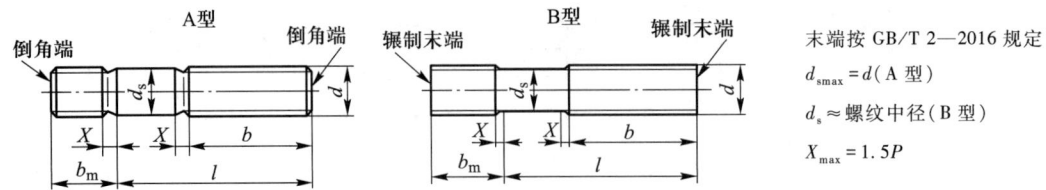

末端按 GB/T 2—2016 规定
$d_{s\,max}=d$（A 型）
$d_s \approx$ 螺纹中径（B 型）
$X_{max}=1.5P$

标记示例:

两端均为粗牙普通螺纹，$d=10$、$l=50$、性能等级为 4.8 级、不经表面处理、B 型、$b_m=1.25d$ 的双头螺柱的标记为
螺柱 GB/T 898 M10×50

旋入机体一端为粗牙普通螺纹，旋螺母一端为螺距 $P=1$ 的细牙普通螺纹，$d=10$、$l=50$、性能等级为 4.8 级、不经表面处理、A 型、$b_m=1.25d$ 的双头螺柱的标记为 螺柱 GB/T 898 AM10-M10×1×50

旋入机体一端为过渡配合螺纹的第一种配合，旋螺母一端为粗牙普通螺纹，$d=10$、$l=50$、性能等级为 8.8 级、镀锌钝化、B 型、$b_m=1.25d$ 的双头螺柱的标记为 螺柱 GB/T 898 GM10-M10×50-8.8-Zn·D

| 螺纹规格 $d$ | | M5 | M6 | M8 | M10 | M12 | (M14) | M16 |
|---|---|---|---|---|---|---|---|---|
| $b_m$（公称） | $b_m=d$ | 5 | 6 | 8 | 10 | 12 | 14 | 16 |
| | $b_m=1.25d$ | 6 | 8 | 10 | 12 | 15 | 18 | 20 |
| | $b_m=1.5d$ | 8 | 10 | 12 | 15 | 18 | 21 | 24 |
| $\dfrac{l(公称)}{b}$ | | $\dfrac{16\sim22}{10}$ | $\dfrac{20\sim22}{10}$ | $\dfrac{20\sim22}{12}$ | $\dfrac{25\sim28}{14}$ | $\dfrac{25\sim30}{16}$ | $\dfrac{30\sim35}{18}$ | $\dfrac{30\sim38}{20}$ |
| | | $\dfrac{25\sim50}{16}$ | $\dfrac{25\sim30}{14}$ | $\dfrac{25\sim30}{16}$ | $\dfrac{30\sim38}{16}$ | $\dfrac{32\sim40}{20}$ | $\dfrac{38\sim45}{25}$ | $\dfrac{40\sim55}{30}$ |
| | | | $\dfrac{32\sim75}{18}$ | $\dfrac{32\sim90}{22}$ | $\dfrac{40\sim120}{26}$ | $\dfrac{45\sim120}{30}$ | $\dfrac{50\sim120}{34}$ | $\dfrac{60\sim120}{38}$ |
| | | | | | $\dfrac{130}{32}$ | $\dfrac{130\sim180}{36}$ | $\dfrac{130\sim180}{40}$ | $\dfrac{130\sim200}{44}$ |

| 螺纹规格 $d$ | | (M18) | M20 | (M22) | M24 | (M27) | M30 | M36 |
|---|---|---|---|---|---|---|---|---|
| $b_m$（公称） | $b_m=d$ | 18 | 20 | 22 | 24 | 27 | 30 | 36 |
| | $b_m=1.25d$ | 22 | 25 | 28 | 30 | 35 | 38 | 45 |
| | $b_m=1.5d$ | 27 | 30 | 33 | 36 | 40 | 45 | 54 |
| $\dfrac{l(公称)}{b}$ | | $\dfrac{35\sim40}{22}$ | $\dfrac{35\sim40}{25}$ | $\dfrac{40\sim45}{30}$ | $\dfrac{45\sim50}{30}$ | $\dfrac{50\sim60}{35}$ | $\dfrac{60\sim65}{40}$ | $\dfrac{65\sim75}{45}$ |
| | | $\dfrac{45\sim60}{35}$ | $\dfrac{45\sim65}{35}$ | $\dfrac{50\sim70}{40}$ | $\dfrac{55\sim75}{45}$ | $\dfrac{65\sim85}{50}$ | $\dfrac{70\sim90}{50}$ | $\dfrac{80\sim110}{60}$ |
| | | $\dfrac{65\sim120}{42}$ | $\dfrac{70\sim120}{46}$ | $\dfrac{75\sim120}{50}$ | $\dfrac{80\sim120}{54}$ | $\dfrac{90\sim120}{60}$ | $\dfrac{95\sim120}{66}$ | $\dfrac{120}{78}$ |
| | | $\dfrac{130\sim200}{48}$ | $\dfrac{130\sim200}{52}$ | $\dfrac{130\sim200}{56}$ | $\dfrac{130\sim200}{60}$ | $\dfrac{130\sim200}{66}$ | $\dfrac{130\sim200}{72}$ | $\dfrac{130\sim200}{84}$ |
| | | | | | | | $\dfrac{210\sim250}{85}$ | $\dfrac{210\sim300}{97}$ |

| 公称长度 $l$ 的系列 | 16,(18),20,(22),25,(28),30,(32),35,(38),40,45,50,(55),60,(65),70,(75),80,(85),90,(95),100~260(10 进位),280,300 |
|---|---|

注: 1. 尽可能不采用括号内的规格，GB/T 897 中的 M24、M30 为括号内的规格;

2. GB/T 898 为商品紧固件品种，应优先选用;

3. 当 $b-b_m \leqslant 5$ mm 时，旋螺母一端应制成倒圆端。

### 表 3-13 地脚螺栓（GB/T 799—2020 摘录） mm

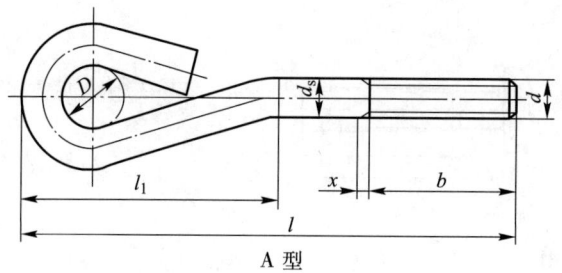

A 型

标记示例：
螺纹规格 $d$ = M20、公称长度 $l$ = 400 mm、机械性能等级为 4.6 级、A 型、表面不经处理、产品等级为 C 级地脚螺栓的标记为
地脚螺栓 GB/T 799 M20×400-A

| 螺纹规格 $d$ | M8 | M10 | M12 | M16 | M20 | M24 | M30 | M36 | M42 | M48 | M56 | M64 | M72 |
|---|---|---|---|---|---|---|---|---|---|---|---|---|---|
| $b_0^{+2P}$ | 31 | 36 | 40 | 50 | 58 | 68 | 80 | 94 | 106 | 120 | 140 | 160 | 180 |
| $l_1$ | 46 | 65 | 82 | 93 | 127 | 139 | 192 | 244 | 261 | 302 | 343 | 385 | 430 |
| $D$ | 10 | 15 | 20 | 20 | 30 | 30 | 45 | 60 | 60 | 70 | 80 | 90 | 100 |
| $x_{max}$ | 3.2 | 3.8 | 4.3 | 5 | 6.3 | 7.5 | 9 | 10 | 11 | 12.5 | 14 | 15 | 15 |
| $l$ 范围 | 80~200 | 100~250 | 120~300 | 160~500 | 200~800 | 250~1 200 | 300~2 000 | 400~2 500 | 500~2 500 | 600~3 000 | 800~3 500 | 1 000~3 500 | 1 600~3 500 |

| $l$ 系列 | 80,100,120,160,200,250,300,400,500,600,800,1 000,1 200,1 600,2 000,2 500,3 000,3 500 | | | | | |
|---|---|---|---|---|---|---|
| 技术条件 | 材料 | 螺纹公差 | 公差等级 | 机械性能等级 | 表面处理 | |
| | 钢 | 8g | C | 4.6、5.6 | 不经处理；电镀处理；热浸镀锌 | |

### 表 3-14 内六角圆柱头螺钉（GB/T 70.1—2008 摘录） mm

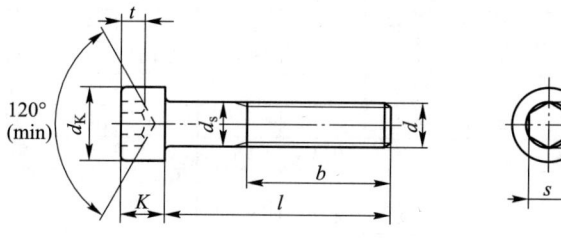

标记示例：
螺纹规格 $d$ = M8、公称长度 $l$ = 20、性能等级为 8.8 级、表面氧化的 A 级内六角圆柱头螺钉的标记为
螺钉 GB/T 70.1 M8×20

| 螺纹规格 $d$ | M5 | M6 | M8 | M10 | M12 | M16 | M20 | M24 | M30 | M36 |
|---|---|---|---|---|---|---|---|---|---|---|
| $b$（参考） | 22 | 24 | 28 | 32 | 36 | 44 | 52 | 60 | 72 | 84 |
| $d_K$（max） | 8.5 | 10 | 13 | 16 | 18 | 24 | 30 | 36 | 45 | 54 |
| $e$（min） | 4.58 | 5.72 | 6.86 | 9.15 | 11.43 | 16 | 19.44 | 21.73 | 25.15 | 30.85 |
| $K$（max） | 5 | 6 | 8 | 10 | 12 | 16 | 20 | 24 | 30 | 36 |
| $s$（公称） | 4 | 5 | 6 | 8 | 10 | 14 | 17 | 19 | 22 | 27 |
| $t$（min） | 2.5 | 3 | 4 | 5 | 6 | 8 | 10 | 12 | 15.5 | 19 |
| $l$ 范围（公称） | 8~50 | 10~60 | 12~80 | 16~100 | 20~120 | 25~160 | 30~200 | 40~200 | 45~200 | 55~200 |
| 制成全螺纹时 $l$≤ | 25 | 30 | 35 | 40 | 50 | 60 | 70 | 80 | 100 | 110 |

| $l$ 系列（公称） | 8,10,12,16,20~50（5 进位），(55),60,(65),70~160（10 进位），180,200 | | | | |
|---|---|---|---|---|---|
| 技术条件 | 材料 | 性能等级 | 螺纹公差 | 产品等级 | 表面处理 |
| | 钢 | 8.8,10.9,12.9 | 12.9 级为 5g 或 6g，其他等级为 6g | A | 氧化 |

注：括号内规格尽可能不采用。

表 3-15　十字槽盘头螺钉（GB/T 818—2016 摘录）、十字槽沉头螺钉（GB/T 819.1—2016 摘录）　　　mm

十字槽盘头螺钉

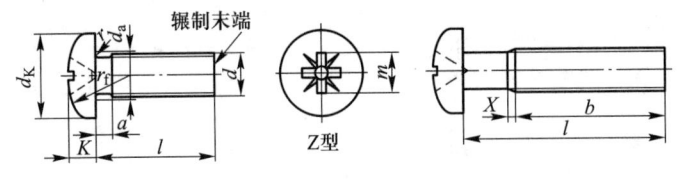

无螺纹部分杆径≈中径

或 = 螺纹大径

十字槽沉头螺钉

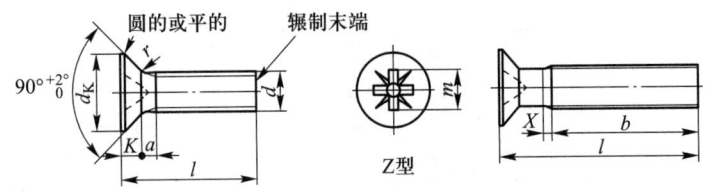

无螺纹部分杆径≈中径

或 = 螺纹大径

标记示例：

螺纹规格 $d$=M5、公称长度 $l$=20、性能等级为 4.8 级、不经表面处理的 A 级十字槽盘头螺钉（或十字槽沉头螺钉）的标记为
螺钉　GB/T 818　M5×20（或 GB/T 819.1　M5×20）

| | 螺纹规格 $d$ | | M1.6 | M2 | M2.5 | M3 | M4 | M5 | M6 | M8 | M10 |
|---|---|---|---|---|---|---|---|---|---|---|---|
| | 螺距 $P$ | | 0.35 | 0.4 | 0.45 | 0.5 | 0.7 | 0.8 | 1 | 1.25 | 1.5 |
| | $a$ | max | 0.7 | 0.8 | 0.9 | 1 | 1.4 | 1.6 | 2 | 2.5 | 3 |
| | $b$ | min | 25 | 25 | 25 | 25 | 38 | 38 | 38 | 38 | 38 |
| | $X$ | max | 0.9 | 1 | 1.1 | 1.25 | 1.75 | 2 | 2.5 | 3.2 | 3.8 |
| 十字槽盘头螺钉 | $d_a$ | max | 2 | 2.6 | 3.1 | 3.6 | 4.7 | 5.7 | 6.8 | 9.2 | 11.2 |
| | $d_K$ | max | 3.2 | 4 | 5 | 5.6 | 8 | 9.5 | 12 | 16 | 20 |
| | $K$ | max | 1.3 | 1.6 | 2.1 | 2.4 | 3.1 | 3.7 | 4.6 | 6 | 7.5 |
| | $r$ | min | 0.1 | 0.1 | 0.1 | 0.1 | 0.2 | 0.2 | 0.25 | 0.4 | 0.4 |
| | $r_f$ | ≈ | 2.5 | 3.2 | 4 | 5 | 6.5 | 8 | 10 | 13 | 16 |
| | $m$ | 参考 | 1.6 | 2.1 | 2.6 | 2.8 | 4.3 | 4.7 | 6.7 | 8.8 | 9.9 |
| | $l$ 商品规格范围 | | 3~16 | 3~20 | 3~25 | 4~30 | 5~40 | 6~45 | 8~60 | 10~60 | 12~60 |
| 十字槽沉头螺钉 | $d_K$ | max | 3 | 3.8 | 4.7 | 5.5 | 8.4 | 9.3 | 11.3 | 15.8 | 18.3 |
| | $K$ | max | 1 | 1.2 | 1.5 | 1.65 | 2.7 | 2.7 | 3.3 | 4.65 | 5 |
| | $r$ | max | 0.4 | 0.5 | 0.6 | 0.8 | 1 | 1.3 | 1.5 | 2 | 2.5 |
| | $m$ | 参考 | 1.6 | 1.9 | 2.8 | 3 | 4.4 | 4.9 | 6.6 | 8.8 | 9.8 |
| | $l$ 商品规格范围 | | 3~16 | 3~20 | 3~25 | 4~30 | 5~40 | 6~50 | 8~60 | 10~60 | 12~60 |
| 公称长度 $l$ 的系列 | | | 3,4,5,6,8,10,12,(14),16,20~60（5 进位） | | | | | | | | |
| 技术条件 | | | 材料 | | 性能等级 | | 螺纹公差 | | 公差产品等级 | | 表面处理 |
| | | | 钢 | | 4.8 | | 6g | | A | | 不经处理 |

注：1. 公称长度 $l$ 中的(14)、(55)等规格尽可能不采用；

　　2. 对十字槽盘头螺钉，$d$≤M3、$l$≤25 mm 或 $d$>M4、$l$≤40 mm 时，制出全螺纹（$b=l-a$）；

　　对十字槽沉头螺钉，$d$≤M3、$l$≤30 mm 或 $d$≥M4、$l$≤45 mm 时，制出全螺纹 [$b=l-(K+a)$]。

表 3-16　开槽盘头螺钉(GB/T 67—2016 摘录)、开槽沉头螺钉(GB/T 68—2016 摘录)　　mm

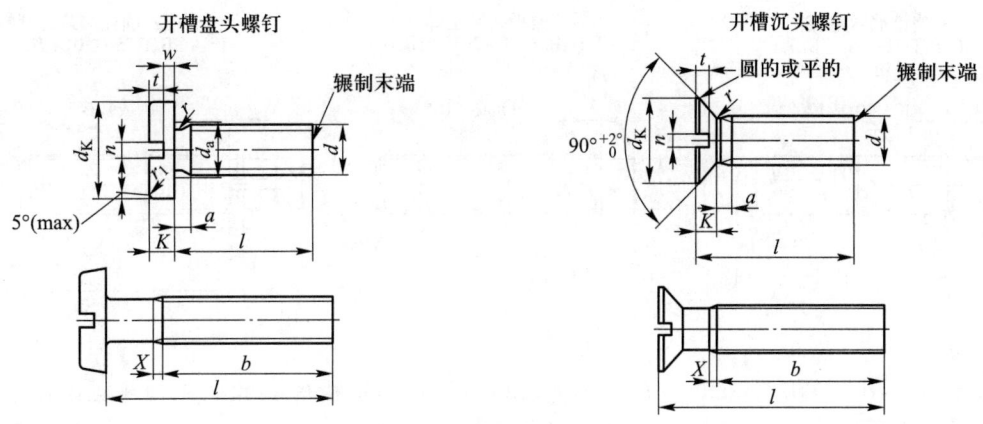

无螺纹部分杆径≈中径或=螺纹大径

标记示例：

螺纹规格 $d$=M5、公称长度 $l$=20、性能等级为 4.8 级、不经表面处理的 A 级开槽盘头螺钉(或开槽沉头螺钉)的标记为

螺钉　GB/T 67　M5×20(或 GB/T 68　M5×20)

| | 螺纹规格 $d$ | | M1.6 | M2 | M2.5 | M3 | M4 | M5 | M6 | M8 | M10 |
|---|---|---|---|---|---|---|---|---|---|---|---|
| | 螺距 $P$ | | 0.35 | 0.4 | 0.45 | 0.5 | 0.7 | 0.8 | 1 | 1.25 | 1.5 |
| | $a$ | max | 0.7 | 0.8 | 0.9 | 1 | 1.4 | 1.6 | 2 | 2.5 | 3 |
| | $b$ | min | 25 | 25 | 25 | 25 | 38 | 38 | 38 | 38 | 38 |
| | $n$ | 公称 | 0.4 | 0.5 | 0.6 | 0.8 | 1.2 | 1.2 | 1.6 | 2 | 2.5 |
| | $X$ | max | 0.9 | 1 | 1.1 | 1.25 | 1.75 | 2 | 2.5 | 3.2 | 3.8 |
| 开槽盘头螺钉 | $d_K$ | max | 3.2 | 4 | 5 | 5.6 | 8 | 9.5 | 12 | 16 | 20 |
| | $d_a$ | max | 2 | 2.6 | 3.1 | 3.6 | 4.7 | 5.7 | 6.8 | 9.2 | 11.2 |
| | $K$ | max | 1 | 1.3 | 1.5 | 1.8 | 2.4 | 3 | 3.6 | 4.8 | 6 |
| | $r$ | min | 0.1 | 0.1 | 0.1 | 0.1 | 0.2 | 0.2 | 0.25 | 0.4 | 0.4 |
| | $r_f$ | 参考 | 0.5 | 0.6 | 0.8 | 0.9 | 1.2 | 1.5 | 1.8 | 2.4 | 3 |
| | $t$ | min | 0.35 | 0.5 | 0.6 | 0.7 | 1 | 1.2 | 1.4 | 1.9 | 2.4 |
| | $w$ | min | 0.3 | 0.4 | 0.5 | 0.7 | 1 | 1.2 | 1.4 | 1.9 | 2.4 |
| | $l$ 商品规格范围 | | 2~16 | 2.5~20 | 3~25 | 4~30 | 5~40 | 6~50 | 8~60 | 10~80 | 12~80 |
| 开槽沉头螺钉 | $d_K$ | max | 3 | 3.8 | 4.7 | 5.5 | 8.4 | 9.3 | 11.3 | 15.8 | 18.3 |
| | $K$ | max | 1 | 1.2 | 1.5 | 1.65 | 2.7 | 2.7 | 3.3 | 4.65 | 5 |
| | $r$ | max | 0.4 | 0.5 | 0.6 | 0.8 | 1 | 1.3 | 1.5 | 2 | 2.5 |
| | $t$ | min | 0.32 | 0.4 | 0.5 | 0.6 | 1 | 1.1 | 1.2 | 1.8 | 2 |
| | $l$ 商品规格范围 | | 2.5~16 | 3~20 | 4~25 | 5~30 | 6~40 | 8~50 | 8~60 | 10~80 | 12~80 |
| 公称长度 $l$ 的系列 | | | 2,2.5,3,4,5,6,8,10,12,(14),16,20~80(5 进位) | | | | | | | | |
| 技术条件 | | 材料 | 性能等级 | | 螺纹公差 | | 公差产品等级 | | 表面处理 | | |
| | | 钢 | 4.8、5.8 | | 6g | | A | | 不经处理 | | |

注：1. 公称长度 $l$ 中的(14)、(55)、(65)、(75)等规格尽可能不采用；

　　2. 对开槽盘头螺钉，$d$≤M3、$l$≤30 mm 或 $d$≥M4、$l$≤40 mm 时，制出全螺纹($b=l-a$)；

　　　对开槽沉头螺钉，$d$≤M3、$l$≤30 mm 或 $d$≥M4、$l$≤45 mm 时，制出全螺纹[$b=l-(K+a)$]。

表 3-17 紧定螺钉    mm

开槽锥端紧定螺钉　　　　开槽平端紧定螺钉　　　开槽长圆柱端紧定螺钉
(GB/T 71—2018摘录)　　(GB/T 73—2017摘录)　　(GB/T 75—2018摘录)

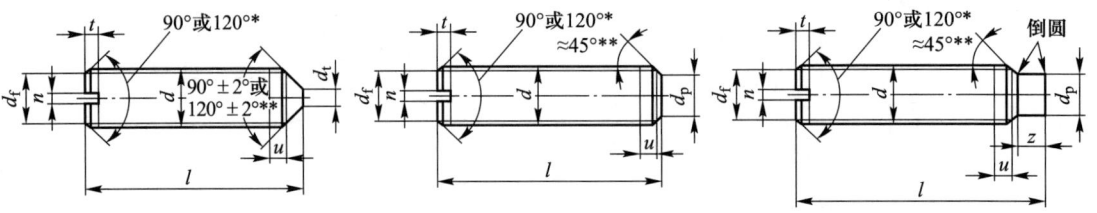

标记示例：

螺纹规格 $d$=M5、公称长度 $l$=12、性能等级为 14H 级、表面不经处理的开槽锥端紧定螺钉（或开槽平端，或开槽长圆柱端紧定螺钉）的标记为

螺钉　GB/T 71　M5×12（或 GB/T 73　M5×12，或 GB/T 75　M5×12）

| 螺纹规格 $d$ | | | M3 | M4 | M5 | M6 | M8 | M10 | M12 |
|---|---|---|---|---|---|---|---|---|---|
| 螺距 $P$ | | | 0.5 | 0.7 | 0.8 | 1 | 1.25 | 1.5 | 1.75 |
| $d_f \approx$ | | | 螺纹小径 | | | | | | |
| $d_t$ | max | | 0.3 | 0.4 | 0.5 | 1.5 | 2 | 2.5 | 3 |
| $d_p$ | max | | 2 | 2.5 | 3.5 | 4 | 5.5 | 7 | 8.5 |
| $n$ | 公称 | | 0.4 | 0.6 | 0.8 | 1 | 1.2 | 1.6 | 2 |
| $t$ | min | | 0.8 | 1.12 | 1.28 | 1.6 | 2 | 2.4 | 2.8 |
| $z$ | max | | 1.75 | 2.25 | 2.75 | 3.25 | 4.3 | 5.3 | 6.3 |
| 不完整螺纹的长度 $u$ | | | ≤2P | | | | | | |
| $l$ 范围（商品规格） | GB/T 71—2018 | | 4~16 | 6~20 | 8~25 | 8~30 | 10~40 | 12~50 | 14~60 |
| | GB/T 73—2017 | | 3~16 | 4~20 | 5~25 | 6~30 | 8~40 | 10~50 | 12~60 |
| | GB/T 75—2017 | | 5~16 | 6~20 | 8~25 | 8~30 | 10~40 | 12~50 | 14~60 |
| | 短螺钉 | GB/T 73—2017 | 3 | 4 | 5 | 6 | — | — | — |
| | | GB/T 75—2018 | 5 | 6 | 8 | 8,10 | 10,12,14 | 12,14,16 | 14,16,20 |
| 公称长度 $l$ 的系列 | | | 4,5,6,8,10,12,(14),16,20,25,30,35,40,45,50,55,60 | | | | | | |
| 技术条件 | 材料 | | 性能等级 | | 螺纹公差 | | 公差产品等级 | | 表面处理 |
| | 不锈钢 | | A1—12H, A2—12H | | 6g | | A | | 不经处理或简单处理 |

注：1. 尽可能不采用括号内的规格；

2. * 公称长度在表中 $l$ 范围内的短螺钉应制成 120°；

3. ** 90° 或 120° 和 45° 仅适用于螺纹小径以内的末端部分。

**表 3-18　吊环螺钉(GB/T 825—1988 摘录)**　　mm

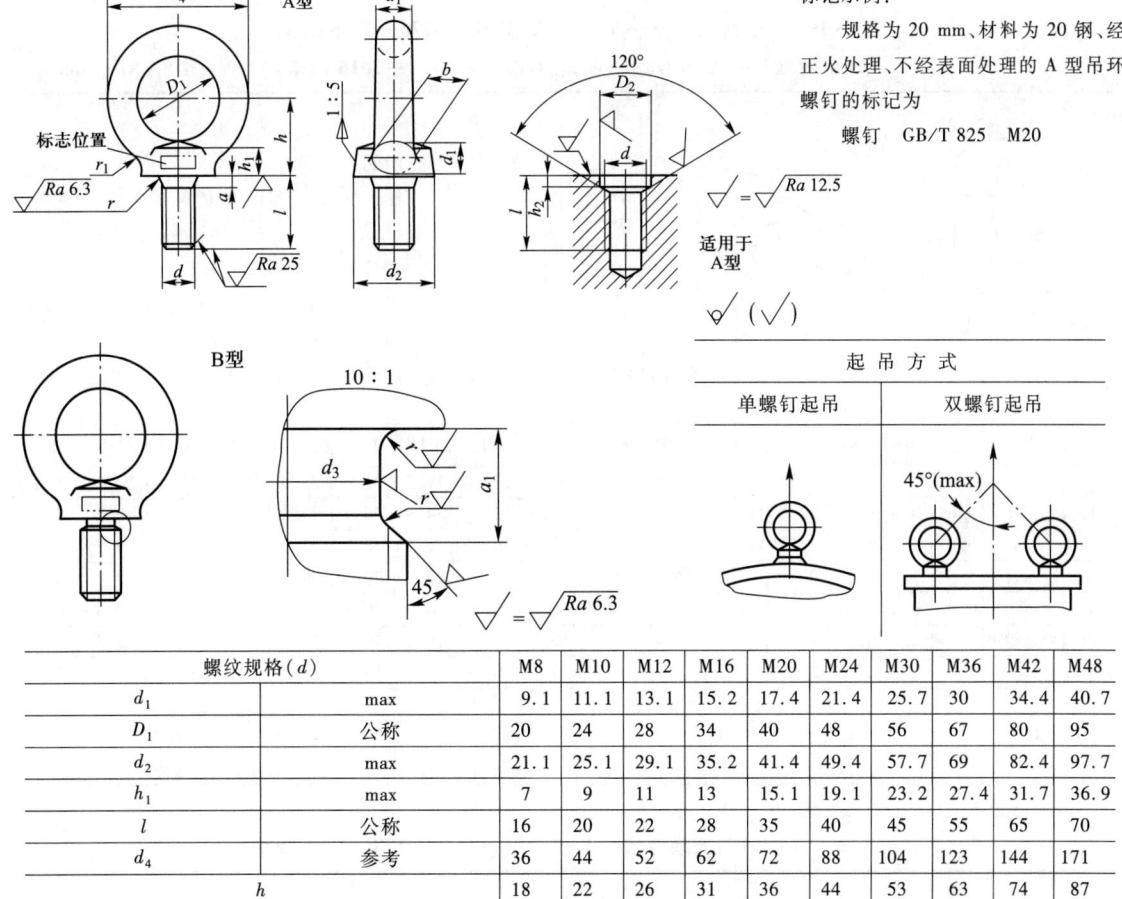

标记示例：

规格为 20 mm、材料为 20 钢、经正火处理、不经表面处理的 A 型吊环螺钉的标记为

螺钉　GB/T 825　M20

| 螺纹规格($d$) | | | M8 | M10 | M12 | M16 | M20 | M24 | M30 | M36 | M42 | M48 |
|---|---|---|---|---|---|---|---|---|---|---|---|---|
| $d_1$ | | max | 9.1 | 11.1 | 13.1 | 15.2 | 17.4 | 21.4 | 25.7 | 30 | 34.4 | 40.7 |
| $D_1$ | | 公称 | 20 | 24 | 28 | 34 | 40 | 48 | 56 | 67 | 80 | 95 |
| $d_2$ | | max | 21.1 | 25.1 | 29.1 | 35.2 | 41.4 | 49.4 | 57.7 | 69 | 82.4 | 97.7 |
| $h_1$ | | max | 7 | 9 | 11 | 13 | 15.1 | 19.1 | 23.2 | 27.4 | 31.7 | 36.9 |
| $l$ | | 公称 | 16 | 20 | 22 | 28 | 35 | 40 | 45 | 55 | 65 | 70 |
| $d_4$ | | 参考 | 36 | 44 | 52 | 62 | 72 | 88 | 104 | 123 | 144 | 171 |
| $h$ | | | 18 | 22 | 26 | 31 | 36 | 44 | 53 | 63 | 74 | 87 |
| $r_1$ | | | 4 | 4 | 6 | 6 | 8 | 12 | 15 | 18 | 20 | 22 |
| $r$ | | min | 1 | 1 | 1 | 1 | 1 | 2 | 2 | 3 | 3 | 3 |
| $a_1$ | | max | 3.75 | 4.5 | 5.25 | 6 | 7.5 | 9 | 10.5 | 12 | 13.5 | 15 |
| $d_3$ | | 公称(max) | 6 | 7.7 | 9.4 | 13 | 16.4 | 19.6 | 25 | 30.8 | 35.6 | 41 |
| $a$ | | max | 2.5 | 3 | 3.5 | 4 | 5 | 6 | 7 | 8 | 9 | 10 |
| $b$ | | | 10 | 12 | 14 | 16 | 19 | 24 | 28 | 32 | 38 | 46 |
| $D_2$ | | 公称(min) | 13 | 15 | 17 | 22 | 28 | 32 | 38 | 45 | 52 | 60 |
| $h_2$ | | 公称(min) | 2.5 | 3 | 3.5 | 4.5 | 5 | 7 | 8 | 9.5 | 10.5 | 11.5 |
| 最大起吊重量 /t | 单螺钉起吊 | (参见右上图) | 0.16 | 0.25 | 0.4 | 0.63 | 1 | 1.6 | 2.5 | 4 | 6.3 | 8 |
| | 双螺钉起吊 | | 0.08 | 0.125 | 0.2 | 0.32 | 0.5 | 0.8 | 1.25 | 2 | 3.2 | 4 |

| 减速器类型 | 一级圆柱齿轮减速器 | | | | | | 二级圆柱齿轮减速器 | | | | |
|---|---|---|---|---|---|---|---|---|---|---|---|
| 中心距 $a$ | 100 | 125 | 160 | 200 | 250 | 315 | 100×140 | 140×200 | 180×250 | 200×280 | 250×355 |
| 重量 $W$/kN | 0.26 | 0.52 | 1.05 | 2.1 | 4 | 8 | 1 | 2.6 | 4.8 | 6.8 | 12.5 |

注：1. M8～M36 为商品规格；

2. "减速器重量 $W$"非 GB/T 825 内容，仅供课程设计参考用。

## 三、螺母

**表 3-19　1 型六角螺母—A 和 B 级(GB/T 6170—2015 摘录)、六角薄螺母—A 和 B 级—倒角(GB/T 6172.1—2016 摘录)**　　mm

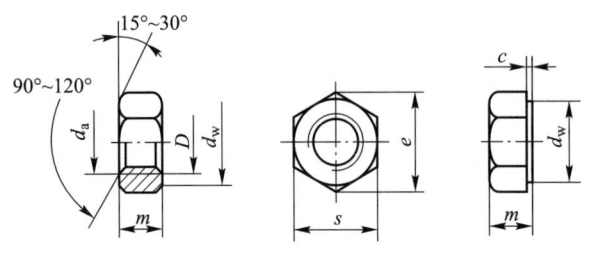

允许制造形式(GB/T 6170)

标记示例：

螺纹规格 $D$=M12、性能等级为 8 级、不经表面处理、A 级的 1 型六角螺母的标记为

螺母　GB/T 6170　M12

螺纹规格 $D$=M12、性能等级为 04 级、不经表面处理、A 级的六角薄螺母的标记为

螺母　GB/T 6172.1　M12

| 螺纹规格 $D$ | | M3 | M4 | M5 | M6 | M8 | M10 | M12 | (M14) | M16 | (M18) | M20 | (M22) | M24 | (M27) | M30 | M36 |
|---|---|---|---|---|---|---|---|---|---|---|---|---|---|---|---|---|---|
| $d_a$ | max | 3.45 | 4.6 | 5.75 | 6.75 | 8.75 | 10.8 | 13 | 15.1 | 17.30 | 19.5 | 21.6 | 23.7 | 25.9 | 29.1 | 32.4 | 38.9 |
| $d_w$ | min | 4.6 | 5.9 | 6.9 | 8.9 | 11.6 | 14.6 | 16.6 | 19.6 | 22.5 | 24.9 | 27.7 | 31.4 | 33.3 | 38 | 42.8 | 51.1 |
| $e$ | min | 6.01 | 7.66 | 8.79 | 11.05 | 14.38 | 17.77 | 20.03 | 23.36 | 26.75 | 29.56 | 32.95 | 37.29 | 39.55 | 45.2 | 50.85 | 60.79 |
| $s$ | max | 5.5 | 7 | 8 | 10 | 13 | 16 | 18 | 21 | 24 | 27 | 30 | 34 | 36 | 41 | 46 | 55 |
| $c$ | max | 0.4 | 0.4 | 0.5 | 0.5 | 0.6 | 0.6 | 0.6 | 0.6 | 0.8 | 0.8 | 0.8 | 0.8 | 0.8 | 0.8 | 0.8 | 0.8 |
| $m$ | 六角螺母 | 2.4 | 3.2 | 4.7 | 5.2 | 6.8 | 8.4 | 10.8 | 12.8 | 14.8 | 15.8 | 18 | 19.4 | 21.5 | 23.8 | 25.6 | 31 |
| (max) | 薄螺母 | 1.8 | 2.2 | 2.7 | 3.2 | 4 | 5 | 6 | 7 | 8 | 9 | 10 | 11 | 12 | 13.5 | 15 | 18 |
| 技术条件 | | 材料 | | 性能等级 | | | 螺纹公差 | | 表面处理 | | | 公差产品等级 | | | | | |
| | | 钢 | | 六角螺母 6,8,10(QT)<br>薄螺母 04、05(QT) | | | 6H | | 不经处理或<br>镀锌钝化 | | | A 级用于 $D \leqslant$ M16<br>B 级用于 $D>$M16 | | | | | |

注：尽可能不采用括号内的规格。QT—淬火并回火。

**表 3-20　1 型六角开槽螺母—A 和 B 级(GB/T 6178—1986 摘录)**　　mm

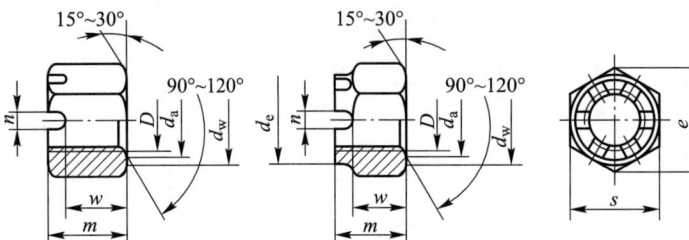

标记示例：

螺纹规格 $D$=M5、性能等级为 8 级、不经表面处理、A 级的 1 型六角开槽螺母的标记为

螺母　GB/T 6178　M5

| 螺纹规格 $D$ | | M4 | M5 | M6 | M8 | M10 | M12 | (M14) | M16 | M20 | M24 | M30 | M36 |
|---|---|---|---|---|---|---|---|---|---|---|---|---|---|
| $d_e$ | max | — | — | — | — | — | — | — | — | 28 | 34 | 42 | 50 |
| $m$ | max | 5 | 6.7 | 7.7 | 9.8 | 12.4 | 15.8 | 17.8 | 20.8 | 24 | 29.5 | 34.6 | 40 |
| $n$ | min | 1.2 | 1.4 | 2 | 2.5 | 2.8 | 3.5 | 3.5 | 4.5 | 4.5 | 5.5 | 7 | 7 |
| $w$ | max | 3.2 | 4.7 | 5.2 | 6.8 | 8.4 | 10.8 | 12.8 | 14.8 | 18 | 21.5 | 25.6 | 31 |
| $s$ | max | 7 | 8 | 10 | 13 | 16 | 18 | 21 | 24 | 30 | 36 | 46 | 55 |
| 开口销 | | 1×10 | 1.2×12 | 1.6×14 | 2×16 | 2.5×20 | 3.2×22 | 3.2×25 | 4×28 | 4×36 | 5×40 | 6.3×50 | 6.3×63 |

注：1. $d_a$、$d_w$、$e$ 尺寸和技术条件与表 3-19 相同；

2. 尽可能不采用括号内的规格。

## 四、垫圈

**表 3-21　小垫圈、平垫圈**　　mm

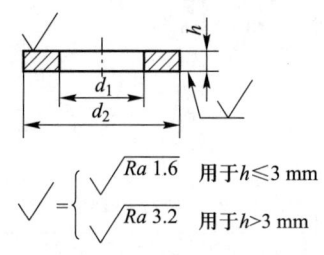

小垫圈—A级(GB/T 848—2002摘录)
平垫圈—A级(GB/T 97.1—2002摘录)

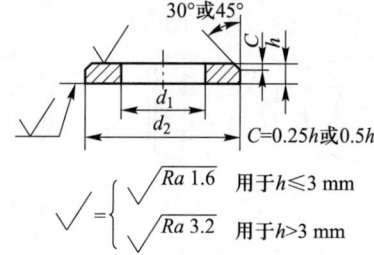

$\sqrt{}$ = { $\sqrt{Ra\ 1.6}$ 用于h≤3 mm; $\sqrt{Ra\ 3.2}$ 用于h>3 mm }

平垫圈—倒角型—A级
(GB/T 97.2—2002摘录)

$\sqrt{}$ = { $\sqrt{Ra\ 1.6}$ 用于h≤3 mm; $\sqrt{Ra\ 3.2}$ 用于h>3 mm }

标记示例：

小系列(或标准系列)、公称规格 8 mm、由钢制造的硬度等级为 200 HV 级、不经表面处理、产品等级为 A 级的平垫圈的标记为

垫圈　GB/T 848　8(或 GB/T 97.1　8 或 GB/T 97.2　8)

<table>
<tr><td colspan="2">公称尺寸(螺纹规格 d)</td><td>1.6</td><td>2</td><td>2.5</td><td>3</td><td>4</td><td>5</td><td>6</td><td>8</td><td>10</td><td>12</td><td>(14)</td><td>16</td><td>20</td><td>24</td><td>30</td><td>36</td></tr>
<tr><td rowspan="3">$d_1$</td><td>GB/T 848—2002</td><td rowspan="2">1.7</td><td rowspan="2">2.2</td><td rowspan="2">2.7</td><td rowspan="2">3.2</td><td rowspan="2">4.3</td><td rowspan="3">5.3</td><td rowspan="3">6.4</td><td rowspan="3">8.4</td><td rowspan="3">10.5</td><td rowspan="3">13</td><td rowspan="3">15</td><td rowspan="3">17</td><td rowspan="3">21</td><td rowspan="3">25</td><td rowspan="3">31</td><td rowspan="3">37</td></tr>
<tr><td>GB/T 97.1—2002</td></tr>
<tr><td>GB/T 97.2—2002</td><td>—</td><td>—</td><td>—</td><td>—</td><td>—</td></tr>
<tr><td rowspan="3">$d_2$</td><td>GB/T 848—2002</td><td>3.5</td><td>4.5</td><td>5</td><td>6</td><td>8</td><td>9</td><td>11</td><td>15</td><td>18</td><td>20</td><td>24</td><td>28</td><td>34</td><td>39</td><td>50</td><td>60</td></tr>
<tr><td>GB/T 97.1—2002</td><td>4</td><td>5</td><td>6</td><td>7</td><td>9</td><td rowspan="2">10</td><td rowspan="2">12</td><td rowspan="2">16</td><td rowspan="2">20</td><td rowspan="2">24</td><td rowspan="2">28</td><td rowspan="2">30</td><td rowspan="2">37</td><td rowspan="2">44</td><td rowspan="2">56</td><td rowspan="2">66</td></tr>
<tr><td>GB/T 97.2—2002</td><td>—</td><td>—</td><td>—</td><td>—</td><td>—</td></tr>
<tr><td rowspan="3">h</td><td>GB/T 848—2002</td><td rowspan="2">0.3</td><td rowspan="2">0.3</td><td rowspan="2">0.5</td><td rowspan="2">0.5</td><td>0.5</td><td rowspan="3">1</td><td rowspan="3">1.6</td><td rowspan="3">1.6</td><td>1.6</td><td>2</td><td rowspan="3">2.5</td><td>2.5</td><td rowspan="3">3</td><td rowspan="3">4</td><td rowspan="3">4</td><td rowspan="3">5</td></tr>
<tr><td>GB/T 97.1—2002</td><td>0.8</td><td rowspan="2">2</td><td rowspan="2">2.5</td><td rowspan="2">3</td></tr>
<tr><td>GB/T 97.2—2002</td><td>—</td><td>—</td><td>—</td><td>—</td><td>—</td></tr>
</table>

**表 3-22　标准型弹簧垫圈(GB/T 93—1987 摘录)、轻型弹簧垫圈(GB/T 859—1987 摘录)**　mm

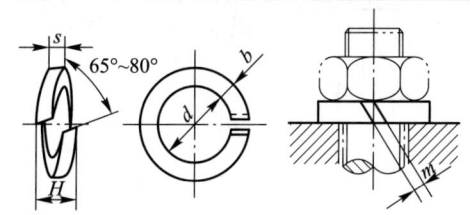

标记示例：

规格为 16、材料为 65Mn、表面氧化的标准型(或轻型)弹簧垫圈的标记为

垫圈　GB/T 93　16

(或 GB/T 859　16)

| 规格(螺纹大径) | | | 3 | 4 | 5 | 6 | 8 | 10 | 12 | (14) | 16 | (18) | 20 | (22) | 24 | (27) | 30 | (33) | 36 |
|---|---|---|---|---|---|---|---|---|---|---|---|---|---|---|---|---|---|---|---|
| GB/T 93—1987 | s(b) | 公称 | 0.8 | 1.1 | 1.3 | 1.6 | 2.1 | 2.6 | 3.1 | 3.6 | 4.1 | 4.5 | 5.0 | 5.5 | 6.0 | 6.8 | 7.5 | 8.5 | 9 |
| | H | min | 1.6 | 2.2 | 2.6 | 3.2 | 4.2 | 5.2 | 6.2 | 7.2 | 8.2 | 9 | 10 | 11 | 12 | 13.6 | 15 | 17 | 18 |
| | | max | 2 | 2.75 | 3.25 | 4 | 5.25 | 6.5 | 7.75 | 9 | 10.25 | 11.25 | 12.5 | 13.75 | 15 | 17 | 18.75 | 21.25 | 22.5 |
| | m | ≤ | 0.4 | 0.55 | 0.65 | 0.8 | 1.05 | 1.3 | 1.55 | 1.8 | 2.05 | 2.25 | 2.5 | 2.75 | 3 | 3.4 | 3.75 | 4.25 | 4.5 |
| GB/T 859—1987 | s | 公称 | 0.6 | 0.8 | 1.1 | 1.3 | 1.6 | 2 | 2.5 | 3 | 3.2 | 3.6 | 4 | 4.5 | 5 | 5.5 | 6 | — | — |
| | b | 公称 | 1 | 1.2 | 1.5 | 2 | 2.5 | 3 | 3.5 | 4 | 4.5 | 5 | 5.5 | 6 | 7 | 8 | 9 | — | — |
| | H | min | 1.2 | 1.6 | 2.2 | 2.6 | 3.2 | 4 | 5 | 6 | 6.4 | 7.2 | 8 | 9 | 10 | 11 | 12 | — | — |
| | | max | 1.5 | 2 | 2.75 | 3.25 | 4 | 5 | 6.25 | 7.5 | 8 | 9 | 10 | 11.25 | 12.5 | 13.75 | 15 | — | — |
| | m | ≤ | 0.3 | 0.4 | 0.55 | 0.65 | 0.8 | 1.0 | 1.25 | 1.5 | 1.6 | 1.8 | 2.0 | 2.25 | 2.5 | 2.75 | 3.0 | — | — |

注：尽可能不采用括号内的规格。

## 表 3-23　外舌止动垫圈(GB/T 856—1988 摘录)

mm

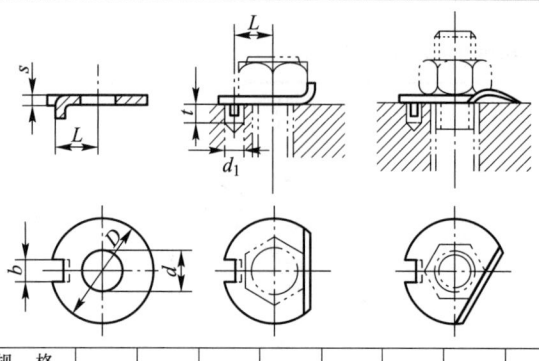

标记示例:

规格为 10、材料为 Q235A、经退火、表面氧化处理的外舌止动垫圈的标记为

垫圈　GB/T 856　10

| 规　格(螺纹大径) | | 3 | 4 | 5 | 6 | 8 | 10 | 12 | (14) | 16 | (18) | 20 | (22) | 24 | (27) | 30 | 36 |
|---|---|---|---|---|---|---|---|---|---|---|---|---|---|---|---|---|---|
| $d$ | max | 3.5 | 4.5 | 5.6 | 6.76 | 8.76 | 10.93 | 13.43 | 15.43 | 17.43 | 19.52 | 21.52 | 23.52 | 25.52 | 28.52 | 31.62 | 37.62 |
| | min | 3.2 | 4.2 | 5.3 | 6.4 | 8.4 | 10.5 | 13 | 15 | 17 | 19 | 21 | 23 | 25 | 28 | 31 | 37 |
| $D$ | max | 12 | 14 | 17 | 19 | 22 | 26 | 32 | 32 | 40 | 45 | 45 | 50 | 50 | 58 | 63 | 75 |
| | min | 11.57 | 13.57 | 16.57 | 18.48 | 21.48 | 25.48 | 31.38 | 31.38 | 39.38 | 44.38 | 44.38 | 49.38 | 49.38 | 57.26 | 62.26 | 74.26 |
| $b$ | max | 2.5 | 2.5 | 3.5 | 3.5 | 3.5 | 4.5 | 4.5 | 4.5 | 5.5 | 6 | 6 | 7 | 7 | 8 | 8 | 11 |
| | min | 2.25 | 2.25 | 3.2 | 3.2 | 3.2 | 4.2 | 4.2 | 4.2 | 5.2 | 5.7 | 5.7 | 6.64 | 6.64 | 7.64 | 7.64 | 10.57 |
| $L$ | | 4.5 | 5.5 | 7 | 7.5 | 8.5 | 10 | 12 | 12 | 15 | 18 | 18 | 20 | 20 | 23 | 25 | 31 |
| $s$ | | 0.4 | 0.4 | 0.5 | 0.5 | 0.5 | 0.5 | 1 | 1 | 1 | 1 | 1 | 1 | 1 | 1.5 | 1.5 | 1.5 |
| $d_1$ | | 3 | 3 | 4 | 4 | 4 | 5 | 5 | 5 | 6 | 7 | 7 | 8 | 8 | 9 | 9 | 12 |
| $t$ | | 3 | 3 | 4 | 4 | 4 | 5 | 6 | 6 | 6 | 7 | 7 | 7 | 7 | 10 | 10 | 10 |

注:尽可能不采用括号内的规格。

## 表 3-24　工字钢、槽钢用方斜垫圈

mm

工字钢用方斜垫圈(GB/T 852—1988 摘录)　　槽钢用方斜垫圈(GB/T 853—1988 摘录)

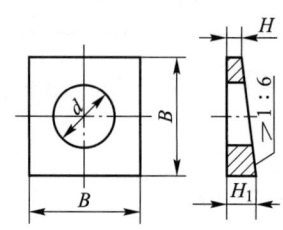

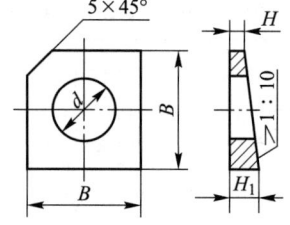

标记示例:

规格为 16、材料为 Q235A、不经表面处理的工字钢用(槽钢用)方斜垫圈的标记为

垫圈　GB/T 852　16(GB/T 853　16)

| 规格(螺纹大径) | | 6 | 8 | 10 | 12 | 16 | (18) | 20 | (22) | 24 | (27) | 30 | 36 |
|---|---|---|---|---|---|---|---|---|---|---|---|---|---|
| $d$ | max | 6.96 | 9.36 | 11.43 | 13.93 | 17.93 | 20.52 | 22.52 | 24.52 | 26.52 | 30.52 | 33.62 | 39.62 |
| | min | 6.6 | 9 | 11 | 13.5 | 17.5 | 20 | 22 | 24 | 26 | 30 | 33 | 39 |
| $B$ | | 16 | 18 | 22 | 28 | 35 | 40 | 40 | 40 | 50 | 50 | 60 | 70 |
| $H$ | | 2 | | | | | 3 | | | | | | |
| $H_1$ | GB/T 852—1988 | 4.7 | 5.0 | 5.7 | 6.7 | 7.7 | 9.7 | 9.7 | 9.7 | 11.3 | 11.3 | 13.0 | 14.7 |
| | GB/T 853—1988 | 3.6 | 3.8 | 4.2 | 4.8 | 5.4 | 7 | 7 | 7 | 8 | 8 | 9 | 10 |

注:尽可能不采用括号内的规格。

## 五、螺纹零件的结构要素

**表 3-25　普通螺纹收尾、肩距、退刀槽、倒角（GB/T 3—1997 摘录）**　　mm

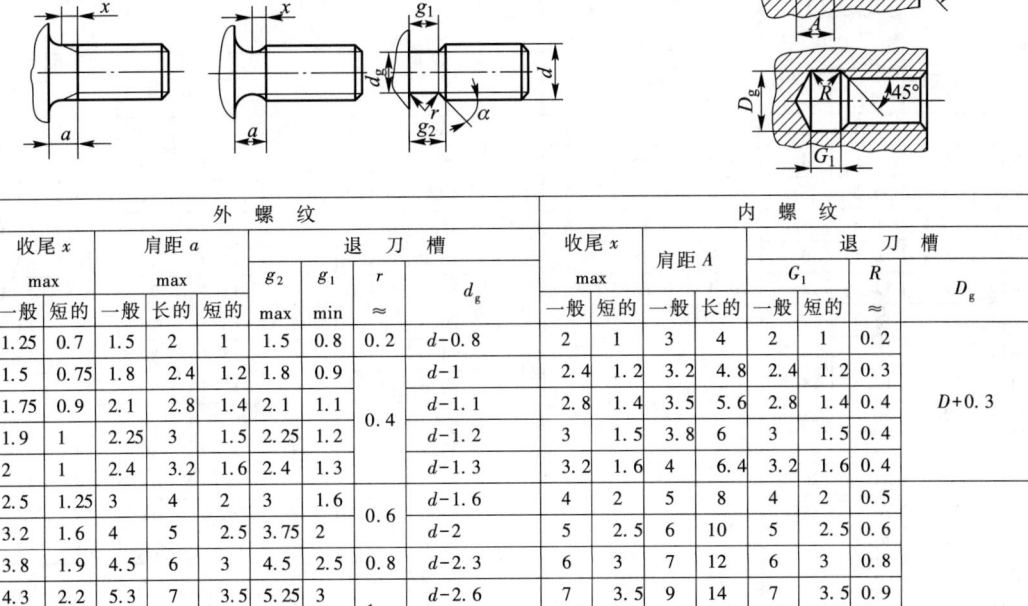

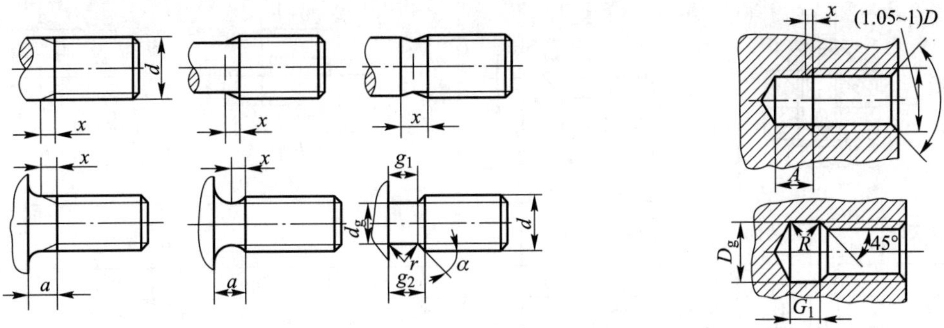

| 螺距 P | 外螺纹 | | | | | | | | | 内螺纹 | | | | | | |
|---|---|---|---|---|---|---|---|---|---|---|---|---|---|---|---|---|
| | 收尾 x max | | 肩距 a max | | | 退刀槽 | | | | 收尾 x max | | 肩距 A max | | 退刀槽 | | |
| | 一般 | 短的 | 一般 | 长的 | 短的 | $g_2$ max | $g_1$ min | r ≈ | $d_g$ | 一般 | 短的 | 一般 | 长的 | $G_1$ 一般 | 短的 | R ≈ | $D_g$ |
| 0.5 | 1.25 | 0.7 | 1.5 | 2 | 1 | 1.5 | 0.8 | 0.2 | d−0.8 | 2 | 1 | 3 | 4 | 2 | 1 | 0.2 | |
| 0.6 | 1.5 | 0.75 | 1.8 | 2.4 | 1.2 | 1.8 | 0.9 | | d−1 | 2.4 | 1.2 | 3.2 | 4.8 | 2.4 | 1.2 | 0.3 | |
| 0.7 | 1.75 | 0.9 | 2.1 | 2.8 | 1.4 | 2.1 | 1.1 | 0.4 | d−1.1 | 2.8 | 1.4 | 3.5 | 5.6 | 2.8 | 1.4 | 0.4 | D+0.3 |
| 0.75 | 1.9 | 1 | 2.25 | 3 | 1.5 | 2.25 | 1.2 | | d−1.2 | 3 | 1.5 | 3.8 | 6 | 3 | 1.5 | 0.4 | |
| 0.8 | 2 | 1 | 2.4 | 3.2 | 1.6 | 2.4 | 1.3 | | d−1.3 | 3.2 | 1.6 | 4 | 6.4 | 3.2 | 1.6 | 0.4 | |
| 1 | 2.5 | 1.25 | 3 | 4 | 2 | 3 | 1.6 | 0.6 | d−1.6 | 4 | 2 | 5 | 8 | 4 | 2 | 0.5 | |
| 1.25 | 3.2 | 1.6 | 4 | 5 | 2.5 | 3.75 | 2 | | d−2 | 5 | 2.5 | 6 | 10 | 5 | 2.5 | 0.6 | |
| 1.5 | 3.8 | 1.9 | 4.5 | 6 | 3 | 4.5 | 2.5 | 0.8 | d−2.3 | 6 | 3 | 7 | 12 | 6 | 3 | 0.8 | |
| 1.75 | 4.3 | 2.2 | 5.3 | 7 | 3.5 | 5.25 | 3 | | d−2.6 | 7 | 3.5 | 9 | 14 | 7 | 3.5 | 0.9 | |
| 2 | 5 | 2.5 | 6 | 8 | 4 | 6 | 3.4 | 1 | d−3 | 8 | 4 | 10 | 16 | 8 | 4 | 1 | |
| 2.5 | 6.3 | 3.2 | 7.5 | 10 | 5 | 7.5 | 4.4 | 1.2 | d−3.6 | 10 | 5 | 12 | 18 | 10 | 5 | 1.2 | |
| 3 | 7.5 | 3.8 | 9 | 12 | 6 | 9 | 5.2 | | d−4.4 | 12 | 6 | 14 | 22 | 12 | 6 | 1.5 | D+0.5 |
| 3.5 | 9 | 4.5 | 10.5 | 14 | 7 | 10.5 | 6.2 | 1.6 | d−5 | 14 | 7 | 16 | 24 | 14 | 7 | 1.8 | |
| 4 | 10 | 5 | 12 | 16 | 8 | 12 | 7 | | d−5.7 | 16 | 8 | 18 | 26 | 16 | 8 | 2 | |
| 4.5 | 11 | 5.5 | 13.5 | 18 | 9 | 13.5 | 8 | | d−6.4 | 18 | 9 | 21 | 29 | 18 | 9 | 2.2 | |
| 5 | 12.5 | 6.3 | 15 | 20 | 10 | 15 | 9 | 2.5 | d−7 | 20 | 10 | 23 | 32 | 20 | 10 | 2.5 | |
| 5.5 | 14 | 7 | 16.5 | 22 | 11 | 17.5 | 11 | | d−7.7 | 22 | 11 | 25 | 35 | 22 | 11 | 2.8 | |
| 6 | 15 | 7.5 | 18 | 24 | 12 | 18 | 11 | 3.2 | d−8.3 | 24 | 12 | 28 | 38 | 24 | 12 | 3 | |

注：1. 外螺纹倒角一般为 45°，也可采用 60°或 30°倒角；倒角深度应大于或等于牙型高度，过渡角 α 应不小于 30°。内螺纹入口端面的倒角一般为 120°，也可采用 90°倒角。端面倒角直径为 (1.05~1)D（D 为螺纹公称直径）。
　　2. 应优先选用"一般"长度的收尾和肩距。

**表 3-26　单头梯形外螺纹与内螺纹的退刀槽**　　mm

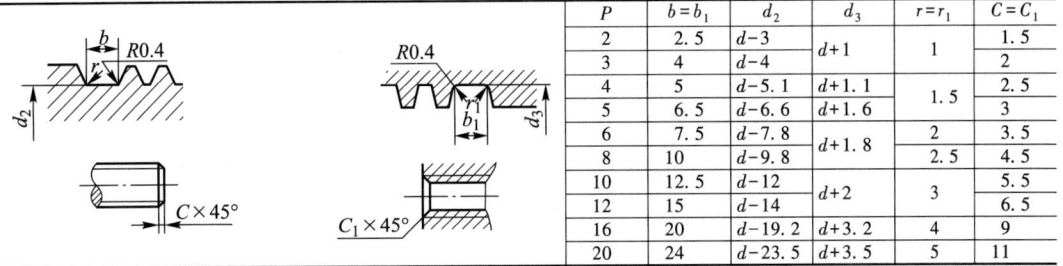

| P | $b=b_1$ | $d_2$ | $d_3$ | $r=r_1$ | $C=C_1$ |
|---|---|---|---|---|---|
| 2 | 2.5 | d−3 | d+1 | 1 | 1.5 |
| 3 | 4 | d−4 | | | 2 |
| 4 | 5 | d−5.1 | d+1.1 | 1.5 | 2.5 |
| 5 | 6.5 | d−6.6 | d+1.6 | | 3 |
| 6 | 7.5 | d−7.8 | d+1.8 | 2 | 3.5 |
| 8 | 10 | d−9.8 | | 2.5 | 4.5 |
| 10 | 12.5 | d−12 | d+2 | 3 | 5.5 |
| 12 | 15 | d−14 | | | 6.5 |
| 16 | 20 | d−19.2 | d+3.2 | 4 | 9 |
| 20 | 24 | d−23.5 | d+3.5 | 5 | 11 |

### 表 3-27 螺栓和螺钉通孔及沉孔尺寸

mm

| 螺纹规格 | 螺栓和螺钉通孔直径 $d_h$ (GB/T 5277—1985 摘录) | | | 沉头螺钉用沉孔 (GB/T 152.2—2014 摘录) | | | | 内六角圆柱头螺钉的圆柱头沉孔 (GB/T 152.3—1988 摘录) | | | | 六角头螺栓和六角螺母的沉孔 (GB/T 152.4—1988 摘录) | | | |
|---|---|---|---|---|---|---|---|---|---|---|---|---|---|---|---|
| | | | | | | | | | | | | | | | |
| $d$ | 精装配 | 中等装配 | 粗装配 | $d_2$ | $t\approx$ | $d_1$ | $\alpha$ | $d_2$ | $t$ | $d_3$ | $d_1$ | $d_2$ | $d_3$ | $d_1$ | $t$ |
| M3 | 3.2 | 3.4 | 3.6 | 6.3 | 1.55 | 3.4 | 90°±1° | 6.0 | 3.4 | — | 3.4 | 9 | — | 3.4 | 只要能制出与通孔轴线垂直的圆平面即可 |
| M4 | 4.3 | 4.5 | 4.8 | 9.4 | 2.55 | 4.5 | | 8.0 | 4.6 | | 4.5 | 10 | | 4.5 | |
| M5 | 5.3 | 5.5 | 5.8 | 10.4 | 2.58 | 5.5 | | 10.0 | 5.7 | | 5.5 | 11 | | 5.5 | |
| M6 | 6.4 | 6.6 | 7 | 12.6 | 3.13 | 6.6 | | 11.0 | 6.8 | | 6.6 | 13 | | 6.6 | |
| M8 | 8.4 | 9 | 10 | 17.3 | 4.28 | 9 | | 15.0 | 9.0 | | 9.0 | 18 | | 9.0 | |
| M10 | 10.5 | 11 | 12 | 20.0 | 4.65 | 11 | | 18.0 | 11.0 | | 11.0 | 22 | | 11.0 | |
| M12 | 13 | 13.5 | 14.5 | — | — | — | | 20.0 | 13.0 | 16 | 13.5 | 26 | 16 | 13.5 | |
| M14 | 15 | 15.5 | 16.5 | | | | | 24.0 | 15.0 | 18 | 15.5 | 30 | 18 | 13.5 | |
| M16 | 17 | 17.5 | 18.5 | | | | | 26.0 | 17.5 | 20 | 17.5 | 33 | 20 | 17.5 | |
| M18 | 19 | 20 | 21 | | | | | — | — | — | — | 36 | 22 | 20.0 | |
| M20 | 21 | 22 | 24 | | | | | 33.0 | 21.5 | 24 | 22.0 | 40 | 24 | 22.0 | |
| M22 | 23 | 24 | 26 | | | | | — | — | — | — | 43 | 26 | 24 | |
| M24 | 25 | 26 | 28 | | | | | 40.0 | 25.5 | 28 | 26.0 | 48 | 28 | 26 | |
| M27 | 28 | 30 | 32 | | | | | — | — | — | — | 53 | 33 | 30 | |
| M30 | 31 | 33 | 35 | | | | | 48.0 | 32.0 | 36 | 33.0 | 61 | 36 | 33 | |
| M36 | 37 | 39 | 42 | | | | | 57.0 | 38.0 | 42 | 39.0 | 71 | 42 | 39 | |

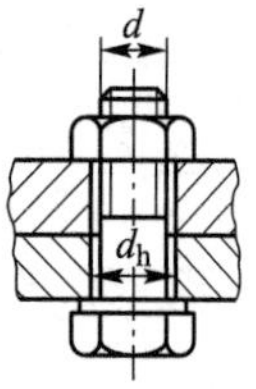

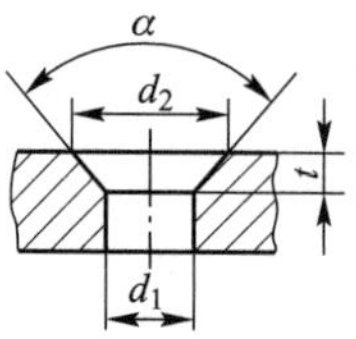

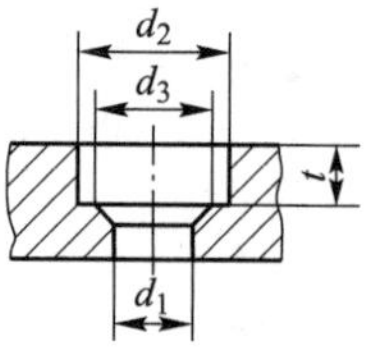

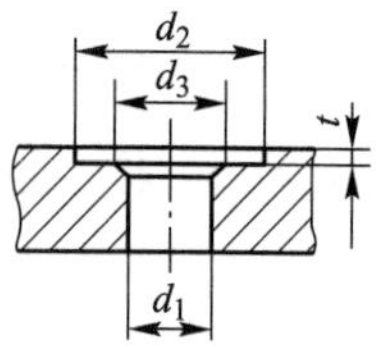

### 表 3-28 普通粗牙螺纹的余留长度、钻孔余留深度(JB/ZQ 4247—2006)

mm

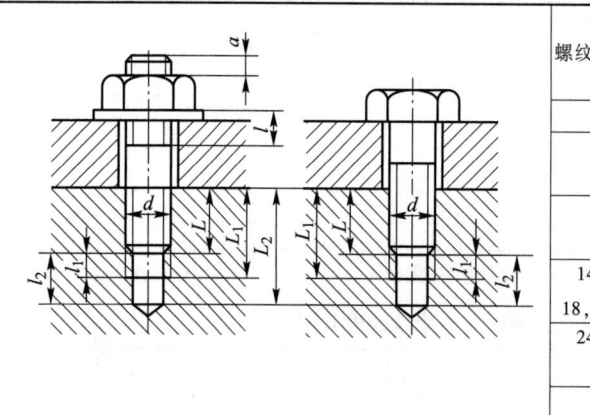

拧入深度 $L$ 参见表 3-29 或由设计者决定；

钻孔深度 $L_2=L+l_2$；螺孔深度 $L_1=L+l_1$

| 螺纹直径 $d$ | 余留长度 | | | 末端长度 $a$ |
|---|---|---|---|---|
| | 内螺纹 $l_1$ | 外螺纹 $l$ | 钻孔 $l_2$ | |
| 5 | 1.5 | 2.5 | 6 | 2~3 |
| 6 | 2 | 3.5 | 7 | 2.5~4 |
| 8 | 2.5 | 4 | 9 | |
| 10 | 3 | 4.5 | 10 | 3.5~5 |
| 12 | 3.5 | 5.5 | 13 | |
| 14,16 | 4 | 6 | 14 | 4.5~6.5 |
| 18,20,22 | 5 | 7 | 17 | |
| 24、27 | 6 | 8 | 20 | 5.5~8 |
| 30 | 7 | 10 | 23 | |
| 36 | 8 | 11 | 26 | 7~11 |
| 42 | 9 | 12 | 30 | |
| 48 | 10 | 13 | 33 | 10~15 |
| 56 | 11 | 16 | 36 | |

表 3-29　粗牙螺栓、螺钉的拧入深度和螺纹孔尺寸(参考)　　mm

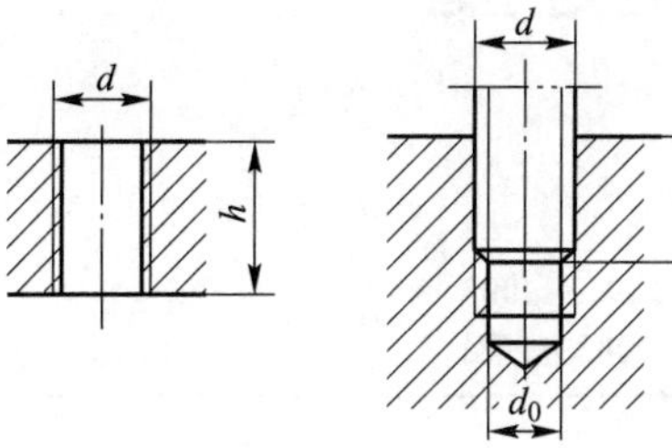

| d | $d_0$ | 用于钢或青铜 h | 用于钢或青铜 L | 用于铸铁 h | 用于铸铁 L | 用于铝 h | 用于铝 L |
|---|---|---|---|---|---|---|---|
| 6 | 5 | 8 | 6 | 12 | 10 | 15 | 12 |
| 8 | 6.8 | 10 | 8 | 15 | 12 | 20 | 16 |
| 10 | 8.5 | 12 | 10 | 18 | 15 | 24 | 20 |
| 12 | 10.2 | 15 | 12 | 22 | 18 | 28 | 24 |
| 16 | 14 | 20 | 16 | 28 | 24 | 36 | 32 |
| 20 | 17.5 | 25 | 20 | 35 | 30 | 45 | 40 |
| 24 | 21 | 30 | 24 | 42 | 35 | 55 | 48 |
| 30 | 26.5 | 36 | 30 | 50 | 45 | 70 | 60 |
| 36 | 32 | 45 | 36 | 65 | 55 | 80 | 72 |
| 42 | 37.5 | 50 | 42 | 75 | 65 | 95 | 85 |

注：$h$ 为内螺纹通孔长度；$L$ 为双头螺栓或螺钉拧入深度；$d_0$ 为攻螺纹前的钻孔直径。

表 3-30　扳手空间 (JB/ZQ 4005—2006)　　mm

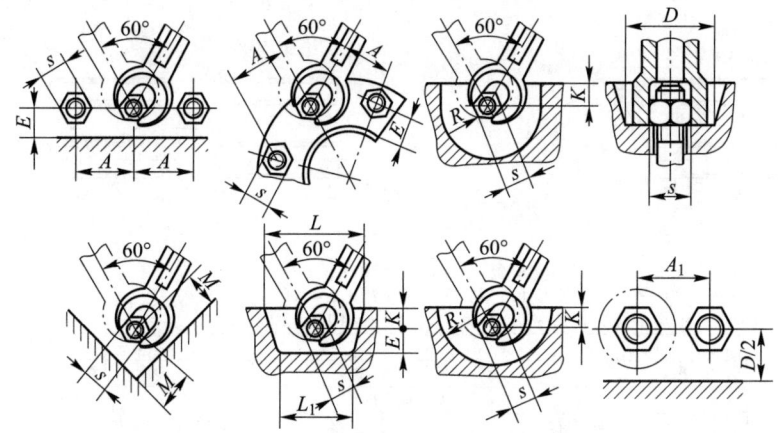

| 螺纹直径 d | s | A | $A_1$ | E=K | M | L | $L_1$ | R | D |
|---|---|---|---|---|---|---|---|---|---|
| 6 | 10 | 26 | 18 | 8 | 15 | 46 | 38 | 20 | 24 |
| 8 | 13 | 32 | 24 | 11 | 18 | 55 | 44 | 25 | 28 |
| 10 | 16 | 38 | 28 | 13 | 22 | 62 | 50 | 30 | 30 |
| 12 | 18 | 42 | — | 14 | 24 | 70 | 55 | 32 | — |
| 14 | 21 | 48 | 36 | 15 | 26 | 80 | 65 | 36 | 40 |
| 16 | 24 | 55 | 38 | 16 | 30 | 85 | 70 | 42 | 45 |
| 18 | 27 | 62 | 45 | 19 | 32 | 95 | 75 | 46 | 52 |
| 20 | 30 | 68 | 48 | 20 | 35 | 105 | 85 | 50 | 56 |
| 22 | 34 | 76 | 55 | 24 | 40 | 120 | 95 | 58 | 60 |
| 24 | 36 | 80 | 58 | 24 | 42 | 125 | 100 | 60 | 70 |
| 27 | 41 | 90 | 65 | 26 | 46 | 135 | 110 | 65 | 76 |
| 30 | 46 | 100 | 72 | 30 | 50 | 155 | 125 | 75 | 82 |
| 33 | 50 | 108 | 76 | 32 | 55 | 165 | 130 | 80 | 88 |
| 36 | 55 | 118 | 85 | 36 | 60 | 180 | 145 | 88 | 95 |
| 39 | 60 | 125 | 90 | 38 | 65 | 190 | 155 | 92 | 100 |
| 42 | 65 | 135 | 96 | 42 | 70 | 205 | 165 | 100 | 106 |
| 45 | 70 | 145 | 105 | 45 | 75 | 220 | 175 | 105 | 112 |
| 48 | 75 | 160 | 115 | 48 | 80 | 235 | 185 | 115 | 126 |
| 52 | 80 | 170 | 120 | 48 | 84 | 245 | 195 | 125 | 132 |
| 56 | 85 | 180 | 126 | 52 | 90 | 260 | 205 | 130 | 138 |
| 60 | 90 | 185 | 134 | 58 | 95 | 275 | 215 | 135 | 145 |
| 64 | 95 | 195 | 140 | 58 | 100 | 285 | 225 | 140 | 152 |
| 68 | 100 | 205 | 145 | 65 | 105 | 300 | 235 | 150 | 158 |

# 第四章 键连接和销连接

## 一、键连接

表 4-1 平键连接的剖面和键槽尺寸（GB/T 1095—2003 摘录）、
普通平键的形式和尺寸（GB/T 1096—2003 摘录）          mm

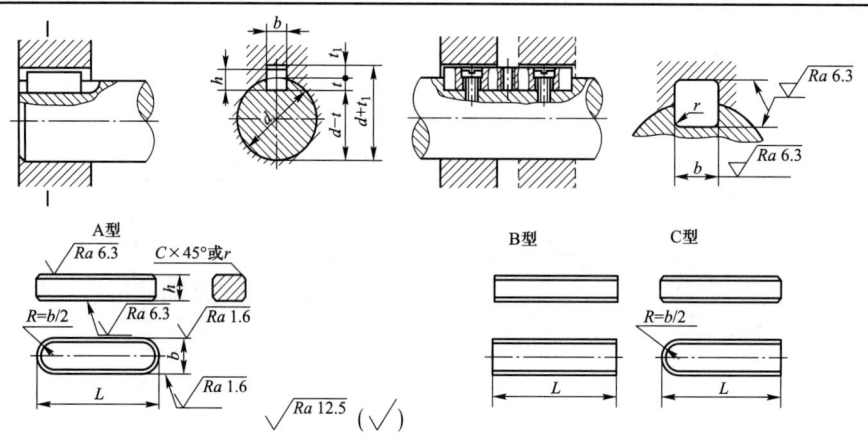

标记示例：
GB/T 1096 键 16×10×100 [圆头普通平键（A 型）、b=16、h=10、L=100]
GB/T 1096 键 B16×10×100 [平头普通平键（B 型）、b=16、h=10、L=100]
GB/T 1096 键 C16×10×100 [单圆头普通平键（C 型）、b=16、h=10、L=100]

| 轴 | 键 | 键槽 | | | | | | | | | | |
|---|---|---|---|---|---|---|---|---|---|---|---|---|
| | | | 宽度 $b$ | | | | | 深 度 | | | 半径 $r$ | |
| 公称直径 $d$ | 公称尺寸 $b×h$ | 公称尺寸 $b$ | 极 限 偏 差 | | | | | 轴 $t$ | | 毂 $t_1$ | | |
| | | | 松连接 | | 正常连接 | | 紧密连接 | | | | | |
| | | | 轴 H9 | 毂 D10 | 轴 N9 | 毂 JS9 | 轴和毂 P9 | 公称尺寸 | 极限偏差 | 公称尺寸 | 极限偏差 | 最小 | 最大 |
| 自 6~8 | 2×2 | 2 | +0.025 0 | +0.060 +0.020 | −0.004 −0.029 | ±0.0125 | −0.006 −0.031 | 1.2 | +0.1 0 | 1 | +0.1 0 | 0.08 | 0.16 |
| >8~10 | 3×3 | 3 | | | | | | 1.8 | | 1.4 | | | |
| >10~12 | 4×4 | 4 | +0.030 0 | +0.078 +0.030 | 0 −0.030 | ±0.015 | −0.012 −0.042 | 2.5 | | 1.8 | | | |
| >12~17 | 5×5 | 5 | | | | | | 3.0 | | 2.3 | | | |
| >17~22 | 6×6 | 6 | | | | | | 3.5 | | 2.8 | | 0.16 | 0.25 |
| >22~30 | 8×7 | 8 | +0.036 0 | +0.098 +0.040 | 0 −0.036 | ±0.018 | −0.015 −0.051 | 4.0 | | 3.3 | | | |
| >30~38 | 10×8 | 10 | | | | | | 5.0 | | 3.3 | | | |
| >38~44 | 12×8 | 12 | +0.043 0 | +0.120 +0.050 | 0 −0.043 | ±0.0215 | −0.018 −0.061 | 5.0 | | 3.3 | | 0.25 | 0.40 |
| >44~50 | 14×9 | 14 | | | | | | 5.5 | | 3.8 | | | |
| >50~58 | 16×10 | 16 | | | | | | 6.0 | +0.2 0 | 4.3 | +0.2 0 | | |
| >58~65 | 18×11 | 18 | | | | | | 7.0 | | 4.4 | | | |
| >65~75 | 20×12 | 20 | +0.052 0 | +0.149 +0.065 | 0 −0.052 | ±0.026 | −0.022 −0.074 | 7.5 | | 4.9 | | 0.40 | 0.60 |
| >75~85 | 22×14 | 22 | | | | | | 9.0 | | 5.4 | | | |
| >85~95 | 25×14 | 25 | | | | | | 9.0 | | 5.4 | | | |
| >95~110 | 28×16 | 28 | | | | | | 10.0 | | 6.4 | | | |
| 键的长度系列 | 6,8,10,12,14,16,18,20,22,25,28,32,36,40,45,50,56,63,70,80,90,100,110,125,140,160,180,200,220,250,280,320,360 | | | | | | | | | | | | |

注：1. 在零件图中，轴槽深用 $t$ 或 $(d−t)$ 标注，轮毂槽深用 $(d+t_1)$ 标注；
2. $(d−t)$ 和 $(d+t_1)$ 两组组合尺寸的极限偏差按相应的 $t$ 和 $t_1$ 极限偏差选取，但 $(d−t)$ 极限偏差值应取负号（−）；
3. 键尺寸的极限偏差：$b$ 为 h8，$h$ 为 h11，$L$ 为 h14；
4. 键材料的抗拉强度应不小于 590 MPa；
5. 公称直径 $d$ 供选择键和键槽尺寸时参考。

## 表 4-2　导向平键的形式和尺寸(GB/T 1097—2003 摘录)

mm

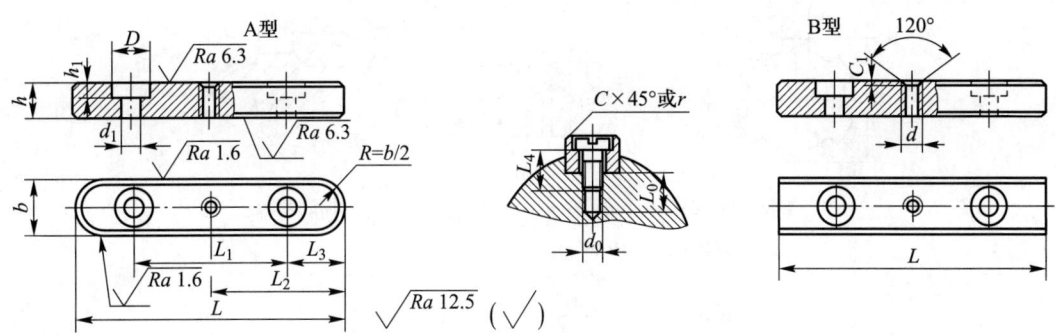

标记示例：

GB/T 1097　键　16×100[A 型导向平键(圆头)、$b=16$、$h=10$、$L=100$]

GB/T 1097　键　B16×100[B 型导向平键(平头)、$b=16$、$h=10$、$L=100$]

| $b$ | 8 | 10 | 12 | 14 | 16 | 18 | 20 | 22 | 25 | 28 | 32 |
|---|---|---|---|---|---|---|---|---|---|---|---|
| $h$ | 7 | 8 | 8 | 9 | 10 | 11 | 12 | 14 | 14 | 16 | 18 |
| $C$ 或 $r$ | 0.25~0.4 | 0.40~0.60 | | | | | 0.60~0.80 | | | | |
| $h_1$ | 2.4 | | 3 | 3.5 | | 4.5 | | | 6 | | 7 |
| $d$ | M3 | | M4 | M5 | | M6 | | | M8 | | M10 |
| $d_1$ | 3.4 | | 4.5 | 5.5 | | 6.6 | | | 9 | | 11 |
| $D$ | 6 | | 8.5 | 10 | | 12 | | | 15 | | 18 |
| $c_1$ | 0.3 | | 0.5 | | | | | | | | |
| $L_0$ | 7 | 8 | 10 | | | 12 | | | 15 | | 18 |
| 螺钉 ($d_0 \times L_4$) | M3×8 | M3×10 | M4×10 | M5×10 | | M6×12 | | M6×16 | M8×16 | | M10×20 |
| $L$ | 25~90 | 25~110 | 28~140 | 36~160 | 45~180 | 50~200 | 56~220 | 63~250 | 70~280 | 80~320 | 90~360 |

$L$,$L_1$,$L_2$,$L_3$ 对应长度系列

| $L$ | 25 | 28 | 32 | 36 | 40 | 45 | 50 | 56 | 63 | 70 | 80 | 90 | 100 | 110 | 125 | 140 | 160 | 180 | 200 | 220 | 250 | 280 | 320 | 360 |
|---|---|---|---|---|---|---|---|---|---|---|---|---|---|---|---|---|---|---|---|---|---|---|---|---|
| $L_1$ | 13 | 14 | 16 | 18 | 20 | 23 | 26 | 30 | 35 | 40 | 48 | 54 | 60 | 66 | 75 | 80 | 90 | 100 | 110 | 120 | 140 | 160 | 180 | 200 |
| $L_2$ | 12.5 | 14 | 16 | 18 | 20 | 22.5 | 25 | 28 | 31.5 | 35 | 40 | 45 | 50 | 55 | 62 | 70 | 80 | 90 | 100 | 110 | 125 | 140 | 160 | 180 |
| $L_3$ | 6 | 7 | 8 | 9 | 10 | 11 | 12 | 13 | 14 | 15 | 16 | 18 | 20 | 22 | 25 | 30 | 35 | 40 | 45 | 50 | 55 | 60 | 70 | 80 |

注：1. 固定用螺钉应符合 GB/T 822 或 GB/T 65 的规定；

2. 键的截面尺寸($b$×$h$)的选取及键槽尺寸见表 4-1；

3. 导向平键常用材料为 45 钢。

**表 4-3　矩形花键的尺寸、公差(GB/T 1144—2001 摘录)**　　mm

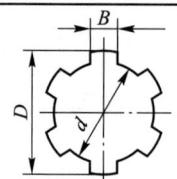

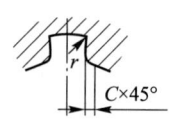

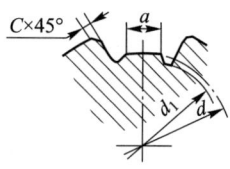

B
D
d
d

标记示例:花键,$N=6$、$d=23\frac{\mathrm{H7}}{\mathrm{f7}}$、$D=26\frac{\mathrm{H10}}{\mathrm{a11}}$、$B=6\frac{\mathrm{H11}}{\mathrm{d10}}$的标记为

花键规格:$N\times d\times D\times B$

6×23×26×6

花键副:$6\times23\frac{\mathrm{H7}}{\mathrm{f7}}\times26\frac{\mathrm{H10}}{\mathrm{a11}}\times6\frac{\mathrm{H11}}{\mathrm{d10}}$　GB/T 1144—2001

内花键:6×23H 7×26H10×6H11　GB/T 1144—2001

外花键:6×23f 7×26a11×6d10　GB/T 1144—2001

| 小径 $d$ | 基本尺寸系列和键槽截面尺寸 | | | | | | | | | |
|---|---|---|---|---|---|---|---|---|---|---|
| | 轻系列 | | | | | 中系列 | | | | |
| | 规格 $N\times d\times D\times B$ | $C$ | $r$ | 参考 $d_{1\min}$ | 参考 $a_{\min}$ | 规格 $N\times d\times D\times B$ | $C$ | $r$ | 参考 $d_{1\min}$ | 参考 $a_{\min}$ |
| 18 | | | | | | 6×18×22×5 | 0.3 | 0.2 | 16.6 | 1.0 |
| 21 | | | | | | 6×21×25×5 | | | 19.5 | 2.0 |
| 23 | 6×23×26×6 | 0.2 | 0.1 | 22 | 3.5 | 6×23×28×6 | | | 21.2 | 1.2 |
| 26 | 6×26×30×6 | 0.3 | 0.2 | 24.5 | 3.8 | 6×26×32×6 | 0.4 | 0.3 | 23.6 | 1.2 |
| 28 | 6×28×32×7 | | | 26.6 | 4.0 | 6×28×34×7 | | | 25.8 | 1.4 |
| 32 | 8×32×36×6 | | | 30.3 | 2.7 | 8×32×38×6 | | | 29.4 | 1.0 |
| 36 | 8×36×40×7 | | | 34.4 | 3.5 | 8×36×42×7 | | | 33.4 | 1.0 |
| 42 | 8×42×46×8 | | | 40.5 | 5.0 | 8×42×48×8 | | | 39.4 | 2.5 |
| 46 | 8×46×50×9 | | | 44.6 | 5.7 | 8×46×54×9 | 0.5 | 0.4 | 42.6 | 1.4 |
| 52 | 8×52×58×10 | 0.4 | 0.3 | 49.6 | 4.8 | 8×52×60×10 | | | 48.6 | 2.5 |
| 56 | 8×56×62×10 | | | 53.5 | 6.5 | 8×56×65×10 | | | 52.0 | 2.5 |
| 62 | 8×62×68×12 | | | 59.7 | 7.3 | 8×62×72×12 | 0.6 | 0.5 | 57.7 | 2.4 |
| 72 | 10×72×78×12 | | | 69.6 | 5.4 | 10×72×82×12 | | | 67.7 | 1.0 |
| 82 | 10×82×88×12 | | | 79.3 | 8.5 | 10×82×92×12 | | | 77.0 | 2.9 |
| 92 | 10×92×98×14 | | | 89.6 | 9.9 | 10×92×102×14 | | | 87.3 | 4.5 |
| 102 | 10×102×108×16 | | | 99.6 | 11.3 | 10×102×112×16 | | | 97.7 | 6.2 |

内、外花键的尺寸公差带

| 内花键 | | | | 外花键 | | | 装配形式 |
|---|---|---|---|---|---|---|---|
| $d$ | $D$ | $B$ 拉削后不热处理 | $B$ 拉削后热处理 | $d$ | $D$ | $B$ | |
| 一般用公差带 | | | | | | | |
| H7 | H10 | H9 | H11 | f7 | a11 | d10 | 滑　动 |
| | | | | g7 | | f9 | 紧滑动 |
| | | | | h7 | | h10 | 固　定 |
| 精密传动用公差带 | | | | | | | |
| H5 | H10 | H7、H9 | | f5 | a11 | d8 | 滑　动 |
| | | | | g5 | | f7 | 紧滑动 |
| | | | | h5 | | h8 | 固　定 |
| H6 | | | | f6 | | d8 | 滑　动 |
| | | | | g6 | | f7 | 紧滑动 |
| | | | | h6 | | d8 | 固　定 |

注:1. 精密传动用的内花键,当需要控制键侧配合间隙时,槽宽可选用 H7,一般情况下可选用 H9。

2. $d$ 为 H6 和 H7 的内花键,允许与高一级的外花键配合。

## 二、销连接

**表 4-4　圆柱销(GB/T 119.1—2000 摘录)、圆锥销(GB/T 117—2000 摘录)**　　mm

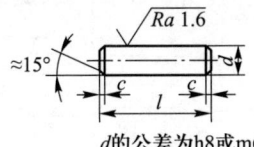

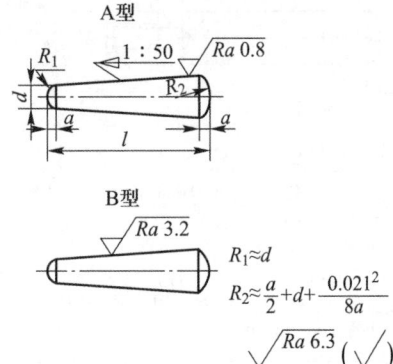

d的公差为h8或m6

公差 m6:表面粗糙度 $Ra \leqslant 0.8\ \mu m$

公差 h8:表面粗糙度 $Ra \leqslant 1.6\ \mu m$

标记示例:

公称直径 $d=6$、公差为 m6、公称长度 $l=30$、材料为钢、不经淬火、不经表面处理的圆柱销的标记为

销　GB/T 119.1　6　m6×30

公称直径 $d=6$、长度 $l=30$、材料为 35 钢、热处理硬度 28~38 HRC、表面氧化处理的 A 型圆锥销的标记为

销　GB/T 117　6×30

| 公称直径 $d$ | | | 3 | 4 | 5 | 6 | 8 | 10 | 12 | 16 | 20 | 25 |
|---|---|---|---|---|---|---|---|---|---|---|---|---|
| 圆柱销 | $d$ h8 或 m6 | | 3 | 4 | 5 | 6 | 8 | 10 | 12 | 16 | 20 | 25 |
| | $c\approx$ | | 0.5 | 0.63 | 0.8 | 1.2 | 1.6 | 2.0 | 2.5 | 3.0 | 3.5 | 4.0 |
| | $l$(公称) | | 8~30 | 8~40 | 10~50 | 12~60 | 14~80 | 18~95 | 22~140 | 26~180 | 35~200 | 50~200 |
| 圆锥销 | $d$ h10 | min | 2.96 | 3.95 | 4.95 | 5.95 | 7.94 | 9.94 | 11.93 | 15.93 | 19.92 | 24.92 |
| | | max | 3 | 4 | 5 | 6 | 8 | 10 | 12 | 16 | 20 | 25 |
| | $a\approx$ | | 0.4 | 0.5 | 0.63 | 0.8 | 1.0 | 1.2 | 1.6 | 2.0 | 2.5 | 3.0 |
| | $l$(公称) | | 12~45 | 14~55 | 18~60 | 22~90 | 22~120 | 26~160 | 32~180 | 40~200 | 45~200 | 50~200 |
| $l$(公称)的系列 | | | 12~32(2 进位),35~100(5 进位),100~200(20 进位) | | | | | | | | | |

**表 4-5　螺尾锥销(GB/T 881—2000 摘录)**　　mm

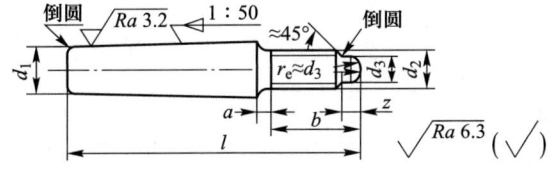

标记示例:

公称直径 $d_1=6$、长度 $l=50$、材料为 Y12 或 Y15、不经热处理、不经表面处理的螺尾锥销的标记为

销　GB/T 881　6×50

| $d_1$ h10 | 公称 | 5 | 6 | 8 | 10 | 12 | 16 | 20 | 25 | 30 | 40 | 50 |
|---|---|---|---|---|---|---|---|---|---|---|---|---|
| | min | 4.952 | 5.952 | 7.942 | 9.942 | 11.930 | 15.930 | 19.916 | 24.916 | 29.916 | 39.90 | 49.90 |
| | max | 5 | 6 | 8 | 10 | 12 | 16 | 20 | 25 | 30 | 40 | 50 |
| $a$ | max | 2.4 | 3 | 4 | 4.5 | 5.3 | 6 | 6 | 7.5 | 9 | 10.5 | 12 |
| $b$ | max | 15.6 | 20 | 24.5 | 27 | 30.5 | 39 | 39 | 45 | 52 | 65 | 78 |
| | min | 14 | 18 | 22 | 24 | 27 | 35 | 35 | 40 | 46 | 58 | 70 |
| $d_2$ | | M5 | M6 | M8 | M10 | M12 | M16 | M16 | M20 | M24 | M30 | M36 |
| $d_3$ | max | 3.5 | 4 | 5.5 | 7 | 8.5 | 12 | 12 | 15 | 18 | 23 | 28 |
| | min | 3.25 | 3.7 | 5.2 | 6.6 | 8.1 | 11.5 | 11.5 | 14.5 | 17.5 | 22.5 | 27.5 |
| $z$ | max | 1.5 | 1.75 | 2.25 | 2.75 | 3.25 | 4.3 | 4.3 | 5.3 | 6.3 | 7.5 | 9.4 |
| | min | 1.25 | 1.5 | 2 | 2.5 | 3 | 4 | 4 | 5 | 6 | 7 | 9 |
| $l$ | 公称 | 40~50 | 45~60 | 55~75 | 65~100 | 85~120 | 100~160 | 120~190 | 140~250 | 160~280 | 190~320 | 220~400 |
| $l$ 的系列 | | 40~75(5 进位),85,100,120,140,160,190,220,280,320,360,400 | | | | | | | | | | |

## 表 4-6　内螺纹圆柱销(GB/T 120.1—2000 摘录)、内螺纹圆锥销(GB/T 118—2000 摘录)　　mm

内螺纹圆柱销

内螺纹圆锥销

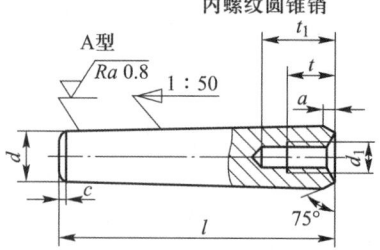

Ra 6.3 (√)

圆锥销锁紧挡圈

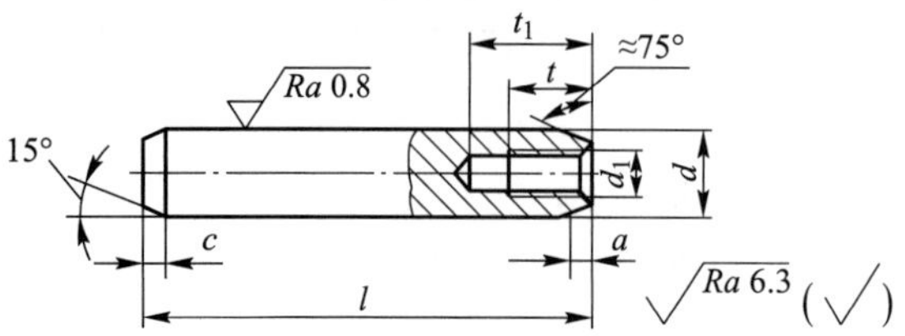

标记示例:

公称直径 $d=6$、公差为 m6、公称长度 $l=30$、材料为钢、不经淬火、不经表面处理的内螺纹圆柱销标记为

销　GB/T 120.1　6×30

公称直径 $d=10$、长度 $l=60$、材料为 35 钢、热处理硬度 28～38HRC、表面氧化处理的 A 型内螺纹圆锥销的标记为

销　GB/T 118　10×60

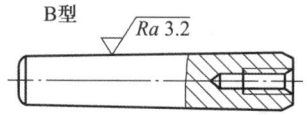

| 公称直径 $d$ | | | 6 | 8 | 10 | 12 | 16 | 20 | 25 | 30 | 40 | 50 |
|---|---|---|---|---|---|---|---|---|---|---|---|---|
| $a\approx$ | | | 0.8 | 1 | 1.2 | 1.6 | 2 | 2.5 | 3 | 4 | 5 | 6.3 |
| 内螺纹圆柱销 | $d$ m6 | min | 6.004 | 8.006 | 10.006 | 12.007 | 16.007 | 20.008 | 25.008 | 30.008 | 40.009 | 50.009 |
| | | max | 6.012 | 8.015 | 10.015 | 12.018 | 16.018 | 20.021 | 25.021 | 30.021 | 40.025 | 50.025 |
| | $c\approx$ | | 1.2 | 1.6 | 2 | 2.5 | 3 | 3.5 | 4 | 5 | 6.3 | 8 |
| | $d_1$ | | M4 | M5 | M6 | M6 | M8 | M10 | M16 | M20 | M20 | M24 |
| | $t$ min | | 6 | 8 | 10 | 12 | 16 | 18 | 24 | 30 | 30 | 36 |
| | $t_1$ | | 10 | 12 | 16 | 20 | 25 | 28 | 35 | 40 | 40 | 50 |
| | $l$(公称) | | 16～60 | 18～80 | 22～100 | 26～120 | 32～160 | 40～200 | 50～200 | 60～200 | 80～200 | 100～200 |
| 内螺纹圆锥销 | $d$ h10 | min | 5.952 | 7.942 | 9.942 | 11.93 | 15.93 | 19.916 | 24.916 | 29.916 | 39.9 | 49.9 |
| | | max | 6 | 8 | 10 | 12 | 16 | 20 | 25 | 30 | 40 | 50 |
| | $d_1$ | | M4 | M5 | M6 | M8 | M10 | M12 | M16 | M20 | M20 | M24 |
| | $t$ | | 6 | 8 | 10 | 12 | 16 | 18 | 24 | 30 | 30 | 36 |
| | $t_1$ min | | 10 | 12 | 16 | 20 | 25 | 28 | 35 | 40 | 40 | 50 |
| | $c\approx$ | | 0.8 | 1 | 1.2 | 1.6 | 2 | 2.5 | 3 | 4 | 5 | 6.3 |
| | $l$(公称) | | 16～60 | 18～80 | 22～100 | 26～120 | 32～160 | 40～200 | 50～200 | 60～200 | 80～200 | 100～200 |
| $l$(公称)的系列 | | | 16～32(2 进位),35～100(5 进位),100～200(20 进位) | | | | | | | | | |

## 表 4-7　开口销(GB/T 91—2000 摘录)　　mm

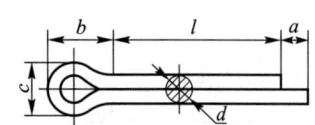

允许制造的形式

标记示例:

公称直径 $d=5$、长度 $l=50$、材料为低碳钢、不经表面处理的开口销标记为

销　GB/T 91　5×50

| 公称直径 $d$ | | 0.6 | 0.8 | 1 | 1.2 | 1.6 | 2 | 2.5 | 3.2 | 4 | 5 | 6.3 | 8 | 10 | 13 |
|---|---|---|---|---|---|---|---|---|---|---|---|---|---|---|---|
| $a$ | max | 1.6 | | | 2.5 | | | | 3.2 | 4 | | | | 6.3 | |
| $c$ | max | 1 | 1.4 | 1.8 | 2 | 2.8 | 3.6 | 4.6 | 5.8 | 7.4 | 9.2 | 11.8 | 15 | 19 | 24.8 |
| | min | 0.9 | 1.2 | 1.6 | 1.7 | 2.4 | 3.2 | 4 | 5.1 | 6.5 | 8 | 10.3 | 13.1 | 16.6 | 21.7 |
| $b\approx$ | | 2 | 2.4 | 3 | 3 | 3.2 | 4 | 5 | 6.4 | 8 | 10 | 12.6 | 16 | 20 | 26 |
| $l$(公称) | | 4～12 | 5～16 | 6～20 | 8～25 | 8～32 | 10～40 | 12～50 | 14～63 | 18～80 | 22～100 | 32～125 | 40～160 | 45～200 | 71～250 |
| $l$(公称)的系列 | | 4,5,6～22(2 进位),25,28,32,36,40,45,50,56,63,71,80,90,100,112,125,140,160,180,200,224,250 | | | | | | | | | | | | | |

注：销孔的公称直径等于销的公称直径 $d$。

## 表 4-8 无头销轴(GB/T 880—2008 摘录)、销轴(GB/T 882—2008 摘录)

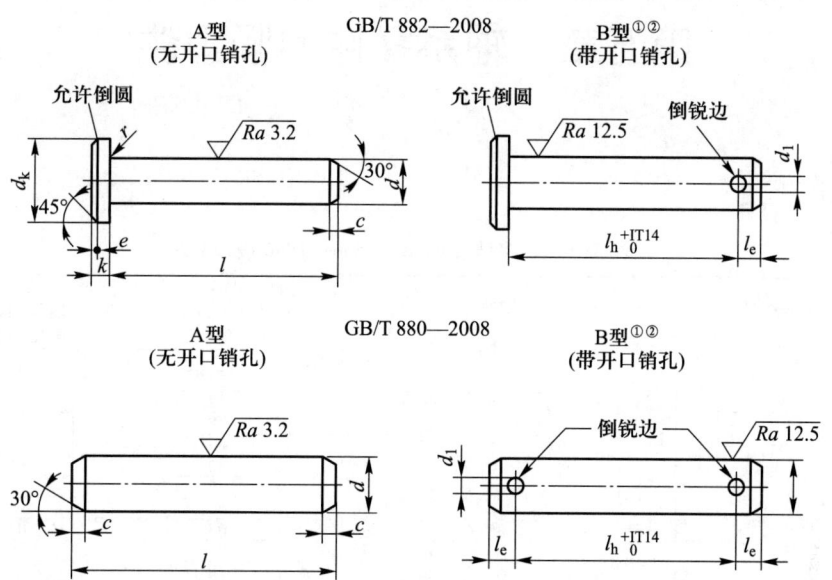

GB/T 882—2008

A型
(无开口销孔)

B型①②
(带开口销孔)

GB/T 880—2008

A型
(无开口销孔)

B型①②
(带开口销孔)

注:用于铁路和开口销承受交变横向力的场合时,推荐采用表中规定的下一挡较大的开口销及相应的孔径。

① 其余尺寸、角度和表面粗糙度值见 A 型;

② 某些情况下,不能按 $l-l_e$ 计算 $l_h$ 尺寸,所需要的尺寸应在标记中注明,但不允许 $l_h$ 尺寸小于表中规定的数值。

<table>
<tr><td>d</td><td>h11</td><td>3</td><td>4</td><td>5</td><td>6</td><td>8</td><td>10</td><td>12</td><td>14</td><td>16</td><td>18</td><td>20</td><td>22</td><td>24</td><td>27</td><td>30</td><td>33</td><td>36</td><td>40</td><td>45</td><td>50</td><td>55</td><td>60</td><td>70</td><td>80</td><td>90</td><td>100</td></tr>
<tr><td>$d_1$</td><td>h13</td><td>0. 8</td><td>1</td><td>1. 2</td><td>1. 6</td><td>2</td><td colspan="2">3. 2</td><td colspan="2">4</td><td colspan="3">5</td><td colspan="2">6. 3</td><td colspan="4">8</td><td colspan="4">10</td><td colspan="4">13</td></tr>
<tr><td>c</td><td>max</td><td colspan="2">1</td><td colspan="4">2</td><td colspan="4">3</td><td colspan="10">4</td><td colspan="6">6</td></tr>
<tr><td rowspan="4">GB/T 882</td><td>$d_k$</td><td>5</td><td>6</td><td>8</td><td>10</td><td>14</td><td>18</td><td>20</td><td>22</td><td>25</td><td>28</td><td>30</td><td>33</td><td>36</td><td>40</td><td>44</td><td>47</td><td>50</td><td>55</td><td>60</td><td>66</td><td>72</td><td>78</td><td>90</td><td>100</td><td>110</td><td>120</td></tr>
<tr><td>k</td><td colspan="2">1</td><td>1. 6</td><td>2</td><td>3</td><td colspan="3">4</td><td>4. 5</td><td colspan="2">5</td><td>5. 5</td><td colspan="2">6</td><td colspan="4">8</td><td colspan="2">9</td><td>11</td><td>12</td><td colspan="4">13</td></tr>
<tr><td>r</td><td colspan="10">0. 6</td><td colspan="16">1</td></tr>
<tr><td>e</td><td colspan="2">0. 5</td><td colspan="4">1</td><td colspan="4">1. 6</td><td colspan="10">2</td><td colspan="6">3</td></tr>
<tr><td>$l_e$</td><td>min</td><td>1. 6</td><td>2. 2</td><td>2. 9</td><td>3. 2</td><td>3. 5</td><td>4. 5</td><td>5. 5</td><td colspan="2">6</td><td>7</td><td colspan="2">8</td><td colspan="2">9</td><td colspan="4">10</td><td colspan="2">12</td><td colspan="2">14</td><td colspan="4">16</td></tr>
<tr><td colspan="2">l</td><td>6~30</td><td>8~40</td><td>10~50</td><td>12~60</td><td>16~80</td><td>20~100</td><td>24~120</td><td>28~140</td><td>32~160</td><td>35~180</td><td>40~200</td><td>45~200</td><td>50~200</td><td>55~200</td><td>60~200</td><td>65~200</td><td>70~200</td><td>80~200</td><td>90~200</td><td>100~200</td><td>120~200</td><td>120~200</td><td>140~200</td><td>160~200</td><td>180~200</td><td>200</td></tr>
</table>

注:长度 $l$ 系列为 6~32(2 进位),35~100(5 进位),120~200(20 进位)。

# 第五章　轴系零件的紧固件

## 一、挡圈

**表 5-1　轴肩挡圈(GB/T 886—1986 摘录)**　　mm

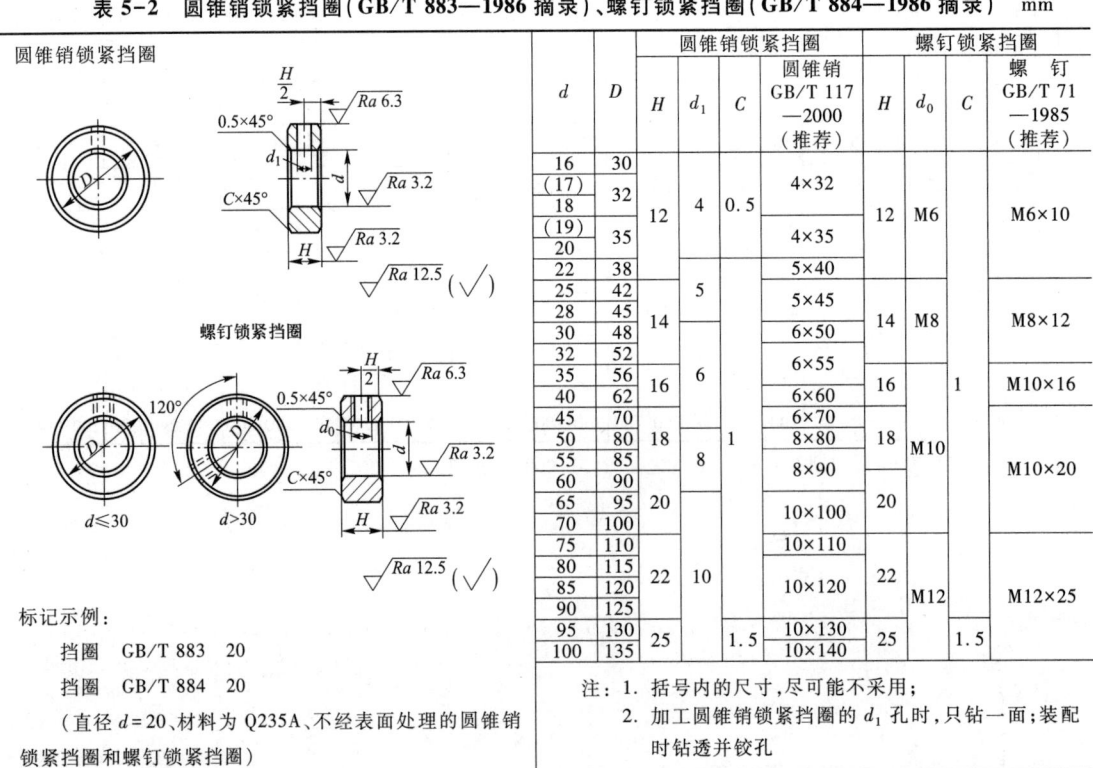

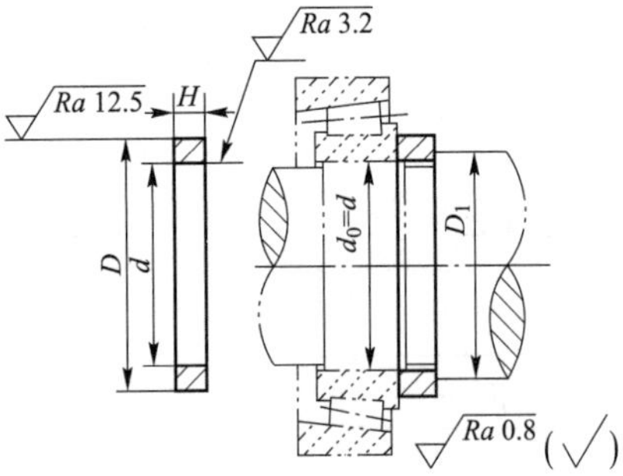

标记示例:

挡圈　GB/T 886—1986-40×52

(直径 $d=40$、$D=52$、材料为 35 钢、不经热处理及表面处理的轴肩挡圈)

| 公称直径 $d$(轴径) | $D_1\geqslant$ | (0)2 尺寸系列径向轴承用 | | (0)3 尺寸系列径向轴承和(0)2 尺寸系列角接触轴承用 | | (0)4 尺寸系列径向轴承和(0)3 尺寸系列角接触轴承用 | |
|---|---|---|---|---|---|---|---|
| | | $D$ | $H$ | $D$ | $H$ | $D$ | $H$ |
| 20 | 22 | — | — | 27 | 4 | 30 | 5 |
| 25 | 27 | — | — | 32 | | 35 | |
| 30 | 32 | 36 | | 38 | | 40 | |
| 35 | 37 | 42 | 4 | 45 | | 47 | |
| 40 | 42 | 47 | | 50 | | 52 | |
| 45 | 47 | 52 | | 55 | | 58 | |
| 50 | 52 | 58 | | 60 | | 65 | |
| 55 | 58 | 65 | 5 | 68 | 5 | 70 | 6 |
| 60 | 63 | 70 | | 72 | | 75 | |
| 65 | 68 | 75 | | 78 | | 80 | |
| 70 | 73 | 80 | | 82 | | 85 | |
| 75 | 78 | 85 | | 88 | | 90 | |
| 80 | 83 | 90 | 6 | 95 | 6 | 100 | 8 |
| 85 | 88 | 95 | | 100 | | 105 | |
| 90 | 93 | 100 | | 105 | | 110 | |
| 95 | 98 | 110 | | 110 | | 115 | |
| 100 | 103 | 115 | 8 | 115 | 8 | 120 | 10 |

**表 5-2　圆锥销锁紧挡圈(GB/T 883—1986 摘录)、螺钉锁紧挡圈(GB/T 884—1986 摘录)**　　mm

圆锥销锁紧挡圈

螺钉锁紧挡圈

标记示例:

挡圈　GB/T 883　20

挡圈　GB/T 884　20

(直径 $d=20$、材料为 Q235A、不经表面处理的圆锥销锁紧挡圈和螺钉锁紧挡圈)

| $d$ | $D$ | 圆锥销锁紧挡圈 | | | | 螺钉锁紧挡圈 | | | |
|---|---|---|---|---|---|---|---|---|---|
| | | $H$ | $d_1$ | $C$ | 圆锥销 GB/T 117—2000(推荐) | $H$ | $d_0$ | $C$ | 螺钉 GB/T 71—1985(推荐) |
| 16 | 30 | 12 | 4 | 0.5 | 4×32 | 12 | M6 | 1 | M6×10 |
| (17) | 32 | | | | | | | | |
| 18 | | | | | | | | | |
| (19) | 35 | | | | 4×35 | | | | |
| 20 | | | | | | | | | |
| 22 | 38 | | 5 | 1 | 5×40 | | | | |
| 25 | 42 | 14 | | | 5×45 | 14 | M8 | | M8×12 |
| 28 | 45 | | | | | | | | |
| 30 | 48 | | 6 | | 6×50 | | | | |
| 32 | 52 | | | | 6×55 | | | | |
| 35 | 56 | 16 | | | | 16 | M10 | | M10×16 |
| 40 | 62 | | | | 6×60 | | | | |
| 45 | 70 | 18 | | | 6×70 | 18 | | | M10×20 |
| 50 | 80 | | 8 | | 8×80 | | | | |
| 55 | 85 | | | | 8×90 | | | | |
| 60 | 90 | 20 | | | | 20 | | | |
| 65 | 95 | | 10 | | 10×100 | | | | |
| 70 | 100 | | | | | | | | |
| 75 | 110 | 22 | | | 10×110 | 22 | M12 | | M12×25 |
| 80 | 115 | | | | 10×120 | | | | |
| 85 | 120 | | | | | | | | |
| 90 | 125 | | | | | | | | |
| 95 | 130 | 25 | | 1.5 | 10×130 | 25 | | 1.5 | |
| 100 | 135 | | | | 10×140 | | | | |

注:1. 括号内的尺寸,尽可能不采用;
　　2. 加工圆锥销锁紧挡圈的 $d_1$ 孔时,只钻一面;装配时钻透并铰孔

## 表 5-3　轴 端 挡 圈

mm

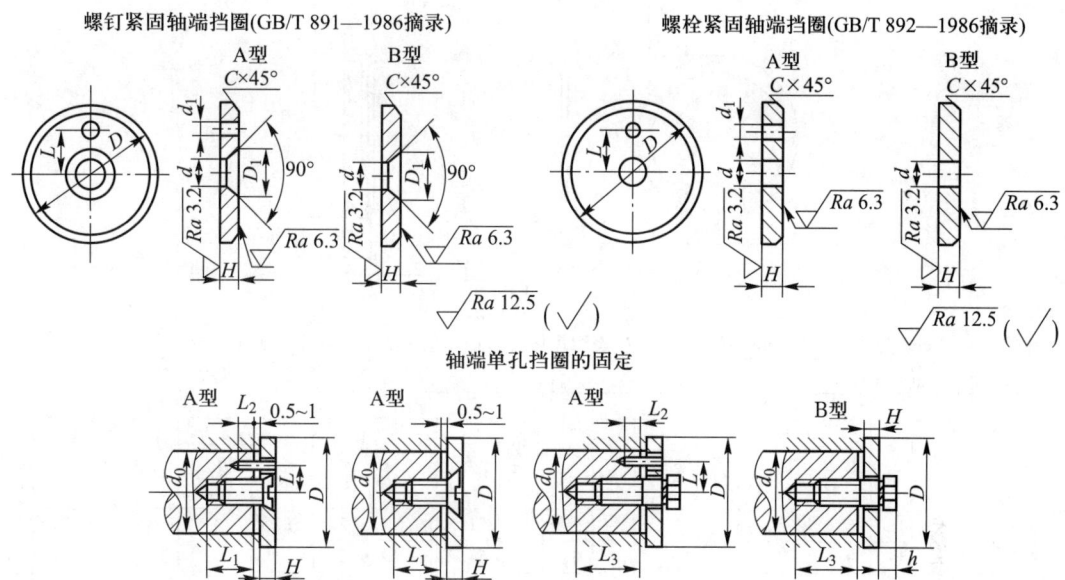

螺钉紧固轴端挡圈(GB/T 891—1986摘录)　　　　螺栓紧固轴端挡圈(GB/T 892—1986摘录)

$d_1$
$d$
$D_1$
D

$d_1$
$d$
D

轴端单孔挡圈的固定

D

标记示例：

挡圈　GB/T 891　45(公称直径 $D=45$、材料为 Q235A、不经表面处理的 A 型螺钉紧固轴端挡圈)

挡圈　GB/T 891　B45(公称直径 $D=45$、材料为 Q235A、不经表面处理的 B 型螺钉紧固轴端挡圈)

| 轴径 ≤ | 公称直径 $D$ | $H$ | $L$ | $d$ | $d_1$ | $C$ | 螺钉紧固轴端挡圈 | | | 螺栓紧固轴端挡圈 | | | 安装尺寸(参考) | | | |
|---|---|---|---|---|---|---|---|---|---|---|---|---|---|---|---|---|
| | | | | | | | $D_1$ | 螺钉 GB/T 819.1—2016 (推荐) | 圆柱销 GB/T 119.1—2000 (推荐) | 螺栓 GB/T 5783—2016 (推荐) | 圆柱销 GB/T 119.1—2000 (推荐) | 垫圈 GB/T 93—1987 (推荐) | $L_1$ | $L_2$ | $L_3$ | $h$ |
| 14 | 20 | 4 | — | 5.5 | 2.1 | 0.5 | 11 | M5×12 | A2×10 | M5×16 | A2×10 | 5 | 14 | 6 | 16 | 4.8 |
| 16 | 22 | 4 | — | | | | | | | | | | | | | |
| 18 | 25 | 4 | — | | | | | | | | | | | | | |
| 20 | 28 | 4 | 7.5 | | | | | | | | | | | | | |
| 22 | 30 | 4 | 7.5 | | | | | | | | | | | | | |
| 25 | 32 | 5 | 10 | 6.6 | 3.2 | 1 | 13 | M6×16 | A3×12 | M6×20 | A3×12 | 6 | 18 | 7 | 20 | 5.6 |
| 28 | 35 | 5 | 10 | | | | | | | | | | | | | |
| 30 | 38 | 5 | 10 | | | | | | | | | | | | | |
| 32 | 40 | 5 | 12 | | | | | | | | | | | | | |
| 35 | 45 | 5 | 12 | | | | | | | | | | | | | |
| 40 | 50 | 5 | 12 | | | | | | | | | | | | | |
| 45 | 55 | 6 | 16 | 9 | 4.2 | 1.5 | 17 | M8×20 | A4×14 | M8×25 | A4×14 | 8 | 22 | 8 | 24 | 7.4 |
| 50 | 60 | 6 | 16 | | | | | | | | | | | | | |
| 55 | 65 | 6 | 16 | | | | | | | | | | | | | |
| 60 | 70 | 6 | 20 | | | | | | | | | | | | | |
| 65 | 75 | 6 | 20 | | | | | | | | | | | | | |
| 70 | 80 | 6 | 20 | | | | | | | | | | | | | |
| 75 | 90 | 8 | 25 | 13 | 5.2 | 2 | 25 | M12×25 | A5×16 | M12×30 | A5×16 | 12 | 26 | 10 | 28 | 10.6 |
| 85 | 100 | 8 | 25 | | | | | | | | | | | | | |

注：1. 当挡圈装在带螺纹孔的轴端时，紧固用螺钉允许加长；

2. 材料：Q235A、35 钢，45 钢；

3. “轴端单孔挡圈的固定”不属于 GB/T 891—1986、GB/T 892—1986，仅供参考。

**表 5-4　孔用弹性挡圈(A 型)(GB/T 893—2017 摘录)**　　mm

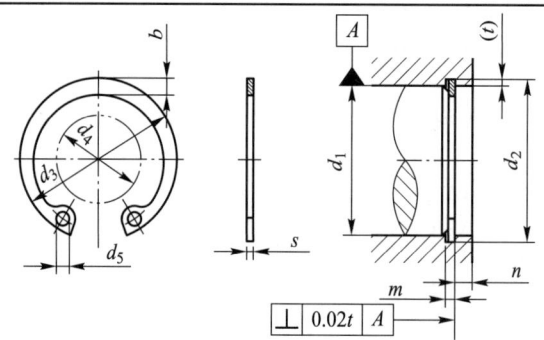

标记示例

孔径 $d_1$ = 40 mm、厚度 $s$ = 1.75 mm,材料为 65 钢、表面磷化处理的 A 型孔用弹性挡圈的标记:

挡圈　GB/T 893 40

| 公称规格 $d_1$ | 挡圈 $d_3$ | 挡圈 $s$ | 挡圈 $b$ ≈ | 挡圈 $d_5$ min | 沟槽 $d_2$ 基本尺寸 | 沟槽 $d_2$ 极限偏差 | 沟槽 $m$ H13 | 沟槽 $t$ | 沟槽 $n$ min | 轴 $d_4$ ≤ |
|---|---|---|---|---|---|---|---|---|---|---|
| 8 | 8.7 | 0.8 | 1.1 | 1.0 | 8.4 | +0.09 0 | 0.9 | 0.20 | 0.6 | 3.0 |
| 9 | 9.8 | | 1.3 | 1.0 | 9.4 | | | | | 3.7 |
| 10 | 10.8 | 1 | 1.4 | 1.2 | 10.4 | +0.11 0 | 1.1 | | | 3.3 |
| 11 | 11.8 | | 1.5 | 1.2 | 11.4 | | | | | 4.1 |
| 12 | 13 | | 1.7 | 1.5 | 12.5 | | | 0.25 | 0.8 | 4.9 |
| 13 | 14.1 | | 1.8 | 1.5 | 13.6 | | | 0.30 | 0.9 | 5.4 |
| 14 | 15.1 | | 1.9 | 1.7 | 14.6 | | | | | 6.2 |
| 15 | 16.2 | | 2.0 | 1.7 | 15.7 | | | 0.35 | 1.1 | 7.2 |
| 16 | 17.3 | | 2.0 | 1.7 | 16.8 | | | 0.40 | 1.2 | 8.0 |
| 17 | 18.3 | | 2.1 | 1.7 | 17.8 | | | | | 8.8 |
| 18 | 19.5 | | 2.2 | 2.0 | 19 | +0.13 0 | | 0.50 | 1.5 | 9.4 |
| 19 | 20.5 | | 2.2 | 2.0 | 20 | | | | | 10.4 |
| 20 | 21.5 | | 2.3 | 2.0 | 21 | | | | | 11.2 |
| 21 | 22.5 | | 2.4 | 2.0 | 22 | | | | | 12.2 |
| 22 | 23.5 | | 2.5 | 2.0 | 23 | | | | | 13.2 |
| 24 | 25.9 | 1.2 | 2.6 | 2.0 | 25.2 | +0.21 0 | 1.3 | 0.60 | 1.8 | 14.8 |
| 25 | 26.9 | | 2.7 | 2.0 | 26.2 | | | | | 15.5 |
| 26 | 27.9 | | 2.8 | 2.0 | 27.2 | | | | | 16.1 |
| 28 | 30.1 | | 2.9 | 2.0 | 29.4 | | | 0.70 | 2.1 | 17.9 |
| 30 | 32.1 | | 3.0 | 2.0 | 31.4 | +0.25 0 | | | | 19.9 |
| 31 | 33.4 | | 3.2 | 2.5 | 32.7 | | | 0.85 | 2.6 | 20.0 |
| 32 | 34.4 | | 3.2 | 2.5 | 33.7 | | | | | 20.6 |
| 34 | 36.5 | 1.5 | 3.3 | 2.5 | 35.7 | | 1.6 | 1.00 | 3 | 22.6 |
| 35 | 37.8 | | 3.4 | 2.5 | 37 | | | | | 23.6 |
| 36 | 38.8 | | 3.5 | 2.5 | 38 | | | | | 24.6 |
| 37 | 39.8 | | 3.6 | 2.5 | 39 | | | | | 25.4 |
| 38 | 40.8 | | 3.7 | 2.5 | 40 | | | | | 26.4 |
| 40 | 43.5 | 1.75 | 3.9 | 2.5 | 42.5 | | 1.85 | 1.25 | 3.8 | 27.8 |
| 42 | 45.5 | | 4.1 | 2.5 | 44.5 | | | | | 29.6 |
| 45 | 48.5 | | 4.3 | 2.5 | 47.5 | | | | | 32.0 |
| 47 | 50.5 | | 4.4 | 2.5 | 49.5 | | | | | 33.5 |

| 公称规格 $d_1$ | 挡圈 $d_3$ | 挡圈 $s$ | 挡圈 $b$ ≈ | 挡圈 $d_5$ min | 沟槽 $d_2$ 基本尺寸 | 沟槽 $d_2$ 极限偏差 | 沟槽 $m$ H13 | 沟槽 $t$ | 沟槽 $n$ min | 轴 $d_4$ ≤ |
|---|---|---|---|---|---|---|---|---|---|---|
| 48 | 51.5 | 1.75 | 4.5 | 2.5 | 50.5 | 0.30 0 | 1.85 | 1.25 | 3.8 | 34.5 |
| 50 | 54.2 | 2 | 4.6 | 2.5 | 53 | | 2.15 | 1.50 | 4.5 | 36.3 |
| 52 | 56.2 | | 4.7 | 2.5 | 55 | | | | | 37.9 |
| 55 | 59.2 | | 5.0 | 2.5 | 58 | | | | | 40.7 |
| 56 | 60.2 | | 5.1 | 2.5 | 59 | | | | | 41.7 |
| 58 | 62.2 | | 5.2 | 2.5 | 61 | | | | | 43.5 |
| 60 | 64.2 | | 5.4 | 2.5 | 63 | | | | | 44.7 |
| 62 | 66.2 | | 5.5 | 2.5 | 65 | | | | | 46.7 |
| 63 | 67.2 | | 5.6 | 2.5 | 66 | | | | | 47.7 |
| 65 | 69.2 | 2.5 | 5.8 | 3.0 | 68 | | 2.65 | | | 49.0 |
| 68 | 72.5 | | 6.1 | 3.0 | 71 | | | | | 51.6 |
| 70 | 74.5 | | 6.2 | 3.0 | 73 | | | | | 53.6 |
| 72 | 76.5 | | 6.4 | 3.0 | 75 | | | | | 55.6 |
| 75 | 79.5 | | 6.6 | 3.0 | 78 | | | | | 58.6 |
| 78 | 82.5 | | 6.6 | 3.0 | 81 | +0.35 0 | | | | 60.1 |
| 80 | 85.5 | | 6.8 | 3.0 | 83.5 | | | 1.75 | 5.3 | 62.1 |
| 82 | 87.5 | | 7.0 | 3.0 | 85.5 | | | | | 64.1 |
| 85 | 90.5 | 3 | 7.0 | 3.5 | 88.5 | | 3.15 | | | 66.9 |
| 88 | 93.5 | | 7.2 | 3.5 | 91.5 | | | | | 69.9 |
| 90 | 95.5 | | 7.6 | 3.5 | 93.5 | | | | | 71.9 |
| 92 | 97.5 | | 7.8 | 3.5 | 95.5 | | | | | 73.7 |
| 95 | 100.5 | | 8.1 | 3.5 | 98.5 | | | | | 76.5 |
| 98 | 103.5 | | 8.3 | 3.5 | 101.5 | | | | | 79.0 |
| 100 | 105.5 | | 8.4 | 3.5 | 103.5 | | | | | 80.6 |
| 102 | 108 | 4 | 8.5 | 3.5 | 106 | +0.54 0 | 4.15 | 2.00 | 6 | 82.0 |
| 105 | 112 | | 8.7 | 3.5 | 109 | | | | | 85.0 |
| 108 | 115 | | 8.9 | 3.5 | 112 | | | | | 88.0 |
| 110 | 117 | | 9.0 | 3.5 | 114 | | | | | 88.2 |
| 112 | 119 | | 9.1 | 3.5 | 116 | | | | | 90.0 |
| 115 | 122 | | 9.3 | 3.5 | 119 | | | | | 93.0 |
| 120 | 127 | | 9.7 | 3.5 | 124 | +0.63 0 | | | | 96.9 |

## 表 5-5 轴用弹性挡圈(A 型)(GB/T 894—2017 摘录)

mm

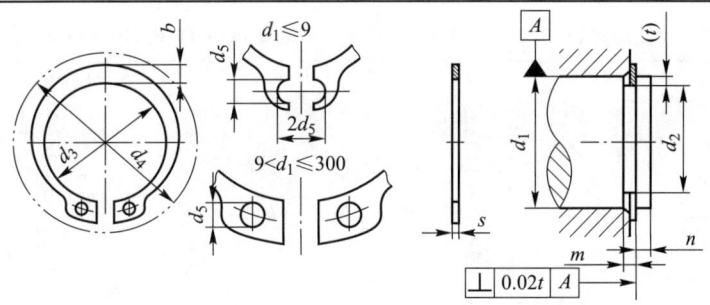

标记示例

轴径 $d_1=40$ mm、厚度 $s=1.75$ mm，材料为 65 钢、表面磷化处理的 A 型轴用弹性挡圈的标记：

挡圈 GB/T 894 40

| 公称规格 $d_1$ | 挡圈 | | | | 沟槽 | | | | | 孔 | 公称规格 $d_1$ | 挡圈 | | | | 沟槽 | | | | | 孔 |
|---|---|---|---|---|---|---|---|---|---|---|---|---|---|---|---|---|---|---|---|---|---|
| | $d_3$ | $s$ | $b$ ≈ | $d_5$ min | $d_2$ 基本尺寸 | $d_2$ 极限偏差 | $m$ H13 | $t$ | $n$ min | $d_4$ ≥ | | $d_3$ | $s$ | $b$ ≈ | $d_5$ min | $d_2$ 基本尺寸 | $d_2$ 极限偏差 | $m$ H13 | $t$ | $n$ min | $d_4$ ≥ |
| 3 | 2.7 | 0.4 | 0.8 | 1.0 | 2.8 | 0<br>-0.04 | 0.5 | 0.10 | 0.3 | 7.0 | 38 | 35.2 | | 4.2 | 2.5 | 36.0 | | | 1.00 | 3.0 | 50.2 |
| 4 | 3.7 | 0.4 | 0.9 | 1.0 | 3.8 | | 0.5 | 0.10 | 0.3 | 8.6 | 40 | 36.5 | | 4.4 | 2.5 | 37.0 | | | | | 52.6 |
| 5 | 4.7 | 0.6 | 1.1 | 1.0 | 4.8 | 0<br>-0.05 | 0.7 | 0.10 | 0.3 | 10.3 | 42 | 38.5 | 1.75 | 4.5 | 2.5 | 39.5 | | 1.85 | 1.25 | 3.8 | 55.7 |
| 6 | 5.6 | 0.7 | 1.3 | 1.2 | 5.7 | | 0.8 | 0.15 | 0.5 | 11.7 | 45 | 41.5 | | 4.7 | 2.5 | 42.5 | 0<br>-0.25 | | | | 59.1 |
| 7 | 6.5 | 0.8 | 1.4 | 1.2 | 6.7 | 0<br>-0.06 | 0.9 | 0.15 | 0.5 | 13.5 | 48 | 44.5 | | 5.0 | 2.5 | 45.5 | | | | | 62.5 |
| 8 | 7.4 | 0.8 | 1.5 | 1.2 | 7.6 | | 0.9 | | | 14.7 | 50 | 45.8 | | 5.1 | 2.5 | 47.0 | | | | | 64.5 |
| 9 | 8.4 | | 1.7 | 1.2 | 8.6 | | | 0.20 | 0.6 | 16.0 | 52 | 47.8 | | 5.2 | 2.5 | 49.0 | | | | | 66.7 |
| 10 | 9.3 | | 1.8 | 1.5 | 9.6 | | | | | 17.0 | 55 | 50.8 | | 5.4 | 2.5 | 52.0 | | | | | 70.2 |
| 11 | 10.2 | | 1.8 | 1.5 | 10.5 | | | 0.25 | 0.8 | 18.0 | 56 | 51.8 | | 5.5 | 2.5 | 53.0 | | | | | 71.6 |
| 12 | 11.0 | | 1.8 | 1.7 | 11.5 | | | | | 19.0 | 58 | 53.8 | 2 | 5.6 | 2.5 | 55.0 | | 2.15 | | | 73.6 |
| 13 | 11.9 | 1.0 | 2.0 | 1.7 | 12.4 | | 1.1 | 0.30 | 0.9 | 20.2 | 60 | 55.8 | | 5.8 | 2.5 | 57.0 | | | | | 75.6 |
| 14 | 12.9 | | 2.1 | 1.7 | 13.4 | 0<br>-0.11 | | | | 21.4 | 62 | 57.8 | | 6.0 | 2.5 | 59.0 | | | | | 77.8 |
| 15 | 13.8 | | 2.2 | 1.7 | 14.3 | | | 0.35 | 1.1 | 22.6 | 63 | 58.8 | | 6.2 | 2.5 | 60.0 | | | 1.50 | 4.5 | 79.0 |
| 16 | 14.7 | | 2.2 | 1.7 | 15.2 | | | 0.40 | 1.2 | 23.8 | 65 | 60.8 | | 6.3 | 3.0 | 62.0 | | | | | 81.4 |
| 17 | 15.7 | | 2.3 | 1.7 | 16.2 | | | | | 25.0 | 68 | 63.5 | | 6.5 | 3.0 | 65.0 | 0<br>-0.30 | | | | 84.8 |
| 18 | 16.5 | | 2.4 | 2.0 | 17.0 | | | | | 26.2 | 70 | 65.5 | | 6.6 | 3.0 | 67.0 | | | | | 87.0 |
| 19 | 17.5 | | 2.5 | 2.0 | 18.0 | | | | | 27.2 | 72 | 67.5 | | 6.8 | 3.0 | 69.0 | | | | | 89.2 |
| 20 | 18.5 | | 2.6 | 2.0 | 19.0 | | | 0.50 | 1.5 | 28.4 | 75 | 70.5 | 2.5 | 7.0 | 3.0 | 72.0 | | 2.65 | | | 92.7 |
| 21 | 19.5 | | 2.7 | 2.0 | 20.0 | 0<br>-0.13 | | | | 29.6 | 78 | 73.5 | | 7.3 | 3.0 | 75.0 | | | | | 96.1 |
| 22 | 20.5 | 1.2 | 2.8 | 2.0 | 21.0 | | 1.3 | | | 30.8 | 80 | 74.5 | | 7.4 | 3.0 | 76.5 | | | | | 98.1 |
| 24 | 22.2 | | 3.0 | 2.0 | 22.9 | | | | | 33.2 | 82 | 76.5 | | 7.6 | 3.0 | 78.5 | | | | | 100.3 |
| 25 | 23.2 | | 3.0 | 2.0 | 23.9 | | | 0.55 | 1.7 | 34.2 | 85 | 79.5 | | 7.8 | 3.5 | 81.5 | | | | | 103.3 |
| 26 | 24.2 | | 3.1 | 2.0 | 24.9 | | | | | 35.5 | 88 | 82.5 | | 8.0 | 3.5 | 84.5 | | | 1.75 | 5.3 | 106.5 |
| 28 | 25.9 | | 3.2 | 2.0 | 26.6 | 0<br>-0.21 | | | | 37.9 | 90 | 84.5 | 3 | 8.2 | 3.5 | 86.5 | 0<br>-0.35 | 3.15 | | | 108.5 |
| 29 | 26.9 | | 3.4 | 2.0 | 27.6 | | | 0.70 | 2.1 | 39.1 | 95 | 89.5 | | 8.6 | 3.5 | 91.5 | | | | | 114.8 |
| 30 | 27.9 | | 3.5 | 2.0 | 28.6 | | | | | 40.5 | 100 | 94.5 | | 9.0 | 3.5 | 96.5 | | | | | 120.2 |
| 32 | 29.6 | 1.5 | 3.6 | 2.5 | 30.3 | | 1.6 | 0.85 | 2.6 | 43.0 | 105 | 98.0 | | 9.3 | 3.5 | 101.0 | | | | | 125.8 |
| 34 | 31.5 | | 3.8 | 2.5 | 32.3 | 0<br>-0.25 | | | | 45.4 | 110 | 103.0 | 4 | 9.6 | 3.5 | 106.0 | 0<br>-0.54 | 4.15 | 2.00 | 6.0 | 131.2 |
| 35 | 32.2 | | 3.9 | 2.5 | 33.0 | | | 1.00 | 3.0 | 46.8 | 115 | 108.0 | | 9.8 | 3.5 | 111.0 | | | | | 137.3 |
| 36 | 33.2 | 1.75 | 4.0 | 2.5 | 34.0 | | 1.85 | | | 47.8 | 120 | 113.0 | | 10.2 | 3.5 | 116.0 | | | | | 143.1 |

## 二、圆螺母

表 5-6　圆螺母(GB/T 812—1988 摘录)、小圆螺母(GB/T 810—1988 摘录)　　mm

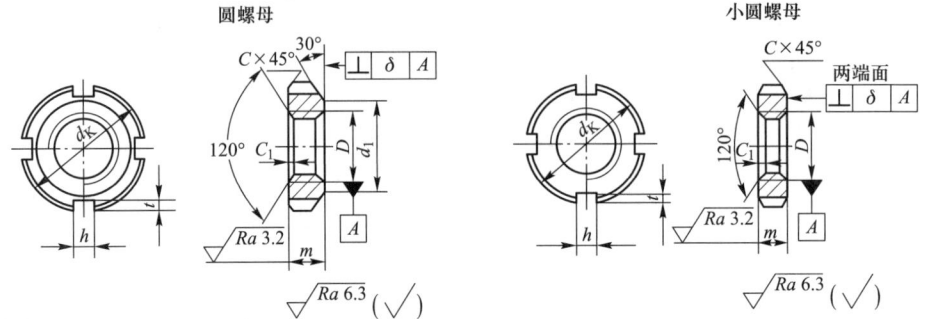

圆螺母

小圆螺母

标记示例:螺母　GB/T 812　M16×1.5

螺母　GB/T 810　M16×1.5

(螺纹规格 $D$=M16×1.5、材料为 45 钢、槽或全部热处理硬度 35~45 HRC、表面氧化的圆螺母和小圆螺母)

圆螺母(GB/T 812—1988)

| 螺纹规格 $D\times P$ | $d_K$ | $d_1$ | $m$ | $h$ max | $h$ min | $t$ max | $t$ min | $C$ | $C_1$ |
|---|---|---|---|---|---|---|---|---|---|
| M10×1 | 22 | 16 | 8 | 4.3 | 4 | 2.6 | 2 | 0.5 | 0.5 |
| M12×1.25 | 25 | 19 | | | | | | | |
| M14×1.5 | 28 | 20 | | | | | | | |
| M16×1.5 | 30 | 22 | | 5.3 | 5 | 3.1 | 2.5 | | |
| M18×1.5 | 32 | 24 | | | | | | | |
| M20×1.5 | 35 | 27 | | | | | | | |
| M22×1.5 | 38 | 30 | 10 | | | | | | |
| M24×1.5 | 42 | 34 | | | | | | 1 | |
| M25×1.5* | | | | | | | | | |
| M27×1.5 | 45 | 37 | | | | | | | |
| M30×1.5 | 48 | 40 | | | | | | | |
| M33×1.5 | 52 | 43 | | 6.3 | 6 | 3.6 | 3 | | |
| M35×1.5* | | | | | | | | | |
| M36×1.5 | 55 | 46 | | | | | | | |
| M39×1.5 | 58 | 49 | | | | | | 1.5 | |
| M40×1.5* | | | | | | | | | |
| M42×1.5 | 62 | 53 | | | | | | | |
| M45×1.5 | 68 | 59 | | | | | | | |
| M48×1.5 | 72 | 61 | 12 | 8.36 | 8 | 4.25 | 3.5 | | |
| M50×1.5* | | | | | | | | | |
| M52×1.5 | 78 | 67 | | | | | | | |
| M55×2* | | | | | | | | | |
| M56×2 | 85 | 74 | | | | | | | 1 |
| M60×2 | 90 | 79 | | | | | | | |
| M64×2 | 95 | 84 | | | | | | | |
| M65×2* | | | | | | | | | |
| M68×2 | 100 | 88 | | 10.36 | 10 | 4.75 | 4 | | |
| M72×2 | 105 | 93 | 15 | | | | | | |
| M75×2* | | | | | | | | | |
| M76×2 | 110 | 98 | | | | | | | |
| M80×2 | 115 | 103 | | | | | | | |
| M85×2 | 120 | 108 | | | | | | | |
| M90×2 | 125 | 112 | 18 | 12.43 | 12 | 5.75 | 5 | | |
| M95×2 | 130 | 117 | | | | | | | |
| M100×2 | 135 | 122 | | | | | | | |
| M105×2 | 140 | 127 | | | | | | | |

小圆螺母(GB/T 810—1988)

| 螺纹规格 $D\times P$ | $d_K$ | $m$ | $h$ max | $h$ min | $t$ max | $t$ min | $C$ | $C_1$ |
|---|---|---|---|---|---|---|---|---|
| M10×1 | 20 | 6 | 4.3 | 4 | 2.6 | 2 | 0.5 | 0.5 |
| M12×1.25 | 22 | | | | | | | |
| M14×1.5 | 25 | | | | | | | |
| M16×1.5 | 28 | | | | | | | |
| M18×1.5 | 30 | | 5.3 | 5 | 3.1 | 2.5 | | |
| M20×1.5 | 32 | | | | | | | |
| M22×1.5 | 35 | 8 | | | | | | |
| M24×1.5 | 38 | | | | | | | |
| M27×1.5 | 42 | | | | | | 1 | |
| M30×1.5 | 45 | | | | | | | |
| M33×1.5 | 48 | | | | | | | |
| M36×1.5 | 52 | | 6.3 | 6 | 3.6 | 3 | | |
| M39×1.5 | 55 | | | | | | | |
| M42×1.5 | 58 | | | | | | | |
| M45×1.5 | 62 | | | | | | | |
| M48×1.5 | 68 | 10 | | | | | | |
| M52×1.5 | 72 | | 8.36 | 8 | 4.25 | 3.5 | | |
| M56×2 | 78 | | | | | | | 1 |
| M60×2 | 80 | | | | | | | |
| M64×2 | 85 | | | | | | | |
| M68×2 | 90 | | | | | | | |
| M72×2 | 95 | 12 | | | | | | |
| M76×2 | 100 | | 10.36 | 10 | 4.75 | 4 | | |
| M80×2 | 105 | | | | | | 1.5 | |
| M85×2 | 110 | | | | | | | |
| M90×2 | 115 | | | | | | | |
| M95×2 | 120 | | | | | | | |
| M100×2 | 125 | | 12.43 | 12 | 5.75 | 5 | | |
| M105×2 | 130 | 15 | | | | | | |

注:1. 槽数 $n$:当 $D\leqslant$M100×2,$n=4$;当 $D\geqslant$M105×2,$n=6$;

2. * 仅用于滚动轴承锁紧装置。

## 三、圆螺母用止动垫圈

表 5-7　圆螺母用止动垫圈（GB/T 858—1988 摘录）　　mm

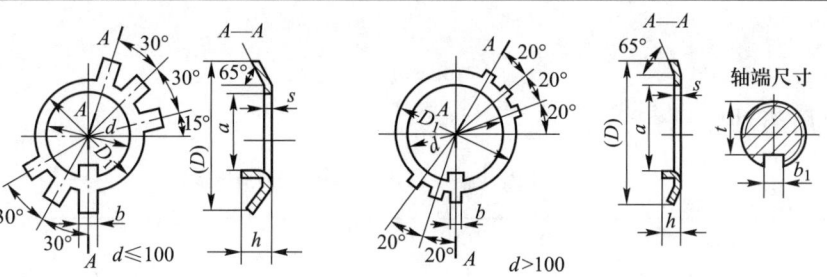

标记示例：

垫圈　GB/T 858　16（规格为 16、材料为 Q235A、经退火、表面氧化的圆螺母用止动垫圈）

| 规格（螺纹大径） | $d$ | $D$（参考） | $D_1$ | $s$ | $b$ | $a$ | $h$ | 轴端 $b_1$ | 轴端 $t$ | 规格（螺纹大径） | $d$ | $D$（参考） | $D_1$ | $s$ | $b$ | $a$ | $h$ | 轴端 $b_1$ | 轴端 $t$ |
|---|---|---|---|---|---|---|---|---|---|---|---|---|---|---|---|---|---|---|---|
| 10 | 10.5 | 25 | 16 | | | 8 | | | 7 | 48 | 48.5 | 76 | 61 | | | 45 | 5 | | 44 |
| 12 | 12.5 | 28 | 19 | | 3.8 | 9 | 3 | 4 | 8 | 50* | 50.5 | | | | | 47 | | | — |
| 14 | 14.5 | 32 | 20 | | | 11 | | | 10 | 52 | 52.5 | 82 | 67 | | | 49 | | | 48 |
| 16 | 16.5 | 34 | 22 | | | 13 | | | 12 | 55* | 56 | | | | | 52 | | | — |
| 18 | 18.5 | 35 | 24 | | | 15 | | | 14 | 56 | 57 | 90 | 74 | | 7.7 | 53 | | 8 | 52 |
| 20 | 20.5 | 38 | 27 | 1 | | 17 | | | 16 | 60 | 61 | 94 | 79 | | | 57 | 6 | | 56 |
| 22 | 22.5 | 42 | 30 | | 4.8 | 19 | 4 | 5 | 18 | 64 | 65 | 100 | 84 | | | 61 | | | 60 |
| 24 | 24.5 | 45 | 34 | | | 21 | | | 20 | 65* | 66 | | | 1.5 | | 62 | | | — |
| 25* | 25.5 | | | | | 22 | | | — | 68 | 69 | 105 | 88 | | | 65 | | | 64 |
| 27 | 27.5 | 48 | 37 | | | 24 | | | 23 | 72 | 73 | 110 | 93 | | | 69 | | | 68 |
| 30 | 30.5 | 52 | 40 | | | 27 | | | 26 | 75* | 76 | | | | | 71 | | | — |
| 33 | 33.5 | 56 | 43 | | | 30 | | | 29 | 76 | 77 | 115 | 98 | | 9.6 | 72 | | 10 | 70 |
| 35* | 35.5 | | | | | 32 | | | — | 80 | 81 | 120 | 103 | | | 76 | | | 74 |
| 36 | 36.5 | 60 | 46 | | | 33 | 5 | | 32 | 85 | 86 | 125 | 108 | | | 81 | 7 | | 79 |
| 39 | 39.5 | 62 | 49 | 1.5 | 5.7 | 36 | | 6 | 35 | 90 | 91 | 130 | 112 | | | 86 | | | 84 |
| 40* | 40.5 | | | | | 37 | | | — | 95 | 96 | 135 | 117 | 2 | 11.6 | 91 | | 12 | 89 |
| 42 | 42.5 | 66 | 53 | | | 39 | | | 38 | 100 | 101 | 140 | 122 | | | 96 | | | 94 |
| 45 | 45.5 | 72 | 59 | | | 42 | | | 41 | 105 | 106 | 145 | 127 | | | 101 | | | 99 |

注：* 仅用于滚动轴承锁紧装置。

## 四、轴上固定螺钉用的孔

表 5-8　轴上固定螺钉用孔（JB/ZQ 4251—2006 摘录）　　mm

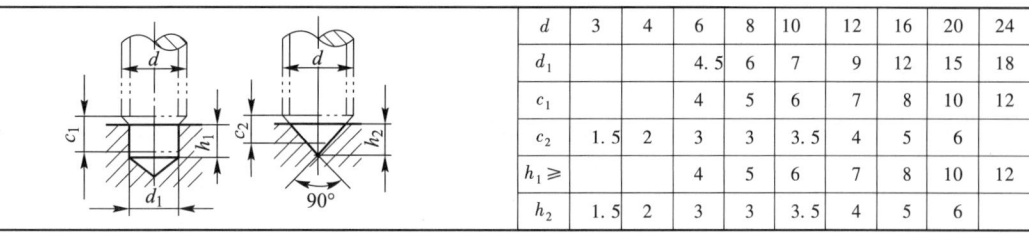

| $d$ | 3 | 4 | 6 | 8 | 10 | 12 | 16 | 20 | 24 |
|---|---|---|---|---|---|---|---|---|---|
| $d_1$ | | | 4.5 | 6 | 7 | 9 | 12 | 15 | 18 |
| $c_1$ | | | 4 | 5 | 6 | 7 | 8 | 10 | 12 |
| $c_2$ | 1.5 | 2 | 3 | 3 | 3.5 | 4 | 5 | 6 | |
| $h_1 \geq$ | | | 4 | 5 | 6 | 7 | 8 | 10 | 12 |
| $h_2$ | 1.5 | 2 | 3 | 3 | 3.5 | 4 | 5 | 6 | |

注：1. 零件图上除 $c_1$、$c_2$ 外，其他尺寸应全部注出；

2. $d$ 为螺纹规格。

# 第六章 滚动轴承

## 一、常用滚动轴承

**表 6-1 深沟球轴承（GB/T 276—2013 摘录）**

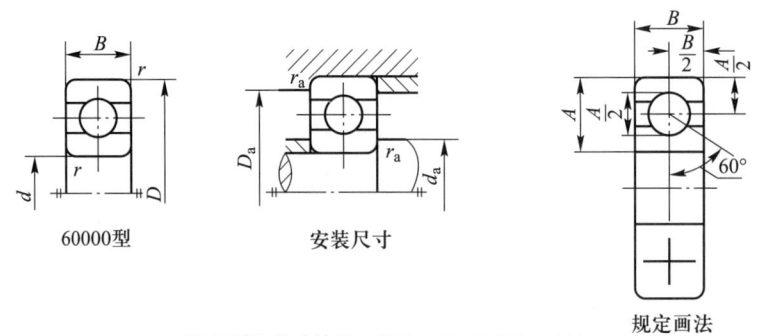

标记示例：滚动轴承 6210 GB/T 276—2013

| $F_a/C_{0r}$ | $e$ | $Y$ | 径向当量动载荷 | 径向当量静载荷 |
|---|---|---|---|---|
| 0.014 | 0.19 | 2.30 | | |
| 0.028 | 0.22 | 1.99 | 当 $\dfrac{F_a}{F_r} \leq e$，$P_r = F_r$ | $P_{0r} = F_r$ |
| 0.056 | 0.26 | 1.71 | | |
| 0.084 | 0.28 | 1.55 | | |
| 0.11 | 0.30 | 1.45 | | $P_{0r} = 0.6F_r + 0.5F_a$ |
| 0.17 | 0.34 | 1.31 | | |
| 0.28 | 0.38 | 1.15 | 当 $\dfrac{F_a}{F_r} > e$，$P_r = 0.56F_r + YF_a$ | 取上列两式计算结果的较大值。 |
| 0.42 | 0.42 | 1.04 | | |
| 0.56 | 0.44 | 1.00 | | |

| 轴承代号 | 基本尺寸/mm | | | | 安装尺寸/mm | | | 基本额定动载荷 $C_r$ | 基本额定静载荷 $C_{0r}$ | 极限转速 /(r/min) | |
|---|---|---|---|---|---|---|---|---|---|---|---|
| | $d$ | $D$ | $B$ | $r_s$ min | $d_a$ min | $D_a$ max | $r_{as}$ max | /kN | | 脂润滑 | 油润滑 |
| (1) 0 尺寸系列 | | | | | | | | | | | |
| 6000 | 10 | 26 | 8 | 0.3 | 12.4 | 23.6 | 0.3 | 4.58 | 1.98 | 20 000 | 28 000 |
| 6001 | 12 | 28 | 8 | 0.3 | 14.4 | 25.6 | 0.3 | 5.10 | 2.38 | 19 000 | 26 000 |
| 6002 | 15 | 32 | 9 | 0.3 | 17.4 | 29.6 | 0.3 | 5.58 | 2.85 | 18 000 | 24 000 |
| 6003 | 17 | 35 | 10 | 0.3 | 19.4 | 32.6 | 0.3 | 6.00 | 3.25 | 17 000 | 22 000 |
| 6004 | 20 | 42 | 12 | 0.6 | 25 | 37 | 0.6 | 9.38 | 5.02 | 15 000 | 19 000 |
| 6005 | 25 | 47 | 12 | 0.6 | 30 | 42 | 0.6 | 10.0 | 5.85 | 13 000 | 17 000 |

续表

| 轴承代号 | 基本尺寸/mm | | | | 安装尺寸/mm | | | 基本额定动载荷 $C_r$ | 基本额定静载荷 $C_{0r}$ | 极限转速 /(r/min) | |
|---|---|---|---|---|---|---|---|---|---|---|---|
| | $d$ | $D$ | $B$ | $r_s$ min | $d_a$ min | $D_a$ max | $r_{as}$ max | /kN | | 脂润滑 | 油润滑 |
| (1) 0 尺寸系列 | | | | | | | | | | | |
| 6006 | 30 | 55 | 13 | 1 | 36 | 49 | 1 | 13.2 | 8.30 | 10 000 | 14 000 |
| 6007 | 35 | 62 | 14 | 1 | 41 | 56 | 1 | 16.2 | 10.5 | 9 000 | 12 000 |
| 6008 | 40 | 68 | 15 | 1 | 46 | 62 | 1 | 17.0 | 11.8 | 8 500 | 11 000 |
| 6009 | 45 | 75 | 16 | 1 | 51 | 69 | 1 | 21.0 | 14.8 | 8 000 | 10 000 |
| 6010 | 50 | 80 | 16 | 1 | 56 | 74 | 1 | 22.0 | 16.2 | 7 000 | 9 000 |
| 6011 | 55 | 90 | 18 | 1.1 | 62 | 83 | 1 | 30.2 | 21.8 | 6 300 | 8 000 |
| 6012 | 60 | 95 | 18 | 1.1 | 67 | 88 | 1 | 31.5 | 24.2 | 6 000 | 7 500 |
| 6013 | 65 | 100 | 18 | 1.1 | 72 | 93 | 1 | 32.0 | 24.8 | 5 600 | 7 000 |
| 6014 | 70 | 110 | 20 | 1.1 | 77 | 103 | 1 | 38.5 | 30.5 | 5 300 | 6 700 |
| 6015 | 75 | 115 | 20 | 1.1 | 82 | 108 | 1 | 40.2 | 33.2 | 5 000 | 6 300 |
| 6016 | 80 | 125 | 22 | 1.1 | 87 | 118 | 1 | 47.5 | 39.8 | 4 800 | 6 000 |
| 6017 | 85 | 130 | 22 | 1.1 | 92 | 123 | 1 | 50.8 | 42.8 | 4 500 | 5 600 |
| 6018 | 90 | 140 | 24 | 1.5 | 99 | 131 | 1.5 | 58.0 | 49.8 | 4 300 | 5 300 |
| 6019 | 95 | 145 | 24 | 1.5 | 104 | 136 | 1.5 | 57.8 | 50.0 | 4 000 | 5 000 |
| 6020 | 100 | 150 | 24 | 1.5 | 109 | 141 | 1.5 | 64.5 | 56.2 | 3 800 | 4 800 |
| (0) 2 尺寸系列 | | | | | | | | | | | |
| 6200 | 10 | 30 | 9 | 0.6 | 15 | 25 | 0.6 | 5.10 | 2.38 | 19 000 | 26 000 |
| 6201 | 12 | 32 | 10 | 0.6 | 17 | 27 | 0.6 | 6.82 | 3.05 | 18 000 | 24 000 |
| 6202 | 15 | 35 | 11 | 0.6 | 20 | 30 | 0.6 | 7.65 | 3.72 | 17 000 | 22 000 |
| 6203 | 17 | 40 | 12 | 0.6 | 22 | 35 | 0.6 | 9.58 | 4.78 | 16 000 | 20 000 |
| 6204 | 20 | 47 | 14 | 1 | 26 | 41 | 1 | 12.8 | 6.65 | 14 000 | 18 000 |
| 6205 | 25 | 52 | 15 | 1 | 31 | 46 | 1 | 14.0 | 7.88 | 12 000 | 16 000 |
| 6206 | 30 | 62 | 16 | 1 | 36 | 56 | 1 | 19.5 | 11.5 | 9 500 | 13 000 |
| 6207 | 35 | 72 | 17 | 1.1 | 42 | 65 | 1 | 25.5 | 15.2 | 8 500 | 11 000 |
| 6208 | 40 | 80 | 18 | 1.1 | 47 | 73 | 1 | 29.5 | 18.0 | 8 000 | 10 000 |
| 6209 | 45 | 85 | 19 | 1.1 | 52 | 78 | 1 | 31.5 | 20.5 | 7 000 | 9 000 |
| 6210 | 50 | 90 | 20 | 1.1 | 57 | 83 | 1 | 35.0 | 23.2 | 6 700 | 8 500 |
| 6211 | 55 | 100 | 21 | 1.5 | 64 | 91 | 1.5 | 43.2 | 29.2 | 6 000 | 7 500 |
| 6212 | 60 | 110 | 22 | 1.5 | 69 | 101 | 1.5 | 47.8 | 32.8 | 5 600 | 7 000 |
| 6213 | 65 | 120 | 23 | 1.5 | 74 | 111 | 1.5 | 57.2 | 40.0 | 5 000 | 6 300 |
| 6214 | 70 | 125 | 24 | 1.5 | 79 | 116 | 1.5 | 60.8 | 45.0 | 4 800 | 6 000 |
| 6215 | 75 | 130 | 25 | 1.5 | 84 | 121 | 1.5 | 66.0 | 49.5 | 4 500 | 5 600 |
| 6216 | 80 | 140 | 26 | 2 | 90 | 130 | 2 | 71.5 | 54.2 | 4 300 | 5 300 |
| 6217 | 85 | 150 | 28 | 2 | 95 | 140 | 2 | 83.2 | 63.8 | 4 000 | 5 000 |
| 6218 | 90 | 160 | 30 | 2 | 100 | 150 | 2 | 95.8 | 71.5 | 3 800 | 4 800 |
| 6219 | 95 | 170 | 32 | 2.1 | 107 | 158 | 2 | 110 | 82.8 | 3 600 | 4 500 |
| 6220 | 100 | 180 | 34 | 2.1 | 112 | 168 | 2 | 122 | 92.8 | 3 400 | 4 300 |
| (0) 3 尺寸系列 | | | | | | | | | | | |
| 6300 | 10 | 35 | 11 | 0.6 | 15 | 30 | 0.6 | 7.65 | 3.48 | 18 000 | 24 000 |
| 6301 | 12 | 37 | 12 | 1 | 18 | 31 | 1 | 9.72 | 5.08 | 17 000 | 22 000 |
| 6302 | 15 | 42 | 13 | 1 | 21 | 36 | 1 | 11.5 | 5.42 | 16 000 | 20 000 |

续表

| 轴承代号 | 基本尺寸/mm | | | | 安装尺寸/mm | | | 基本额定动载荷 $C_r$ | 基本额定静载荷 $C_{0r}$ | 极限转速 /(r/min) | |
|---|---|---|---|---|---|---|---|---|---|---|---|
| | $d$ | $D$ | $B$ | $r_s$ min | $d_a$ min | $D_a$ max | $r_{as}$ max | /kN | | 脂润滑 | 油润滑 |
| (0) 3 尺寸系列 | | | | | | | | | | | |
| 6303 | 17 | 47 | 14 | 1 | 23 | 41 | 1 | 13.5 | 6.58 | 15 000 | 19 000 |
| 6304 | 20 | 52 | 15 | 1.1 | 27 | 45 | 1 | 15.8 | 7.88 | 13 000 | 17 000 |
| 6305 | 25 | 62 | 17 | 1.1 | 32 | 55 | 1 | 22.2 | 11.5 | 10 000 | 14 000 |
| 6306 | 30 | 72 | 19 | 1.1 | 37 | 65 | 1 | 27.0 | 15.2 | 9 000 | 12 000 |
| 6307 | 35 | 80 | 21 | 1.5 | 44 | 71 | 1.5 | 33.2 | 19.2 | 8 000 | 10 000 |
| 6308 | 40 | 90 | 23 | 1.5 | 49 | 81 | 1.5 | 40.8 | 24.0 | 7 000 | 9 000 |
| 6309 | 45 | 100 | 25 | 1.5 | 54 | 91 | 1.5 | 52.8 | 31.8 | 6 300 | 8 000 |
| 6310 | 50 | 110 | 27 | 2 | 60 | 100 | 2 | 61.8 | 38.0 | 6 000 | 7 500 |
| 6311 | 55 | 120 | 29 | 2 | 65 | 110 | 2 | 71.5 | 44.8 | 5 300 | 6 700 |
| 6312 | 60 | 130 | 31 | 2.1 | 72 | 118 | 2 | 81.8 | 51.8 | 5 000 | 6 300 |
| 6313 | 65 | 140 | 33 | 2.1 | 77 | 128 | 2 | 93.8 | 60.5 | 4 500 | 5 600 |
| 6314 | 70 | 150 | 35 | 2.1 | 82 | 138 | 2 | 105 | 68.0 | 4 300 | 5 300 |
| 6315 | 75 | 160 | 37 | 2.1 | 87 | 148 | 2 | 112 | 76.8 | 4 000 | 5 000 |
| 6316 | 80 | 170 | 39 | 2.1 | 92 | 158 | 2 | 122 | 86.5 | 3 800 | 4 800 |
| 6317 | 85 | 180 | 41 | 3 | 99 | 166 | 2.5 | 132 | 96.5 | 3 600 | 4 500 |
| 6318 | 90 | 190 | 43 | 3 | 104 | 176 | 2.5 | 145 | 108 | 3 400 | 4 300 |
| 6319 | 95 | 200 | 45 | 3 | 109 | 186 | 2.5 | 155 | 122 | 3 200 | 4 000 |
| 6320 | 100 | 215 | 47 | 3 | 114 | 201 | 2.5 | 172 | 140 | 2 800 | 3 600 |
| (0) 4 尺寸系列 | | | | | | | | | | | |
| 6403 | 17 | 62 | 17 | 1.1 | 24 | 55 | 1 | 22.5 | 10.8 | 11 000 | 15 000 |
| 6404 | 20 | 72 | 19 | 1.1 | 27 | 65 | 1 | 31.0 | 15.2 | 9 500 | 13 000 |
| 6405 | 25 | 80 | 21 | 1.5 | 34 | 71 | 1.5 | 38.2 | 19.2 | 8 500 | 11 000 |
| 6406 | 30 | 90 | 23 | 1.5 | 39 | 81 | 1.5 | 47.5 | 24.5 | 8 000 | 10 000 |
| 6407 | 35 | 100 | 25 | 1.5 | 44 | 91 | 1.5 | 56.8 | 29.5 | 6 700 | 8 500 |
| 6408 | 40 | 110 | 27 | 2 | 50 | 100 | 2 | 65.5 | 37.5 | 6 300 | 8 000 |
| 6409 | 45 | 120 | 29 | 2 | 55 | 110 | 2 | 77.5 | 45.5 | 5 600 | 7 000 |
| 6410 | 50 | 130 | 31 | 2.1 | 62 | 118 | 2 | 92.2 | 55.2 | 5 300 | 6 700 |
| 6411 | 55 | 140 | 33 | 2.1 | 67 | 128 | 2 | 100 | 62.5 | 4 800 | 6 000 |
| 6412 | 60 | 150 | 35 | 2.1 | 72 | 138 | 2 | 108 | 70.0 | 4 500 | 5 600 |
| 6413 | 65 | 160 | 37 | 2.1 | 77 | 148 | 2 | 118 | 78.5 | 4 300 | 5 300 |
| 6414 | 70 | 180 | 42 | 3 | 84 | 166 | 2.5 | 140 | 99.5 | 3 800 | 4 800 |
| 6415 | 75 | 190 | 45 | 3 | 89 | 176 | 2.5 | 155 | 115 | 3 600 | 4 500 |
| 6416 | 80 | 200 | 48 | 3 | 94 | 186 | 2.5 | 162 | 125 | 3 400 | 4 300 |
| 6417 | 85 | 210 | 52 | 4 | 103 | 192 | 3 | 175 | 138 | 3 200 | 4 000 |
| 6418 | 90 | 225 | 54 | 4 | 108 | 207 | 3 | 192 | 158 | 2 800 | 3 600 |
| 6420 | 100 | 250 | 58 | 4 | 118 | 232 | 3 | 222 | 195 | 2 400 | 3 200 |

注：1. 表中 $C_r$ 值适用于轴承为真空脱气轴承钢材料。如为普通电炉钢，$C_r$ 值降低；如为真空重熔或电渣重熔轴承钢，$C_r$ 值提高；

2. $r_{s\,min}$ 为 $r$ 的单向最小倒角尺寸；$r_a$ 为轴和轴承座孔圆角半径，$r_{as\,max}$ 为 $r_{as}$（轴或轴承座孔台阶圆角半径）的单向最大倒角尺寸。

## 表 6-2　圆柱滚子轴承(GB/T 283—2021 摘录)

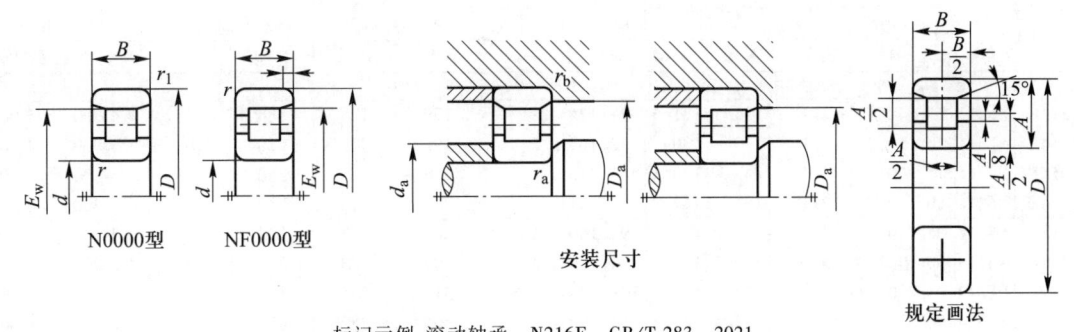

标记示例:滚动轴承　N216E　GB/T 283—2021

| 径向当量动载荷 | | 径向当量静载荷 |
|---|---|---|
| $P_r=F_r$ | 对轴向承载的轴承(NF 型 2、3 系列)<br>$P_r=F_r+0.3F_a$　$(0\leqslant F_a/F_r\leqslant 0.12)$<br>$P_r=0.94F_r+0.8F_a$　$(0.12\leqslant F_a/F_r\leqslant 0.3)$ | $P_{0r}=F_r$ |

| 轴承代号 | | 尺寸/mm $d$ | $D$ | $B$ | $r_s$ min | $r_{1s}$ min | $E_w$ N 型 | $E_w$ NF 型 | 安装尺寸/mm $d_a$ min | $D_a$ min | $r_{as}$ max | $r_{bs}$ max | 基本额定动载荷 $C_r$/kN N 型 | NF 型 | 基本额定静载荷 $C_{0r}$/kN N 型 | NF 型 | 极限转速/(r/min) 脂润滑 | 油润滑 |
|---|---|---|---|---|---|---|---|---|---|---|---|---|---|---|---|---|---|---|
| (0) 2 尺寸系列 | | | | | | | | | | | | | | | | | | |
| N204E | NF204 | 20 | 47 | 14 | 1 | 0.6 | 41.5 | 40 | 25 | 42 | 1 | 0.6 | 25.8 | 12.5 | 24.0 | 11.0 | 12 000 | 16 000 |
| N205E | NF205 | 25 | 52 | 15 | 1 | 0.6 | 46.5 | 45 | 30 | 47 | 1 | 0.6 | 27.5 | 14.2 | 26.8 | 12.8 | 11 000 | 14 000 |
| N206E | NF206 | 30 | 62 | 16 | 1 | 0.6 | 55.5 | 53.5 | 36 | 56 | 1 | 0.6 | 36.0 | 19.5 | 35.5 | 18.2 | 8 500 | 11 000 |
| N207E | NF207 | 35 | 72 | 17 | 1.1 | 0.6 | 64 | 61.8 | 42 | 64 | 1 | 0.6 | 46.5 | 28.5 | 48.0 | 28.0 | 7 500 | 9 500 |
| N208E | NF208 | 40 | 80 | 18 | 1.1 | 1.1 | 71.5 | 70 | 47 | 72 | 1 | 1 | 51.5 | 37.5 | 53.0 | 38.2 | 7 000 | 9 000 |
| N209E | NF209 | 45 | 85 | 19 | 1.1 | 1.1 | 76.5 | 75 | 52 | 77 | 1 | 1 | 58.5 | 39.8 | 63.8 | 41.0 | 6 300 | 8 000 |
| N210E | NF210 | 50 | 90 | 20 | 1.1 | 1.1 | 81.5 | 80.4 | 57 | 83 | 1 | 1 | 61.2 | 43.2 | 69.2 | 48.5 | 6 000 | 7 500 |
| N211E | NF211 | 55 | 100 | 21 | 1.5 | 1.1 | 90 | 88.5 | 64 | 91 | 1.5 | 1 | 80.2 | 52.8 | 95.5 | 60.2 | 5 300 | 6 700 |
| N212E | NF212 | 60 | 110 | 22 | 1.5 | 1.5 | 100 | 97.5 | 69 | 100 | 1.5 | 1.5 | 89.8 | 62.8 | 102 | 73.5 | 5 000 | 6 300 |
| N213E | NF213 | 65 | 120 | 23 | 1.5 | 1.5 | 108.5 | 105.6 | 74 | 109 | 1.5 | 1.5 | 102 | 73.2 | 118 | 87.5 | 4 500 | 5 600 |
| N214E | NF214 | 70 | 125 | 24 | 1.5 | 1.5 | 113.5 | 110.5 | 79 | 114 | 1.5 | 1.5 | 112 | 73.2 | 135 | 87.5 | 4 300 | 5 300 |
| N215E | NF215 | 75 | 130 | 25 | 1.5 | 1.5 | 118.5 | 116.5 | 84 | 120 | 1.5 | 1.5 | 125 | 89.0 | 155 | 110 | 4 000 | 5 000 |
| N216E | NF216 | 80 | 140 | 26 | 2 | 2 | 127.3 | 125.3 | 90 | 128 | 2 | 2 | 132 | 102 | 165 | 125 | 3 800 | 4 800 |
| N217E | NF217 | 85 | 150 | 28 | 2 | 2 | 136.5 | 133.8 | 95 | 137 | 2 | 2 | 158 | 115 | 192 | 145 | 3 600 | 4 500 |
| N218E | NF218 | 90 | 160 | 30 | 2 | 2 | 145 | 143 | 100 | 146 | 2 | 2 | 172 | 142 | 215 | 178 | 3 400 | 4 300 |
| N219E | NF219 | 95 | 170 | 32 | 2.1 | 2.1 | 154.5 | 151.5 | 107 | 155 | 2 | 2 | 208 | 152 | 262 | 190 | 3 200 | 4 000 |
| N220E | NF220 | 100 | 180 | 34 | 2.1 | 2.1 | 163 | 160 | 112 | 164 | 2 | 2 | 235 | 168 | 302 | 212 | 3 000 | 3 800 |
| (0) 3 尺寸系列 | | | | | | | | | | | | | | | | | | |
| N304E | NF304 | 20 | 52 | 15 | 1.1 | 0.6 | 45.5 | 44.5 | 26.5 | 47 | 1 | 0.6 | 29.0 | 18.0 | 25.5 | 15.0 | 11 000 | 15 000 |
| N305E | NF305 | 25 | 62 | 17 | 1.1 | 1.1 | 54 | 53 | 31.5 | 55 | 1 | 1 | 38.5 | 25.5 | 35.8 | 22.5 | 9 000 | 12 000 |
| N306E | NF306 | 30 | 72 | 19 | 1.1 | 1.1 | 62.5 | 62 | 37 | 64 | 1 | 1 | 49.2 | 33.5 | 48.2 | 31.5 | 8 000 | 10 000 |
| N307E | NF307 | 35 | 80 | 21 | 1.5 | 1.1 | 70.2 | 68.2 | 44 | 71 | 1.5 | 1 | 62.0 | 41.0 | 63.2 | 39.2 | 7 000 | 9 000 |
| N308E | NF308 | 40 | 90 | 23 | 1.5 | 1.5 | 80 | 77.5 | 49 | 80 | 1.5 | 1.5 | 76.8 | 48.8 | 77.8 | 47.5 | 6 300 | 8 000 |
| N309E | NF309 | 45 | 100 | 25 | 1.5 | 1.5 | 88.5 | 86.5 | 54 | 89 | 1.5 | 1.5 | 93.0 | 66.8 | 98.0 | 66.8 | 5 600 | 7 000 |
| N310E | NF310 | 50 | 110 | 27 | 2 | 2 | 97 | 95 | 60 | 98 | 2 | 2 | 105 | 76.0 | 112 | 79.5 | 5 300 | 6 700 |
| N311E | NF311 | 55 | 120 | 29 | 2 | 2 | 106.5 | 104.5 | 65 | 107 | 2 | 2 | 128 | 97.8 | 138 | 105 | 4 800 | 6 000 |
| N312E | NF312 | 60 | 130 | 31 | 2.1 | 2.1 | 115 | 113 | 72 | 116 | 2 | 2 | 142 | 118 | 155 | 128 | 4 500 | 5 600 |

续表

| 轴承代号 | | 尺寸/mm | | | | | | | 安装尺寸/mm | | | | 基本额定动载荷 $C_r$/kN | | 基本额定静载荷 $C_{0r}$/kN | | 极限转速/(r/min) | |
|---|---|---|---|---|---|---|---|---|---|---|---|---|---|---|---|---|---|---|
| | | $d$ | $D$ | $B$ | $r_s$ | $r_{1s}$ | $E_w$ | | $d_a$ | $D_a$ | $r_{as}$ | $r_{bs}$ | | | | | | |
| | | | | | min | | N 型 | NF 型 | min | | max | | N 型 | NF 型 | N 型 | NF 型 | 脂润滑 | 油润滑 |
| (0) 3 尺寸系列 | | | | | | | | | | | | | | | | | | |
| N313E | NF313 | 65 | 140 | 33 | 2.1 | | 124.5 | 121.5 | 77 | 125 | 2 | | 170 | 125 | 188 | 135 | 4 000 | 5 000 |
| N314E | NF314 | 70 | 150 | 35 | 2.1 | | 133 | 130 | 82 | 134 | 2 | | 195 | 145 | 220 | 162 | 3 800 | 4 800 |
| N315E | NF315 | 75 | 160 | 37 | 2.1 | | 143 | 139.5 | 87 | 143 | 2 | | 228 | 165 | 260 | 188 | 3 600 | 4 500 |
| N316E | NF316 | 80 | 170 | 39 | 2.1 | | 151 | 147 | 92 | 151 | 2 | | 245 | 175 | 282 | 200 | 3 400 | 4 300 |
| N317E | NF317 | 85 | 180 | 41 | 3 | | 160 | 156 | 99 | 160 | 2.5 | | 280 | 212 | 332 | 242 | 3 200 | 4 000 |
| N318E | NF318 | 90 | 190 | 43 | 3 | | 169.5 | 165 | 104 | 170 | 2.5 | | 298 | 228 | 348 | 265 | 3 000 | 3 800 |
| N319E | NF319 | 95 | 200 | 45 | 3 | | 177.5 | 173.5 | 109 | 178 | 2.5 | | 315 | 245 | 380 | 288 | 2 800 | 3 600 |
| N320E | NF320 | 100 | 215 | 47 | 3 | | 191.5 | 185.5 | 114 | 192 | 2.5 | | 365 | 282 | 425 | 340 | 2 600 | 3 200 |
| (0) 4 尺寸系列 | | | | | | | | | | | | | | | | | | |
| N406 | | 30 | 90 | 23 | 1.5 | | 73 | | 39 | — | 1.5 | | 57.2 | | 53.0 | | 7 000 | 9 000 |
| N407 | | 35 | 100 | 25 | 1.5 | | 83 | | 44 | — | 1.5 | | 70.8 | | 68.2 | | 6 000 | 7 500 |
| N408 | | 40 | 110 | 27 | 2 | | 92 | | 50 | — | 2 | | 90.5 | | 89.8 | | 5 600 | 7 000 |
| N409 | | 45 | 120 | 29 | 2 | | 100.5 | | 55 | — | 2 | | 102 | | 100 | | 5 000 | 6 300 |
| N410 | | 50 | 130 | 31 | 2.1 | | 110.8 | | 62 | — | 2 | | 120 | | 120 | | 4 800 | 6 000 |
| N411 | | 55 | 140 | 33 | 2.1 | | 117.2 | | 67 | — | 2 | | 128 | | 132 | | 4 300 | 5 300 |
| N412 | | 60 | 150 | 35 | 2.1 | | 127 | | 72 | — | 2 | | 155 | | 162 | | 4 000 | 5 000 |
| N413 | | 65 | 160 | 37 | 2.1 | | 135.3 | | 77 | — | 2 | | 170 | | 178 | | 3 800 | 4 800 |
| N414 | | 70 | 180 | 42 | 3 | | 152 | | 84 | — | 2.5 | | 215 | | 232 | | 3 400 | 4 300 |
| N415 | | 75 | 190 | 45 | 3 | | 160.5 | | 89 | — | 2.5 | | 250 | | 272 | | 3 200 | 4 000 |
| N416 | | 80 | 200 | 48 | 3 | | 170 | | 94 | — | 2.5 | | 285 | | 315 | | 3 000 | 3 800 |
| N417 | | 85 | 210 | 52 | 4 | | 177 | | 103 | — | 3 | | 312 | | 345 | | 2 800 | 3 600 |
| N418 | | 90 | 225 | 54 | 4 | | 191.5 | | 108 | — | 3 | | 352 | | 392 | | 2 400 | 3 200 |
| N419 | | 95 | 240 | 55 | 4 | | 201.5 | | 113 | — | 3 | | 378 | | 428 | | 2 200 | 3 000 |
| N420 | | 100 | 250 | 58 | 4 | | 211 | | 118 | — | 3 | | 418 | | 480 | | 2 000 | 2 800 |
| 22 尺寸系列 | | | | | | | | | | | | | | | | | | |
| N2204E | | 20 | 47 | 18 | 1 | 0.6 | 41.5 | | 25 | 42 | 1 | 0.6 | 30.8 | | 30.0 | | 12 000 | 16 000 |
| N2205E | | 25 | 52 | 18 | 1 | 0.6 | 46.5 | | 30 | 47 | 1 | 0.6 | 32.8 | | 33.8 | | 11 000 | 14 000 |
| N2206E | | 30 | 62 | 20 | 1 | 0.6 | 55.5 | | 36 | 56 | 1 | 0.6 | 45.5 | | 48.0 | | 8 500 | 11 000 |
| N2207E | | 35 | 72 | 23 | 1.1 | 0.6 | 64 | | 42 | 64 | 1 | 0.6 | 57.5 | | 63.0 | | 7 500 | 9 500 |
| N2208E | | 40 | 80 | 23 | 1.1 | 1.1 | 71.5 | | 47 | 72 | 1 | 1 | 67.5 | | 75.2 | | 7 000 | 9 000 |
| N2209E | | 45 | 85 | 23 | 1.1 | 1.1 | 76.5 | | 52 | 77 | 1 | 1 | 71.0 | | 82.0 | | 6 300 | 8 000 |
| N2210E | | 50 | 90 | 23 | 1.1 | 1.1 | 81.5 | | 57 | 83 | 1 | 1 | 74.2 | | 88.8 | | 6 000 | 7 500 |
| N2211E | | 55 | 100 | 25 | 1.5 | 1.1 | 90 | | 64 | 91 | 1.5 | 1 | 94.8 | | 118 | | 5 300 | 6 700 |
| N2212E | | 60 | 110 | 28 | 1.5 | 1.5 | 100 | | 69 | 100 | 1.5 | 1.5 | 122 | | 152 | | 5 000 | 6 300 |
| N2213E | | 65 | 120 | 31 | 1.5 | 1.5 | 108.5 | | 74 | 109 | 1.5 | 1.5 | 142 | | 180 | | 4 500 | 5 600 |
| N2214E | | 70 | 125 | 31 | 1.5 | 1.5 | 113.5 | | 79 | 114 | 1.5 | 1.5 | 148 | | 192 | | 4 300 | 5 300 |
| N2215E | | 75 | 130 | 31 | 1.5 | 1.5 | 118.5 | | 84 | 120 | 1.5 | 1.5 | 155 | | 205 | | 4 000 | 5 000 |
| N2216E | | 80 | 140 | 33 | 2 | 2 | 127.3 | | 90 | 128 | 2 | 2 | 178 | | 242 | | 3 800 | 4 800 |
| N2217E | | 85 | 150 | 36 | 2 | 2 | 136.5 | | 95 | 137 | 2 | 2 | 205 | | 272 | | 3 600 | 4 500 |
| N2218E | | 90 | 160 | 40 | 2 | 2 | 145 | | 100 | 146 | 2 | 2 | 230 | | 312 | | 3 400 | 4 300 |
| N2219E | | 95 | 170 | 43 | 2.1 | 2.1 | 154.5 | | 107 | 155 | 2 | 2 | 275 | | 368 | | 3 200 | 4 000 |
| N2220E | | 100 | 180 | 46 | 2.1 | 2.1 | 163 | | 112 | 164 | 2 | 2 | 318 | | 440 | | 3 000 | 3 800 |

注：1. 同表 6-1 中注 1；

2. $r_{smin}$、$r_{1smin}$ 分别为 $r$、$r_1$ 的单向最小倒角尺寸；$r_a$、$r_b$ 为轴和轴承座孔圆角半径；$r_{asmax}$、$r_{bsmax}$ 分别为 $r_{as}$、$r_{bs}$ 的单向最大倒角尺寸；

3. 后缀带 E 为加强型圆柱滚子轴承，应优先选用。

表 6-3　调心球轴承（GB/T 281—2013 摘录）

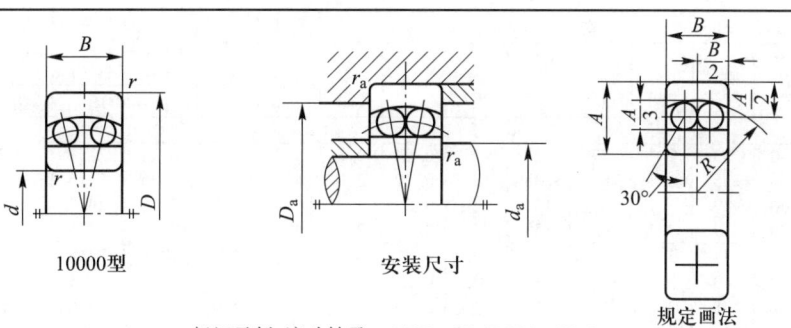

10000型　　　安装尺寸　　　规定画法

标记示例：滚动轴承　1207　GB/T 281—2013

| 径向当量动载荷 | 径向当量静载荷 |
|---|---|
| 当 $\dfrac{F_a}{F_r} \leq e$　$P_r = F_r + Y_1 F_a$<br>当 $\dfrac{F_a}{F_r} > e$　$P_r = 0.65 F_r + Y_2 F_a$ | $P_{0r} = F_r + Y_0 F_a$ |

| 轴承代号 | 基本尺寸/mm | | | | 安装尺寸/mm | | | 计算系数 | | | | 基本额定动载荷 $C_r$ | 基本额定静载荷 $C_{0r}$ | 极限转速 /(r/min) | |
|---|---|---|---|---|---|---|---|---|---|---|---|---|---|---|---|
| | $d$ | $D$ | $B$ | $r_s$ min | $d_a$ max | $D_a$ max | $r_{as}$ max | $e$ | $Y_1$ | $Y_2$ | $Y_0$ | /kN | | 脂润滑 | 油润滑 |
| （0）2尺寸系列 | | | | | | | | | | | | | | | |
| 1200 | 10 | 30 | 9 | 0.6 | 15 | 25 | 0.6 | 0.32 | 2.0 | 3.0 | 2.0 | 5.48 | 1.20 | 24 000 | 28 000 |
| 1201 | 12 | 32 | 10 | 0.6 | 17 | 27 | 0.6 | 0.33 | 1.9 | 2.9 | 2.0 | 5.55 | 1.25 | 22 000 | 26 000 |
| 1202 | 15 | 35 | 11 | 0.6 | 20 | 30 | 0.6 | 0.33 | 1.9 | 3.0 | 2.0 | 7.48 | 1.75 | 18 000 | 22 000 |
| 1203 | 17 | 40 | 12 | 0.6 | 22 | 35 | 0.6 | 0.31 | 2.0 | 3.2 | 2.1 | 7.90 | 2.02 | 16 000 | 20 000 |
| 1204 | 20 | 47 | 14 | 1 | 26 | 41 | 1 | 0.27 | 2.3 | 3.6 | 2.4 | 9.95 | 2.65 | 14 000 | 17 000 |
| 1205 | 25 | 52 | 15 | 1 | 31 | 46 | 1 | 0.27 | 2.3 | 3.6 | 2.4 | 12.0 | 3.30 | 12 000 | 14 000 |
| 1206 | 30 | 62 | 16 | 1 | 36 | 56 | 1 | 0.24 | 2.6 | 4.0 | 2.7 | 15.8 | 4.70 | 10 000 | 12 000 |
| 1207 | 35 | 72 | 17 | 1.1 | 42 | 65 | 1.1 | 0.23 | 2.7 | 4.2 | 2.9 | 15.8 | 5.08 | 8 500 | 10 000 |
| 1208 | 40 | 80 | 18 | 1.1 | 47 | 73 | 1.1 | 0.22 | 2.9 | 4.4 | 3.0 | 19.2 | 6.40 | 7 500 | 9 000 |
| 1209 | 45 | 85 | 19 | 1.1 | 52 | 78 | 1.1 | 0.21 | 2.9 | 4.6 | 3.1 | 21.8 | 7.32 | 7 100 | 8 500 |
| 1210 | 50 | 90 | 20 | 1.1 | 57 | 83 | 1.1 | 0.20 | 3.1 | 4.8 | 3.3 | 22.8 | 8.08 | 6 300 | 8 000 |
| 1211 | 55 | 100 | 21 | 1.5 | 64 | 91 | 1.5 | 0.20 | 3.2 | 5.0 | 3.4 | 26.8 | 10.0 | 6 000 | 7 100 |
| 1212 | 60 | 110 | 22 | 1.5 | 69 | 101 | 1.5 | 0.19 | 3.4 | 5.3 | 3.6 | 30.2 | 11.5 | 5 300 | 6 300 |
| 1213 | 65 | 120 | 23 | 1.5 | 74 | 111 | 1.5 | 0.17 | 3.7 | 5.7 | 3.9 | 31.0 | 12.5 | 4 800 | 6 000 |
| 1214 | 70 | 125 | 24 | 1.5 | 79 | 116 | 1.5 | 0.18 | 3.5 | 5.4 | 3.7 | 34.5 | 13.5 | 4 800 | 5 600 |
| 1215 | 75 | 130 | 25 | 1.5 | 84 | 121 | 1.5 | 0.17 | 3.6 | 5.6 | 3.8 | 38.8 | 15.2 | 4 300 | 5 300 |
| 1216 | 80 | 140 | 26 | 2 | 90 | 130 | 2 | 0.18 | 3.6 | 5.5 | 3.7 | 39.5 | 16.8 | 4 000 | 5 000 |
| 1217 | 85 | 150 | 28 | 2 | 95 | 140 | 2 | 0.17 | 3.7 | 5.7 | 3.9 | 48.8 | 20.5 | 3 800 | 4 500 |
| 1218 | 90 | 160 | 30 | 2 | 100 | 150 | 2 | 0.17 | 3.8 | 5.7 | 4.0 | 56.5 | 23.2 | 3 600 | 4 300 |
| 1219 | 95 | 170 | 32 | 2.1 | 107 | 158 | 2 | 0.17 | 3.7 | 5.7 | 3.9 | 63.5 | 27.0 | 3 400 | 4 000 |
| 1220 | 100 | 180 | 34 | 2.1 | 112 | 168 | 2 | 0.18 | 3.5 | 5.4 | 3.7 | 68.5 | 29.2 | 3 200 | 3 800 |
| （0）3尺寸系列 | | | | | | | | | | | | | | | |
| 1300 | 10 | 35 | 11 | 0.6 | 15 | 30 | 0.6 | 0.33 | 1.9 | 3.0 | 2.0 | 7.22 | 1.62 | 20 000 | 24 000 |
| 1301 | 12 | 37 | 12 | 1 | 18 | 31 | 1 | 0.35 | 1.8 | 2.8 | 1.9 | 9.42 | 2.12 | 18 000 | 22 000 |
| 1302 | 15 | 42 | 13 | 1 | 21 | 36 | 1 | 0.33 | 1.9 | 2.9 | 2.0 | 9.50 | 2.28 | 16 000 | 20 000 |
| 1303 | 17 | 47 | 14 | 1 | 23 | 41 | 1 | 0.33 | 1.9 | 3.0 | 2.0 | 12.5 | 3.18 | 14 000 | 17 000 |
| 1304 | 20 | 52 | 15 | 1.1 | 27 | 45 | 1.1 | 0.29 | 2.2 | 3.4 | 2.3 | 12.5 | 3.38 | 12 000 | 15 000 |
| 1305 | 25 | 62 | 17 | 1.1 | 32 | 55 | 1.1 | 0.27 | 2.3 | 3.5 | 2.4 | 17.8 | 5.05 | 10 000 | 13 000 |
| 1306 | 30 | 72 | 19 | 1.1 | 37 | 65 | 1.1 | 0.26 | 2.4 | 3.8 | 2.6 | 21.5 | 6.28 | 8 500 | 11 000 |
| 1307 | 35 | 80 | 21 | 1.5 | 44 | 71 | 1.5 | 0.25 | 2.6 | 4.0 | 2.7 | 25.0 | 7.95 | 7 500 | 9 500 |
| 1308 | 40 | 90 | 23 | 1.5 | 49 | 81 | 1.5 | 0.24 | 2.6 | 4.0 | 2.7 | 29.5 | 9.50 | 6 700 | 8 500 |
| 1309 | 45 | 100 | 25 | 1.5 | 54 | 91 | 1.5 | 0.25 | 2.5 | 3.9 | 2.6 | 38.0 | 12.8 | 6 000 | 7 500 |
| 1310 | 50 | 110 | 27 | 2 | 60 | 100 | 2 | 0.24 | 2.7 | 4.1 | 2.8 | 43.2 | 14.2 | 5 600 | 6 700 |
| 1311 | 55 | 120 | 29 | 2 | 65 | 110 | 2 | 0.23 | 2.7 | 4.2 | 2.8 | 51.5 | 18.2 | 5 000 | 6 300 |
| 1312 | 60 | 130 | 31 | 2.1 | 72 | 118 | 2 | 0.23 | 2.8 | 4.3 | 2.9 | 57.2 | 20.8 | 4 500 | 5 600 |

| 轴承代号 | 基本尺寸/mm | | | | 安装尺寸/mm | | | 计 算 系 数 | | | | 基本额定动载荷 $C_r$ | 基本额定静载荷 $C_{0r}$ | 极限转速/(r/min) | |
|---|---|---|---|---|---|---|---|---|---|---|---|---|---|---|---|
| | $d$ | $D$ | $B$ | $r_s$ min | $d_a$ max | $D_a$ max | $r_{as}$ max | $e$ | $Y_1$ | $Y_2$ | $Y_0$ | /kN | | 脂润滑 | 油润滑 |
| (0) 3 尺寸系列 | | | | | | | | | | | | | | | |
| 1313 | 65 | 140 | 33 | 2.1 | 77 | 128 | 2 | 0.23 | 2.8 | 4.3 | 2.9 | 61.8 | 22.8 | 4 300 | 5 300 |
| 1314 | 70 | 150 | 35 | 2.1 | 82 | 138 | 2 | 0.22 | 2.8 | 4.4 | 2.9 | 74.5 | 27.5 | 4 000 | 5 000 |
| 1315 | 75 | 160 | 37 | 2.1 | 87 | 148 | 2 | 0.22 | 2.8 | 4.4 | 3.0 | 79.0 | 29.8 | 3 800 | 4 500 |
| 1316 | 80 | 170 | 39 | 2.1 | 92 | 158 | 2 | 0.22 | 2.9 | 4.5 | 3.1 | 88.5 | 32.8 | 3 600 | 4 300 |
| 1317 | 85 | 180 | 41 | 3 | 99 | 166 | 2.5 | 0.22 | 2.9 | 4.5 | 3.0 | 97.8 | 37.8 | 3 400 | 4 000 |
| 1318 | 90 | 190 | 43 | 3 | 104 | 176 | 2.5 | 0.22 | 2.8 | 4.4 | 2.9 | 115 | 44.5 | 3 200 | 3 800 |
| 1319 | 95 | 200 | 45 | 3 | 109 | 186 | 2.5 | 0.23 | 2.8 | 4.3 | 2.9 | 132 | 50.8 | 3 000 | 3 600 |
| 1320 | 100 | 215 | 47 | 3 | 114 | 201 | 2.5 | 0.24 | 2.7 | 4.1 | 2.8 | 142 | 57.2 | 2 800 | 3 400 |
| 22 尺寸系列 | | | | | | | | | | | | | | | |
| 2200 | 10 | 30 | 14 | 0.6 | 15 | 25 | 0.6 | 0.62 | 1.0 | 1.6 | 1.1 | 7.12 | 1.58 | 24 000 | 28 000 |
| 2201 | 12 | 32 | 14 | 0.6 | 17 | 27 | 0.6 | — | — | — | — | 8.80 | 1.80 | 22 000 | 26 000 |
| 2202 | 15 | 35 | 14 | 0.6 | 20 | 30 | 0.6 | 0.50 | 1.3 | 2.0 | 1.3 | 7.65 | 1.80 | 18 000 | 22 000 |
| 2203 | 17 | 40 | 16 | 0.6 | 22 | 35 | 0.6 | 0.50 | 1.2 | 1.9 | 1.3 | 9.00 | 2.45 | 16 000 | 20 000 |
| 2204 | 20 | 47 | 18 | 1 | 26 | 41 | 1 | 0.48 | 1.3 | 2.0 | 1.4 | 12.5 | 3.28 | 14 000 | 17 000 |
| 2205 | 25 | 52 | 18 | 1 | 31 | 46 | 1 | 0.41 | 1.5 | 2.3 | 1.5 | 12.5 | 3.40 | 12 000 | 14 000 |
| 2206 | 30 | 62 | 20 | 1 | 36 | 56 | 1 | 0.39 | 1.6 | 2.4 | 1.7 | 15.2 | 4.60 | 10 000 | 12 000 |
| 2207 | 35 | 72 | 23 | 1.1 | 42 | 65 | 1.1 | 0.38 | 1.7 | 2.6 | 1.8 | 21.8 | 6.65 | 8 500 | 10 000 |
| 2208 | 40 | 80 | 23 | 1.1 | 47 | 73 | 1.1 | 0.24 | 1.9 | 2.9 | 2.0 | 22.5 | 7.38 | 7 500 | 9 000 |
| 2209 | 45 | 85 | 23 | 1.1 | 52 | 78 | 1.1 | 0.31 | 2.1 | 3.2 | 2.2 | 23.2 | 8.00 | 7 100 | 8 500 |
| 2210 | 50 | 90 | 23 | 1.1 | 57 | 83 | 1.1 | 0.29 | 2.2 | 3.4 | 2.3 | 23.2 | 8.45 | 6 300 | 8 000 |
| 2212 | 60 | 110 | 28 | 1.5 | 69 | 101 | 1.5 | 0.28 | 2.3 | 3.5 | 2.4 | 34.0 | 12.5 | 5 300 | 6 300 |
| 2213 | 65 | 120 | 31 | 1.5 | 74 | 111 | 1.5 | 0.28 | 2.3 | 3.5 | 2.4 | 43.5 | 16.2 | 4 800 | 6 000 |
| 2214 | 70 | 125 | 31 | 1.5 | 79 | 116 | 1.5 | 0.27 | 2.4 | 3.7 | 2.5 | 44.0 | 17.0 | 4 500 | 5 600 |
| 2215 | 75 | 130 | 31 | 1.5 | 84 | 121 | 1.5 | 0.25 | 2.5 | 3.9 | 2.6 | 44.2 | 18.0 | 4 300 | 5 300 |
| 2216 | 80 | 140 | 33 | 2 | 90 | 130 | 2 | 0.25 | 2.5 | 3.9 | 2.6 | 48.8 | 20.2 | 4 000 | 5 000 |
| 2217 | 85 | 150 | 36 | 2 | 95 | 140 | 2 | 0.25 | 2.5 | 3.8 | 2.6 | 58.2 | 23.5 | 3 800 | 4 500 |
| 2218 | 90 | 160 | 40 | 2 | 100 | 150 | 2 | 0.27 | 2.4 | 3.7 | 2.5 | 70.0 | 28.5 | 3 600 | 4 300 |
| 2219 | 95 | 170 | 43 | 2.1 | 107 | 158 | 2 | 0.26 | 2.4 | 3.7 | 2.5 | 82.8 | 33.8 | 3 400 | 4 000 |
| 2220 | 100 | 180 | 46 | 2.1 | 112 | 168 | 2 | 0.27 | 2.3 | 3.6 | 2.5 | 97.2 | 40.5 | 3 200 | 3 800 |
| 23 尺寸系列 | | | | | | | | | | | | | | | |
| 2300 | 10 | 35 | 17 | 0.6 | 15 | 30 | 0.6 | 0.66 | 0.95 | 1.5 | 1.0 | 11.0 | 2.45 | 18 000 | 22 000 |
| 2301 | 12 | 37 | 17 | 1 | 18 | 31 | 1 | — | — | — | — | 12.5 | 2.72 | 17 000 | 22 000 |
| 2302 | 15 | 42 | 17 | 1 | 21 | 36 | 1 | 0.51 | 1.2 | 1.9 | 1.3 | 12.0 | 2.88 | 14 000 | 18 000 |
| 2303 | 17 | 47 | 19 | 1 | 23 | 41 | 1 | 0.52 | 1.2 | 1.9 | 1.3 | 14.5 | 3.58 | 13 000 | 16 000 |
| 2304 | 20 | 52 | 21 | 1.1 | 27 | 45 | 1 | 0.51 | 1.2 | 1.9 | 1.3 | 17.8 | 4.75 | 11 000 | 14 000 |
| 2305 | 25 | 62 | 24 | 1.1 | 32 | 55 | 1 | 0.47 | 1.3 | 2.1 | 1.4 | 24.5 | 6.48 | 9 500 | 12 000 |
| 2306 | 30 | 72 | 27 | 1.1 | 37 | 65 | 1 | 0.44 | 1.4 | 2.2 | 1.5 | 31.5 | 8.68 | 8 000 | 10 000 |
| 2307 | 35 | 80 | 31 | 1.5 | 44 | 71 | 1.5 | 0.46 | 1.4 | 2.1 | 1.4 | 39.2 | 11.0 | 7 100 | 9 000 |
| 2308 | 40 | 90 | 33 | 1.5 | 49 | 81 | 1.5 | 0.43 | 1.5 | 2.3 | 1.5 | 44.8 | 13.2 | 6 300 | 8 000 |
| 2309 | 45 | 100 | 36 | 1.5 | 54 | 91 | 1.5 | 0.42 | 1.5 | 2.3 | 1.6 | 55.0 | 16.2 | 5 600 | 7 100 |
| 2310 | 50 | 110 | 40 | 2 | 60 | 100 | 2 | 0.43 | 1.5 | 2.3 | 1.6 | 64.5 | 19.8 | 5 000 | 6 300 |
| 2311 | 55 | 120 | 43 | 2 | 65 | 110 | 2 | 0.41 | 1.5 | 2.4 | 1.6 | 75.2 | 23.5 | 4 800 | 6 000 |
| 2312 | 60 | 130 | 46 | 2.1 | 72 | 118 | 2 | 0.41 | 1.6 | 2.5 | 1.6 | 86.8 | 27.5 | 4 300 | 5 300 |
| 2313 | 65 | 140 | 48 | 2.1 | 77 | 128 | 2 | 0.38 | 1.6 | 2.6 | 1.7 | 96.0 | 32.5 | 3 800 | 4 800 |
| 2314 | 70 | 150 | 51 | 2.1 | 82 | 138 | 2 | 0.38 | 1.7 | 2.6 | 1.8 | 110 | 37.5 | 3 600 | 4 500 |
| 2315 | 75 | 160 | 55 | 2.1 | 87 | 148 | 2 | 0.38 | 1.7 | 2.6 | 1.7 | 122 | 42.8 | 3 400 | 4 300 |
| 2316 | 80 | 170 | 58 | 2.1 | 92 | 158 | 2 | 0.39 | 1.6 | 2.5 | 1.7 | 128 | 45.5 | 3 200 | 4 000 |
| 2317 | 85 | 180 | 60 | 3 | 99 | 166 | 2.5 | 0.38 | 1.7 | 2.6 | 1.7 | 140 | 51.0 | 3 000 | 3 800 |
| 2318 | 90 | 190 | 64 | 3 | 104 | 176 | 2.5 | 0.39 | 1.6 | 2.5 | 1.7 | 142 | 57.2 | 2 800 | 3 600 |
| 2319 | 95 | 200 | 67 | 3 | 109 | 186 | 2.5 | 0.38 | 1.7 | 2.6 | 1.8 | 162 | 64.2 | 2 800 | 3 400 |
| 2320 | 100 | 215 | 73 | 3 | 114 | 201 | 2.5 | 0.37 | 1.7 | 2.6 | 1.8 | 192 | 78.5 | 2 400 | 3 200 |

注：同表 6-1 中注 1 和注 2。

表 6-4 调心滚子轴承（GB/T 288—2013 摘录）

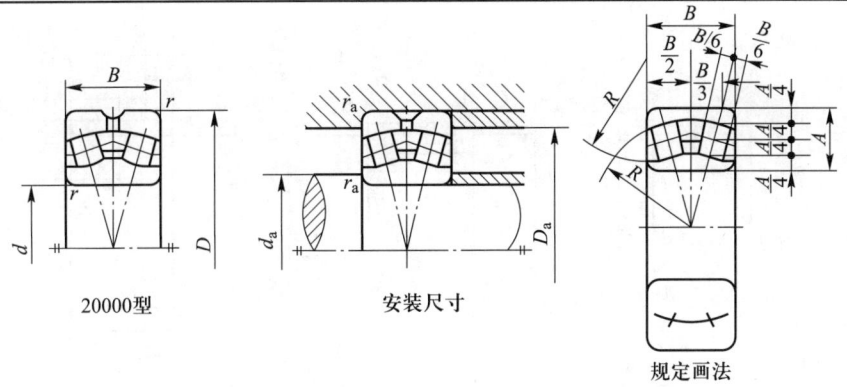

标记示例：滚动轴承 22210 GB/T 288—2013

| 径向当量动载荷 | 径向当量静载荷 |
|---|---|
| 当 $\dfrac{F_a}{F_r} \leqslant e$　$P_r = F_r + Y_1 F_a$<br>当 $\dfrac{F_a}{F_r} > e$　$P_r = 0.67 F_r + Y_2 F_a$ | $P_{0r} = F_r + Y_0 F_a$ |

| 轴承代号 | 尺寸/mm | | | | 安装尺寸/mm | | | 计算系数 | | | | 基本额定动载荷 $C_r$ | 基本额定静载荷 $C_{0r}$ | 极限转速/(r/min) | |
|---|---|---|---|---|---|---|---|---|---|---|---|---|---|---|---|
| | $d$ | $D$ | $B$ | $r_s$ min | $d_a$ min | $D_a$ max | $r_{as}$ max | $e$ | $Y_1$ | $Y_2$ | $Y_0$ | /kN | | 脂润滑 | 油润滑 |
| 22 尺寸系列 | | | | | | | | | | | | | | | |
| 22206 | 30 | 62 | 20 | 1 | 36 | 56 | 1 | 0.33 | 2.0 | 3.0 | 2.0 | 51.8 | 56.8 | 6 300 | 8 000 |
| 22207 | 35 | 72 | 23 | 1.1 | 42 | 65 | 1.1 | 0.31 | 2.1 | 3.2 | 2.1 | 66.5 | 76.0 | 5 300 | 6 700 |
| 22208 | 40 | 80 | 23 | 1.1 | 47 | 73 | 1.1 | 0.28 | 2.4 | 3.6 | 2.3 | 78.5 | 90.8 | 5 000 | 6 000 |
| 22209 | 45 | 85 | 23 | 1.1 | 52 | 78 | 1.1 | 0.27 | 2.5 | 3.8 | 2.5 | 82.0 | 97.5 | 4 500 | 5 600 |
| 22210 | 50 | 90 | 23 | 1.1 | 57 | 83 | 1.1 | 0.24 | 2.8 | 4.1 | 2.7 | 84.5 | 105 | 4 000 | 5 000 |
| 22211 | 55 | 100 | 25 | 1.5 | 64 | 91 | 1.5 | 0.24 | 2.8 | 4.1 | 2.7 | 102 | 125 | 3 600 | 4 500 |
| 22212 | 60 | 110 | 28 | 1.5 | 69 | 101 | 1.5 | 0.24 | 2.8 | 4.1 | 2.7 | 122 | 155 | 3 200 | 4 000 |
| 22213 | 65 | 120 | 31 | 1.5 | 74 | 111 | 1.5 | 0.25 | 2.7 | 4.0 | 2.6 | 150 | 195 | 2 800 | 3 600 |
| 22214 | 70 | 125 | 31 | 1.5 | 79 | 116 | 1.5 | 0.23 | 2.9 | 4.3 | 2.8 | 158 | 205 | 2 600 | 3 400 |
| 22215 | 75 | 130 | 31 | 1.5 | 84 | 121 | 1.5 | 0.22 | 3.0 | 4.5 | 2.9 | 162 | 215 | 2 400 | 3 200 |
| 22216 | 80 | 140 | 33 | 2 | 90 | 130 | 2 | 0.22 | 3.0 | 4.5 | 2.9 | 175 | 238 | 2 200 | 3 000 |
| 22217 | 85 | 150 | 36 | 2 | 95 | 140 | 2 | 0.22 | 3.0 | 4.4 | 2.9 | 210 | 278 | 2 000 | 2 800 |
| 22218 | 90 | 160 | 40 | 2 | 100 | 150 | 2 | 0.23 | 2.9 | 4.4 | 2.8 | 240 | 322 | 1 900 | 2 600 |
| 22219 | 95 | 170 | 43 | 2.1 | 107 | 158 | 2 | 0.24 | 2.9 | 4.4 | 2.7 | 278 | 380 | 1 900 | 2 600 |
| 22220 | 100 | 180 | 46 | 2.1 | 112 | 168 | 2 | 0.23 | 2.9 | 4.3 | 2.8 | 310 | 425 | 1 800 | 2 400 |
| 23 尺寸系列 | | | | | | | | | | | | | | | |
| 22308 | 40 | 90 | 33 | 1.5 | 49 | 81 | 1.5 | 0.38 | 1.8 | 2.6 | 1.7 | 120 | 138 | 4 300 | 5 300 |
| 22309 | 45 | 100 | 36 | 1.5 | 54 | 91 | 1.5 | 0.38 | 1.8 | 2.6 | 1.7 | 142 | 170 | 3 800 | 4 800 |
| 22310 | 50 | 110 | 40 | 2 | 60 | 100 | 2 | 0.37 | 1.8 | 2.7 | 1.8 | 175 | 210 | 3 400 | 4 300 |
| 22311 | 55 | 120 | 43 | 2 | 65 | 110 | 2 | 0.37 | 1.8 | 2.7 | 1.8 | 208 | 250 | 3 000 | 3 800 |
| 22312 | 60 | 130 | 46 | 2.1 | 72 | 118 | 2 | 0.37 | 1.8 | 2.7 | 1.8 | 238 | 285 | 2 800 | 3 600 |
| 22313 | 65 | 140 | 48 | 2.1 | 77 | 128 | 2 | 0.35 | 1.9 | 2.9 | 1.9 | 260 | 315 | 2 400 | 3 200 |
| 22314 | 70 | 150 | 51 | 2.1 | 82 | 138 | 2 | 0.35 | 1.9 | 2.9 | 1.9 | 292 | 362 | 2 200 | 3 000 |
| 22315 | 75 | 160 | 55 | 2.1 | 87 | 148 | 2 | 0.35 | 1.9 | 2.9 | 1.9 | 342 | 438 | 2 000 | 2 800 |
| 22316 | 80 | 170 | 58 | 2.1 | 92 | 158 | 2 | 0.35 | 1.9 | 2.9 | 1.9 | 385 | 498 | 1 900 | 2 600 |
| 22317 | 85 | 180 | 60 | 3 | 99 | 166 | 2.5 | 0.34 | 1.9 | 3.0 | 2.0 | 420 | 540 | 1 800 | 2 400 |
| 22318 | 90 | 190 | 64 | 3 | 104 | 176 | 2.5 | 0.34 | 2.0 | 2.9 | 2.0 | 475 | 622 | 1 800 | 2 400 |
| 22319 | 95 | 200 | 67 | 3 | 109 | 186 | 2.5 | 0.34 | 2.0 | 3.0 | 2.0 | 520 | 688 | 1 700 | 2 200 |
| 22320 | 100 | 215 | 73 | 3 | 114 | 201 | 2.5 | 0.35 | 1.9 | 2.9 | 1.9 | 608 | 815 | 1 400 | 1 800 |

注：同表 6-1 中注 1 和注 2。

表 6-5 滚针轴承（GB/T 5801—2020 摘录）

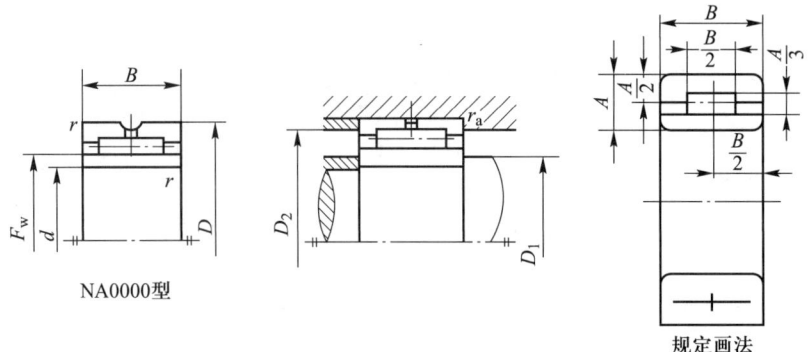

NA0000型　　　　　规定画法

标记示例：
滚动轴承　NA4906　GB/T 5801—2020

径向当量动载荷 $P_r = F_r$
径向当量静载荷 $P_{0r} = F_r$

| 轴承代号 | 尺寸/mm | | | | | 安装尺寸/mm | | | 基本额定动载荷 $C_r$ | 基本额定静载荷 $C_{0r}$ | 极限转速 /(r/min) | |
|---|---|---|---|---|---|---|---|---|---|---|---|---|
| | $d$ | $D$ | $B$ | $F_w$ | $r_s$ min | $D_1$ min | $D_2$ max | $r_{as}$ max | /kN | | 脂润滑 | 油润滑 |
| 49 尺寸系列 | | | | | | | | | | | | |
| NA4900 | 10 | 22 | 13 | 14 | 0.3 | 12 | 20 | 0.3 | 8.60 | 9.20 | 15 000 | 22 000 |
| NA4901 | 12 | 24 | 13 | 16 | 0.3 | 14 | 22 | 0.3 | 9.60 | 10.8 | 13 000 | 19 000 |
| NA4902 | 15 | 28 | 13 | 20 | 0.3 | 17 | 26 | 0.3 | 10.2 | 12.8 | 10 000 | 16 000 |
| NA4903 | 17 | 30 | 13 | 22 | 0.3 | 19 | 28 | 0.3 | 11.2 | 14.5 | 9 500 | 15 000 |
| NA4904 | 20 | 37 | 17 | 25 | 0.3 | 22 | 35 | 0.3 | 21.2 | 25.2 | 9 000 | 14 000 |
| NA4905 | 25 | 42 | 17 | 30 | 0.3 | 27 | 40 | 0.3 | 24.0 | 31.2 | 8 000 | 12 000 |
| NA4906 | 30 | 47 | 17 | 35 | 0.3 | 32 | 45 | 0.3 | 25.5 | 35.5 | 7 000 | 10 000 |
| NA4907 | 35 | 55 | 20 | 42 | 0.6 | 39 | 51 | 0.6 | 32.5 | 51.0 | 6 000 | 8 500 |
| NA4908 | 40 | 62 | 22 | 48 | 0.6 | 44 | 58 | 0.6 | 43.5 | 66.2 | 5 000 | 7 000 |
| NA4909 | 45 | 68 | 22 | 52 | 0.6 | 49 | 64 | 0.6 | 46.0 | 73.0 | 4 800 | 6 700 |
| NA4910 | 50 | 72 | 22 | 58 | 0.6 | 54 | 68 | 0.6 | 48.2 | 80.0 | 4 500 | 6 300 |
| NA4911 | 55 | 80 | 25 | 63 | 1 | 60 | 75 | 1 | 58.5 | 99.0 | 4 000 | 5 600 |
| NA4912 | 60 | 85 | 25 | 68 | 1 | 65 | 80 | 1 | 61.2 | 108 | 3 800 | 5 300 |
| NA4913 | 65 | 90 | 25 | 72 | 1 | 70 | 85 | 1 | 62.2 | 112 | 3 600 | 5 000 |
| NA4914 | 70 | 100 | 30 | 80 | 1 | 75 | 95 | 1 | 84.0 | 152 | 3 200 | 4 500 |
| NA4915 | 75 | 105 | 30 | 85 | 1 | 80 | 100 | 1 | 85.5 | 158 | 3 000 | 4 300 |
| NA4916 | 80 | 110 | 30 | 90 | 1 | 85 | 105 | 1 | 89.0 | 170 | 2 800 | 4 000 |
| NA4917 | 85 | 120 | 35 | 100 | 1.1 | 91.5 | 113.5 | 1 | 112 | 235 | 2 400 | 3 600 |
| NA4918 | 90 | 125 | 35 | 105 | 1.1 | 96.5 | 118.5 | 1 | 115 | 250 | 2 200 | 3 400 |
| NA4919 | 95 | 130 | 35 | 110 | 1.1 | 101.5 | 123.5 | 1 | 120 | 265 | 2 000 | 3 200 |
| NA4920 | 100 | 140 | 40 | 115 | 1.1 | 106.5 | 133.5 | 1 | 130 | 270 | 2 000 | 3 200 |
| 69 尺寸系列 | | | | | | | | | | | | |
| NA6901 | 12 | 24 | 22 | 16 | 0.3 | 14 | 22 | 0.3 | 16.2 | 21.5 | 13 000 | 19 000 |
| NA6902 | 15 | 28 | 23 | 20 | 0.3 | 17 | 26 | 0.3 | 17.5 | 25.2 | 10 000 | 16 000 |
| NA6903 | 17 | 30 | 23 | 22 | 0.3 | 19 | 28 | 0.3 | 19.0 | 28.8 | 9 500 | 15 000 |
| NA6904 | 20 | 37 | 30 | 25 | 0.3 | 22 | 35 | 0.3 | 35.2 | 48.5 | 9 000 | 14 000 |
| NA6905 | 25 | 42 | 30 | 30 | 0.3 | 27 | 40 | 0.3 | 40.0 | 60.2 | 8 000 | 12 000 |
| NA6906 | 30 | 47 | 30 | 35 | 0.3 | 32 | 45 | 0.3 | 42.8 | 68.5 | 7 000 | 10 000 |
| NA6907 | 35 | 55 | 36 | 42 | 0.6 | 39 | 51 | 0.6 | 49.5 | 87.2 | 6 000 | 8 500 |
| NA6908 | 40 | 62 | 40 | 48 | 0.6 | 44 | 58 | 0.6 | 62.8 | 108 | 5 000 | 7 000 |
| NA6909 | 45 | 68 | 40 | 52 | 0.6 | 49 | 64 | 0.6 | 67.2 | 118 | 4 800 | 6 700 |
| NA6910 | 50 | 72 | 40 | 58 | 0.6 | 54 | 68 | 0.6 | 70.2 | 128 | 4 500 | 6 300 |
| NA6911 | 55 | 80 | 45 | 63 | 1 | 60 | 75 | 1 | 87.8 | 168 | 4 000 | 5 600 |
| NA6912 | 60 | 85 | 45 | 68 | 1 | 65 | 80 | 1 | 90.8 | 182 | 3 800 | 5 300 |
| NA6913 | 65 | 90 | 45 | 72 | 1 | 70 | 85 | 1 | 93.2 | 188 | 3 600 | 5 000 |
| NA6914 | 70 | 100 | 54 | 80 | 1 | 75 | 95 | 1 | 130 | 260 | 3 200 | 4 500 |
| NA6915 | 75 | 105 | 54 | 85 | 1 | 80 | 100 | 1 | 130 | 270 | 3 000 | 4 300 |
| NA6916 | 80 | 110 | 54 | 90 | 1 | 85 | 105 | 1 | 135 | 292 | 2 800 | 4 000 |

注：同表 6-1 中注 1 和注 2。

## 表 6-6 角接触球轴承(GB/T 292—2023 摘录)

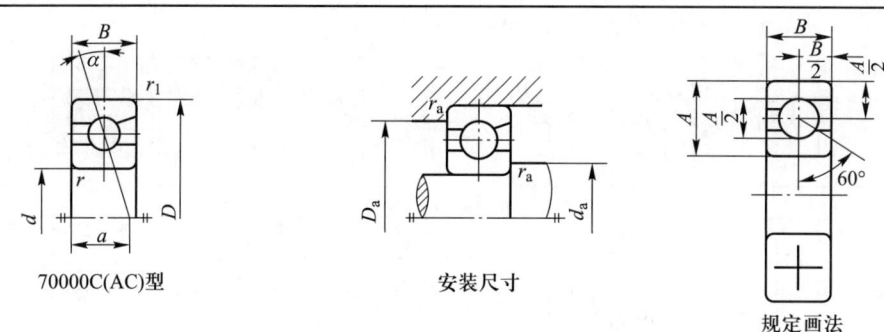

70000C(AC)型

安装尺寸

规定画法

标记示例：滚动轴承 7210C GB/T 292—2023

| $iF_a/C_{0r}$ | $e$ | $Y$ | 70000C 型 | 70000AC 型 |
|---|---|---|---|---|
| 0.015 | 0.38 | 1.47 | 径向当量动载荷<br>当 $F_a/F_r \leqslant e$ 时，$P_r=F_r$<br>当 $F_a/F_r>e$ $P_r=0.44F_r+YF_a$ | 径向当量动载荷<br>当 $F_a/F_r \leqslant 0.68$ 时，$P_r=F_r$<br>当 $F_a/F_r>0.68$ $P_r=0.41F_r+0.87F_a$ |
| 0.029 | 0.40 | 1.40 | | |
| 0.058 | 0.43 | 1.30 | | |
| 0.087 | 0.46 | 1.23 | | |
| 0.12 | 0.47 | 1.19 | 径向当量静载荷<br>$P_{0r}=0.5F_r+0.46F_a$<br>当 $P_{0r}<F_r$ 时，取 $P_{0r}=F_r$ | 径向当量静载荷<br>$P_{0r}=0.5F_r+0.38F_a$<br>当 $P_{0r}<F_r$ 时，取 $P_{0r}=F_r$ |
| 0.17 | 0.50 | 1.12 | | |
| 0.29 | 0.55 | 1.02 | | |
| 0.44 | 0.56 | 1.00 | | |
| 0.58 | 0.56 | 1.00 | | |

| 轴承代号 | | 基本尺寸/mm | | | | | 安装尺寸/mm | | | 70000C (α=15°) | | | 70000AC (α=25°) | | | 极限转速/(r/min) | |
|---|---|---|---|---|---|---|---|---|---|---|---|---|---|---|---|---|---|
| | | $d$ | $D$ | $B$ | $r_s$ min | $r_{1s}$ min | $d_a$ min | $D_a$ max | $r_{as}$ max | $a$ /mm | 基本额定动载荷 $C_r$ /kN | 基本额定静载荷 $C_{0r}$ /kN | $a$ /mm | 基本额定动载荷 $C_r$ /kN | 基本额定静载荷 $C_{0r}$ /kN | 脂润滑 | 油润滑 |
| (1) 0 尺寸系列 | | | | | | | | | | | | | | | | | |
| 7000C | 7000AC | 10 | 26 | 8 | 0.3 | 0.1 | 12.4 | 23.6 | 0.3 | 6.4 | 4.92 | 2.25 | 8.2 | 4.75 | 2.12 | 19 000 | 28 000 |
| 7001C | 7001AC | 12 | 28 | 8 | 0.3 | 0.1 | 14.4 | 25.6 | 0.3 | 6.7 | 5.42 | 2.65 | 8.7 | 5.20 | 2.55 | 18 000 | 26 000 |
| 7002C | 7002AC | 15 | 32 | 9 | 0.3 | 0.1 | 17.4 | 29.6 | 0.3 | 7.6 | 6.25 | 3.42 | 10 | 5.95 | 3.25 | 17 000 | 24 000 |
| 7003C | 7003AC | 17 | 35 | 10 | 0.3 | 0.1 | 19.4 | 32.6 | 0.3 | 8.5 | 6.60 | 3.85 | 11.1 | 6.30 | 3.68 | 16 000 | 22 000 |
| 7004C | 7004AC | 20 | 42 | 12 | 0.6 | 0.3 | 25 | 37 | 0.6 | 10.2 | 10.5 | 6.08 | 13.2 | 10.0 | 5.78 | 14 000 | 19 000 |
| 7005C | 7005AC | 25 | 47 | 12 | 0.6 | 0.3 | 30 | 42 | 0.6 | 10.8 | 11.5 | 7.45 | 14.4 | 11.2 | 7.08 | 12 000 | 17 000 |
| 7006C | 7006AC | 30 | 55 | 13 | 1 | 0.3 | 36 | 49 | 1 | 12.2 | 15.2 | 10.2 | 16.4 | 14.5 | 9.85 | 9 500 | 14 000 |
| 7007C | 7007AC | 35 | 62 | 14 | 1 | 0.3 | 41 | 56 | 1 | 13.5 | 19.5 | 14.2 | 18.3 | 18.5 | 13.5 | 8 500 | 12 000 |
| 7008C | 7008AC | 40 | 68 | 15 | 1 | 0.3 | 46 | 62 | 1 | 14.7 | 20.0 | 15.2 | 20.1 | 19.0 | 14.5 | 8 000 | 11 000 |
| 7009C | 7009AC | 45 | 75 | 16 | 1 | 0.3 | 51 | 69 | 1 | 16 | 25.8 | 20.5 | 21.9 | 25.8 | 19.5 | 7 500 | 10 000 |
| 7010C | 7010AC | 50 | 80 | 16 | 1 | 0.3 | 56 | 74 | 1 | 16.7 | 26.5 | 22.0 | 23.2 | 25.2 | 21.0 | 6 700 | 9 000 |
| 7011C | 7011AC | 55 | 90 | 18 | 1.1 | 0.6 | 62 | 83 | 1.1 | 18.7 | 37.2 | 30.5 | 25.9 | 35.2 | 29.2 | 6 000 | 8 000 |
| 7012C | 7012AC | 60 | 95 | 18 | 1.1 | 0.6 | 67 | 88 | 1.1 | 19.4 | 38.2 | 32.8 | 27.1 | 36.2 | 31.5 | 5 600 | 7 500 |
| 7013C | 7013AC | 65 | 100 | 18 | 1.1 | 0.6 | 72 | 93 | 1.1 | 20.1 | 40.0 | 35.5 | 28.2 | 38.0 | 33.8 | 5 300 | 7 000 |
| 7014C | 7014AC | 70 | 110 | 20 | 1.1 | 0.6 | 77 | 103 | 1.1 | 22.1 | 48.2 | 43.5 | 30.9 | 45.8 | 41.5 | 5 000 | 6 700 |
| 7015C | 7015AC | 75 | 115 | 20 | 1.1 | 0.6 | 82 | 108 | 1.1 | 22.7 | 49.5 | 46.5 | 32.2 | 46.8 | 44.2 | 4 800 | 6 300 |
| 7016C | 7016AC | 80 | 125 | 22 | 1.1 | 0.6 | 87 | 118 | 1.1 | 24.7 | 58.5 | 55.8 | 34.9 | 55.5 | 53.2 | 4 500 | 6 000 |
| 7017C | 7017AC | 85 | 130 | 22 | 1.1 | 0.6 | 92 | 123 | 1.1 | 25.4 | 62.5 | 60.2 | 36.1 | 59.2 | 57.2 | 4 300 | 5 600 |
| 7018C | 7018AC | 90 | 140 | 24 | 1.5 | 0.6 | 99 | 131 | 1.5 | 27.4 | 71.5 | 69.8 | 38.8 | 67.5 | 66.5 | 4 000 | 5 300 |
| 7019C | 7019AC | 95 | 145 | 24 | 1.5 | 0.6 | 104 | 136 | 1.5 | 28.1 | 73.5 | 73.2 | 40 | 69.5 | 69.8 | 3 800 | 5 000 |
| 7020C | 7020AC | 100 | 150 | 24 | 1.5 | 0.6 | 109 | 141 | 1.5 | 28.7 | 79.2 | 78.5 | 41.2 | 75 | 74.8 | 3 800 | 5 000 |

续表

| 轴承代号 | | 基本尺寸/mm $d$ | 基本尺寸/mm $D$ | 基本尺寸/mm $B$ | $r_a$ min | $r_{1s}$ min | 安装尺寸/mm $d_a$ min | 安装尺寸/mm $D_a$ max | 安装尺寸/mm $r_{as}$ max | 70000C ($\alpha=15°$) $a$ /mm | 70000C 基本额定动载荷 $C_r$ /kN | 70000C 基本额定静载荷 $C_{0r}$ /kN | 70000AC ($\alpha=25°$) $a$ /mm | 70000AC 基本额定动载荷 $C_r$ /kN | 70000AC 基本额定静载荷 $C_{0r}$ /kN | 极限转速/(r/min) 脂润滑 | 极限转速/(r/min) 油润滑 |
|---|---|---|---|---|---|---|---|---|---|---|---|---|---|---|---|---|---|
| (0) 2 尺寸系列 | | | | | | | | | | | | | | | | | |
| 7200C | 7200AC | 10 | 30 | 9 | 0.6 | 0.3 | 15 | 25 | 0.6 | 7.2 | 5.82 | 2.95 | 9.2 | 5.58 | 2.82 | 18 000 | 26 000 |
| 7201C | 7201AC | 12 | 32 | 10 | 0.6 | 0.3 | 17 | 27 | 0.6 | 8 | 7.35 | 3.52 | 10.2 | 7.10 | 3.35 | 17 000 | 24 000 |
| 7202C | 7202AC | 15 | 35 | 11 | 0.6 | 0.3 | 20 | 30 | 0.6 | 8.9 | 8.68 | 4.62 | 11.4 | 8.35 | 4.40 | 16 000 | 22 000 |
| 7203C | 7203AC | 17 | 40 | 12 | 0.6 | 0.3 | 22 | 35 | 0.6 | 9.9 | 10.8 | 5.95 | 12.8 | 10.5 | 5.65 | 15 000 | 20 000 |
| 7204C | 7204AC | 20 | 47 | 14 | 1 | 0.3 | 26 | 41 | 1 | 11.5 | 14.5 | 8.22 | 14.9 | 14.0 | 7.82 | 13 000 | 18 000 |
| 7205C | 7205AC | 25 | 52 | 15 | 1 | 0.3 | 31 | 46 | 1 | 12.7 | 16.5 | 10.5 | 16.4 | 15.8 | 9.88 | 11 000 | 16 000 |
| 7206C | 7206AC | 30 | 62 | 16 | 1 | 0.3 | 36 | 56 | 1 | 14.2 | 23.0 | 15.0 | 18.7 | 22.0 | 14.2 | 9 000 | 13 000 |
| 7207C | 7207AC | 35 | 72 | 17 | 1.1 | 0.3 | 42 | 65 | 1.1 | 15.7 | 30.5 | 20.0 | 21 | 29.0 | 19.2 | 8 000 | 11 000 |
| 7208C | 7208AC | 40 | 80 | 18 | 1.1 | 0.6 | 47 | 73 | 1.1 | 17 | 36.8 | 25.8 | 23 | 35.2 | 24.5 | 7 500 | 10 000 |
| 7209C | 7209AC | 45 | 85 | 19 | 1.1 | 0.6 | 52 | 78 | 1.1 | 18.2 | 38.5 | 28.5 | 24.7 | 36.8 | 27.2 | 6 700 | 9 000 |
| 7210C | 7210AC | 50 | 90 | 20 | 1.1 | 0.6 | 57 | 83 | 1.1 | 19.4 | 42.8 | 32.0 | 26.3 | 40.8 | 30.5 | 6 300 | 8 500 |
| 7211C | 7211AC | 55 | 100 | 21 | 1.5 | 0.6 | 64 | 91 | 1.5 | 20.9 | 52.8 | 40.5 | 28.6 | 50.5 | 38.5 | 5 600 | 7 500 |
| 7212C | 7212AC | 60 | 110 | 22 | 1.5 | 0.6 | 69 | 101 | 1.5 | 22.4 | 61.0 | 48.5 | 30.8 | 58.2 | 46.2 | 5 300 | 7 000 |
| 7213C | 7213AC | 65 | 120 | 23 | 1.5 | 0.6 | 74 | 111 | 1.5 | 24.2 | 69.8 | 55.2 | 33.5 | 66.5 | 52.5 | 4 800 | 6 300 |
| 7214C | 7214AC | 70 | 125 | 24 | 1.5 | 0.6 | 79 | 116 | 1.5 | 25.3 | 70.2 | 60.0 | 35.1 | 69.2 | 57.5 | 4 500 | 6 000 |
| 7215C | 7215AC | 75 | 130 | 25 | 1.5 | 0.6 | 84 | 121 | 1.5 | 26.4 | 79.2 | 65.8 | 36.6 | 75.2 | 63.0 | 4 300 | 5 600 |
| 7216C | 7216AC | 80 | 140 | 26 | 2 | 1 | 90 | 130 | 2 | 27.7 | 89.5 | 78.2 | 38.9 | 85.0 | 74.5 | 4 000 | 5 300 |
| 7217C | 7217AC | 85 | 150 | 28 | 2 | 1 | 95 | 140 | 2 | 29.9 | 99.8 | 85.0 | 41.6 | 94.8 | 81.5 | 3 800 | 5 000 |
| 7218C | 7218AC | 90 | 160 | 30 | 2 | 1 | 100 | 150 | 2 | 31.7 | 122 | 105 | 44.2 | 118 | 100 | 3 600 | 4 800 |
| 7219C | 7219AC | 95 | 170 | 32 | 2.1 | 1.1 | 107 | 158 | 2 | 33.8 | 135 | 115 | 46.9 | 128 | 108 | 3 400 | 4 500 |
| 7220C | 7220AC | 100 | 180 | 34 | 2.1 | 1.1 | 112 | 168 | 2 | 35.8 | 148 | 128 | 49.7 | 142 | 122 | 3 200 | 4 300 |
| (0) 3 尺寸系列 | | | | | | | | | | | | | | | | | |
| 7301C | 7301AC | 12 | 37 | 12 | 1 | 0.3 | 18 | 31 | 1 | 8.6 | 8.10 | 5.22 | 12 | 8.08 | 4.88 | 16 000 | 22 000 |
| 7302C | 7302AC | 15 | 42 | 13 | 1 | 0.3 | 21 | 36 | 1 | 9.6 | 9.38 | 5.95 | 13.5 | 9.08 | 5.58 | 15 000 | 20 000 |
| 7303C | 7303AC | 17 | 47 | 14 | 1 | 0.3 | 23 | 41 | 1 | 10.4 | 12.8 | 8.62 | 14.8 | 11.5 | 7.08 | 14 000 | 19 000 |
| 7304C | 7304AC | 20 | 52 | 15 | 1.1 | 0.6 | 27 | 45 | 1 | 11.3 | 14.2 | 9.68 | 16.8 | 13.8 | 9.10 | 12 000 | 17 000 |
| 7305C | 7305AC | 25 | 62 | 17 | 1.1 | 0.6 | 32 | 55 | 1 | 13.1 | 21.5 | 15.8 | 19.1 | 20.8 | 14.8 | 9 500 | 14 000 |
| 7306C | 7306AC | 30 | 72 | 19 | 1.1 | 0.6 | 37 | 65 | 1 | 15 | 26.5 | 19.8 | 22.2 | 25.2 | 18.5 | 8 500 | 12 000 |
| 7307C | 7307AC | 35 | 80 | 21 | 1.5 | 0.6 | 44 | 71 | 1.5 | 16.6 | 34.2 | 26.8 | 24.5 | 32.8 | 24.8 | 7 500 | 10 000 |
| 7308C | 7308AC | 40 | 90 | 23 | 1.5 | 0.6 | 49 | 81 | 1.5 | 18.5 | 40.2 | 32.3 | 27.5 | 38.5 | 30.5 | 6 700 | 9 000 |
| 7309C | 7309AC | 45 | 100 | 25 | 1.5 | 0.6 | 54 | 91 | 1.5 | 20.2 | 49.2 | 39.8 | 30.2 | 47.5 | 37.2 | 6 000 | 8 000 |
| 7310C | 7310AC | 50 | 110 | 27 | 2 | 1 | 60 | 100 | 2 | 22 | 53.5 | 47.2 | 33 | 55.5 | 44.5 | 5 600 | 7 500 |
| 7311C | 7311AC | 55 | 120 | 29 | 2 | 1 | 65 | 110 | 2 | 23.8 | 70.5 | 60.5 | 35.8 | 67.2 | 56.8 | 5 000 | 6 700 |
| 7312C | 7312AC | 60 | 130 | 31 | 2.1 | 1.1 | 72 | 118 | 2 | 25.6 | 80.5 | 70.2 | 38.7 | 77.8 | 65.8 | 4 800 | 6 300 |
| 7313C | 7313AC | 65 | 140 | 33 | 2.1 | 1.1 | 77 | 128 | 2 | 27.4 | 91.5 | 80.5 | 41.5 | 89.8 | 75.5 | 4 300 | 5 600 |
| 7314C | 7314AC | 70 | 150 | 35 | 2.1 | 1.1 | 82 | 138 | 2 | 29.2 | 102 | 91.5 | 44.3 | 98.5 | 86.0 | 4 000 | 5 300 |
| 7315C | 7315AC | 75 | 160 | 37 | 2.1 | 1.1 | 87 | 148 | 2 | 31 | 112 | 105 | 47.2 | 108 | 97.0 | 3 800 | 5 000 |
| 7316C | 7316AC | 80 | 170 | 39 | 2.1 | 1.1 | 92 | 158 | 2 | 32.8 | 122 | 118 | 50 | 118 | 108 | 3 600 | 4 800 |
| 7317C | 7317AC | 85 | 180 | 41 | 3 | 1.1 | 99 | 166 | 2.5 | 34.6 | 132 | 128 | 52.8 | 125 | 122 | 3 400 | 4 500 |
| 7318C | 7318AC | 90 | 190 | 43 | 3 | 1.1 | 104 | 176 | 2.5 | 36.4 | 142 | 142 | 55.6 | 135 | 135 | 3 200 | 4 300 |
| 7319C | 7319AC | 95 | 200 | 45 | 3 | 1.1 | 109 | 186 | 2.5 | 38.2 | 152 | 158 | 58.5 | 145 | 148 | 3 000 | 4 000 |
| 7320C | 7320AC | 100 | 215 | 47 | 3 | 1.1 | 114 | 201 | 2.5 | 40.2 | 162 | 175 | 61.9 | 165 | 178 | 2 600 | 3 600 |

注：1. 表中 $C_r$ 值，对(1) 0、(0) 2 系列为真空脱气轴承钢的负荷能力，对(0) 3 系列为电炉轴承钢的负荷能力；

2. 同表 6-1 中注 1 和注 2。

## 表 6-7　圆锥滚子轴承（GB/T 297—2015 摘录）

30000型

安装尺寸

规定画法

| | |
|---|---|
| 径向当量动载荷 | 当$\frac{F_a}{F_r}\leqslant e$　$P_r=F_r$<br>当$\frac{F_a}{F_r}>e$　$P_r=0.4F_r+YF_a$ |
| 径向当量静载荷 | $P_{0r}=F_r$<br>$P_{0r}=0.5F_r+Y_0F_a$<br>取上列两式计算结果的较大值 |

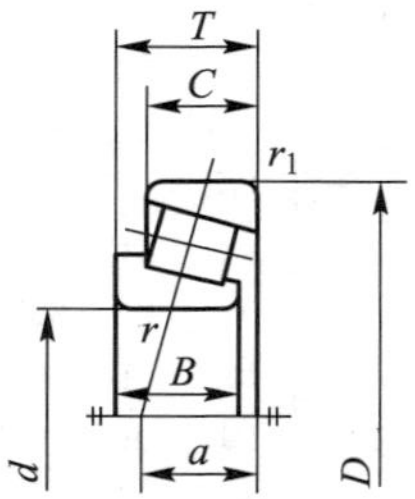

标记示例：滚动轴承　30310　GB/T 297—2015

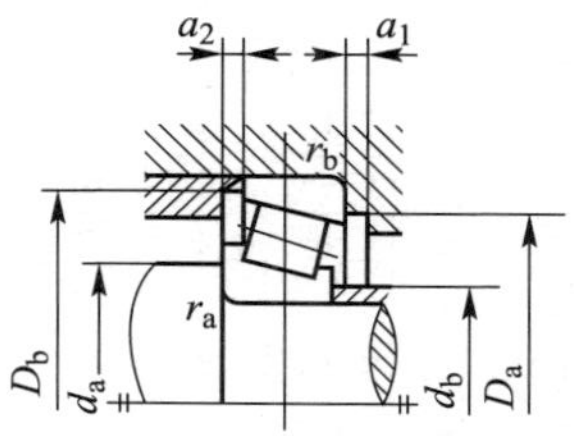

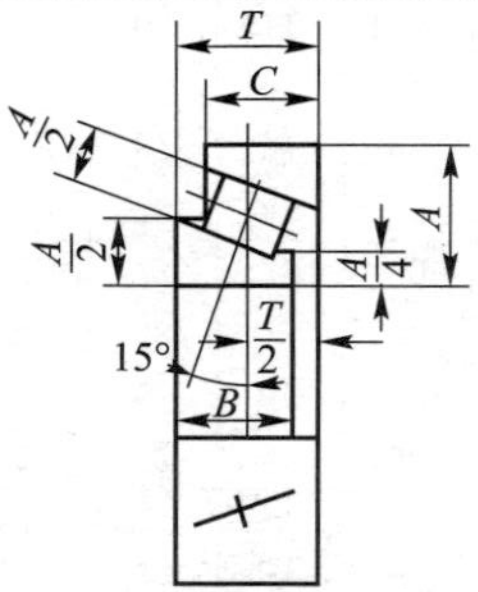

| 轴承代号 | 尺寸/mm | | | | | | | | 安装尺寸/mm | | | | | | | | | | 计算系数 | | | 基本额定 | | 极限转速/(r/min) | |
|---|---|---|---|---|---|---|---|---|---|---|---|---|---|---|---|---|---|---|---|---|---|---|---|---|
| | $d$ | $D$ | $T$ | $B$ | $C$ | $r_s$ min | $r_{1s}$ min | $a$ ≈ | $d_a$ min | $d_b$ max | $D_a$ min | $D_a$ max | $D_b$ min | $a_1$ min | $a_2$ min | $r_{as}$ max | $r_{bs}$ max | $e$ | $Y$ | $Y_0$ | 动载荷 $C_r$ | 静载荷 $C_{0r}$ | 脂润滑 | 油润滑 |
| | | | | | | | | | | | | | | | | | | | | | /kN | | | |
| 02 尺寸系列 | | | | | | | | | | | | | | | | | | | | | | | | |
| 30203 | 17 | 40 | 13.25 | 12 | 11 | 1 | 1 | 9.9 | 23 | 23 | 34 | 34 | 37 | 2 | 2.5 | 1 | 1 | 0.35 | 1.7 | 1 | 20.8 | 21.8 | 9 000 | 12 000 |
| 30204 | 20 | 47 | 15.25 | 14 | 12 | 1 | 1 | 11.2 | 26 | 27 | 40 | 41 | 43 | 2 | 3.5 | 1 | 1 | 0.35 | 1.7 | 1 | 28.2 | 30.5 | 8 000 | 10 000 |
| 30205 | 25 | 52 | 16.25 | 15 | 13 | 1 | 1 | 12.5 | 31 | 31 | 44 | 46 | 48 | 2 | 3.5 | 1 | 1 | 0.37 | 1.6 | 0.9 | 32.2 | 37.0 | 7 000 | 9 000 |
| 30206 | 30 | 62 | 17.25 | 16 | 14 | 1 | 1 | 13.8 | 36 | 37 | 53 | 56 | 57 | 2 | 3.5 | 1 | 1 | 0.37 | 1.6 | 0.9 | 43.2 | 50.5 | 6 000 | 7 500 |
| 30207 | 35 | 72 | 18.25 | 17 | 15 | 1.5 | 1.5 | 15.3 | 42 | 44 | 62 | 65 | 67 | 3 | 3.5 | 1.5 | 1.5 | 0.37 | 1.6 | 0.9 | 54.2 | 63.5 | 5 300 | 6 700 |
| 30208 | 40 | 80 | 19.75 | 18 | 16 | 1.5 | 1.5 | 16.9 | 47 | 49 | 69 | 73 | 74 | 3 | 4 | 1.5 | 1.5 | 0.37 | 1.6 | 0.9 | 63.0 | 74.0 | 5 000 | 6 300 |
| 30209 | 45 | 85 | 20.75 | 19 | 16 | 1.5 | 1.5 | 18.6 | 52 | 54 | 74 | 78 | 80 | 3 | 5 | 1.5 | 1.5 | 0.4 | 1.5 | 0.8 | 67.8 | 83.5 | 4 500 | 5 600 |
| 30210 | 50 | 90 | 21.75 | 20 | 17 | 1.5 | 1.5 | 20 | 57 | 58 | 79 | 83 | 85 | 3 | 5 | 1.5 | 1.5 | 0.42 | 1.4 | 0.8 | 73.2 | 92.0 | 4 300 | 5 300 |
| 30211 | 55 | 100 | 22.75 | 21 | 18 | 2 | 1.5 | 21 | 64 | 64 | 88 | 91 | 94 | 4 | 5 | 2 | 1.5 | 0.4 | 1.5 | 0.8 | 90.8 | 115 | 3 800 | 4 800 |
| 30212 | 60 | 110 | 23.75 | 22 | 19 | 2 | 1.5 | 22.3 | 69 | 70 | 96 | 101 | 103 | 4 | 5 | 2 | 1.5 | 0.4 | 1.5 | 0.8 | 102 | 130 | 3 600 | 4 500 |
| 30213 | 65 | 120 | 24.75 | 23 | 20 | 2 | 1.5 | 23.8 | 74 | 77 | 106 | 111 | 113 | 4 | 5 | 2 | 1.5 | 0.4 | 1.5 | 0.8 | 120 | 152 | 3 200 | 4 000 |
| 30214 | 70 | 125 | 26.25 | 24 | 21 | 2 | 1.5 | 25.8 | 79 | 81 | 110 | 116 | 118 | 4 | 5.5 | 2 | 1.5 | 0.42 | 1.4 | 0.8 | 132 | 175 | 3 000 | 3 800 |
| 30215 | 75 | 130 | 27.25 | 25 | 22 | 2 | 1.5 | 27.4 | 84 | 86 | 115 | 121 | 124 | 4 | 5.5 | 2 | 1.5 | 0.44 | 1.4 | 0.8 | 138 | 185 | 2 800 | 3 600 |
| 30216 | 80 | 140 | 28.25 | 26 | 22 | 2.5 | 2 | 28.1 | 90 | 91 | 124 | 130 | 133 | 4 | 6 | 2.1 | 2 | 0.42 | 1.4 | 0.8 | 160 | 212 | 2 600 | 3 400 |
| 30217 | 85 | 150 | 30.5 | 28 | 24 | 2.5 | 2 | 30.3 | 95 | 97 | 132 | 140 | 141 | 5 | 6.5 | 2.1 | 2 | 0.42 | 1.4 | 0.8 | 178 | 238 | 2 400 | 3 200 |
| 30218 | 90 | 160 | 32.5 | 30 | 26 | 2.5 | 2 | 32.3 | 100 | 103 | 140 | 150 | 151 | 5 | 6.5 | 2.1 | 2 | 0.42 | 1.4 | 0.8 | 200 | 270 | 2 200 | 3 000 |
| 30219 | 95 | 170 | 34.5 | 32 | 27 | 3 | 2.5 | 34.2 | 107 | 109 | 149 | 158 | 160 | 5 | 7.5 | 2.5 | 2.1 | 0.42 | 1.4 | 0.8 | 228 | 308 | 2 000 | 2 800 |
| 30220 | 100 | 180 | 37 | 34 | 29 | 3 | 2.5 | 36.4 | 112 | 115 | 157 | 168 | 169 | 5 | 8 | 2.5 | 2.1 | 0.42 | 1.4 | 0.8 | 255 | 350 | 1 900 | 2 600 |

续表

| 轴承代号 | 尺寸/mm | | | | | | | | 安装尺寸/mm | | | | | | | | | | 计算系数 | | | 基本额定 | | 极限转速/(r/min) | |
|---|---|---|---|---|---|---|---|---|---|---|---|---|---|---|---|---|---|---|---|---|---|---|---|---|---|
| | $d$ | $D$ | $T$ | $B$ | $C$ | $r_s$ min | $r_{1s}$ min | $a$ ≈ | $d_a$ min | $d_b$ max | $D_a$ min | $D_a$ max | $D_b$ min | $a_1$ min | $a_2$ min | $r_{as}$ max | $r_{bs}$ max | $e$ | $Y$ | $Y_0$ | 动载荷 $C_r$ /kN | 静载荷 $C_{0r}$ /kN | 脂润滑 | 油润滑 |
| 03 尺寸系列 | | | | | | | | | | | | | | | | | | | | | | | | |
| 30302 | 15 | 42 | 14.25 | 13 | 11 | 1 | 1 | 9.6 | 21 | 22 | 36 | 36 | 38 | 2 | 3.5 | 1 | 1 | 0.29 | 2.1 | 1.2 | 22.8 | 21.5 | 9 000 | 12 000 |
| 30303 | 17 | 47 | 15.25 | 14 | 12 | 1 | 1 | 10.4 | 23 | 25 | 40 | 41 | 42 | 3 | 3.5 | 1 | 1 | 0.29 | 2.1 | 1.2 | 28.2 | 27.2 | 8 500 | 11 000 |
| 30304 | 20 | 52 | 16.25 | 15 | 13 | 1.5 | 1.5 | 11.1 | 27 | 28 | 44 | 45 | 47 | 3 | 3.5 | 1.5 | 1.5 | 0.3 | 2 | 1.1 | 33.0 | 33.2 | 7 500 | 9 500 |
| 30305 | 25 | 62 | 18.25 | 17 | 15 | 1.5 | 1.5 | 13 | 32 | 35 | 54 | 55 | 57 | 3 | 3.5 | 1.5 | 1.5 | 0.3 | 2 | 1.1 | 46.8 | 48.0 | 6 300 | 8 000 |
| 30306 | 30 | 72 | 20.75 | 19 | 16 | 1.5 | 1.5 | 15.3 | 37 | 41 | 62 | 65 | 66 | 3 | 5 | 1.5 | 1.5 | 0.31 | 1.9 | 1.1 | 59.0 | 63.0 | 5 600 | 7 000 |
| 30307 | 35 | 80 | 22.75 | 21 | 18 | 2 | 1.5 | 16.8 | 44 | 45 | 70 | 71 | 74 | 3 | 5 | 2 | 1.5 | 0.31 | 1.9 | 1.1 | 75.2 | 82.5 | 5 000 | 6 300 |
| 30308 | 40 | 90 | 25.25 | 23 | 20 | 2 | 1.5 | 19.5 | 49 | 52 | 77 | 81 | 82 | 3 | 5.5 | 2 | 1.5 | 0.35 | 1.7 | 1 | 90.8 | 108 | 4 500 | 5 600 |
| 30309 | 45 | 100 | 27.25 | 25 | 22 | 2 | 1.5 | 21.3 | 54 | 59 | 86 | 91 | 92 | 3 | 5.5 | 2 | 1.5 | 0.35 | 1.7 | 1 | 108 | 130 | 4 000 | 5 000 |
| 30310 | 50 | 110 | 29.25 | 27 | 23 | 2.5 | 2 | 23 | 60 | 65 | 95 | 100 | 102 | 4 | 6.5 | 2.1 | 2 | 0.35 | 1.7 | 1 | 130 | 158 | 3 800 | 4 800 |
| 30311 | 55 | 120 | 31.5 | 29 | 25 | 2.5 | 2 | 24.9 | 65 | 71 | 104 | 110 | 112 | 4 | 6.5 | 2.1 | 2 | 0.35 | 1.7 | 1 | 152 | 188 | 3 400 | 4 300 |
| 30312 | 60 | 130 | 33.5 | 31 | 26 | 3 | 2.5 | 26.6 | 72 | 77 | 112 | 118 | 121 | 5 | 7.5 | 2.5 | 2.1 | 0.35 | 1.7 | 1 | 170 | 210 | 3 200 | 4 000 |
| 30313 | 65 | 140 | 36 | 33 | 28 | 3 | 2.5 | 28.7 | 77 | 83 | 122 | 128 | 131 | 5 | 8 | 2.5 | 2.1 | 0.35 | 1.7 | 1 | 195 | 242 | 2 800 | 3 600 |
| 30314 | 70 | 150 | 38 | 35 | 30 | 3 | 2.5 | 30.7 | 82 | 89 | 130 | 138 | 140 | 5 | 8 | 2.5 | 2.1 | 0.35 | 1.7 | 1 | 218 | 272 | 2 600 | 3 400 |
| 30315 | 75 | 160 | 40 | 37 | 31 | 3 | 2.5 | 32 | 87 | 95 | 139 | 148 | 149 | 5 | 9 | 2.5 | 2.1 | 0.35 | 1.7 | 1 | 252 | 318 | 2 400 | 3 200 |
| 30316 | 80 | 170 | 42.5 | 39 | 33 | 3 | 2.5 | 34.4 | 92 | 102 | 148 | 158 | 159 | 5 | 9.5 | 2.5 | 2.1 | 0.35 | 1.7 | 1 | 278 | 352 | 2 200 | 3 000 |
| 30317 | 85 | 180 | 44.5 | 41 | 34 | 4 | 3 | 35.9 | 99 | 107 | 156 | 166 | 168 | 6 | 10.5 | 3 | 2.5 | 0.35 | 1.7 | 1 | 305 | 388 | 2 000 | 2 800 |
| 30318 | 90 | 190 | 46.5 | 43 | 36 | 4 | 3 | 37.5 | 104 | 113 | 165 | 176 | 177 | 6 | 10.5 | 3 | 2.5 | 0.35 | 1.7 | 1 | 342 | 440 | 1 900 | 2 600 |
| 30319 | 95 | 200 | 49.5 | 45 | 38 | 4 | 3 | 40.1 | 109 | 118 | 172 | 186 | 185 | 6 | 11.5 | 3 | 2.5 | 0.35 | 1.7 | 1 | 370 | 478 | 1 800 | 2 400 |
| 30320 | 100 | 215 | 51.5 | 47 | 39 | 4 | 3 | 42.2 | 114 | 127 | 184 | 201 | 198 | 6 | 12.5 | 3 | 2.5 | 0.35 | 1.7 | 1 | 405 | 525 | 1 600 | 2 000 |
| 22 尺寸系列 | | | | | | | | | | | | | | | | | | | | | | | | |
| 32206 | 30 | 62 | 21.25 | 20 | 17 | 1 | 1 | 15.6 | 36 | 37 | 52 | 56 | 58 | 3 | 4.5 | 1 | 1 | 0.37 | 1.6 | 0.9 | 51.8 | 63.8 | 6 000 | 7 500 |
| 32207 | 35 | 72 | 24.25 | 23 | 19 | 1.5 | 1.5 | 17.9 | 42 | 43 | 61 | 65 | 67 | 3 | 5.5 | 1.5 | 1.5 | 0.37 | 1.6 | 0.9 | 70.5 | 89.5 | 5 300 | 6 700 |
| 32208 | 40 | 80 | 24.75 | 23 | 19 | 1.5 | 1.5 | 18.9 | 47 | 48 | 68 | 73 | 75 | 3 | 6 | 1.5 | 1.5 | 0.37 | 1.6 | 0.9 | 77.8 | 97.2 | 5 000 | 6 300 |
| 32209 | 45 | 85 | 24.75 | 23 | 19 | 1.5 | 1.5 | 20.1 | 52 | 53 | 73 | 78 | 80 | 3 | 6 | 1.5 | 1.5 | 0.4 | 1.5 | 0.8 | 80.8 | 105 | 4 500 | 5 600 |
| 32210 | 50 | 90 | 24.75 | 23 | 19 | 1.5 | 1.5 | 21 | 57 | 58 | 78 | 83 | 85 | 3 | 6 | 1.5 | 1.5 | 0.42 | 1.4 | 0.8 | 82.8 | 108 | 4 300 | 5 300 |
| 32211 | 55 | 100 | 26.75 | 25 | 21 | 2 | 1.5 | 22.8 | 64 | 63 | 87 | 91 | 95 | 4 | 6 | 2 | 1.5 | 0.4 | 1.5 | 0.8 | 108 | 142 | 3 800 | 4 800 |
| 32212 | 60 | 110 | 29.75 | 28 | 24 | 2 | 1.5 | 25 | 69 | 69 | 95 | 101 | 104 | 4 | 6 | 2 | 1.5 | 0.4 | 1.5 | 0.8 | 132 | 180 | 3 600 | 4 500 |
| 32213 | 65 | 120 | 32.75 | 31 | 27 | 2 | 1.5 | 27.3 | 74 | 75 | 104 | 111 | 115 | 4 | 6 | 2 | 1.5 | 0.4 | 1.5 | 0.8 | 160 | 222 | 3 200 | 4 000 |
| 32214 | 70 | 125 | 33.25 | 31 | 27 | 2 | 1.5 | 28.8 | 79 | 80 | 108 | 116 | 119 | 4 | 6.5 | 2 | 1.5 | 0.42 | 1.4 | 0.8 | 168 | 238 | 3 000 | 3 800 |
| 32215 | 75 | 130 | 33.25 | 31 | 27 | 2 | 1.5 | 30 | 84 | 85 | 115 | 121 | 125 | 4 | 6.5 | 2 | 1.5 | 0.44 | 1.4 | 0.8 | 170 | 242 | 2 800 | 3 600 |

续表

| 轴承代号 | 尺寸/mm | | | | | | | | 安装尺寸/mm | | | | | | | | 计算系数 | | | 基本额定 | | 极限转速/(r/min) | |
|---|---|---|---|---|---|---|---|---|---|---|---|---|---|---|---|---|---|---|---|---|---|---|---|
| | $d$ | $D$ | $T$ | $B$ | $C$ | $r_s$ min | $r_{1s}$ min | $a$ ≈ | $d_a$ min | $d_b$ max | $D_a$ min | $D_a$ max | $D_b$ min | $a_1$ min | $a_2$ min | $r_{as}$ max | $r_{bs}$ max | $e$ | $Y$ | $Y_0$ | 动载荷 $C_r$ /kN | 静载荷 $C_{0r}$ /kN | 脂润滑 | 油润滑 |
| 22 尺寸系列 | | | | | | | | | | | | | | | | | | | | | | | | |
| 32216 | 80 | 140 | 35.25 | 33 | 28 | 2.5 | 2 | 31.4 | 90 | 90 | 122 | 130 | 134 | 5 | 7.5 | 2.1 | 2 | 0.42 | 1.4 | 0.8 | 198 | 278 | 2 600 | 3 400 |
| 32217 | 85 | 150 | 38.5 | 36 | 30 | 2.5 | 2 | 33.9 | 95 | 96 | 130 | 140 | 143 | 5 | 8.5 | 2.1 | 2 | 0.42 | 1.4 | 0.8 | 228 | 325 | 2 400 | 3 200 |
| 32218 | 90 | 160 | 42.5 | 40 | 34 | 2.5 | 2 | 36.8 | 100 | 101 | 138 | 150 | 153 | 5 | 8.5 | 2.1 | 2 | 0.42 | 1.4 | 0.8 | 270 | 395 | 2 200 | 3 000 |
| 32219 | 95 | 170 | 45.5 | 43 | 37 | 3 | 2.5 | 39.2 | 107 | 107 | 145 | 158 | 162 | 5 | 8.5 | 2.5 | 2.1 | 0.42 | 1.4 | 0.8 | 302 | 448 | 2 000 | 2 800 |
| 32220 | 100 | 180 | 49 | 46 | 39 | 3 | 2.5 | 41.9 | 112 | 113 | 154 | 168 | 171 | 5 | 10 | 2.5 | 2.1 | 0.42 | 1.4 | 0.8 | 340 | 512 | 1 900 | 2 600 |
| 23 尺寸系列 | | | | | | | | | | | | | | | | | | | | | | | | |
| 32303 | 17 | 47 | 20.25 | 19 | 16 | 1 | 1 | 12.3 | 23 | 24 | 39 | 41 | 43 | 3 | 4.5 | 1 | 1 | 0.29 | 2.1 | 1.2 | 35.2 | 36.2 | 8 500 | 11 000 |
| 32304 | 20 | 52 | 22.25 | 21 | 18 | 1.5 | 1.5 | 13.6 | 27 | 27 | 43 | 45 | 47 | 3 | 4.5 | 1.5 | 1.5 | 0.3 | 2 | 1.1 | 42.8 | 46.2 | 7 500 | 9 500 |
| 32305 | 25 | 62 | 25.25 | 24 | 20 | 1.5 | 1.5 | 15.9 | 32 | 33 | 52 | 55 | 57 | 3 | 5.5 | 1.5 | 1.5 | 0.3 | 2 | 1.1 | 61.5 | 68.8 | 6 300 | 8 000 |
| 32306 | 30 | 72 | 28.75 | 27 | 23 | 1.5 | 1.5 | 18.9 | 37 | 39 | 59 | 65 | 66 | 4 | 6 | 1.5 | 1.5 | 0.31 | 1.9 | 1.1 | 81.5 | 96.5 | 5 600 | 7 000 |
| 32307 | 35 | 80 | 32.75 | 31 | 25 | 2 | 1.5 | 20.4 | 44 | 44 | 66 | 71 | 74 | 4 | 8 | 2 | 1.5 | 0.31 | 1.9 | 1.1 | 99.0 | 118 | 5 000 | 6 300 |
| 32308 | 40 | 90 | 35.25 | 33 | 27 | 2 | 1.5 | 23.3 | 49 | 50 | 73 | 81 | 82 | 4 | 8.5 | 2 | 1.5 | 0.35 | 1.7 | 1 | 115 | 148 | 4 500 | 5 600 |
| 32309 | 45 | 100 | 38.25 | 36 | 30 | 2 | 1.5 | 25.6 | 54 | 56 | 82 | 91 | 93 | 4 | 8.5 | 2 | 1.5 | 0.35 | 1.7 | 1 | 145 | 188 | 4 000 | 5 000 |
| 32310 | 50 | 110 | 42.25 | 40 | 33 | 2.5 | 2 | 28.2 | 60 | 62 | 90 | 100 | 102 | 5 | 9.5 | 2.1 | 2 | 0.35 | 1.7 | 1 | 178 | 235 | 3 800 | 4 800 |
| 32311 | 55 | 120 | 45.5 | 43 | 35 | 2.5 | 2 | 30.4 | 65 | 68 | 99 | 110 | 111 | 5 | 10.5 | 2.1 | 2 | 0.35 | 1.7 | 1 | 202 | 270 | 3 400 | 4 300 |
| 32312 | 60 | 130 | 48.5 | 46 | 37 | 3 | 2.5 | 32 | 72 | 73 | 107 | 118 | 121 | 6 | 11.5 | 2.5 | 2.1 | 0.35 | 1.7 | 1 | 228 | 302 | 3 200 | 4 000 |
| 32313 | 65 | 140 | 51 | 48 | 39 | 3 | 2.5 | 34.3 | 77 | 80 | 117 | 128 | 131 | 6 | 12 | 2.5 | 2.1 | 0.35 | 1.7 | 1 | 260 | 350 | 2 800 | 3 600 |
| 32314 | 70 | 150 | 54 | 51 | 42 | 3 | 2.5 | 36.5 | 82 | 86 | 125 | 138 | 140 | 6 | 12 | 2.5 | 2.1 | 0.35 | 1.7 | 1 | 298 | 408 | 2 600 | 3 400 |
| 32315 | 75 | 160 | 58 | 55 | 45 | 3 | 2.5 | 39.4 | 87 | 91 | 133 | 148 | 150 | 7 | 13 | 2.5 | 2.1 | 0.35 | 1.7 | 1 | 348 | 482 | 2 400 | 3 200 |
| 32316 | 80 | 170 | 61.5 | 58 | 48 | 3 | 2.5 | 42.1 | 92 | 98 | 142 | 158 | 160 | 7 | 13.5 | 2.5 | 2.1 | 0.35 | 1.7 | 1 | 388 | 542 | 2 200 | 3 000 |
| 32317 | 85 | 180 | 63.5 | 60 | 49 | 4 | 3 | 43.5 | 99 | 103 | 150 | 166 | 168 | 8 | 14.5 | 3 | 2.5 | 0.35 | 1.7 | 1 | 422 | 592 | 2 000 | 2 800 |
| 32318 | 90 | 190 | 67.5 | 64 | 53 | 4 | 3 | 46.2 | 104 | 108 | 157 | 176 | 178 | 8 | 14.5 | 3 | 2.5 | 0.35 | 1.7 | 1 | 478 | 682 | 1 900 | 2 600 |
| 32319 | 95 | 200 | 71.5 | 67 | 55 | 4 | 3 | 49 | 109 | 114 | 166 | 186 | 187 | 8 | 16.5 | 3 | 2.5 | 0.35 | 1.7 | 1 | 515 | 738 | 1 800 | 2 400 |
| 32320 | 100 | 215 | 77.5 | 73 | 60 | 4 | 3 | 52.9 | 114 | 123 | 177 | 201 | 201 | 8 | 17.5 | 3 | 2.5 | 0.35 | 1.7 | 1 | 600 | 872 | 1 600 | 2 000 |

注:1. 同表 6-1 中注 1;
2. 同表 6-2 中注 2。

# 表 6-8　推力球轴承（GB/T 301—2015 摘录）

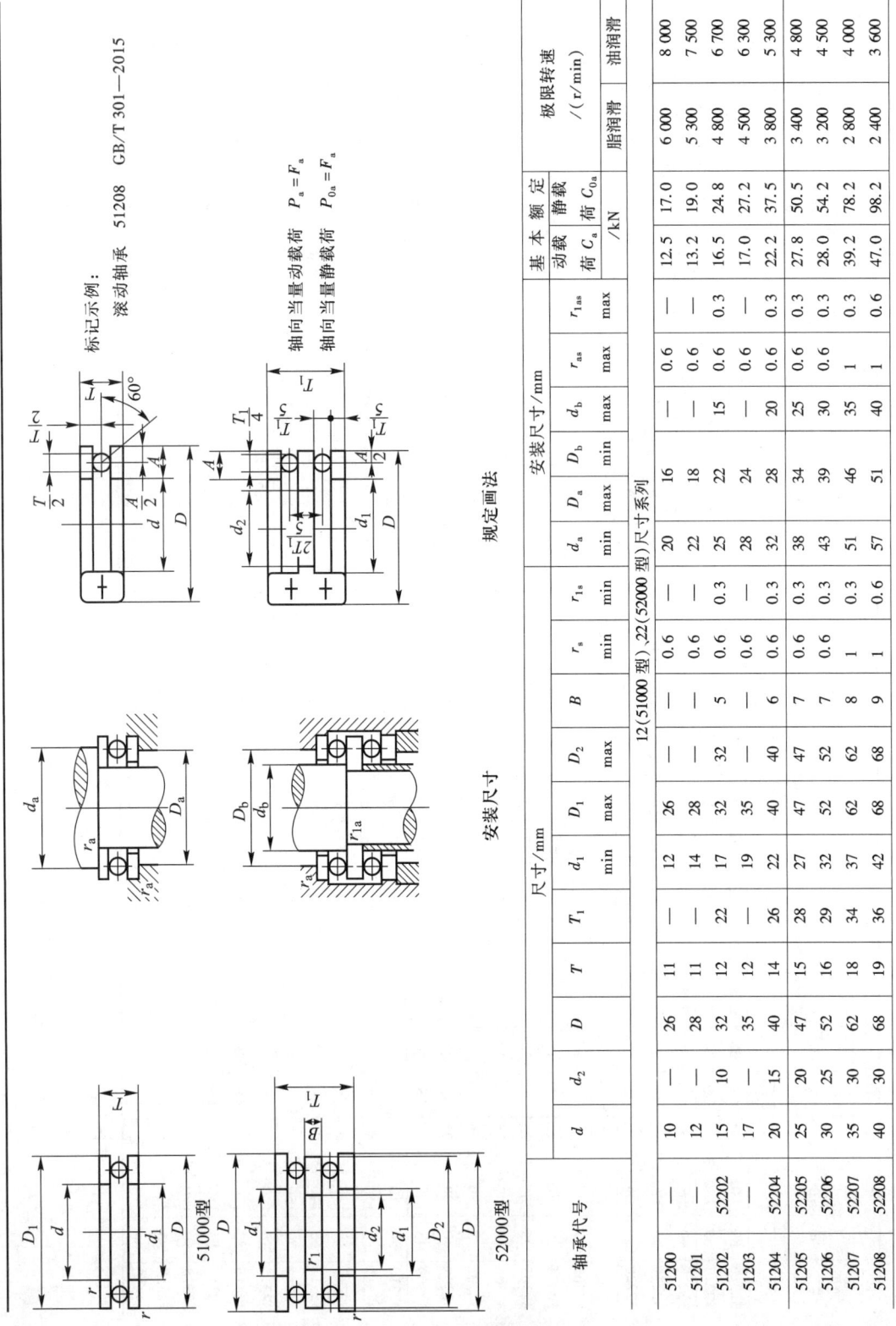

51000型

52000型

安装尺寸

规定画法

标记示例：

滚动轴承　51208　GB/T 301—2015

轴向当量动载荷　$P_a = F_a$

轴向当量静载荷　$P_{0a} = F_a$

| 轴承代号 | | 尺寸/mm | | | | | | | | | | | 安装尺寸/mm | | | | | | 基本额定 | | 极限转速 /(r/min) | |
|---|---|---|---|---|---|---|---|---|---|---|---|---|---|---|---|---|---|---|---|---|---|---|
| | | $d$ | $d_2$ | $D$ | $T$ | $T_1$ | $d_1$ min | $D_1$ max | $D_2$ max | $B$ | $r_s$ min | $r_{1s}$ min | $d_a$ min | $D_a$ max | $D_b$ min | $d_b$ max | $r_{as}$ max | $r_{1as}$ max | 动载荷 $C_a$ /kN | 静载荷 $C_{0a}$ /kN | 脂润滑 | 油润滑 |
| 12（51000 型）、22（52000 型）尺寸系列 | | | | | | | | | | | | | | | | | | | | | | |
| 51200 | — | 10 | — | 26 | 11 | — | 12 | 26 | — | — | 0.6 | — | 20 | 16 | | — | 0.6 | — | 12.5 | 17.0 | 6 000 | 8 000 |
| 51201 | — | 12 | — | 28 | 11 | — | 14 | 28 | — | — | 0.6 | — | 22 | 18 | | — | 0.6 | — | 13.2 | 19.0 | 5 300 | 7 500 |
| 51202 | 52202 | 15 | 10 | 32 | 12 | 22 | 17 | 32 | 32 | 5 | 0.6 | 0.3 | 25 | 22 | | 15 | 0.6 | 0.3 | 16.5 | 24.8 | 4 800 | 6 700 |
| 51203 | — | 17 | — | 35 | 12 | — | 19 | 35 | — | — | 0.6 | — | 28 | 24 | | — | 0.6 | — | 17.0 | 27.2 | 4 500 | 6 300 |
| 51204 | 52204 | 20 | 15 | 40 | 14 | 26 | 22 | 40 | 40 | 6 | 0.6 | 0.3 | 32 | 28 | | 20 | 0.6 | 0.3 | 22.2 | 37.5 | 3 800 | 5 300 |
| 51205 | 52205 | 25 | 20 | 47 | 15 | 28 | 27 | 47 | 47 | 7 | 0.6 | 0.3 | 38 | 34 | | 25 | 0.6 | 0.3 | 27.8 | 50.5 | 3 400 | 4 800 |
| 51206 | 52206 | 30 | 25 | 52 | 16 | 29 | 32 | 52 | 52 | 7 | 0.6 | 0.3 | 43 | 39 | | 30 | 0.6 | 0.3 | 28.0 | 54.2 | 3 200 | 4 500 |
| 51207 | 52207 | 35 | 30 | 62 | 18 | 34 | 37 | 62 | 62 | 8 | 1 | 0.3 | 51 | 46 | | 35 | 1 | 0.3 | 39.2 | 78.2 | 2 800 | 4 000 |
| 51208 | 52208 | 40 | 30 | 68 | 19 | 36 | 42 | 68 | 68 | 9 | 1 | 0.6 | 57 | 51 | | 40 | 1 | 0.6 | 47.0 | 98.2 | 2 400 | 3 600 |

续表

| 轴承代号 | | 尺寸/mm | | | | | | | | | | | 安装尺寸/mm | | | | | | 基本额定 | | 极限转速/(r/min) | |
|---|---|---|---|---|---|---|---|---|---|---|---|---|---|---|---|---|---|---|---|---|---|---|
| | | $d$ | $d_2$ | $D$ | $T$ | $T_1$ | $d_1$ min | $D_1$ max | $D_2$ max | $B$ | $r_s$ min | $r_{1s}$ min | $d_a$ min | $D_a$ max | $D_b$ min | $d_b$ max | $r_{as}$ max | $r_{1as}$ max | 动载荷 $C_a$ /kN | 静载荷 $C_{0a}$ /kN | 脂润滑 | 油润滑 |
| 12(51000 型)、22(52000 型)尺寸系列 | | | | | | | | | | | | | | | | | | | | | | |
| 51209 | 52209 | 45 | 35 | 73 | 20 | 37 | 47 | 73 | 73 | 9 | 1 | 0.6 | 62 | 56 | | 45 | 1 | 0.6 | 47.8 | 105 | 2 200 | 3 400 |
| 51210 | 52210 | 50 | 40 | 78 | 22 | 39 | 52 | 78 | 78 | 9 | 1 | 0.6 | 67 | 61 | | 50 | 1 | 0.6 | 48.5 | 112 | 2 000 | 3 200 |
| 51211 | 52211 | 55 | 45 | 90 | 25 | 45 | 57 | 90 | 90 | 10 | 1 | 0.6 | 76 | 69 | | 55 | 1 | 0.6 | 67.5 | 158 | 1 900 | 3 000 |
| 51212 | 52212 | 60 | 50 | 95 | 26 | 46 | 62 | 95 | 95 | 10 | 1 | 0.6 | 81 | 74 | | 60 | 1 | 0.6 | 73.5 | 178 | 1 800 | 2 800 |
| 51213 | 52213 | 65 | 55 | 100 | 27 | 47 | 67 | 100 | | 10 | 1 | 0.6 | 86 | 79 | 79 | 65 | 1 | 0.6 | 74.8 | 188 | 1 700 | 2 600 |
| 51214 | 52214 | 70 | 55 | 105 | 27 | 47 | 72 | 105 | | 10 | 1 | 1 | 91 | 84 | 84 | 70 | 1 | 1 | 73.5 | 188 | 1 600 | 2 400 |
| 51215 | 52215 | 75 | 60 | 110 | 27 | 47 | 77 | 110 | | 10 | 1 | 1 | 96 | 89 | 89 | 75 | 1 | 1 | 74.8 | 198 | 1 500 | 2 200 |
| 51216 | 52216 | 80 | 65 | 115 | 28 | 48 | 82 | 115 | | 10 | 1 | 1 | 101 | 94 | 94 | 80 | 1 | 1 | 83.8 | 222 | 1 400 | 2 000 |
| 51217 | 52217 | 85 | 70 | 125 | 31 | 55 | 88 | 125 | | 12 | 1 | 1 | 109 | 101 | 109 | 85 | 1 | 1 | 102 | 280 | 1 300 | 1 900 |
| 51218 | 52218 | 90 | 75 | 135 | 35 | 62 | 93 | 135 | | 14 | 1.1 | 1 | 117 | 108 | 108 | 90 | 1.1 | 1 | 115 | 315 | 1 200 | 1 800 |
| 51220 | 52220 | 100 | 85 | 150 | 38 | 67 | 103 | 150 | | 15 | 1.1 | 1 | 130 | 120 | 120 | 100 | 1.1 | 1 | 132 | 375 | 1 100 | 1 700 |
| 13(51000 型)、23(52000 型)尺寸系列 | | | | | | | | | | | | | | | | | | | | | | |
| 51304 | — | 20 | — | 47 | 18 | — | 22 | 47 | | — | 1 | — | 36 | 31 | — | — | 1 | — | 35.0 | 55.8 | 3 600 | 4 500 |
| 51305 | 52305 | 25 | 20 | 52 | 18 | 34 | 27 | 52 | | 8 | 1 | 0.3 | 41 | 36 | 36 | 25 | 1 | 0.3 | 35.5 | 61.5 | 3 000 | 4 300 |
| 51306 | 52306 | 30 | 25 | 60 | 21 | 38 | 32 | 60 | | 9 | 1 | 0.3 | 48 | 42 | 42 | 30 | 1 | 0.3 | 42.8 | 78.5 | 2 400 | 3 600 |
| 51307 | 52307 | 35 | 30 | 68 | 24 | 44 | 37 | 68 | | 10 | 1 | 0.3 | 55 | 48 | 48 | 35 | 1 | 0.3 | 55.2 | 105 | 2 000 | 3 200 |
| 51308 | 52308 | 40 | 30 | 78 | 26 | 49 | 42 | 78 | | 12 | 1 | 0.6 | 63 | 55 | 55 | 40 | 1 | 0.6 | 69.2 | 135 | 1 900 | 3 000 |
| 51309 | 52309 | 45 | 35 | 85 | 28 | 52 | 47 | 85 | | 12 | 1 | 0.6 | 69 | 61 | 61 | 45 | 1 | 0.6 | 75.8 | 150 | 1 700 | 2 600 |
| 51310 | 52310 | 50 | 40 | 95 | 31 | 58 | 52 | 95 | | 14 | 1.1 | 0.6 | 77 | 68 | 68 | 50 | 1.1 | 0.6 | 96.5 | 202 | 1 600 | 2 400 |
| 51311 | 52311 | 55 | 45 | 105 | 35 | 64 | 57 | 105 | | 15 | 1.1 | 0.6 | 85 | 75 | 75 | 55 | 1.1 | 0.6 | 115 | 242 | 1 500 | 2 200 |
| 51312 | 52312 | 60 | 50 | 110 | 35 | 64 | 62 | 110 | | 15 | 1.1 | 0.6 | 90 | 80 | 80 | 60 | 1.1 | 0.6 | 118 | 262 | 1 400 | 2 000 |
| 51313 | 52313 | 65 | 55 | 115 | 36 | 65 | 67 | 115 | | 15 | 1.1 | 0.6 | 95 | 85 | 85 | 65 | 1.1 | 0.6 | 115 | 262 | 1 300 | 1 900 |
| 51314 | 52314 | 70 | 55 | 125 | 40 | 72 | 72 | 125 | | 16 | 1.1 | 1 | 103 | 92 | 92 | 70 | 1.1 | 1 | 148 | 340 | 1 200 | 1 800 |
| 51315 | 52315 | 75 | 60 | 135 | 44 | 79 | 77 | 135 | | 18 | 1.5 | 1 | 111 | 99 | 99 | 75 | 1.5 | 1 | 162 | 380 | 1 100 | 1 700 |
| 51316 | 52316 | 80 | 65 | 140 | 44 | 79 | 82 | 140 | | 18 | 1.5 | 1 | 116 | 104 | 104 | 80 | 1.5 | 1 | 160 | 380 | 1 000 | 1 600 |
| 51317 | 52317 | 85 | 70 | 150 | 49 | 87 | 88 | 150 | | 19 | 1.5 | 1 | 124 | 111 | 114 | 85 | 1.5 | 1 | 208 | 495 | 950 | 1 500 |
| 51318 | 52318 | 90 | 75 | 155 | 50 | 88 | 93 | 155 | | 19 | 1.5 | 1 | 129 | 116 | 116 | 90 | 1.5 | 1 | 205 | 495 | 900 | 1 400 |
| 51320 | 52320 | 100 | 85 | 170 | 55 | 97 | 103 | 170 | | 21 | 1.5 | 1 | 142 | 128 | 128 | 100 | 1.5 | 1 | 235 | 595 | 800 | 1 200 |

续表

| 轴承代号 | | 尺寸/mm | | | | | | | | | | | 安装尺寸/mm | | | | | | 基本额定 | | 极限转速 /(r/min) | |
|---|---|---|---|---|---|---|---|---|---|---|---|---|---|---|---|---|---|---|---|---|---|---|
| | | $d$ | $d_2$ | $D$ | $T$ | $T_1$ | $d_1$ | $D_1$ | $D_2$ | $B$ | $r_s$ | $r_{1s}$ | $d_a$ | $D_a$ | $D_b$ | $d_b$ | $r_{as}$ | $r_{1as}$ | 动载荷 $C_a$ | 静载荷 $C_{0a}$ | | |
| | | | | | | | min | max | max | | min | min | min | max | min | max | max | max | /kN | | 脂润滑 | 油润滑 |
| 14(51000 型)、24(52000 型)尺寸系列 | | | | | | | | | | | | | | | | | | | | | | |
| 51405 | 52405 | 25 | 15 | 60 | 24 | 45 | 27 | 60 | | 11 | 1 | 0.6 | 46 | 39 | | 25 | 1 | 0.6 | 55.5 | 89.2 | 2 200 | 3 400 |
| 51406 | 52406 | 30 | 20 | 70 | 28 | 52 | 32 | 70 | | 12 | 1 | 0.6 | 54 | 46 | | 30 | 1 | 0.6 | 72.5 | 125 | 1 900 | 3 000 |
| 51407 | 52407 | 35 | 25 | 80 | 32 | 59 | 37 | 80 | | 14 | 1.1 | 0.6 | 62 | 53 | | 35 | 1.1 | 0.6 | 86.8 | 155 | 1 700 | 2 600 |
| 51408 | 52408 | 40 | 30 | 90 | 36 | 65 | 42 | 90 | | 15 | 1.1 | 0.6 | 70 | 60 | | 40 | 1.1 | 0.6 | 112 | 205 | 1 500 | 2 200 |
| 51409 | 52409 | 45 | 35 | 100 | 39 | 72 | 47 | 100 | | 17 | 1.1 | 0.6 | 78 | 67 | | 45 | 1.1 | 0.6 | 140 | 262 | 1 400 | 2 000 |
| 51410 | 52410 | 50 | 40 | 110 | 43 | 78 | 52 | 110 | | 18 | 1.5 | 0.6 | 86 | 74 | | 50 | 1.5 | 0.6 | 160 | 302 | 1 300 | 1 900 |
| 51411 | 52411 | 55 | 45 | 120 | 48 | 87 | 57 | 120 | | 20 | 1.5 | 0.6 | 94 | 81 | | 55 | 1.5 | 0.6 | 182 | 355 | 1 100 | 1 700 |
| 51412 | 52412 | 60 | 50 | 130 | 51 | 93 | 62 | 130 | | 21 | 1.5 | 0.6 | 102 | 88 | | 60 | 1.5 | 0.6 | 200 | 395 | 1 000 | 1 600 |
| 51413 | 52413 | 65 | 50 | 140 | 56 | 101 | 68 | 140 | | 23 | 2 | 1 | 110 | 95 | | 65 | 2.0 | 1 | 215 | 448 | 900 | 1 400 |
| 51414 | 52414 | 70 | 55 | 150 | 60 | 107 | 73 | 150 | | 24 | 2 | 1 | 118 | 102 | | 70 | 2.0 | 1 | 255 | 560 | 850 | 1 300 |
| 51415 | 52415 | 75 | 60 | 160 | 65 | 115 | 78 | 160 | 160 | 26 | 2 | 1 | 125 | 110 | | 75 | 2.0 | 1 | 268 | 615 | 800 | 1 200 |
| 51416 | 52416 | 80 | 65 | 170 | 68 | 120 | 83 | 170 | 170 | 27 | 2.1 | 1 | 133 | 117 | | — | 2 | — | 292 | 692 | 750 | 1 100 |
| 51417 | 52417 | 85 | 65 | 180 | 72 | 128 | 88 | 177 | 179.5 | 29 | 2.1 | 1.1 | 141 | 124 | | 85 | 2 | 1 | 318 | 782 | 700 | 1 000 |
| 51418 | 52418 | 90 | 70 | 190 | 77 | 135 | 93 | 187 | 189.5 | 30 | 2.1 | 1.1 | 149 | 131 | | 90 | 2 | 1 | 325 | 825 | 670 | 950 |
| 51420 | 52420 | 100 | 80 | 210 | 85 | 150 | 103 | 205 | 209.5 | 33 | 3 | 1.1 | 165 | 145 | | 100 | 2.5 | 1 | 400 | 1 080 | 600 | 850 |

注：1. 同表 6-1 中注 1；

2. $r_a$ 为轴和轴承座孔圆角半径；$r_{smin}$、$r_{1smin}$ 为 $r$、$r_1$ 的最小单向倒角尺寸；$r_{asmax}$、$r_{1asmax}$ 为 $r_a$、$r_{1a}$ 的最大单向倒角尺寸。

## 二、滚动轴承的配合(GB/T 275—2015摘录)

**表6-9 向心轴承载荷的区分**

| 载荷大小 | 轻载荷 | 正常载荷 | 重载荷 |
|---|---|---|---|
| $P_r$(径向当量动载荷)/$C_r$(径向额定动载荷) | ≤0.06 | >0.06~0.12 | >0.12 |

**表6-10 安装向心轴承的轴公差带代号**

| 运转状态 | | 载荷状态 | 深沟球轴承、调心球轴承和角接触球轴承 | 圆柱滚子轴承和圆锥滚子轴承 | 调心滚子轴承 | 公差带 |
|---|---|---|---|---|---|---|
| 说明 | 举例 | | 轴承公称内径/mm | | | |
| 旋转的内圈载荷及摆动载荷 | 输送机、轻载齿轮箱 | 轻载荷 | ≤18<br>>18~100<br>>100~200 | —<br>≤40<br>>40~140 | —<br>≤40<br>>40~100 | h5<br>j6①<br>k6① |
| | 一般通用机械、电动机、泵、内燃机、直齿轮传动装置 | 正常载荷 | ≤18<br>>18~100<br>>100~140<br>>140~200 | —<br>≤40<br>>40~100<br>>100~140 | —<br>≤40<br>>40~65<br>>65~100 | j5、js5<br>k5②<br>m5②<br>m6 |
| | 铁路机车车辆轴箱、破碎机等 | 重载荷 | —<br>— | >50~140<br>>140~200 | >50~100<br>>100~140 | n6③<br>p6③ |
| 固定的内圈载荷 | 内圈在轴上易移动,如非旋转轴上的轮子 | 所有载荷 | 所有尺寸 | | | f6<br>g6 |
| | 内圈不需在轴上移动,如张紧轮、绳轮 | | | | | h6<br>j6 |
| 仅有轴向载荷 | | | 所有尺寸 | | | j6、js6 |

① 凡对精度有较高要求场合,应用j5、k5…代替j6、k6…;
② 圆锥滚子轴承、角接触球轴承配合对游隙影响不大,可用k6、m6代替k5、m5;
③ 重载荷下轴承游隙应选大于N组。

**表6-11 安装向心轴承的孔公差带代号**

| 运转状态 | | 载荷状态 | 其他状况 | 公差带① | |
|---|---|---|---|---|---|
| 说明 | 举例 | | | 球轴承 | 滚子轴承 |
| 固定的外圈载荷 | 一般机械、铁路机车车辆轴箱 | 轻、正常、重 | 轴向易移动,可采用剖分式轴承座 | H7、G7② | |
| | | 冲击 | 轴向能移动,可采用整体或剖分式轴承座 | J7、JS7 | |
| 摆动载荷 | 电动机、泵、曲轴主轴承 | 轻、正常 | | | |
| | | 正常、重 | | K7 | |
| | 牵引电动机 | 重、冲击 | | M7 | |
| 旋转的外圈载荷 | 皮带张紧轮 | 轻 | 轴向不移动,采用整体式轴承座 | J7 | K7 |
| | 轮毂轴承 | 正常 | | M7 | N7 |
| | | 重 | | — | N7、P7 |

① 并列公差带随尺寸的增大从左至右选择,对旋转精度有较高要求时,可相应提高一个公差等级;
② 不适用于剖分式轴承座。

表 6-12　安装推力轴承的轴和孔公差带代号

| 运转状态 | 载荷状态 | 安装推力轴承的轴公差带 | | 安装推力轴承的外壳孔公差带 | |
|---|---|---|---|---|---|
| | | 轴承类型 | 公差带 | 轴承类型 | 公差带 |
| 仅有轴向载荷 | | 推力球和推力圆柱滚子轴承 | j6、js6 | 推力球轴承 | H8 |
| | | | | 推力圆柱、圆锥滚子轴承 | H7 |

表 6-13　轴和轴承座孔的几何公差

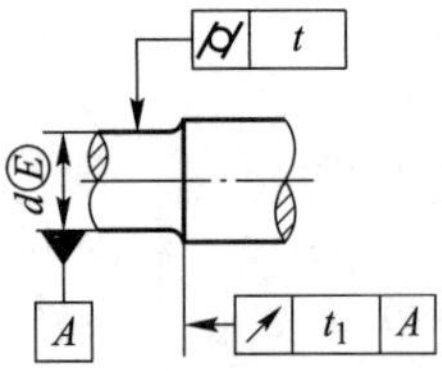

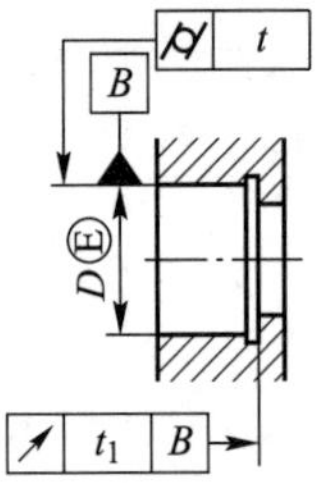

| 基本尺寸 /mm | | 圆柱度 $t$ | | | | 轴向圆跳动 $t_1$ | | | |
|---|---|---|---|---|---|---|---|---|---|
| | | 轴 颈 | | 轴承座孔 | | 轴 肩 | | 轴承座孔肩 | |
| | | 轴承公差等级 | | | | | | | |
| | | /P0 | /P6 (/P6x) | /P0 | /P6 (/P6x) | /P0 | /P6 (/P6x) | /P0 | /P6 (/P6x) |
| 大于 | 至 | 公　差　值/μm | | | | | | | |
| | 6 | 2.5 | 1.5 | 4 | 2.5 | 5 | 3 | 8 | 5 |
| 6 | 10 | 2.5 | 1.5 | 4 | 2.5 | 6 | 4 | 10 | 6 |
| 10 | 18 | 3.0 | 2.0 | 5 | 3.0 | 8 | 5 | 12 | 8 |
| 18 | 30 | 4.0 | 2.5 | 6 | 4.0 | 10 | 6 | 15 | 10 |
| 30 | 50 | 4.0 | 2.5 | 7 | 4.0 | 12 | 8 | 20 | 12 |
| 50 | 80 | 5.0 | 3.0 | 8 | 5.0 | 15 | 10 | 25 | 15 |
| 80 | 120 | 6.0 | 4.0 | 10 | 6.0 | 15 | 10 | 25 | 15 |
| 120 | 180 | 8.0 | 5.0 | 12 | 8.0 | 20 | 12 | 30 | 20 |
| 180 | 250 | 10.0 | 7.0 | 14 | 10.0 | 20 | 12 | 30 | 20 |
| 250 | 315 | 12.0 | 8.0 | 16 | 12.0 | 25 | 15 | 40 | 25 |

注：轴承公差等级新、旧标准代号对照为：/P0—G级；/P6—E级；/P6x—Ex级。

表 6-14　配合面及端面的表面粗糙度

| 轴或轴承座孔 直径 /mm | | 轴或轴承座孔配合表面直径公差等级 | | | | | |
|---|---|---|---|---|---|---|---|
| | | IT7 | | IT6 | | IT5 | |
| | | 表面粗糙度 $Ra$/μm | | | | | |
| 超过 | 到 | 磨 | 车 | 磨 | 车 | 磨 | 车 |
| | 80 | 1.6 | 3.2 | 0.8 | 1.6 | 0.4 | 0.8 |
| 80 | 500 | 1.6 | 3.2 | 1.6 | 3.2 | 0.8 | 1.6 |
| 端　面 | | 3.2 | 6.3 | 3.2 | 6.3 | 1.6 | 3.2 |

注：与/P0、/P6(/P6x)级公差轴承配合的轴，其公差等级一般为IT6，轴承座孔一般为IT7。

## 三、滚动轴承座

表 6-15　滚动轴承立式轴承座(GB/T 7813—2018 摘录)　mm

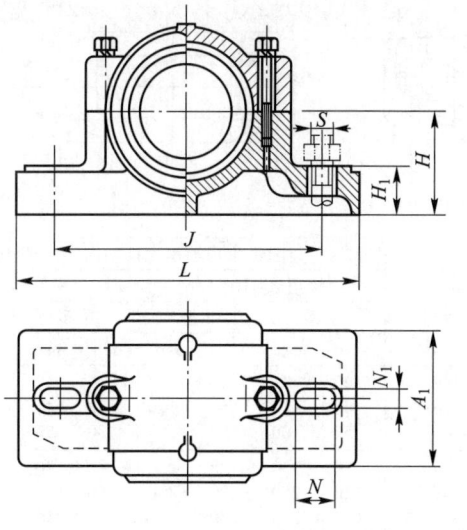

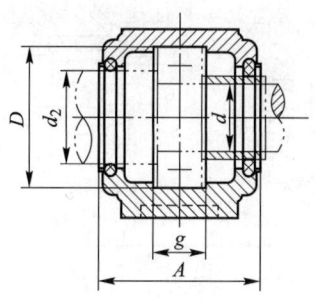

标记示例:

SN 2 15　GB/T 7813—2018

- 内径 $d$=75(同轴承代号)
- 尺寸系列代号(同轴承)
- 剖分式滚动轴承座结构类型代号(等径孔二螺柱轴承座)

| 型号 | $d$ | $d_2$ | $D$ | $g$ | $A$ max | $A_1$ | $H$ | $H_1$ max | $L$ | $J$ | $S$ 螺栓 | $N_1$ | $N$ | 质量≈/kg |
|---|---|---|---|---|---|---|---|---|---|---|---|---|---|---|
| SN205 | 25 | 30 | 52 | 25 | 72 | 46 | 40 | 22 | 170 | 130 | M12 | 15 | 15 | 1.3 |
| SN206 | 30 | 35 | 62 | 30 | 82 | 52 | 50 | | 190 | 150 | | | | 1.8 |
| SN207 | 35 | 45 | 72 | 33 | 85 | | | | | | | | | 2.1 |
| SN208 | 40 | 50 | 80 | 33 | 92 | 60 | 60 | 25 | 210 | 170 | M12 | 15 | 15 | 2.6 |
| SN209 | 45 | 55 | 85 | 31 | | | | | | | | | | 2.8 |
| SN210 | 50 | 60 | 90 | 33 | 100 | | | | | | | | | 3.1 |
| SN211 | 55 | 65 | 100 | 33 | 105 | 70 | 70 | 28 | 270 | 210 | M16 | 18 | 18 | 4.3 |
| SN212 | 60 | 70 | 110 | 38 | 115 | | | 30 | | | | | | 5.0 |
| SN213 | 65 | 75 | 120 | 43 | 120 | 80 | 80 | 30 | 290 | 230 | | | | 6.3 |
| SN214 | 70 | 80 | 125 | 44 | 120 | | | | | | | | | 6.1 |
| SN215 | 75 | 85 | 130 | 41 | 125 | | | | | | | | | 7.0 |
| SN216 | 80 | 90 | 140 | 43 | 135 | 90 | 95 | 32 | 330 | 260 | M20 | 22 | 22 | 9.3 |
| SN217 | 85 | 95 | 150 | 46 | 140 | | | | | | | | | 9.8 |
| SN218 | 90 | 100 | 160 | 62.4 | 145 | 100 | 100 | 35 | 360 | 290 | | | | 12.3 |
| SN220 | 100 | 115 | 180 | 70.3 | 165 | 110 | 112 | 40 | 400 | 320 | M24 | 26 | 26 | 16.5 |
| SN305 | 25 | 30 | 62 | 34 | 82 | 52 | 50 | 22 | 185 | 150 | M12 | 15 | 20 | 1.9 |
| SN306 | 30 | 35 | 72 | 37 | 85 | | | | | | | | | 2.1 |
| SN307 | 35 | 45 | 80 | 41 | 92 | 60 | 60 | 25 | 205 | 170 | | | | 3.0 |
| SN308 | 40 | 50 | 90 | 43 | 100 | | | | | | | | | 3.3 |
| SN309 | 45 | 55 | 100 | 46 | 105 | 70 | 70 | 28 | 255 | 210 | M16 | 18 | 23 | 4.6 |
| SN310 | 50 | 60 | 110 | 50 | 115 | | | 30 | | | | | | 5.1 |
| SN311 | 55 | 65 | 120 | 53 | 120 | 80 | 80 | 30 | 275 | 230 | | | | 6.5 |
| SN312 | 60 | 70 | 130 | 56 | 125 | | | | 280 | | | | | 7.3 |
| SN313 | 65 | 75 | 140 | 58 | 135 | 90 | 95 | 32 | 315 | 260 | M20 | 22 | 27 | 9.7 |
| SN314 | 70 | 80 | 150 | 61 | 140 | | | | 320 | | | | | 11.0 |
| SN315 | 75 | 85 | 160 | 65 | 145 | 100 | 100 | 35 | 345 | 290 | | | | 14.0 |
| SN316 | 80 | 90 | 170 | 68 | 150 | | 112 | | | | | | | 13.8 |
| SN317 | 85 | 95 | 180 | 70 | 165 | 110 | 112 | 40 | 380 | 320 | M24 | 26 | 32 | 15.8 |

## 四、其他

**表 6-16　向心推力轴承和推力轴承的安装轴向游隙(参考)**　μm

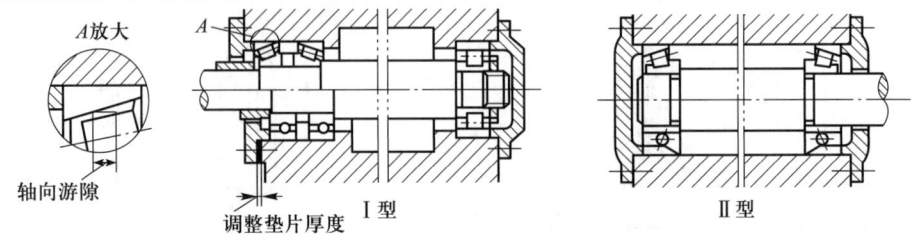

| 轴承内径 d/mm | | 角接触球轴承允许轴向游隙范围 | | | | | | | 圆锥滚子轴承允许轴向游隙范围 | | | | | | |
|---|---|---|---|---|---|---|---|---|---|---|---|---|---|---|---|
| | | 接触角 α=15° | | | | α=25°及 40° | | Ⅱ型轴承允许间距(大概值) | 接触角 α=10°~16° | | | | α=25°~29° | | Ⅱ型轴承允许间距(大概值) |
| | | Ⅰ型 | | Ⅱ型 | | Ⅰ型 | | | Ⅰ型 | | Ⅱ型 | | Ⅰ型 | | |
| 超过 | 到 | min | max | min | max | min | max | | min | max | min | max | min | max | |
| — | 30 | 20 | 40 | 30 | 50 | 10 | 20 | 8d | 20 | 40 | 40 | 70 | — | — | 14d |
| 30 | 50 | 30 | 50 | 40 | 70 | 15 | 30 | 7d | 40 | 70 | 50 | 100 | 20 | 40 | 12d |
| 50 | 80 | 40 | 70 | 50 | 100 | 20 | 40 | 6d | 50 | 100 | 80 | 150 | 30 | 50 | 11d |
| 80 | 120 | 50 | 100 | 60 | 150 | 30 | 50 | 5d | 80 | 150 | 120 | 200 | 40 | 70 | 10d |
| 120 | 180 | 80 | 150 | 100 | 200 | 40 | 70 | 4d | 120 | 200 | 200 | 300 | 50 | 100 | 9d |
| 180 | 260 | 120 | 200 | 150 | 250 | 50 | 100 | (2~3)d | 160 | 250 | 250 | 350 | 80 | 150 | 6.5d |

| 轴承内径 d/mm | | 推力球轴承允许轴向游隙范围 | | | | | |
|---|---|---|---|---|---|---|---|
| | | 51100 型 | | 51200 及 51300 型 | | 51400 型 | |
| 超过 | 到 | min | max | min | max | min | max |
| — | 50 | 10 | 20 | 20 | 40 | — | — |
| 50 | 120 | 20 | 40 | 40 | 60 | 60 | 80 |
| 120 | 140 | 40 | 60 | 60 | 80 | 80 | 120 |

**表 6-17　0 级向心轴承公差(GB/T 307.1—2017 摘录)**　μm

| 内径 d/mm | | 单一平面平均内径偏差 $\Delta_{dmp}$ | | 外径 D/mm | | 单一平面平均外径偏差 $\Delta_{Dmp}$ | | 内径 d/mm | | 内圈单一宽度偏差 $\Delta_{Bs}$ | | 外圈单一宽度偏差 $\Delta_{Cs}$ | |
|---|---|---|---|---|---|---|---|---|---|---|---|---|---|
| 超过 | 到 | 上极限偏差 | 下极限偏差 | 超过 | 到 | 上极限偏差 | 下极限偏差 | 超过 | 到 | 上极限偏差 | 下极限偏差 | 上极限偏差 | 下极限偏差 |
| — | 18 | 0 | -8 | — | 18 | 0 | -8 | 2.5 | 18 | 0 | -120 | 0 | -120 |
| 18 | 30 | 0 | -10 | 18 | 30 | 0 | -9 | 18 | 30 | 0 | -120 | 0 | -120 |
| 30 | 50 | 0 | -12 | 30 | 50 | 0 | -11 | 30 | 50 | 0 | -120 | 0 | -120 |
| 50 | 80 | 0 | -15 | 50 | 80 | 0 | -13 | 50 | 80 | 0 | -150 | 0 | -150 |
| 80 | 120 | 0 | -20 | 80 | 120 | 0 | -15 | 80 | 120 | 0 | -200 | 0 | -200 |
| 120 | 180 | 0 | -25 | 120 | 150 | 0 | -18 | 120 | 180 | 0 | -250 | 0 | -250 |
| 180 | 250 | 0 | -30 | 150 | 180 | 0 | -25 | 180 | 250 | 0 | -300 | 0 | -300 |
| 250 | 315 | 0 | -35 | 180 | 250 | 0 | -30 | 250 | 315 | 0 | -350 | 0 | -350 |
| 315 | 400 | 0 | -40 | 250 | 315 | 0 | -35 | 315 | 400 | 0 | -400 | 0 | -400 |
| 400 | 500 | 0 | -45 | 315 | 400 | 0 | -40 | 400 | 500 | 0 | -450 | 0 | -450 |
| 500 | 630 | 0 | -50 | 400 | 500 | 0 | -45 | 500 | 630 | 0 | -500 | 0 | -500 |
| 630 | 800 | 0 | -75 | 500 | 630 | 0 | -50 | 630 | 800 | 0 | -750 | 0 | -750 |
| 800 | 1 000 | 0 | -100 | 630 | 800 | 0 | -75 | 800 | 1 000 | 0 | -1 000 | 0 | -1 000 |
| 1 000 | 1 250 | 0 | -125 | 800 | 1 000 | 0 | -100 | 1 000 | 1 250 | 0 | -1 250 | 0 | -1 250 |
| 1 250 | 1 600 | 0 | -160 | 1 000 | 1 250 | 0 | -125 | 1 250 | 1 600 | 0 | -1 600 | 0 | -1 600 |
| 1 600 | 2 000 | 0 | -200 | 1 250 | 1 600 | 0 | -160 | 1 600 | 2 000 | 0 | -2 000 | 0 | -2 000 |

# 第七章　润滑与密封

## 一、润滑剂

表 7-1　常用润滑油的主要性质和用途

| 名　　称 | 代　　号 | 运动黏度/(mm²/s) 40/℃ | 运动黏度/(mm²/s) 100/℃ | 倾点 ≤℃ | 闪点(开口) ≥℃ | 主要用途 |
|---|---|---|---|---|---|---|
| 全损耗系统用油(GB/T 443—1989) | L-AN5 | 4.14~5.06 | — | -5 | 80 | 用于各种高速轻载机械轴承的润滑和冷却(循环式或油箱式),如转速在 10 000 r/min 以上的精密机械、机床及纺织纱锭的润滑和冷却 |
| | L-AN7 | 6.12~7.48 | | | 110 | |
| | L-AN10 | 9.00~11.0 | | | 130 | |
| | L-AN15 | 13.5~16.5 | | | 150 | 用于小型机床齿轮箱、传动装置轴承,中小型电机,风动工具等 |
| | L-AN22 | 19.8~24.2 | | | | |
| | L-AN32 | 28.8~35.2 | | | | 用于一般机床齿轮变速箱、中小型机床导轨及 100 kW 以上电动机轴承 |
| | L-AN46 | 41.4~50.6 | | | 160 | 主要用在大型机床、大型刨床上 |
| | L-AN68 | 61.2~74.8 | | | | 主要用在低速重载的纺织机械及重型机床、锻压、铸工设备上 |
| | L-AN100 | 90.0~110 | | | 180 | |
| | L-AN150 | 135~165 | | | | |
| 工业闭式齿轮油(GB 5903—2011) | L-CKC68 | 61.2~74.8 | — | -12 | 180 | 适用于煤炭、水泥、冶金工业部门大型封闭式齿轮传动装置的润滑 |
| | L-CKC100 | 90.0~110 | | | 200 | |
| | L-CKC150 | 135~165 | | -9 | | |
| | L-CKC220 | 198~242 | | | | |
| | L-CKC320 | 288~352 | | | | |
| | L-CKC460 | 414~506 | | | | |
| | L-CKC680 | 612~748 | | -5 | | |
| 液压油(GB 11118.1—2011) | L-HL15 | 13.5~16.5 | — | -12 | 140 | 适用于机床和其他设备的低压齿轮泵,也可以用于使用其他抗氧防锈型润滑油的机械设备(如轴承和齿轮等) |
| | L-HL22 | 19.8~24.2 | | -9 | 165 | |
| | L-HL32 | 28.8~35.2 | | -6 | 175 | |
| | L-HL46 | 41.4~50.6 | | | 185 | |
| | L-HL68 | 61.2~74.8 | | | 195 | |
| | L-HL100 | 90.0~110 | | | 205 | |
| 涡轮机油(GB 11120—2011) | L-TSA32 | 28.8~35.2 | — | -6 | 186 | |
| | L-TSA46 | 41.4~50.6 | | | | |
| | L-TSA68 | 61.2~74.8 | | | 195 | |
| | L-TSA100 | 90.0~110 | | | | |
| 汽油机油(GB 11121—2006) | 5W/20 | | 5.6~<9.3 | -35 | 200 | |
| | 10W/30 | | 9.3~<12.5 | -30 | 205 | |
| | 15W/40 | | 12.5~<16.3 | -23 | 215 | |
| L-CKE/P 蜗轮蜗杆油(注)(SH/T 0094—1991(2007)) | 220 | 198~242 | | -12 | 180 | 用于铜-钢配对的圆柱形、承受重负荷、传动中有振动和冲击的蜗轮蜗杆副 |
| | 320 | 288~352 | | | | |
| | 460 | 414~506 | | | | |
| | 680 | 612~748 | | | | |
| | 1 000 | 900~1 100 | | | | |
| 10 号仪表油(SH/T 0138—1994(2005)) | | 9~11 | | -50 | 125 | 适用于各种仪表(包括低温下操作)的润滑 |

注：标准 1991 年实施,2007 年再次确认,下同。

表 7-2　常用润滑脂的主要性质和用途

| 名　　称 | 代　　号 | 滴点 /℃ 不低于 | 工作锥入度 (25 ℃,150 g) /0.1 mm | 主 要 用 途 |
|---|---|---|---|---|
| 钙基润滑脂 (GB/T 491—2008) | 1 号 | 80 | 310~340 | 有耐水性能。用于工作温度低于 55~60 ℃的各种工农业、交通运输机械设备的轴承润滑,特别是有水或潮湿处 |
| | 2 号 | 85 | 265~295 | |
| | 3 号 | 90 | 220~250 | |
| | 4 号 | 95 | 175~205 | |
| 钠基润滑脂 (GB/T 492—1989) | 2 号 | 160 | 265~295 | 不耐水(或潮湿)。用于工作温度在-10~110 ℃的一般中负荷机械设备轴承润滑 |
| | 3 号 | | 220~250 | |
| 通用锂基润滑脂 (GB/T 7324—2010) | 1 号 | 170 | 310~340 | 有良好的耐水性和耐热性。适用于温度在-20~120 ℃范围内各种机械的滚动轴承、滑动轴承及其他摩擦部位的润滑 |
| | 2 号 | 175 | 265~295 | |
| | 3 号 | 180 | 220~250 | |
| 钙钠基润滑脂 (SH/T 0368—1992 (2003)) | 2 号 | 120 | 250~290 | 用于工作温度在 80~100 ℃、有水分或较潮湿环境中工作的机械润滑,多用于铁路机车、列车、小电动机、发电机滚动轴承(温度较高者)的润滑。不适于低温工作 |
| | 3 号 | 135 | 200~240 | |
| 铝基润滑脂 (SH/T 0371—1992) | | 75 | 235~280 | 有高度的耐水性,用于航空机器的摩擦部位及金属表面防腐剂 |
| 钡基润滑脂 (SH/T 0379—1992) | | 135 | 200~260 | 用于船舶推进器、抽水机轴承润滑 |
| 7407 号齿轮润滑脂 (SH/T 0469—1994) | | 160 | 70~90 | 适用于各种低速,中、重载荷齿轮、链和联轴器等的润滑,使用温度≤120 ℃,可承受冲击载荷 |
| 高低温润滑脂 (SH 0431—1992 (1998)) | 7017-1 号 | 300 | 65~80 | 适用于高温下各种滚动轴承的润滑,也可用于一般滑动轴承和齿轮的润滑。使用温度为-40~200 ℃ |
| 精密机床主轴润滑脂 (SH/T 0382—1992 (2003)) | 2<br>3 | 180 | 265~295<br>220~250 | 用于精密机床主轴润滑 |

## 二、润滑装置

表 7-3　直通式压注油杯(JB/T 7940.1—1995)　　mm

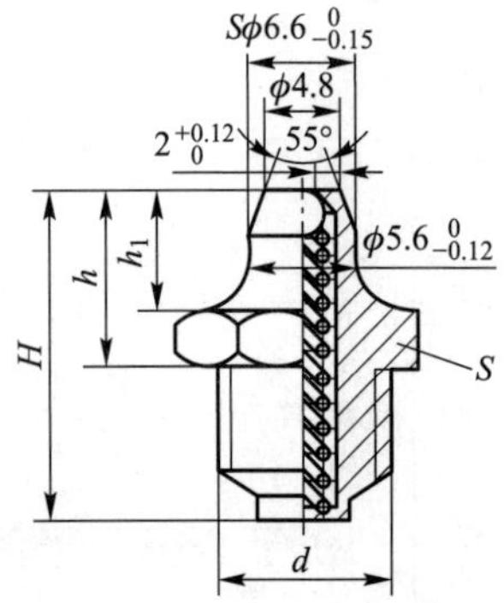

| $d$ | $H$ | $h$ | $h_1$ | $S$ | 钢球 (按 GB/T 308) |
|---|---|---|---|---|---|
| M6 | 13 | 8 | 6 | 8 | 3 |
| M8×1 | 16 | 9 | 6.5 | 10 | |
| M10×1 | 18 | 10 | 7 | 11 | |

标记示例:

连接螺纹 M10×1、直通式压注油杯的标记:油杯　M10×1　JB/T 7940.1—1995

表 7-4 接头式压注油杯(JB/T 7940.2—1995)　　　　　　　　mm

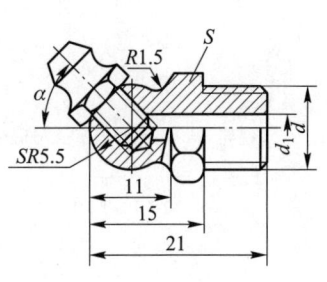

| $d$ | $d_1$ | $\alpha$ | $S$ | 直通式压注油杯<br>（按 JB/T 7940.1） |
|---|---|---|---|---|
| M6 | 3 | 45°,90° | 11 | M6 |
| M8×1 | 4 | | | |
| M10×1 | 5 | | | |

标记示例：
　　连接螺纹 M10×1、45°接头式压注油杯的标记：油杯　45°　M10×1　JB/T 7940.2—1995

表 7-5 压配式压注油杯(JB/T 7940.4—1995)　　　　　　　　mm

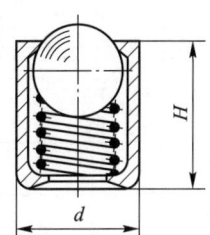

| $d$ | | $H$ | 钢　球<br>（按 GB/T 308） |
|---|---|---|---|
| 基本尺寸 | 极限偏差 | | |
| 6 | +0.040<br>+0.028 | 6 | 4 |
| 8 | +0.049<br>+0.034 | 10 | 5 |
| 10 | +0.058<br>+0.040 | 12 | 6 |
| 16 | +0.063<br>+0.045 | 20 | 11 |
| 25 | +0.085<br>+0.064 | 30 | 13 |

标记示例：
　　$d$=6、压配式压注油杯的标记：油杯　6　JB/T 7940.4—1995

表 7-6 旋盖式油杯(JB/T 7940.3—1995 摘录)　　　　　　　　mm

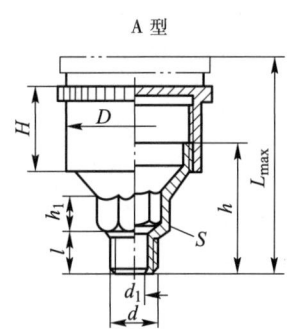

| 最小容量<br>/cm³ | $d$ | $l$ | $H$ | $h$ | $h_1$ | $d_1$ | $D$ | $L$<br>max | $S$ |
|---|---|---|---|---|---|---|---|---|---|
| 1.5 | M8×1 | 8 | 14 | 22 | 7 | 3 | 16 | 33 | 10 |
| 3 | M10×1 | | 15 | 23 | 8 | 4 | 20 | 35 | 13 |
| 6 | | | 17 | 26 | | | 26 | 40 | |
| 12 | M14×1.5 | 12 | 20 | 30 | 10 | 5 | 32 | 47 | 18 |
| 18 | | | 22 | 32 | | | 36 | 50 | |
| 25 | | | 24 | 34 | | | 41 | 55 | |
| 50 | M16×1.5 | | 30 | 44 | | | 51 | 70 | 21 |
| 100 | | | 38 | 52 | | | 68 | 85 | |

标记示例：
　　最小容量 25 cm³、A 型旋盖式油杯的标记：油杯　A25　JB/T 7940.3—1995

注：B 型旋盖式油杯见 JB/T 7940.3—1995。

表 7-7 压配式圆形油标（JB/T 7941.1—1995 摘录）　　　　　　　　　　　mm

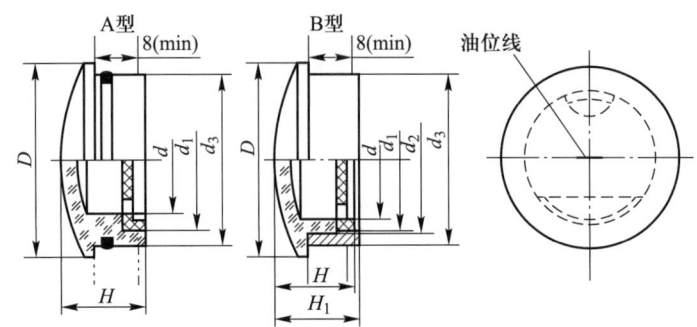

标记示例：

视孔 $d=32$、A 型压配式圆形油标的标记：

油标 A32 JB/T 7941.1—1995

| $d$ | $D$ | $d_1$ | | $d_2$ | | $d_3$ | | $H$ | $H_1$ | O 形橡胶密封圈（按 GB/T 3452.1） |
|---|---|---|---|---|---|---|---|---|---|---|
| | | 基本尺寸 | 极限偏差 | 基本尺寸 | 极限偏差 | 基本尺寸 | 极限偏差 | | | |
| 12 | 22 | 12 | −0.050<br>−0.160 | 17 | −0.050<br>−0.160 | 20 | −0.065<br>−0.195 | 14 | 16 | 15×2.65 |
| 16 | 27 | 18 | | 22 | −0.065<br>−0.195 | 25 | | | | 20×2.65 |
| 20 | 34 | 22 | −0.065<br>−0.195 | 28 | | 32 | −0.080<br>−0.240 | 16 | 18 | 25×3.55 |
| 25 | 40 | 28 | | 34 | −0.080<br>−0.240 | 38 | | | | 31.5×3.55 |
| 32 | 48 | 35 | −0.080<br>−0.240 | 41 | | 45 | | 18 | 20 | 38.7×3.55 |
| 40 | 58 | 45 | | 51 | −0.100<br>−0.290 | 55 | −0.100<br>−0.290 | | | 48.7×3.55 |
| 50 | 70 | 55 | −0.100<br>−0.290 | 61 | | 65 | | 22 | 24 | — |
| 63 | 85 | 70 | | 76 | | 80 | | | | |

表 7-8 长形油标（JB/T 7941.3—1995 摘录）　　　　　　　　　　　mm

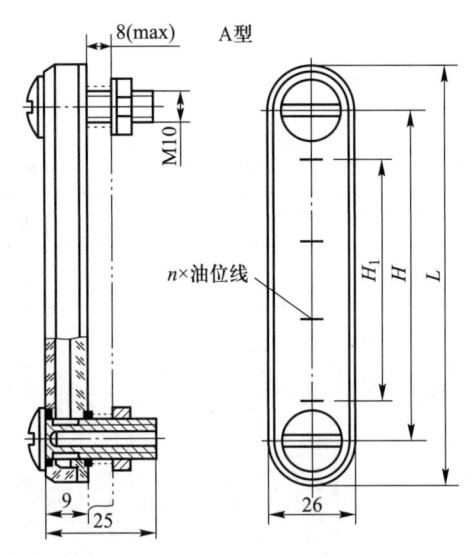

| $H$ | | $H_1$ | $L$ | $n$（条数） |
|---|---|---|---|---|
| 基本尺寸 | 极限偏差 | | | |
| 80 | ±0.17 | 40 | 110 | 2 |
| 100 | | 60 | 130 | 3 |
| 125 | ±0.20 | 80 | 155 | 4 |
| 160 | | 120 | 190 | 6 |

| O 形橡胶密封圈（按 GB/T 3452.1） | 六角螺母（按 GB/T 6172） | 弹性垫圈（按 GB/T 861） |
|---|---|---|
| 10×2.65 | M10 | 10 |

标记示例：

$H=80$、A 型长形油标的标记：

油标 A80 JB/T 7941.3

注：B 型长形油标见 JB/T 7941.3—1995。

## 表 7-9　管状油标(JB/T 7941.4—1995 摘录)

mm

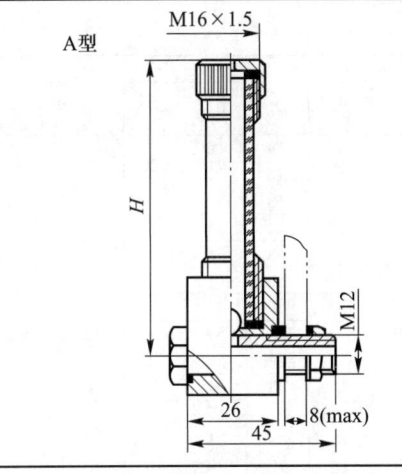

H

| *H* | O 形橡胶密封圈（按 GB/T 3452.1） | 六角薄螺母（按 GB/T 6172） | 弹性垫圈（按 GB/T 861） |
|---|---|---|---|
| 80,100,125,160,200 | 11.8×2.65 | M12 | 12 |

标记示例：

$H=200$、A 型管状油标的标记：油标　A200　JB/T 7941.4

注：B 型管状油标尺寸见 JB/T 7941.4—1995。

## 表 7-10　杆 式 油 标

mm

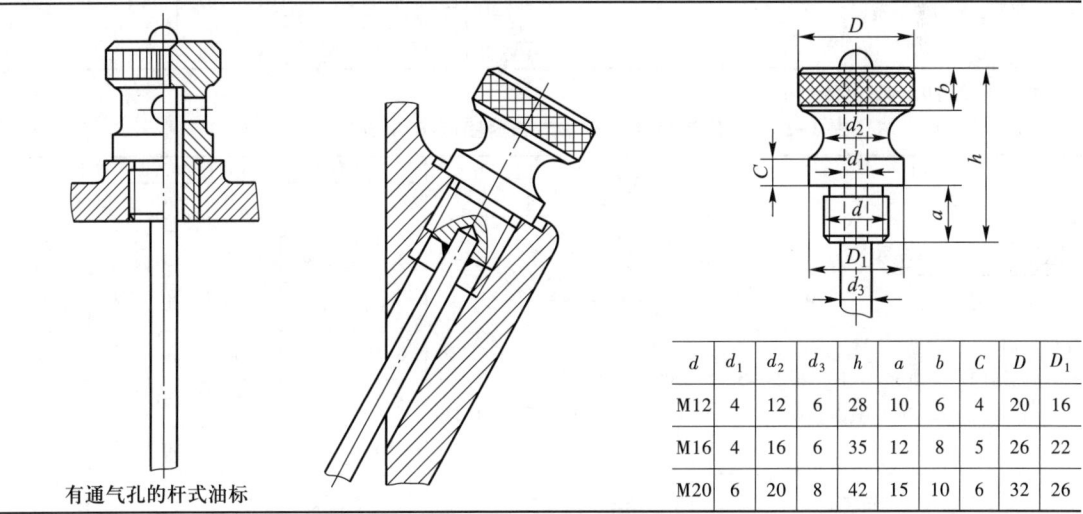

有通气孔的杆式油标

h

| $d$ | $d_1$ | $d_2$ | $d_3$ | $h$ | $a$ | $b$ | $C$ | $D$ | $D_1$ |
|---|---|---|---|---|---|---|---|---|---|
| M12 | 4 | 12 | 6 | 28 | 10 | 6 | 4 | 20 | 16 |
| M16 | 4 | 16 | 6 | 35 | 12 | 8 | 5 | 26 | 22 |
| M20 | 6 | 20 | 8 | 42 | 15 | 10 | 6 | 32 | 26 |

## 表 7-11　外六角螺塞、纸封油圈、皮封油圈

mm

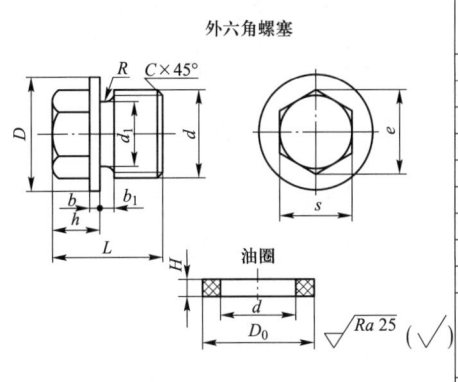

h
H

<table>
<tr><th rowspan="2">d</th><th rowspan="2">d<sub>1</sub></th><th rowspan="2">D</th><th rowspan="2">e</th><th rowspan="2">s</th><th rowspan="2">L</th><th rowspan="2">h</th><th rowspan="2">b</th><th rowspan="2">b<sub>1</sub></th><th rowspan="2">R</th><th rowspan="2">C</th><th rowspan="2">D<sub>0</sub></th><th colspan="2">H</th></tr>
<tr><th>纸封油圈</th><th>皮封油圈</th></tr>
<tr><td>M10×1</td><td>8.5</td><td>18</td><td>12.7</td><td>11</td><td>20</td><td>10</td><td rowspan="4">3</td><td rowspan="6">3</td><td rowspan="9">1</td><td>0.7</td><td>18</td><td rowspan="5">2</td><td rowspan="6">2</td></tr>
<tr><td>M12×1.25</td><td>10.2</td><td>22</td><td>15</td><td>13</td><td>24</td><td rowspan="2">12</td><td rowspan="4">1.0</td><td rowspan="2">22</td></tr>
<tr><td>M14×1.5</td><td>11.8</td><td>23</td><td>20.8</td><td>18</td><td>25</td></tr>
<tr><td>M18×1.5</td><td>15.8</td><td>28</td><td rowspan="2">24.2</td><td rowspan="2">21</td><td>27</td><td rowspan="3">15</td><td>25</td></tr>
<tr><td>M20×1.5</td><td>17.8</td><td>30</td><td rowspan="2">30</td><td rowspan="5">4</td><td>30</td></tr>
<tr><td>M22×1.5</td><td>19.8</td><td>32</td><td>27.7</td><td>24</td><td rowspan="4">1.5</td><td>32</td><td rowspan="4">3</td></tr>
<tr><td>M24×2</td><td>21</td><td>34</td><td>31.2</td><td>27</td><td>32</td><td>16</td><td rowspan="3">4</td><td>35</td><td rowspan="3">2.5</td></tr>
<tr><td>M27×2</td><td>24</td><td>38</td><td>34.6</td><td>30</td><td>35</td><td>17</td><td>40</td></tr>
<tr><td>M30×2</td><td>27</td><td>42</td><td>39.3</td><td>34</td><td>38</td><td>18</td><td>45</td></tr>
</table>

标记示例：螺塞　M20×1.5

油圈　30×20　（$D_0=30$、$d=20$ 的纸封油圈）

油圈　30×20　（$D_0=30$、$d=20$ 的皮封油圈）

材料：纸封油圈—石棉橡胶纸；皮封油圈—工业用革；螺塞—Q235

## 三、密封件

**表 7-12　毡圈油封及槽**　　mm

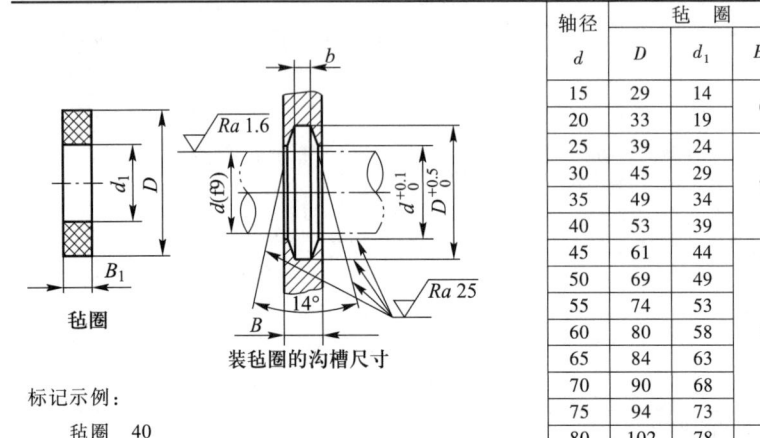

毡圈

装毡圈的沟槽尺寸

标记示例：

毡圈　40

（$d$=40 的毡圈）

材料：半粗羊毛毡

| 轴径 $d$ | 毡圈 $D$ | 毡圈 $d_1$ | 毡圈 $B_1$ | 槽 $D_0$ | 槽 $d_0$ | 槽 $b$ | 槽 $B_{min}$ 钢 | 槽 $B_{min}$ 铸铁 |
|---|---|---|---|---|---|---|---|---|
| 15 | 29 | 14 | 6 | 28 | 16 | 5 | 10 | 12 |
| 20 | 33 | 19 | | 32 | 21 | | | |
| 25 | 39 | 24 | 7 | 38 | 26 | 6 | 12 | 15 |
| 30 | 45 | 29 | | 44 | 31 | | | |
| 35 | 49 | 34 | | 48 | 36 | | | |
| 40 | 53 | 39 | | 52 | 41 | | | |
| 45 | 61 | 44 | 8 | 60 | 46 | 7 | | |
| 50 | 69 | 49 | | 68 | 51 | | | |
| 55 | 74 | 53 | | 72 | 56 | | | |
| 60 | 80 | 58 | | 78 | 61 | | | |
| 65 | 84 | 63 | | 82 | 66 | | | |
| 70 | 90 | 68 | | 88 | 71 | | | |
| 75 | 94 | 73 | | 92 | 77 | | | |
| 80 | 102 | 78 | 9 | 100 | 82 | 8 | 15 | 18 |
| 85 | 107 | 83 | | 105 | 87 | | | |
| 90 | 112 | 88 | | 110 | 92 | | | |
| 95 | 117 | 93 | 10 | 115 | 97 | | | |
| 100 | 122 | 98 | | 120 | 102 | | | |

注：本标准适用于线速度 $v$<5 m/s。

**表 7-13　液压气动用 O 形橡胶密封圈（GB/T 3452. 1—2005）**　　mm

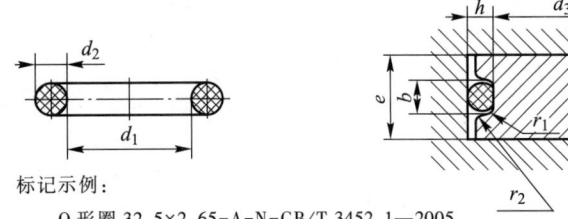

标记示例：

O 形圈 32. 5×2. 65-A-N-GB/T 3452. 1—2005

（内径 $d_1$ = 32. 5mm，截面直径 $d_2$ = 2. 65mm，A 系列 N 级 O 形密封圈）

沟槽尺寸（GB/T 3452. 3—2005）

| $d_2$ | $b^{+0.25}_{0}$ | $h$ | $d_3$ 公差带 | $r_1$ | $r_2$ |
|---|---|---|---|---|---|
| 1. 8 | 2. 4 | 1. 32 | h9 | 0. 2～0. 4 | 0. 1～0. 3 |
| 2. 65 | 3. 6 | 2. 00 | h9 | 0. 2～0. 4 | 0. 1～0. 3 |
| 3. 55 | 4. 8 | 2. 90 | h9 | 0. 4～0. 8 | 0. 1～0. 3 |
| 5. 3 | 7. 1 | 4. 31 | h9 | 0. 4～0. 8 | 0. 1～0. 3 |
| 7. 0 | 9. 5 | 5. 85 | h9 | 0. 8～1. 2 | 0. 1～0. 3 |

| $d_1$ 尺寸 | $d_1$ 公差 ± | $d_2$ 1. 8 ± 0. 08 | $d_2$ 2. 65 ± 0. 09 | $d_2$ 3. 55 ± 0.10 |
|---|---|---|---|---|
| 13. 2 | 0. 21 | * | * | |
| 14 | 0. 22 | * | * | |
| 15 | 0. 22 | * | * | |
| 16 | 0. 23 | * | * | |
| 17 | 0. 24 | * | * | |
| 18 | 0. 25 | * | * | * |
| 19 | 0. 25 | * | * | * |
| 20 | 0. 26 | * | * | * |
| 21. 2 | 0. 27 | * | * | * |
| 22. 4 | 0. 28 | * | * | * |
| 23. 6 | 0. 29 | * | * | * |
| 25 | 0. 30 | * | * | * |
| 25. 8 | 0. 31 | * | * | * |
| 26. 5 | 0. 31 | * | * | * |
| 28. 0 | 0. 32 | * | * | * |
| 30. 0 | 0. 34 | * | * | * |
| 31. 5 | 0. 35 | * | * | * |
| 32. 5 | 0. 36 | * | * | * |

| $d_1$ 尺寸 | $d_1$ 公差 ± | $d_2$ 1. 8 ± 0. 08 | $d_2$ 2. 65 ± 0. 09 | $d_2$ 3. 55 ± 0. 10 | $d_2$ 5. 3 ± 0. 13 |
|---|---|---|---|---|---|
| 33. 5 | 0. 36 | * | * | * | |
| 34. 5 | 0. 37 | * | * | * | |
| 35. 5 | 0. 38 | * | * | * | |
| 36. 5 | 0. 38 | * | * | * | |
| 37. 5 | 0. 39 | * | * | * | |
| 38. 7 | 0. 40 | * | * | * | |
| 40 | 0. 41 | * | * | * | * |
| 41. 2 | 0. 42 | * | * | * | * |
| 42. 5 | 0. 43 | * | * | * | * |
| 43. 7 | 0. 44 | * | * | * | * |
| 45 | 0. 44 | * | * | * | * |
| 46. 2 | 0. 45 | * | * | * | * |
| 47. 5 | 0. 46 | * | * | * | * |
| 48. 7 | 0. 47 | * | * | * | * |
| 50 | 0. 48 | * | * | * | * |
| 51. 5 | 0. 49 | | * | * | * |
| 53 | 0. 50 | | * | * | * |
| 54. 5 | 0. 51 | | * | * | * |

| $d_1$ 尺寸 | $d_1$ 公差 ± | $d_2$ 2. 65 ± 0. 09 | $d_2$ 3. 55 ± 0. 10 | $d_2$ 5. 3 ± 0. 13 |
|---|---|---|---|---|
| 56 | 0. 52 | * | * | * |
| 58 | 0. 54 | * | * | * |
| 60 | 0. 55 | * | * | * |
| 61. 5 | 0. 56 | * | * | * |
| 63 | 0. 57 | * | * | * |
| 65 | 0. 58 | * | * | * |
| 67 | 0. 60 | * | * | * |
| 69 | 0. 61 | * | * | * |
| 71 | 0. 63 | * | * | * |
| 73 | 0. 64 | * | * | * |
| 75 | 0. 65 | * | * | * |
| 77. 5 | 0. 67 | * | * | * |
| 80 | 0. 69 | * | * | * |
| 82. 5 | 0. 71 | * | * | * |
| 85 | 0. 72 | * | * | * |
| 87. 5 | 0. 74 | * | * | * |
| 90 | 0. 76 | * | * | * |
| 92. 5 | 0. 77 | * | * | * |

| $d_1$ 尺寸 | $d_1$ 公差 ± | $d_2$ 2. 65 ± 0. 09 | $d_2$ 3. 55 ± 0. 10 | $d_2$ 5. 3 ± 0. 13 | $d_2$ 7 ± 0. 15 |
|---|---|---|---|---|---|
| 95 | 0. 79 | * | * | * | |
| 97. 5 | 0. 81 | * | * | * | |
| 100 | 0. 82 | * | * | * | |
| 103 | 0. 85 | * | * | * | |
| 106 | 0. 87 | * | * | * | |
| 109 | 0. 89 | * | * | * | * |
| 112 | 0. 91 | * | * | * | * |
| 115 | 0. 93 | * | * | * | * |
| 118 | 0. 95 | * | * | * | * |
| 122 | 0. 97 | * | * | * | * |
| 125 | 0. 99 | * | * | * | * |
| 128 | 1. 01 | * | * | * | * |
| 132 | 1. 04 | * | * | * | * |
| 136 | 1. 07 | * | * | * | * |
| 140 | 1. 09 | * | * | * | * |
| 145 | 1. 13 | * | * | * | * |
| 150 | 1. 16 | * | * | * | * |
| 155 | 1. 19 | | * | * | * |

注：* 为可选规格。

表 7-14　旋转轴唇形密封圈的形式、尺寸及其安装要求（GB/T 13871.1—2022 摘录）　　　mm

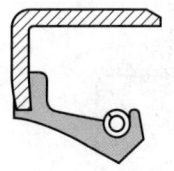 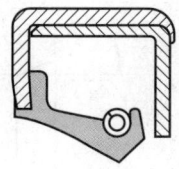 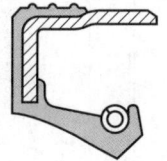 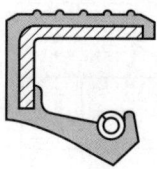 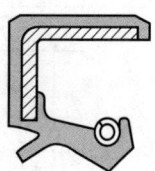

外露骨架型(W型)　　外露骨架装配型(Z型)　　半包骨架型(B型)　　内包骨架型(B型)　　带防护唇型(F型)

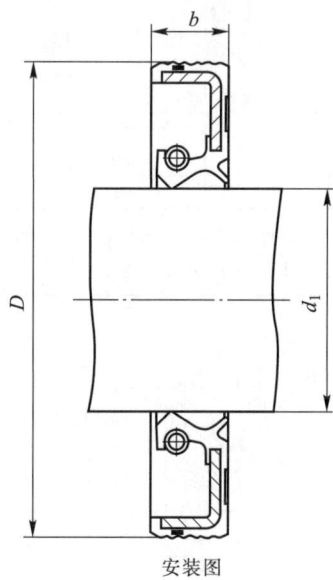

安装图

标记示例：
FB07009010

（带防护唇的内包骨架形旋转轴唇形密封圈，$d=70, D=90, b=10$）

| $d_1$ | $D$ | $b$ | $d_1$ | $D$ | $b$ | $d_1$ | $D$ | $b$ |
|---|---|---|---|---|---|---|---|---|
| 6 | 16,22 | 7 | 25 | 40,47,52 | 7 | 55 | 72,(75),80 | 8 |
| 7 | 22 | | 28 | 40,47,52 | | 60 | 80,85 | |
| 8 | 22,24 | | 30 | 42,47,(50) | | 65 | 85,90 | |
| 9 | 22 | | 30 | 52 | | 70 | 90,95 | 10 |
| 10 | 22,25 | | 32 | 45,47,52 | | 75 | 95,100 | |
| 12 | 24,25,30 | | 35 | 50,52,55 | | 80 | 100,110 | |
| 15 | 26,30,35 | | 38 | 55,58,62 | | 85 | 110,120 | |
| 16 | 30,(35) | | 40 | 55,(60),62 | 8 | 90 | (115),120 | 12 |
| 18 | 30,35 | | 42 | 55,62 | | 95 | 120 | |
| 20 | 35,40,(45) | | 45 | 62,65 | | 100 | 125 | |
| 22 | 35,40,47 | | 50 | 68,(70),72 | | 110 | 140 | |

续表

### 旋转轴唇形密封圈的安装要求

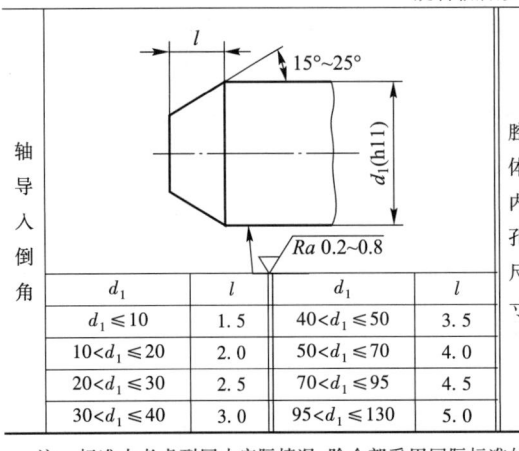
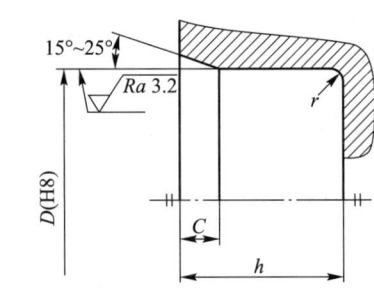

| 轴导入倒角 | $d_1$ | $l$ | $d_1$ | $l$ |
|---|---|---|---|---|
| | $d_1 \leq 10$ | 1.5 | $40 < d_1 \leq 50$ | 3.5 |
| | $10 < d_1 \leq 20$ | 2.0 | $50 < d_1 \leq 70$ | 4.0 |
| | $20 < d_1 \leq 30$ | 2.5 | $70 < d_1 \leq 95$ | 4.5 |
| | $30 < d_1 \leq 40$ | 3.0 | $95 < d_1 \leq 130$ | 5.0 |

| 腔体内孔尺寸 | 基本宽度 $b$ | 最小内孔深 $h$ | 倒角长度 $C$ | $r_{max}$ |
|---|---|---|---|---|
| | $\leq 10$ | $b+0.9$ | 0.70~1.00 | 0.50 |
| | $>10$ | $b+1.2$ | 1.20~1.50 | 0.75 |

注：标准中考虑到国内实际情况，除全部采用国际标准的基本尺寸外，还补充了若干种国内常用的规格，并加括号以示区别。

**表 7-15　J 形无骨架橡胶油封**　　mm

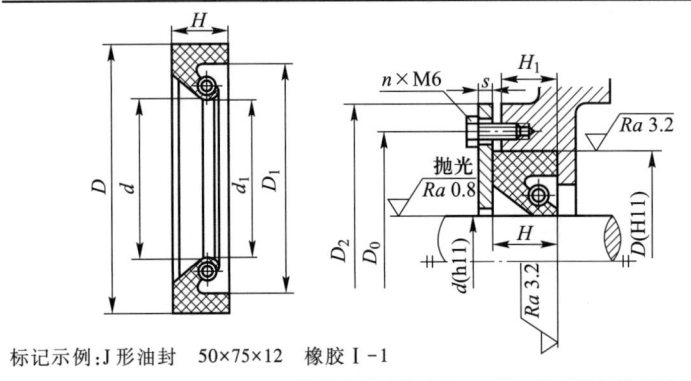

标记示例：J 形油封　50×75×12　橡胶 I—1
（$d=50$，$D=75$，$H=12$，材料为耐油橡胶 I—1 的 J 形无骨架橡胶油封）

| | 轴径 $d$ | 30~95（按 5 进位） | 100~170（按 10 进位） |
|---|---|---|---|
| 油封尺寸 | $D$ | $d+25$ | $d+30$ |
| | $D_1$ | $d+16$ | $d+20$ |
| | $d_1$ | $d-1$ | |
| | $H$ | 12 | 16 |
| 油封槽尺寸 | $s$ | 6~8 | 8~10 |
| | $D_0$ | $D+15$ | |
| | $D_2$ | $D_0+15$ | |
| | $n$ | 4 | 6 |
| | $H_1$ | $H-(1~2)$ | |

**表 7-16　迷宫式密封槽（JB/ZQ 4245—2006 摘录）**　mm

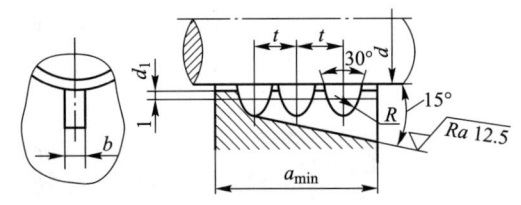

| 轴径 $d$ | 25~80 | >80~120 | >120~180 | 油沟数 $n$ |
|---|---|---|---|---|
| $R$ | 1.5 | 2 | 2.5 | 2~4（使用 3 个较多） |
| $t$ | 4.5 | 6 | 7.5 | |
| $b$ | 4 | 5 | 6 | |
| $d_1$ | $d+1$ | | | |
| $a_{min}$ | $nt+R$ | | | |

**表 7-17　径向迷宫密封槽**　mm

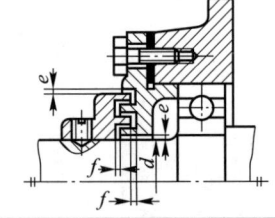

| 轴径 $d$ | 10~50 | 50~80 | 80~110 | 110~180 |
|---|---|---|---|---|
| $e$ | 0.2 | 0.3 | 0.4 | 0.5 |
| $f$ | 1 | 1.5 | 2 | 2.5 |

### 表 7-18　甩油环(高速轴用)　mm

1

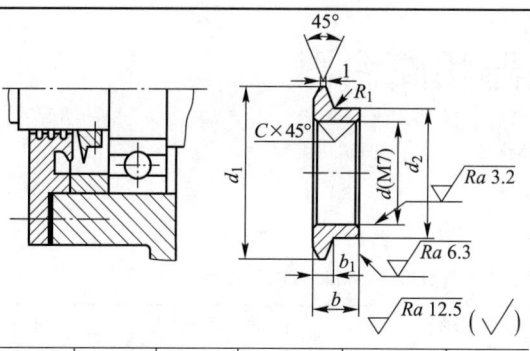

<table>
<tr><th>轴径 $d$</th><th>$d_1$</th><th>$d_2$</th><th>$b$(参考)</th><th>$b_1$</th><th>$C$</th></tr>
<tr><td>30</td><td>48</td><td>36</td><td rowspan="5">12</td><td rowspan="2">4</td><td rowspan="4">0.5</td></tr>
<tr><td>35</td><td>65</td><td>42</td></tr>
<tr><td>40</td><td>75</td><td>50</td><td rowspan="4">5</td></tr>
<tr><td>50</td><td>90</td><td>60</td></tr>
<tr><td>55</td><td>100</td><td>65</td><td rowspan="3">1</td></tr>
<tr><td>65</td><td>115</td><td>80</td><td>15</td></tr>
<tr><td>80</td><td>140</td><td>95</td><td>30</td><td>7</td></tr>
</table>

### 表 7-19　甩油盘(低速轴用)　mm

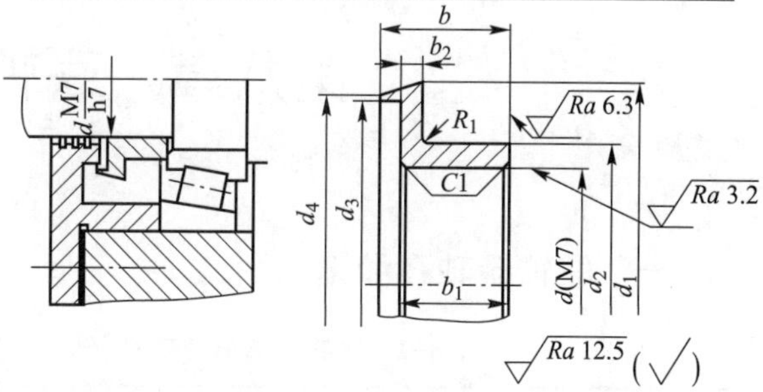

<table>
<tr><th>轴径 $d$</th><th>$d_1$</th><th>$d_2$</th><th>$d_3$</th><th>$d_4$</th><th>$b$</th><th>$b_1$</th><th>$b_2$</th></tr>
<tr><td>45</td><td>80</td><td>55</td><td>70</td><td>72</td><td>32</td><td>20</td><td>5</td></tr>
<tr><td>60</td><td>105</td><td>72</td><td>90</td><td>92</td><td>42</td><td>28</td><td rowspan="2">7</td></tr>
<tr><td>75</td><td>130</td><td>90</td><td>115</td><td>118</td><td>38</td><td>25</td></tr>
<tr><td>95</td><td>142</td><td>108</td><td>135</td><td>138</td><td>30</td><td>15</td><td rowspan="2">5</td></tr>
<tr><td>110</td><td>160</td><td>125</td><td>150</td><td>155</td><td>32</td><td>18</td></tr>
<tr><td>120</td><td>180</td><td>135</td><td>165</td><td>170</td><td>38</td><td>24</td><td>7</td></tr>
</table>

# 第八章　联轴器和离合器

## 一、联轴器轴孔和键槽形式

表 8-1　轴孔和键槽的形式、代号及系列尺寸（GB/T 3852—2017 摘录）

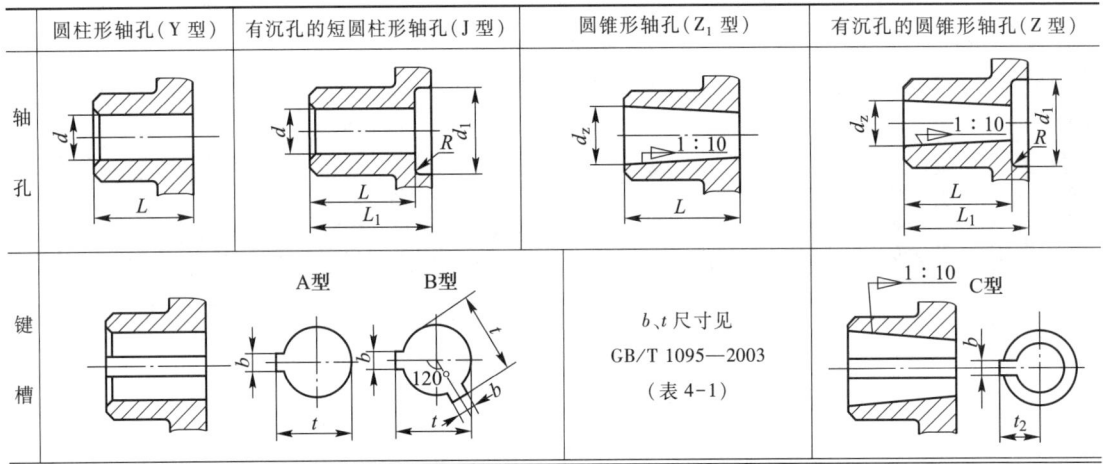

| | 圆柱形轴孔（Y 型） | 有沉孔的短圆柱形轴孔（J 型） | 圆锥形轴孔（$Z_1$ 型） | 有沉孔的圆锥形轴孔（Z 型） |
|---|---|---|---|---|
| 轴孔 | | | | |
| 键槽 | | | $b$、$t$ 尺寸见 GB/T 1095—2003（表 4-1） | |

圆柱形轴孔、圆锥形轴孔（长条列）和 C 型键槽尺寸/mm

| 直径 $d$、$d_z$ | 轴孔长度 $L$ 长系列 | 轴孔长度 $L$ 短系列 | $L_1$ | 沉孔 $d_1$ | 沉孔 $R$ | C 型键槽 $b$ | $t_2$ 公称尺寸 | $t_2$ 极限偏差 |
|---|---|---|---|---|---|---|---|---|
| 16 | 42 | 30 | 42 | 38 | 1.5 | 3 | 8.7 | ±0.10 |
| 18 | | | | | | 4 | 10.1 | |
| 19 | | | | | | | 10.6 | |
| 20 | 52 | 38 | 52 | | | | 10.9 | |
| 22 | | | | | | | 11.9 | |
| 24 | | | | | | 5 | 13.4 | |
| 25 | 62 | 44 | 62 | 48 | | | 13.7 | |
| 28 | | | | | | | 15.2 | |
| 30 | 82 | 60 | 82 | 55 | | | 15.8 | |
| 32 | | | | | 2 | 6 | 17.3 | |
| 35 | | | | | | | 18.8 | |
| 38 | | | | 65 | | | 20.3 | |
| 40 | 112 | 84 | 112 | | | 10 | 21.2 | ±0.20 |
| 42 | | | | | | | 22.2 | |
| 45 | | | | 80 | | 12 | 23.7 | |
| 48 | | | | | | | 25.2 | |
| 50 | | | | 95 | | | 26.2 | |

| 直径 $d$、$d_z$ | 轴孔长度 $L$ Y 型 | 轴孔长度 $L$ J、$J_1$、Z 型 | $L_1$ | 沉孔 $d_1$ | 沉孔 $R$ | C 型键槽 $b$ | $t_2$（长系列）公称尺寸 | $t_2$（长系列）极限偏差 |
|---|---|---|---|---|---|---|---|---|
| 55 | 112 | 84 | 112 | 95 | 2.5 | 14 | 29.2 | ±0.20 |
| 56 | | | | | | | 29.7 | |
| 60 | 142 | 107 | 142 | 105 | | 16 | 31.7 | |
| 63 | | | | | | | 32.2 | |
| 65 | | | | | | | 34.2 | |
| 70 | | | | 120 | | 18 | 36.8 | |
| 71 | | | | | | | 37.3 | |
| 75 | | | | | | | 39.3 | |
| 80 | 172 | 132 | 172 | 140 | | 20 | 41.6 | |
| 85 | | | | | 3 | | 44.1 | |
| 90 | | | | 160 | | 22 | 47.1 | |
| 95 | | | | | | | 49.6 | |
| 100 | 212 | 167 | 212 | 180 | | 25 | 51.3 | |
| 110 | | | | | | | 56.3 | |
| 120 | | | | 210 | | 28 | 62.3 | |
| 125 | | | | | 4 | | 64.7 | |
| 130 | 252 | 202 | 252 | 235 | | | 66.4 | |

轴孔与轴伸的配合、键槽宽度 $b$ 的极限偏差

| $d$、$d_z$/mm | 圆柱形轴孔与轴伸的配合 | | 圆锥形轴孔的直径偏差 | 键槽宽度 $b$ 的极限偏差 |
|---|---|---|---|---|
| >6~30 | H7/j6 | 根据使用要求也可选用 H7/n6、H7/p6 和 H7/r6 | H8（圆锥角度及圆锥形状公差应小于直径公差） | P9（或 JS9） |
| >30~50 | H7/k6 | | | |
| >50 | H7/m6 | | | |

注：无沉孔的圆锥形轴孔（$Z_1$ 型）和 $B_1$ 型、D 型键槽尺寸，详见 GB/T 3852—2017。

## 二、联轴器

表 8-2　凸缘联轴器（GB/T 5843—2003 摘录）

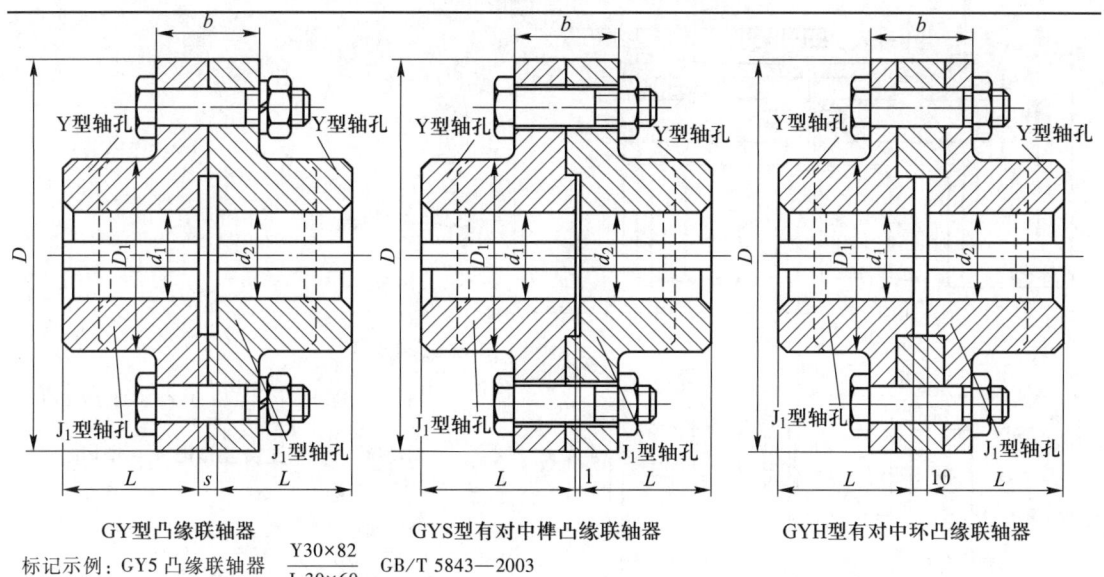

GY型凸缘联轴器

GYS型有对中榫凸缘联轴器

GYH型有对中环凸缘联轴器

标记示例：GY5 凸缘联轴器 $\dfrac{Y30\times82}{J_1 30\times60}$ GB/T 5843—2003

主动端：Y 型轴孔、A 型键槽、$d_1=30$ mm、$L=82$ mm；

从动端：$J_1$ 型轴孔、A 型键槽、$d_1=30$ mm、$L=60$ mm

| 型号 | 公称转矩 /(N·m) | 许用转速 /(r/min) | 轴孔直径 $d_1$、$d_2$/mm | 轴孔长度 Y 型 | 轴孔长度 $J_1$ 型 | $D$ /mm | $D_1$ /mm | $b$ /mm | $b_1$ /mm | $s$ /mm | 转动惯量 /(kg·m²) | 质量 /kg |
|---|---|---|---|---|---|---|---|---|---|---|---|---|
| GY1<br>GYS1<br>GYH1 | 25 | 12 000 | 12,14 | 32 | 27 | 80 | 30 | 26 | 42 | 6 | 0.000 8 | 1.16 |
| | | | 16,18,19 | 42 | 30 | | | | | | | |
| GY2<br>GYS2<br>GYH2 | 63 | 10 000 | 16,18,19 | 42 | 30 | 90 | 40 | 28 | 44 | 6 | 0.001 5 | 1.72 |
| | | | 20,22,24 | 52 | 38 | | | | | | | |
| | | | 25 | 62 | 44 | | | | | | | |
| GY3<br>GYS3<br>GYH3 | 112 | 9 500 | 20,22,24 | 52 | 38 | 100 | 45 | 30 | 46 | 6 | 0.002 5 | 2.38 |
| | | | 25,28 | 62 | 44 | | | | | | | |
| GY4<br>GYS4<br>GYH4 | 224 | 9 000 | 25,28 | 62 | 44 | 105 | 55 | 32 | 48 | 6 | 0.003 | 3.15 |
| | | | 30,32,35 | 82 | 60 | | | | | | | |
| GY5<br>GYS5<br>GYH5 | 400 | 8 000 | 30,32,35,38 | 82 | 60 | 120 | 68 | 36 | 52 | 8 | 0.007 | 5.43 |
| | | | 40,42 | 112 | 84 | | | | | | | |
| GY6<br>GYS6<br>GYH6 | 900 | 6 800 | 38 | 82 | 60 | 140 | 80 | 40 | 56 | 8 | 0.015 | 7.59 |
| | | | 40,42,45,48,50 | 112 | 84 | | | | | | | |
| GY7<br>GYS7<br>GYH7 | 1 600 | 6 000 | 48,50,55,56 | 112 | 84 | 160 | 100 | 40 | 56 | 8 | 0.031 | 13.1 |
| | | | 60,63 | 142 | 107 | | | | | | | |
| GY8<br>GYS8<br>GYH8 | 3 150 | 4 800 | 60,63,65,70,71,75 | 142 | 107 | 200 | 130 | 50 | 68 | 10 | 0.103 | 27.5 |
| | | | 80 | 172 | 132 | | | | | | | |
| GY9<br>GYS9<br>GYH9 | 6 300 | 3 600 | 75 | 142 | 107 | 260 | 160 | 66 | 84 | 10 | 0.319 | 47.8 |
| | | | 80,85,90,95 | 172 | 132 | | | | | | | |
| | | | 100 | 212 | 167 | | | | | | | |

注：本联轴器不具备径向、轴向和角向的补偿性能，刚性好，传递转矩大，结构简单，工作可靠，维护简便，适用于两轴对中精度良好的一般轴系传动。

## 表 8-3 GICL 型鼓形齿式联轴器(JB/T 8854.3—2001 摘录)

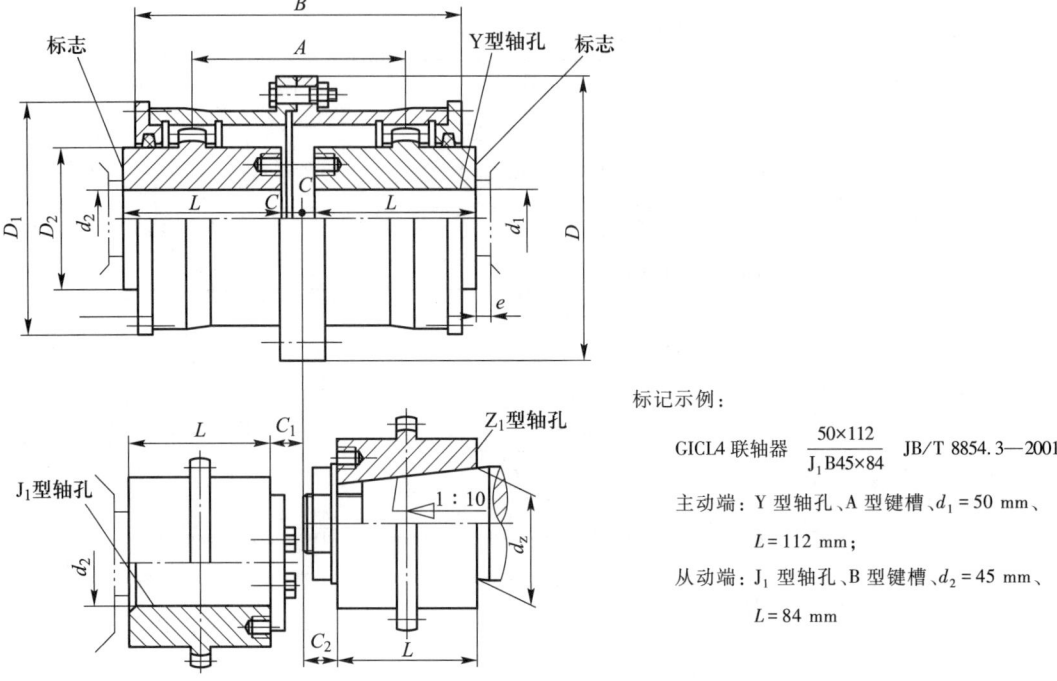

标记示例:

GICL4 联轴器 $\dfrac{50\times112}{J_1B45\times84}$ JB/T 8854.3—2001

主动端: Y 型轴孔、A 型键槽、$d_1 = 50$ mm、$L = 112$ mm;

从动端: $J_1$ 型轴孔、B 型键槽、$d_2 = 45$ mm、$L = 84$ mm

| 型号 | 公称转矩 /(N·m) | 许用转速 /(r/min) | 轴孔直径 $d_1$、$d_2$、$d_z$ | 轴孔长度 L Y | 轴孔长度 L $J_1$、$Z_1$ | $D$ | $D_1$ | $D_2$ | $B$ | $A$ | $C$ | $C_1$ | $C_2$ | $e$ | 转动惯量 /(kg·m²) | 质量 /kg |
|---|---|---|---|---|---|---|---|---|---|---|---|---|---|---|---|---|
| | | | /mm | | | | | | | | | | | | | |
| GICL1 | 800 | 7 100 | 16,18,19 | 42 | — | 125 | 95 | 60 | 115 | 75 | 20 | — | — | 30 | 0.009 | 5.9 |
| | | | 20,22,24 | 52 | 38 | | | | | | 10 | — | 24 | | | |
| | | | 25,28 | 62 | 44 | | | | | | 2.5 | — | 19 | | | |
| | | | 30,32,35,38 | 82 | 60 | | | | | | | 15 | 22 | | | |
| GICL2 | 1 400 | 6 300 | 25,28 | 62 | 44 | 145 | 120 | 75 | 135 | 88 | 10.5 | — | 29 | 30 | 0.02 | 9.7 |
| | | | 30,32,35,38 | 82 | 60 | | | | | | 2.5 | 12.5 | 30 | | | |
| | | | 40,42,45,48 | 112 | 84 | | | | | | | 13.5 | 28 | | | |
| GICL3 | 2 800 | 5 900 | 30,32,35,38 | 82 | 60 | 170 | 140 | 95 | 155 | 106 | 3 | 24.5 | 25 | 30 | 0.047 | 17.2 |
| | | | 40,42,45,48,50,55,56 | 112 | 84 | | | | | | | 17 | 28 | | | |
| | | | 60 | 142 | 107 | | | | | | | | 35 | | | |
| GICL4 | 5 000 | 5 400 | 32,35,38 | 82 | 60 | 195 | 165 | 115 | 178 | 125 | 14 | 37 | 32 | 30 | 0.091 | 24.9 |
| | | | 40,42,45,48,50,55,56 | 112 | 84 | | | | | | 3 | 17 | 28 | | | |
| | | | 60,63,65,70 | 142 | 107 | | | | | | | | 35 | | | |
| GICL5 | 8 000 | 5 000 | 40,42,45,48,50,55,56 | 112 | 84 | 225 | 183 | 130 | 198 | 142 | 3 | 25 | 28 | 30 | 0.167 | 38 |
| | | | 60,63,65,70,71,75 | 142 | 107 | | | | | | | 20 | 35 | | | |
| | | | 80 | 172 | 132 | | | | | | | 22 | 43 | | | |
| GICL6 | 11 200 | 4 800 | 48,50,55,56 | 112 | 84 | 240 | 200 | 145 | 218 | 160 | 6 | 35 | 35 | 30 | 0.267 | 48.2 |
| | | | 60,63,65,70,71,75 | 142 | 107 | | | | | | 4 | 20 | 35 | | | |
| | | | 80,85,90 | 172 | 132 | | | | | | | 22 | 43 | | | |
| GICL7 | 15 000 | 4 500 | 60,63,65,70,71,75 | 142 | 107 | 260 | 230 | 160 | 244 | 180 | 4 | 25 | 35 | 30 | 0.453 | 68.9 |
| | | | 80,85,90,95 | 172 | 132 | | | | | | | 22 | 43 | | | |
| | | | 100 | 212 | 167 | | | | | | | | 48 | | | |
| GICL8 | 21 200 | 4 000 | 65,70,71,75 | 142 | 107 | 280 | 245 | 175 | 264 | 193 | 5 | 35 | 35 | 30 | 0.646 | 83.3 |
| | | | 80,85,90,95 | 172 | 132 | | | | | | | 22 | 43 | | | |
| | | | 100,110 | 212 | 167 | | | | | | | | 48 | | | |

注: 1. $J_1$ 型轴孔根据需要也可以不使用轴端挡圈;

2. 本联轴器具有良好的补偿两轴综合位移的能力,外形尺寸小,承载能力高,能在高转速下可靠地工作,适用于重型机械及长轴连接,但不宜用于立轴的连接。

## 表 8-4 滚子链联轴器(GB/T 6069—2017 摘录)

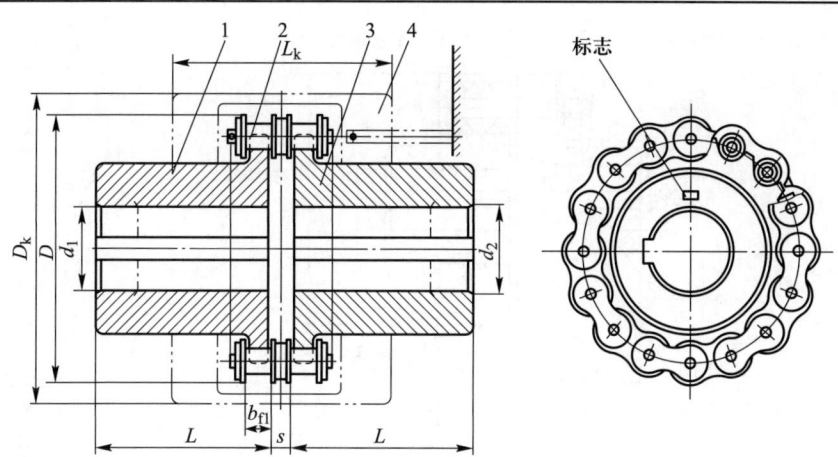

1

标记示例：GL7 联轴器 $\frac{\text{JB45×112}}{\text{JB}_1\text{50×112}}$ GB/T 6069—2017

主动端：J 型轴孔、B 型键槽、$d_1$ = 45 mm、$L$ = 112 mm；

从动端：J 型轴孔、$B_1$ 型键槽、$d_2$ = 50 mm、$L$ = 112 mm

1—半联轴器 Ⅰ；3—半联轴器 Ⅱ；
2—双排滚子链；4—罩壳

| 型号 | 公称转矩 /(N·m) | 许用转速 /(r/min) 不装罩壳 | 许用转速 /(r/min) 装罩壳 | 轴孔直径 $d_1$、$d_2$ /mm | 轴孔长度 Y 型 $L$ /mm | 链条节距 $P$ /mm | 齿数 $z$ | $D$ /mm | $b_{f1}$ /mm | $s$ /mm | $D_k$(最大) /mm | $L_k$(最大) /mm | 质量 /kg | 转动惯量 /(kg·m²) | 许用补偿量 径向 $\Delta Y$ /mm | 许用补偿量 轴向 $\Delta X$ /mm | 许用补偿量 角向 $\Delta\alpha$ |
|---|---|---|---|---|---|---|---|---|---|---|---|---|---|---|---|---|---|
| GL1 | 40 | 1 400 | 4 500 | 16,18,19 | 42 | 9.525 | 14 | 51.06 | 5.3 | 4.9 | 70 | 70 | 0.4 | 0.000 10 | 0.19 | 1.4 | 1° |
| | | | | 20 | 52 | | | | | | | | | | | | |
| GL2 | 63 | 1 250 | 4 500 | 19 | 42 | | 16 | 57.08 | | | 75 | 75 | 0.7 | 0.000 20 | | | |
| | | | | 20,22,24 | 52 | | | | | | | | | | | | |
| GL3 | 100 | 1 000 | 4 000 | 20,22,24 | 52 | 12.7 | 14 | 68.88 | 7.2 | 6.7 | 85 | 80 | 1.1 | 0.000 38 | 0.25 | 1.9 | |
| | | | | 25 | 62 | | | | | | | | | | | | |
| GL4 | 160 | 1 000 | 4 000 | 24 | 52 | | 16 | 76.91 | | | 95 | 88 | 1.8 | 0.000 86 | | | |
| | | | | 25,28 | 62 | | | | | | | | | | | | |
| | | | | 30,32 | 82 | | | | | | | | | | | | |
| GL5 | 250 | 800 | 3 150 | 28 | 62 | 15.875 | 16 | 94.46 | 8.9 | 9.2 | 112 | 100 | 3.2 | 0.002 5 | 0.32 | 2.3 | |
| | | | | 30,32,35,38 | 82 | | | | | | | | | | | | |
| | | | | 40 | 112 | | | | | | | | | | | | |
| GL6 | 400 | 630 | 2 500 | 32,35,38 | 82 | | 20 | 116.57 | | | 140 | 105 | 5.0 | 0.005 8 | | | |
| | | | | 40,42,45,48,50 | 112 | | | | | | | | | | | | |
| GL7 | 630 | 630 | 2 500 | 40,42,45,48 | 112 | 19.05 | 18 | 127.78 | 11.9 | 10.9 | 150 | 122 | 7.4 | 0.012 | 0.38 | 2.8 | |
| | | | | 50,55 | | | | | | | | | | | | | |
| | | | | 60 | 142 | | | | | | | | | | | | |
| GL8 | 1 000 | 500 | 2 240 | 45,48,50,55 | 112 | 25.40 | 16 | 154.33 | 15 | 14.3 | 180 | 135 | 11.1 | 0.025 | 0.50 | 3.8 | |
| | | | | 60,65,70 | 142 | | | | | | | | | | | | |
| GL9 | 1 600 | 400 | 2 000 | 50,55 | 112 | | 20 | 186.50 | | | 215 | 145 | 20 | 0.061 | | | |
| | | | | 60,65,70,75 | 142 | | | | | | | | | | | | |
| | | | | 80 | 172 | | | | | | | | | | | | |
| GL10 | 2 500 | 315 | 1 600 | 60,65,70,75 | 142 | 31.75 | 18 | 213.02 | 18 | 17.8 | 245 | 165 | 26.1 | 0.079 | 0.63 | 4.7 | |
| | | | | 80,85,90 | 172 | | | | | | | | | | | | |

## 表 8-5 弹性套柱销联轴器（GB/T 4323—2017 摘录）

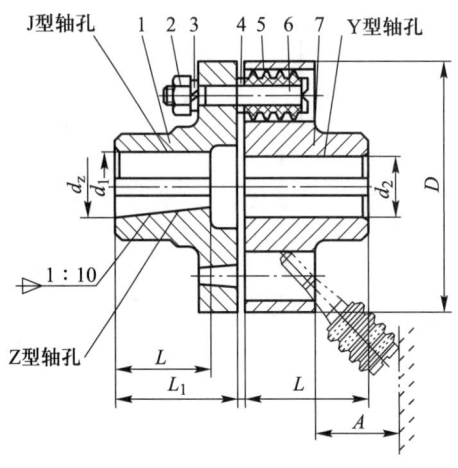

1、7—半联轴器；
2—螺母；
3—垫圈；
4—挡圈；
5—弹性套；
6—圆柱销

标记示例：LT5 联轴器 $\frac{J30\times60}{J35\times60}$ GB/T 4323—2017

主动端：J 型轴孔、A 型键槽、$d=30$ mm、$L=60$ mm；

从动端：J 型轴孔、A 型键槽、$d=35$ mm、$L=60$ mm

<table>
<tr><th rowspan="3">型号</th><th rowspan="3">公称转矩/(N·m)</th><th rowspan="3">许用转速/(r/min)</th><th rowspan="2">轴孔直径 $d_1$、$d_2$、$d_z$</th><th colspan="3">轴孔长度/mm</th><th rowspan="2">D</th><th rowspan="2">A</th><th rowspan="3">质量/kg</th><th rowspan="3">转动惯量/(kg·m²)</th><th colspan="2">许用补偿量</th></tr>
<tr><th>Y 型</th><th colspan="2">J、Z 型</th><th rowspan="2">径向 ΔY/mm</th><th rowspan="2">角向 Δα</th></tr>
<tr><th>/mm</th><th>L</th><th>$L_1$</th><th>L</th><th colspan="2">/mm</th></tr>
<tr><td rowspan="2">LT1</td><td rowspan="2">16</td><td rowspan="2">8 800</td><td>10,11</td><td>22</td><td>25</td><td>22</td><td rowspan="2">71</td><td rowspan="4">18</td><td rowspan="2">0.7</td><td rowspan="2">0.000 4</td><td rowspan="8">0.2</td><td rowspan="10">1°30′</td></tr>
<tr><td>12,14</td><td rowspan="2">27</td><td rowspan="2">32</td><td rowspan="2">27</td></tr>
<tr><td rowspan="2">LT2</td><td rowspan="2">25</td><td rowspan="2">7 600</td><td>12,14</td><td rowspan="2">80</td><td rowspan="2">1.0</td><td rowspan="2">0.001</td></tr>
<tr><td>16,18,19</td><td rowspan="2">30</td><td rowspan="2">42</td><td rowspan="2">30</td></tr>
<tr><td rowspan="2">LT3</td><td rowspan="2">63</td><td rowspan="2">6 300</td><td>16,18,19</td><td rowspan="2">95</td><td rowspan="4">35</td><td rowspan="2">2.2</td><td rowspan="2">0.002</td></tr>
<tr><td>20,22</td><td rowspan="2">38</td><td rowspan="2">52</td><td rowspan="2">38</td></tr>
<tr><td rowspan="2">LT4</td><td rowspan="2">100</td><td rowspan="2">5 700</td><td>20,22,24</td><td rowspan="2">106</td><td rowspan="2">3.2</td><td rowspan="2">0.004</td></tr>
<tr><td>25,28</td><td rowspan="2">44</td><td rowspan="2">62</td><td rowspan="2">44</td></tr>
<tr><td rowspan="2">LT5</td><td rowspan="2">224</td><td rowspan="2">4 600</td><td>25,28</td><td rowspan="2">130</td><td rowspan="5">45</td><td rowspan="2">5.5</td><td rowspan="2">0.011</td><td rowspan="5">0.3</td></tr>
<tr><td>30,32,35</td><td rowspan="2">60</td><td rowspan="2">82</td><td rowspan="2">60</td></tr>
<tr><td rowspan="2">LT6</td><td rowspan="2">355</td><td rowspan="2">3 800</td><td>32,35,38</td><td rowspan="2">160</td><td rowspan="2">9.6</td><td rowspan="2">0.026</td><td rowspan="9">1°</td></tr>
<tr><td>40,42</td><td rowspan="3">84</td><td rowspan="3">112</td><td rowspan="3">84</td></tr>
<tr><td>LT7</td><td>560</td><td>3 600</td><td>40,42,45,48</td><td>190</td><td>15.7</td><td>0.06</td></tr>
<tr><td rowspan="2">LT8</td><td rowspan="2">1 120</td><td rowspan="2">3 000</td><td>40,42,45,48,50,55</td><td rowspan="2">224</td><td rowspan="4">65</td><td rowspan="2">24.0</td><td rowspan="2">0.13</td><td rowspan="6">0.4</td></tr>
<tr><td>60,63,65</td><td>107</td><td>142</td><td>107</td></tr>
<tr><td rowspan="2">LT9</td><td rowspan="2">1 600</td><td rowspan="2">2 850</td><td>50,55</td><td>84</td><td>112</td><td>84</td><td rowspan="2">250</td><td rowspan="2">31.0</td><td rowspan="2">0.20</td></tr>
<tr><td>60,63,65,70</td><td rowspan="2">107</td><td rowspan="2">142</td><td rowspan="2">107</td></tr>
<tr><td rowspan="2">LT10</td><td rowspan="2">3 150</td><td rowspan="2">2 300</td><td>63,65,70,75</td><td rowspan="2">315</td><td rowspan="2">80</td><td rowspan="2">60.2</td><td rowspan="2">0.64</td></tr>
<tr><td>80,85,90,95</td><td rowspan="2">132</td><td rowspan="2">172</td><td rowspan="2">132</td></tr>
<tr><td rowspan="2">LT11</td><td rowspan="2">6 300</td><td rowspan="2">1 800</td><td>80,85,90,95</td><td rowspan="2">400</td><td rowspan="2">100</td><td rowspan="2">114</td><td rowspan="2">2.06</td><td rowspan="4">0.5</td><td rowspan="7">0°30′</td></tr>
<tr><td>100,110</td><td rowspan="2">167</td><td rowspan="2">212</td><td rowspan="2">167</td></tr>
<tr><td rowspan="2">LT12</td><td rowspan="2">12 500</td><td rowspan="2">1 450</td><td>100,110,120,125</td><td rowspan="2">475</td><td rowspan="2">130</td><td rowspan="2">212</td><td rowspan="2">5.00</td></tr>
<tr><td>130</td><td>202</td><td>252</td><td>202</td></tr>
<tr><td rowspan="3">LT13</td><td rowspan="3">22 400</td><td rowspan="3">1 150</td><td>120,125</td><td>167</td><td>212</td><td>167</td><td rowspan="3">600</td><td rowspan="3">180</td><td rowspan="3">416</td><td rowspan="3">16.0</td><td rowspan="3">0.6</td></tr>
<tr><td>130,140,150</td><td>202</td><td>252</td><td>202</td></tr>
<tr><td>160,170</td><td>242</td><td>302</td><td>242</td></tr>
</table>

注：1. 转动惯量和质量是按 Y 型最大轴孔长度、最小轴孔直径计算的数值；

2. 本联轴器具有一定补偿两轴线相对偏移和减振缓冲能力，适用于安装底座刚性好，冲击载荷不大的中、小功率轴系传动，可用于经常正反转、起动频繁的场合，工作温度为−20～+70 ℃。

## 表 8-6 带制动轮弹性套柱销联轴器(GB/T 4323—2017 摘录)

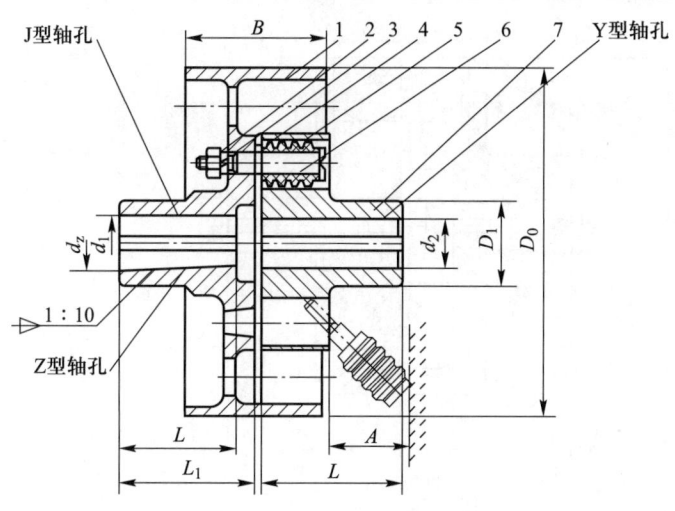

1—制动轮；
2—螺母；
3—弹簧垫圈；
4—挡圈；
5—弹性套；
6—圆柱销；
7—半联轴器

标记示例：LTZ5 联轴器 J65×107 GB/T 4323—2017

主动端：J 型轴孔、A 型键槽、$d=65$ mm、$L=107$ mm；

从动端：J 型轴孔、A 型键槽、$d=65$ mm、$L=107$ mm

| 型号 | 公称转矩 /(N·m) | 许用转速 /(r/min) | 轴孔直径 $d_1$、$d_2$、$d_z$ | 轴孔长度/mm Y 型 | J、Z 型 | | $D_0$ | $D_1$ | $B$ | $A$ | 质量 /kg | 转动惯量 /(kg·m²) | 许用补偿量 径向 $\Delta Y$/mm | 角向 $\Delta\alpha$ |
|---|---|---|---|---|---|---|---|---|---|---|---|---|---|---|
| | | | /mm | $L$ | $L_1$ | $L$ | /mm | | | | | | | |
| LTZ1 | 224 | 3 800 | 25,28 | 44 | 62 | 44 | 200 | 56 | 85 | 45 | 8.3 | 0.05 | 0.3 | 1°30′ |
| | | | 30,32,35 | 60 | 82 | 60 | | | | | | | | |
| LTZ2 | 355 | 3 000 | 32,35,38 | | | | 250 | 71 | 105 | | 15.3 | 0.15 | | 1° |
| | | | 40,42 | 84 | 112 | 84 | | | | | | | | |
| LTZ3 | 560 | 2 400 | 40,42,45,48 | | | | 315 | 80 | 135 | | 30.3 | 0.45 | | |
| LTZ4 | 1 120 | | 45,48,50,55 | | | | | 95 | | 65 | 40.0 | 0.50 | 0.4 | |
| | | | 60,63 | 107 | 142 | 107 | | | | | | | | |
| LTZ5 | 1 600 | | 50,55 | 84 | 112 | 84 | | 110 | | | 47.3 | 1.26 | | |
| | | | 60,63,65,70 | 107 | 142 | 107 | | | | | | | | |
| LTZ6 | 3 150 | 1 900 | 63,65,70,75 | | | | 400 | 150 | 170 | 80 | 93.0 | 1.63 | | |
| | | | 80,85,90,95 | 132 | 172 | 132 | | | | | | | | |
| LTZ7 | 6 300 | 1 500 | 80,85,90,95 | | | | 500 | 190 | 210 | 100 | 172 | 4.04 | 0.5 | 0°30′ |
| | | | 100,110 | 167 | 212 | 167 | | | | | | | | |
| LTZ8 | 12 500 | 1 200 | 100,110,120,125 | | | | 630 | 220 | 265 | 130 | 304 | 15.0 | | |
| | | | 130 | 202 | 252 | 202 | | | | | | | | |
| LTZ9 | 22 400 | 1 000 | 120,125 | 167 | 212 | 167 | 710 | 280 | 300 | 180 | 577 | 33.0 | 0.6 | |
| | | | 130,140,150 | 202 | 252 | 202 | | | | | | | | |
| | | | 160,170 | 242 | 302 | 242 | | | | | | | | |

注：1. 转动惯量和质量是按 Y 型最大轴孔长度、最小轴孔直径计算的数值；

2. 本联轴器具有一定补偿两轴线相对偏移和减振缓冲能力，适用于安装底座刚性好，冲击载荷不大的中、小功率轴系传动，可用于经常正反转、起动频繁的场合，工作温度为 -20 ~ +70 ℃。

表 8-7 弹性柱销联轴器（GB/T 5014—2017）

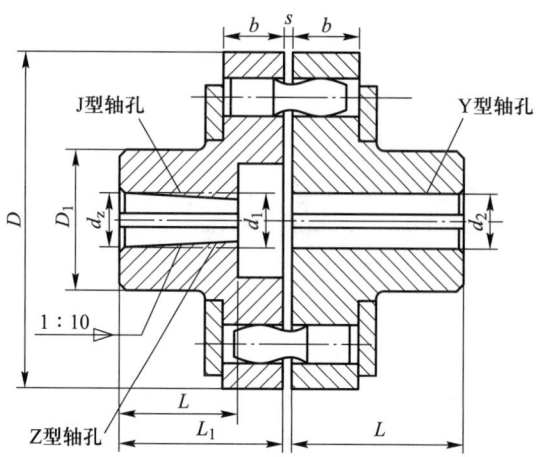

标记示例：LX7 联轴器 $\dfrac{ZC75\times107}{JB70\times107}$ GB/T 5014—2017

主动端：Z 型轴孔、C 型键槽，$d_z=75$ mm，$L=107$ mm；
从动端：J 型轴孔、B 型键槽，$d_2=70$ mm，$L=107$ mm

| 型号 | 公称转矩 /(N·m) | 许用转速 /(r/min) | 轴孔直径 $d_1$、$d_2$、$d_z$ /mm | 轴孔长度/mm Y型 L | 轴孔长度/mm J、$J_1$、Z型 L | 轴孔长度/mm J、$J_1$、Z型 $L_1$ | D /mm | $D_1$ /mm | b /mm | s /mm | 转动惯量 /(kg·m²) | 质量 /kg |
|---|---|---|---|---|---|---|---|---|---|---|---|---|
| LX1 | 250 | 8 500 | 12,14 | 32 | 27 | — | 90 | 40 | 20 | 2.5 | 0.002 | 2 |
| | | | 16,18,19 | 42 | 30 | 42 | | | | | | |
| | | | 20,22,24 | 52 | 38 | 52 | | | | | | |
| LX2 | 560 | 6 300 | 20,22,24 | 52 | 38 | 52 | 120 | 55 | 28 | 2.5 | 0.009 | 5 |
| | | | 25,28 | 62 | 44 | 62 | | | | | | |
| | | | 30,32,35 | 82 | 60 | 82 | | | | | | |
| LX3 | 1 250 | 4 750 | 30,32,35,38 | 82 | 60 | 82 | 160 | 75 | 36 | 2.5 | 0.026 | 8 |
| | | | 40,42,45,48 | 112 | 84 | 112 | | | | | | |
| LX4 | 2 500 | 3 850 | 40,42,45,48,50,55,56 | 112 | 84 | 112 | 195 | 100 | 45 | 3 | 0.109 | 22 |
| | | | 60,63 | 142 | 107 | 142 | | | | | | |
| LX5 | 3 150 | 3 450 | 50,55,56 | 112 | 84 | 112 | 220 | 120 | 45 | 3 | 0.191 | 30 |
| | | | 60,63,65,70,71,75 | 142 | 107 | 142 | | | | | | |
| LX6 | 6 300 | 2 720 | 60,63,65,70,71,75 | 142 | 107 | 142 | 280 | 140 | 56 | 4 | 0.543 | 53 |
| | | | 80,85 | 172 | 132 | 172 | | | | | | |
| LX7 | 11 200 | 2 360 | 70,71,75 | 142 | 107 | 142 | 320 | 170 | 56 | 4 | 1.314 | 98 |
| | | | 80,85,90,95 | 172 | 132 | 172 | | | | | | |
| | | | 100,110 | 212 | 167 | 212 | | | | | | |
| LX8 | 16 000 | 2 120 | 80,85,90,95 | 172 | 132 | 172 | 360 | 200 | 56 | 5 | 2.023 | 119 |
| | | | 100,110,120,125 | 212 | 167 | 212 | | | | | | |
| LX9 | 22 400 | 1 850 | 100,110,120,125 | 212 | 167 | 212 | 410 | 230 | 63 | 5 | 4.386 | 197 |
| | | | 130,140 | 252 | 202 | 252 | | | | | | |
| LX10 | 35 500 | 1 600 | 110,120,125 | 212 | 167 | 212 | 480 | 280 | 75 | 6 | 9.760 | 322 |
| | | | 130,140,150 | 252 | 202 | 252 | | | | | | |
| | | | 160,170,180 | 302 | 242 | 302 | | | | | | |

注：本联轴器适用于连接两同轴线的传动轴系，并具有补偿两轴相对位移和一般减振性能。工作温度 $-20 \sim +70$ ℃。

**表 8-8　梅花形弹性联轴器(GB/T 5272—2017 摘录)**

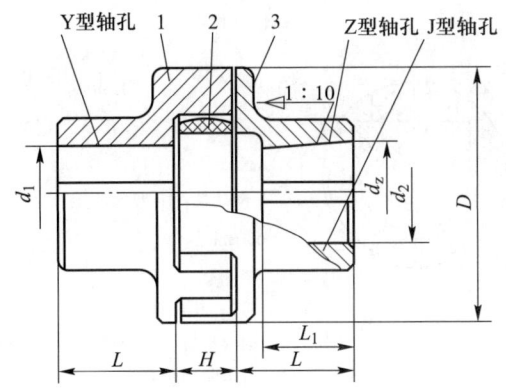

2

标记示例：

LM105 型联轴器 $\dfrac{ZC30\times60}{YB25\times44}$ GB/T 5272—2017

主动端：Z 型轴孔、C 型键槽、轴孔直径 $d_z=30$ mm、轴孔长度 $L=60$ mm；

从动端：Y 型轴孔、B 型键槽、轴孔直径 $d_1=25$ mm、轴孔长度 $L=44$ mm；

1、3—半联轴器；

2—梅花形弹性体

| 型号 | 公称转矩 $T_n$ /(N·m) | 最大转矩 $T_{max}$ /(N·m) | 许用转速 [$n$] /(r/min) | 轴孔直径 $d_1$、$d_2$、$d_z$ /mm | 轴孔长度 $L$ /mm Y 型 $L$ | Z、J 型 $L_1$ | Z、J 型 $L$ | $D_1$ /mm | $D_2$ /mm | $H$ /mm | 质量 /kg | 转动惯量 /(kg·m²) | 许用补偿量 径向 $\Delta Y$ /mm | 轴向 $\Delta X$ /mm | 角向 $\Delta\alpha$ |
|---|---|---|---|---|---|---|---|---|---|---|---|---|---|---|---|
| LM50 | 28 | 50 | 15 000 | 10,11 | 22 | – | – | 50 | 42 | 16 | 1.00 | 0.000 2 | 0.5 | 1.2 | 2° |
| | | | | 12,14 | 27 | – | – | | | | | | | | |
| | | | | 16,18,19 | 30 | – | – | | | | | | | | |
| | | | | 20,22,24 | 38 | – | – | | | | | | | | |
| LM70 | 112 | 200 | 11 000 | 16,18,19 | 30 | – | – | 70 | 55 | 23 | 2.50 | 0.001 1 | 0.8 | 1.5 | |
| | | | | 20,22,24 | 38 | – | – | | | | | | | | |
| | | | | 25,28 | 44 | – | – | | | | | | | | |
| | | | | 30,32,35,38 | 60 | – | – | | | | | | | | |
| LM85 | 160 | 288 | 9 000 | 20,22,24 | 38 | – | – | 85 | 60 | 24 | 3.42 | 0.002 2 | | 2 | |
| | | | | 25,28 | 44 | – | – | | | | | | | | |
| | | | | 30,32,35,38 | 60 | – | – | | | | | | | | |
| LM105 | 355 | 640 | 7 250 | 20,22,24 | 38 | – | – | 105 | 65 | 27 | 5.15 | 0.005 1 | | 2.5 | |
| | | | | 25,28 | 44 | – | – | | | | | | | | |
| | | | | 30,32,35,38 | 60 | – | – | | | | | | | | |
| | | | | 40,42 | 84 | – | – | | | | | | | | |
| LM125 | 450 | 810 | 6 000 | 25,28 | 44 | 62 | 44 | 125 | 85 | 33 | 10.1 | 0.014 | 1.0 | 3.0 | 1.5° |
| | | | | 30,32,35,38 | 60 | 82 | 60 | | | | | | | | |
| | | | | 40,42,45,48,50,55 | 84 | – | – | | | | | | | | |
| LM145 | 710 | 1 280 | 5 250 | 30,32,35,38 | 60 | 82 | 60 | 145 | 95 | 39 | 13.1 | 0.025 | | | |
| | | | | 40,42,45,48,50,55 | 84 | 112 | 84 | | | | | | | | |
| LM170 | 1 250 | 2 250 | 4 500 | 40,42,45,48,50,55 | 84 | 112 | 84 | 170 | 120 | 41 | 21.2 | 0.055 | | 3.5 | |
| | | | | 60,63,65,70,75 | 107 | – | – | | | | | | | | |
| LM200 | 2 000 | 3 600 | 3 750 | 40,42,45,48,50,55 | 84 | 112 | 84 | 200 | 135 | 48 | 33.0 | 0.119 | 1.5 | 4.0 | |
| | | | | 60,63,65,70,75 | 107 | 142 | 107 | | | | | | | | |
| LM230 | 3 150 | 5 670 | 3 250 | 40,42,45,48,50,55 | 84 | 112 | 84 | 230 | 150 | 50 | 45.5 | 0.217 | | 4.5 | 1° |
| | | | | 60,63,65,70,75 | 107 | 142 | 107 | | | | | | | | |
| | | | | 80,85,90,95 | 132 | – | – | | | | | | | | |

注：1. 无 J 型、Z 型轴孔形式；

2. 转动惯量和质量是按 Y 型最大轴孔长度、最小轴孔直径计算的数值；

3. 本联轴器补偿两轴的位移量较大，有一定弹性和缓冲性，常用于中、小功率，中高速，起动频繁，正反转变化和要求工作可靠的部位，由于安装时需轴向移动两半联轴器，不适宜用于大型、重型设备上，工作温度为-35～+80 ℃。

**表 8-9　滑块联轴器(JB/ZQ 4384—2006 摘录)**

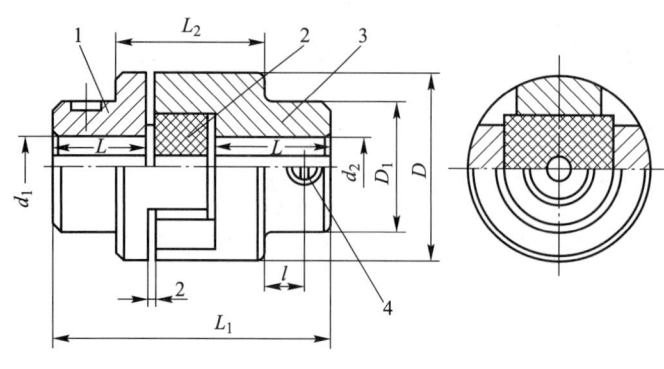

标记示例：

WH6 联轴器 $\frac{35\times82}{J_1 38\times60}$，JB/ZQ 4384—2006

主动端：Y 型轴孔、A 型键槽、$d_1=35$ mm、$L=$ 82 mm；

从动端：$J_1$ 型轴孔、A 型键槽、$d_2=38$ mm、$L=60$ mm

1、3—半联轴器；
2—滑块；
4—紧定螺钉

| 型　号 | 公称转矩 /(N·m) | 许用转速 /(r/min) | 轴孔直径 $d_1,d_2$ | 轴孔长度 $L$ Y 型 | 轴孔长度 $L$ $J_1$ 型 | $D$ | $D_1$ | $L_2$ | $l$ | 质量 /kg | 转动惯量 /(kg·m²) |
|---|---|---|---|---|---|---|---|---|---|---|---|
| | | | /mm | | | | | | | | |
| WH1 | 16 | 10 000 | 10,11 | 25 | 22 | 40 | 30 | 52 | 5 | 0.6 | 0.000 7 |
| | | | 12,14 | 32 | 27 | | | | | | |
| WH2 | 31.5 | 8 200 | 12,14 | | | 50 | 32 | 56 | 5 | 1.5 | 0.003 8 |
| | | | 16,(17),18 | 42 | 30 | | | | | | |
| WH3 | 63 | 7 000 | (17),18,19 | | | 70 | 40 | 60 | 5 | 1.8 | 0.006 3 |
| | | | 20,22 | 52 | 38 | | | | | | |
| WH4 | 160 | 5 700 | 20,22,24 | | | 80 | 50 | 64 | 8 | 2.5 | 0.013 |
| | | | 25,28 | 62 | 44 | | | | | | |
| WH5 | 280 | 4 700 | 25,28 | | | 100 | 70 | 75 | 10 | 5.8 | 0.045 |
| | | | 30,32,35 | 82 | 60 | | | | | | |
| WH6 | 500 | 3 800 | 30,32,35,38 | | | 120 | 80 | 90 | 15 | 9.5 | 0.12 |
| | | | 40,42,45 | 112 | 84 | | | | | | |
| WH7 | 900 | 3 200 | 40,42,45,48 | | | 150 | 100 | 120 | 25 | 25 | 0.43 |
| | | | 50,55 | | | | | | | | |
| WH8 | 1 800 | 2 400 | 50,55 | | | 190 | 120 | 150 | 25 | 55 | 1.98 |
| | | | 60,63,65,70 | 142 | 107 | | | | | | |
| WH9 | 3 550 | 1 800 | 65,70,75 | | | 250 | 150 | 180 | 25 | 85 | 4.9 |
| | | | 80,85 | 172 | 132 | | | | | | |
| WH10 | 5 000 | 1 500 | 80,85,90,95 | | | 330 | 190 | 180 | 40 | 120 | 7.5 |
| | | | 100 | 212 | 167 | | | | | | |

注：1. 装配时两轴的许用补偿量：轴向 $\Delta X=1\sim2$ mm，径向 $\Delta Y\leqslant0.2$ mm，角向 $\Delta\alpha\leqslant0°40'$；

2. 括号内的数值尽量不用；

3. 本联轴器具有一定补偿两轴相对偏移量、减振和缓冲性能，适用于中、小功率，转速较高，转矩较小的轴系传动，如控制器、油泵装置等，工作温度为 $-20\sim+70$ ℃。

## 三、离合器

**表 8-10　简易传动用矩形牙嵌式离合器**　　mm

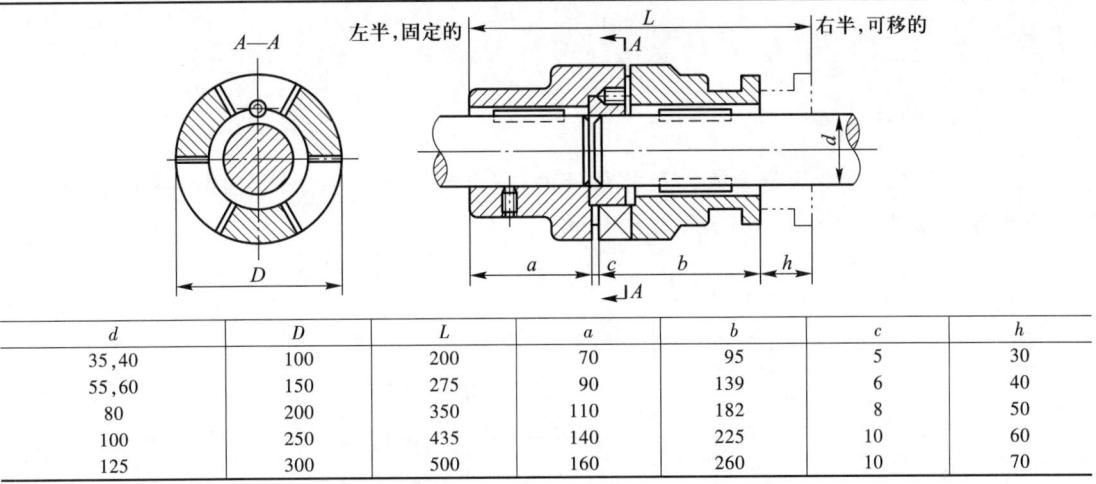

| d | D | L | a | b | c | h |
|---|---|---|---|---|---|---|
| 35,40 | 100 | 200 | 70 | 95 | 5 | 30 |
| 55,60 | 150 | 275 | 90 | 139 | 6 | 40 |
| 80 | 200 | 350 | 110 | 182 | 8 | 50 |
| 100 | 250 | 435 | 140 | 225 | 10 | 60 |
| 125 | 300 | 500 | 160 | 260 | 10 | 70 |

注：1. 中间对中环与左半部主动轴固结，为主、从动轴对中用；
2. 齿数选择取决于所传递转矩大小，一般 $z$ 取 3 或 4。

**表 8-11　矩形、梯形牙嵌式离合器**　　mm

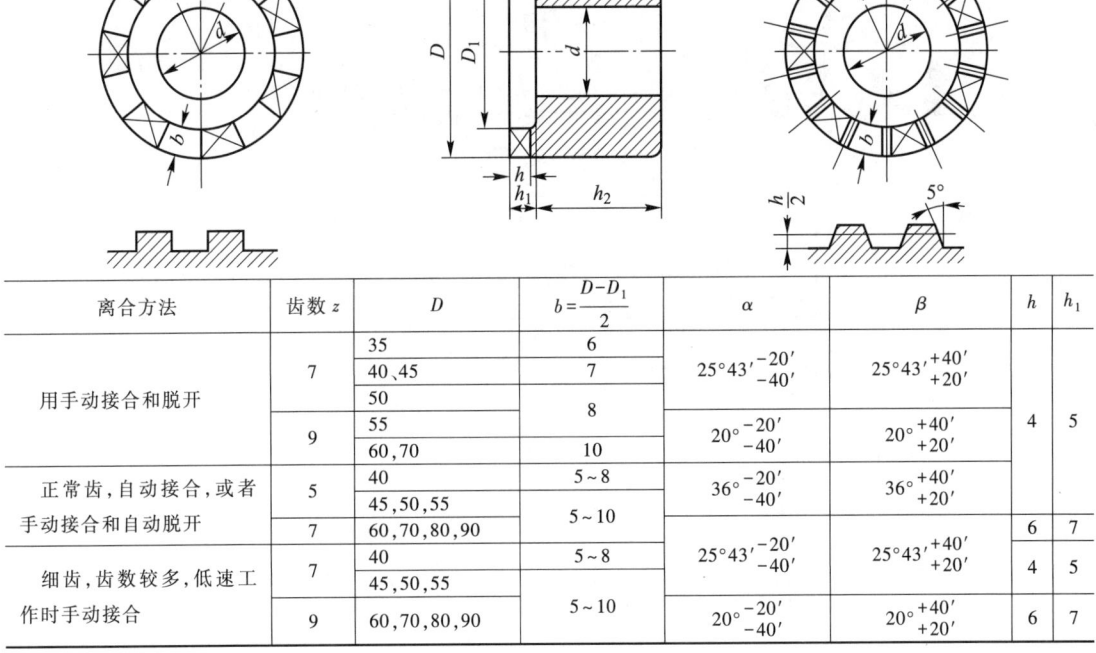

5°

<table>
<tr><th>离合方法</th><th>齿数 z</th><th>D</th><th>$b=\frac{D-D_1}{2}$</th><th>α</th><th>β</th><th>h</th><th>$h_1$</th></tr>
<tr><td rowspan="5">用手动接合和脱开</td><td rowspan="3">7</td><td>35</td><td>6</td><td rowspan="3">$25°43'^{-20'}_{-40'}$</td><td rowspan="3">$25°43'^{+40'}_{+20'}$</td><td rowspan="7">4</td><td rowspan="7">5</td></tr>
<tr><td>40、45</td><td>7</td></tr>
<tr><td>50</td><td rowspan="2">8</td></tr>
<tr><td rowspan="2">9</td><td>55</td><td rowspan="2">$20°^{-20'}_{-40'}$</td><td rowspan="2">$20°^{+40'}_{+20'}$</td></tr>
<tr><td>60,70</td><td>10</td></tr>
<tr><td rowspan="3">正常齿，自动接合，或者手动接合和自动脱开</td><td rowspan="2">5</td><td>40</td><td>5~8</td><td rowspan="2">$36°^{-20'}_{-40'}$</td><td rowspan="2">$36°^{+40'}_{+20'}$</td></tr>
<tr><td>45,50,55</td><td rowspan="2">5~10</td></tr>
<tr><td>7</td><td>60,70,80,90</td><td rowspan="3">$25°43'^{-20'}_{-40'}$</td><td rowspan="3">$25°43'^{+40'}_{+20'}$</td><td>6</td><td>7</td></tr>
<tr><td rowspan="3">细齿，齿数较多，低速工作时手动接合</td><td rowspan="2">7</td><td>40</td><td>5~8</td><td rowspan="2">4</td><td rowspan="2">5</td></tr>
<tr><td>45,50,55</td><td rowspan="2">5~10</td></tr>
<tr><td>9</td><td>60,70,80,90</td><td>$20°^{-20'}_{-40'}$</td><td>$20°^{+40'}_{+20'}$</td><td>6</td><td>7</td></tr>
</table>

注：1. 尺寸 $d$ 和 $h_2$ 从结构方面来确定，通常 $h_2=(1.5\sim2)d$；
2. 自动接合或脱开时常采用梯形齿的离合器。

# 第九章 线性尺寸公差、几何公差和表面粗糙度

## 一、线性尺寸公差

GB/T 1800.1—2020 规定了线性尺寸公差的代号体系,其适用于圆柱面和两相对平行面。尺寸公差与配合部分术语及相应关系见图 9-1。

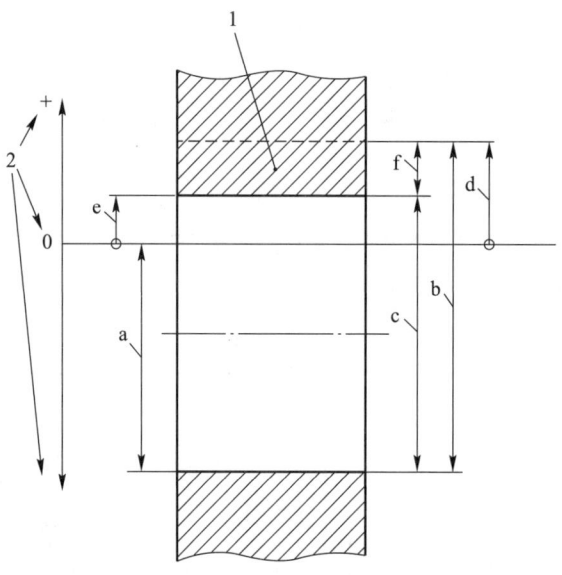

1—公差带;2—偏差符号约定;a—公称尺寸;b—上极限尺寸;
c—下极限尺寸;d—上极限偏差;e—下极限偏差;f—公差

(a) 尺寸及偏差定义(以孔为例)

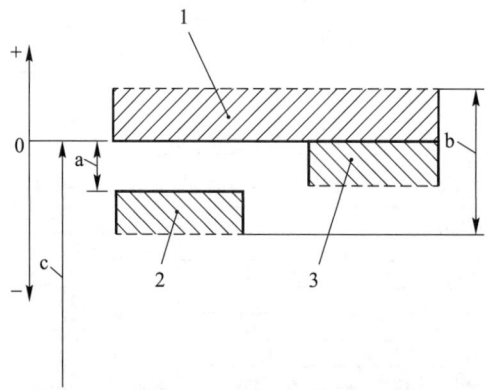

1—孔公差带;2—轴公差带(最小间隙大于零);3—轴公差带(最小间隙等于零);
a—最小间隙;b—最大间隙;c—公称尺寸(=孔的下极限尺寸)

(b) 间隙配合定义

图 9-1 尺寸公差与配合部分术语及相应关系

GB/T 1800.2—2020 规定了孔、轴常用公差带代号的极限偏差数值。

基本偏差是确定公差带相对公称尺寸位置的那个极限偏差,它是最接近公称尺寸的极限偏差,它可以是上极限偏差或下极限偏差。基本偏差用字母表示(图 9-2):对于孔,用大写字母(A,…,ZC)表示,对于轴,用小写字母(a,…,zc)表示。其中,基本偏差 H 代表基准孔,h 代表基准轴。极限偏差即相对于公称尺寸的上极限偏差和下极限偏差。孔的上、下极限偏差代号分别用大写字母"$ES$""$EI$"表示,轴的上、下极限偏差代号分别用小写字母"$es$""$ei$"表示。

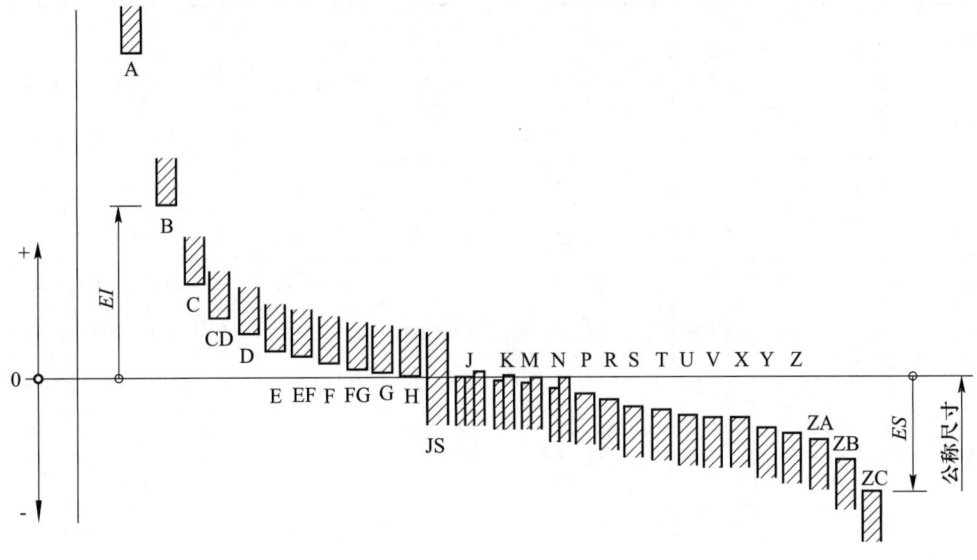

(a) 孔(内尺寸要素)

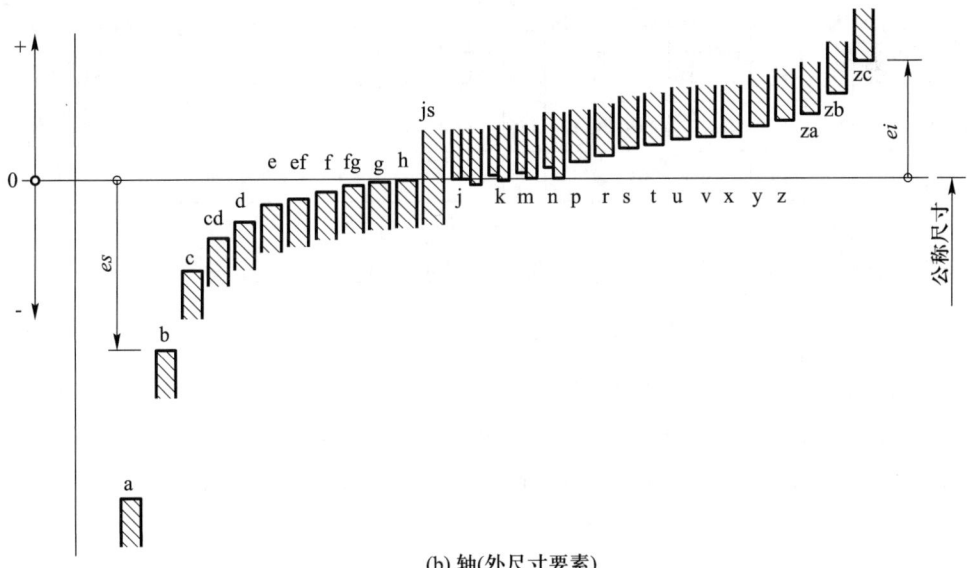

(b) 轴(外尺寸要素)

图 9-2 基本偏差系列示意图

标准公差等级代号用符号IT和数字组成,例如IT7。当其与代表基本偏差的字母一起组成公差带时,省略IT字母,即公差带用基本偏差的字母和公差等级数字表示。例如,H7表示孔公差带;h7表示轴公差带。标准公差等级分IT01、IT0、IT1至IT18共20级。标注公差的尺寸用公称尺寸后跟所要求的公差带或(和)对应的偏差值表示,例如 $\phi 32H7$、$\phi 100g6$、$\phi 100^{-0.012}_{-0.034}$、$\phi 100g6(^{-0.012}_{-0.034})$。公称尺寸至800 mm的各级的标准公差数值见表9-1。

表9-1 公称尺寸至800 mm的标准公差数值(GB/T 1800.1—2020摘录)　　μm

| 公称尺寸 /mm | 标准公差等级 | | | | | | | | | | | | | | | | | |
|---|---|---|---|---|---|---|---|---|---|---|---|---|---|---|---|---|---|---|
| | IT1 | IT2 | IT3 | IT4 | IT5 | IT6 | IT7 | IT8 | IT9 | IT10 | IT11 | IT12 | IT13 | IT14 | IT15 | IT16 | IT17 | IT18 |
| ≤3 | 0.8 | 1.2 | 2 | 3 | 4 | 6 | 10 | 14 | 25 | 40 | 60 | 100 | 140 | 250 | 400 | 600 | 1 000 | 1 400 |
| >3~6 | 1 | 1.5 | 2.5 | 4 | 5 | 8 | 12 | 18 | 30 | 48 | 75 | 120 | 180 | 300 | 480 | 750 | 1 200 | 1 800 |
| >6~10 | 1 | 1.5 | 2.5 | 4 | 6 | 9 | 15 | 22 | 36 | 58 | 90 | 150 | 220 | 360 | 580 | 900 | 1 500 | 2 200 |
| >10~18 | 1.2 | 2 | 3 | 5 | 8 | 11 | 18 | 27 | 43 | 70 | 110 | 180 | 270 | 430 | 700 | 1 100 | 1 800 | 2 700 |
| >18~30 | 1.5 | 2.5 | 4 | 6 | 9 | 13 | 21 | 33 | 52 | 84 | 130 | 210 | 330 | 520 | 840 | 1 300 | 2 100 | 3 300 |
| >30~50 | 1.5 | 2.5 | 4 | 7 | 11 | 16 | 25 | 39 | 62 | 100 | 160 | 250 | 390 | 620 | 1 000 | 1 600 | 2 500 | 3 900 |
| >50~80 | 2 | 3 | 5 | 8 | 13 | 19 | 30 | 46 | 74 | 120 | 190 | 300 | 460 | 740 | 1 200 | 1 900 | 3 000 | 4 600 |
| >80~120 | 2.5 | 4 | 6 | 10 | 15 | 22 | 35 | 54 | 87 | 140 | 220 | 350 | 540 | 870 | 1 400 | 2 200 | 3 500 | 5 400 |
| >120~180 | 3.5 | 5 | 8 | 12 | 18 | 25 | 40 | 63 | 100 | 160 | 250 | 400 | 630 | 1 000 | 1 600 | 2 500 | 4 000 | 6 300 |
| >180~250 | 4.5 | 7 | 10 | 14 | 20 | 29 | 46 | 72 | 115 | 185 | 290 | 460 | 720 | 1 150 | 1 850 | 2 900 | 4 600 | 7 200 |
| >250~315 | 6 | 8 | 12 | 16 | 23 | 32 | 52 | 81 | 130 | 210 | 320 | 520 | 810 | 1 300 | 2 100 | 3 200 | 5 200 | 8 100 |
| >315~400 | 7 | 9 | 13 | 18 | 25 | 36 | 57 | 89 | 140 | 230 | 360 | 570 | 890 | 1 400 | 2 300 | 3 600 | 5 700 | 8 900 |
| >400~500 | 8 | 10 | 15 | 20 | 27 | 40 | 63 | 97 | 155 | 250 | 400 | 630 | 970 | 1 550 | 2 500 | 4 000 | 6 300 | 9 700 |
| >500~630 | 9 | 11 | 16 | 22 | 32 | 44 | 70 | 110 | 175 | 280 | 440 | 700 | 1 100 | 1 750 | 2 800 | 4 400 | 7 000 | 11 000 |
| >630~800 | 10 | 13 | 18 | 25 | 36 | 50 | 80 | 125 | 200 | 320 | 500 | 800 | 1 250 | 2 000 | 3 200 | 5 000 | 8 000 | 12 500 |

配合用相同的公称尺寸后跟孔、轴公差带表示。孔、轴公差带写成分数形式,分子为孔公差带,分母为轴公差带。例如 $\phi 52H7/g6$ 或 $\phi 52\frac{H7}{g6}$。

配合分基孔制配合和基轴制配合。在一般情况下,优先选用基孔制配合。如有特殊需要,允许将任一孔、轴公差带组合成配合。配合有间隙配合、过渡配合和过盈配合。属于哪一种配合取决于孔、轴公差带的相互关系。基孔制(基轴制)配合中,基本偏差a~h(A~H)用于间隙配合;基本偏差j~zc(J~ZC)用于过渡配合和过盈配合。各种偏差的应用及具体数值见表9-2~表9-7。

表 9-2 轴的各种基本偏差的应用

| 配合种类 | 基本偏差 | 配合特性及应用 |
|---|---|---|
| 间隙配合 | a、b | 可得到特别大的间隙,很少应用 |
| | c | 可得到很大的间隙,一般适用于缓慢、较松的动配合。用于工作条件较差(如农业机械)、受力变形大,或为了便于装配而必须保证有较大的间隙时。推荐配合为 H11/c11,其较高级的配合,如 H8/c7 适用于轴在高温工作的紧密动配合,例如内燃机排气阀和导管 |
| | d | 一般用于 IT7~IT11,适用于松的转动配合,如密封盖、滑轮、空转带轮等与轴的配合,也适用于大直径滑动轴承配合,如透平机、球磨机、轧辊成形和重型弯曲机及其他重型机械中的一些滑动支承 |
| | e | 多用于 IT7~IT9,通常适用于要求有明显间隙,易于转动的支承配合,如大跨距、多支点支承等。高等级的轴适用于大型、高速、重载支承配合,如涡轮发电机、大型电动机、内燃机、凸轮轴及摇臂支承等 |
| | f | 多用于 IT6~IT8 的一般转动配合。当温度影响不大时,广泛用于普通润滑油(或润滑脂)润滑的支承,如齿轮箱、小电动机、泵等的转轴与滑动支承的配合 |
| | g | 配合间隙很小,制造成本高,除很轻负荷的精密装置外,不推荐用于转动配合。多用于 IT5~IT7,最适合不回转的精密滑动配合,也用于插销等定位配合,如精密连杆轴承、活塞、滑阀及连杆销等 |
| | h | 多用于 IT4~IT11。广泛用于无相对转动的零件,作为一般的定位配合。若没有温度、变形影响,也用于精密滑动配合 |
| 过渡配合 | js | 为完全对称偏差(±IT/2),平均为稍有间隙的配合,多用于 IT4~IT7,要求间隙比 h 轴小,并允许略有过盈的定位配合,如联轴器,可用手或木锤装配 |
| | k | 平均为没有间隙的配合,适用于 IT4~IT7。推荐用于稍有过盈的定位配合,例如为了消除振动用的定位配合,一般用木锤装配 |
| | m | 平均为具有小过盈的过渡配合,适用于 IT4~IT7,一般用木锤装配,但在最大过盈时,要求具有相当的压入力 |
| | n | 平均过盈比 m 轴稍大,很少得到间隙,适用 IT4~IT7,用锤或压力机装配,通常推荐用于紧密的组件配合。H6/n5 配合为过盈配合 |
| 过盈配合 | p | 与 H6 孔或 H7 孔配合时是过盈配合,与 H8 孔配合时为过渡配合。对非铁类零件,为较轻的压入配合,易于拆卸;对钢、铸铁或铜、钢组件装配是标准压入配合 |
| | r | 对铁类零件为中等压入配合;对非铁类零件,为轻压入配合,可拆卸。与 H8 孔配合,直径在 100 mm 以上时为过盈配合,直径小时为过渡配合 |
| | s | 用于钢和铁制零件的永久性和半永久性装配,可产生相当大的结合力。当用弹性材料,如轻合金时,配合性质与铁类零件的 p 轴相当,例如用于套环与轴、阀座与机体等配合。尺寸较大时,为了避免损伤配合表面,须用热胀或冷缩法装配 |
| | t、u、v、x、y、z | 过盈量依次增大,一般不推荐采用 |

表 9-3 公差等级与加工方法的关系

| 加工方法 | 公差等级(IT) | | | | | | | | | | | | | | | | |
|---|---|---|---|---|---|---|---|---|---|---|---|---|---|---|---|---|---|
| | 01 | 0 | 1 | 2 | 3 | 4 | 5 | 6 | 7 | 8 | 9 | 10 | 11 | 12 | 13 | 14 | 15 | 16 |
| 研磨 | | | | | | | | | | | | | | | | | |
| 珩 | | | | | | | | | | | | | | | | | |
| 圆磨、平磨 | | | | | | | | | | | | | | | | | |
| 金刚石车、金刚石镗 | | | | | | | | | | | | | | | | | |
| 拉削 | | | | | | | | | | | | | | | | | |
| 铰孔 | | | | | | | | | | | | | | | | | |
| 车、镗 | | | | | | | | | | | | | | | | | |
| 铣 | | | | | | | | | | | | | | | | | |
| 刨、插 | | | | | | | | | | | | | | | | | |
| 钻孔 | | | | | | | | | | | | | | | | | |
| 滚压、挤压 | | | | | | | | | | | | | | | | | |
| 冲压 | | | | | | | | | | | | | | | | | |
| 压铸 | | | | | | | | | | | | | | | | | |
| 粉末冶金成形 | | | | | | | | | | | | | | | | | |
| 粉末冶金烧结 | | | | | | | | | | | | | | | | | |
| 砂型铸造、气割 | | | | | | | | | | | | | | | | | |
| 锻造 | | | | | | | | | | | | | | | | | |

表 9-4 优先配合特性及应用举例

| 基孔制 | 基轴制 | 优先配合特性及应用举例 |
|---|---|---|
| $\dfrac{H11}{c11}$ | $\dfrac{C11}{h11}$ | 间隙非常大,用于很松的、转动很慢的动配合,或要求大公差与大间隙的外露组件,或要求装配方便的很松的配合 |
| $\dfrac{H9}{d9}$ | $\dfrac{D9}{h9}$ | 间隙很大的自由转动配合,用于精度非主要要求时,或有大的温度变动、高转速或大的轴颈压力时 |
| $\dfrac{H8}{f7}$ | $\dfrac{F8}{h7}$ | 间隙不大的转动配合,用于中等转速与中等轴颈压力的精密转动,也用于装配较易的中等定位配合 |
| $\dfrac{H7}{g6}$ | $\dfrac{G7}{h6}$ | 间隙很小的滑动配合,用于不希望自由转动,但可自由移动和滑动并精确定位时,也可用于要求明确的定位配合 |
| $\dfrac{H7}{h6}$ $\dfrac{H8}{h7}$ $\dfrac{H9}{h9}$ $\dfrac{H11}{h11}$ | $\dfrac{H7}{h6}$ $\dfrac{H8}{h7}$ $\dfrac{H9}{h9}$ $\dfrac{H11}{h11}$ | 均为间隙定位配合,零件可自由装拆,而工作时一般相对静止不动。在最大实体条件下的间隙为零,在最小实体条件下的间隙由公差等级决定 |
| $\dfrac{H7}{k6}$ | $\dfrac{K7}{h6}$ | 过渡配合,用于精确定位 |
| $\dfrac{H7}{n6}$ | $\dfrac{N7}{h6}$ | 过渡配合,允许有较大过盈的更精确定位 |
| $\dfrac{H7^*}{p6}$ | $\dfrac{P7}{h6}$ | 过盈定位配合,即小过盈配合,用于定位精度特别重要时,能以最好的定位精度达到部件的刚性及对中性要求,而对内孔承受压力无特殊要求,不依靠配合的紧固性传递摩擦负荷 |
| $\dfrac{H7}{s6}$ | $\dfrac{S7}{h6}$ | 中等压入配合,适用于一般钢件,或用于薄壁件的冷缩配合,用于铸铁件可得到最紧的配合 |
| $\dfrac{H7}{u6}$ | $\dfrac{U7}{h6}$ | 压入配合,适用于可以承受大压入力的零件或不宜承受大压入力的冷缩配合 |

注:*公称尺寸小于或等于 3 mm 为过渡配合。

表 9-5 轴的极限偏差（GB/T 1800.2—2020 摘录） μm

| 公称尺寸/mm | | 公差带 | | | | | | | | | | | | | |
|---|---|---|---|---|---|---|---|---|---|---|---|---|---|---|---|
| | | a | | b | | | c | | | | | d | | | | |
| 大于 | 至 | 10 | 11* | 10 | 11* | 12* | 8 | 9* | 10* | ▲11 | 12 | 7 | 8* | ▲9 | 10* | 11* |
| — | 3 | -270<br>-310 | -270<br>-330 | -140<br>-180 | -140<br>-200 | -140<br>-240 | -60<br>-74 | -60<br>-85 | -60<br>-100 | -60<br>-120 | -60<br>-160 | -20<br>-30 | -20<br>-34 | -20<br>-45 | -20<br>-60 | -20<br>-80 |
| 3 | 6 | -270<br>-318 | -270<br>-345 | -140<br>-188 | -140<br>-215 | -140<br>-260 | -70<br>-88 | -70<br>-100 | -70<br>-118 | -70<br>-145 | -70<br>-190 | -30<br>-42 | -30<br>-48 | -30<br>-60 | -30<br>-78 | -30<br>-105 |
| 6 | 10 | -280<br>-338 | -280<br>-370 | -150<br>-208 | -150<br>-240 | -150<br>-300 | -80<br>-102 | -80<br>-116 | -80<br>-138 | -80<br>-170 | -80<br>-230 | -40<br>-55 | -40<br>-62 | -40<br>-76 | -40<br>-98 | -40<br>-130 |
| 10 | 14 | -290<br>-360 | -290<br>-400 | -150<br>-220 | -150<br>-260 | -150<br>-330 | -95<br>-122 | -95<br>-138 | -95<br>-165 | -95<br>-205 | -95<br>-275 | -50<br>-68 | -50<br>-77 | -50<br>-93 | -50<br>-120 | -50<br>-160 |
| 14 | 18 | | | | | | | | | | | | | | | |
| 18 | 24 | -300<br>-384 | -300<br>-430 | -160<br>-244 | -160<br>-290 | -160<br>-370 | -110<br>-143 | -110<br>-162 | -110<br>-194 | -110<br>-240 | -110<br>-320 | -65<br>-86 | -65<br>-98 | -65<br>-117 | -65<br>-149 | -65<br>-195 |
| 24 | 30 | | | | | | | | | | | | | | | |
| 30 | 40 | -310<br>-410 | -310<br>-470 | -170<br>-270 | -170<br>-330 | -170<br>-420 | -120<br>-159 | -120<br>-182 | -120<br>-220 | -120<br>-280 | -120<br>-370 | -80<br>-105 | -80<br>-119 | -80<br>-142 | -80<br>-180 | -80<br>-240 |
| 40 | 50 | -320<br>-420 | -320<br>-480 | -180<br>-280 | -180<br>-340 | -180<br>-430 | -130<br>-169 | -130<br>-192 | -130<br>-230 | -130<br>-290 | -130<br>-380 | | | | | |
| 50 | 65 | -340<br>-460 | -340<br>-530 | -190<br>-310 | -190<br>-380 | -190<br>-490 | -140<br>-186 | -140<br>-214 | -140<br>-260 | -140<br>-330 | -140<br>-440 | -100<br>-130 | -100<br>-146 | -100<br>-174 | -100<br>-220 | -100<br>-290 |
| 65 | 80 | -360<br>-480 | -360<br>-550 | -200<br>-320 | -200<br>-390 | -200<br>-500 | -150<br>-196 | -150<br>-224 | -150<br>-270 | -150<br>-340 | -150<br>-450 | | | | | |
| 80 | 100 | -380<br>-520 | -380<br>-600 | -220<br>-360 | -220<br>-440 | -220<br>-570 | -170<br>-224 | -170<br>-257 | -170<br>-310 | -170<br>-390 | -170<br>-520 | -120<br>-155 | -120<br>-174 | -120<br>-207 | -120<br>-260 | -120<br>-340 |
| 100 | 120 | -410<br>-550 | -410<br>-630 | -240<br>-380 | -240<br>-460 | -240<br>-590 | -180<br>-234 | -180<br>-267 | -180<br>-320 | -180<br>-400 | -180<br>-530 | | | | | |
| 120 | 140 | -460<br>-620 | -460<br>-710 | -260<br>-420 | -260<br>-510 | -260<br>-660 | -200<br>-263 | -200<br>-300 | -200<br>-360 | -200<br>-450 | -200<br>-600 | -145<br>-185 | -145<br>-208 | -145<br>-245 | -145<br>-305 | -145<br>-395 |
| 140 | 160 | -520<br>-680 | -520<br>-770 | -280<br>-440 | -280<br>-530 | -280<br>-680 | -210<br>-273 | -210<br>-310 | -210<br>-370 | -210<br>-460 | -210<br>-610 | | | | | |
| 160 | 180 | -580<br>-740 | -580<br>-830 | -310<br>-470 | -310<br>-560 | -310<br>-710 | -230<br>-293 | -230<br>-330 | -230<br>-390 | -230<br>-480 | -230<br>-630 | | | | | |
| 180 | 200 | -660<br>-845 | -660<br>-950 | -340<br>-525 | -340<br>-630 | -340<br>-800 | -240<br>-312 | -240<br>-355 | -240<br>-425 | -240<br>-530 | -240<br>-700 | -170<br>-216 | -170<br>-242 | -170<br>-285 | -170<br>-355 | -170<br>-460 |
| 200 | 225 | -740<br>-925 | -740<br>-1 030 | -380<br>-565 | -380<br>-670 | -380<br>-840 | -260<br>-332 | -260<br>-375 | -260<br>-445 | -260<br>-550 | -260<br>-720 | | | | | |
| 225 | 250 | -820<br>-1 005 | -820<br>-1 110 | -420<br>-605 | -420<br>-710 | -420<br>-880 | -280<br>-352 | -280<br>-395 | -280<br>-465 | -280<br>-570 | -280<br>-740 | | | | | |
| 250 | 280 | -920<br>-1 130 | -920<br>-1 240 | -480<br>-690 | -480<br>-800 | -480<br>-1 000 | -300<br>-381 | -300<br>-430 | -300<br>-510 | -300<br>-620 | -300<br>-820 | -190<br>-242 | -190<br>-271 | -190<br>-320 | -190<br>-400 | -190<br>-510 |
| 280 | 315 | -1 050<br>-1 260 | -1 050<br>-1 370 | -540<br>-750 | -540<br>-860 | -540<br>-1 060 | -330<br>-411 | -330<br>-460 | -330<br>-540 | -330<br>-650 | -330<br>-850 | | | | | |
| 315 | 355 | -1 200<br>-1 430 | -1 200<br>-1 560 | -600<br>-830 | -600<br>-960 | -600<br>-1 170 | -360<br>-449 | -360<br>-500 | -360<br>-590 | -360<br>-720 | -360<br>-930 | -210<br>-267 | -210<br>-299 | -210<br>-350 | -210<br>-440 | -210<br>-570 |
| 355 | 400 | -1 350<br>-1 580 | -1 350<br>-1 710 | -680<br>-910 | -680<br>-1 040 | -680<br>-1 250 | -400<br>-489 | -400<br>-540 | -400<br>-630 | -400<br>-760 | -400<br>-970 | | | | | |
| 400 | 450 | -1 500<br>-1 750 | -1 500<br>-1 900 | -760<br>-1 010 | -760<br>-1 160 | -760<br>-1 390 | -440<br>-537 | -440<br>-595 | -440<br>-690 | -440<br>-840 | -440<br>-1 070 | -230<br>-293 | -230<br>-327 | -230<br>-385 | -230<br>-480 | -230<br>-630 |
| 450 | 500 | -1 650<br>-1 900 | -1 650<br>-2 050 | -840<br>-1 090 | -840<br>-1 240 | -840<br>-1 470 | -480<br>-577 | -480<br>-635 | -480<br>-730 | -480<br>-880 | -480<br>-1 110 | | | | | |

续表

| 公称尺寸/mm | | 公差带 | | | | | | | | | | | | | | |
|---|---|---|---|---|---|---|---|---|---|---|---|---|---|---|---|---|
| | | e | | | | f | | | | | g | | | h | | |
| 大于 | 至 | 6 | 7* | 8* | 9* | 5* | 6* | ▲7 | 8* | 9* | 5* | ▲6 | 7* | 4 | 5* | ▲6 |
| — | 3 | -14<br>-20 | -14<br>-24 | -14<br>-28 | -14<br>-39 | -6<br>-10 | -6<br>-12 | -6<br>-16 | -6<br>-20 | -6<br>-31 | -2<br>-6 | -2<br>-8 | -2<br>-12 | 0<br>-3 | 0<br>-4 | 0<br>-6 |
| 3 | 6 | -20<br>-28 | -20<br>-32 | -20<br>-38 | -20<br>-50 | -10<br>-15 | -10<br>-18 | -10<br>-22 | -10<br>-28 | -10<br>-40 | -4<br>-9 | -4<br>-12 | -4<br>-16 | 0<br>-4 | 0<br>-5 | 0<br>-8 |
| 6 | 10 | -25<br>-34 | -25<br>-40 | -25<br>-47 | -25<br>-61 | -13<br>-19 | -13<br>-22 | -13<br>-28 | -13<br>-35 | -13<br>-49 | -5<br>-11 | -5<br>-14 | -5<br>-20 | 0<br>-4 | 0<br>-6 | 0<br>-9 |
| 10<br>14 | 14<br>18 | -32<br>-43 | -32<br>-50 | -32<br>-59 | -32<br>-75 | -16<br>-24 | -16<br>-27 | -16<br>-34 | -16<br>-43 | -16<br>-59 | -6<br>-14 | -6<br>-17 | -6<br>-24 | 0<br>-5 | 0<br>-8 | 0<br>-11 |
| 18<br>24 | 24<br>30 | -40<br>-53 | -40<br>-61 | -40<br>-73 | -40<br>-92 | -20<br>-29 | -20<br>-33 | -20<br>-41 | -20<br>-53 | -20<br>-72 | -7<br>-16 | -7<br>-20 | -7<br>-28 | 0<br>-6 | 0<br>-9 | 0<br>-13 |
| 30<br>40 | 40<br>50 | -50<br>-66 | -50<br>-75 | -50<br>-89 | -50<br>-112 | -25<br>-36 | -25<br>-41 | -25<br>-50 | -25<br>-64 | -25<br>-87 | -9<br>-20 | -9<br>-25 | -9<br>-34 | 0<br>-7 | 0<br>-11 | 0<br>-16 |
| 50<br>65 | 65<br>80 | -60<br>-79 | -60<br>-90 | -60<br>-106 | -60<br>-134 | -30<br>-43 | -30<br>-49 | -30<br>-60 | -30<br>-76 | -30<br>-104 | -10<br>-23 | -10<br>-29 | -10<br>-40 | 0<br>-8 | 0<br>-13 | 0<br>-19 |
| 80<br>100 | 100<br>120 | -72<br>-94 | -72<br>-107 | -72<br>-126 | -72<br>-159 | -36<br>-51 | -36<br>-58 | -36<br>-71 | -36<br>-90 | -36<br>-123 | -12<br>-27 | -12<br>-34 | -12<br>-47 | 0<br>-10 | 0<br>-15 | 0<br>-22 |
| 120<br>140<br>160 | 140<br>160<br>180 | -85<br>-110 | -85<br>-125 | -85<br>-148 | -85<br>-185 | -43<br>-61 | -43<br>-68 | -43<br>-83 | -43<br>-106 | -43<br>-143 | -14<br>-32 | -14<br>-39 | -14<br>-54 | 0<br>-12 | 0<br>-18 | 0<br>-25 |
| 180<br>200<br>225 | 200<br>225<br>250 | -100<br>-129 | -100<br>-146 | -100<br>-172 | -100<br>-215 | -50<br>-70 | -50<br>-79 | -50<br>-96 | -50<br>-122 | -50<br>-165 | -15<br>-35 | -15<br>-44 | -15<br>-61 | 0<br>-14 | 0<br>-20 | 0<br>-29 |
| 250<br>280 | 280<br>315 | -110<br>-142 | -110<br>-162 | -110<br>-191 | -110<br>-240 | -56<br>-79 | -56<br>-88 | -56<br>-108 | -56<br>-137 | -56<br>-185 | -17<br>-40 | -17<br>-49 | -17<br>-69 | 0<br>-16 | 0<br>-23 | 0<br>-32 |
| 315<br>355 | 355<br>400 | -125<br>-161 | -125<br>-182 | -125<br>-214 | -125<br>-265 | -62<br>-87 | -62<br>-98 | -62<br>-119 | -62<br>-151 | -62<br>-202 | -18<br>-43 | -18<br>-54 | -18<br>-75 | 0<br>-18 | 0<br>-25 | 0<br>-36 |
| 400<br>450 | 450<br>500 | -135<br>-175 | -135<br>-198 | -135<br>-232 | -135<br>-290 | -68<br>-95 | -68<br>-108 | -68<br>-131 | -68<br>-165 | -68<br>-223 | -20<br>-47 | -20<br>-60 | -20<br>-83 | 0<br>-20 | 0<br>-27 | 0<br>-40 |

续表

| 公称尺寸/mm | | 公差带 | | | | | | | | | | | | | | |
|---|---|---|---|---|---|---|---|---|---|---|---|---|---|---|---|---|
| | | h | | | | | | | j | | | js | | | | |
| 大于 | 至 | ▲7 | 8* | ▲9 | 10* | ▲11 | 12* | 13 | 5 | 6 | 7 | 5* | 6* | 7* | 8 | 9 |
| — | 3 | 0<br>−10 | 0<br>−14 | 0<br>−25 | 0<br>−40 | 0<br>−60 | 0<br>−100 | 0<br>−140 | ±2 | +4<br>−2 | +6<br>−4 | ±2 | ±3 | ±5 | ±7 | ±12 |
| 3 | 6 | 0<br>−12 | 0<br>−18 | 0<br>−30 | 0<br>−48 | 0<br>−75 | 0<br>−120 | 0<br>−180 | +3<br>−2 | +6<br>−2 | +8<br>−4 | ±2.5 | ±4 | ±6 | ±9 | ±15 |
| 6 | 10 | 0<br>−15 | 0<br>−22 | 0<br>−36 | 0<br>−58 | 0<br>−90 | 0<br>−150 | 0<br>−220 | +4<br>−2 | +7<br>−2 | +10<br>−5 | ±3 | ±4.5 | ±7 | ±11 | ±18 |
| 10<br>14 | 14<br>18 | 0<br>−18 | 0<br>−27 | 0<br>−43 | 0<br>−70 | 0<br>−110 | 0<br>−180 | 0<br>−270 | +5<br>−3 | +8<br>−3 | +12<br>−6 | ±4 | ±5.5 | ±9 | ±13 | ±21 |
| 18<br>24 | 24<br>30 | 0<br>−21 | 0<br>−33 | 0<br>−52 | 0<br>−84 | 0<br>−130 | 0<br>−210 | 0<br>−330 | +5<br>−4 | +9<br>−4 | +13<br>−8 | ±4.5 | ±6.5 | ±10 | ±16 | ±26 |
| 30<br>40 | 40<br>50 | 0<br>−25 | 0<br>−39 | 0<br>−62 | 0<br>−100 | 0<br>−160 | 0<br>−250 | 0<br>−390 | +6<br>−5 | +11<br>−5 | +15<br>−10 | ±5.5 | ±8 | ±12 | ±19 | ±31 |
| 50<br>65 | 65<br>80 | 0<br>−30 | 0<br>−46 | 0<br>−74 | 0<br>−120 | 0<br>−190 | 0<br>−300 | 0<br>−460 | +6<br>−7 | +12<br>−7 | +18<br>−12 | ±6.5 | ±9.5 | ±15 | ±23 | ±37 |
| 80<br>100 | 100<br>120 | 0<br>−35 | 0<br>−54 | 0<br>−87 | 0<br>−140 | 0<br>−220 | 0<br>−350 | 0<br>−540 | +6<br>−9 | +13<br>−9 | +20<br>−15 | ±7.5 | ±11 | ±17 | ±27 | ±43 |
| 120<br>140<br>160 | 140<br>160<br>180 | 0<br>−40 | 0<br>−63 | 0<br>−100 | 0<br>−160 | 0<br>−250 | 0<br>−400 | 0<br>−630 | +7<br>−11 | +14<br>−11 | +22<br>−18 | ±9 | ±12.5 | ±20 | ±31 | ±50 |
| 180<br>200<br>225 | 200<br>225<br>250 | 0<br>−46 | 0<br>−72 | 0<br>−115 | 0<br>−185 | 0<br>−290 | 0<br>−460 | 0<br>−720 | +7<br>−13 | +16<br>−13 | +25<br>−21 | ±10 | ±14.5 | ±23 | ±36 | ±57 |
| 250<br>280 | 280<br>315 | 0<br>−52 | 0<br>−81 | 0<br>−130 | 0<br>−210 | 0<br>−320 | 0<br>−520 | 0<br>−810 | +7<br>−16 | ±16 | ±26 | ±11.5 | ±16 | ±26 | ±40 | ±65 |
| 315<br>355 | 355<br>400 | 0<br>−57 | 0<br>−89 | 0<br>−140 | 0<br>−230 | 0<br>−360 | 0<br>−570 | 0<br>−890 | +7<br>−18 | ±18 | +29<br>−28 | ±12.5 | ±18 | ±28 | ±44 | ±70 |
| 400<br>450 | 450<br>500 | 0<br>−63 | 0<br>−97 | 0<br>−155 | 0<br>−250 | 0<br>−400 | 0<br>−630 | 0<br>−970 | +7<br>−20 | ±20 | +31<br>−32 | ±13.5 | ±20 | ±31 | ±48 | ±77 |

续表

| 公称尺寸 /mm | | 公　差　带 | | | | | | | | | | | | |
|---|---|---|---|---|---|---|---|---|---|---|---|---|---|---|
| | | js | k | | | m | | | n | | | p | | r |
| 大于 | 至 | 10 | 5* | ▲6 | 7* | 5* | 6* | 7* | 5* | ▲6 | 7* | 5* | ▲6 | 7* | 5* | 6* |
| — | 3 | ±20 | +4<br>0 | +6<br>0 | +10<br>0 | +6<br>+2 | +8<br>+2 | +12<br>+2 | +8<br>+4 | +10<br>+4 | +14<br>+4 | +10<br>+6 | +12<br>+6 | +16<br>+6 | +14<br>+10 | +16<br>+10 |
| 3 | 6 | ±24 | +6<br>+1 | +9<br>+1 | +13<br>+1 | +9<br>+4 | +12<br>+4 | +16<br>+4 | +13<br>+8 | +16<br>+8 | +20<br>+8 | +17<br>+12 | +20<br>+12 | +24<br>+12 | +20<br>+15 | +23<br>+15 |
| 6 | 10 | ±29 | +7<br>+1 | +10<br>+1 | +16<br>+1 | +12<br>+6 | +15<br>+6 | +21<br>+6 | +16<br>+10 | +19<br>+10 | +25<br>+10 | +21<br>+15 | +24<br>+15 | +30<br>+15 | +25<br>+19 | +28<br>+19 |
| 10 | 14 | ±35 | +9<br>+1 | +12<br>+1 | +19<br>+1 | +15<br>+7 | +18<br>+7 | +25<br>+7 | +20<br>+12 | +23<br>+12 | +30<br>+12 | +26<br>+18 | +29<br>+18 | +36<br>+18 | +31<br>+23 | +34<br>+23 |
| 14 | 18 | | | | | | | | | | | | | | | |
| 18 | 24 | ±42 | +11<br>+2 | +15<br>+2 | +23<br>+2 | +17<br>+8 | +21<br>+8 | +29<br>+8 | +24<br>+15 | +28<br>+15 | +36<br>+15 | +31<br>+22 | +35<br>+22 | +43<br>+22 | +37<br>+28 | +41<br>+28 |
| 24 | 30 | | | | | | | | | | | | | | | |
| 30 | 40 | ±50 | +13<br>+2 | +18<br>+2 | +27<br>+2 | +20<br>+9 | +25<br>+9 | +34<br>+9 | +28<br>+17 | +33<br>+17 | +42<br>+17 | +37<br>+26 | +42<br>+26 | +51<br>+26 | +45<br>+34 | +50<br>+34 |
| 40 | 50 | | | | | | | | | | | | | | | |
| 50 | 65 | ±60 | +15<br>+2 | +21<br>+2 | +32<br>+2 | +24<br>+11 | +30<br>+11 | +41<br>+11 | +33<br>+20 | +39<br>+20 | +50<br>+20 | +45<br>+32 | +51<br>+32 | +62<br>+32 | +54<br>+41 | +60<br>+41 |
| 65 | 80 | | | | | | | | | | | | | | +56<br>+43 | +62<br>+43 |
| 80 | 100 | ±70 | +18<br>+3 | +25<br>+3 | +38<br>+3 | +28<br>+13 | +35<br>+13 | +48<br>+13 | +38<br>+23 | +45<br>+23 | +58<br>+23 | +52<br>+37 | +59<br>+37 | +72<br>+37 | +66<br>+51 | +73<br>+51 |
| 100 | 120 | | | | | | | | | | | | | | +69<br>+54 | +76<br>+54 |
| 120 | 140 | ±80 | +21<br>+3 | +28<br>+3 | +43<br>+3 | +33<br>+15 | +40<br>+15 | +55<br>+15 | +45<br>+27 | +52<br>+27 | +67<br>+27 | +61<br>+43 | +68<br>+43 | +83<br>+43 | +81<br>+63 | +88<br>+63 |
| 140 | 160 | | | | | | | | | | | | | | +83<br>+65 | +90<br>+65 |
| 160 | 180 | | | | | | | | | | | | | | +86<br>+68 | +93<br>+68 |
| 180 | 200 | ±92 | +24<br>+4 | +33<br>+4 | +50<br>+4 | +37<br>+17 | +46<br>+17 | +63<br>+17 | +51<br>+31 | +60<br>+31 | +77<br>+31 | +70<br>+50 | +79<br>+50 | +96<br>+50 | +97<br>+77 | +106<br>+77 |
| 200 | 225 | | | | | | | | | | | | | | +100<br>+80 | +109<br>+80 |
| 225 | 250 | | | | | | | | | | | | | | +104<br>+84 | +113<br>+84 |
| 250 | 280 | ±105 | +27<br>+4 | +36<br>+4 | +56<br>+4 | +43<br>+20 | +52<br>+20 | +72<br>+20 | +57<br>+34 | +66<br>+34 | +86<br>+34 | +79<br>+56 | +88<br>+56 | +108<br>+56 | +117<br>+94 | +126<br>+94 |
| 280 | 315 | | | | | | | | | | | | | | +121<br>+98 | +130<br>+98 |
| 315 | 355 | ±115 | +29<br>+4 | +40<br>+4 | +61<br>+4 | +46<br>+21 | +57<br>+21 | +78<br>+21 | +62<br>+37 | +73<br>+37 | +94<br>+37 | +87<br>+62 | +98<br>+62 | +119<br>+62 | +133<br>+108 | +144<br>+108 |
| 355 | 400 | | | | | | | | | | | | | | +139<br>+114 | +150<br>+114 |
| 400 | 450 | ±125 | +32<br>+5 | +45<br>+5 | +68<br>+5 | +50<br>+23 | +63<br>+23 | +86<br>+23 | +67<br>+40 | +80<br>+40 | +103<br>+40 | +95<br>+68 | +108<br>+68 | +131<br>+68 | +153<br>+126 | +166<br>+126 |
| 450 | 500 | | | | | | | | | | | | | | +159<br>+132 | +172<br>+132 |

续表

| 公称尺寸/mm | | 公差带 | | | | | | | | | | | | |
|---|---|---|---|---|---|---|---|---|---|---|---|---|---|---|
| | | r | | | | s | | | t | | | u | v | x | y | z |
| 大于 | 至 | 7* | 5* | ▲6 | 7* | 5* | 6* | 7* | 5 | ▲6 | 7* | 8 | 6* | 6* | 6* | 6* |
| — | 3 | +20<br>+10 | +18<br>+14 | +20<br>+14 | +24<br>+14 | — | — | — | +22<br>+18 | +24<br>+18 | +28<br>+18 | +32<br>+18 | — | +26<br>+20 | — | +32<br>+26 |
| 3 | 6 | +27<br>+15 | +24<br>+19 | +27<br>+19 | +31<br>+19 | — | — | — | +28<br>+23 | +31<br>+23 | +35<br>+23 | +41<br>+23 | — | +36<br>+28 | — | +43<br>+35 |
| 6 | 10 | +34<br>+19 | +29<br>+23 | +32<br>+23 | +38<br>+23 | — | — | — | +34<br>+28 | +37<br>+28 | +43<br>+28 | +50<br>+28 | — | +43<br>+34 | — | +51<br>+42 |
| 10 | 14 | +41<br>+23 | +36<br>+28 | +39<br>+28 | +46<br>+28 | — | — | — | +41<br>+33 | +44<br>+33 | +51<br>+33 | +60<br>+33 | — | +51<br>+40 | — | +61<br>+50 |
| 14 | 18 | | | | | | | | | | | | +50<br>+39 | +56<br>+45 | — | +71<br>+60 |
| 18 | 24 | +49<br>+28 | +44<br>+35 | +48<br>+35 | +56<br>+35 | — | — | — | +50<br>+41 | +54<br>+41 | +62<br>+41 | +74<br>+41 | +60<br>+47 | +67<br>+54 | +76<br>+63 | +86<br>+73 |
| 24 | 30 | | | | | +50<br>+41 | +54<br>+41 | +62<br>+41 | +57<br>+48 | +61<br>+48 | +69<br>+48 | +81<br>+48 | +68<br>+55 | +77<br>+64 | +88<br>+75 | +101<br>+88 |
| 30 | 40 | +59<br>+34 | +54<br>+43 | +59<br>+43 | +68<br>+43 | +59<br>+48 | +64<br>+48 | +73<br>+48 | +71<br>+60 | +76<br>+60 | +85<br>+60 | +99<br>+60 | +84<br>+68 | +96<br>+80 | +110<br>+94 | +128<br>+112 |
| 40 | 50 | | | | | +65<br>+54 | +70<br>+54 | +79<br>+54 | +81<br>+70 | +86<br>+70 | +95<br>+70 | +109<br>+70 | +97<br>+81 | +113<br>+97 | +130<br>+114 | +152<br>+136 |
| 50 | 65 | +71<br>+41 | +66<br>+53 | +72<br>+53 | +83<br>+53 | +79<br>+66 | +85<br>+66 | +96<br>+66 | +100<br>+87 | +106<br>+87 | +117<br>+87 | +133<br>+87 | +121<br>+102 | +141<br>+122 | +163<br>+144 | +191<br>+172 |
| 65 | 80 | +72<br>+43 | +72<br>+59 | +78<br>+59 | +89<br>+59 | +88<br>+75 | +94<br>+75 | +105<br>+75 | +115<br>+102 | +121<br>+102 | +132<br>+102 | +148<br>+102 | +139<br>+120 | +165<br>+146 | +193<br>+174 | +229<br>+210 |
| 80 | 100 | +86<br>+51 | +86<br>+71 | +93<br>+71 | +106<br>+71 | +106<br>+91 | +113<br>+91 | +126<br>+91 | +139<br>+124 | +146<br>+124 | +159<br>+124 | +178<br>+124 | +168<br>+146 | +200<br>+178 | +236<br>+214 | +280<br>+258 |
| 100 | 120 | +89<br>+54 | +94<br>+79 | +101<br>+79 | +114<br>+79 | +119<br>+104 | +126<br>+104 | +139<br>+104 | +159<br>+144 | +166<br>+144 | +179<br>+144 | +198<br>+144 | +194<br>+172 | +232<br>+210 | +276<br>+254 | +332<br>+310 |
| 120 | 140 | +103<br>+63 | +110<br>+92 | +117<br>+92 | +132<br>+92 | +140<br>+122 | +147<br>+122 | +162<br>+122 | +188<br>+170 | +195<br>+170 | +210<br>+170 | +233<br>+170 | +227<br>+202 | +273<br>+248 | +325<br>+300 | +390<br>+365 |
| 140 | 160 | +105<br>+65 | +118<br>+100 | +125<br>+100 | +140<br>+100 | +152<br>+134 | +159<br>+134 | +174<br>+134 | +208<br>+190 | +215<br>+190 | +230<br>+190 | +253<br>+190 | +253<br>+228 | +305<br>+280 | +365<br>+340 | +440<br>+415 |
| 160 | 180 | +108<br>+68 | +126<br>+108 | +133<br>+108 | +148<br>+108 | +164<br>+146 | +171<br>+146 | +186<br>+146 | +228<br>+210 | +235<br>+210 | +250<br>+210 | +273<br>+210 | +277<br>+252 | +335<br>+310 | +405<br>+380 | +490<br>+465 |
| 180 | 200 | +123<br>+77 | +142<br>+122 | +151<br>+122 | +168<br>+122 | +186<br>+166 | +195<br>+166 | +212<)+166 | +256<br>+236 | +265<br>+236 | +282<br>+236 | +308<br>+236 | +313<br>+284 | +379<br>+350 | +454<br>+425 | +549<br>+520 |
| 200 | 225 | +126<br>+80 | +150<br>+130 | +159<br>+130 | +176<br>+130 | +200<br>+180 | +209<br>+180 | +226<br>+180 | +278<br>+258 | +287<br>+258 | +304<br>+258 | +330<br>+258 | +339<br>+310 | +414<br>+385 | +499<br>+470 | +604<br>+575 |
| 225 | 250 | +130<br>+84 | +160<br>+140 | +169<br>+140 | +186<br>+140 | +216<br>+196 | +225<br>+196 | +242<br>+196 | +304<br>+284 | +313<br>+284 | +330<br>+284 | +356<br>+284 | +369<br>+340 | +454<br>+425 | +549<br>+520 | +669<br>+640 |
| 250 | 280 | +146<br>+94 | +181<br>+158 | +190<br>+158 | +210<br>+158 | +241<br>+218 | +250<br>+218 | +270<br>+218 | +338<br>+315 | +347<br>+315 | +367<br>+315 | +396<br>+315 | +417<br>+385 | +507<)+475 | +612<br>+580 | +742<br>+710 |
| 280 | 315 | +150<br>+98 | +193<br>+170 | +202<br>+170 | +222<br>+170 | +263<br>+240 | +272<br>+240 | +292<br>+240 | +373<br>+350 | +382<br>+350 | +402<br>+350 | +431<br>+350 | +457<br>+425 | +557<br>+525 | +682<br>+650 | +822<br>+790 |
| 315 | 355 | +165<br>+108 | +215<br>+190 | +226<br>+190 | +247<br>+190 | +293<br>+268 | +304<br>+268 | +325<br>+268 | +415<br>+390 | +426<br>+390 | +447<br>+390 | +479<br>+390 | +511<br>+475 | +626<br>+590 | +766<br>+730 | +936<br>+900 |
| 355 | 400 | +171<br>+114 | +233<br>+208 | +244<br>+208 | +265<)+208 | +319<br>+294 | +330<br>+294 | +351<br>+294 | +460<br>+435 | +471<br>+435 | +492<br>+435 | +524<br>+435 | +566<br>+530 | +696<br>+660 | +856<br>+820 | +1 036<br>+1 000 |
| 400 | 450 | +189<br>+126 | +259<br>+232 | +272<br>+232 | +295<br>+232 | +357<br>+330 | +370<br>+330 | +393<br>+330 | +517<br>+490 | +530<br>+490 | +553<br>+490 | +587<br>+490 | +635<br>+595 | +780<br>+740 | +960<br>+920 | +1 140<br>+1 100 |
| 450 | 500 | +195<br>+132 | +279<br>+252 | +292<br>+252 | +315<br>+252 | +387<br>+360 | +400<br>+360 | +423<br>+360 | +567<br>+540 | +580<br>+540 | +603<br>+540 | +637<br>+540 | +700<br>+660 | +860<br>+820 | +1 040<br>+1 000 | +1 290<br>+1 250 |

注：1. 公称尺寸小于1 mm时，各级的a和b均不采用；
    2. ▲为优先公差带，*为常用公差带，其余为一般用途公差带。

表 9-6 孔的极限偏差（GB/T 1800.2—2020 摘录）  μm

| 公称尺寸/mm | | 公差带 | | | | | | | | | | | | |
|---|---|---|---|---|---|---|---|---|---|---|---|---|---|---|
| | | A | B | | C | | | D | | | | E | | F |
| 大于 | 至 | 11* | 11* | 12* | 10 | ▲11 | 12 | 7 | 8* | ▲9 | 10* | 11* | 8* | 9* | 10 | 6* |
| — | 3 | +330<br>+270 | +200<br>+140 | +240<br>+140 | +100<br>+60 | +120<br>+60 | +160<br>+60 | +30<br>+20 | +34<br>+20 | +45<br>+20 | +60<br>+20 | +80<br>+20 | +28<br>+14 | +39<br>+14 | +54<br>+14 | +12<br>+6 |
| 3 | 6 | +345<br>+270 | +215<br>+140 | +260<br>+140 | +118<br>+70 | +145<br>+70 | +190<br>+70 | +42<br>+30 | +48<br>+30 | +60<br>+30 | +78<br>+30 | +105<br>+30 | +38<br>+20 | +50<br>+20 | +68<br>+20 | +18<br>+10 |
| 6 | 10 | +370<br>+280 | +240<br>+150 | +300<br>+150 | +138<br>+80 | +170<br>+80 | +230<br>+80 | +55<br>+40 | +62<br>+40 | +76<br>+40 | +98<br>+40 | +130<br>+40 | +47<br>+25 | +61<br>+25 | +83<br>+25 | +22<br>+13 |
| 10 | 14 | +400<br>+290 | +260<br>+150 | +330<br>+150 | +165<br>+95 | +205<br>+95 | +275<br>+95 | +68<br>+50 | +77<br>+50 | +93<br>+50 | +120<br>+50 | +160<br>+50 | +59<br>+32 | +75<br>+32 | +102<br>+32 | +27<br>+16 |
| 14 | 18 | | | | | | | | | | | | | | | |
| 18 | 24 | +430<br>+300 | +290<br>+160 | +370<br>+160 | +194<br>+110 | +240<br>+110 | +320<br>+110 | +86<br>+65 | +98<br>+65 | +117<br>+65 | +149<br>+65 | +195<br>+65 | +73<br>+40 | +92<br>+40 | +124<br>+40 | +33<br>+20 |
| 24 | 30 | | | | | | | | | | | | | | | |
| 30 | 40 | +470<br>+310 | +330<br>+170 | +420<br>+170 | +220<br>+120 | +280<br>+120 | +370<br>+120 | +105<br>+80 | +119<br>+80 | +142<br>+80 | +180<br>+80 | +240<br>+80 | +89<br>+50 | +112<br>+50 | +150<br>+50 | +41<br>+25 |
| 40 | 50 | +480<br>+320 | +340<br>+180 | +430<br>+180 | +230<br>+130 | +290<br>+130 | +380<br>+130 | | | | | | | | | |
| 50 | 65 | +530<br>+340 | +380<br>+190 | +490<br>+190 | +260<br>+140 | +330<br>+140 | +440<br>+140 | +130<br>+100 | +146<br>+100 | +174<br>+100 | +220<br>+100 | +290<br>+100 | +106<br>+60 | +134<br>+60 | +180<br>+60 | +49<br>+30 |
| 65 | 80 | +550<br>+360 | +390<br>+200 | +500<br>+200 | +270<br>+150 | +340<br>+150 | +450<br>+150 | | | | | | | | | |
| 80 | 100 | +600<br>+380 | +440<br>+220 | +570<br>+220 | +310<br>+170 | +390<br>+170 | +520<br>+170 | +155<br>+120 | +174<br>+120 | +207<br>+120 | +260<br>+120 | +340<br>+120 | +126<br>+72 | +159<br>+72 | +212<br>+72 | +58<br>+36 |
| 100 | 120 | +630<br>+410 | +460<br>+240 | +590<br>+240 | +320<br>+180 | +400<br>+180 | +530<br>+180 | | | | | | | | | |
| 120 | 140 | +710<br>+460 | +510<br>+260 | +660<br>+260 | +360<br>+200 | +450<br>+200 | +600<br>+200 | +185<br>+145 | +208<br>+145 | +245<br>+145 | +305<br>+145 | +395<br>+145 | +148<br>+85 | +185<br>+85 | +245<br>+85 | +68<br>+43 |
| 140 | 160 | +770<br>+520 | +530<br>+280 | +680<br>+280 | +370<br>+210 | +460<br>+210 | +610<br>+210 | | | | | | | | | |
| 160 | 180 | +830<br>+580 | +560<br>+310 | +710<br>+310 | +390<br>+230 | +480<br>+230 | +630<br>+230 | | | | | | | | | |
| 180 | 200 | +950<br>+660 | +630<br>+340 | +800<br>+340 | +425<br>+240 | +530<br>+240 | +700<br>+240 | +216<br>+170 | +242<br>+170 | +285<br>+170 | +355<br>+170 | +460<br>+170 | +172<br>+100 | +215<br>+100 | +285<br>+100 | +79<br>+50 |
| 200 | 225 | +1 030<br>+740 | +670<br>+380 | +840<br>+380 | +445<br>+260 | +550<br>+260 | +720<br>+260 | | | | | | | | | |
| 225 | 250 | +1 110<br>+820 | +710<br>+420 | +880<br>+420 | +465<br>+280 | +570<br>+280 | +740<br>+280 | | | | | | | | | |
| 250 | 280 | +1 240<br>+920 | +800<br>+480 | +1 000<br>+480 | +510<br>+300 | +620<br>+300 | +820<br>+300 | +242<br>+190 | +271<br>+190 | +320<br>+190 | +400<br>+190 | +510<br>+190 | +191<br>+110 | +240<br>+110 | +320<br>+110 | +88<br>+56 |
| 280 | 315 | +1 370<br>+1 050 | +860<br>+540 | +1 060<br>+540 | +540<br>+330 | +650<br>+330 | +850<br>+330 | | | | | | | | | |
| 315 | 355 | +1 560<br>+1 200 | +960<br>+600 | +1 170<br>+600 | +590<br>+360 | +720<br>+360 | +930<br>+360 | +267<br>+210 | +299<br>+210 | +350<br>+210 | +440<br>+210 | +570<br>+210 | +214<br>+125 | +265<br>+125 | +355<br>+125 | +98<br>+62 |
| 355 | 400 | +1 710<br>+1 350 | +1 040<br>+680 | +1 250<br>+680 | +630<br>+400 | +760<br>+400 | +970<br>+400 | | | | | | | | | |
| 400 | 450 | +1 900<br>+1 500 | +1 160<br>+760 | +1 390<br>+760 | +690<br>+440 | +840<br>+440 | +1 070<br>+440 | +293<br>+230 | +327<br>+230 | +385<br>+230 | +480<br>+230 | +630<br>+230 | +232<br>+135 | +290<br>+135 | +385<br>+135 | +108<br>+68 |
| 450 | 500 | +2 050<br>+1 650 | +1 240<br>+840 | +1 470<br>+840 | +730<br>+480 | +880<br>+480 | +1 110<br>+480 | | | | | | | | | |

续表

| 公称尺寸/mm | | 公差带 | | | | | | | | | | | | | | |
|---|---|---|---|---|---|---|---|---|---|---|---|---|---|---|---|---|
| | | F | | | G | | | H | | | | | | | | |
| 大于 | 至 | 7* | ▲8 | 9* | 5 | 6* | ▲7 | 5 | 6* | ▲7 | ▲8 | ▲9 | 10* | ▲11 | 12* | 13 |
| — | 3 | +16<br>+6 | +20<br>+6 | +31<br>+6 | +6<br>+2 | +8<br>+2 | +12<br>+2 | +4<br>0 | +6<br>0 | +10<br>0 | +14<br>0 | +25<br>0 | +40<br>0 | +60<br>0 | +100<br>0 | +140<br>0 |
| 3 | 6 | +22<br>+10 | +28<br>+10 | +40<br>+10 | +9<br>+4 | +12<br>+4 | +16<br>+4 | +5<br>0 | +8<br>0 | +12<br>0 | +18<br>0 | +30<br>0 | +48<br>0 | +75<br>0 | +120<br>0 | +180<br>0 |
| 6 | 10 | +28<br>+13 | +35<br>+13 | +49<br>+13 | +11<br>+5 | +14<br>+5 | +20<br>+5 | +6<br>0 | +9<br>0 | +15<br>0 | +22<br>0 | +36<br>0 | +58<br>0 | +90<br>0 | +150<br>0 | +220<br>0 |
| 10<br>14 | 14<br>18 | +34<br>+16 | +43<br>+16 | +59<br>+16 | +14<br>+6 | +17<br>+6 | +24<br>+6 | +8<br>0 | +11<br>0 | +18<br>0 | +27<br>0 | +43<br>0 | +70<br>0 | +110<br>0 | +180<br>0 | +270<br>0 |
| 18<br>24 | 24<br>30 | +41<br>+20 | +53<br>+20 | +72<br>+20 | +16<br>+7 | +20<br>+7 | +28<br>+7 | +9<br>0 | +13<br>0 | +21<br>0 | +33<br>0 | +52<br>0 | +84<br>0 | +130<br>0 | +210<br>0 | +330<br>0 |
| 30<br>40 | 40<br>50 | +50<br>+25 | +64<br>+25 | +87<br>+25 | +20<br>+9 | +25<br>+9 | +34<br>+9 | +11<br>0 | +16<br>0 | +25<br>0 | +39<br>0 | +62<br>0 | +100<br>0 | +160<br>0 | +250<br>0 | +390<br>0 |
| 50<br>65 | 65<br>80 | +60<br>+30 | +76<br>+30 | +104<br>+30 | +23<br>+10 | +29<br>+10 | +40<br>+10 | +13<br>0 | +19<br>0 | +30<br>0 | +46<br>0 | +74<br>0 | +120<br>0 | +190<br>0 | +300<br>0 | +460<br>0 |
| 80<br>100 | 100<br>120 | +71<br>+36 | +90<br>+36 | +123<br>+36 | +27<br>+12 | +34<br>+12 | +47<br>+12 | +15<br>0 | +22<br>0 | +35<br>0 | +54<br>0 | +87<br>0 | +140<br>0 | +220<br>0 | +350<br>0 | +540<br>0 |
| 120<br>140<br>160 | 140<br>160<br>180 | +83<br>+43 | +106<br>+43 | +143<br>+43 | +32<br>+14 | +39<br>+14 | +54<br>+14 | +18<br>0 | +25<br>0 | +40<br>0 | +63<br>0 | +100<br>0 | +160<br>0 | +250<br>0 | +400<br>0 | +630<br>0 |
| 180<br>200<br>225 | 200<br>225<br>250 | +96<br>+50 | +122<br>+50 | +165<br>+50 | +35<br>+15 | +44<br>+15 | +61<br>+15 | +20<br>0 | +29<br>0 | +46<br>0 | +72<br>0 | +115<br>0 | +185<br>0 | +290<br>0 | +460<br>0 | +720<br>0 |
| 250<br>280 | 280<br>315 | +108<br>+56 | +137<br>+56 | +186<br>+56 | +40<br>+17 | +49<br>+17 | +69<br>+17 | +23<br>0 | +32<br>0 | +52<br>0 | +81<br>0 | +130<br>0 | +210<br>0 | +320<br>0 | +520<br>0 | +810<br>0 |
| 315<br>355 | 355<br>400 | +119<br>+62 | +151<br>+62 | +202<br>+62 | +43<br>+18 | +54<br>+18 | +75<br>+18 | +25<br>0 | +36<br>0 | +57<br>0 | +89<br>0 | +140<br>0 | +230<br>0 | +360<br>0 | +570<br>0 | +890<br>0 |
| 400<br>450 | 450<br>500 | +131<br>+68 | +165<br>+68 | +223<br>+68 | +47<br>+20 | +60<br>+20 | +83<br>+20 | +27<br>0 | +40<br>0 | +63<br>0 | +97<br>0 | +155<br>0 | +250<br>0 | +400<br>0 | +630<br>0 | +970<br>0 |

续表

| 公称尺寸 /mm | | 公 差 带 | | | | | | | | | | | | |
|---|---|---|---|---|---|---|---|---|---|---|---|---|---|---|
| | | J | | | JS | | | | | K | | | M | | |
| 大于 | 至 | 6 | 7 | 8 | 5 | 6* | 7* | 8* | 9 | 10 | 6* | ▲7 | 8* | 6* | 7* | 8* |
| — | 3 | +2<br>-4 | +4<br>-6 | +6<br>-8 | ±2 | ±3 | ±5 | ±7 | ±12 | ±20 | 0<br>-6 | 0<br>-10 | 0<br>-14 | -2<br>-8 | -2<br>-12 | -2<br>-16 |
| 3 | 6 | +5<br>-3 | ±6 | +10<br>-8 | ±2.5 | ±4 | ±6 | ±9 | ±15 | ±24 | +2<br>-6 | +3<br>-9 | +5<br>-13 | -1<br>-9 | 0<br>-12 | +2<br>-16 |
| 6 | 10 | +5<br>-4 | +8<br>-7 | +12<br>-10 | ±3 | ±4.5 | ±7 | ±11 | ±18 | ±29 | +2<br>-7 | +5<br>-10 | +6<br>-16 | -3<br>-12 | 0<br>-15 | +1<br>-21 |
| 10 | 14 | +6<br>-5 | +10<br>-8 | +15<br>-12 | ±4 | ±5.5 | ±9 | ±13 | ±21 | ±36 | +2<br>-9 | +6<br>-12 | +8<br>-19 | -4<br>-15 | 0<br>-18 | +2<br>-25 |
| 14 | 18 | | | | | | | | | | | | | | | |
| 18 | 24 | +8<br>-5 | +12<br>-9 | +20<br>-13 | ±4.5 | ±6.5 | ±10 | ±16 | ±26 | ±42 | +2<br>-11 | +6<br>-15 | +10<br>-23 | -4<br>-17 | 0<br>-21 | +4<br>-29 |
| 24 | 30 | | | | | | | | | | | | | | | |
| 30 | 40 | +10<br>-6 | +14<br>-11 | +24<br>-15 | ±5.5 | ±8 | ±12 | ±19 | ±31 | ±50 | +3<br>-13 | +7<br>-18 | +12<br>-27 | -4<br>-20 | 0<br>-25 | +5<br>-34 |
| 40 | 50 | | | | | | | | | | | | | | | |
| 50 | 65 | +13<br>-6 | +18<br>-12 | +28<br>-18 | ±6.5 | ±9.5 | ±15 | ±23 | ±37 | ±60 | +4<br>-15 | +9<br>-21 | +14<br>-32 | -5<br>-24 | 0<br>-30 | +5<br>-41 |
| 65 | 80 | | | | | | | | | | | | | | | |
| 80 | 100 | +16<br>-6 | +22<br>-13 | +34<br>-20 | ±7.5 | ±11 | ±17 | ±27 | ±43 | ±70 | +4<br>-18 | +10<br>-25 | +16<br>-38 | -6<br>-28 | 0<br>-35 | +6<br>-48 |
| 100 | 120 | | | | | | | | | | | | | | | |
| 120 | 140 | +18<br>-7 | +26<br>-14 | +41<br>-22 | ±9 | ±12.5 | ±20 | ±31 | ±50 | ±80 | +4<br>-21 | +12<br>-28 | +20<br>-43 | -8<br>-33 | 0<br>-40 | +8<br>-55 |
| 140 | 160 | | | | | | | | | | | | | | | |
| 160 | 180 | | | | | | | | | | | | | | | |
| 180 | 200 | +22<br>-7 | +30<br>-16 | +47<br>-25 | ±10 | ±14.5 | ±23 | ±36 | ±57 | ±92 | +5<br>-24 | +13<br>-33 | +22<br>-50 | -8<br>-37 | 0<br>-46 | +9<br>-63 |
| 200 | 225 | | | | | | | | | | | | | | | |
| 225 | 250 | | | | | | | | | | | | | | | |
| 250 | 280 | +25<br>-7 | +36<br>-16 | +55<br>-26 | ±11.5 | ±16 | ±26 | ±40 | ±65 | ±105 | +5<br>-27 | +16<br>-36 | +25<br>-56 | -9<br>-41 | 0<br>-52 | +9<br>-72 |
| 280 | 315 | | | | | | | | | | | | | | | |
| 315 | 355 | +29<br>-7 | +39<br>-18 | +60<br>-29 | ±12.5 | ±18 | ±28 | ±44 | ±70 | ±115 | +7<br>-29 | +17<br>-40 | +28<br>-61 | -10<br>-46 | 0<br>-57 | +11<br>-78 |
| 355 | 400 | | | | | | | | | | | | | | | |
| 400 | 450 | +33<br>-7 | +43<br>-20 | +66<br>-31 | ±13.5 | ±20 | ±31 | ±48 | ±77 | ±125 | +8<br>-32 | +18<br>-45 | +29<br>-68 | -10<br>-50 | 0<br>-63 | +11<br>-86 |
| 450 | 500 | | | | | | | | | | | | | | | |

续表

| 公称尺寸/mm | | 公差带 | | | | | | | | | | | | |
|---|---|---|---|---|---|---|---|---|---|---|---|---|---|---|
| | | N | | | P | | | | R | | | S | | T | | U |
| 大于 | 至 | 6* | ▲7 | 8* | 6* | ▲7 | 8 | 9 | 6* | 7* | 8 | 6* | ▲7 | 6* | 7* | ▲7 |
| — | 3 | -4<br>-10 | -4<br>-14 | -4<br>-18 | -6<br>-12 | -6<br>-16 | -6<br>-20 | -6<br>-31 | -10<br>-16 | -10<br>-20 | -10<br>-24 | -14<br>-20 | -14<br>-24 | — | — | -18<br>-28 |
| 3 | 6 | -5<br>-13 | -4<br>-16 | -2<br>-20 | -9<br>-17 | -8<br>-20 | -12<br>-30 | -12<br>-42 | -12<br>-20 | -11<br>-23 | -15<br>-33 | -16<br>-24 | -15<br>-27 | — | — | -19<br>-31 |
| 6 | 10 | -7<br>-16 | -4<br>-19 | -3<br>-25 | -12<br>-21 | -9<br>-24 | -15<br>-37 | -15<br>-51 | -16<br>-25 | -13<br>-28 | -19<br>-41 | -20<br>-29 | -17<br>-32 | — | — | -22<br>-37 |
| 10 | 14 | -9<br>-20 | -5<br>-23 | -3<br>-30 | -15<br>-26 | -11<br>-29 | -18<br>-45 | -18<br>-61 | -20<br>-31 | -16<br>-34 | -23<br>-50 | -25<br>-36 | -21<br>-39 | — | — | -26<br>-44 |
| 14 | 18 | | | | | | | | | | | | | | | |
| 18 | 24 | -11<br>-24 | -7<br>-28 | -3<br>-36 | -18<br>-31 | -14<br>-35 | -22<br>-55 | -22<br>-74 | -24<br>-37 | -20<br>-41 | -28<br>-61 | -31<br>-44 | -27<br>-48 | — | — | -33<br>-54 |
| 24 | 30 | | | | | | | | | | | | | -37<br>-50 | -33<br>-54 | -40<br>-61 |
| 30 | 40 | -12<br>-28 | -8<br>-33 | -3<br>-42 | -21<br>-37 | -17<br>-42 | -26<br>-65 | -26<br>-88 | -29<br>-45 | -25<br>-50 | -34<br>-73 | -38<br>-54 | -34<br>-59 | -43<br>-59 | -39<br>-64 | -51<br>-76 |
| 40 | 50 | | | | | | | | | | | | | -49<br>-65 | -45<br>-70 | -61<br>-86 |
| 50 | 65 | -14<br>-33 | -9<br>-39 | -4<br>-50 | -26<br>-45 | -21<br>-51 | -32<br>-78 | -32<br>-106 | -35<br>-54 | -30<br>-60 | -41<br>-87 | -47<br>-66 | -42<br>-72 | -60<br>-79 | -55<br>-85 | -76<br>-106 |
| 65 | 80 | | | | | | | | -37<br>-56 | -32<br>-62 | -43<br>-89 | -53<br>-72 | -48<br>-78 | -69<br>-88 | -64<br>-94 | -91<br>-121 |
| 80 | 100 | -16<br>-38 | -10<br>-45 | -4<br>-58 | -30<br>-52 | -24<br>-59 | -37<br>-91 | -37<br>-124 | -44<br>-66 | -38<br>-73 | -51<br>-105 | -64<br>-86 | -58<br>-93 | -84<br>-106 | -78<br>-113 | -111<br>-146 |
| 100 | 120 | | | | | | | | -47<br>-69 | -41<br>-76 | -54<br>-108 | -72<br>-94 | -66<br>-101 | -97<br>-119 | -91<br>-126 | -131<br>-166 |
| 120 | 140 | -20<br>-45 | -12<br>-52 | -4<br>-67 | -36<br>-61 | -28<br>-68 | -43<br>-106 | -43<br>-143 | -56<br>-81 | -48<br>-88 | -63<br>-126 | -85<br>-110 | -77<br>-117 | -115<br>-140 | -107<br>-147 | -155<br>-195 |
| 140 | 160 | | | | | | | | -58<br>-83 | -50<br>-90 | -65<br>-128 | -93<br>-118 | -85<br>-125 | -127<br>-152 | -119<br>-159 | -175<br>-215 |
| 160 | 180 | | | | | | | | -61<br>-86 | -53<br>-93 | -68<br>-131 | -101<br>-126 | -93<br>-133 | -139<br>-164 | -131<br>-171 | -195<br>-235 |
| 180 | 200 | -22<br>-51 | -14<br>-60 | -5<br>-77 | -41<br>-70 | -33<br>-79 | -50<br>-122 | -50<br>-165 | -68<br>-97 | -60<br>-106 | -77<br>-149 | -113<br>-142 | -105<br>-151 | -157<br>-186 | -149<br>-195 | -219<br>-265 |
| 200 | 225 | | | | | | | | -71<br>-100 | -63<br>-109 | -80<br>-152 | -121<br>-150 | -113<br>-159 | -171<br>-200 | -163<br>-209 | -241<br>-287 |
| 225 | 250 | | | | | | | | -75<br>-104 | -67<br>-113 | -84<br>-156 | -131<br>-160 | -123<br>-169 | -187<br>-216 | -179<br>-225 | -267<br>-313 |
| 250 | 280 | -25<br>-57 | -14<br>-66 | -5<br>-86 | -47<br>-79 | -36<br>-88 | -56<br>-137 | -56<br>-186 | -85<br>-117 | -74<br>-126 | -94<br>-175 | -149<br>-181 | -138<br>-190 | -209<br>-241 | -198<br>-250 | -295<br>-347 |
| 280 | 315 | | | | | | | | -89<br>-121 | -78<br>-130 | -98<br>-179 | -161<br>-193 | -150<br>-202 | -231<br>-263 | -220<br>-272 | -330<br>-382 |
| 315 | 355 | -26<br>-62 | -16<br>-73 | -5<br>-94 | -51<br>-87 | -41<br>-98 | -62<br>-151 | -62<br>-202 | -97<br>-133 | -87<br>-144 | -108<br>-197 | -179<br>-215 | -169<br>-226 | -257<br>-293 | -247<br>-304 | -369<br>-426 |
| 355 | 400 | | | | | | | | -103<br>-139 | -93<br>-150 | -114<br>-203 | -197<br>-233 | -187<br>-244 | -283<br>-319 | -273<br>-330 | -414<br>-471 |
| 400 | 450 | -27<br>-67 | -17<br>-80 | -6<br>-103 | -55<br>-95 | -45<br>-108 | -68<br>-165 | -68<br>-223 | -113<br>-153 | -103<br>-166 | -126<br>-223 | -219<br>-259 | -209<br>-272 | -317<br>-357 | -307<br>-370 | -467<br>-530 |
| 450 | 500 | | | | | | | | -119<br>-159 | -109<br>-172 | -132<br>-229 | -239<br>-279 | -229<br>-292 | -347<br>-387 | -337<br>-400 | -517<br>-580 |

注：1. 公称尺寸小于 1 mm 时，各级的 A 和 B 均不采用；

2. ▲为优先公差带，*为常用公差带，其余为一般用途公差带。

表 9-7 线性尺寸的未注公差（GB/T 1804—2000）    mm

| 公差等级 | 线性尺寸的极限偏差数值 | | | | | | | 倒圆半径与倒角高度尺寸的极限偏差数值 | | | |
|---|---|---|---|---|---|---|---|---|---|---|---|
| | 基本尺寸分段 | | | | | | | 基本尺寸分段 | | | |
| | 0.5~3 | >3~6 | >6~30 | >30~120 | >120~400 | >400~1 000 | >1 000~2 000 | >2 000~4 000 | 0.5~3 | >3~6 | >6~30 | >30 |
| 精密 f | ±0.05 | ±0.05 | ±0.1 | ±0.15 | ±0.2 | ±0.3 | ±0.5 | — | ±0.2 | ±0.5 | ±1 | ±2 |
| 中等 m | ±0.1 | ±0.1 | ±0.2 | ±0.3 | ±0.5 | ±0.8 | ±1.2 | ±2 | ±0.2 | ±0.5 | ±1 | ±2 |
| 粗糙 c | ±0.2 | ±0.3 | ±0.5 | ±0.8 | ±1.2 | ±2 | ±3 | ±4 | ±0.4 | ±1 | ±2 | ±4 |
| 最粗 v | — | ±0.5 | ±1 | ±1.5 | ±2.5 | ±4 | ±6 | ±8 | ±0.4 | ±1 | ±2 | ±4 |

在图样上、技术文件或标准中的表示方法示例：GB/T 1804-m（表示选用中等级）

## 二、几何公差

几何特征符号、附加符号及其标注，几何公差参数见表 9-8~表 9-12。

表 9-8 几何特征符号、附加符号及其标注（GB/T 1182—2018 摘录）

| 公差特征项目的符号 | | | | | | 被测要素、基准要素的标注要求及其他附加符号 | | | |
|---|---|---|---|---|---|---|---|---|---|
| 公差 | 特征项目 | 符号 | 公差 | 特征项目 | 符号 | 说明 | 符号 | 说明 | 符号 |
| 形状公差 | 直线度 | — | 方向公差 | 平行度 | // | 被测要素的标注 | 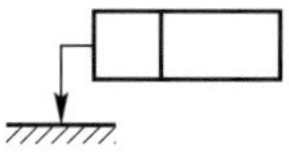 （图示） | 延伸公差带 | Ⓟ |
| | 平面度 | ▱ | | 垂直度 | ⊥ | 基准要素的标注 | 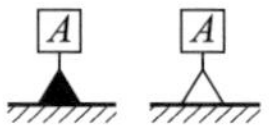 （图示） | 自由状态（非刚性零件）条件下 | Ⓕ |
| | 圆度 | ○ | | 倾斜度 | ∠ | | | | |
| | 圆柱度 | ⌭ | 位置公差 | 同轴（同心）度 | ◎ | 基准目标的标注 | ⌀2/A1 | 全周（轮廓） | 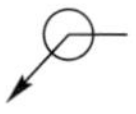 （图示） |
| 形状、方向或位置公差 | 线轮廓度 | ⌒ | | 对称度 | ≡ | 理论正确尺寸 | 50 | 包容要求 | Ⓔ |
| | | | | 位置度 | ⊕ | 最大实体要求 | Ⓜ | 公共公差带 | CZ |
| | 面轮廓度 | ⌒ | 跳动公差 | 圆跳动 | ↗ | 最小实体要求 | Ⓛ | 任意横截面 | ACS |
| | | | | 全跳动 | ⌰ | | | | |
| 公差框格 | — 0.1  ／／ 0.1 A   ⊕ ⌀0.1 A B C | | | | | 公差要求在矩形方框中给出，该方框由2格或多格组成。框格中的内容从左到右按以下次序填写：<br>——公差特征的符号；<br>——公差值；<br>——如需要，用一个或多个字母表示基准要素或基准体系。<br>（h 为图样中采用字母的高度） | | | |

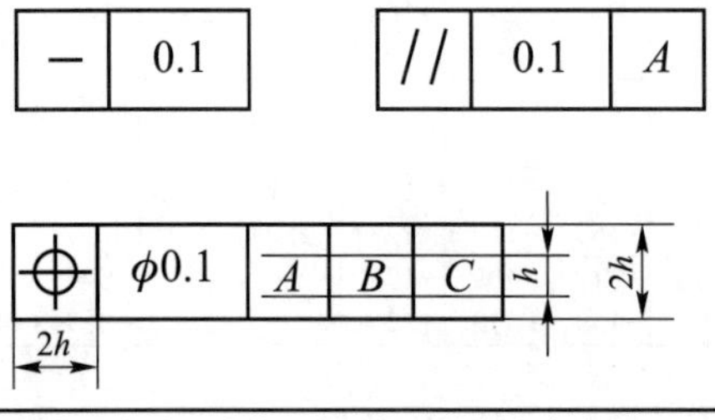

注：公差框格的宽度及高度，采用字母的高度参考 GB/T 39645—2020。

表 9-9 直线度、平面度公差（GB/T 1184—1996 摘录）

主参数 L 图例

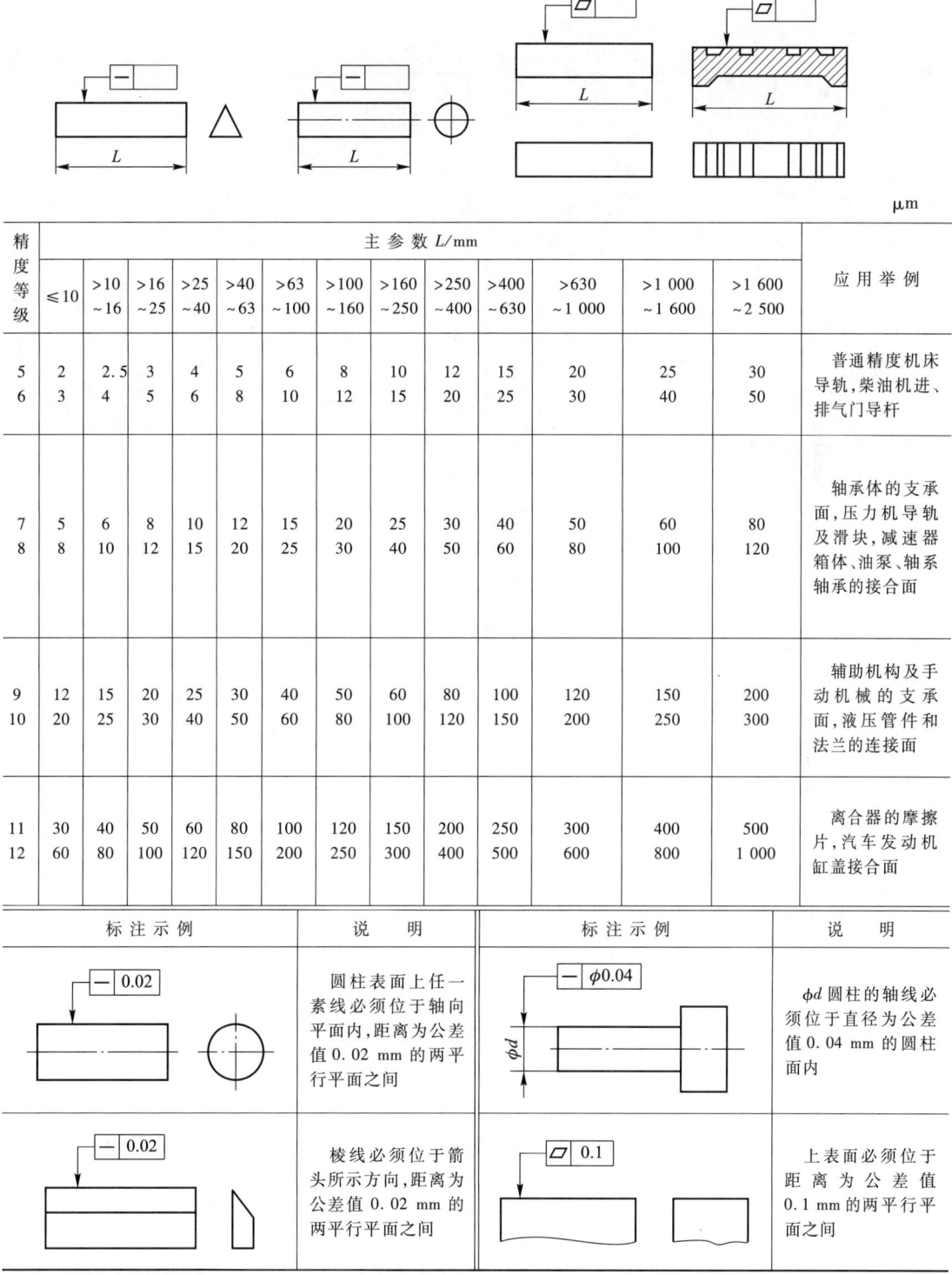

μm

| 精度等级 | 主参数 L/mm ||||||||||| 应用举例 |
|---|---|---|---|---|---|---|---|---|---|---|---|---|
| | ≤10 | >10~16 | >16~25 | >25~40 | >40~63 | >63~100 | >100~160 | >160~250 | >250~400 | >400~630 | >630~1000 | >1000~1600 | >1600~2500 |
| 5<br>6 | 2<br>3 | 2.5<br>4 | 3<br>5 | 4<br>6 | 5<br>8 | 6<br>10 | 8<br>12 | 10<br>15 | 12<br>20 | 15<br>25 | 20<br>30 | 25<br>40 | 30<br>50 | 普通精度机床导轨，柴油机进、排气门导杆 |
| 7<br>8 | 5<br>8 | 6<br>10 | 8<br>12 | 10<br>15 | 12<br>20 | 15<br>25 | 20<br>30 | 25<br>40 | 30<br>50 | 40<br>60 | 50<br>80 | 60<br>100 | 80<br>120 | 轴承体的支承面，压力机导轨及滑块，减速器箱体、油泵、轴系轴承的接合面 |
| 9<br>10 | 12<br>20 | 15<br>25 | 20<br>30 | 25<br>40 | 30<br>50 | 40<br>60 | 50<br>80 | 60<br>100 | 80<br>120 | 100<br>150 | 120<br>200 | 150<br>250 | 200<br>300 | 辅助机构及手动机械的支承面，液压管件和法兰的连接面 |
| 11<br>12 | 30<br>60 | 40<br>80 | 50<br>100 | 60<br>120 | 80<br>150 | 100<br>200 | 120<br>250 | 150<br>300 | 200<br>400 | 250<br>500 | 300<br>600 | 400<br>800 | 500<br>1000 | 离合器的摩擦片，汽车发动机缸盖接合面 |

| 标注示例 | 说明 | 标注示例 | 说明 |
|---|---|---|---|
| ─ 0.02 | 圆柱表面上任一素线必须位于轴向平面内，距离为公差值 0.02 mm 的两平行平面之间 | ─ φ0.04 | φd 圆柱的轴线必须位于直径为公差值 0.04 mm 的圆柱面内 |
| ─ 0.02 | 棱线必须位于箭头所示方向，距离为公差值 0.02 mm 的两平行平面之间 | ▱ 0.1 | 上表面必须位于距离为公差值 0.1 mm 的两平行平面之间 |

注：表中"应用举例"非 GB/T 1184—1996 内容，仅供参考。

**表 9-10　圆度、圆柱度公差(GB/T 1184—1996 摘录)**

主参数 $d(D)$ 图例

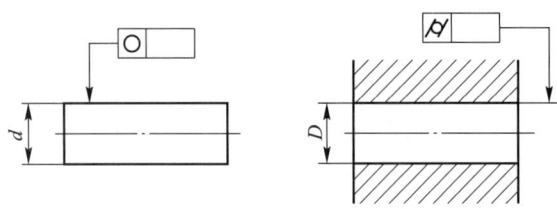

μm

| 精度等级 | 主参数 $d(D)$/mm | | | | | | | | | | | | 应用举例 |
|---|---|---|---|---|---|---|---|---|---|---|---|---|---|
| | >3 ~6 | >6 ~10 | >10 ~18 | >18 ~30 | >30 ~50 | >50 ~80 | >80 ~120 | >120 ~180 | >180 ~250 | >250 ~315 | >315 ~400 | >400 ~500 | |
| 5 | 1.5 | 1.5 | 2 | 2.5 | 2.5 | 3 | 4 | 5 | 7 | 8 | 9 | 10 | 安装 P6、P0 级滚动轴承的配合面,中等压力下的液压装置工作面(包括泵、压缩机的活塞和气缸),风动绞车曲轴,通用减速器轴颈,一般机床主轴 |
| 6 | 2.5 | 2.5 | 3 | 4 | 4 | 5 | 6 | 8 | 10 | 12 | 13 | 15 | |
| 7 | 4 | 4 | 5 | 6 | 7 | 8 | 10 | 12 | 14 | 16 | 18 | 20 | 发动机的胀圈、活塞销及连杆中装衬套的孔等,千斤顶或压力油缸活塞,水泵及减速器轴颈,液压传动系统的分配机构,拖拉机气缸体与气缸套配合面,炼胶机冷铸轧辊 |
| 8 | 5 | 6 | 8 | 9 | 11 | 13 | 15 | 18 | 20 | 23 | 25 | 27 | |
| 9 | 8 | 9 | 11 | 13 | 16 | 19 | 22 | 25 | 29 | 32 | 36 | 40 | 起重机、卷扬机用的滑动轴承,带软密封的低压泵的活塞和气缸 |
| 10 | 12 | 15 | 18 | 21 | 25 | 30 | 35 | 40 | 46 | 52 | 57 | 63 | 通用机械杠杆与拉杆、拖拉机的活塞环与套筒孔 |
| 11 | 18 | 22 | 27 | 33 | 39 | 46 | 54 | 63 | 72 | 81 | 89 | 97 | |
| 12 | 30 | 36 | 43 | 52 | 62 | 74 | 87 | 100 | 115 | 130 | 140 | 155 | |

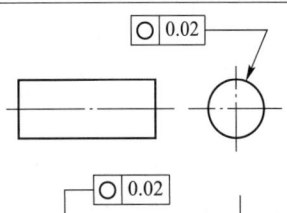

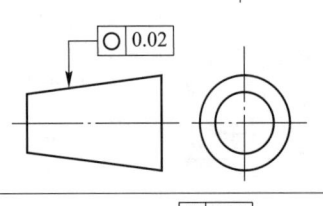

| 标注示例 | 说明 |
|---|---|
| | 被测圆柱(或圆锥)面任一正截面的圆周必须位于半径差为公差值 0.02 mm 的两同心圆之间 |
| | 被测圆柱面必须位于半径差为公差值 0.05 mm 的两同轴圆柱面之间 |

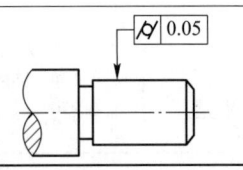

注:同表 9-9。

## 表 9-11　平行度、垂直度、倾斜度公差（GB/T 1184—1996 摘录）

主参数 $L$、$d(D)$ 图例

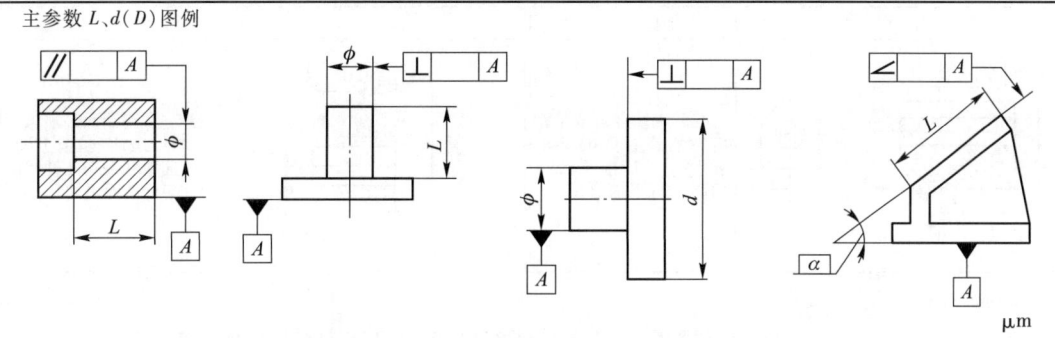

A

μm

| 精度等级 | 主参数 $L$、$d(D)$/mm | | | | | | | | | | | | | 应用举例 | |
|---|---|---|---|---|---|---|---|---|---|---|---|---|---|---|---|
| | ≤10 | >10~16 | >16~25 | >25~40 | >40~63 | >63~100 | >100~160 | >160~250 | >250~400 | >400~630 | >630~1 000 | >1 000~1 600 | >1 600~2 500 | 平行度 | 垂直度 |
| 5 | 5 | 6 | 8 | 10 | 12 | 15 | 20 | 25 | 30 | 40 | 50 | 60 | 80 | 机床主轴孔对基准面的要求，重要轴承孔对基准面的要求，床头箱体重要孔间的要求，一般减速器壳体孔、齿轮泵的轴孔端面等 | 机床重要支承面，发动机轴和离合器的凸缘，气缸的支承端面，装 P4、P5 级轴承的箱体的凸肩 |
| 6 | 8 | 10 | 12 | 15 | 20 | 25 | 30 | 40 | 50 | 60 | 80 | 100 | 120 | 一般机床零件的工作面或基准面，压力机和锻锤的工作面，中等精度钻模的工作面，一般刀、量、模具。 | 低精度机床主要基准面和工作面、回转工作台端面跳动，一般导轨，主轴箱体孔，刀架、砂轮架及工作台回转中心，机床轴肩、气缸配合面对其轴线，活塞销孔对活塞中心线以及装 P6、P0 级轴承壳体孔的轴线等 |
| 7 | 12 | 15 | 20 | 25 | 30 | 40 | 50 | 60 | 80 | 100 | 120 | 150 | 200 | 机床一般轴承孔对基准面的要求，床头箱一般孔间的要求，气缸轴线，变速器箱孔，主轴花键对定心直径，重型机械轴承盖的端面，卷扬机、手动传动装置中的传动轴 | |
| 8 | 20 | 25 | 30 | 40 | 50 | 60 | 80 | 100 | 120 | 150 | 200 | 250 | 300 | | |
| 9 | 30 | 40 | 50 | 60 | 80 | 100 | 120 | 150 | 200 | 250 | 300 | 400 | 500 | 低精度零件，重型机械滚动轴承端盖。柴油机和煤气发动机的曲轴孔、轴颈等 | 花键轴轴肩端面、带式输送机法兰盘等端面对轴心线，手动卷扬机及传动装置中轴承端面、减速器壳体平面等 |
| 10 | 50 | 60 | 80 | 100 | 120 | 150 | 200 | 250 | 300 | 400 | 500 | 600 | 800 | | |
| 11 | 80 | 100 | 120 | 150 | 200 | 250 | 300 | 400 | 500 | 600 | 800 | 1 000 | 1 200 | 零件的非工作面，卷扬机、输送机上用的减速器壳体平面 | |
| 12 | 120 | 150 | 200 | 250 | 300 | 400 | 500 | 600 | 800 | 1 000 | 1 200 | 1 500 | 2 000 | | |

| 标注示例 | 说　明 | 标注示例 | 说　明 |
|---|---|---|---|
| | 上表面必须位于距离为公差值 0.05 mm，且平行于基准平面 $A$ 的两平行平面之间 | | $\phi d$ 的轴线必须位于距离为公差值 0.1 mm，且垂直于基准平面的两平行平面之间<br>（若框格内数字标注为 $\phi$0.1 mm，则说明 $\phi d$ 的轴线必须位于直径为公差值 0.1 mm，且垂直于基准平面 $A$ 的圆柱面内） |

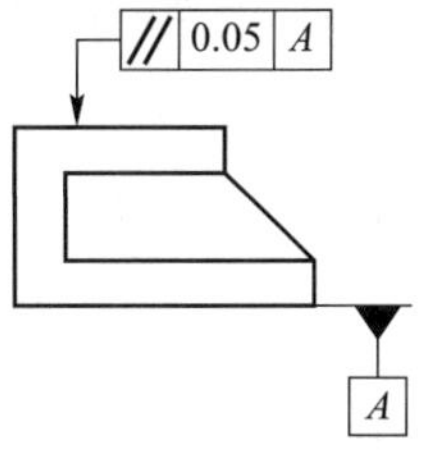

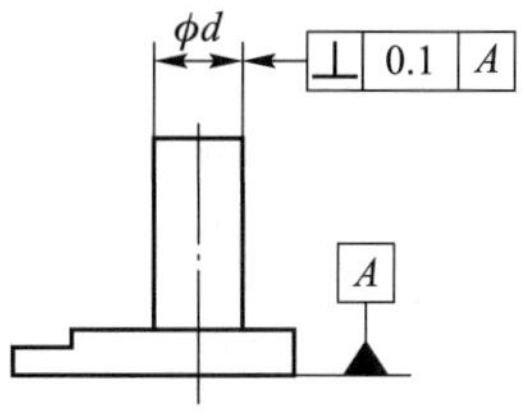

续表

| 标注示例 | 说明 | 标注示例 | 说明 |
|---|---|---|---|
| | 孔的轴线必须位于距离为公差值 0.03 mm，且平行于基准平面 *A* 的两平行平面之间 | | 左侧端面必须位于距离为公差值 0.05 mm，且垂直于基准轴线的两平行平面之间 |

注：同表 9-9。

**表 9-12　同轴度、对称度、圆跳动和全跳动公差（GB/T 1184—1996 摘录）**

主参数 *d*(*D*)、*B*、*L* 图例

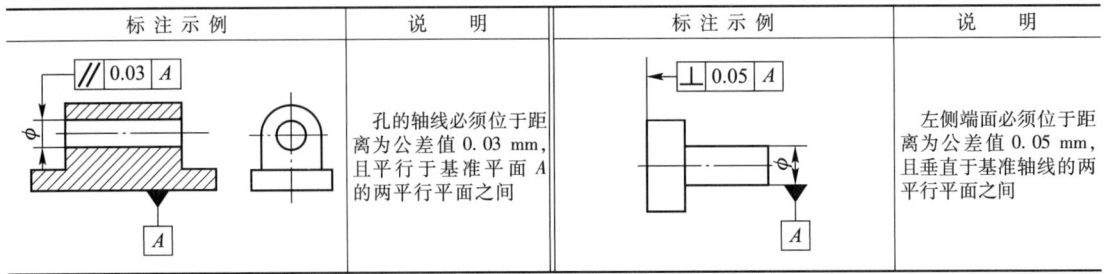

A
A

A

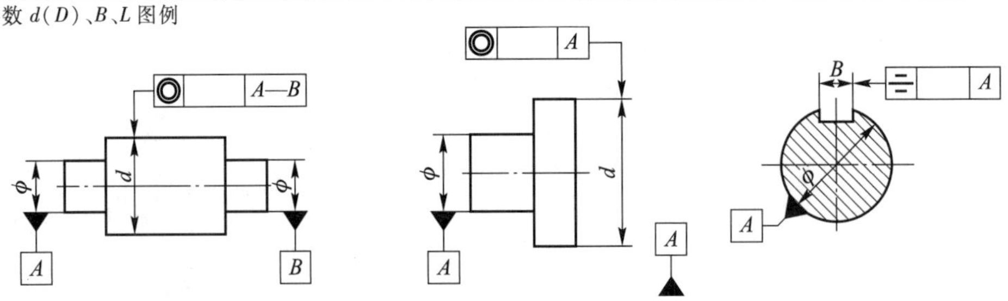

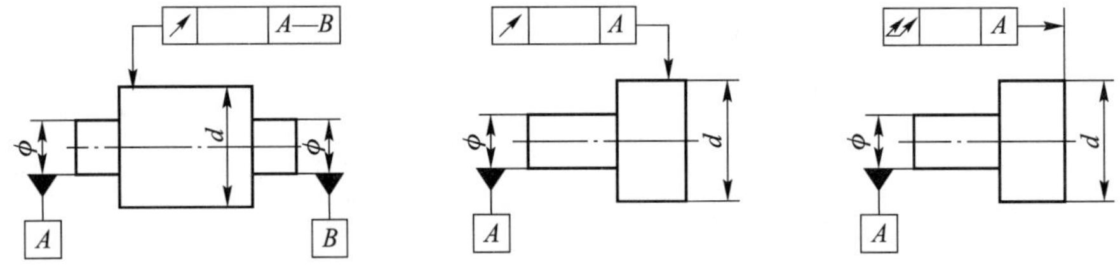

μm

| 精度等级 | 主参数 *d*(*D*)、*L*、*B*/mm | | | | | | | | | | | 应用举例 |
|---|---|---|---|---|---|---|---|---|---|---|---|---|
| | >3<br>~6 | >6<br>~10 | >10<br>~18 | >18<br>~30 | >30<br>~50 | >50<br>~120 | >120<br>~250 | >250<br>~500 | >500<br>~800 | >800<br>~1 250 | >1 250<br>~2 000 | |
| 5<br>6 | 3<br>5 | 4<br>6 | 5<br>8 | 6<br>10 | 8<br>12 | 10<br>15 | 12<br>20 | 15<br>25 | 20<br>30 | 25<br>40 | 30<br>50 | 6 级和 7 级精度齿轮轴的配合面，较高精度的高速轴，汽车发动机曲轴和分配轴的支承轴颈，较高精度机床的轴套 |
| 7<br>8 | 8<br>12 | 10<br>15 | 12<br>20 | 15<br>25 | 20<br>30 | 25<br>40 | 30<br>50 | 40<br>60 | 50<br>80 | 60<br>100 | 80<br>120 | 8 级和 9 级精度齿轮轴的配合面，拖拉机发动机分配轴轴颈，普通精度高速轴（转速为 1 000 r/min 以下），长度在 1 m 以下的主传动轴，起重运输机的鼓轮配合孔和导轮的滚动面 |
| 9<br>10 | 25<br>50 | 30<br>60 | 40<br>80 | 50<br>100 | 60<br>120 | 80<br>150 | 100<br>200 | 120<br>250 | 150<br>300 | 200<br>400 | 250<br>500 | 10 级和 11 级精度齿轮轴的配合面，发动机气缸套配合面，水泵叶轮，离心泵泵件，摩托车活塞，自行车中轴 |
| 11<br>12 | 80<br>150 | 100<br>200 | 120<br>250 | 150<br>300 | 200<br>400 | 250<br>500 | 300<br>600 | 400<br>800 | 500<br>1 000 | 600<br>1 200 | 800<br>1 500 | 用于无特殊要求，一般按尺寸公差等级 IT12 制造的零件 |

续表

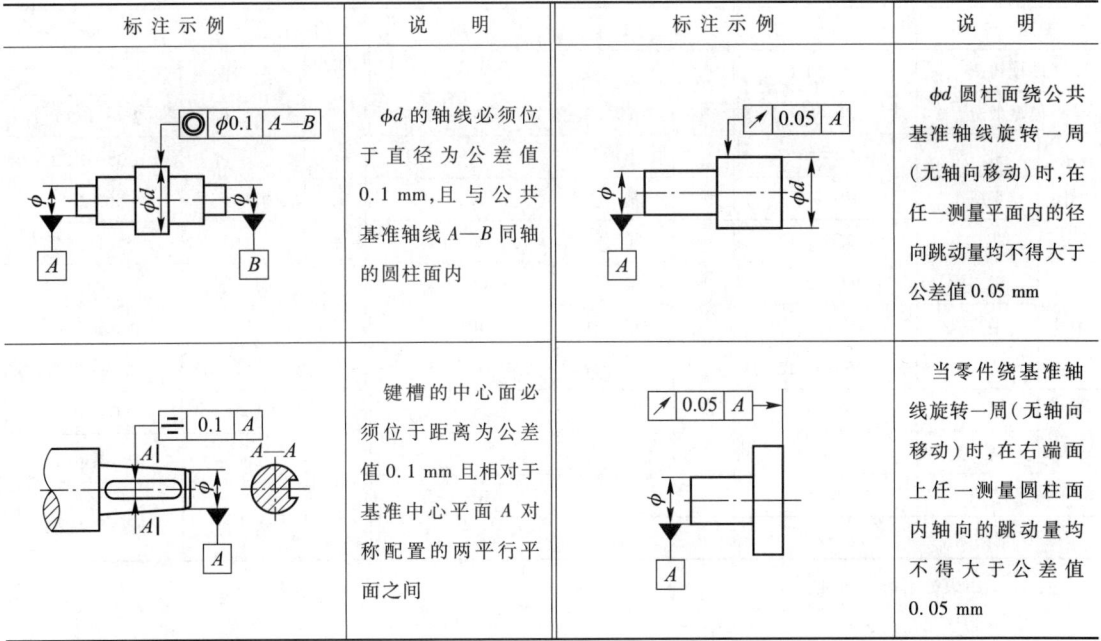

| 标注示例 | 说　　明 | 标注示例 | 说　　明 |
|---|---|---|---|
|  | $\phi d$ 的轴线必须位于直径为公差值 0.1 mm，且与公共基准轴线 A—B 同轴的圆柱面内 |  | $\phi d$ 圆柱面绕公共基准轴线旋转一周（无轴向移动）时，在任一测量平面内的径向跳动量均不得大于公差值 0.05 mm |
|  | 键槽的中心面必须位于距离为公差值 0.1 mm 且相对于基准中心平面 A 对称配置的两平行平面之间 |  | 当零件绕基准轴线旋转一周（无轴向移动）时，在右端面上任一测量圆柱面内轴向的跳动量均不得大于公差值 0.05 mm |

注：同表 9-9。

### 三、表面粗糙度

表面粗糙度主要评定参数 $R_a$、$R_z$ 的相关数值，表面粗糙度的符号及其标注方法见表 9-13～表 9-17。

表 9-13　表面粗糙度主要评定参数 $Ra$、$Rz$ 的数值系列（GB/T 1031—2009 摘录）　μm

| | | | | | | | | | | |
|---|---|---|---|---|---|---|---|---|---|---|
| $Ra$ | 0.012 | 0.2 | 3.2 | 50 | $Rz$ | 0.025 | 0.4 | 6.3 | 100 | 1 600 |
| | 0.025 | 0.4 | 6.3 | 100 | | 0.05 | 0.8 | 12.5 | 200 | — |
| | 0.05 | 0.8 | 12.5 | — | | 0.1 | 1.6 | 25 | 400 | — |
| | 0.1 | 1.6 | 25 | — | | 0.2 | 3.2 | 50 | 800 | — |

注：1. 在表面粗糙度参数常用的参数范围内（$Ra$ 为 0.025～6.3 μm，$Rz$ 为 0.1～25 μm），推荐优先选用 $Ra$；
　　2. 根据表面功能和生产的经济合理性，当选用的数值系列不能满足要求时，可选取表 9-14 中的补充系列值。

表 9-14　表面粗糙度主要评定参数 $Ra$、$Rz$ 的补充系列值（GB/T 1031—2009 摘录）　μm

| | | | | | | | | | | |
|---|---|---|---|---|---|---|---|---|---|---|
| $Ra$ | 0.008 | 0.125 | 2.0 | 32 | $Rz$ | 0.032 | 0.50 | 8.0 | 125 | — |
| | 0.010 | 0.160 | 2.5 | 40 | | 0.040 | 0.63 | 10.0 | 160 | — |
| | 0.016 | 0.25 | 4.0 | 63 | | 0.063 | 1.00 | 16.0 | 250 | — |
| | 0.020 | 0.32 | 5.0 | 80 | | 0.080 | 1.25 | 20 | 320 | — |
| | 0.032 | 0.50 | 8.0 | — | | 0.125 | 2.0 | 32 | 500 | — |
| | 0.040 | 0.63 | 10.0 | — | | 0.160 | 2.5 | 40 | 630 | — |
| | 0.063 | 1.00 | 16.0 | — | | 0.25 | 4.0 | 63 | 1 000 | — |
| | 0.080 | 1.25 | 20 | — | | 0.32 | 5.0 | 80 | 1 250 | — |

**表 9-15　加工方法与表面粗糙度 *Ra* 值的关系(参考)**　μm

| 加工方法 | | Ra |
|---|---|---|
| 砂模铸造 | | 80~20* |
| 模型锻造 | | 80~10 |
| 车外圆 | 粗车 | 20~10 |
| 车外圆 | 半精车 | 10~2.5 |
| 车外圆 | 精车 | 1.25~0.32 |
| 镗孔 | 粗镗 | 40~10 |
| 镗孔 | 半精镗 | 2.5~0.63* |
| 镗孔 | 精镗 | 0.63~0.32 |
| 圆柱铣和端铣 | 粗铣 | 20~5* |
| 圆柱铣和端铣 | 精铣 | 1.25~0.63* |
| 钻孔,扩孔 | | 20~5 |
| 锪孔,锪端面 | | 5~1.25 |

| 加工方法 | | Ra |
|---|---|---|
| 铰孔 | 粗铰 | 40~20 |
| 铰孔 | 半精铰,精铰 | 2.5~0.32* |
| 拉削 | 半精拉 | 2.5~0.63 |
| 拉削 | 精拉 | 0.32~0.16 |
| 刨削 | 粗刨 | 20~10 |
| 刨削 | 精刨 | 1.25~0.63 |
| 钳工加工 | 粗锉 | 40~10 |
| 钳工加工 | 细锉 | 10~2.5 |
| 钳工加工 | 刮削 | 2.5~0.63 |
| 钳工加工 | 研磨 | 1.25~0.08 |
| 插削 | | 40~2.5 |
| 磨削 | | 5~0.01* |

| 加工方法 | | Ra |
|---|---|---|
| 齿轮加工 | 插齿 | 5~1.25* |
| 齿轮加工 | 滚齿 | 2.5~1.25* |
| 齿轮加工 | 剃齿 | 1.25~0.32* |
| 切螺纹 | 板牙 | 10~2.5 |
| 切螺纹 | 铣 | 5~1.25* |
| 切螺纹 | 磨削 | 2.5~0.32* |
| 镗磨 | | 0.32~0.04 |
| 研磨 | | 0.63~0.16 |
| 精研磨 | | 0.08~0.02 |
| 抛光 | 一般抛 | 1.25~0.16 |
| 抛光 | 精抛 | 0.08~0.04 |

注：1. 表中数据系指钢材加工而言。

2. * 为该加工方法可达到的 *Ra* 极限值。

**表 9-16　表面粗糙度符号、代号及其注法(GB/T 131—2006 摘录)**

| 表面粗糙度符号及意义 | | 表面粗糙度数值及其有关规定在符号中注写的位置 |
|---|---|---|
| 符　号 | 意义及说明 | |
| | 基本符号,表示表面可用任何方法获得,当不加注粗糙度参数值或有关说明(例如表面处理、局部热处理状况等)时,仅适用于简化代号标注 | <br><br>*a*—表面结构的单一要求,表面结构参数代号、极限值和传输带或取样长度;<br>*b*—如果需要,在位置 *b* 注写第二个表面结构要求;<br>*c*—注写加工方法;<br>*d*—注写表面纹理和方向;<br>*e*—加工余量,mm |
| | 基本符号上加一短画,表示表面是用去除材料方法获得。例如车、铣、钻、磨、剪切、抛光、腐蚀、电火花加工、气割等 | |
| | 基本符号上加一小圆,表示表面是用不去除材料的方法获得的。例如铸、锻、冲压变形、热轧、冷轧、粉末冶金等。或者是用于保持原供应状况的表面(包括保持上道工序的状况) | |
| | 在上述三个符号的长边上均可加一横线,用于标注有关参数和说明 | |
| | 在上述三个符号上均可加一小圆,表示标注该符号的图线所在的封闭轮廓所有表面具有相同的表面粗糙度要求 | |

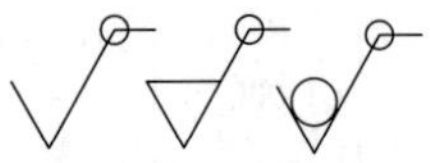

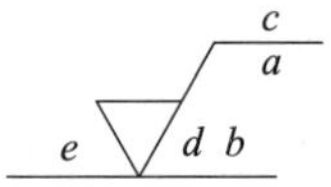

续表

| Ra 值的标注 | | Rz 值的标注 | |
|---|---|---|---|
| 代　号 | 意　义 | 代　号 | 意　义 |
| Ra 3.2 | 用任何方法获得的表面粗糙度，*Ra* 的上限值为 3.2 μm | Rz 3.2 | 用任何方法获得的表面粗糙度，*Rz* 的上限值为 3.2 μm |
| Ra 3.2 | 用去除材料方法获得的表面粗糙度，*Ra* 的上限值为 3.2 μm | Rz 200 | 用不去除材料方法获得的表面粗糙度，*Rz* 的上限值为 200 μm |
| Ra 3.2 | 用不去除材料方法获得的表面粗糙度，*Ra* 的上限值为 3.2 μm | U Rz 3.2<br>L Rz 1.6 | 用去除材料方法获得的表面粗糙度，*Rz* 的上限值为 3.2 μm，*Rz* 的下限值为 1.6 μm |
| U Ra 3.2<br>L Ra 1.6 | 用去除材料方法获得的表面粗糙度，*Ra* 的上限值为 3.2 μm，*Ra* 的下限值为 1.6 μm | Ra 3.2<br>Rz 12.5 | 用去除材料方法获得的表面粗糙度，*Ra* 的上限值为 3.2 μm，*Rz* 的上限值为 12.5 μm |
| Ra max3.2 | 用任何方法获得的表面粗糙度，*Ra* 的上限值为 3.2 μm，遵循“最大规则” | Rz max3.2 | 用任何方法获得的表面粗糙度，*Rz* 的上限值为 3.2 μm，遵循“最大规则” |
| Ra max3.2 | 用去除材料方法获得的表面粗糙度，*Ra* 的上限值为 3.2 μm，遵循“最大规则” | Rz max200 | 用不去除材料方法获得的表面粗糙度，*Rz* 的上限值为 200 μm，遵循“最大规则” |
| Ra max3.2 | 用不去除材料方法获得的表面粗糙度，*Ra* 的上限值为 3.2 μm，遵循“最大规则” | Rz 3.2<br>Rz 1.6 | 用去除材料方法获得的表面粗糙度，*Rz* 的上限值为 3.2 μm，*Rz* 的下限值为 1.6 μm |
| Ra 3.2<br>Ra 1.6 | 用去除材料方法获得的表面粗糙度，*Ra* 的上限值为 3.2 μm，*Ra* 的下限值为 1.6 μm | Ra max3.2<br>Rz max12.5 | 用去除材料方法获得的表面粗糙度，*Ra* 的上限值为 3.2 μm，*Rz* 的下限值为 12.5 μm，遵循“最大规则” |

**表 9-17　表面粗糙度标注方法示例（GB/T 131—2006 摘录）**

使表面结构的注写和读取方向与尺寸的注写和读取方向一致，表面结构要求可以标注在轮廓线上，符号应从材料外指向并接触表面，也可以用带箭头的指引线引出标注

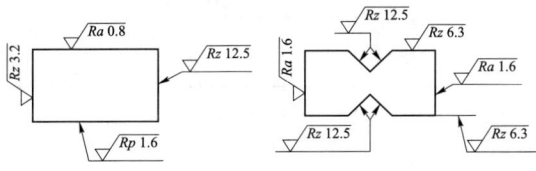

表面结构要求可以直接标注在延长线上

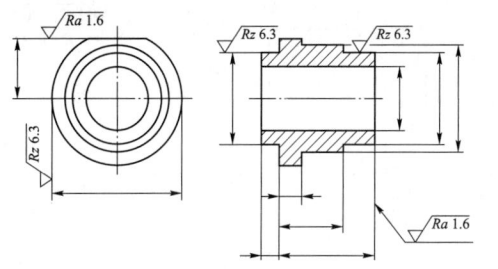

在不致引起误解时，表面结构要求可以标注在给定的尺寸线上，表面结构要求可以标注在几何公差框格的上方

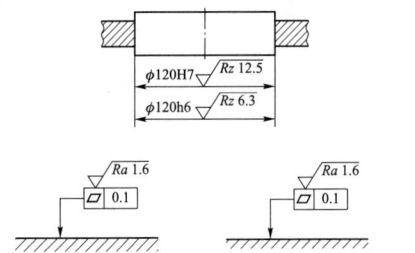

圆柱和棱柱表面的表面结构要求只标注一次。如果每个棱柱表面有不同的表面结构要求，应分别单独标注

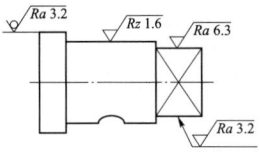

续表

| | |
|---|---|
| 如果工件的多数（包括全部）表面有相同的表面结构要求，则其表面结构要求可统一标注在图样的标题栏附件。此时（除全部表面有相同要求的情况外），表面结构要求的符号的后面应有：<br>——在圆括号内给出无任何其他标注的基本符号；<br>——在圆括号内给出不同的表面结构要求<br>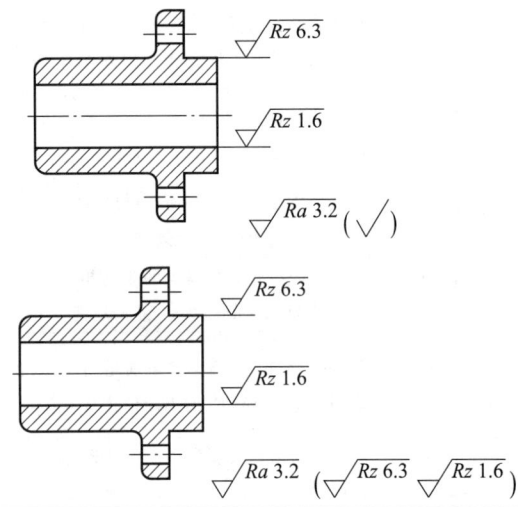 | 可用表面结构的基本图形符号和表示去除材料或不去除材料的扩展图形符号以等式的形式给出对多个表面共同的表面结构要求<br><br>$\sqrt{\phantom{x}} = \sqrt{Ra\,3.2}$<br>**未指定工艺方法的多个表面结构要求的简化注法** <br><br>$\sqrt{\phantom{x}} = \sqrt{Ra\,3.2}$<br>**要求去除材料的多个表面结构要求的简化注法** 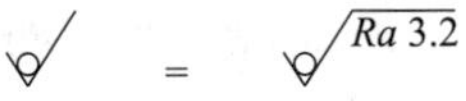<br><br>$\sqrt{\phantom{x}} = \sqrt{Ra\,3.2}$<br>**不允许去除材料的多个表面结构要求的简化注法** |
| 当多个表面具有相同的表面结构要求或图纸空间有限时，可以采用简化注法。<br>可用带字母的完整符号，以等式的形式，在图形或标题栏附近，对有相同表面结构要求的表面进行简化标注 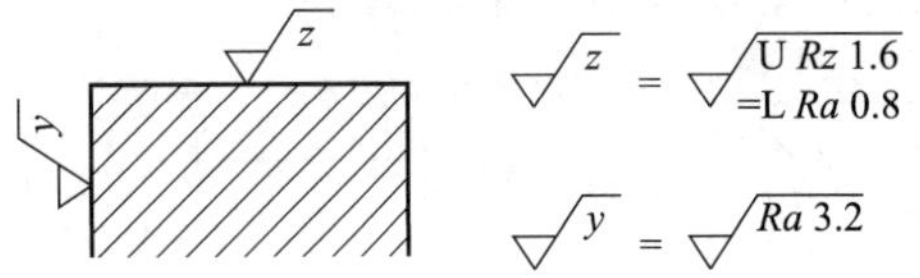 | 由几种不同的工艺方法获得的同一表面，当需要明确每种工艺的表面结构要求时，可按下图所示方法标注<br>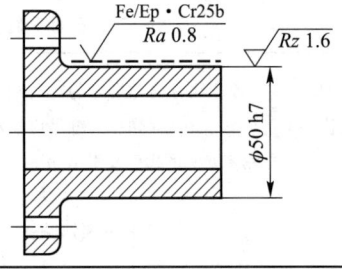 |

# 第十章　齿轮传动、蜗杆传动和链传动公差

## 一、渐开线圆柱齿轮精度

国家市场监督管理总局和国家标准化管理委员会发布的关于渐开线圆柱齿轮精度的最新标准体系由表 10-1 所列两项标准构成。

**表 10-1　渐开线圆柱齿轮精度标准体系**

| 序号 | 标准号 | 标准名称 |
|---|---|---|
| 1 | GB/T 10095.1—2022 | 圆柱齿轮 ISO 齿面公差分级制 第 1 部分:齿面偏差的定义和允许值 |
| 2 | GB/T 10095.2—2023 | 圆柱齿轮 ISO 齿面公差分级制 第 2 部分:径向综合偏差的定义和允许值 |

1. 定义和代号

在 GB/T 10095.1—2022 中规定了单个渐开线圆柱齿轮齿面的制造和合格判定的公差分级制,见表 10-2。

**表 10-2　轮齿齿面偏差的定义与代号(GB/T 10095.1—2022 摘录)**

| 名称 | 代号 | 定义 | 名称 | 代号 | 定义 |
|---|---|---|---|---|---|
| 任一单个齿距偏差(见图 10-1) | $f_{pi}$ | 在齿轮的端平面内、测量圆上,实际齿距与理论齿距的代数差 | 齿廓总偏差(见图 10-2) | $F_{\alpha}$ | 在齿廓计值范围内,包容被测齿廓的两条设计齿廓平行线之间的距离 |
| 单个齿距偏差 | $f_p$ | 所有任一单个齿距偏差的最大绝对值 | 齿廓形状偏差(见图 10-2) | $f_{f\alpha}$ | 在齿廓计值范围内,包容被测齿廓的两条平均齿廓线平行线之间的距离 |
| 齿距累积偏差(见图 10-5) | $F_{pk}$ | 针对指定齿侧面在所有 $k$ 个齿距的扇形区域内,任一齿距累积偏差值(分度偏差)的最大代数差 | 齿廓倾斜偏差(见图 10-2) | $f_{H\alpha}$ | 以齿廓控制圆直径为起点,以平均齿廓线的延长线与齿顶圆直径的交点为终点,与这两点相交的两条设计齿廓平行线间的距离 |
| 齿距累积总偏差(见图 10-5) | $F_p$ | 齿轮所有齿的指定齿面的任一齿距累积偏差的最大代数差 | | | |
| 螺旋线总偏差(见图 10-3) | $F_{\beta}$ | 在螺旋线计值范围内,包容被测螺旋线的两条设计螺旋线平行线之间的距离 | 切向综合总偏差 | $F_{is}$ | 被测齿轮与测量齿轮单面啮合检验时,被测齿轮一转内,齿轮分度圆上实际圆周位移与理论圆周位移的最大差值 |
| 螺旋线形状偏差(见图 10-3) | $f_{f\beta}$ | 在螺旋线计值范围内,包容被测螺旋线的两条平均螺旋线平行线之间的距离 | 一齿切向综合偏差 | $f_{is}$ | 在一个齿距内的切向综合偏差值 |
| 螺旋线倾斜偏差(见图 10-3) | $f_{H\beta}$ | 在齿轮全齿宽 $b$ 内,通过平均螺旋线的延长线和两端面的交点的两条设计螺旋线平行线之间的距离 | 径向跳动(见图 10-4) | $F_r$ | 测头相继置于每个齿槽内时,齿轮轴线到测头的中心或其他指定位置的径向距离的最大值与最小值的差 |

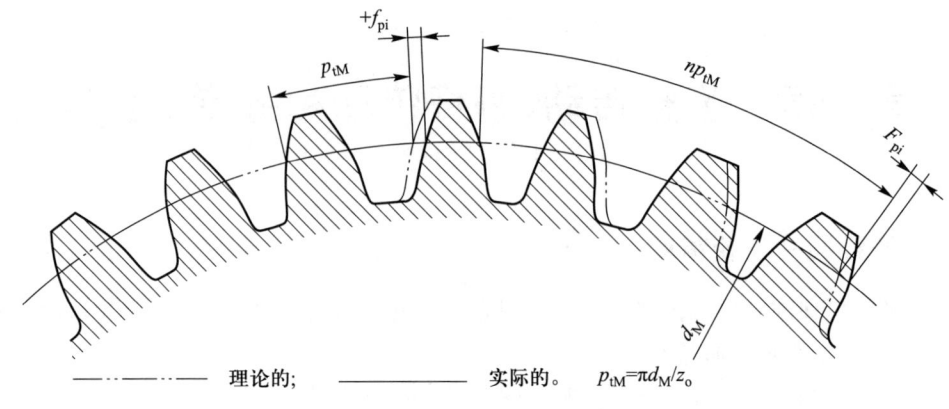

$+f_{pi}$
$p_{tM}$
$np_{tM}$
$F_{pi}$
$d_M$
理论的；
实际的。
$p_{tM}=\pi d_M/z$。

图 10-1　齿距偏差

$C_f$ $N_f$ $F_a$ $F_\alpha$ $L_\alpha$ $g_\alpha$
齿廓总偏差
$C_f$ $N_f$ $F_a$ $f_{f\alpha}$ $L_\alpha$ $g_\alpha$
齿廓形状偏差
$C_f$ $N_f$ $F_a$ $a$ + 0 $F_{H\alpha}$ $L_\alpha$ $g_\alpha$
齿廓倾斜偏差
(a) 渐开线未修形的齿廓偏差
齿廓总偏差
齿廓形状偏差
$f_{H\alpha}$
齿廓倾斜偏差
(b) 压力角修形的齿廓偏差
齿廓总偏差
齿廓形状偏差
齿廓倾斜偏差
(c) 齿廓鼓形修形的齿廓偏差

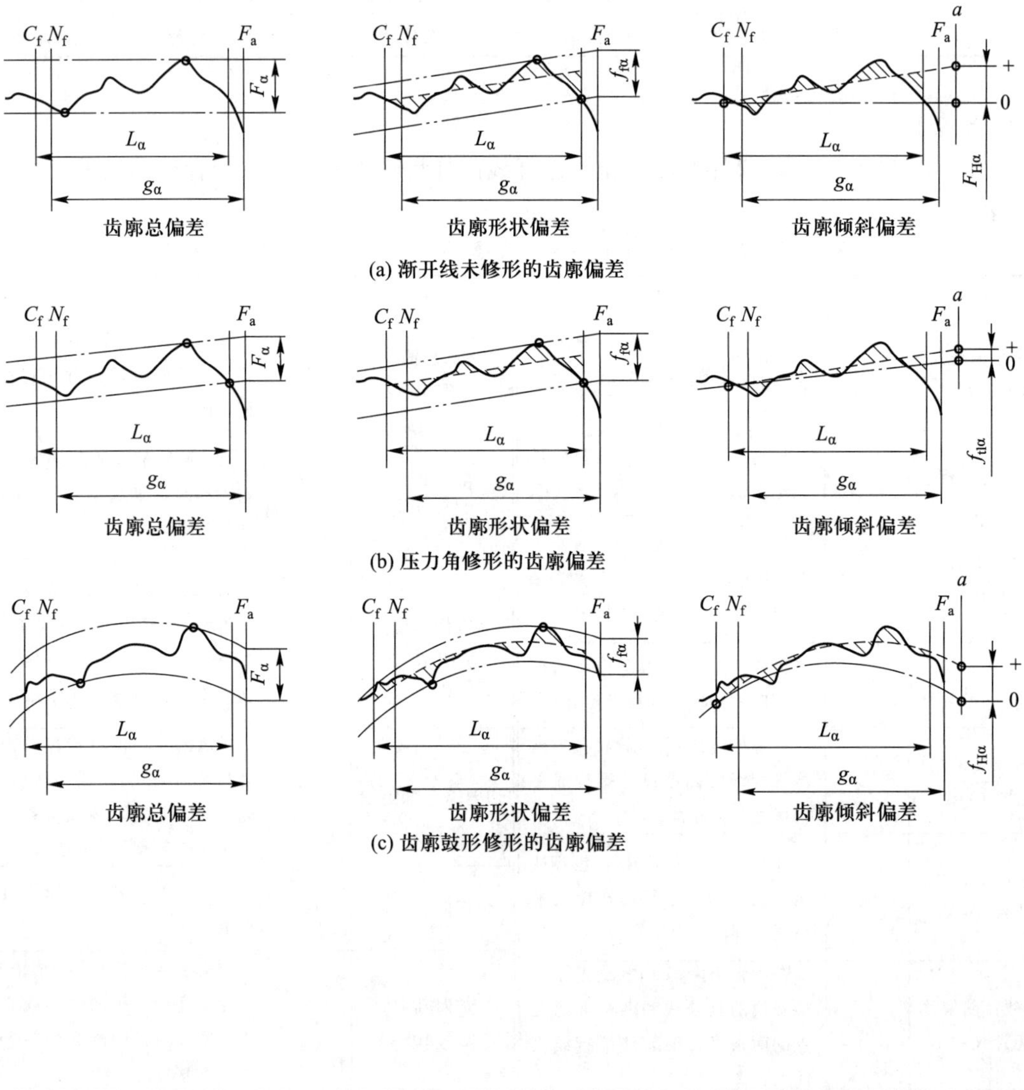

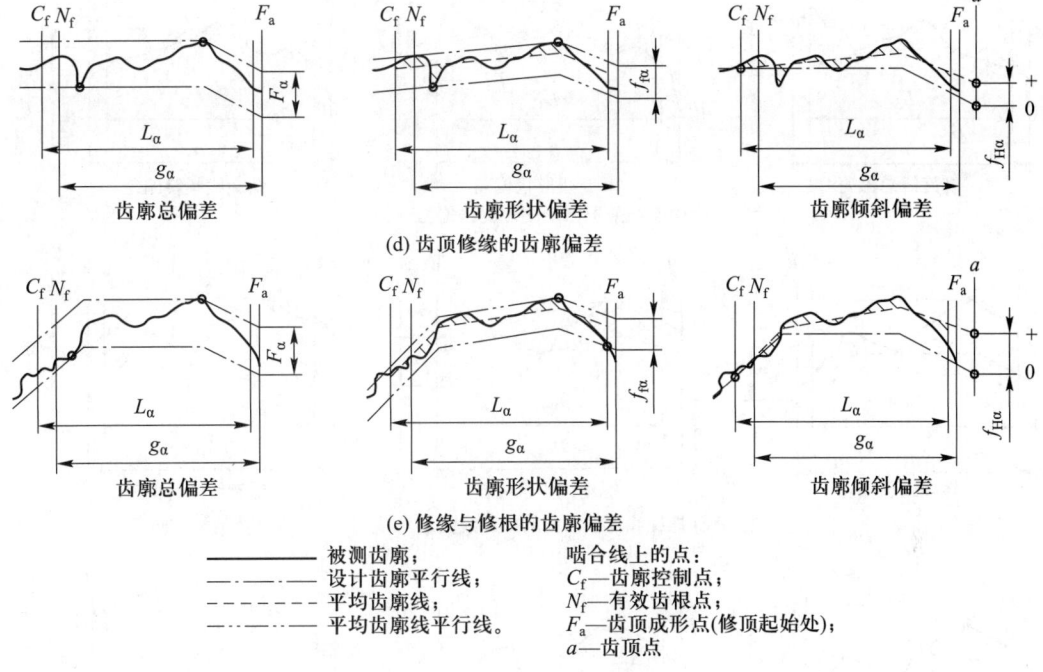

(d) 齿顶修缘的齿廓偏差

(e) 修缘与修根的齿廓偏差

———— 被测齿廓；
—·—·— 设计齿廓平行线；
– – – – 平均齿廓线；
—··—··— 平均齿廓线平行线。

啮合线上的点：
$C_f$—齿廓控制点；
$N_f$—有效齿根点；
$F_a$—齿顶成形点(修顶起始处)；
$a$—齿顶点

图 10-2　齿廓偏差

(a) 螺旋线未修形的螺旋线偏差

(b) 螺旋角修形的螺旋线偏差

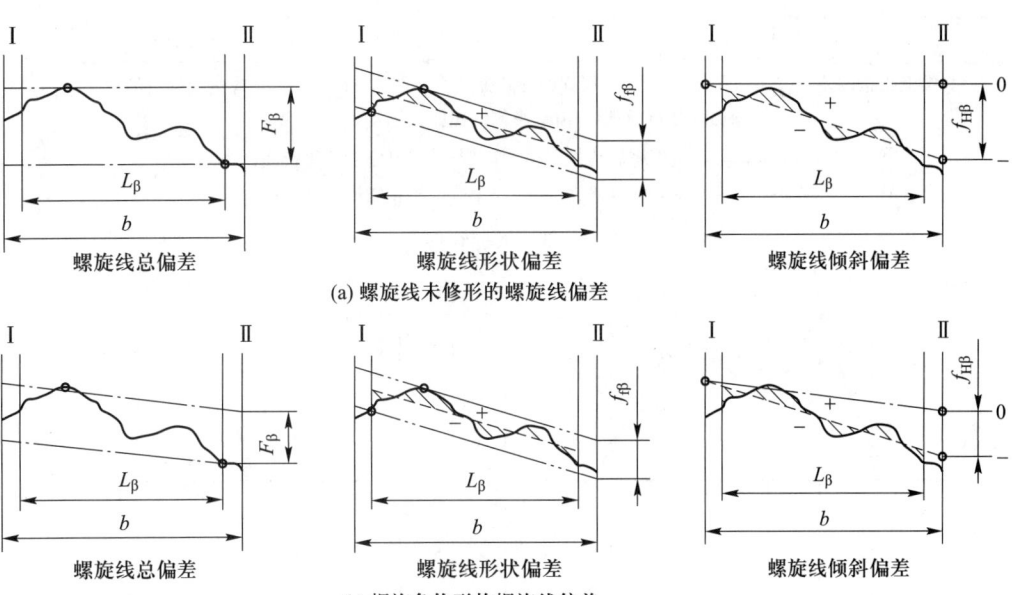

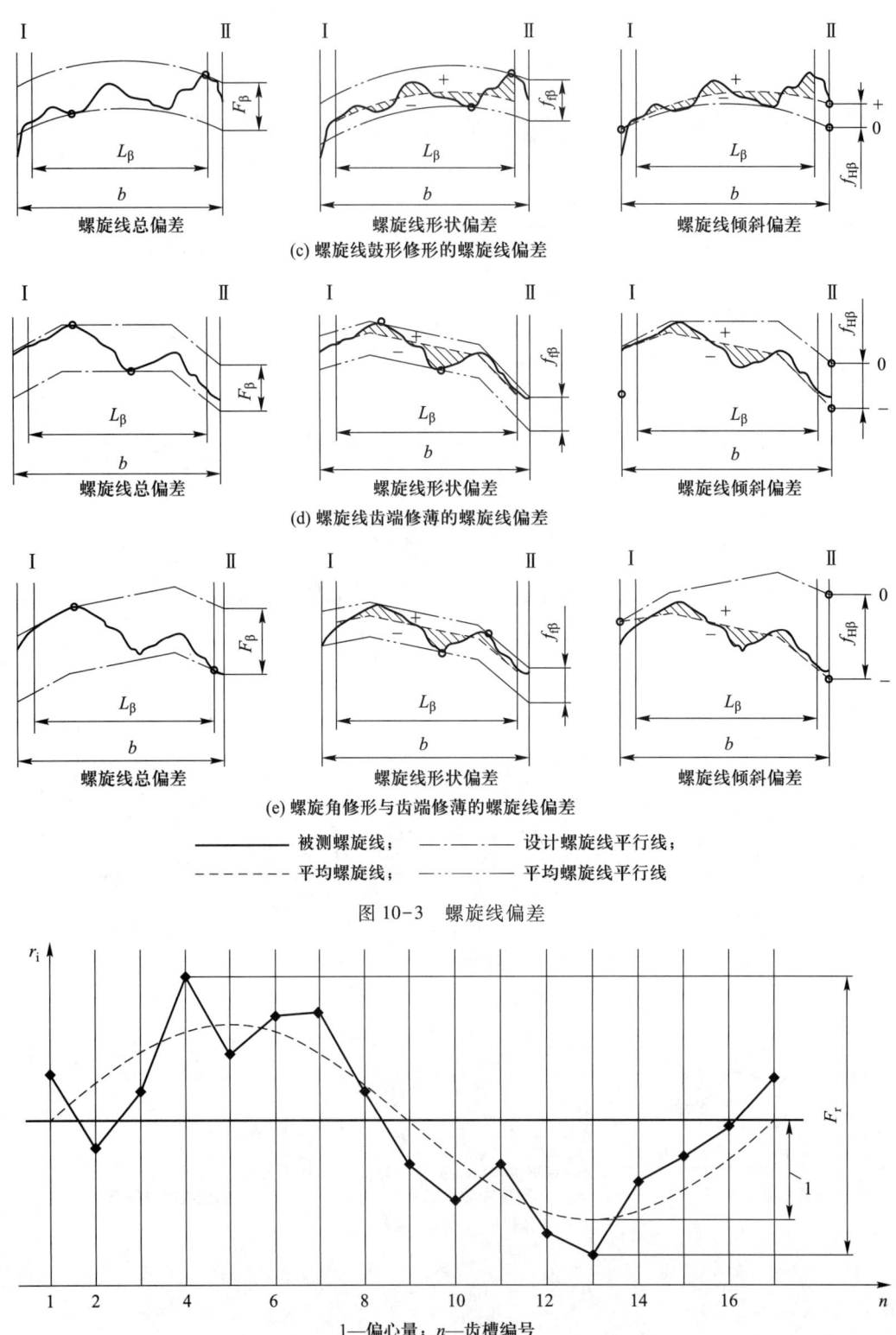

图 10-3　螺旋线偏差

1—偏心量；n—齿槽编号

图 10-4　有 16 个齿齿轮的径向跳动

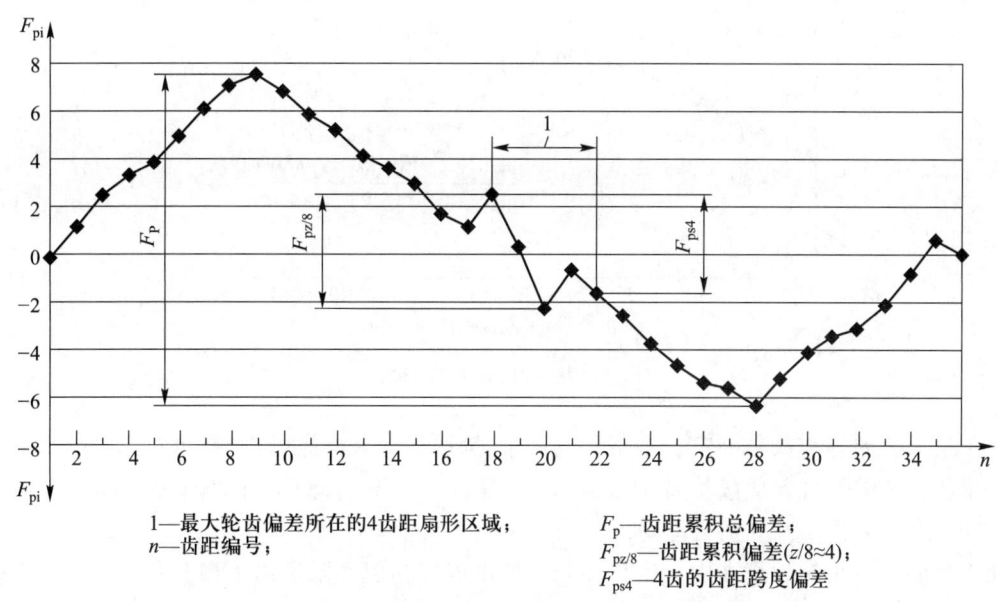

1—最大轮齿偏差所在的4齿距扇形区域；
$n$—齿距编号；
$F_p$—齿距累积总偏差；
$F_{pz/8}$—齿距累积偏差($z/8 \approx 4$)；
$F_{ps4}$—4齿的齿距跨度偏差

图 10-5 扇形区域齿距累积偏差和齿距跨度偏差

在 GB/T 10095.2—2023 中规定了单个渐开线圆柱齿轮的径向综合偏差的精度,见表 10-3。

表 10-3 径向综合偏差的定义与代号（GB/T 10095.2—2023 摘录）

| 名称 | 代号 | 定义 | 名称 | 代号 | 定义 |
| --- | --- | --- | --- | --- | --- |
| 一齿径向综合偏差（见图 10-6） | $f_{id}$ | 产品齿轮的所有轮齿与码特齿轮双面啮合测量中,中心距在任一齿距内的最大变动量 | 径向综合总偏差（见图 10-7） | $F_{id}$ | 产品齿轮的所有轮齿与码特齿轮双面啮合测量中,中心距的最大值与最小值之差 |

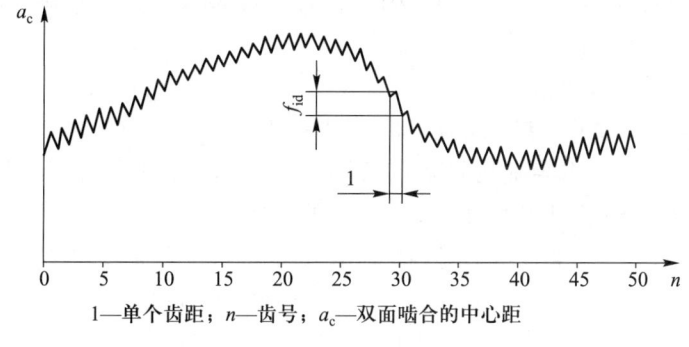

1—单个齿距；$n$—齿号；$a_c$—双面啮合的中心距

图 10-6 一齿径向综合偏差

## 2. 精度等级及其选择

GB/T 10095.1 规定了从 1 级到 11 级共 11 个精度等级,其中 1 级是最高的精度等级,11 级是最低的精度等级。GB/T 10095.2 规定了从 R30 级到 R50 级共 21 个精度等级,R30 级精度最高,R50 级精度最低。

对于给定的具体齿轮,各偏差项目可使用不同的公差等级。齿轮总的公差等级应由所有偏

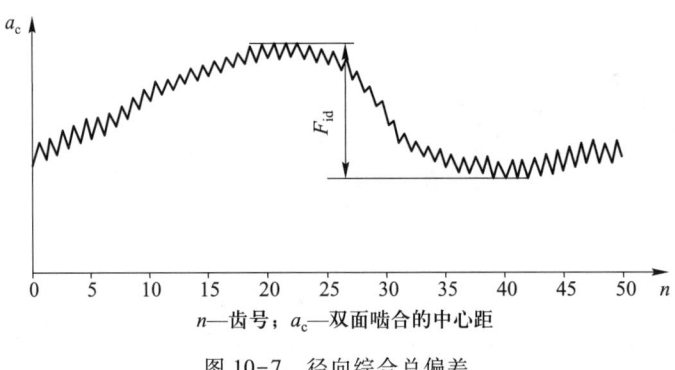

$n$—齿号；$a_c$—双面啮合的中心距

图 10-7　径向综合总偏差

差项目中最大公差等级数来确定。在某些应用中，为取得令人满意的性能，可对齿轮提出额外的特性并指明其公差。公差值按给定的公式计算，单位为微米（μm）。允许对径向综合总偏差和一齿径向综合偏差提出独立的公差等级要求。

在工程图样或齿轮计算书中规定齿面公差要求应包括但不限于以下内容：

对标准文件的引用，如 GB/T 10095.1—2022；

各个偏差项目的齿面公差等级和公差值；

用于测量的基准轴线；

工作基准轴线；

测量圆直径如果与标准规定的不相同，则应指明测量圆直径；

最少检查齿数如果与标准规定的不相同，则应指明最少测量齿数；

如果需要，指明齿廓或螺旋线修形的设计形状；

齿廓和螺旋线测量的计值范围；

齿廓控制圆直径（表述为直径、展开长度或展开角）；

其他测量要求，如齿厚（表述为分度圆齿厚、跨齿距或跨球距）、齿顶圆直径和齿根圆直径、齿根圆角轮廓、齿面的表面粗糙度。

通常以上要求可用参数表给出。

标准定义的众多偏差项并非都是必检项目，其中有些项目对特定的齿轮功能没有明显的影响。有些项目可以代替另一些项目，例如切向综合偏差检验能代替齿距偏差检验。出于以上考虑，标准列出了适用于指定齿面公差等级和尺寸的所有单个偏差要求。表 10-4 所列为适用于各种精度等级和尺寸的齿轮应进行测量的最少参数。当供需双方同意时，可用备选参数表代替默认参数表。

通常，轮齿两侧采用相同的公差。某些情况下，承载齿面可比非承载齿面或轻承载齿面规定更高的精度等级。此时，应在齿轮工作图上说明，并注明承载齿面。

标准中的齿廓总偏差 $F_\alpha$ 可以分解为齿廓形状偏差 $f_{f\alpha}$ 和齿廓倾斜偏差 $f_{H\alpha}$，螺旋线总偏差 $F_\beta$ 可以分解为螺旋线形状偏差 $f_{f\beta}$ 和螺旋线倾斜偏差 $f_{H\beta}$。对于 7~11 级精度的齿轮，评价齿轮精度等级只需要检测齿廓总偏差 $F_\alpha$ 和螺旋线总偏差 $F_\beta$，齿廓形状偏差 $f_{f\alpha}$ 和齿廓倾斜偏差 $f_{H\alpha}$、螺旋线形状偏差 $f_{f\beta}$ 和螺旋线倾斜偏差 $f_{H\beta}$ 对用户来说不是强制性检验项目，但是制造者掌握这些偏差数值有利于提高产品质量和降低加工成本。

径向综合偏差包含了右侧和左侧齿面综合偏差的成分，通过它来确定同侧齿面的单项偏差是不可能的。但是,通过对径向综合偏差的测量可以迅速提供关于生产用的机床、工具或产品齿轮装夹而导致的质量缺陷方面的信息,此法主要用于大批量生产的齿轮以及小模数齿轮的检测。为掌握生产的第一批齿轮是否符合规定的精度要求,需要对其进行详细的检验,后续用相同方法生产的齿轮可以通过测量径向综合偏差来发现生产情况是否有变化,而不必进行详细的检验。

**表 10-4　被测量参数**

| 直径/mm | 齿面公差等级 | 最少可接受参数 | |
|---|---|---|---|
| | | 默认参数表 | 备选参数表 |
| $d \leqslant 4000$ | 10~11 | $F_P, f_P, s, F_\alpha, F_\beta$ | $s, c_p, F_{id}^{①}, f_{id}^{①}$ |
| | 7~9 | $F_P, f_P, s, F_\alpha, F_\beta$ | $s, c_p^{②}, F_{id}, f_{id}$ |
| | 1~6 | $F_P, f_P, s$<br>$F_\alpha, f_{f\alpha}, f_{H\alpha}$<br>$F_\beta, f_{f\beta}, f_{H\beta}$ | $s, c_p^{②}, F_{id}, f_{id}$ |
| $d>4000$ | 7~11 | $F_P, f_P, s, F_\alpha, F_\beta$ | $F_P, f_P, s$,($f_{f\beta}$ 或 $c_p^{②}$) |

① 根据 ISO1328-2,仅限于齿轮齿数不受限制时;

② 接触斑点的验收条件和测量方法应经供需双方同意。

表 10-5 所列为针对各检查项目的典型测量方法及最少测量齿数。

**表 10-5　典型测量方法及最少测量齿数**

| 检查项目 | 典型测量方法 | 最少测量齿数 |
|---|---|---|
| 要素<br>$F_P$:齿距累积总偏差 | 双测头<br>单测头 | 全齿<br>全齿 |
| $f_P$:单个齿距偏差 | 双测头<br>单测头 | 全齿<br>全齿 |
| $F_\alpha$:齿廓总偏差<br>$f_{f\alpha}$:齿廓形状偏差<br>$f_{H\alpha}$:齿廓倾斜偏差 | 齿廓测量 | 3 齿 |
| $F_\beta$:螺旋线总偏差<br>$f_{f\beta}$:螺旋线形状偏差<br>$f_{H\beta}$:螺旋线倾斜偏差 | 螺旋线测量 | 3 齿 |
| 综合<br>$F_{id}$:切向综合总偏差 | | 全齿 |
| $f_{id}$:一齿切向综合偏差 | | 全齿 |
| $c_p$:接触斑点评价 | | 3 处 |
| 尺寸<br>$s$:齿厚 | 齿厚卡尺<br>跨棒距或棒间距<br>跨齿测量距<br>综合测量 | 3 齿<br>2 处<br>2 处<br>全齿 |

齿面精度参数只有在特定的工作轴线下才有意义,齿轮的内孔和端面及齿轮轴的定位轴颈是确定齿轮轴线的基准,设计者要合理地确定齿轮定位表面的组成及其精度要求,以实现基准轴线与工作轴线一致,确保齿轮传动精度的实现。

3. 公差值

公差值按以下公式计算得到,两相邻公差等级的级间公比是$\sqrt{2}$,本公差级数值乘以(或除以)$\sqrt{2}$可得到相邻较大(或较小)一级的数值。

公差计算值应按以下规则圆整:

如果计算值大于 10 μm,圆整到最接近的整数值;

如果计算值不大于 10 μm,且不小于 5 μm,圆整到最接近的尾数为 0.5 μm 的值;

如果计算值小于 5 μm,圆整到最接近的尾数为 0.1 μm 的值。

GB/T 10095.1—2022 给出如下公差计算公式($A$ 为齿面公差等级):

单个齿距公差 $f_{pT}=(0.001d+0.4m_n+5)\sqrt{2}^{A-5}$(μm)

齿距累积总公差 $F_{pT}=(0.002d+0.55\sqrt{d}+0.7m_n+12)\sqrt{2}^{A-5}$(μm)

齿廓形状公差 $f_{f\alpha T}=(0.55m_n+5)\sqrt{2}^{A-5}$(μm)

齿廓倾斜公差 $f_{H\alpha T}=(0.4m_n+0.001d+4)\sqrt{2}^{A-5}$(μm)

齿廓总公差 $F_{\alpha T}=\sqrt{f_{H\alpha T}^2+f_{f\alpha T}^2}$(μm)(计算中齿廓倾斜公差和齿廓形状公差使用未圆整的公差值)

螺旋线形状公差 $f_{f\beta T}=(0.07\sqrt{d}+0.45\sqrt{b}+4)\sqrt{2}^{A-5}$(μm)

螺旋线倾斜公差 $f_{H\beta T}=(0.05\sqrt{d}+0.35\sqrt{b}+4)\sqrt{2}^{A-5}$(μm)

螺旋线总公差 $F_{\beta T}=\sqrt{f_{H\beta T}^2+f_{f\beta T}^2}$(μm)(计算中螺旋线倾斜公差和螺旋线形状公差使用未圆整的公差值)

齿距累积公差 $F_{pkT}=f_{pT}+\dfrac{4k}{z}(0.001d+0.55\sqrt{d}+0.3m_n+7)\sqrt{2}^{A-5}$(μm)

径向跳动公差 $F_{rT}=0.9F_{pT}=0.9(0.002d+0.55\sqrt{d}+0.7m_n+12)\sqrt{2}^{A-5}$(μm)

GB/T 10095.2—2023 给出一齿径向综合公差和径向综合总公差计算公式($A$ 为齿面公差等级):

一齿径向综合公差:$\begin{cases} f_{idT}=\left(0.08\dfrac{z_c m_n}{\cos\beta}+64\right)2^{(R-R_x-44)/4}=\dfrac{F_{idT}}{2^{R_x/4}} \\ z_c=\min(|z|,200) \\ R_x=5\times[1-1.12^{(1-z_c)/1.12}] \end{cases}$

径向综合总公差:$F_{idT}=\left(0.08\dfrac{z_c m_n}{\cos\beta}+64\right)2^{(R-44)/4}$

4. 其他检验项目

(1)侧隙

侧隙是在装配好的齿轮副中,相啮合的轮齿之间的间隙。当两个齿轮的工作齿面相互接触时,其非工作齿面之间的最短距离为法向侧隙 $j_{bn}$;周向侧隙 $j_{wt}$ 是指将相互啮合的齿轮中的一个固定,另一个齿轮能够转过的节圆弧长的最大值。

GB/Z 18620.2—2008 定义了侧隙、侧隙检验方法(见图 10-8)及最小侧隙的推荐数据(见表 10-6)。

(2) 齿厚偏差

侧隙是通过齿厚减薄的方法实现的。齿厚偏差是指分度圆上实际齿厚与理论齿厚之差(对斜齿轮指法向齿厚)。

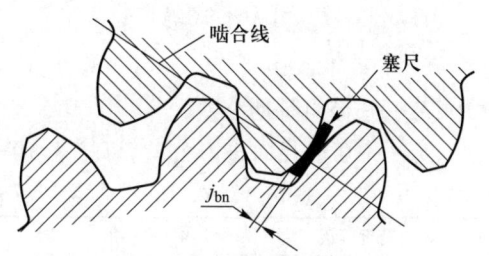

图 10-8 用塞尺测量侧隙(法向平面)

表 10-6 对中、大模数齿轮推荐的最小侧隙 $j_{bnmin}$ 数据    mm

| $m_n$ | 最小中心距 $a_i$ | | | | | |
|---|---|---|---|---|---|---|
| | 50 | 100 | 200 | 400 | 800 | 1 600 |
| 1.5 | 0.09 | 0.11 | — | — | — | — |
| 2 | 0.10 | 0.12 | 0.15 | — | — | — |
| 3 | 0.12 | 0.14 | 0.17 | 0.24 | — | — |
| 5 | — | 0.18 | 0.21 | 0.28 | — | — |
| 8 | — | 0.24 | 0.27 | 0.34 | 0.47 | — |
| 12 | — | — | 0.35 | 0.42 | 0.55 | — |
| 18 | — | — | — | 0.54 | 0.67 | 0.94 |

1) 齿厚上极限偏差

确定齿厚的上极限偏差 $E_{sns}$ 除应考虑最小侧隙外,还要考虑齿轮和齿轮副的加工和安装误差,关系式为

$$E_{sns1}+E_{sns2}=-2f_a\tan\alpha_n-\frac{j_{bnmin}+J_n}{\cos\alpha_n}$$

式中: $E_{sns1}$、$E_{sns2}$——小齿轮和大齿轮的齿厚上极限偏差;

$f_a$——中心距偏差;

$\alpha_n$——法向压力角;

$J_n$——齿轮和齿轮副的加工、安装误差对侧隙减小的补偿量。

$$J_n=\sqrt{(f_{pt1}^2+f_{pt2}^2)\cos\alpha_n+F_{\beta1}^2+F_{\beta2}^2+\left(\frac{b}{L}f_{\Sigma\delta}\sin\alpha_n\right)^2+\left(\frac{b}{L}f_{\Sigma\beta}\cos\alpha_n\right)^2}$$

式中: $f_{pt1}$、$f_{pt2}$——小齿轮和大齿轮的单个齿距偏差;

$F_{\beta1}$、$F_{\beta2}$——小齿轮和大齿轮的螺旋线总公差;

$b$——齿宽;

$L$——轴承跨距;

$f_{\Sigma\delta}$、$f_{\Sigma\beta}$——齿轮副轴线平行度公差。

求得两齿轮的齿厚上极限偏差之和以后,可以按等值分配方法分配给大齿轮和小齿轮,也可以使小齿轮的齿厚减薄量小于大齿轮的齿厚减薄量,以使大、小齿轮的齿根弯曲强度匹配。

2) 齿厚公差

齿厚公差的选择基本上与轮齿精度无关,除了十分必要的场合,不应采用很紧的齿厚公差,以利于在不影响齿轮性能和承载能力的前提下获得较经济的制造成本。

齿厚公差 $T_{sn}$ 可由下式确定：

$$T_{sn} = \sqrt{F_r^2 + b_r^2} \times 2\tan \alpha_n$$

式中：$F_r$——径向跳动公差；

$b_r$——切齿径向进刀公差，可按表 10-7 选用。

**表 10-7  切齿径向进刀公差**

| 齿轮精度等级 | 4 | 5 | 6 | 7 | 8 | 9 |
|---|---|---|---|---|---|---|
| $b_r$ | 1.26IT7 | IT8 | 1.26IT8 | IT9 | 1.26IT9 | IT10 |

3）齿厚下极限偏差

齿厚下极限偏差 $E_{sni}$ 按下式求得

$$E_{sni} = E_{sns} - T_{sn}$$

（3）公法线长度

齿厚改变时，齿轮的公法线长度也随之改变。可以通过测量公法线长度控制齿厚。公法线长度测量不以齿顶圆为测量基准，测量方法简单，测量精度较高，在生产中广泛使用。

公法线长度的计算公式见表 10-8。

$\alpha = 20°$ 标准圆柱齿轮的跨齿数 $k$ 和公法线长度 $W'$ 可在表 10-9 中查出。

**表 10-8  公法线长度计算公式**

| 项 | 目 | 代号 | 直 齿 轮 | 斜 齿 轮 |
|---|---|---|---|---|
| 标准齿轮 | 跨齿数 | $k$ | $k = \dfrac{\alpha z}{180°} + 0.5$<br>四舍五入成整数 | $k = \dfrac{\alpha z'}{180°} + 0.5$<br>$z' = z\dfrac{\text{inv }\alpha_t}{\text{inv }\alpha_n}$<br>四舍五入成整数 |
| 标准齿轮 | 公法线长度 | $W$ | $W = W'm$<br>$W' = \cos\alpha[\pi(k-0.5) + z\text{inv }\alpha]$ | $W_n = W'm_n$<br>$W' = \cos\alpha_n[\pi(k-0.5) + z'\text{inv }\alpha_n]$ |
| 变位齿轮 | 跨齿数 | $k$ | $k = \dfrac{z}{\pi}\left[\dfrac{1}{\cos\alpha}\sqrt{\left(1-\dfrac{2x}{z}\right)^2 - \cos^2\alpha}\right.$<br>$\left. -\dfrac{2x}{z}\tan\alpha - \text{inv }\alpha\right] + 0.5$<br>四舍五入成整数 | $k = \dfrac{z'}{\pi}\left[\dfrac{1}{\cos\alpha_n}\sqrt{\left(1-\dfrac{2x_n}{z'}\right)^2 - \cos^2\alpha_n}\right.$<br>$\left. -\dfrac{2x_n}{z}\tan\alpha_n - \text{inv }\alpha_n\right] + 0.5$<br>$z' = z\dfrac{\text{inv }\alpha_t}{\text{inv }\alpha_n}$<br>四舍五入成整数 |
| 变位齿轮 | 公法线长度 | $W$ | $W = (W' + \Delta W')m$<br>$W' = \cos\alpha[\pi(k-0.5) + z\text{inv }\alpha]$<br>$\Delta W' = 2x\sin\alpha$ | $W_n = (W' + \Delta W')m_n$<br>$W' = \cos\alpha_n[\pi(k-0.5) + z'\text{inv }\alpha_n]$<br>$z' = z\dfrac{\text{inv }\alpha_t}{\text{inv }\alpha_n}$<br>$\Delta W' = 2x_n\sin\alpha_n$ |

## 表 10-9 公法线长度 $W'$（$m=1, \alpha_0=20°$）

| 齿轮齿数 $z$ | 跨测齿数 $k$ | 公法线长度 $W'$ | 齿轮齿数 $z$ | 跨测齿数 $k$ | 公法线长度 $W'$ | 齿轮齿数 $z$ | 跨测齿数 $k$ | 公法线长度 $W'$ | 齿轮齿数 $z$ | 跨测齿数 $k$ | 公法线长度 $W'$ | 齿轮齿数 $z$ | 跨测齿数 $k$ | 公法线长度 $W'$ |
|---|---|---|---|---|---|---|---|---|---|---|---|---|---|---|
| | | | 41 | 5 | 13.858 8 | 81 | 10 | 29.179 7 | 121 | 14 | 41.548 4 | 161 | 18 | 53.917 2 |
| | | | 42 | 5 | 13.872 8 | 82 | 10 | 29.193 7 | 122 | 14 | 41.562 5 | 162 | 19 | 56.883 3 |
| | | | 43 | 5 | 13.886 8 | 83 | 10 | 29.207 7 | 123 | 14 | 41.576 5 | 163 | 19 | 56.897 3 |
| 4 | 2 | 4.484 2 | 44 | 5 | 13.900 8 | 84 | 10 | 29.221 7 | 124 | 14 | 41.590 5 | 164 | 19 | 55.911 3 |
| 5 | 2 | 4.498 2 | 45 | 6 | 16.867 0 | 85 | 10 | 29.235 7 | 125 | 14 | 41.604 5 | 165 | 19 | 56.925 3 |
| 6 | 2 | 4.512 2 | 46 | 6 | 16.881 0 | 86 | 10 | 29.249 7 | 126 | 15 | 44.570 6 | 166 | 19 | 56.939 4 |
| 7 | 2 | 4.526 2 | 47 | 6 | 16.895 0 | 87 | 10 | 29.263 7 | 127 | 15 | 44.584 6 | 167 | 19 | 56.953 4 |
| 8 | 2 | 4.540 2 | 48 | 6 | 16.909 0 | 88 | 10 | 29.277 7 | 128 | 15 | 44.598 6 | 168 | 19 | 56.967 4 |
| 9 | 2 | 4.554 2 | 49 | 6 | 16.923 0 | 89 | 10 | 29.291 7 | 129 | 15 | 44.612 6 | 169 | 19 | 56.981 4 |
| 10 | 2 | 4.568 3 | 50 | 6 | 16.937 0 | 90 | 11 | 32.257 9 | 130 | 15 | 44.626 6 | 170 | 19 | 56.995 4 |
| 11 | 2 | 4.582 3 | 51 | 6 | 16.951 0 | 91 | 11 | 32.271 9 | 131 | 15 | 44.640 6 | 171 | 20 | 59.961 5 |
| 12 | 2 | 4.596 3 | 52 | 6 | 16.965 0 | 92 | 11 | 32.285 9 | 132 | 15 | 44.654 6 | 172 | 20 | 59.975 5 |
| 13 | 2 | 4.610 3 | 53 | 6 | 16.979 0 | 93 | 11 | 32.299 9 | 133 | 15 | 44.668 6 | 173 | 20 | 59.989 5 |
| 14 | 2 | 4.624 3 | 54 | 7 | 19.945 2 | 94 | 11 | 32.313 9 | 134 | 15 | 44.682 6 | 174 | 20 | 60.003 5 |
| 15 | 2 | 4.638 3 | 55 | 7 | 19.959 2 | 95 | 11 | 32.327 9 | 135 | 16 | 47.648 8 | 175 | 20 | 60.017 5 |
| 16 | 2 | 4.652 3 | 56 | 7 | 19.973 2 | 96 | 11 | 32.341 9 | 136 | 16 | 47.662 8 | 176 | 20 | 60.031 5 |
| 17 | 2 | 4.666 3 | 57 | 7 | 19.987 2 | 97 | 11 | 32.355 9 | 137 | 16 | 47.676 8 | 177 | 20 | 60.045 5 |
| 18 | 3 | 7.632 4 | 58 | 7 | 20.001 2 | 98 | 11 | 32.369 9 | 138 | 16 | 47.690 8 | 178 | 20 | 60.059 5 |
| 19 | 3 | 7.646 4 | 59 | 7 | 20.015 2 | 99 | 12 | 35.336 1 | 139 | 16 | 47.704 8 | 179 | 20 | 60.073 6 |
| 20 | 3 | 7.660 4 | 60 | 7 | 20.029 2 | 100 | 12 | 35.350 1 | 140 | 16 | 47.718 8 | 180 | 21 | 63.039 7 |
| 21 | 3 | 7.674 4 | 61 | 7 | 20.043 2 | 101 | 12 | 35.364 1 | 141 | 16 | 47.732 8 | 181 | 21 | 63.053 7 |
| 22 | 3 | 7.688 5 | 62 | 7 | 20.057 2 | 102 | 12 | 35.378 1 | 142 | 16 | 47.746 8 | 182 | 21 | 63.067 7 |
| 23 | 3 | 7.702 5 | 63 | 8 | 23.023 3 | 103 | 12 | 35.392 1 | 143 | 16 | 47.760 8 | 183 | 21 | 63.081 7 |
| 24 | 3 | 7.716 5 | 64 | 8 | 23.037 3 | 104 | 12 | 35.406 1 | 144 | 17 | 50.727 0 | 184 | 21 | 63.095 7 |
| 25 | 3 | 7.730 5 | 65 | 8 | 23.051 3 | 105 | 12 | 35.420 1 | 145 | 17 | 50.741 0 | 185 | 21 | 63.109 7 |
| 26 | 3 | 7.744 5 | 66 | 8 | 23.065 4 | 106 | 12 | 35.434 1 | 146 | 17 | 50.755 0 | 186 | 21 | 63.123 7 |
| 27 | 4 | 10.710 6 | 67 | 8 | 23.079 4 | 107 | 12 | 35.448 1 | 147 | 17 | 50.769 0 | 187 | 21 | 63.137 7 |
| 28 | 4 | 10.724 6 | 68 | 8 | 23.093 4 | 108 | 13 | 38.414 2 | 148 | 17 | 50.783 0 | 188 | 21 | 63.151 7 |
| 29 | 4 | 10.738 6 | 69 | 8 | 23.107 4 | 109 | 13 | 38.428 2 | 149 | 17 | 50.797 0 | 189 | 22 | 66.117 9 |
| 30 | 4 | 10.752 6 | 70 | 8 | 23.121 4 | 110 | 13 | 38.442 3 | 150 | 17 | 50.811 0 | 190 | 22 | 66.131 9 |
| 31 | 4 | 10.766 6 | 71 | 8 | 23.135 4 | 111 | 13 | 38.456 3 | 151 | 17 | 50.825 0 | 191 | 22 | 66.145 9 |
| 32 | 4 | 10.780 6 | 72 | 9 | 26.101 5 | 112 | 13 | 38.470 3 | 152 | 17 | 50.839 0 | 192 | 22 | 66.159 9 |
| 33 | 4 | 10.794 6 | 73 | 9 | 26.115 5 | 113 | 13 | 38.484 3 | 153 | 18 | 53.805 1 | 193 | 22 | 66.173 9 |
| 34 | 4 | 10.808 6 | 74 | 9 | 26.129 5 | 114 | 13 | 38.498 3 | 154 | 18 | 53.819 2 | 194 | 22 | 66.187 9 |
| 35 | 4 | 10.822 7 | 75 | 9 | 26.143 5 | 115 | 13 | 38.512 3 | 155 | 18 | 53.833 2 | 195 | 22 | 66.201 9 |
| 36 | 5 | 13.788 8 | 76 | 9 | 26.157 5 | 116 | 13 | 38.526 3 | 156 | 18 | 53.847 2 | 196 | 22 | 66.215 9 |
| 37 | 5 | 13.802 8 | 77 | 9 | 26.171 5 | 117 | 14 | 41.492 4 | 157 | 18 | 53.861 2 | 197 | 22 | 66.229 9 |
| 38 | 5 | 13.816 8 | 78 | 9 | 26.185 5 | 118 | 14 | 41.506 4 | 158 | 18 | 53.875 2 | 198 | 23 | 69.196 1 |
| 39 | 5 | 13.830 8 | 79 | 9 | 26.199 6 | 119 | 14 | 41.520 4 | 159 | 18 | 53.889 2 | 199 | 23 | 69.210 1 |
| 40 | 5 | 13.844 8 | 80 | 9 | 26.213 6 | 120 | 14 | 41.534 4 | 160 | 18 | 53.903 2 | 200 | 23 | 69.224 1 |

注：对标准直齿圆柱齿轮，公法线长度 $W=W'm$；$W'$为 $m=1$ mm、$\alpha_0=20°$时的公法线长度。

公法线长度偏差指公法线的实际长度与公称长度之差,公法线长度偏差与齿厚偏差的关系如下:

$$E_{bns} = E_{sns}\cos\alpha_n$$
$$E_{bni} = E_{sni}\cos\alpha_n$$

(4) 齿轮坯的精度

GB/Z 18620.3—2008 推荐了齿轮坯上确定基准轴线的基准面的形状公差(表 10-10)。当基准轴线与工作轴线不重合时,工作安装面相对于基准轴线的跳动公差不应大于表 10-11 规定的数值。

齿轮的齿顶圆、齿轮孔以及安装齿轮的轴径尺寸公差与形状公差推荐按表 10-12 选用。

表 10-10 基准面与安装面的形状公差

| 确定轴线的基准面 | 公差项目 | | |
|---|---|---|---|
| | 圆 度 | 圆 柱 度 | 平 面 度 |
| 两个"短的"圆柱或圆锥形基准面 | $0.04(L/b)F_\beta$ 或 $0.1F_p$ 取两者中之小值 | | |
| 一个"长的"圆柱或圆锥形基准面 | | $0.04(L/b)F_\beta$ 或 $0.1F_p$ 取两者中之小值 | |
| 一个短的圆柱面和一个端面 | $0.06F_p$ | | $0.06(D_d/b)F_\beta$ |

注:齿轮坯的公差应减至能经济地制造的最小值。表中 $L$ 为较大的轴承跨距(当有关轴承跨距不同时),$D_d$ 为基准面直径,$b$ 为齿宽。

表 10-11 安装面的跳动公差

| 确定轴线的基准面 | 跳动量(总的指示幅度) | |
|---|---|---|
| | 径向 | 轴向 |
| 仅指圆柱或圆锥形基准面 | $0.15(L/b)F_\beta$ 或 $0.3F_p$,取两者中之大值 | |
| 一个圆柱基准面和一个端面基准面 | $0.3F_p$ | $0.2(D_d/b)F_\beta$ |

注:齿轮坯的公差应减至能经济地制造的最小值。

表 10-12 齿坯的尺寸和形状公差

| 齿轮精度等级 | | 6 | 7 | 8 | 9 | 10 |
|---|---|---|---|---|---|---|
| 孔 | 尺寸公差<br>形状公差 | IT6 | | IT7 | | IT8 |
| 轴 | 尺寸公差<br>形状公差 | IT5 | | IT6 | | IT7 |
| 齿顶圆直径 | 作测量基准 | | IT8 | | IT9 | |
| | 不作测量基准 | 公差按 IT11 给定,但不大于 $0.1m_n$ | | | | |

齿面公差等级的标识或规定应按下述格式表示:

GB/T 10095.1—2022,等级 $A$

$A$ 表示设计齿面公差等级。

径向综合公差等级的标注方式为:

GB/T 10095.2—2023,R××级

其中,××为设计的径向综合公差等级。

齿轮零件图中的精度标注方法参见图20-7。

(5) 中心距允许偏差

中心距公差是设计者规定的允许偏差,确定中心距公差时应综合考虑轴、轴承和箱体的制造及安装误差,轴承跳动及温度变化等影响因素,并考虑中心距变动对重合度和侧隙的影响。

GB/Z 18620.3—2008 没有推荐中心距公差数值,GB/T 10095.1—2022 对中心距极限偏差也未作规定,为了方便初学者设计时参考,表10-13列出了GB/T 10095—1988规定的中心距极限偏差。

表 10-13　中心距极限偏差 $\pm f_a$　　　　　　　　　　　μm

| 齿轮精度等级 | $f_a$ | 齿轮副的中心距/mm | | | | | | | | | | | |
|---|---|---|---|---|---|---|---|---|---|---|---|---|---|
| | | >6 ~10 | 10 ~18 | 18 ~30 | 30 ~50 | 50 ~80 | 80 ~120 | 120 ~180 | 180 ~250 | 250 ~315 | 315 ~400 | 400 ~500 | 500 ~630 | 630 ~800 | 800 ~1 000 |
| 5~6 | $\frac{1}{2}$IT7 | 7.5 | 9 | 10.5 | 12.5 | 15 | 17.5 | 20 | 23 | 26 | 28.5 | 31.5 | 35 | 40 | 45 |
| 7~8 | $\frac{1}{2}$IT8 | 11 | 13.5 | 16.5 | 19.5 | 28 | 27 | 31.5 | 36 | 40.5 | 44.5 | 48.5 | 55 | 62 | 70 |
| 9~10 | $\frac{1}{2}$IT9 | 18 | 21.5 | 26 | 31 | 37 | 43.5 | 50 | 57.5 | 65 | 70 | 77.5 | 87 | 100 | 115 |

(6) 轴线平行度公差

由于轴线平行度偏差的影响与其矢量的方向有关,对"轴线平面内的偏差" $f_{\Sigma\delta}$ 和"垂直平面内的偏差" $f_{\Sigma\beta}$ 作了不同的规定(图10-9)。轴线偏差的推荐最大值为

$$f_{\Sigma\beta} = 0.5(L/b)F_{\beta}, \quad f_{\Sigma\delta} = 2f_{\Sigma\beta}$$

式中:$L$——轴承跨距;

　　　$b$——齿宽。

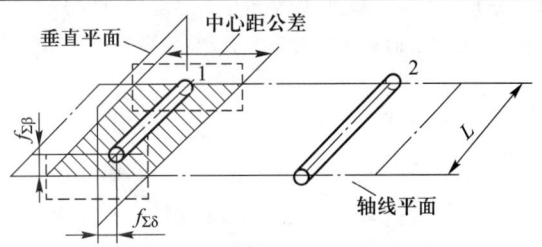

图 10-9　轴线平行度偏差

(7) 齿面粗糙度

齿面粗糙度影响齿轮的传动精度和工作能力。齿面粗糙度规定值应优先从表10-14和表10-15中选用。

表 10-14　算术平均偏差 $Ra$ 的推荐极限值　　μm

| 精度等级 | 模数/mm | | |
|---|---|---|---|
| | $m \leq 6$ | $6 < m \leq 25$ | $m > 25$ |
| 5 | 0.5 | 0.63 | 0.80 |
| 6 | 0.8 | 1.00 | 1.25 |
| 7 | 1.25 | 1.6 | 2.0 |
| 8 | 2.0 | 2.5 | 3.2 |
| 9 | 3.2 | 4.0 | 5.0 |
| 10 | 5.0 | 6.3 | 8.0 |

表 10-15　轮廓的最大高度 $Rz$ 的推荐极限值　　μm

| 精度等级 | 模数/mm | | |
|---|---|---|---|
| | $m \leq 6$ | $6 < m \leq 25$ | $m > 25$ |
| 5 | 3.2 | 4.0 | 5.0 |
| 6 | 5.0 | 6.3 | 8.0 |
| 7 | 8.0 | 10.0 | 12.5 |
| 8 | 12.5 | 16 | 20 |
| 9 | 20 | 25 | 32 |
| 10 | 32 | 40 | 50 |

$Ra$ 和 $Rz$ 均可作为齿面粗糙度指标,但两者不应在同一部分使用。

齿轮精度等级和齿面粗糙度等级之间没有直接关系。

(8) 接触斑点

检验产品齿轮副在其箱体内所产生的接触斑点,可以帮助评估轮齿间的载荷分布情况。

产品齿轮和测量齿轮的接触斑点可用于装配后的齿轮的螺旋线和齿廓精度的评估。

接触斑点可以给出齿宽方向配合不准确的程度,包括齿宽方向的不准确配合和波纹度,也可以给出齿廓不准确性的程度。

图 10-10~图 10-13 是产品齿轮与测量齿轮对滚产生的典型的接触斑点示意图。

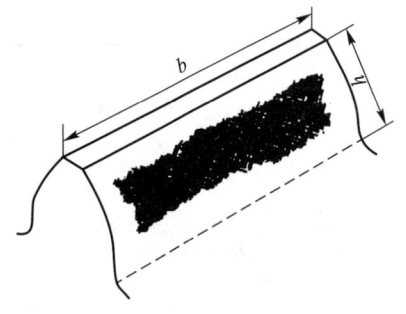

图 10-10 典型的规范(接触近似为 齿宽 $b$ 的 80% 有效齿面高度 $h$ 的 70%,齿端修薄)

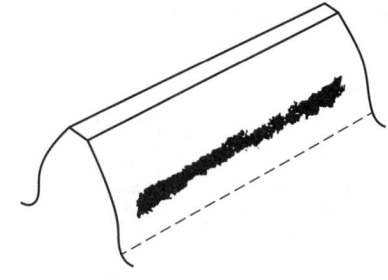

图 10-11 齿宽方向配合正确,有齿廓偏差

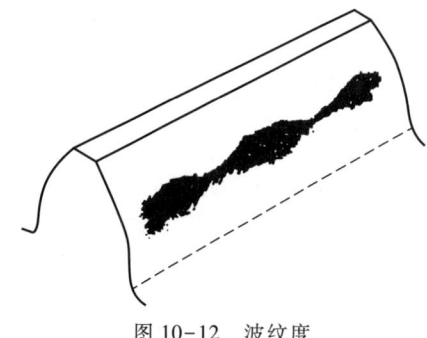

图 10-12 波纹度

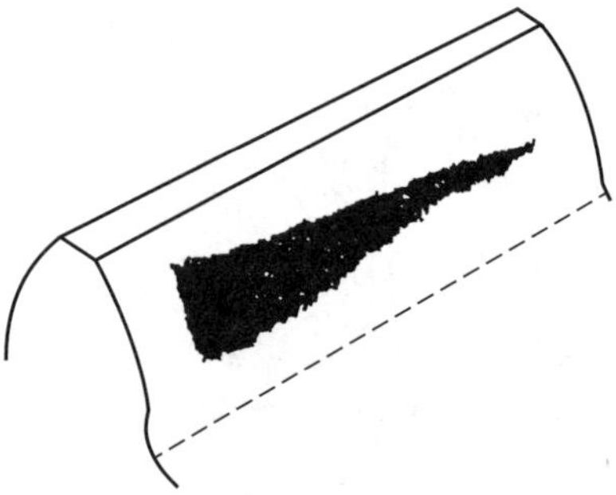

图 10-13 有螺旋线偏差,齿廓正确,有齿端修薄

图 10-14 和表 10-16、表 10-17 给出齿轮装配后(空载)检测时齿轮精度等级和接触斑点分布之间关系的一般指示(对齿廓和螺旋线修形的齿面是不适用的)。

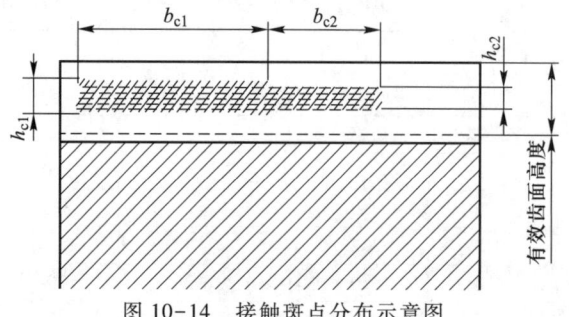

图 10-14 接触斑点分布示意图

表 10-16　斜齿轮装配后的接触斑点　%

| 精度等级按 GB/T 10095 | $b_{c1}$ 占齿宽的 | $h_{c1}$ 占有效齿高的 | $b_{c2}$ 占齿宽的 | $h_{c2}$ 占有效齿高的 |
|---|---|---|---|---|
| 4 级及更高 | 50 | 50 | 40 | 30 |
| 5 和 6 | 45 | 40 | 35 | 20 |
| 7 和 8 | 35 | 40 | 35 | 20 |
| 9 至 12 | 25 | 40 | 25 | 20 |

表 10-17　直齿轮装配后的接触斑点　%

| 精度等级按 GB/T 10095 | $b_{c1}$ 占齿宽的 | $h_{c1}$ 占有效齿高的 | $b_{c2}$ 占齿宽的 | $h_{c2}$ 占有效齿高的 |
|---|---|---|---|---|
| 4 级及更高 | 50 | 70 | 40 | 50 |
| 5 和 6 | 45 | 50 | 35 | 30 |
| 7 和 8 | 35 | 50 | 35 | 30 |
| 9 至 12 | 25 | 50 | 25 | 30 |

## 二、锥齿轮精度

GB/T 11365—2019 规定了未装配的锥齿轮、准双曲面齿轮及其组件的精度等级与公差值。标准定义了 10 个精度等级，从 2 级到 11 级，精度逐级降低。

标准规定了齿轮精度的公差计算公式及其适用范围。这些公式的适用范围如下：

$1.0 \text{ mm} \leqslant m_{mn} \leqslant 50 \text{ mm}$（$m_{mn}$ 为中点法向模数）

$5 \leqslant z \leqslant 400$（$z$ 为齿数）

$5 \text{ mm} \leqslant d_T \leqslant 2\ 500 \text{ mm}$（$d_T$ 为公差基准直径）

公差值根据锥齿轮具体尺寸计算得到，没有以数据表格形式给出。

1. 偏差定义

（1）齿圈跳动总偏差 $F_r$

在接近齿高中部的公差圆上，将测头（球形或锥形）依次放入每个齿槽，并使其与左、右齿同时保持接触，在垂直于分度锥方向测量出的最大和最小跳动量的差值。

（2）一齿切向综合偏差 $f_{is}$

齿轮单面啮合测试时，逐齿测量大齿轮一周后，除去周期成分（偏心距的正弦波影响），得到的任一齿距（360°/$z$）切向综合偏差的最大值。

（3）切向综合总偏差 $F_{is}$

齿轮单面啮合测试时，逐齿测量大齿轮一周后得到的切向综合偏差的最大值与最小值之差。

（4）单个齿距偏差 $f_{pt}$

同一测量圆上测头从任意齿面上的一点到相邻同侧齿面上的一点，实际齿面相对于其理论位置的偏移量，见图 10-15。测量值的代数符号可以区分齿距偏差方向。负（-）偏差表示齿面的实际齿距小于理论齿距；正（+）偏差表示齿面的实际齿距大于理论齿距。

（5）齿距累积总偏差 $F_P$

对于指定的左齿面或右齿面，任意两个分度偏差之间的最大代数差，忽略读数方向或代数符号，见图 10-16。

2. 公差值

（1）公差值计算公式

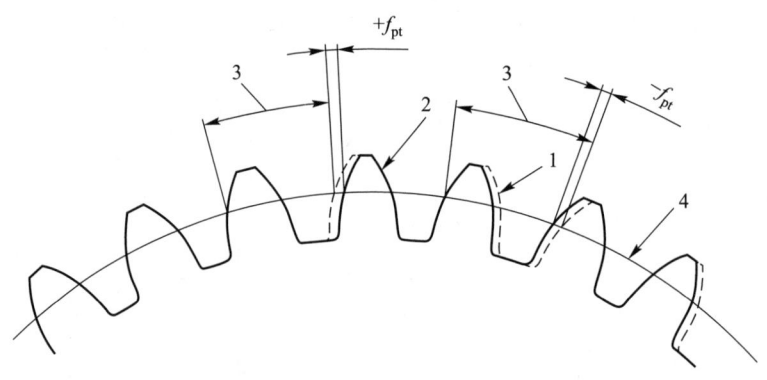

1—理论齿面位置；2—实际齿面位置；3—理论齿距；4—公差基准圆

图 10-15 齿距偏差

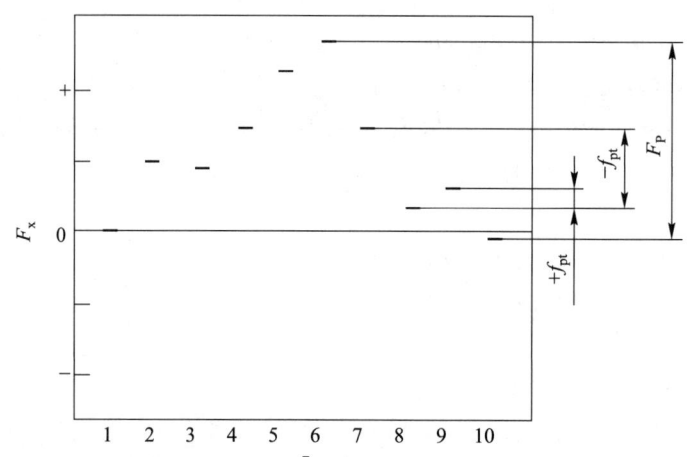

$F_x$—分度偏差；$f_{pt}$—单个齿距偏差；$F_P$—齿距累积总偏差；$z$—齿序数

图 10-16 单测头仪器测得的齿距数据

公差值应采用下列给出的公式计算得到，单位为微米（μm）。超出公式范围的部分不属于 GB/T 11365—2019 的规定，不能使用外推插值。

单个齿距公差 $f_{ptT}$

$$f_{ptT} = (0.003 d_T + 0.3 m_{mn} + 5)\sqrt{2}^{B-4}$$

式中，$B$ 为要求的公差等级。

齿距累积总公差 $F_{pT}$

$$F_{pT} = (0.025 d_T + 0.3 m_{mn} + 19)\sqrt{2}^{B-4}$$

齿圈跳动公差 $F_{rT}$

$$F_{rT} = 0.8(0.025 d_T + 0.3 m_{mn} + 19)\sqrt{2}^{B-4}$$

一齿切向综合公差 $f_{isT}$

一齿切向综合公差采用下述方法中的一种来确定。

① 方法 A

根据公称应用经验、承载能力试验或两者结合,确定一齿切向综合公差。不考虑质量等级。

② 方法 B 和方法 C

利用单面啮合偏差的短周期成分(高通滤波)的峰-峰幅值,确定一齿切向综合公差。锥齿轮副测量一周,运动曲线的最高点和最低点之间的峰-峰值是不同的,其最大的峰-峰幅值不应大于 $f_{isTmax}$,最小的峰-峰幅值不应小于 $f_{isTmin}$。

一齿切向综合公差的最大值为

$$f_{isTmax} = f_{is(design)} + (0.375m_{mn} + 0.5)\sqrt{2}^{B-4}$$

一齿切向综合公差的最小值取以下公式计算的较大者

$$f_{isTmin} = f_{is(design)} - (0.375m_{mn} + 0.5)\sqrt{2}^{B-4}$$

$$f_{isTmin} = 0$$

如果 $f_{isTmin}$ 值是负值,取 $f_{isTmin} = 0$。

方法 B:通过设计和实验分析确定。设计值大小的选择应考虑安装误差、齿形误差以及工作载荷等条件的影响。

方法 C:如果缺乏设计和试验数值,采用下式计算

$$f_{is(design)} = qm_{mn} + 1.5$$

系数 $q$ 的推荐值见表 10-18。

表 10-18 典型一齿切向综合偏差幅值及系数 $q$ 值

| 应用 | 一齿切向综合偏差幅值 μrad | 系数 $q$ |
| --- | --- | --- |
| 旅行车 | <30 | 0.05 |
| 卡车 | 20~50 | 1.0 |
| 工业 | 40~100 | 2~2.5 |
| 航空 | 40~200(平均 80) | 2.0 |

切向综合总公差 $F_{isT}$ 按下式计算

$$F_{isT} = F_{pT} + f_{isTmax}$$

(2)分级系数

两个相邻等级之间的分级系数是 $\sqrt{2}$。乘/除以 $\sqrt{2}$ 得到下一更高/更低等级的公差。任何一个精度等级的公差值可以通过 4 级精度计算未圆整的公差值乘以 $\sqrt{2}^{B-4}$ 得到。

(3)圆整规则

由以上公式计算的数值,按以下方法圆整:

计算值大于 10 μm,圆整到最接近的整数;

计算值大于 5 μm,小于或等于 10 μm,按最接近 0.5 μm 的整倍数圆整;

计算值小于或等于 5 μm,按最接近 0.1 μm 的整倍数圆整。

3. 公差等级和测量方法的选择

GB/T 11365—2019 给出的精度公差计算值和偏差测量方法仅针对未装配的锥齿轮。

不同精度等级的锥齿轮应按照表 10-19 所列的测量项目执行，大齿轮和小齿轮可以规定不同的精度等级。

**表 10-19　精度等级和测量方法**

| 轮齿尺寸 | 模数≥1 mm | | |
|---|---|---|---|
| 基本要求 | TT 和(CP 或 TF)(所有等级均应测量齿厚和 CP 或 TF) | | |
| 精度等级 | 11~9 | 8~5 | 4~2 |
| 最低要求 | RO | SP 和 RO | SP 和 AP |
| 替代方法 | (SP 和 AP)或 SF(替代方法用于替代最低要求) | | |

单项测量：SP—单个齿距；AP—齿距累积；RO—齿圈跳动；TF—齿面拓扑。
综合测量：CP—轮齿接触斑点；SF—单面。
尺寸测量：TT—齿厚。

齿轮的精度等级通过以偏差测量值与公差值进行比较来判定，测量应相对于基准轴线进行。关于基准轴的定义参见 GB/Z 18620.3—2008。

4. 其他检验项目

GB/T 11365—2019 只规定了单个齿轮的精度制，设计中需要定义齿轮副的偏差，如接触斑点、齿圈轴向位移极限偏差、锥齿轮副轴交角偏差、锥齿轮副轴间距偏差、齿轮副侧隙和齿坯公差等，本节收录的这部分内容摘自 GB/T 11365—1989。

表 10-20 给出了推荐的锥齿轮及齿轮副检验项目的名称、代号和定义。

**表 10-20　推荐的锥齿轮及齿轮副检验项目的名称、代号和定义**

| 名称 | 代号 | 定义 | 名称 | 代号 | 定义 |
|---|---|---|---|---|---|
| 齿轮副侧隙变动量 | $\Delta F_{vj}$ | 齿轮副按规定的位置安装后，在转动的整周期内，法向侧隙的最大值与最小值之差 | 齿圈轴向位移<br>| $\Delta f_{AM}$ | 齿轮装配后，齿圈相对于滚动检查机上确定的最佳啮合位置的轴向位移量 |
| 齿轮副侧隙变动公差 | $F_{vj}$ | 齿宽中点法向弦齿厚的实际值与公称值之差 | | | |
| 齿厚偏差 | $\Delta E_{s}^{-}$ | | 齿圈轴向位移极限偏差<br>上极限偏差<br>下极限偏差 | <br>$+f_{AM}$<br>$-f_{AM}$ | |
| 齿厚极限偏差<br>上极限偏差<br>下极限偏差<br>公差 | <br>$E_{ss}^{-}$<br>$E_{si}^{-}$<br>$T_{s}^{-}$ | | | | |

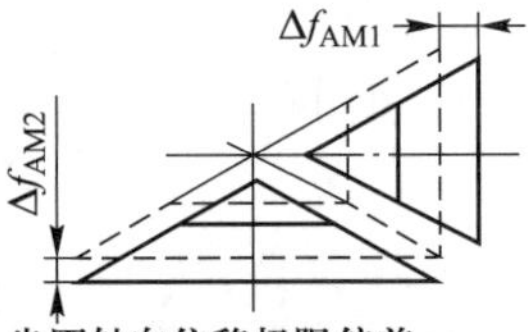

续表

<table>
<tr><th>名称</th><th>代号</th><th>定义</th><th>名称</th><th>代号</th><th>定义</th></tr>
<tr><td rowspan="2">接触斑点<br><br></td><td rowspan="2"></td><td rowspan="2">安装好的齿轮副(或被测齿轮与测量齿轮)在轻微力的驱动下运转后,工作齿面上得到的接触痕迹。<br>接触斑点包括形状、位置、大小三方面的要求。<br>接触痕迹的大小按百分比确定:沿齿长方向——接触痕迹长度 $b''$与工作长度 $b'$之比的百分数,即 $(b''/b')\times100\%$;沿齿高方向——接触痕迹高度 $h''$与接触痕迹中部的工作高度 $h'$之比的百分数,即 $(h''/h')\times100\%$</td><td>齿轮副轴间距偏差<br><br><br>齿轮副轴间距极限偏差<br>上极限偏差<br>下极限偏差</td><td>$\Delta f_a$<br><br><br>$+f_a$<br>$-f_a$</td><td>齿轮副实际轴间距与公称轴间距之差</td></tr>
<tr><td>齿轮副轴交角偏差<br>齿轮副轴交角极限偏差<br>上极限偏差<br>下极限偏差</td><td>$\Delta E_{\Sigma}$<br><br>$+E_{\Sigma}$<br>$-E_{\Sigma}$</td><td>齿轮副实际轴交角与公称轴交角之差。以齿宽中点处线性值计</td></tr>
</table>

(1) 接触斑点

接触斑点见表 10-21。

**表 10-21　接触斑点**

| 精度等级 | 6,7 | 8,9 | 10 | |
|---|---|---|---|---|
| 沿齿长方向/% | 50~70 | 35~65 | 25~55 | 对齿面修形的齿轮,在齿面大端、小端和齿顶边缘处不允许出现接触斑点;对齿面不修形的齿轮,其接触斑点大小不小于表中平均值 |
| 沿齿高方向/% | 55~75 | 40~70 | 30~60 | |

(2) 齿圈轴向位移极限偏差

齿圈轴向位移极限偏差 $\pm f_{AM}$ 值见表 10-22。

**表 10-22　齿圈轴向位移极限偏差 $\pm f_{AM}$ 值**　　μm

| 中点锥距/mm | | 分锥角/(°) | | 精度等级 6 | | | | 7 | | | | 8 | | | | 9 | | | | 10 | | | |
|---|---|---|---|---|---|---|---|---|---|---|---|---|---|---|---|---|---|---|---|---|---|---|---|
| | | | | 中点法向模数/mm | | | | | | | | | | | | | | | | | | | |
| 大于 | 到 | 大于 | 到 | 1~3.5 | >3.5~6.3 | >6.3~10 | >10~16 | 1~3.5 | >3.5~6.3 | >6.3~10 | >10~16 | 1~3.5 | >3.5~6.3 | >6.3~10 | >10~16 | 1~3.5 | >3.5~6.3 | >6.3~10 | >10~16 | 1~3.5 | >3.5~6.3 | >6.3~10 | >10~16 |
| | | — | 20 | 14 | 8 | | | 20 | 11 | | | 28 | 16 | | | 40 | 22 | | | 56 | 32 | | |
| — | 50 | 20 | 45 | 12 | 6.7 | — | — | 17 | 9.5 | — | — | 24 | 13 | — | — | 34 | 19 | — | — | 48 | 26 | — | — |
| | | 45 | — | 5 | 2.8 | | | 7.1 | 4 | | | 10 | 5.6 | | | 14 | 8 | | | 20 | 11 | | |

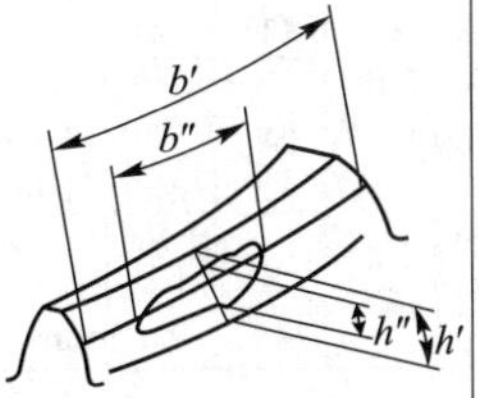

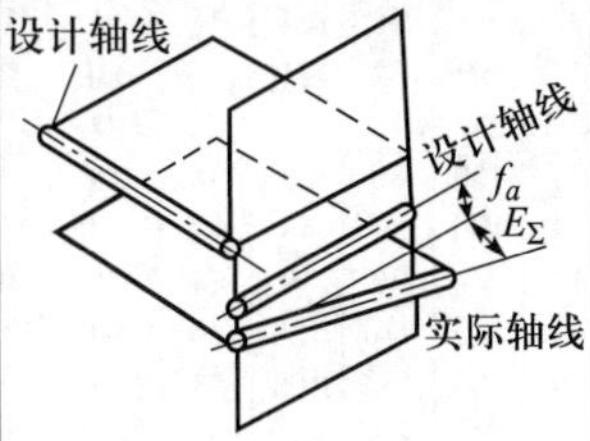

| 中点锥距/mm | | 分锥角/(°) | | 精度等级 | | | | | | | | | | | | | | | | | | | |
|---|---|---|---|---|---|---|---|---|---|---|---|---|---|---|---|---|---|---|---|---|---|---|---|
| | | | | 6 | | | | 7 | | | | 8 | | | | 9 | | | | 10 | | | |
| | | | | 中点法向模数/mm | | | | | | | | | | | | | | | | | | | |
| | | — | 20 | 48 | 26 | 17 | 13 | 67 | 38 | 24 | 18 | 95 | 53 | 34 | 26 | 140 | 75 | 50 | 38 | 190 | 105 | 71 | 50 |
| 50 | 100 | 20 | 45 | 40 | 22 | 15 | 11 | 56 | 32 | 21 | 16 | 80 | 45 | 30 | 22 | 120 | 63 | 42 | 30 | 160 | 90 | 60 | 45 |
| | | 45 | — | 17 | 9.5 | 6 | 4.5 | 24 | 13 | 8.5 | 6.7 | 34 | 17 | 12 | 9 | 48 | 26 | 17 | 13 | 67 | 38 | 24 | 18 |
| | | — | 20 | 105 | 60 | 38 | 28 | 150 | 80 | 53 | 40 | 200 | 120 | 75 | 56 | 300 | 160 | 105 | 80 | 420 | 240 | 150 | 110 |
| 100 | 200 | 20 | 45 | 90 | 50 | 32 | 24 | 130 | 71 | 45 | 34 | 180 | 100 | 63 | 48 | 260 | 140 | 90 | 67 | 360 | 190 | 130 | 95 |
| | | 45 | — | 38 | 21 | 13 | 10 | 53 | 30 | 19 | 14 | 75 | 40 | 26 | 20 | 105 | 60 | 38 | 28 | 150 | 80 | 53 | 40 |
| | | — | 20 | 240 | 130 | 85 | 60 | 340 | 180 | 120 | 85 | 480 | 250 | 170 | 120 | 670 | 360 | 240 | 170 | 950 | 500 | 320 | 240 |
| 200 | 400 | 20 | 45 | 200 | 105 | 71 | 50 | 280 | 150 | 100 | 71 | 400 | 210 | 140 | 100 | 560 | 300 | 200 | 150 | 800 | 420 | 280 | 200 |
| | | 45 | — | 85 | 45 | 30 | 21 | 120 | 63 | 40 | 30 | 170 | 90 | 60 | 42 | 240 | 130 | 85 | 60 | 340 | 180 | 120 | 85 |
| | | — | 20 | 530 | 280 | 180 | 130 | 750 | 400 | 250 | 180 | 1 050 | 560 | 360 | 260 | 1 500 | 800 | 500 | 380 | 2 100 | 1 100 | 710 | 500 |
| 400 | 800 | 20 | 45 | 450 | 240 | 150 | 110 | 630 | 340 | 210 | 160 | 900 | 480 | 300 | 220 | 1 300 | 670 | 440 | 300 | 1 700 | 950 | 600 | 440 |
| | | 45 | — | 190 | 100 | 63 | 45 | 270 | 140 | 90 | 67 | 380 | 200 | 125 | 90 | 530 | 280 | 180 | 130 | 750 | 400 | 250 | 180 |
| | | — | 20 | | | 380 | 280 | | | 560 | 400 | | | 750 | 560 | | | 1 100 | 800 | | | 1 500 | 1 100 |
| 800 | 1 600 | 20 | 45 | — | — | — | 240 | — | — | — | 340 | — | — | — | 480 | — | — | — | 670 | — | — | — | 950 |
| | | 45 | — | | | — | 100 | | | — | 140 | | | — | 200 | | | — | 280 | | | — | 400 |

注：表中数值用于 $\alpha=20°$ 的非修形齿轮。对修形齿轮，允许采用低一级的 $\pm f_{AM}$ 值；当 $\alpha\neq20°$ 时，表中数值乘 $\sin 20°/\sin\alpha$。

### (3) 锥齿轮副轴交角极限偏差和轴间距极限偏差

锥齿轮副轴交角极限偏差 $\pm E_{\Sigma}$ 和轴间距极限偏差 $\pm f_a$ 见表 10-23。

**表 10-23 锥齿轮副的 $\pm E_{\Sigma}$、$\pm f_a$ 值** μm

| 轴交角极限偏差 $\pm E_{\Sigma}$ ① | | | | | | | 轴间距极限偏差 $\pm f_a$ ② | | | | | |
|---|---|---|---|---|---|---|---|---|---|---|---|---|
| 中点锥距/mm | 小轮分锥角/(°) | 最小法向侧隙种类 | | | | | 中点锥距/mm | 精度等级 | | | | |
| | | h、e | d | c | b | a | | 6 | 7 | 8 | 9 | 10 |
| ≤50 | ≤50<br>>15~25<br>>25 | 7.5<br>10<br>12 | 11<br>16<br>19 | 18<br>26<br>30 | 30<br>42<br>50 | 45<br>63<br>80 | ≤50 | 12 | 18 | 28 | 36 | 67 |
| >50~100 | ≤15<br>>15~25<br>>25 | 10<br>12<br>15 | 16<br>19<br>22 | 26<br>30<br>32 | 42<br>50<br>60 | 63<br>80<br>95 | >50~100 | 15 | 20 | 30 | 45 | 75 |
| >100~200 | ≤15<br>>15~25<br>>25 | 12<br>17<br>20 | 19<br>26<br>32 | 30<br>45<br>50 | 50<br>71<br>80 | 80<br>110<br>125 | >100~200 | 18 | 25 | 36 | 55 | 90 |
| >200~400 | ≤15<br>>15~25<br>>25 | 15<br>24<br>26 | 22<br>36<br>40 | 32<br>56<br>63 | 60<br>90<br>100 | 95<br>140<br>160 | >200~400 | 25 | 30 | 45 | 75 | 120 |
| >400~800 | ≤15<br>>15~25<br>>25 | 20<br>28<br>34 | 32<br>45<br>56 | 50<br>71<br>85 | 80<br>110<br>140 | 125<br>180<br>220 | >400~800 | 30 | 36 | 60 | 90 | 150 |
| >800~1 600 | ≤15<br>>15~25<br>>25 | 26<br>40<br>53 | 40<br>63<br>85 | 63<br>100<br>130 | 100<br>160<br>210 | 160<br>250<br>320 | >800~1 600 | 40 | 50 | 85 | 130 | 200 |

① $E_{\Sigma}$ 值的公差带位置相对于零线可以不对称或取在一侧，适用于 $\alpha=20°$ 的正交齿轮副；

② $f_a$ 值用于无纵向修形的齿轮副。对纵向修形齿轮副允许采用低一级的 $\pm f_a$ 值。

（4）齿轮副侧隙

本标准规定齿轮副的最小法向侧隙种类为 6 种：a、b、c、d、e 和 h。最小法向侧隙值以 a 为最大，h 为零，如图 10-17 所示。最小法向侧隙种类与精度等级无关。

最小法向侧隙种类确定后，按表 10-23 和表 10-27 查取 $\pm E_\Sigma$ 和 $E_{\bar{s}s}$。

最小法向侧隙 $j_{nmin}$ 按表 10-24 规定。有特殊要求时，$j_{nmin}$ 可不按表 10-24 所列数值确定。此时，用线性插值法由表 10-23 和表 10-27 计算 $\pm E_\Sigma$ 和 $E_{\bar{s}s}$。

最大法向侧隙 $j_{nmax}$ 为

$$j_{nmax} = (\mid E_{\bar{s}s1} + E_{\bar{s}s2} \mid + T_{\bar{s}1} + T_{\bar{s}2} + E_{\bar{s}\Delta 1} + E_{\bar{s}\Delta 2}) \cos \alpha_n$$

式中，$E_{\bar{s}\Delta}$ 为制造误差的补偿部分，由表 10-26 查取。

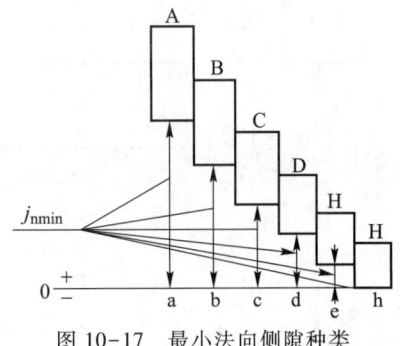

图 10-17 最小法向侧隙种类

本标准规定齿轮副的法向侧隙公差种类为 5 种：A、B、C、D 和 H。法向侧隙公差种类与精度等级有关。允许不同种类的法向侧隙公差和最小法向侧隙组合。在一般情况下，推荐法向侧隙公差种类与最小法向侧隙种类的对应关系如图 10-17 所示。

齿厚公差 $T_{\bar{s}}$ 按表 10-25 规定。

表 10-24  最小法向侧隙 $j_{nmin}$ 值  μm

| 中点锥距 /mm | | 小轮分锥角 /(°) | | 最小法向侧隙种类 | | | | | |
| --- | --- | --- | --- | --- | --- | --- | --- | --- | --- |
| 大于 | 到 | 大于 | 到 | h | e | d | c | b | a |
| — | 50 | —<br>15<br>25 | 15<br>25<br>— | 0<br>0<br>0 | 15<br>21<>25 | 22<br>33<br>39 | 36<br>52<br>62 | 58<br>84<br>100 | 90<br>130<br>160 |
| 50 | 100 | —<br>15<br>25 | 15<br>25<br>— | 0<br>0<br>0 | 21<br>25<br>30 | 33<br>39<br>46 | 52<br>62<br>74 | 84<br>100<br>120 | 130<br>160<br>190 |
| 100 | 200 | —<br>15<br>25 | 15<br>25<br>— | 0<br>0<br>0 | 25<br>35<br>40 | 39<br>54<br>63 | 62<br>87<br>100 | 100<br>140<br>160 | 160<br>220<br>250 |
| 200 | 400 | —<br>15<br>25 | 15<br>25<br>— | 0<br>0<br>0 | 30<br>46<br>52 | 46<br>72<br>81 | 74<br>115<br>130 | 120<br>185<br>210 | 190<br>290<br>320 |
| 400 | 800 | —<br>15<br>25 | 15<br>25<br>— | 0<br>0<br>0 | 40<br>57<br>70 | 63<br>89<br>110 | 100<br>140<br>175 | 160<br>230<br>280 | 250<br>360<br>440 |
| 800 | 1 600 | —<br>15<br>25 | 15<br>25<br>— | 0<br>0<br>0 | 52<br>80<br>105 | 81<br>125<br>165 | 130<br>200<br>260 | 210<br>320<br>420 | 320<br>500<br>660 |
| 1 600 | — | —<br>15<br>25 | 15<br>25<br>— | 0<br>0<br>0 | 70<br>125<br>175 | 110<br>195<br>280 | 175<br>310<br>440 | 280<br>500<br>710 | 440<br>780<br>1 100 |

注：正交齿轮副按中点锥距 $R$ 查表。非正交齿轮副按下式算出的 $R'$ 查表：$R' = R(\sin 2\delta_1 + \sin 2\delta_2)/2$，式中，$\delta_1$ 和 $\delta_2$ 为大、小轮分锥角。

表 10-25  齿厚公差 $T_{\bar{s}}$ 值  μm

| 齿圈跳动公差 $F_r$ | | 法向侧隙公差种类 | | | | |
| --- | --- | --- | --- | --- | --- | --- |
| 大于 | 到 | H | D | C | B | A |
| — | 8 | 21 | 25 | 30 | 40 | 52 |
| 8 | 10 | 22 | 28 | 34 | 45 | 55 |
| 10 | 12 | 24 | 30 | 36 | 48 | 60 |
| 12 | 16 | 26 | 32 | 40 | 52 | 65 |
| 16 | 20 | 28 | 36 | 45 | 58 | 75 |
| 20 | 25 | 32 | 42 | 52 | 65 | 85 |
| 25 | 32 | 38 | 48 | 60 | 75 | 95 |
| 32 | 40 | 42 | 55 | 70 | 85 | 110 |
| 40 | 50 | 50 | 65 | 80 | 100 | 130 |
| 50 | 60 | 60 | 75 | 95 | 120 | 150 |
| 60 | 80 | 70 | 90 | 110 | 130 | 180 |
| 80 | 100 | 90 | 110 | 140 | 170 | 220 |
| 100 | 125 | 110 | 130 | 170 | 200 | 260 |
| 125 | 160 | 130 | 160 | 200 | 250 | 320 |
| 160 | 200 | 160 | 200 | 260 | 320 | 400 |
| 200 | 250 | 200 | 250 | 320 | 380 | 500 |
| 250 | 320 | 240 | 300 | 400 | 480 | 630 |
| 320 | 400 | 300 | 380 | 500 | 600 | 750 |
| 400 | 500 | 380 | 480 | 600 | 750 | 950 |
| 500 | 630 | 450 | 500 | 750 | 950 | 1 180 |

## 表 10-26 最大法向侧隙($j_{nmax}$)的制造误差补偿部分 $E_{\bar{s}\Delta}$ 值

μm

| 精度等级 | 中点法向模数/mm | 中点分度圆直径/mm | | | | | | | | | | | |
|---|---|---|---|---|---|---|---|---|---|---|---|---|---|
| | | ≤125 | | | >125~400 | | | >400~800 | | | >800~1 600 | | |
| | | 分锥角/(°) | | | | | | | | | | | |
| | | ≤20 | >20~45 | >45 | ≤20 | >20~45 | >45 | ≤20 | >20~45 | >45 | ≤20 | >20~45 | >45 |
| 4~6 | 1~3.5 | 18 | 18 | 20 | 25 | 28 | 28 | 32 | 45 | 40 | — | — | — |
| | >3.5~6.3 | 20 | 20 | 22 | 28 | 28 | 28 | 34 | 50 | 40 | 67 | 75 | 72 |
| | >6.3~10 | 22 | 22 | 25 | 32 | 32 | 30 | 36 | 50 | 45 | 72 | 80 | 75 |
| | >10~16 | 25 | 25 | 28 | 32 | 34 | 32 | 45 | 55 | 50 | 72 | 90 | 75 |
| 7 | 1~3.5 | 20 | 20 | 22 | 28 | 32 | 30 | 36 | 50 | 45 | — | — | — |
| | >3.5~6.3 | 22 | 22 | 25 | 32 | 32 | 30 | 38 | 55 | 45 | 75 | 85 | 80 |
| | >6.3~10 | 25 | 25 | 28 | 36 | 36 | 34 | 40 | 55 | 50 | 80 | 90 | 85 |
| | >10~16 | 28 | 28 | 30 | 36 | 38 | 36 | 48 | 60 | 55 | 80 | 100 | 85 |
| 8 | 1~3.5 | 22 | 22 | 24 | 30 | 36 | 32 | 40 | 55 | 50 | — | — | — |
| | >3.5~6.3 | 24 | 24 | 28 | 36 | 36 | 32 | 42 | 60 | 50 | 80 | 90 | 85 |
| | >6.3~10 | 28 | 28 | 30 | 40 | 40 | 38 | 45 | 60 | 55 | 85 | 100 | 95 |
| | >10~16 | 30 | 30 | 32 | 40 | 42 | 40 | 55 | 65 | 60 | 85 | 110 | 95 |
| 9 | 1~3.5 | 24 | 24 | 25 | 32 | 38 | 36 | 45 | 65 | 55 | — | — | — |
| | >3.5~6.3 | 25 | 25 | 30 | 38 | 38 | 36 | 45 | 65 | 55 | 90 | 100 | 95 |
| | >6.3~10 | 30 | 30 | 32 | 45 | 45 | 40 | 48 | 65 | 60 | 95 | 110 | 100 |
| | >10~16 | 32 | 32 | 36 | 45 | 45 | 45 | 48 | 70 | 65 | 95 | 120 | 100 |
| 10 | 1~3.5 | 25 | 25 | 28 | 36 | 42 | 40 | 48 | 65 | 60 | — | — | — |
| | >3.5~6.3 | 28 | 28 | 32 | 42 | 42 | 40 | 50 | 70 | 60 | 95 | 110 | 105 |
| | >6.3~10 | 32 | 32 | 36 | 48 | 48 | 45 | 50 | 70 | 65 | 105 | 115 | 110 |
| | >10~16 | 36 | 36 | 40 | 48 | 50 | 48 | 60 | 80 | 70 | 105 | 130 | 110 |

## 表 10-27 齿厚上极限偏差 $E_{\bar{s}s}$ 值

μm

| 基本值 | | | | | | | | | | | | |
|---|---|---|---|---|---|---|---|---|---|---|---|---|
| 中点法向模数/mm | 中点分度圆直径/mm | | | | | | | | | | | |
| | ≤125 | | | >125~400 | | | >400~800 | | | >800~1 600 | | |
| | 分锥角/(°) | | | | | | | | | | | |
| | ≤20 | >20~45 | >45 | ≤20 | >20~45 | >45 | ≤20 | >20~45 | >45 | ≤20 | >20~45 | >45 |
| 1~3.5 | -20 | -20 | -22 | -28 | -32 | -30 | -36 | -50 | -45 | — | — | — |
| >3.5~6.3 | -22 | -22 | -25 | -32 | -32 | -30 | -38 | -55 | -45 | -75 | -85 | -80 |
| >6.3~10 | -25 | -25 | -28 | -36 | -36 | -34 | -40 | -55 | -50 | -80 | -90 | -85 |
| >10~16 | -28 | -28 | -30 | -36 | -38 | -36 | -48 | -60 | -55 | -80 | -100 | -85 |

| 系数 | | | | | |
|---|---|---|---|---|---|
| 最小法向侧隙种类 | 第Ⅱ公差组精度等级 | | | | |
| | 6 | 7 | 8 | 9 | 10 |
| h | 0.9 | 1.0 | — | — | — |
| e | 1.45 | 1.6 | — | — | — |
| d | 1.8 | 2.0 | 2.2 | — | — |
| c | 2.4 | 2.7 | 3.0 | 3.2 | — |
| b | 3.4 | 3.8 | 4.2 | 4.6 | 4.9 |
| a | 5.0 | 5.5 | 6.0 | 6.6 | 7.0 |

注：1. 各最小法向侧隙种类和各精度等级齿轮的 $E_{\bar{s}s}$ 值，由基本值栏查出的数值乘以系数得出。

2. 当轴交角公差带相对零线不对称时，$E_{\bar{s}s}$ 数值修正如下：

增大轴交角上极限偏差时，$E_{\bar{s}s}$ 加上$(E_{\Sigma s}-|E_{\Sigma}|)\tan\alpha$

减小轴交角上极限偏差时，$E_{\bar{s}s}$ 减去$(|E_{\Sigma i}|-|E_{\Sigma}|)\tan\alpha$

式中：$E_{\Sigma s}$—修改后的轴交角上极限偏差；$E_{\Sigma i}$—修改后的轴交角下极限偏差；$E_{\Sigma}$—表 10-23 中数值；$\alpha$—齿形角。

3. 允许把大、小轮齿厚上极限偏差($E_{\bar{s}s1}$、$E_{\bar{s}s2}$)之和重新分配在两个齿轮上。

(5) 齿坯公差

齿坯公差值见表 10-28。

**表 10-28　齿坯公差值**

| 齿坯尺寸公差 | | | | | |
|---|---|---|---|---|---|
| 精度等级 | 6 | 7 | 8 | 9 | 10 |
| 轴径尺寸公差 | IT5 | IT6 | | IT7 | |
| 孔径尺寸公差 | IT6 | IT7 | | IT8 | |
| 外径尺寸极限偏差 | 0<br>-IT8 | | | 0<br>-IT9 | |

| 齿坯轮冠距和顶锥角极限偏差 | | | |
|---|---|---|---|
| 中点法向模数/mm | ≤1.2 | >1.2~10 | >10 |
| 轮冠距极限偏差/μm | 0<br>-50 | 0<br>-75 | 0<br>-100 |
| 顶锥角极限偏差/(′) | +15<br>0 | +8<br>0 | +8<br>0 |

| 齿坯顶锥母线跳动公差/μm | | | | | | |
|---|---|---|---|---|---|---|
| 精度等级 | | 6 | 7 | 8 | 9 | 10 |
| 外径/mm | ≤30 | 15 | 25 | | 50 | |
| | >30~50 | 20 | 30 | | 60 | |
| | >50~120 | 25 | 40 | | 80 | |
| | >120~250 | 30 | 50 | | 100 | |
| | >250~500 | 40 | 60 | | 120 | |
| | >500~800 | 50 | 80 | | 150 | |
| | >800~1 250 | 60 | 100 | | 200 | |
| | >1 250~2 000 | 80 | 120 | | 250 | |

| 基准端面跳动公差/μm | | | | | | |
|---|---|---|---|---|---|---|
| 精度等级 | | 6 | 7 | 8 | 9 | 10 |
| 基准端面直径/mm | ≤30 | 6 | 10 | | 15 | |
| | >30~50 | 8 | 12 | | 20 | |
| | >50~120 | 10 | 15 | | 25 | |
| | >120~250 | 12 | 20 | | 30 | |
| | >250~500 | 15 | 25 | | 40 | |
| | >500~800 | 20 | 30 | | 50 | |
| | >800~1 250 | 25 | 40 | | 60 | |
| | >1 250~2 000 | 30 | 50 | | 80 | |

注：1. 当三个公差组精度等级不同时，公差值按最高的精度等级查取；

2. IT5~IT9 值见表 9-1。

(6) 锥齿轮和非变位圆柱齿轮的齿厚及齿高

$\alpha_0=20°, h_a=1$ 时，非变位直齿圆柱、锥齿轮分度圆上弦齿厚及弦齿高见表 10-29。

**表 10-29　非变位直齿圆柱、锥齿轮分度圆上弦齿厚及弦齿高($\alpha_0=20°, h_a^*=1$)**

弦齿厚 $s_x=K_1 m$；　弦齿高 $h_x^*=K_2 m$

| 齿数 $z$ | $K_1$ | $K_2$ |
|---|---|---|
| 10 | 1.564 3 | 1.061 6 |
| 11 | 1.565 5 | 1.056 0 |
| 12 | 1.566 3 | 1.051 4 |
| 13 | 1.567 0 | 1.047 4 |
| 14 | 1.567 5 | 1.044 0 |
| 15 | 1.567 9 | 1.041 1 |
| 16 | 1.568 3 | 1.038 5 |
| 17 | 1.568 6 | 1.036 2 |
| 18 | 1.568 8 | 1.034 2 |
| 19 | 1.569 0 | 1.032 4 |
| 20 | 1.569 2 | 1.030 8 |
| 21 | 1.569 4 | 1.029 4 |
| 22 | 1.569 5 | 1.028 1 |
| 23 | 1.569 6 | 1.026 8 |
| 24 | 1.569 7 | 1.025 7 |
| 25 | 1.569 8 | 1.024 7 |
| 26 | | 1.023 7 |
| 27 | 1.569 9 | 1.022 8 |
| 28 | | 1.022 0 |
| 29 | 1.570 0 | 1.021 3 |
| 30 | 1.570 1 | 1.020 5 |
| 31 | | 1.019 9 |
| 32 | 1.570 2 | 1.019 3 |
| 33 | | 1.018 7 |
| 34 | | 1.018 1 |
| 35 | | 1.017 6 |
| 36 | 1.570 3 | 1.017 1 |
| 37 | | 1.016 7 |
| 38 | 1.570 4 | 1.016 2 |
| 39 | | 1.015 8 |
| 40 | | 1.015 4 |
| 41 | 1.570 4 | 1.015 0 |
| 42 | | 1.014 7 |
| 43 | | 1.014 3 |
| 44 | 1.570 5 | 1.014 0 |
| 45 | | 1.013 7 |
| 46 | | 1.013 4 |
| 47 | | 1.013 1 |
| 48 | | 1.012 8 |
| 49 | | 1.012 6 |
| 50 | | 1.012 3 |
| 51 | | 1.012 1 |
| 52 | 1.570 6 | 1.011 9 |
| 53 | | 1.011 7 |
| 54 | | 1.011 4 |
| 55 | | 1.011 2 |
| 56 | 1.570 6 | 1.011 0 |
| 57 | | 1.010 8 |
| 58 | | 1.010 6 |
| 59 | | 1.010 5 |
| 60 | | 1.010 2 |
| 61 | 1.570 6 | 1.010 1 |
| 62 | | 1.010 0 |
| 63 | | 1.009 8 |
| 64 | | 1.009 7 |
| 65 | | 1.009 5 |

续表

| 齿数 $z$ | $K_1$ | $K_2$ |
|---|---|---|
| 66 | | 1.009 4 |
| 67 | 1.570 6 | 1.009 2 |
| 68 | | 1.009 1 |
| 69 | 1.570 7 | 1.009 0 |
| 70 | | 1.008 8 |
| 71 | 1.570 7 | 1.008 7 |
| 72 | | 1.008 6 |
| 73 | | 1.008 5 |
| 74 | 1.570 7 | 1.008 4 |
| 75 | | 1.008 3 |
| 76 | | 1.008 1 |
| 77 | | 1.008 0 |
| 78 | 1.570 7 | 1.007 9 |
| 79 | | 1.007 8 |
| 80 | | 1.007 7 |
| 81 | | 1.007 6 |
| 82 | | 1.007 5 |
| 83 | 1.570 7 | 1.007 4 |
| 84 | | 1.007 4 |
| 85 | | 1.007 3 |

| 齿数 $z$ | $K_1$ | $K_2$ |
|---|---|---|
| 86 | | 1.007 2 |
| 87 | | 1.007 1 |
| 88 | 1.570 7 | 1.007 0 |
| 89 | | 1.006 9 |
| 90 | | 1.006 8 |
| 91 | | 1.006 8 |
| 92 | | 1.006 7 |
| 93 | 1.570 7 | 1.006 7 |
| 94 | | 1.006 6 |
| 95 | | 1.006 5 |
| 96 | | 1.006 4 |
| 97 | | 1.006 4 |
| 98 | 1.570 7 | 1.006 3 |
| 99 | | 1.006 2 |
| 100 | | 1.006 1 |
| 101 | | 1.006 1 |
| 102 | | 1.006 0 |
| 103 | 1.570 7 | 1.006 0 |
| 104 | | 1.005 9 |
| 105 | | 1.005 9 |

| 齿数 $z$ | $K_1$ | $K_2$ |
|---|---|---|
| 106 | | 1.005 8 |
| 107 | | 1.005 8 |
| 108 | 1.570 7 | 1.005 7 |
| 109 | | 1.005 7 |
| 110 | | 1.005 6 |
| 111 | | 1.005 6 |
| 112 | | 1.005 5 |
| 113 | 1.570 7 | 1.005 5 |
| 114 | | 1.005 4 |
| 115 | | 1.005 4 |
| 116 | | 1.005 3 |
| 117 | | 1.005 3 |
| 118 | 1.570 7 | 1.005 3 |
| 119 | | 1.005 2 |
| 120 | | 1.005 2 |
| 121 | 1.570 7 | 1.005 1 |
| 122 | | 1.005 1 |

| 齿数 $z$ | $K_1$ | $K_2$ |
|---|---|---|
| 123 | | 1.005 0 |
| 124 | 1.570 7 | 1.005 0 |
| 125 | | 1.004 9 |
| 126 | | 1.004 9 |
| 127 | | 1.004 9 |
| 128 | 1.570 7 | 1.004 8 |
| 129 | | 1.004 8 |
| 130 | | 1.004 7 |
| 131 | | 1.004 7 |
| 132 | | 1.004 7 |
| 133 | 1.570 8 | 1.004 7 |
| 134 | | 1.004 6 |
| 135 | | 1.004 6 |
| 140 | | 1.004 4 |
| 145 | 1.570 8 | 1.004 2 |
| 150 | | 1.004 1 |
| 齿条 | | 1.000 0 |

注：1. 对于斜齿圆柱齿轮和锥齿轮，使用本表时，应以当量齿数 $z_d$ 代替 $z$。斜齿轮：$z_d = z/\cos^3\beta_f$；锥齿轮：$z_d = z/\cos\varphi$。$z_d$ 非整数时，可用插值法求出；

2. 本表不属于 GB/T 11365—1989 内容。

5. 图样标注

在齿轮零件图上应标注齿轮的精度等级和最小法向侧隙种类及法向侧隙公差种类的数字(字母)代号。标注示例如下。

① 齿轮精度为 7 级，最小法向侧隙种类为 b，法向侧隙公差种类为 B：

7b　GB/T 11365

② 齿轮精度为 7 级，最小法向侧隙种类为 c，法向侧隙公差种类为 B：

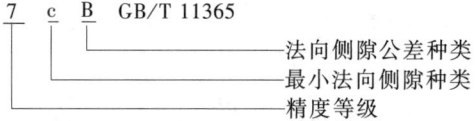

7　c　B　GB/T 11365

B——法向侧隙公差种类

c——最小法向侧隙种类

7——精度等级

## 三、圆柱蜗杆、蜗轮精度

GB/T 10089—2018 规定了圆柱蜗杆蜗轮传动机构的精度。

标准适用于轴交角 $\Sigma = 90°$，最大模数 $m = 40$ mm 及最大分度圆直径 $d = 2\ 500$ mm 的圆柱蜗杆蜗轮传动机构。

GB/T 10089—2018 对蜗杆蜗轮传动机构规定了 12 个精度等级，第 1 级精度最高，第 12 级精度最低。

1. 偏差定义

(1) 蜗杆偏差

① 齿廓总偏差 $F_{\alpha1}$　在轴向截面的计值范围 $L_{\alpha1}$(齿廓的工作范围)内，包容实际齿廓迹线的

两条设计齿廓迹线间的轴向距离。

② 轴向齿距偏差 $f_{px}$　在蜗杆轴向截面内实际齿距和公称齿距之差。

③ 相邻轴向齿距偏差 $f_{ux}$　在蜗杆轴向截面内两相邻齿距之差。

④ 径向跳动偏差 $F_{r1}$　在蜗杆任意一转范围内,测头在齿槽内与齿高中部的齿面双面接触,其测头相对于蜗杆主导轴线的径向最大变动量。

⑤ 导程偏差 $F_{pz}$　蜗杆导程的实际尺寸和公称尺寸之差。

（2）蜗轮偏差

① 单个齿距偏差 $f_{p2}$　在蜗轮分度圆上,实际齿距和公称齿距之差。

② 齿距累积总偏差 $F_{p2}$　在蜗轮分度圆上,任意两个同侧齿面间的实际弧长与公称弧长之差的最大绝对值。

③ 相邻齿距偏差 $f_{u2}$　蜗轮右齿面或左齿面两个相邻齿距的实际尺寸之差。

④ 齿廓总偏差 $F_{\alpha 2}$　在轮齿给定截面的计值范围内,包容实际齿廓迹线的两条设计齿廓迹线间的距离。

⑤ 径向跳动偏差 $F_{r2}$　在蜗轮一转范围内,测头在靠近中间平面的齿槽内与齿高中部的齿面双面接触,其测头相对于蜗轮轴线的径向距离的最大变动量。

（3）啮合偏差

① 单面啮合偏差 $F'_i$　蜗轮实际旋转位置和理论旋转位置的波动。理论旋转位置是由蜗杆的旋转确定的。当旋转方向确定时,单面啮合偏差等于蜗轮旋转一周范围内相对于起始位置的最大偏差之和,如图 10-18 所示。

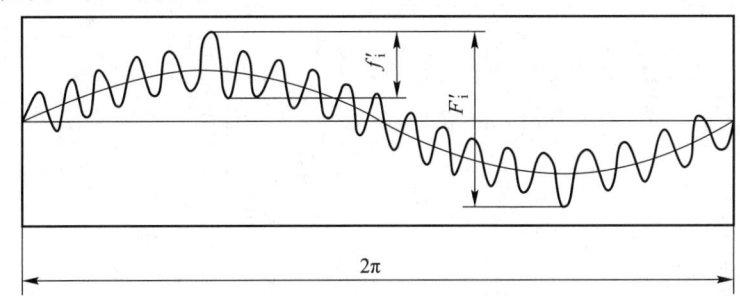

注:单面啮合偏差 $F'_{i1}$ 和 $F'_{i2}$ 是用标准蜗轮或者标准蜗杆测量得到的。如果没有标准蜗轮和标准蜗杆,则使用配对的蜗杆蜗轮副,其单面啮合偏差为 $F'_{i12}$。

图 10-18　蜗轮旋转时单面啮合偏差 $F'_i$ 和单面一齿啮合偏差 $f'_i$

② 单面一齿啮合偏差 $f'_i$　一个齿啮合过程中旋转位置的偏差,如图 10-18 所示。

2. 公差值

蜗杆蜗轮轮齿尺寸参数偏差 5~10 级精度的允许值见表 10-30~表 10-35。把测量出的偏差与表 10-30~表 10-35 中规定的数值进行比较,以评定蜗杆、蜗轮的精度等级。蜗杆副接触斑点要求见表 10-36。

为了满足蜗杆蜗轮传动机构的所有性能要求,应保证蜗杆副的中心距极限偏差、中间平面极限偏差、轴交角极限偏差,蜗杆副传动侧隙、齿厚公差,齿坯公差在规定的允许值范围内,但新标准中对上述偏差的允许值未作规定,这里收录的公差值均摘自 GB/T 10089—1988,见表 10-37~表 10-42。

### 表 10-30　5 级精度轮齿偏差的允许值　μm

| 模数 $m(m_t, m_x)$/mm | 偏差 $F_\alpha$ | | 分度圆直径 $d$/mm >10~50 | >50~125 | >125~280 | >280~560 | >560~1 000 | >1 000~1 600 | >1 600~2 500 |
|---|---|---|---|---|---|---|---|---|---|
| >0.5~2.0 | 5.5 | $f_u$ | 6.0 | 6.5 | 7.0 | 7.5 | 8.0 | 9.0 | 10.0 |
| | | $f_p$ | 4.5 | 5.0 | 5.5 | 6.0 | 6.5 | 7.0 | 8.0 |
| | | $F_{p2}$ | 13.0 | 17.0 | 21.0 | 24.0 | 27.0 | 30.0 | 33.0 |
| | | $F_r$ | 9.0 | 11.0 | 12.0 | 14.0 | 16.0 | 18.0 | 19.0 |
| | | $F_i'$ | 15.0 | 18.0 | 21.0 | 24.0 | 26.0 | 29.0 | 31.0 |
| | | $f_i'$ | 7.0 | 7.5 | 7.5 | 8.0 | 8.5 | 9.0 | 9.5 |
| >2.0~3.55 | 7.5 | $f_u$ | 6.5 | 7.0 | 7.5 | 8.0 | 9.0 | 9.5 | 11.0 |
| | | $f_p$ | 5.0 | 5.5 | 6.0 | 6.5 | 7.0 | 7.5 | 8.5 |
| | | $F_{p2}$ | 16.0 | 20.0 | 24.0 | 28.0 | 31.0 | 35.0 | 38.0 |
| | | $F_r$ | 11.0 | 14.0 | 16.0 | 18.0 | 20.0 | 22.0 | 24.0 |
| | | $F_i'$ | 18.0 | 22.0 | 25.0 | 28.0 | 31.0 | 34.0 | 37.0 |
| | | $f_i'$ | 9.0 | 9.0 | 9.5 | 10.0 | 10.0 | 11.0 | 11.0 |
| >3.55~6.0 | 9.5 | $f_u$ | 7.5 | 7.5 | 8.0 | 9.0 | 9.5 | 10.0 | 11.0 |
| | | $f_p$ | 6.0 | 6.0 | 6.5 | 7.0 | 7.5 | 8.5 | 9.0 |
| | | $F_{p2}$ | 17.0 | 22.0 | 26.0 | 30.0 | 34.0 | 38.0 | 41.0 |
| | | $F_r$ | 13.0 | 16.0 | 18.0 | 20.0 | 23.0 | 25.0 | 27.0 |
| | | $F_i'$ | 21.0 | 25.0 | 28.0 | 31.0 | 35.0 | 38.0 | 41.0 |
| | | $f_i'$ | 11.0 | 11.0 | 11.0 | 12.0 | 12.0 | 13.0 | 13.0 |
| >6.0~10 | 12.0 | $f_u$ | 8.5 | 9.0 | 9.5 | 10.0 | 11.0 | 12.0 | 13.0 |
| | | $f_p$ | 7.0 | 7.0 | 7.5 | 8.0 | 8.5 | 9.0 | 10.0 |
| | | $F_{p2}$ | 18.0 | 23.0 | 28.0 | 32.0 | 36.0 | 41.0 | 44.0 |
| | | $F_r$ | 15.0 | 18.0 | 20.0 | 23.0 | 25.0 | 28.0 | 30.0 |
| | | $F_i'$ | 24.0 | 28.0 | 32.0 | 35.0 | 39.0 | 42.0 | 45.0 |
| | | $f_i'$ | 13.0 | 13.0 | 14.0 | 14.0 | 14.0 | 15.0 | 15.0 |
| >10~16 | 16.0 | $f_u$ | 11.0 | 11.0 | 11.0 | 12.0 | 13.0 | 14.0 | 15.0 |
| | | $f_p$ | 8.5 | 8.5 | 9.0 | 9.5 | 10.0 | 11.0 | 12.0 |
| | | $F_{p2}$ | 19.0 | 25.0 | 30.0 | 34.0 | 39.0 | 43.0 | 48.0 |
| | | $F_r$ | 17.0 | 20.0 | 23.0 | 26.0 | 28.0 | 31.0 | 34.0 |
| | | $F_i'$ | 28.0 | 33.0 | 37.0 | 40.0 | 44.0 | 48.0 | 51.0 |
| | | $f_i'$ | 17.0 | 17.0 | 18.0 | 18.0 | 18.0 | 19.0 | 20.0 |
| >16~25 | 20.0 | $f_u$ | 13.0 | 14.0 | 14.0 | 15.0 | 16.0 | 17.0 | 17.0 |
| | | $f_p$ | 11.0 | 11.0 | 11.0 | 12.0 | 12.0 | 13.0 | 14.0 |
| | | $F_{p2}$ | 21.0 | 27.0 | 32.0 | 37.0 | 42.0 | 46.0 | 51.0 |
| | | $F_r$ | 20.0 | 23.0 | 26.0 | 29.0 | 32.0 | 34.0 | 37.0 |
| | | $F_i'$ | 33.0 | 37.0 | 41.0 | 45.0 | 49.0 | 53.0 | 57.0 |
| | | $f_i'$ | 22.0 | 22.0 | 22.0 | 22.0 | 22.0 | 23.0 | 24.0 |
| >25~40 | 27.0 | $f_u$ | 18.0 | 19.0 | 19.0 | 20.0 | 20.0 | 21.0 | 22.0 |
| | | $f_p$ | 14.0 | 15.0 | 15.0 | 16.0 | 16.0 | 17.0 | 17.0 |
| | | $F_{p2}$ | 22.0 | 28.0 | 34.0 | 39.0 | 45.0 | 50.0 | 54.0 |
| | | $F_r$ | 23.0 | 26.0 | 29.0 | 32.0 | 35.0 | 38.0 | 41.0 |
| | | $F_i'$ | 39.0 | 44.0 | 49.0 | 53.0 | 57.0 | 61.0 | 65.0 |
| | | $f_i'$ | 29.0 | 29.0 | 29.0 | 30.0 | 30.0 | 31.0 | 31.0 |

偏差 $F_{pz}$

| 测量长度/mm | | 15 | 25 | 45 | 75 | 125 | 200 | 300 |
|---|---|---|---|---|---|---|---|---|
| 轴向模数 $m_x$/mm | | >0.5~2 | >2~3.55 | >3.55~6 | >6~10 | >10~16 | >16~25 | >25~40 |
| 蜗杆头数 $z_1$ | 1 | 4.5 | 5.5 | 6.5 | 8.5 | 11.0 | 13.0 | 16.0 |
| | 2 | 5.0 | 6.0 | 8.0 | 10.0 | 13.0 | 16.0 | 19.0 |
| | 3 和 4 | 5.5 | 7.0 | 9.0 | 12.0 | 15.0 | 19.0 | 23.0 |
| | 5 和 6 | 6.5 | 8.5 | 11.0 | 14.0 | 17.0 | 22.0 | 27.0 |
| | >6 | 8.5 | 10.0 | 13.0 | 16.0 | 21.0 | 26.0 | 31.0 |

### 表 10-31　6 级精度轮齿偏差的允许值　μm

| 模数 $m(m_t, m_x)$/mm | 偏差 $F_\alpha$ | | 分度圆直径 $d$/mm >10~50 | >50~125 | >125~280 | >280~560 | >560~1 000 | >1 000~1 600 | >1 600~2 500 |
|---|---|---|---|---|---|---|---|---|---|
| >0.5~2.0 | 7.5 | $f_u$ | 8.5 | 9.0 | 10.0 | 11.0 | 11.0 | 13.0 | 14.0 |
| | | $f_p$ | 6.5 | 7.0 | 7.5 | 8.5 | 9.0 | 10.0 | 11.0 |
| | | $F_{p2}$ | 18.0 | 24.0 | 29.0 | 34.0 | 38.0 | 42.0 | 46.0 |
| | | $F_r$ | 13.0 | 15.0 | 17.0 | 20.0 | 22.0 | 25.0 | 27.0 |
| | | $F_i'$ | 21.0 | 25.0 | 29.0 | 34.0 | 36.0 | 41.0 | 43.0 |
| | | $f_i'$ | 10.0 | 11.0 | 11.0 | 11.0 | 12.0 | 13.0 | 13.0 |
| >2.0~3.55 | 11.0 | $f_u$ | 9.0 | 10.0 | 11.0 | 11.0 | 13.0 | 13.0 | 15.0 |
| | | $f_p$ | 7.0 | 7.5 | 8.5 | 9.0 | 10.0 | 11.0 | 12.0 |
| | | $F_{p2}$ | 22.0 | 28.0 | 34.0 | 39.0 | 43.0 | 49.0 | 53.0 |
| | | $F_r$ | 15.0 | 20.0 | 22.0 | 25.0 | 28.0 | 31.0 | 34.0 |
| | | $F_i'$ | 25.0 | 31.0 | 35.0 | 39.0 | 43.0 | 48.0 | 52.0 |
| | | $f_i'$ | 13.0 | 13.0 | 13.0 | 14.0 | 14.0 | 15.0 | 15.0 |
| >3.55~6.0 | 13.0 | $f_u$ | 11.0 | 11.0 | 11.0 | 13.0 | 13.0 | 14.0 | 15.0 |
| | | $f_p$ | 8.5 | 8.5 | 9.0 | 10.0 | 11.0 | 12.0 | 13.0 |
| | | $F_{p2}$ | 24.0 | 31.0 | 36.0 | 42.0 | 48.0 | 53.0 | 57.0 |
| | | $F_r$ | 18.0 | 22.0 | 25.0 | 28.0 | 32.0 | 35.0 | 38.0 |
| | | $F_i'$ | 29.0 | 35.0 | 39.0 | 43.0 | 49.0 | 53.0 | 57.0 |
| | | $f_i'$ | 15.0 | 15.0 | 15.0 | 17.0 | 17.0 | 18.0 | 18.0 |
| >6.0~10 | 17.0 | $f_u$ | 12.0 | 13.0 | 13.0 | 14.0 | 15.0 | 17.0 | 18.0 |
| | | $f_p$ | 10.0 | 10.0 | 11.0 | 11.0 | 12.0 | 13.0 | 14.0 |
| | | $F_{p2}$ | 25.0 | 32.0 | 39.0 | 45.0 | 50.0 | 57.0 | 62.0 |
| | | $F_r$ | 21.0 | 25.0 | 28.0 | 32.0 | 35.0 | 39.0 | 42.0 |
| | | $F_i'$ | 34.0 | 39.0 | 45.0 | 49.0 | 55.0 | 59.0 | 63.0 |
| | | $f_i'$ | 18.0 | 18.0 | 20.0 | 20.0 | 20.0 | 21.0 | 21.0 |
| >10~16 | 22.0 | $f_u$ | 15.0 | 15.0 | 15.0 | 17.0 | 18.0 | 20.0 | 21.0 |
| | | $f_p$ | 12.0 | 12.0 | 13.0 | 13.0 | 14.0 | 15.0 | 17.0 |
| | | $F_{p2}$ | 27.0 | 35.0 | 42.0 | 48.0 | 55.0 | 60.0 | 67.0 |
| | | $F_r$ | 24.0 | 28.0 | 32.0 | 36.0 | 39.0 | 43.0 | 48.0 |
| | | $F_i'$ | 39.0 | 46.0 | 52.0 | 56.0 | 62.0 | 67.0 | 71.0 |
| | | $f_i'$ | 24.0 | 24.0 | 25.0 | 25.0 | 25.0 | 27.0 | 28.0 |
| >16~25 | 28.0 | $f_u$ | 18.0 | 20.0 | 20.0 | 21.0 | 22.0 | 24.0 | 24.0 |
| | | $f_p$ | 15.0 | 15.0 | 15.0 | 17.0 | 17.0 | 18.0 | 20.0 |
| | | $F_{p2}$ | 29.0 | 38.0 | 45.0 | 52.0 | 59.0 | 64.0 | 71.0 |
| | | $F_r$ | 28.0 | 32.0 | 36.0 | 41.0 | 45.0 | 48.0 | 52.0 |
| | | $F_i'$ | 46.0 | 52.0 | 57.0 | 63.0 | 69.0 | 74.0 | 80.0 |
| | | $f_i'$ | 31.0 | 31.0 | 31.0 | 31.0 | 31.0 | 32.0 | 34.0 |
| >25~40 | 38.0 | $f_u$ | 25.0 | 27.0 | 27.0 | 28.0 | 28.0 | 29.0 | 31.0 |
| | | $f_p$ | 20.0 | 21.0 | 21.0 | 22.0 | 22.0 | 24.0 | 24.0 |
| | | $F_{p2}$ | 31.0 | 39.0 | 48.0 | 55.0 | 63.0 | 70.0 | 76.0 |
| | | $F_r$ | 32.0 | 36.0 | 41.0 | 45.0 | 49.0 | 53.0 | 57.0 |
| | | $F_i'$ | 55.0 | 62.0 | 69.0 | 74.0 | 80.0 | 85.0 | 91.0 |
| | | $f_i'$ | 41.0 | 41.0 | 41.0 | 42.0 | 42.0 | 43.0 | 43.0 |

偏差 $F_{pz}$

| 测量长度/mm | | 15 | 25 | 45 | 75 | 125 | 200 | 300 |
|---|---|---|---|---|---|---|---|---|
| 轴向模数 $m_x$/mm | | >0.5~2 | >2~3.55 | >3.55~6 | >6~10 | >10~16 | >16~25 | >25~40 |
| 蜗杆头数 $z_1$ | 1 | 6.5 | 7.5 | 9.0 | 12.0 | 15.0 | 18.0 | 22.0 |
| | 2 | 7.0 | 8.5 | 11.0 | 14.0 | 18.0 | 22.0 | 27.0 |
| | 3 和 4 | 7.5 | 10.0 | 13.0 | 17.0 | 21.0 | 27.0 | 32.0 |
| | 5 和 6 | 9.0 | 12.0 | 15.0 | 20.0 | 24.0 | 31.0 | 38.0 |
| | >6 | 12.0 | 14.0 | 18.0 | 22.0 | 29.0 | 36.0 | 43.0 |

### 表 10-32 7 级精度轮齿偏差的允许值 μm

| 模数 $m(m_t, m_x)$/mm | 偏差 $F_\alpha$ | | 分度圆直径 $d$/mm | | | | | | |
|---|---|---|---|---|---|---|---|---|---|
| | | | >10~50 | >50~125 | >125~280 | >280~560 | >560~1 000 | >1 000~1 600 | >1 600~2 500 |
| >0.5~2.0 | 11.0 | $f_u$ | 12.0 | 13.0 | 14.0 | 15.0 | 16.0 | 18.0 | 20.0 |
| | | $f_p$ | 9.0 | 10.0 | 11.0 | 12.0 | 13.0 | 14.0 | 16.0 |
| | | $F_{p2}$ | 25.0 | 33.0 | 41.0 | 47.0 | 53.0 | 59.0 | 65.0 |
| | | $F_r$ | 18.0 | 22.0 | 24.0 | 27.0 | 31.0 | 35.0 | 37.0 |
| | | $F_i'$ | 29.0 | 35.0 | 41.0 | 47.0 | 51.0 | 57.0 | 61.0 |
| | | $f_i'$ | 14.0 | 15.0 | 15.0 | 16.0 | 17.0 | 18.0 | 19.0 |
| >2.0~3.55 | 15.0 | $f_u$ | 13.0 | 14.0 | 15.0 | 16.0 | 18.0 | 19.0 | 22.0 |
| | | $f_p$ | 10.0 | 11.0 | 12.0 | 13.0 | 14.0 | 15.0 | 17.0 |
| | | $F_{p2}$ | 31.0 | 39.0 | 47.0 | 55.0 | 61.0 | 69.0 | 74.0 |
| | | $F_r$ | 22.0 | 27.0 | 31.0 | 35.0 | 39.0 | 43.0 | 47.0 |
| | | $F_i'$ | 35.0 | 43.0 | 49.0 | 55.0 | 61.0 | 67.0 | 73.0 |
| | | $f_i'$ | 18.0 | 18.0 | 19.0 | 20.0 | 20.0 | 22.0 | 22.0 |
| >3.55~6.0 | 19.0 | $f_u$ | 15.0 | 15.0 | 16.0 | 18.0 | 19.0 | 20.0 | 22.0 |
| | | $f_p$ | 12.0 | 12.0 | 13.0 | 14.0 | 15.0 | 17.0 | 18.0 |
| | | $F_{p2}$ | 33.0 | 43.0 | 51.0 | 59.0 | 67.0 | 74.0 | 80.0 |
| | | $F_r$ | 25.0 | 31.0 | 35.0 | 39.0 | 45.0 | 49.0 | 53.0 |
| | | $F_i'$ | 41.0 | 49.0 | 55.0 | 61.0 | 69.0 | 74.0 | 80.0 |
| | | $f_i'$ | 22.0 | 22.0 | 22.0 | 24.0 | 24.0 | 25.0 | 25.0 |
| >6.0~10 | 24.0 | $f_u$ | 17.0 | 18.0 | 19.0 | 20.0 | 22.0 | 24.0 | 25.0 |
| | | $f_p$ | 14.0 | 14.0 | 15.0 | 16.0 | 17.0 | 18.0 | 20.0 |
| | | $F_{p2}$ | 35.0 | 45.0 | 55.0 | 63.0 | 71.0 | 80.0 | 86.0 |
| | | $F_r$ | 29.0 | 35.0 | 39.0 | 45.0 | 49.0 | 55.0 | 59.0 |
| | | $F_i'$ | 47.0 | 55.0 | 63.0 | 69.0 | 76.0 | 82.0 | 88.0 |
| | | $f_i'$ | 25.0 | 25.0 | 27.0 | 27.0 | 27.0 | 29.0 | 29.0 |
| >10~16 | 31.0 | $f_u$ | 22.0 | 22.0 | 22.0 | 24.0 | 25.0 | 27.0 | 29.0 |
| | | $f_p$ | 17.0 | 17.0 | 18.0 | 19.0 | 20.0 | 22.0 | 24.0 |
| | | $F_{p2}$ | 37.0 | 49.0 | 59.0 | 67.0 | 76.0 | 84.0 | 94.0 |
| | | $F_r$ | 33.0 | 39.0 | 45.0 | 51.0 | 55.0 | 61.0 | 67.0 |
| | | $F_i'$ | 55.0 | 65.0 | 73.0 | 78.0 | 86.0 | 94.0 | 100.0 |
| | | $f_i'$ | 33.0 | 33.0 | 35.0 | 35.0 | 35.0 | 37.0 | 39.0 |
| >16~25 | 39.0 | $f_u$ | 25.0 | 27.0 | 27.0 | 29.0 | 31.0 | 33.0 | 33.0 |
| | | $f_p$ | 22.0 | 22.0 | 22.0 | 24.0 | 24.0 | 25.0 | 27.0 |
| | | $F_{p2}$ | 41.0 | 53.0 | 63.0 | 73.0 | 82.0 | 90.0 | 100.0 |
| | | $F_r$ | 39.0 | 45.0 | 51.0 | 57.0 | 63.0 | 67.0 | 73.0 |
| | | $F_i'$ | 65.0 | 73.0 | 80.0 | 88.0 | 96.0 | 104.0 | 112.0 |
| | | $f_i'$ | 43.0 | 43.0 | 43.0 | 43.0 | 43.0 | 45.0 | 47.0 |
| >25~40 | 53.0 | $f_u$ | 35.0 | 37.0 | 37.0 | 39.0 | 39.0 | 41.0 | 43.0 |
| | | $f_p$ | 27.0 | 29.0 | 29.0 | 31.0 | 31.0 | 33.0 | 33.0 |
| | | $F_{p2}$ | 43.0 | 55.0 | 67.0 | 76.0 | 88.0 | 98.0 | 106.0 |
| | | $F_r$ | 45.0 | 51.0 | 57.0 | 63.0 | 69.0 | 74.0 | 80.0 |
| | | $F_i'$ | 76.0 | 86.0 | 96.0 | 104.0 | 112.0 | 120.0 | 127.0 |
| | | $f_i'$ | 57.0 | 57.0 | 57.0 | 59.0 | 59.0 | 61.0 | 61.0 |

偏差 $F_{pz}$

| 测量长度/mm | | 15 | 25 | 45 | 75 | 125 | 200 | 300 |
|---|---|---|---|---|---|---|---|---|
| 轴向模数 $m_x$/mm | | >0.5~2 | >2~3.55 | >3.55~6 | >6~10 | >10~16 | >16~25 | >25~40 |
| 蜗杆头数 $z_1$ | 1 | 9.0 | 11.0 | 13.0 | 17.0 | 22.0 | 25.0 | 31.0 |
| | 2 | 10.0 | 12.0 | 16.0 | 20.0 | 25.0 | 31.0 | 37.0 |
| | 3 和 4 | 11.0 | 14.0 | 18.0 | 24.0 | 29.0 | 37.0 | 45.0 |
| | 5 和 6 | 13.0 | 17.0 | 22.0 | 27.0 | 33.0 | 43.0 | 53.0 |
| | >6 | 17.0 | 20.0 | 25.0 | 31.0 | 41.0 | 51.0 | 61.0 |

### 表 10-33 8 级精度轮齿偏差的允许值 μm

| 模数 $m(m_t, m_x)$/mm | 偏差 $F_\alpha$ | | 分度圆直径 $d$/mm | | | | | | |
|---|---|---|---|---|---|---|---|---|---|
| | | | >10~50 | >50~125 | >125~280 | >280~560 | >560~1 000 | >1 000~1 600 | >1 600~2 500 |
| >0.5~2.0 | 15.0 | $f_u$ | 16.0 | 18.0 | 19.0 | 21.0 | 22.0 | 25.0 | 27.0 |
| | | $f_p$ | 12.0 | 14.0 | 15.0 | 16.0 | 18.0 | 19.0 | 22.0 |
| | | $F_{p2}$ | 36.0 | 47.0 | 58.0 | 66.0 | 74.0 | 82.0 | 91.0 |
| | | $F_r$ | 25.0 | 30.0 | 33.0 | 38.0 | 44.0 | 49.0 | 52.0 |
| | | $F_i'$ | 41.0 | 49.0 | 58.0 | 66.0 | 71.0 | 80.0 | 85.0 |
| | | $f_i'$ | 19.0 | 21.0 | 21.0 | 22.0 | 23.0 | 25.0 | 26.0 |
| >2.0~3.55 | 21.0 | $f_u$ | 18.0 | 19.0 | 21.0 | 22.0 | 25.0 | 26.0 | 30.0 |
| | | $f_p$ | 14.0 | 15.0 | 16.0 | 18.0 | 19.0 | 21.0 | 23.0 |
| | | $F_{p2}$ | 44.0 | 55.0 | 66.0 | 77.0 | 85.0 | 96.0 | 104.0 |
| | | $F_r$ | 30.0 | 38.0 | 44.0 | 49.0 | 55.0 | 60.0 | 66.0 |
| | | $F_i'$ | 49.0 | 60.0 | 69.0 | 77.0 | 85.0 | 93.0 | 102.0 |
| | | $f_i'$ | 25.0 | 25.0 | 26.0 | 27.0 | 27.0 | 30.0 | 30.0 |
| >3.55~6.0 | 26.0 | $f_u$ | 21.0 | 21.0 | 22.0 | 25.0 | 26.0 | 27.0 | 30.0 |
| | | $f_p$ | 16.0 | 16.0 | 18.0 | 19.0 | 21.0 | 23.0 | 25.0 |
| | | $F_{p2}$ | 47.0 | 60.0 | 71.0 | 82.0 | 93.0 | 104.0 | 113.0 |
| | | $F_r$ | 36.0 | 44.0 | 49.0 | 55.0 | 63.0 | 69.0 | 74.0 |
| | | $F_i'$ | 58.0 | 69.0 | 77.0 | 85.0 | 96.0 | 104.0 | 113.0 |
| | | $f_i'$ | 30.0 | 30.0 | 30.0 | 33.0 | 33.0 | 36.0 | 36.0 |
| >6.0~10 | 33.0 | $f_u$ | 23.0 | 25.0 | 26.0 | 27.0 | 30.0 | 33.0 | 36.0 |
| | | $f_p$ | 19.0 | 19.0 | 21.0 | 22.0 | 23.0 | 25.0 | 27.0 |
| | | $F_{p2}$ | 49.0 | 63.0 | 77.0 | 88.0 | 99.0 | 113.0 | 121.0 |
| | | $F_r$ | 41.0 | 49.0 | 55.0 | 63.0 | 69.0 | 77.0 | 82.0 |
| | | $F_i'$ | 66.0 | 77.0 | 88.0 | 96.0 | 107.0 | 115.0 | 123.0 |
| | | $f_i'$ | 36.0 | 36.0 | 38.0 | 38.0 | 38.0 | 41.0 | 41.0 |
| >10~16 | 44.0 | $f_u$ | 30.0 | 30.00 | 30.0 | 33.0 | 36.0 | 38.0 | 41.0 |
| | | $f_p$ | 23.0 | 23.0 | 25.0 | 26.0 | 27.0 | 30.0 | 33.0 |
| | | $F_{p2}$ | 52.0 | 69.0 | 82.0 | 93.0 | 107.0 | 118.0 | 132.0 |
| | | $F_r$ | 47.0 | 55.0 | 63.0 | 71.0 | 77.0 | 85.0 | 93.0 |
| | | $F_i'$ | 77.0 | 91.0 | 102.0 | 110.0 | 121.0 | 132.0 | 140.0 |
| | | $f_i'$ | 47.0 | 47.0 | 49.0 | 49.0 | 49.0 | 52.0 | 55.0 |
| >16~25 | 55.0 | $f_u$ | 36.0 | 38.0 | 38.0 | 41.0 | 44.0 | 47.0 | 47.0 |
| | | $f_p$ | 30.0 | 30.0 | 30.0 | 33.0 | 33.0 | 36.0 | 38.0 |
| | | $F_{p2}$ | 58.0 | 74.0 | 88.0 | 102.0 | 115.0 | 126.0 | 140.0 |
| | | $F_r$ | 55.0 | 63.0 | 71.0 | 80.0 | 88.0 | 93.0 | 102.0 |
| | | $F_i'$ | 91.0 | 102.0 | 113.0 | 123.0 | 134.0 | 145.0 | 156.0 |
| | | $f_i'$ | 60.0 | 60.0 | 60.0 | 60.0 | 60.0 | 63.0 | 66.0 |
| >25~40 | 74.0 | $f_u$ | 49.0 | 52.0 | 52.0 | 55.0 | 55.0 | 58.0 | 60.0 |
| | | $f_p$ | 38.0 | 41.0 | 41.0 | 44.0 | 44.0 | 47.0 | 47.0 |
| | | $F_{p2}$ | 60.0 | 77.0 | 93.0 | 107.0 | 123.0 | 137.0 | 148.0 |
| | | $F_r$ | 63.0 | 71.0 | 80.0 | 88.0 | 96.0 | 104.0 | 113.0 |
| | | $F_i'$ | 107.0 | 121.0 | 134.0 | 145.0 | 156.0 | 167.0 | 178.0 |
| | | $f_i'$ | 80.0 | 80.0 | 80.0 | 82.0 | 82.0 | 85.0 | 85.0 |

偏差 $F_{pz}$

| 测量长度/mm | | 15 | 25 | 45 | 75 | 125 | 200 | 300 |
|---|---|---|---|---|---|---|---|---|
| 轴向模数 $m_x$/mm | | >0.5~2 | >2~3.55 | >3.55~6 | >6~10 | >10~16 | >16~25 | >25~40 |
| 蜗杆头数 $z_1$ | 1 | 12.0 | 15.0 | 18.0 | 23.0 | 30.0 | 36.0 | 44.0 |
| | 2 | 14.0 | 16.0 | 22.0 | 27.0 | 36.0 | 44.0 | 52.0 |
| | 3 和 4 | 15.0 | 19.0 | 25.0 | 33.0 | 41.0 | 52.0 | 63.0 |
| | 5 和 6 | 18.0 | 23.0 | 30.0 | 38.0 | 47.0 | 60.0 | 74.0 |
| | >6 | 23.0 | 27.0 | 36.0 | 44.0 | 58.0 | 71.0 | 85.0 |

## 表 10-34　9 级精度轮齿偏差的允许值　μm

| 模数 $m(m_t,m_x)$/mm | 偏差 $F_\alpha$ | | 分度圆直径 $d$/mm | | | | | | |
|---|---|---|---|---|---|---|---|---|---|
| | | | >10 ~50 | >50 ~125 | >125 ~280 | >280 ~560 | >560 ~1 000 | >1 000 ~1 600 | >1 600 ~2 500 |
| >0.5 ~2.0 | 21.0 | $f_u$ | 23.0 | 25.0 | 27.0 | 29.0 | 31.0 | 35.0 | 38.0 |
| | | $f_p$ | 17.0 | 19.0 | 21.0 | 23.0 | 25.0 | 27.0 | 31.0 |
| | | $F_{p2}$ | 50.0 | 65.0 | 81.0 | 92.0 | 104.0 | 115.0 | 127.0 |
| | | $F_r$ | 35.0 | 42.0 | 46.0 | 54.0 | 61.0 | 69.0 | 73.0 |
| | | $F_i'$ | 58.0 | 69.0 | 81.0 | 92.0 | 100.0 | 111.0 | 119.0 |
| | | $f_i'$ | 27.0 | 29.0 | 29.0 | 31.0 | 33.0 | 35.0 | 36.0 |
| >2.0 ~3.55 | 29.0 | $f_u$ | 25.0 | 27.0 | 29.0 | 31.0 | 35.0 | 36.0 | 42.0 |
| | | $f_p$ | 19.0 | 21.0 | 23.0 | 25.0 | 27.0 | 29.0 | 33.0 |
| | | $F_{p2}$ | 61.0 | 77.0 | 92.0 | 108.0 | 119.0 | 134.0 | 146.0 |
| | | $F_r$ | 42.0 | 54.0 | 61.0 | 69.0 | 77.0 | 85.0 | 92.0 |
| | | $F_i'$ | 69.0 | 85.0 | 96.0 | 108.0 | 119.0 | 131.0 | 142.0 |
| | | $f_i'$ | 35.0 | 35.0 | 36.0 | 38.0 | 38.0 | 42.0 | 42.0 |
| >3.55 ~6.0 | 36.0 | $f_u$ | 29.0 | 29.0 | 31.0 | 35.0 | 36.0 | 38.0 | 42.0 |
| | | $f_p$ | 23.0 | 23.0 | 25.0 | 27.0 | 29.0 | 33.0 | 35.0 |
| | | $F_{p2}$ | 65.0 | 85.0 | 100.0 | 115.0 | 131.0 | 146.0 | 158.0 |
| | | $F_r$ | 50.0 | 61.0 | 69.0 | 77.0 | 88.0 | 96.0 | 104.0 |
| | | $F_i'$ | 81.0 | 96.0 | 108.0 | 119.0 | 134.0 | 146.0 | 158.0 |
| | | $f_i'$ | 42.0 | 42.0 | 42.0 | 46.0 | 46.0 | 50.0 | 50.0 |
| >6.0 ~10 | 46.0 | $f_u$ | 33.0 | 35.0 | 36.0 | 38.0 | 42.0 | 46.0 | 50.0 |
| | | $f_p$ | 27.0 | 27.0 | 29.0 | 31.0 | 33.0 | 35.0 | 38.0 |
| | | $F_{p2}$ | 69.0 | 88.0 | 108.0 | 123.0 | 138.0 | 158.0 | 169.0 |
| | | $F_r$ | 58.0 | 69.0 | 77.0 | 88.0 | 96.0 | 108.0 | 115.0 |
| | | $F_i'$ | 92.0 | 108.0 | 123.0 | 134.0 | 150.0 | 161.0 | 173.0 |
| | | $f_i'$ | 50.0 | 50.0 | 54.0 | 54.0 | 54.0 | 58.0 | 58.0 |
| >10 ~16 | 61.0 | $f_u$ | 42.0 | 42.0 | 42.0 | 46.0 | 50.0 | 54.0 | 58.0 |
| | | $f_p$ | 33.0 | 33.0 | 35.0 | 36.0 | 38.0 | 42.0 | 46.0 |
| | | $F_{p2}$ | 73.0 | 96.0 | 115.0 | 131.0 | 150.0 | 165.0 | 184.0 |
| | | $F_r$ | 65.0 | 77.0 | 88.0 | 100.0 | 108.0 | 119.0 | 131.0 |
| | | $F_i'$ | 108.0 | 127.0 | 142.0 | 154.0 | 169.0 | 184.0 | 196.0 |
| | | $f_i'$ | 65.0 | 65.0 | 69.0 | 69.0 | 69.0 | 73.0 | 77.0 |
| >16 ~25 | 77.0 | $f_u$ | 50.0 | 54.0 | 54.0 | 58.0 | 61.0 | 65.0 | 65.0 |
| | | $f_p$ | 42.0 | 42.0 | 42.0 | 46.0 | 46.0 | 50.0 | 54.0 |
| | | $F_{p2}$ | 81.0 | 104.0 | 123.0 | 142.0 | 161.0 | 177.0 | 196.0 |
| | | $F_r$ | 77.0 | 88.0 | 100.0 | 111.0 | 123.0 | 131.0 | 142.0 |
| | | $F_i'$ | 127.0 | 142.0 | 158.0 | 173.0 | 188.0 | 204.0 | 219.0 |
| | | $f_i'$ | 85.0 | 85.0 | 85.0 | 85.0 | 85.0 | 88.0 | 92.0 |
| >25 ~40 | 104.0 | $f_u$ | 69.0 | 73.0 | 73.0 | 77.0 | 77.0 | 81.0 | 85.0 |
| | | $f_p$ | 54.0 | 58.0 | 58.0 | 61.0 | 61.0 | 65.0 | 65.0 |
| | | $F_{p2}$ | 85.0 | 108.0 | 131.0 | 150.0 | 173.0 | 192.0 | 207.0 |
| | | $F_r$ | 88.0 | 100.0 | 111.0 | 123.0 | 134.0 | 146.0 | 158.0 |
| | | $F_i'$ | 150.0 | 169.0 | 188.0 | 204.0 | 219.0 | 234.0 | 250.0 |
| | | $f_i'$ | 111.0 | 111.0 | 111.0 | 115.0 | 115.0 | 119.0 | 119.0 |

偏差 $F_{pz}$

| 测量长度/mm | | 15 | 25 | 45 | 75 | 125 | 200 | 300 |
|---|---|---|---|---|---|---|---|---|
| 轴向模数 $m_x$/mm | | >0.5 ~2 | >2 ~3.55 | >3.55 ~6 | >6 ~10 | >10 ~16 | >16 ~25 | >25 ~40 |
| 蜗杆头数 $z_1$ | 1 | 17.0 | 21.0 | 25.0 | 33.0 | 42.0 | 50.0 | 61.0 |
| | 2 | 19.0 | 23.0 | 31.0 | 38.0 | 50.0 | 61.0 | 73.0 |
| | 3 和 4 | 21.0 | 27.0 | 35.0 | 46.0 | 58.0 | 73.0 | 88.0 |
| | 5 和 6 | 25.0 | 33.0 | 42.0 | 54.0 | 65.0 | 85.0 | 104.0 |
| | >6 | 33.0 | 38.0 | 50.0 | 61.0 | 81.0 | 100.0 | 119.0 |

## 表 10-35　10 级精度轮齿偏差的允许值　μm

| 模数 $m(m_t,m_x)$/mm | 偏差 $F_\alpha$ | | 分度圆直径 $d$/mm | | | | | | |
|---|---|---|---|---|---|---|---|---|---|
| | | | >10 ~50 | >50 ~125 | >125 ~280 | >280 ~560 | >560 ~1 000 | >1 000 ~1 600 | >1 600 ~2 500 |
| >0.5 ~2.0 | 34.0 | $f_u$ | 37.0 | 40.0 | 43.0 | 46.0 | 49.0 | 55.0 | 61.0 |
| | | $f_p$ | 28.0 | 31.0 | 34.0 | 37.0 | 40.0 | 43.0 | 49.0 |
| | | $F_{p2}$ | 80.0 | 104.0 | 129.0 | 148.0 | 166.0 | 184.0 | 203.0 |
| | | $F_r$ | 48.0 | 59.0 | 65.0 | 75.0 | 86.0 | 97.0 | 102.0 |
| | | $F_i'$ | 92.0 | 111.0 | 129.0 | 148.0 | 160.0 | 178.0 | 191.0 |
| | | $f_i'$ | 43.0 | 46.0 | 46.0 | 49.0 | 52.0 | 55.0 | 58.0 |
| >2.0 ~3.55 | 46.0 | $f_u$ | 40.0 | 43.0 | 46.0 | 49.0 | 55.0 | 58.0 | 68.0 |
| | | $f_p$ | 31.0 | 34.0 | 37.0 | 40.0 | 43.0 | 46.0 | 52.0 |
| | | $F_{p2}$ | 98.0 | 123.0 | 148.0 | 172.0 | 191.0 | 215.0 | 234.0 |
| | | $F_r$ | 59.0 | 75.0 | 86.0 | 97.0 | 108.0 | 118.0 | 129.0 |
| | | $F_i'$ | 111.0 | 135.0 | 154.0 | 172.0 | 191.0 | 209.0 | 227.0 |
| | | $f_i'$ | 55.0 | 55.0 | 58.0 | 61.0 | 61.0 | 68.0 | 68.0 |
| >3.55 ~6.0 | 58.0 | $f_u$ | 46.0 | 46.0 | 49.0 | 55.0 | 58.0 | 61.0 | 68.0 |
| | | $f_p$ | 37.0 | 37.0 | 40.0 | 43.0 | 46.0 | 52.0 | 55.0 |
| | | $F_{p2}$ | 104.0 | 135.0 | 160.0 | 184.0 | 209.0 | 234.0 | 252.0 |
| | | $F_r$ | 70.0 | 86.0 | 97.0 | 108.0 | 124.0 | 134.0 | 145.0 |
| | | $F_i'$ | 129.0 | 154.0 | 172.0 | 191.0 | 215.0 | 234.0 | 252.0 |
| | | $f_i'$ | 68.0 | 68.0 | 68.0 | 74.0 | 74.0 | 80.0 | 80.0 |
| >6.0 ~10 | 74.0 | $f_u$ | 52.0 | 55.0 | 58.0 | 61.0 | 68.0 | 74.0 | 80.0 |
| | | $f_p$ | 43.0 | 43.0 | 46.0 | 49.0 | 52.0 | 55.0 | 61.0 |
| | | $F_{p2}$ | 111.0 | 141.0 | 172.0 | 197.0 | 221.0 | 252.0 | 270.0 |
| | | $F_r$ | 81.0 | 97.0 | 108.0 | 124.0 | 134.0 | 151.0 | 161.0 |
| | | $F_i'$ | 148.0 | 172.0 | 197.0 | 215.0 | 240.0 | 258.0 | 277.0 |
| | | $f_i'$ | 80.0 | 80.0 | 86.0 | 86.0 | 86.0 | 92.0 | 92.0 |
| >10 ~16 | 98.0 | $f_u$ | 68.0 | 68.0 | 68.0 | 74.0 | 80.0 | 86.0 | 92.0 |
| | | $f_p$ | 52.0 | 52.0 | 55.0 | 58.0 | 61.0 | 68.0 | 74.0 |
| | | $F_{p2}$ | 117.0 | 154.0 | 184.0 | 209.0 | 240.0 | 264.0 | 295.0 |
| | | $F_r$ | 91.0 | 108.0 | 124.0 | 140.0 | 151.0 | 167.0 | 183.0 |
| | | $F_i'$ | 172.0 | 203.0 | 227.0 | 246.0 | 270.0 | 295.0 | 313.0 |
| | | $f_i'$ | 104.0 | 104.0 | 111.0 | 111.0 | 111.0 | 117.0 | 123.0 |
| >16 ~25 | 123.0 | $f_u$ | 80.0 | 86.0 | 86.0 | 92.0 | 98.0 | 104.0 | 104.0 |
| | | $f_p$ | 68.0 | 68.0 | 68.0 | 74.0 | 74.0 | 80.0 | 86.0 |
| | | $F_{p2}$ | 129.0 | 166.0 | 197.0 | 227.0 | 258.0 | 283.0 | 313.0 |
| | | $F_r$ | 108.0 | 124.0 | 140.0 | 156.0 | 172.0 | 183.0 | 199.0 |
| | | $F_i'$ | 203.0 | 227.0 | 252.0 | 277.0 | 301.0 | 326.0 | 350.0 |
| | | $f_i'$ | 135.0 | 135.0 | 135.0 | 135.0 | 135.0 | 141.0 | 148.0 |
| >25 ~40 | 166.0 | $f_u$ | 111.0 | 117.0 | 117.0 | 123.0 | 123.0 | 129.0 | 135.0 |
| | | $f_p$ | 86.0 | 92.0 | 92.0 | 98.0 | 98.0 | 104.0 | 104.0 |
| | | $F_{p2}$ | 135.0 | 172.0 | 209.0 | 240.0 | 277.0 | 307.0 | 332.0 |
| | | $F_r$ | 124.0 | 140.0 | 156.0 | 172.0 | 188.0 | 204.0 | 221.0 |
| | | $F_i'$ | 240.0 | 270.0 | 301.0 | 326.0 | 350.0 | 375.0 | 400.0 |
| | | $f_i'$ | 178.0 | 178.0 | 178.0 | 184.0 | 184.0 | 191.0 | 191.0 |

偏差 $F_{pz}$

| 测量长度/mm | | 15 | 25 | 45 | 75 | 125 | 200 | 300 |
|---|---|---|---|---|---|---|---|---|
| 轴向模数 $m_x$/mm | | >0.5 ~2 | >2 ~3.55 | >3.55 ~6 | >6 ~10 | >10 ~16 | >16 ~25 | >25 ~40 |
| 蜗杆头数 $z_1$ | 1 | 28.0 | 34.0 | 40.0 | 52.0 | 68.0 | 80.0 | 98.0 |
| | 2 | 31.0 | 37.0 | 49.0 | 61.0 | 80.0 | 98.0 | 117.0 |
| | 3 和 4 | 34.0 | 43.0 | 55.0 | 74.0 | 92.0 | 117.0 | 141.0 |
| | 5 和 6 | 40.0 | 52.0 | 68.0 | 86.0 | 104.0 | 135.0 | 166.0 |
| | >6 | 52.0 | 61.0 | 80.0 | 98.0 | 129.0 | 160.0 | 191.0 |

表 10-36 蜗杆副接触斑点的要求

| 精度等级 | 接触面积的百分比/% | | 接触形状 | 接触位置 |
|---|---|---|---|---|
| | 沿齿高不小于 | 沿齿长不小于 | | |
| 5 和 6 | 65 | 60 | 接触斑点在齿高方向无断缺，不允许成带状条纹 | 接触斑点痕迹的分布位置趋近齿面中部，允许略偏于啮入端。在齿顶和啮入、啮出端的棱边处不允许接触 |
| 7 和 8 | 55 | 50 | 不作要求 | 接触斑点痕迹应偏于啮出端，但不允许在齿顶和啮入、啮出端的棱边接触 |
| 9 和 10 | 45 | 40 | | |

注：采用修形齿面的蜗杆传动，接触斑点的要求可不受本标准规定的限制。

表 10-37 蜗杆副的 $\pm f_a$、$\pm f_x$、$\pm f_\Sigma$ 值　　　　μm

| 传动中心距 $a$/mm | 蜗杆副中心距极限偏差 $\pm f_a$ | | | 蜗杆副中间平面极限偏差 $\pm f_x$ | | | 蜗轮齿宽 $b_2$/mm | 蜗杆副轴交角极限偏差 $\pm f_\Sigma$ | | | | |
|---|---|---|---|---|---|---|---|---|---|---|---|---|
| | 精 度 等 级 | | | 精 度 等 级 | | | | 精 度 等 级 | | | | |
| | 6 | 7、8 | 9、10 | 6 | 7、8 | 9、10 | | 6 | 7 | 8 | 9 | 10 |
| ≤30 | 17 | 26 | 42 | 14 | 21 | 34 | ≤30 | 10 | 12 | 17 | 24 | 34 |
| 30～50 | 20 | 31 | 50 | 16 | 25 | 40 | >30～50 | 11 | 14 | 19 | 28 | 38 |
| 50～80 | 23 | 37 | 60 | 18.5 | 30 | 48 | | | | | | |
| 80～120 | 27 | 44 | 70 | 22 | 36 | 56 | >50～80 | 13 | 16 | 22 | 32 | 45 |
| 120～180 | 32 | 50 | 80 | 27 | 40 | 64 | | | | | | |
| 180～250 | 36 | 58 | 92 | 29 | 47 | 74 | >80～120 | 15 | 19 | 24 | 36 | 53 |
| 250～315 | 40 | 65 | 105 | 32 | 52 | 85 | | | | | | |
| 315～400 | 45 | 70 | 115 | 36 | 56 | 92 | >120～180 | 17 | 22 | 28 | 42 | 60 |
| 400～500 | 50 | 78 | 125 | 40 | 63 | 100 | | | | | | |
| 500～630 | 55 | 87 | 140 | 44 | 70 | 112 | | | | | | |
| 630～800 | 62 | 100 | 160 | 50 | 80 | 130 | >180～250 | 20 | 25 | 32 | 48 | 67 |
| 800～1 000 | 70 | 115 | 180 | 56 | 92 | 145 | | | | | | |
| 1 000～1 250 | 82 | 130 | 210 | 66 | 105 | 170 | >250 | 22 | 28 | 36 | 53 | 75 |
| 1 250～1 600 | 97 | 155 | 250 | 78 | 125 | 200 | | | | | | |

本标准按蜗杆传动的最小法向侧隙大小，将侧隙种类分为 8 种：a、b、c、d、e、f、g 和 h。最小法向侧隙值以 a 为最大，h 为零，其他依次减小（图 10-19）。

传动的最小法向侧隙由蜗杆齿厚的减薄量来保证，最大法向侧隙由蜗杆、蜗轮齿厚公差 $T_{s1}$、$T_{s2}$ 确定。蜗杆、蜗轮齿厚上极限偏差和下极限偏差按表 10-38 确定。侧隙种类与精度等级无关。各种侧隙的最小法向侧隙 $j_{nmin}$ 值按表 10-39 的规定。

表 10-38 齿厚偏差计算公式

| 齿厚偏差名称 | | 计算公式 |
|---|---|---|
| 蜗杆齿厚 | 上极限偏差 | $E_{ss1} = -(j_{nmin}/\cos\alpha_n + E_{s\Delta})$ |
| | 下极限偏差 | $E_{si1} = E_{ss1} - T_{s1}$ |
| 蜗轮齿厚 | 上极限偏差 | $E_{ss2} = 0$ |
| | 下极限偏差 | $E_{si2} = -T_{s2}$ |

注：1. $E_{s\Delta}$ 为制造误差的补偿部分，见表 10-40；
　　2. $T_{s1}$、$T_{s2}$ 分别为蜗杆、蜗轮齿厚公差，见表 10-41。

对可调中心距传动或蜗杆、蜗轮不要求互换的传动,允许传动的侧隙规范用最小侧隙 $j_{tmin}$(或 $j_{nmin}$)和最大侧隙 $j_{tmax}$(或 $j_{nmax}$)来规定,具体由设计确定。即其蜗轮的齿厚公差可不作规定,蜗杆齿厚的上、下极限偏差由设计确定。

对各种侧隙种类的侧隙规范数值是蜗杆传动在 20 ℃时的情况,未计入传动发热和传动弹性变形的影响。

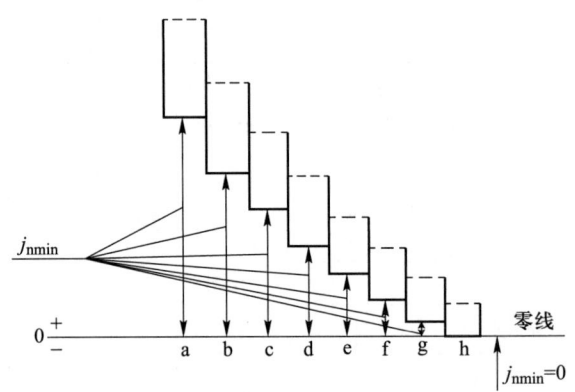

图 10-19　蜗杆副最小法向侧隙种类

表 10-39　蜗杆副的最小法向侧隙 $j_{nmin}$ 值　　　　　　　　　μm

| 传动中心距 $a$/mm | 侧 隙 种 类 | | | | | | | |
|---|---|---|---|---|---|---|---|---|
| | h | g | f | e | d | c | b | a |
| ≤30 | 0 | 9 | 13 | 21 | 33 | 52 | 84 | 130 |
| >30~50 | 0 | 11 | 16 | 25 | 39 | 62 | 100 | 160 |
| >50~80 | 0 | 13 | 19 | 30 | 46 | 74 | 120 | 190 |
| >80~120 | 0 | 15 | 22 | 35 | 54 | 87 | 140 | 220 |
| >120~180 | 0 | 18 | 25 | 40 | 63 | 100 | 160 | 250 |
| >180~250 | 0 | 20 | 29 | 46 | 72 | 115 | 185 | 290 |
| >250~315 | 0 | 23 | 32 | 52 | 81 | 130 | 210 | 320 |
| >315~400 | 0 | 25 | 36 | 57 | 89 | 140 | 230 | 360 |
| >400~500 | 0 | 27 | 40 | 63 | 97 | 155 | 250 | 400 |
| >500~630 | 0 | 30 | 44 | 70 | 110 | 175 | 280 | 440 |
| >630~800 | 0 | 35 | 50 | 80 | 125 | 200 | 320 | 500 |
| >800~1 000 | 0 | 40 | 56 | 90 | 140 | 230 | 360 | 560 |
| >1 000~1 250 | 0 | 46 | 66 | 105 | 165 | 260 | 420 | 660 |
| >1 250~1 600 | 0 | 54 | 78 | 125 | 195 | 310 | 500 | 780 |

注:传动的最小圆周侧隙 $j_{tmin} \approx j_{nmin}/\cos \gamma' \cos \alpha_n$。式中,$\gamma'$ 为蜗杆节圆柱导程角;$\alpha_n$ 为蜗杆法向齿形角。

表 10-40 蜗杆齿厚上极限偏差($E_{ss1}$)中的误差补偿部分 $E_{s\Delta}$ 值　　μm

| 第Ⅱ公差组精度等级 | 模数 $m$/mm | 传动中心距 $a$/mm | | | | | | | | | | | | |
|---|---|---|---|---|---|---|---|---|---|---|---|---|---|---|
| | | ≤30 | >30~50 | >50~80 | >80~120 | >120~180 | >180~250 | >250~315 | >315~400 | >400~500 | >500~630 | >630~800 | >800~1 000 | >1 000~1 250 | >1 250~1 600 |
| 6 | 1~3.5 | 30 | 30 | 32 | 36 | 40 | 45 | 48 | 50 | 56 | 60 | 65 | 75 | 85 | 100 |
| | >3.5~6.3 | 32 | 36 | 38 | 40 | 45 | 48 | 50 | 56 | 60 | 63 | 70 | 75 | 90 | 100 |
| | >6.3~10 | 42 | 45 | 45 | 48 | 50 | 52 | 56 | 60 | 63 | 68 | 75 | 80 | 90 | 105 |
| | >10~16 | — | — | — | 58 | 60 | 63 | 65 | 68 | 71 | 75 | 80 | 85 | 95 | 110 |
| | >16~25 | — | — | — | — | 75 | 78 | 80 | 85 | 85 | 90 | 95 | 100 | 110 | 120 |
| 7 | 1~3.5 | 45 | 48 | 50 | 56 | 60 | 71 | 75 | 80 | 85 | 95 | 105 | 120 | 135 | 160 |
| | >3.5~6.3 | 50 | 56 | 58 | 63 | 68 | 75 | 80 | 85 | 90 | 100 | 110 | 125 | 140 | 160 |
| | >6.3~10 | 60 | 63 | 65 | 71 | 75 | 80 | 85 | 90 | 95 | 105 | 115 | 130 | 140 | 165 |
| | >10~16 | — | — | — | 80 | 85 | 90 | 95 | 100 | 105 | 110 | 125 | 135 | 150 | 170 |
| | >16~25 | — | — | — | — | 115 | 120 | 120 | 125 | 130 | 135 | 145 | 155 | 165 | 185 |
| 8 | 1~3.5 | 50 | 56 | 58 | 63 | 68 | 75 | 80 | 85 | 90 | 100 | 110 | 125 | 140 | 160 |
| | >3.5~6.3 | 68 | 71 | 75 | 78 | 80 | 85 | 90 | 95 | 100 | 110 | 120 | 130 | 145 | 170 |
| | >6.3~10 | 80 | 85 | 90 | 90 | 95 | 100 | 100 | 105 | 110 | 120 | 130 | 140 | 150 | 175 |
| | >10~16 | — | — | — | 110 | 115 | 115 | 120 | 125 | 130 | 135 | 140 | 155 | 165 | 185 |
| | >16~25 | — | — | — | — | 150 | 155 | 155 | 160 | 160 | 170 | 175 | 180 | 190 | 210 |
| 9 | 1~3.5 | 75 | 80 | 90 | 95 | 100 | 110 | 120 | 130 | 140 | 155 | 170 | 190 | 220 | 260 |
| | >3.5~6.3 | 90 | 95 | 100 | 105 | 110 | 120 | 130 | 140 | 150 | 160 | 180 | 200 | 225 | 260 |
| | >6.3~10 | 110 | 115 | 120 | 125 | 130 | 140 | 145 | 155 | 160 | 170 | 190 | 210 | 235 | 270 |
| | >10~16 | — | — | — | 160 | 165 | 170 | 180 | 185 | 190 | 200 | 220 | 230 | 255 | 290 |
| | >16~25 | — | — | — | — | 215 | 220 | 225 | 230 | 235 | 245 | 255 | 270 | 290 | 320 |
| 10 | 1~3.5 | 100 | 105 | 110 | 115 | 120 | 130 | 140 | 145 | 155 | 165 | 185 | 200 | 230 | 270 |
| | >3.5~6.3 | 120 | 125 | 130 | 135 | 140 | 145 | 155 | 160 | 170 | 180 | 200 | 210 | 240 | 280 |
| | >6.3~10 | 155 | 160 | 165 | 170 | 175 | 180 | 185 | 190 | 200 | 205 | 220 | 240 | 260 | 290 |
| | >10~16 | — | — | — | 210 | 215 | 220 | 225 | 230 | 235 | 240 | 260 | 270 | 290 | 320 |
| | >16~25 | — | — | — | — | 280 | 285 | 290 | 295 | 300 | 305 | 310 | 320 | 340 | 370 |

表 10-41 蜗轮齿厚公差 $T_{s2}$、蜗杆齿厚公差 $T_{s1}$ 值　　μm

| 分度圆直径 $d_2$/mm | 模数 $m$/mm | $T_{s2}$ 精度等级 | | | | | 模数 $m$/mm | $T_{s1}$ 精度等级 | | | | |
|---|---|---|---|---|---|---|---|---|---|---|---|---|
| | | 6 | 7 | 8 | 9 | 10 | | 6 | 7 | 8 | 9 | 10 |
| ≤125 | 1~3.5 | 71 | 90 | 110 | 130 | 160 | 1~3.5 | 36 | 45 | 53 | 67 | 95 |
| | >3.5~6.3 | 85 | 110 | 130 | 160 | 190 | >3.5~6.3 | 45 | 56 | 71 | 90 | 130 |
| | >6.3~10 | 90 | 120 | 140 | 170 | 210 | >6.3~10 | 60 | 71 | 90 | 110 | 160 |
| >125~400 | 1~3.5 | 80 | 100 | 120 | 140 | 170 | >10~16 | 80 | 95 | 120 | 150 | 210 |
| | >3.5~6.3 | 90 | 120 | 140 | 170 | 210 | >16~25 | 110 | 130 | 160 | 200 | 280 |
| | >6.3~10 | 100 | 130 | 160 | 190 | 230 | | | | | | |
| | >10~16 | 110 | 140 | 170 | 210 | 260 | | | | | | |
| | >16~25 | 130 | 170 | 210 | 260 | 320 | | | | | | |
| >400~800 | 1~3.5 | 85 | 110 | 130 | 160 | 190 | | | | | | |
| | >3.5~6.3 | 90 | 120 | 140 | 170 | 210 | | | | | | |
| | >6.3~10 | 100 | 130 | 160 | 190 | 230 | | | | | | |
| | >10~16 | 120 | 160 | 190 | 230 | 290 | | | | | | |
| | >16~25 | 140 | 190 | 230 | 290 | 350 | | | | | | |
| >800~1 600 | 1~3.5 | 90 | 120 | 140 | 170 | 210 | | | | | | |
| | >3.5~6.3 | 100 | 130 | 160 | 190 | 230 | | | | | | |
| | >6.3~10 | 110 | 140 | 170 | 210 | 260 | | | | | | |
| | >10~16 | 120 | 160 | 190 | 230 | 290 | | | | | | |
| | >16~25 | 140 | 190 | 230 | 290 | 350 | | | | | | |

注：1. 精度等级分别按蜗轮、蜗杆第Ⅱ公差组确定；
2. 在最小法向侧隙能保证的条件下，$T_{s2}$ 公差带允许采用对称分布；
3. 对传动最大法向侧隙 $j_{n\max}$ 无要求时，允许蜗杆齿厚公差 $T_{s1}$ 增大，最大不超过两倍蜗杆、蜗轮齿坯公差值及表面粗糙度 $Ra$ 推荐值分别见表 10-42、表 10-43。

**表 10-42　齿坯公差值**

蜗杆、蜗轮齿坯尺寸和形状公差

| 精度等级 | | 6 | 7 | 8 | 9 | 10 |
|---|---|---|---|---|---|---|
| 孔 | 尺寸公差 | IT6 | IT7 | | IT8 | |
| | 形状公差 | IT5 | IT6 | | IT7 | |
| 轴 | 尺寸公差 | | | | | |
| | 形状公差 | IT4 | IT5 | | IT6 | |
| 齿顶圆直径 | 作测量基准 | IT8 | | | IT9 | |
| | 不作测量基准 | 尺寸公差按 IT11 确定,但不大于 0.1 mm | | | | |

蜗杆、蜗轮齿坯基准面径向和端面跳动公差/μm

| 基准面直径 $d$/mm | 精度等级 6 | 精度等级 7~8 | 精度等级 9~10 |
|---|---|---|---|
| ≤31.5 | 4 | 7 | 10 |
| >31.5~63 | 6 | 10 | 16 |
| >63~125 | 8.5 | 14 | 22 |
| >125~400 | 11 | 18 | 28 |
| >400~800 | 14 | 22 | 36 |
| >800~1 600 | 20 | 32 | 50 |

注:1. 当三个公差组的精度等级不同时,按最高精度等级确定公差;
　　2. 当以齿顶圆作为测量基准时,也即为蜗杆、蜗轮的齿坯基准面;
　　3. IT4~IT11 值见表 9-1。

**表 10-43　蜗杆、蜗轮的表面粗糙度 *Ra* 推荐值**　　μm

| 蜗杆 | | | | | 蜗轮 | | | | |
|---|---|---|---|---|---|---|---|---|---|
| 精度等级 | | 7 | 8 | 9 | 精度等级 | | 7 | 8 | 9 |
| $Ra$ | 齿面 | 0.8 | 1.6 | 3.2 | $Ra$ | 齿面 | 0.8 | 1.6 | 3.2 |
| | 顶圆 | 1.6 | 1.6 | 3.2 | | 顶圆 | 3.2 | 3.2 | 6.3 |

注:本表不属于 GB/T 10089—2018,仅供参考。

3. 图样标注[①]

在蜗杆、蜗轮零件图上,应分别标注精度等级、齿厚极限偏差或相应的侧隙种类代号和本标准代号。对传动,应标出相应的精度等级、侧隙种类代号和本标准代号。

标注示例:

(1) 蜗杆的第Ⅱ、Ⅲ公差组的精度为 8 级,齿厚极限偏差为标准值,相配的侧隙种类为 c,则标注为

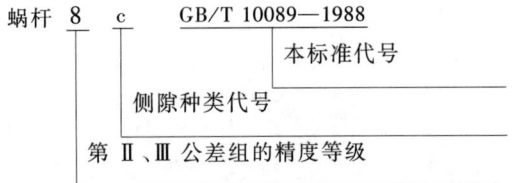

蜗杆 8 c GB/T 10089—1988

本标准代号

侧隙种类代号

第Ⅱ、Ⅲ公差组的精度等级

若蜗杆齿厚极限偏差为非标准值,如上极限偏差为-0.27,下极限偏差为-0.40,则标注为

$$\text{蜗杆}\quad 8\begin{pmatrix}-0.27\\-0.40\end{pmatrix}\quad \text{GB/T 10089—1988}$$

(2) 蜗轮的第Ⅰ公差组的精度为 7 级,第Ⅱ、Ⅲ公差组的精度为 8 级,齿厚极限偏差为标准值,相配的侧隙种类为 c,则标注为

① 此部分内容为旧标准 GB/T 10089—1988 规定,供参考。

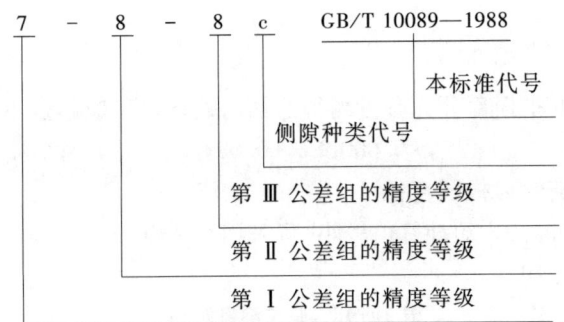

若蜗轮的三个公差组的精度同为8级,其他同上,则标注为　8c　GB/T 10089—1988

若蜗轮齿厚无公差要求,则标注为　7-8-8　GB/T 10089—1988

(3) 传动的第 Ⅰ 公差组的精度为7级,第 Ⅱ、Ⅲ 公差组的精度为8级,侧隙种类为c,则标注为

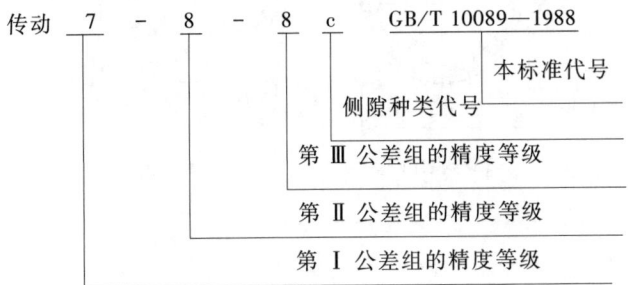

若传动的三个公差组的精度同为8级,侧隙种类为c,则标注为　传动　8c　GB/T 10089—1988

若侧隙为非标准值,如 $j_{tmin}=0.03$ mm,$j_{tmax}=0.06$ mm,则标注为

$$传动\quad 7\text{-}8\text{-}8\begin{pmatrix}0.03\\0.06\end{pmatrix}t\quad GB/T\ 10089—1988$$

## 四、传动用短节距精密滚子链和套筒链链轮公差(GB/T 1243—2024)

链轮齿根圆直径 $d_f$ 极限偏差见表10-44。

**表10-44　链轮齿根圆直径 $d_f$ 极限偏差**　　mm

| 齿根圆直径 $d_f$ | 极限偏差 |
|---|---|
| $d_f\leqslant127$ | 0<br>-0.25 |
| $127<d_f\leqslant250$ | 0<br>-0.30 |
| $d_f>250$ | h11° |

1. 径向圆跳动

在轴孔和齿根圆之间的径向跳动量不应超过下列两数值的较大值:

$$(0.0008d_f+0.08)\text{ mm 或 }0.15\text{ mm}$$

最大到 0.76 mm。

2. 端面圆跳动

以轴孔和齿部端面的平面部分为参考测得的轴向跳动量不应超过下列计算值：

$$(0.0009 d_f + 0.08) \text{ mm}$$

最大到 1.14 mm。$d_f$ 为链轮齿根圆直径。

对于焊接链轮，如上述公式的计算值较小，可采用 0.25 mm。

跨柱测量距 $M_R$ 见表 10-45。

表 10-45　跨柱测量距 $M_R$

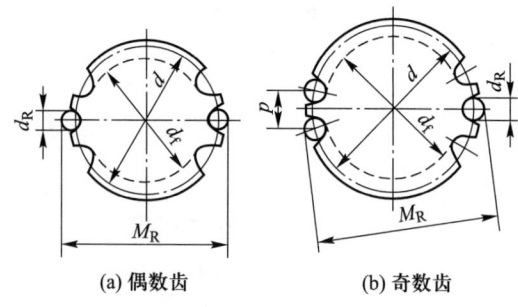

(a) 偶数齿　　　　(b) 奇数齿

| 偶 数 齿 | $M_R = d + d_{Rmin}$ |
|---|---|
| 奇 数 齿 | $M_R = d\cos\dfrac{90°}{z} + d_{Rmin}$ |

注：量柱直径 $d_R$ 等于链条滚子直径 $d_1$，其极限偏差为 $^{+0.01}_{0}$。

3. 轴孔公差

轴孔公差采用 H8。

链轮应有如下标志：

（1）制造商名或商标；

（2）齿数；

（3）链条标号。

# 第十一章 减速器设计资料

## 一、减速器箱体结构及其尺寸

减速器箱体结构及其尺寸见图 11-1、图 11-2，表 11-1、表 11-2。

### 表 11-1 减速器箱体主要结构尺寸

| 名称 | 符号 | 减速器形式及尺寸关系/mm | | |
|---|---|---|---|---|
| | | 齿轮减速器 | 锥齿轮减速器 | 蜗杆减速器 |
| 箱座壁厚 | $\delta$ | 一级 $0.025a+1 \geqslant 8$<br>二级 $0.025a+3 \geqslant 8$<br>三级 $0.025a+5 \geqslant 8$ | $0.0125(d_{1m}+d_{2m})+1 \geqslant 8$<br>或 $0.01(d_1+d_2)+1 \geqslant 8$<br>$d_1$、$d_2$—小、大锥齿轮的大端直径<br>$d_{1m}$、$d_{2m}$—小、大锥齿轮的平均直径 | $0.04a+3 \geqslant 8$ |
| 箱盖壁厚 | $\delta_1$ | 一级 $0.02a+1 \geqslant 8$<br>二级 $0.02a+3 \geqslant 8$<br>三级 $0.02a+5 \geqslant 8$ | $0.01(d_{1m}+d_{2m})+1 \geqslant 8$<br>或 $0.0085(d_1+d_2)+1 \geqslant 8$ | 蜗杆在上：$\approx \delta$<br>蜗杆在下：<br>$=0.85\delta \geqslant 8$ |
| 箱盖凸缘厚度 | $b_1$ | $1.5\delta_1$ | | |
| 箱座凸缘厚度 | $b$ | $1.5\delta$ | | |
| 箱座底凸缘厚度 | $b_2$ | $2.5\delta$ | | |
| 地脚螺钉直径 | $d_f$ | $0.036a+12$ | $0.018(d_{1m}+d_{2m})+1 \geqslant 12$<br>或 $0.015(d_1+d_2)+1 \geqslant 12$ | $0.036a+12$ |
| 地脚螺钉数目 | $n$ | $a \leqslant 250$ 时，$n=4$<br>$a>250 \sim 500$ 时，$n=6$<br>$a>500$ 时，$n=8$ | $n=\dfrac{\text{底凸缘周长之半}}{200 \sim 300} \geqslant 4$ | 4 |
| 轴承旁连接螺栓直径 | $d_1$ | $0.75d_f$ | | |
| 盖与座连接螺栓直径 | $d_2$ | $(0.5 \sim 0.6)d_f$ | | |
| 盖与座连接螺栓的间距 | $l$ | $150 \sim 200$ | | |
| 轴承端盖螺钉直径 | $d_3$ | $(0.4 \sim 0.5)d_f$ | | |
| 检查孔盖螺钉直径 | $d_4$ | $(0.3 \sim 0.4)d_f$ | | |
| 定位销直径 | $d$ | $(0.7 \sim 0.8)d_2$ | | |
| 地脚螺钉、轴承旁连接螺栓、盖与座连接螺栓至外箱壁距离 | $C_1$ | 见表 11-2 | | |
| 地脚螺钉、盖与座连接螺栓至凸缘边缘距离 | $C_2$ | 见表 11-2 | | |
| 轴承旁凸台半径 | $R_1$ | $C_2$ | | |
| 凸台高度 | $h$ | 根据低速级轴承座外径确定，以便于扳手操作为准 | | |
| 外箱壁至轴承座端面距离 | $l_1$ | $C_1+C_2+(5 \sim 10)$ | | |
| 铸造过渡尺寸 | $x$、$y$ | 见表 1-38 | | |
| 大齿轮顶圆(蜗轮外圆)与内箱壁距离 | $\Delta_1$ | $>1.2\delta$ | | |
| 齿轮(锥齿轮或蜗轮轮毂)端面与内箱壁距离 | $\Delta_2$ | $>\delta$ | | |
| 箱盖、箱座肋厚 | $m_1$、$m$ | $m_1 \approx 0.85\delta_1$；$m \approx 0.85\delta$ | | |
| 轴承端盖外径 | $D_2$ | $D+(5 \sim 5.5)d_3$；$D$—轴承外径(嵌入式轴承盖尺寸见表 11-11) | | |
| 轴承旁连接螺栓距离 | $s$ | 尽量靠近，以 $Md_1$ 和 $Md_3$ 互不干涉为准，一般取 $s \approx D_2$ | | |

注：1. 多级传动时，$a$ 取低速级中心距。对锥齿轮-圆柱齿轮减速器，按圆柱齿轮传动中心距取值。
   2. 焊接箱体的箱壁厚度一般为铸造箱体壁厚的 $0.7 \sim 0.8$ 倍，但要保证箱体有足够的刚度。

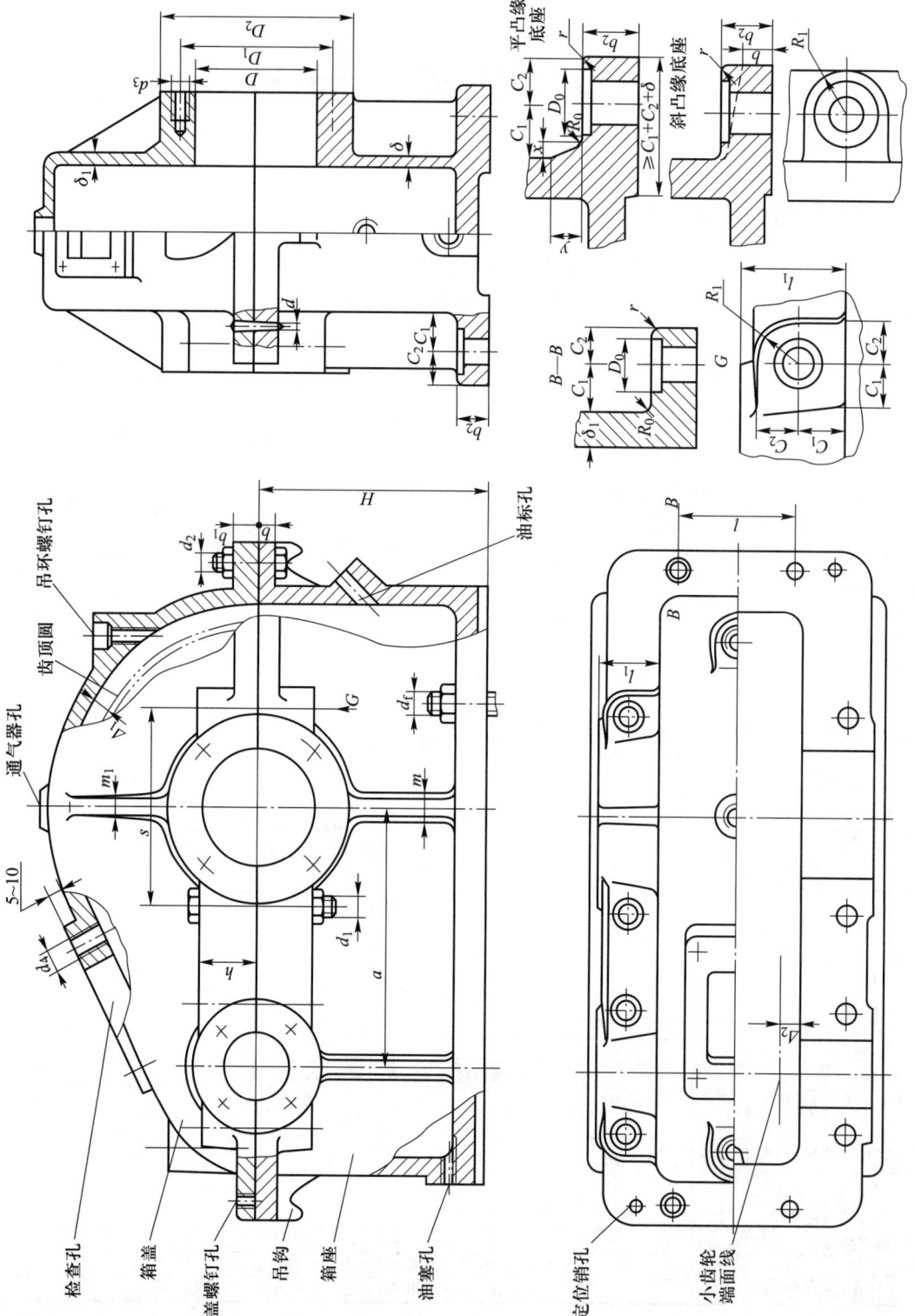

图 11-1 齿轮减速器箱体结构及其尺寸

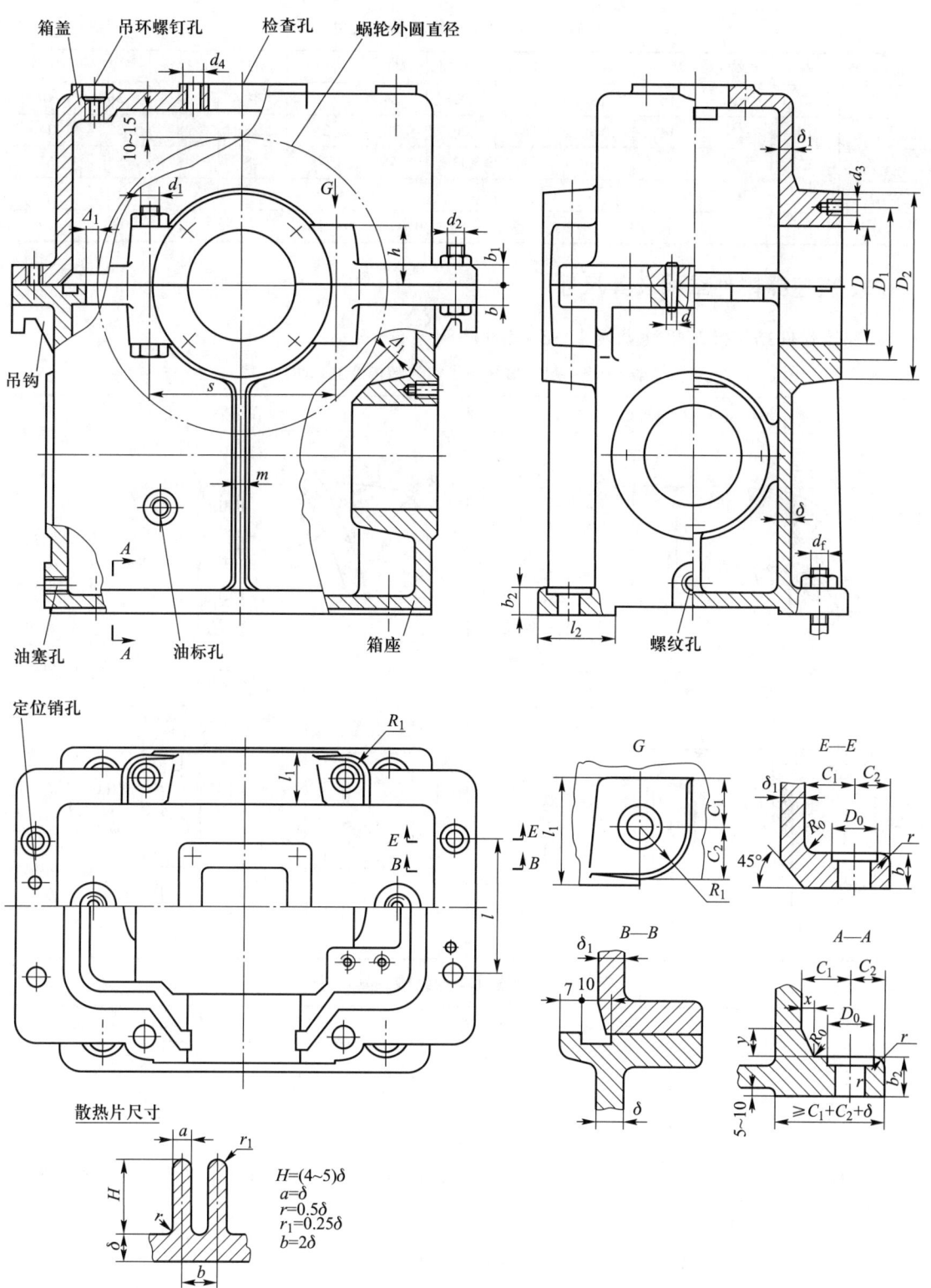

图 11-2 蜗杆减速器箱体结构及其尺寸

表 11-2　凸台和凸缘的结构尺寸　　mm

| 螺栓直径 | M6 | M8 | M10 | M12 | M14 | M16 | M18 | M20 | M22 | M24 | M27 | M30 |
|---|---|---|---|---|---|---|---|---|---|---|---|---|
| $C_{1\min}$ | 12 | 13 | 16 | 18 | 20 | 22 | 24 | 26 | 30 | 34 | 36 | 40 |
| $C_{2\min}$ | 10 | 11 | 14 | 16 | 18 | 20 | 22 | 24 | 26 | 28 | 32 | 34 |
| $D_0$ | 13 | 18 | 22 | 26 | 30 | 33 | 36 | 40 | 43 | 48 | 53 | 61 |
| $R_{0\max}$ | 5 | | | | | 8 | | | | 10 | | |
| $r_{\max}$ | 3 | | | | | | 5 | | | 8 | | |

## 二、减速器附件结构及其尺寸

减速器附件结构及其尺寸见表 11-3～表 11-8。

表 11-3　起重吊耳和吊钩的结构及其尺寸

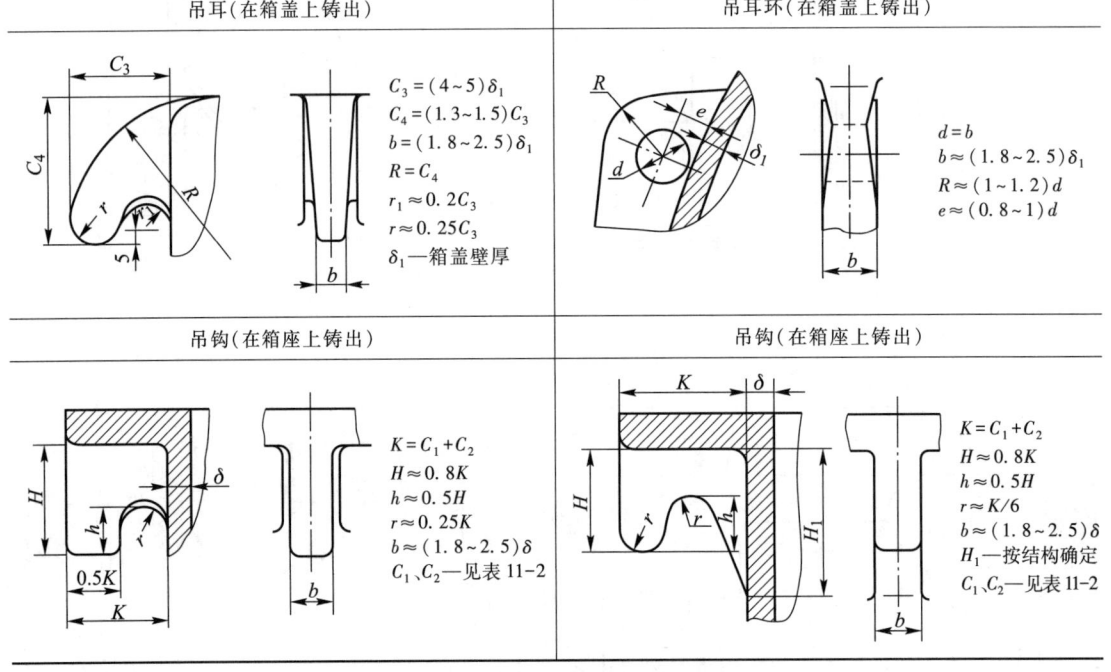

**吊耳（在箱盖上铸出）**

$C_3=(4\sim5)\delta_1$
$C_4=(1.3\sim1.5)C_3$
$b=(1.8\sim2.5)\delta_1$
$R=C_4$
$r_1\approx0.2C_3$
$r\approx0.25C_3$
$\delta_1$—箱盖壁厚

**吊耳环（在箱盖上铸出）**

$d=b$
$b\approx(1.8\sim2.5)\delta_1$
$R\approx(1\sim1.2)d$
$e\approx(0.8\sim1)d$

**吊钩（在箱座上铸出）**

$K=C_1+C_2$
$H\approx0.8K$
$h\approx0.5H$
$r\approx0.25K$
$b\approx(1.8\sim2.5)\delta$
$C_1$、$C_2$—见表 11-2

**吊钩（在箱座上铸出）**

$K=C_1+C_2$
$H\approx0.8K$
$h\approx0.5H$
$r\approx K/6$
$b\approx(1.8\sim2.5)\delta$
$H_1$—按结构确定
$C_1$、$C_2$—见表 11-2

表 11-4　检查孔盖的结构及其尺寸　　mm

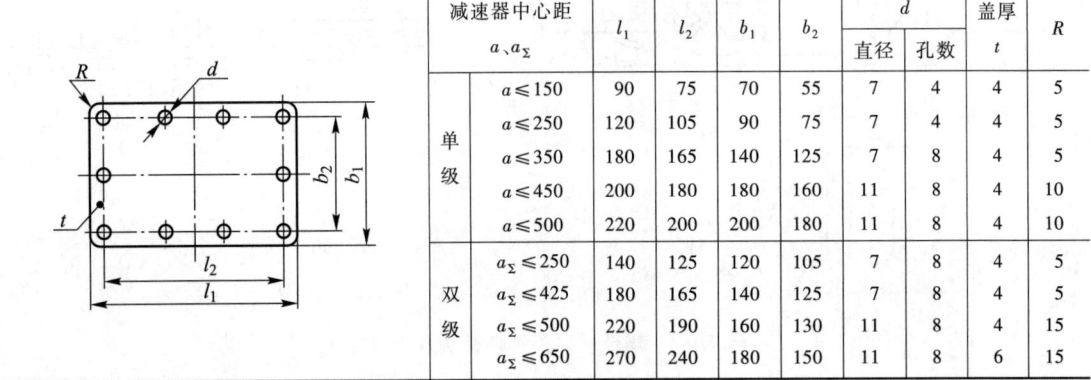

| 减速器中心距 $a$、$a_\Sigma$ | | $l_1$ | $l_2$ | $b_1$ | $b_2$ | $d$ 直径 | $d$ 孔数 | 盖厚 $t$ | $R$ |
|---|---|---|---|---|---|---|---|---|---|
| 单级 | $a\leqslant150$ | 90 | 75 | 70 | 55 | 7 | 4 | 4 | 5 |
| | $a\leqslant250$ | 120 | 105 | 90 | 75 | 7 | 4 | 4 | 5 |
| | $a\leqslant350$ | 180 | 165 | 140 | 125 | 7 | 8 | 4 | 5 |
| | $a\leqslant450$ | 200 | 180 | 180 | 160 | 11 | 8 | 4 | 10 |
| | $a\leqslant500$ | 220 | 200 | 200 | 180 | 11 | 8 | 4 | 10 |
| 双级 | $a_\Sigma\leqslant250$ | 140 | 125 | 120 | 105 | 7 | 8 | 4 | 5 |
| | $a_\Sigma\leqslant425$ | 180 | 165 | 140 | 125 | 7 | 8 | 4 | 5 |
| | $a_\Sigma\leqslant500$ | 220 | 190 | 160 | 130 | 11 | 8 | 4 | 15 |
| | $a_\Sigma\leqslant650$ | 270 | 240 | 180 | 150 | 11 | 8 | 6 | 15 |

表 11-5 通气器的结构及其尺寸　　　　　　　　　　　　　　　　　mm

提手式通气器

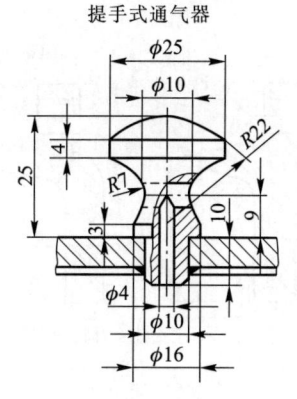

通气塞

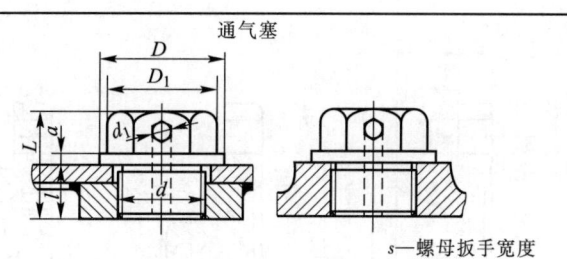

s—螺母扳手宽度

| d | D | $D_1$ | s | L | l | a | $d_1$ |
|---|---|---|---|---|---|---|---|
| M12×1.25 | 18 | 16.5 | 14 | 19 | 10 | 2 | 4 |
| M16×1.5 | 22 | 19.6 | 17 | 23 | 12 | 2 | 5 |
| M20×1.5 | 30 | 25.4 | 22 | 28 | 15 | 4 | 6 |
| M22×1.5 | 32 | 25.4 | 22 | 29 | 15 | 4 | 7 |
| M27×1.5 | 38 | 31.2 | 27 | 34 | 18 | 4 | 8 |
| M30×2 | 42 | 36.9 | 32 | 36 | 18 | 4 | 8 |
| M33×2 | 45 | 36.9 | 32 | 38 | 20 | 4 | 8 |
| M36×3 | 50 | 41.6 | 36 | 46 | 25 | 5 | 8 |

通 气 帽

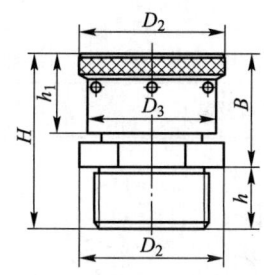 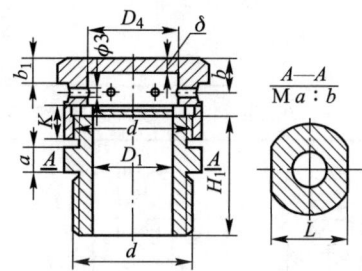

| d | $D_1$ | B | h | H | $D_2$ | $H_1$ | a | δ | K | b | $h_1$ | $b_1$ | $D_3$ | $D_4$ | L | 孔数 |
|---|---|---|---|---|---|---|---|---|---|---|---|---|---|---|---|---|
| M27×1.5 | 15 | ≈30 | 15 | ≈45 | 36 | 32 | 6 | 4 | 10 | 8 | 22 | 6 | 32 | 18 | 32 | 6 |
| M36×2 | 20 | ≈40 | 20 | ≈60 | 48 | 42 | 8 | 4 | 12 | 11 | 29 | 8 | 42 | 24 | 41 | 6 |
| M48×3 | 30 | ≈45 | 25 | ≈70 | 62 | 52 | 10 | 5 | 15 | 13 | 32 | 10 | 56 | 36 | 55 | 8 |

通 气 罩

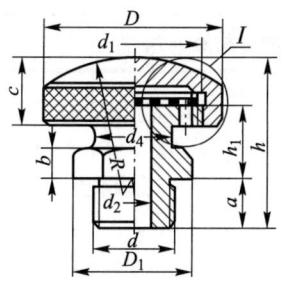 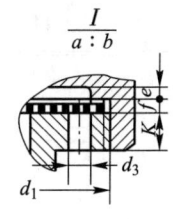

s—螺母扳手宽度

| d | $d_1$ | $d_2$ | $d_3$ | $d_4$ | D | h | a | b | c | $h_1$ | R | $D_1$ | s | K | e | f |
|---|---|---|---|---|---|---|---|---|---|---|---|---|---|---|---|---|
| M18×1.5 | M33×1.5 | 8 | 3 | 16 | 40 | 40 | 12 | 7 | 16 | 18 | 40 | 25.4 | 22 | 6 | 2 | 2 |
| M27×1.5 | M48×1.5 | 12 | 4.5 | 24 | 60 | 54 | 15 | 10 | 22 | 24 | 60 | 36.9 | 32 | 7 | 2 | 2 |
| M36×1.5 | M64×1.5 | 16 | 6 | 30 | 80 | 70 | 20 | 13 | 28 | 32 | 80 | 53.1 | 41 | 10 | 3 | 3 |

表 11-6 凸缘式轴承盖的结构及其尺寸　　　　　　　　　　　　　　　　　mm

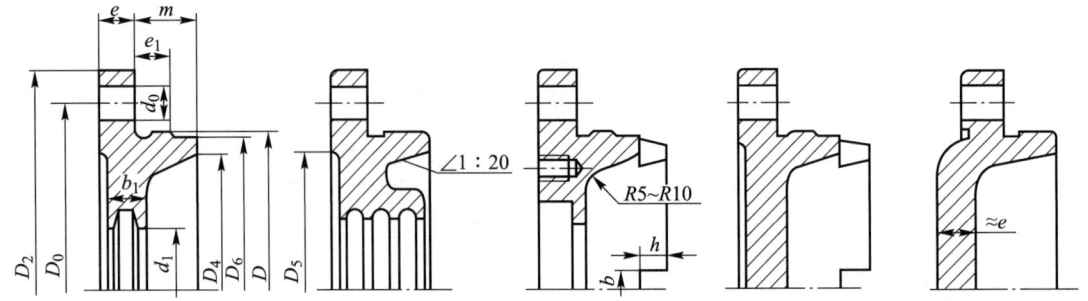

注：材料为HT150

$d_0 = d_3 + 1$

$d_3$—轴承盖连接螺栓直径，尺寸见右表

$D_0 = D + 2.5d_3$

$D_2 = D_0 + 2.5d_3$

$e = 1.2d_3$

$e_1 \geqslant e$

$m$ 由结构确定

$D_4 = D - (12 \sim 16)$

$D_5 = D_0 - 3d_3$

$D_6 = D - (2 \sim 4)$

$b_1$、$d_1$ 由密封件尺寸确定

$b = 5 \sim 10$

$h = (0.8 \sim 1)b$

| 轴承外径 $D$ | 螺钉直径 $d_3$ | 螺钉数 |
|---|---|---|
| 45~65 | 6 | 4 |
| 70~100 | 8 | 4 |
| 110~140 | 10 | 6 |
| 150~230 | 12~16 | 6 |

表 11-7 嵌入式轴承盖的结构及其尺寸　　　　　　　　　　　　　　　　　mm

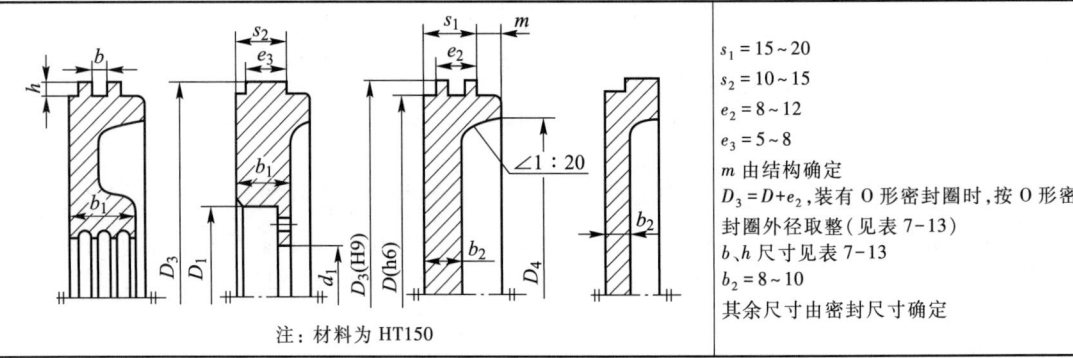

注：材料为HT150

$s_1 = 15 \sim 20$

$s_2 = 10 \sim 15$

$e_2 = 8 \sim 12$

$e_3 = 5 \sim 8$

$m$ 由结构确定

$D_3 = D + e_2$，装有 O 形密封圈时，按 O 形密封圈外径取整（见表7-13）

$b$、$h$ 尺寸见表7-13

$b_2 = 8 \sim 10$

其余尺寸由密封尺寸确定

表 11-8 套杯的结构及其尺寸　　　　　　　　　　　　　　　　　mm

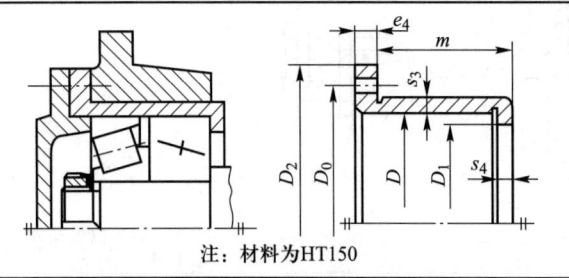

注：材料为HT150

$s_3$、$s_4$、$e_4 = 7 \sim 12$

$D_0 = D + 2s_3 + 2.5d_3$

$D_1$ 由轴承安装尺寸确定

$D_2 = D_0 + 2.5d_3$

$m$ 由结构确定

$d_3$ 见表 11-1

## 三、减速器传动件结构及其尺寸

减速器传动件结构及其尺寸见表 11-9 ~ 表 11-12。

**表 11-9　圆柱齿轮的结构及其尺寸**

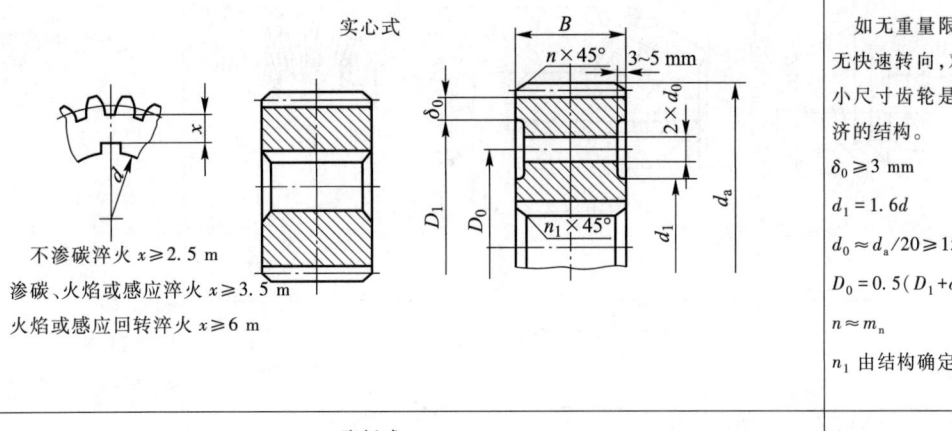

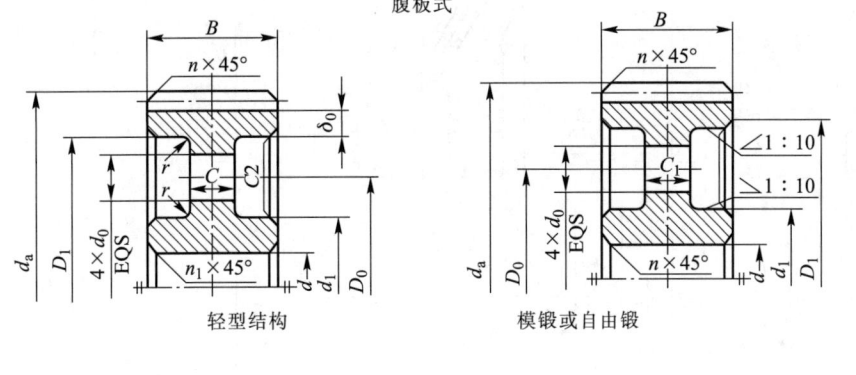

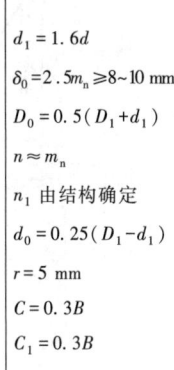

| | |
|---|---|
| 锻造齿轮 | |
| 实心式<br><br>不渗碳淬火 $x \geqslant 2.5$ m<br>渗碳、火焰或感应淬火 $x \geqslant 3.5$ m<br>火焰或感应回转淬火 $x \geqslant 6$ m | 如无重量限制和无快速转向，对中、小尺寸齿轮是最经济的结构。<br>$\delta_0 \geqslant 3$ mm<br>$d_1 = 1.6d$<br>$d_0 \approx d_a/20 \geqslant 15$ mm<br>$D_0 = 0.5(D_1 + d_1)$<br>$n \approx m_n$<br>$n_1$ 由结构确定 |
| 腹板式<br><br>轻型结构<br><br>模锻或自由锻 | $d_1 = 1.6d$<br>$\delta_0 = 2.5m_n \geqslant 8 \sim 10$ mm<br>$D_0 = 0.5(D_1 + d_1)$<br>$n \approx m_n$<br>$n_1$ 由结构确定<br>$d_0 = 0.25(D_1 - d_1)$<br>$r = 5$ mm<br>$C = 0.3B$<br>$C_1 = 0.3B$ |
| 铸造齿轮 | |
| $d_a = 400 \sim 1\ 000$ mm<br><br>$B \leqslant 200$ mm<br><br>$d_a < 400$ mm<br><br>其他尺寸与左图同 | $d_1 = 1.6d$<br>$H = 0.8d$<br>$\delta_0 = 2.5m_n \geqslant 8$ mm<br>$C = 0.25H \geqslant 10$ mm<br>$C_1 = 0.8C$<br>$s = 0.17H \geqslant 10$ mm<br>$e = 0.15 \sim 0.2d$<br>$n \approx m_n$<br>$n_1$ 由结构确定<br>$d_2 = 0.25(D_1 - d_1)$<br>$D_0 = 0.5(D_1 + d_1)$<br>$r > 10$ mm<br>$R = 0.4H$ |

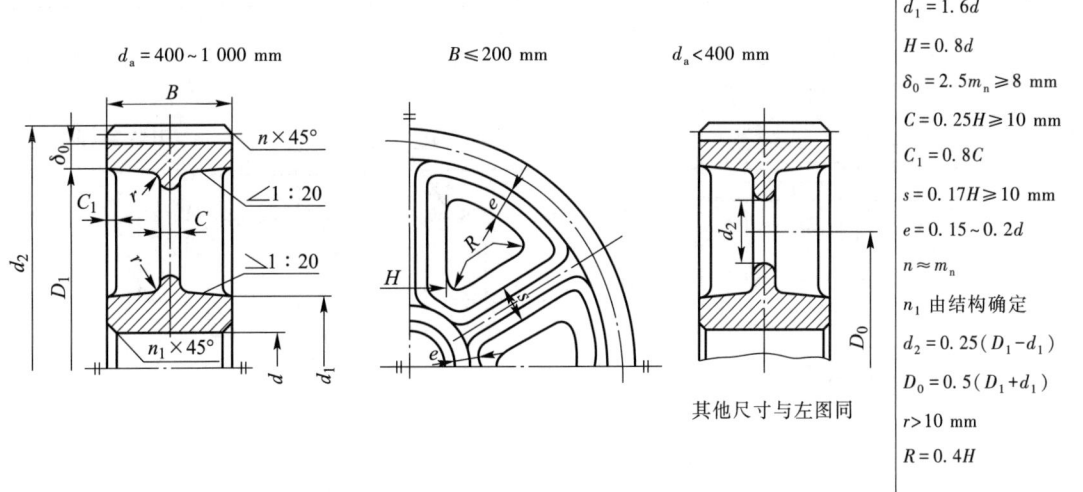

注：当 $x < 3.5\ m_t$，或 $d_a < 2d$ 时，应将齿轮做成齿轮轴，其结构参考第三篇。

## 表 11-10　锥齿轮的结构及其尺寸

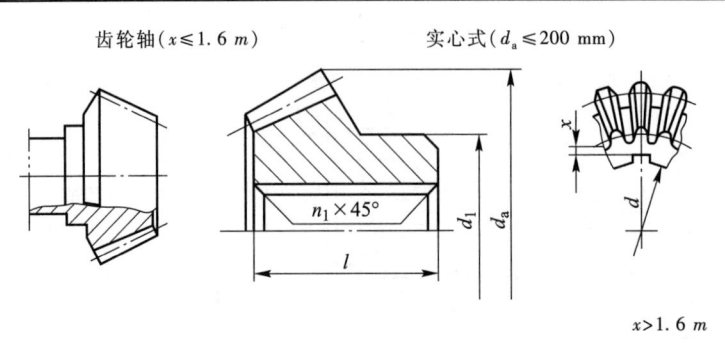

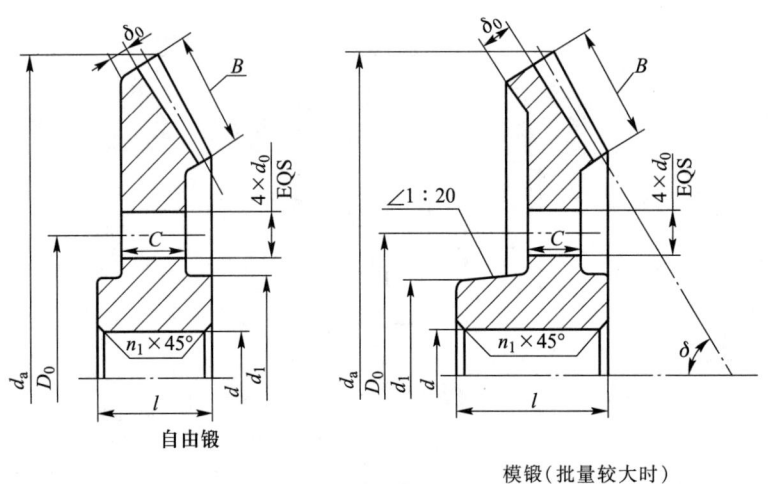

齿轮轴($x \leq 1.6\ m$)　　　实心式($d_a \leq 200$ mm)

$x > 1.6\ m$

腹板式($d_a \leq 500$ mm)

自由锻

模锻(批量较大时)

$d_1 = 1.6d$

$l = (1 \sim 1.2)d$

$\delta_0 = (3 \sim 4)m \geq 10$ mm

$C = (0.1 \sim 0.17)R \geq 10$ mm

($R$—锥距)

$D_0$、$d_0$、$n_1$ 由结构确定

## 表 11-11　蜗杆的结构及其尺寸

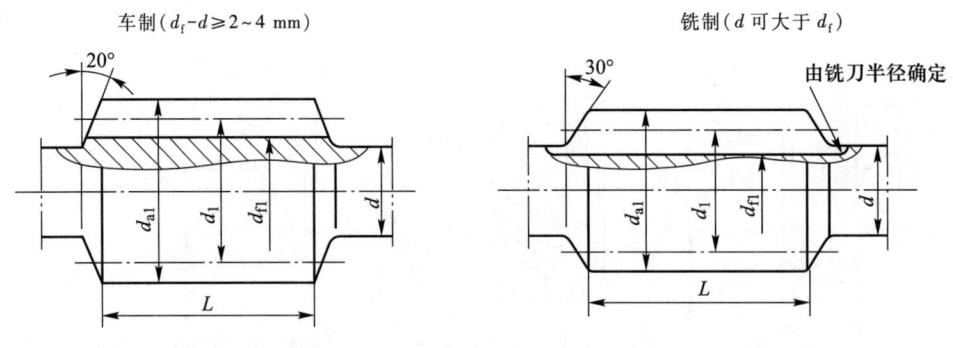

车制($d_f - d \geq 2 \sim 4$ mm)

铣制($d$ 可大于 $d_f$)

| | | |
|---|---|---|
| $L \geq 2m\sqrt{z_2+1}$(不变位) | $L \geq \sqrt{d_{a2}^2 + d_2^2}$(变位) | $d_{a2}$—蜗轮顶圆直径;$m$—模数;<br>$d_2$—蜗轮分度圆直径 |

表 11-12　蜗轮的结构及其尺寸　　mm

装配式(六角头螺栓连接,$d_2>100$)　　装配式(加强杆螺栓连接)

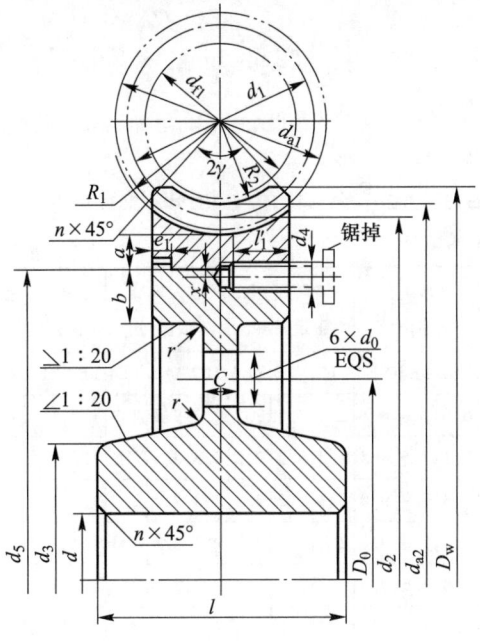
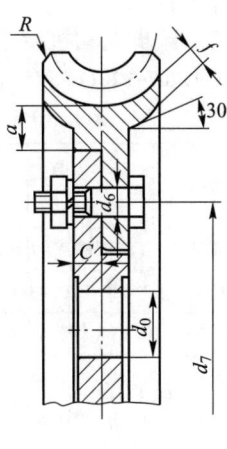

装配式(紧定螺钉连接)　　整体式(青铜 $d_2 \leqslant 100$；铸铁 $v_s \leqslant 2$ m/s；$v_s$—滑动速度)

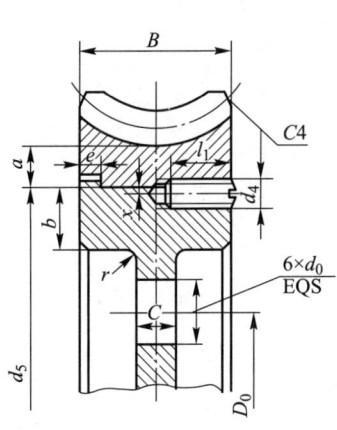

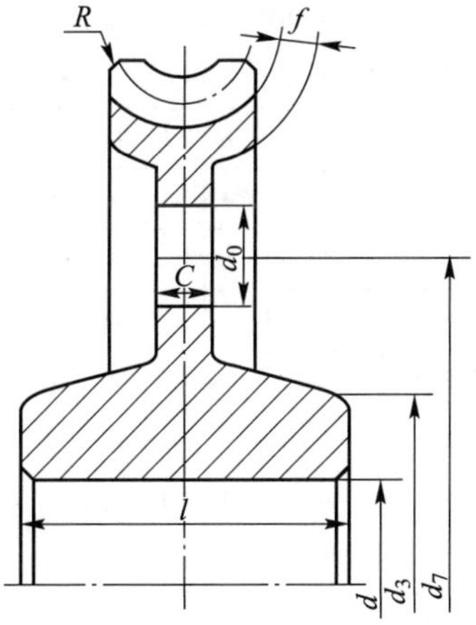

$d_3 = (1.6 \sim 1.8)d$

$l = (1.2 \sim 1.8)d$

$d_4 = (1.2 \sim 1.5)m \geqslant 6$

$l_1 = 3d_4$

$a = b = 2m \geqslant 10$

$C = 1.5m \geqslant 10$

$x = 1 \sim 3$

$e \approx 10$

$n = 2 \sim 3$

$R_1 = 0.5(d_1 + 2.4m)$

$R_2 = 0.5(d_1 - 2m)$

$d_{a2} = d_2 + 2m$

$2\gamma = 90° \sim 110°$

$D_0 = 0.5(d_5 - 2b + d_3)$

$d_6$ 按强度计算确定

$f \geqslant 1.7m$

$R = 4 \sim 5$

$D_w \leqslant d_{a2} + 2m(z_1 = 1)$

$D_w \leqslant d_{a2} + 1.5m(z_1 = 2 \sim 3)$

$D_w \leqslant d_{a2} + m(z_1 = 4)$

$B \leqslant 0.75d_{a1}(z_1 = 1 \sim 3)$

$B \leqslant 0.67d_{a1}(z_1 = 4)$

$d_5 、d_7 、d_0 、n_1 、r$ 由结构确定

$d_5 \dfrac{\text{H7}}{\text{s6}}\left(\dfrac{\text{H7}}{\text{r6}}\right)$

$d_6 \dfrac{\text{H7}}{\text{r6}}$

# 第十二章 电 动 机

## 一、YE2、YE3、YE4 系列三相异步电动机

YE2、YE3、YE4 系列三相异步电动机技术数据见表 12-1。

**表 12-1 YE2(JB/T 11707—2017)、YE3(GB/T 28575—2020)、YE4(JB/T 13299—2017)系列(IP55)电动机技术数据**

| 型号 | 额定功率/kW | 同步转速/(r/min) | 效率/% | | | 功率因数 cos ψ | | | 空载噪声 dB(A) | | | 堵转电流/额定电流 | | | 堵转转矩/额定转矩 | | | 最大转矩/额定转矩 | | | 最小转矩/额定转矩 | | |
|---|---|---|---|---|---|---|---|---|---|---|---|---|---|---|---|---|---|---|---|---|---|---|---|
| | | | YE2 | YE3 | YE4 | YE2 | YE3 | YE4 | YE2 | YE3 | YE4 | YE2 | YE3 | YE4 | YE2 | YE3 | YE4 | YE2 | YE3 | YE4 | YE2 | YE3 | YE4 |
| 80M1-2 | 0.75 | 3000 | 77.4 | 80.7 | 83.5 | 0.82 | 0.82 | 0.83 | 62 | 62 | 62 | 6.8 | 7.0 | 8.5 | 2.3 | 2.3 | 2.2 | 2.3 | 2.3 | 2.3 | 1.5 | 1.5 | 1.5 |
| 80M2-2 | 1.1 | 3000 | 79.6 | 82.7 | 85.2 | 0.83 | 0.83 | 0.83 | 62 | 62 | 62 | 7.1 | 7.6 | 8.5 | 2.3 | 2.2 | 2.2 | 2.3 | 2.3 | 2.3 | 1.5 | 1.5 | 1.5 |
| 90S-2 | 1.5 | 3000 | 81.3 | 84.2 | 86.5 | 0.84 | 0.84 | 0.85 | 67 | 67 | 67 | 7.3 | 7.9 | 9.0 | 2.3 | 2.2 | 2.2 | 2.3 | 2.3 | 2.3 | 1.5 | 1.5 | 1.5 |
| 90L-2 | 2.2 | 3000 | 83.2 | 85.9 | 88.0 | 0.85 | 0.85 | 0.86 | 67 | 67 | 67 | 7.6 | 7.9 | 9.0 | 2.3 | 2.2 | 2.2 | 2.3 | 2.3 | 2.3 | 1.4 | 1.4 | 1.4 |
| 100L-2 | 3 | 3000 | 84.6 | 87.1 | 89.1 | 0.87 | 0.87 | 0.87 | 74 | 74 | 74 | 7.8 | 8.5 | 9.5 | 2.2 | 2.2 | 2.2 | 2.3 | 2.3 | 2.3 | 1.4 | 1.4 | 1.4 |
| 112M-2 | 4 | 3000 | 85.8 | 88.1 | 90.0 | 0.88 | 0.88 | 0.88 | 77 | 77 | 77 | 8.1 | 8.5 | .5 | 2.2 | 2.2 | 2.2 | 2.3 | 2.3 | 2.3 | 1.4 | 1.4 | 1.4 |
| 132S1-2 | 5.5 | 3000 | 87.0 | 89.2 | 90.9 | 0.88 | 0.88 | 0.88 | 79 | 79 | 79 | 8.2 | 8.5 | 9.5 | 2.2 | 2.0 | 2.0 | 2.3 | 2.3 | 2.3 | 1.2 | 1.2 | 1.2 |
| 132S2-2 | 7.5 | 3000 | 88.1 | 90.1 | 91.7 | 0.89 | 0.88 | 0.89 | 79 | 79 | 79 | 7.8 | 8.5 | 9.5 | 2.2 | 2.0 | 2.0 | 2.3 | 2.3 | 2.3 | 1.2 | 1.2 | 1.2 |
| 160M1-2 | 11 | 3000 | 89.4 | 91.2 | 92.6 | 0.89 | 0.89 | 0.89 | 81 | 81 | 81 | 7.9 | 8.5 | 9.5 | 2.2 | 2.0 | 2.0 | 2.3 | 2.3 | 2.3 | 1.2 | 1.2 | 1.2 |
| 160M2-2 | 15 | 3000 | 90.3 | 91.9 | 93.3 | 0.89 | 0.89 | 0.89 | 81 | 81 | 81 | 7.9 | 8.5 | 9.5 | 2.2 | 2.0 | 2.0 | 2.3 | 2.3 | 2.3 | 1.2 | 1.2 | 1.2 |
| 160L-2 | 18.5 | 3000 | 90.9 | 92.4 | 93.7 | 0.89 | 0.89 | 0.89 | 81 | 81 | 81 | 8.0 | 8.5 | 9.5 | 2.2 | 2.0 | 2.0 | 2.3 | 2.3 | 2.3 | 1.1 | 1.1 | 1.1 |
| 180M-2 | 22 | 3000 | 91.3 | 92.7 | 94.0 | 0.89 | 0.89 | 0.89 | 83 | 83 | 83 | 8.1 | 8.5 | 9.5 | 2.2 | 2.0 | 2.0 | 2.3 | 2.3 | 2.3 | 1.1 | 1.1 | 1.1 |
| 200L1-2 | 30 | 3000 | 92.0 | 93.3 | 94.5 | 0.89 | 0.89 | 0.89 | 84 | 84 | 84 | 7.5 | 8.5 | 9.0 | 2.0 | 2.0 | 2.0 | 2.3 | 2.3 | 2.3 | 1.1 | 1.1 | 1.1 |
| 200L2-2 | 37 | 3000 | 92.5 | 93.7 | 94.8 | 0.89 | 0.89 | 0.89 | 84 | 84 | 84 | 7.5 | 8.5 | 9.0 | 2.0 | 2.0 | 2.0 | 2.3 | 2.3 | 2.3 | 1.1 | 1.1 | 1.1 |
| 225M-2 | 45 | 3000 | 92.9 | 94.0 | 95.0 | 0.89 | 0.90 | 0.89 | 86 | 86 | 86 | 7.5 | 8.0 | 9.0 | 2.2 | 2.0 | 2.0 | 2.3 | 2.3 | 2.3 | 1.0 | 1.0 | 1.0 |
| 250M-2 | 55 | 3000 | 93.2 | 94.3 | 95.3 | 0.89 | 0.90 | 0.89 | 89 | 89 | 89 | 7.6 | 8.0 | 9.0 | 2.2 | 2.0 | 2.0 | 2.3 | 2.3 | 2.3 | 1.0 | 1.0 | 1.0 |
| 80M1-4 | 0.55 | 1500 | 77.1 | 80.8 | | 0.75 | 0.75 | | 56 | 56 | 56 | 6.4 | 6.6 | | 2.4 | 2.4 | | 2.3 | 2.3 | 2.3 | 1.7 | 1.7 | |
| 80M2-4 | 0.75 | 1500 | 79.6 | 82.5 | 84.7 | 0.76 | 0.75 | 0.74 | 56 | 56 | 56 | 6.4 | 6.6 | 8.5 | 2.3 | 2.3 | 2.3 | 2.3 | 2.3 | 2.3 | 1.6 | 1.6 | 1.6 |
| 90S-4 | 1.1 | 1500 | 81.4 | 84.1 | 87.2 | 0.77 | 0.76 | 0.75 | 59 | 59 | 59 | 6.6 | 6.8 | 8.5 | 2.3 | 2.3 | 2.3 | 2.3 | 2.3 | 2.3 | 1.6 | 1.6 | 1.6 |
| 90L-4 | 1.5 | 1500 | 82.8 | 85.3 | 88.2 | 0.78 | 0.77 | 0.76 | 59 | 59 | 59 | 6.7 | 7.0 | 9.0 | 2.3 | 2.3 | 2.3 | 2.3 | 2.3 | 2.3 | 1.6 | 1.6 | 1.6 |
| 100L1-4 | 2.2 | 1500 | 84.3 | 86.7 | 89.5 | 0.80 | 0.81 | 0.79 | 64 | 64 | 64 | 7.3 | 7.6 | 9.0 | 2.3 | 2.3 | 2.3 | 2.3 | 2.3 | 2.3 | 1.5 | 1.5 | 1.5 |
| 100L2-4 | 3 | 1500 | 85.5 | 87.7 | 90.4 | 0.81 | 0.82 | 0.80 | 64 | 64 | 64 | 7.5 | 7.6 | 9.5 | 2.3 | 2.3 | 2.3 | 2.3 | 2.3 | 2.3 | 1.5 | 1.5 | 1.5 |
| 112M-4 | 4 | 1500 | 86.6 | 88.6 | 91.1 | 0.81 | 0.82 | 0.80 | 65 | 65 | 65 | 7.5 | 7.8 | 9.5 | 2.3 | 2.2 | 2.3 | 2.3 | 2.3 | 2.3 | 1.5 | 1.5 | 1.5 |
| 132S-4 | 5.5 | 1500 | 87.7 | 89.6 | 91.9 | 0.82 | 0.83 | 0.80 | 71 | 71 | 71 | 7.5 | 7.9 | 9.5 | 2.0 | 2.0 | 2.0 | 2.3 | 2.3 | 2.3 | 1.4 | 1.4 | 1.4 |

续表

| 型号 | 额定功率/kW | 同步转速/(r/min) | 效率/% | | | 功率因数 cos ψ | | | 空载噪声 dB(A) | | | 堵转电流/额定电流 | | | 堵转转矩/额定转矩 | | | 最大转矩/额定转矩 | | | 最小转矩/额定转矩 | | |
|---|---|---|---|---|---|---|---|---|---|---|---|---|---|---|---|---|---|---|---|---|---|---|---|
| | | | YE2 | YE3 | YE4 | YE2 | YE3 | YE4 | YE2 | YE3 | YE4 | YE2 | YE3 | YE4 | YE2 | YE3 | YE4 | YE2 | YE3 | YE4 | YE2 | YE3 | YE4 |
| 132M-4 | 7.5 | 1500 | 88.7 | 90.4 | 92.6 | 0.83 | 0.84 | 0.81 | 71 | 71 | 71 | 7.3 | 7.5 | 9.5 | 2.0 | 2.0 | 2.0 | 2.3 | 2.3 | 2.3 | 1.4 | 1.4 | 1.4 |
| 160M-4 | 11 | 1500 | 89.8 | 91.4 | 93.3 | 0.83 | 0.85 | 0.83 | 73 | 73 | 73 | 7.4 | 7.7 | 9.5 | 2.0 | 2.2 | 2.0 | 2.3 | 2.3 | 2.3 | 1.4 | 1.4 | 1.4 |
| 160L-4 | 15 | 1500 | 90.6 | 92.1 | 93.9 | 0.84 | 0.86 | 0.84 | 73 | 73 | 73 | 7.5 | 7.8 | 9.5 | 2.0 | 2.2 | 2.0 | 2.3 | 2.3 | 2.3 | 1.4 | 1.4 | 1.4 |
| 180M-4 | 18.5 | 1500 | 91.2 | 92.6 | 94.2 | 0.85 | 0.86 | 0.85 | 76 | 76 | 76 | 7.6 | 7.8 | 9.5 | 2.0 | 2.0 | 2.0 | 2.3 | 2.3 | 2.3 | 1.2 | 1.2 | 1.2 |
| 180L-4 | 22 | 1500 | 91.6 | 93.0 | 94.5 | 0.85 | 0.86 | 0.85 | 76 | 76 | 76 | 7.7 | 7.8 | 9.5 | 2.1 | 2.0 | 2.0 | 2.3 | 2.3 | 2.3 | 1.2 | 1.2 | 1.2 |
| 200L-4 | 30 | 1500 | 92.3 | 93.6 | 94.9 | 0.85 | 0.86 | 0.85 | 76 | 76 | 76 | 7.1 | 7.3 | 9.0 | 2.1 | 2.0 | 2.0 | 2.3 | 2.3 | 2.3 | 1.2 | 1.2 | 1.2 |
| 225S-4 | 37 | 1500 | 92.7 | 93.9 | 95.2 | 0.86 | 0.86 | 0.85 | 78 | 78 | 78 | 7.3 | 7.4 | 9.0 | 2.1 | 2.0 | 2.0 | 2.3 | 2.3 | 2.3 | 1.2 | 1.2 | 1.2 |
| 225M-4 | 45 | 1500 | 93.1 | 94.2 | 95.4 | 0.86 | 0.86 | 0.85 | 78 | 78 | 78 | 7.3 | 7.4 | 9.0 | 2.2 | 2.0 | 2.0 | 2.3 | 2.3 | 2.3 | 1.1 | 1.1 | 1.1 |
| 250M-4 | 55 | 1500 | 93.5 | 94.6 | 95.7 | 0.86 | 0.86 | 0.86 | 79 | 79 | 79 | 7.3 | 7.4 | 9.0 | 2.2 | 2.2 | 2.0 | 2.3 | 2.3 | 2.3 | 1.1 | 1.1 | 1.1 |
| 90S-6 | 0.75 | 1000 | 75.9 | 78.9 | 82.7 | 0.71 | 0.71 | 0.70 | 57 | 57 | 57 | 5.8 | 6.0 | 7.5 | 2.0 | 2.0 | 2.1 | 2.1 | 2.1 | 2.1 | 1.5 | 1.5 | 1.5 |
| 90L-6 | 1.1 | 1000 | 78.1 | 81.0 | 84.5 | 0.72 | 0.73 | 0.70 | 57 | 57 | 57 | 5.9 | 6.0 | 7.5 | 2.0 | 2.0 | 2.1 | 2.1 | 2.1 | 2.1 | 1.3 | 1.3 | 1.3 |
| 100L-6 | 1.5 | 1000 | 79.8 | 82.5 | 85.9 | 0.72 | 0.73 | 0.71 | 61 | 61 | 61 | 5.9 | 6.5 | 7.5 | 2.0 | 2.0 | 2.1 | 2.1 | 2.1 | 2.1 | 1.3 | 1.3 | 1.3 |
| 112M-6 | 2.2 | 1000 | 81.8 | 84.3 | 87.4 | 0.72 | 0.74 | 0.71 | 65 | 65 | 65 | 6.2 | 6.6 | 7.5 | 2.0 | 2.0 | 2.1 | 2.1 | 2.1 | 2.1 | 1.3 | 1.3 | 1.3 |
| 132S-6 | 3 | 1000 | 83.3 | 85.6 | 88.6 | 0.72 | 0.74 | 0.71 | 69 | 69 | 69 | 6.4 | 6.8 | 7.5 | 2.0 | 2.0 | 2.0 | 2.1 | 2.1 | 2.1 | 1.3 | 1.3 | 1.3 |
| 132M1-6 | 4 | 1000 | 84.6 | 86.8 | 89.5 | 0.74 | 0.74 | 0.72 | 69 | 69 | 69 | 6.6 | 6.8 | 8.0 | 2.0 | 2.0 | 2.0 | 2.1 | 2.1 | 2.1 | 1.3 | 1.3 | 1.3 |
| 132M2-6 | 5.5 | 1000 | 86.0 | 88.0 | 90.5 | 0.75 | 0.75 | 0.72 | 69 | 69 | 69 | 6.8 | 7.0 | 8.0 | 2.0 | 2.0 | 2.0 | 2.1 | 2.1 | 2.1 | 1.3 | 1.3 | 1.3 |
| 160M-6 | 7.5 | 1000 | 87.2 | 89.1 | 91.3 | 0.78 | 0.79 | 0.76 | 73 | 73 | 73 | 6.8 | 7.0 | 8.0 | 2.0 | 2.0 | 2.0 | 2.1 | 2.1 | 2.1 | 1.3 | 1.3 | 1.3 |
| 160L-6 | 11 | 1000 | 88.7 | 90.3 | 92.3 | 0.79 | 0.80 | 0.77 | 73 | 73 | 73 | 6.9 | 7.2 | 8.5 | 2.0 | 2.0 | 2.0 | 2.1 | 2.1 | 2.1 | 1.2 | 1.2 | 1.2 |
| 180L-6 | 15 | 1000 | 89.7 | 91.2 | 92.9 | 0.82 | 0.81 | 0.80 | 73 | 73 | 73 | 7.3 | 7.3 | 8.5 | 2.0 | 2.0 | 2.0 | 2.1 | 2.1 | 2.1 | 1.2 | 1.2 | 1.2 |
| 200L1-6 | 18.5 | 1000 | 90.4 | 91.7 | 93.4 | 0.80 | 0.81 | 0.80 | 73 | 73 | 73 | 7.2 | 7.3 | 8.5 | 2.0 | 2.0 | 2.0 | 2.1 | 2.1 | 2.1 | 1.2 | 1.2 | 1.2 |
| 200L2-6 | 22 | 1000 | 90.9 | 92.2 | 93.7 | 0.81 | 0.81 | 0.81 | 73 | 73 | 73 | 7.3 | 7.4 | 8.5 | 2.0 | 2.0 | 2.0 | 2.1 | 2.1 | 2.1 | 1.2 | 1.2 | 1.2 |
| 225M-6 | 30 | 1000 | 91.7 | 92.9 | 94.2 | 0.82 | 0.83 | 0.82 | 74 | 74 | 74 | 6.8 | 6.9 | 8.3 | 2.0 | 2.0 | 2.0 | 2.1 | 2.1 | 2.1 | 1.2 | 1.2 | 1.2 |
| 250M-6 | 37 | 1000 | 92.2 | 93.3 | 94.5 | 0.83 | 0.84 | 0.83 | 76 | 76 | 76 | 7.0 | 7.1 | 8.3 | 2.0 | 2.0 | 2.0 | 2.1 | 2.1 | 2.1 | 1.2 | 1.2 | 1.2 |

GB 18613—2012 规定了中小型三相异步电动机能效等级，GB 18613—2020 扩大了标准的适用范围，提高了对能效限定值的要求。

YE2 系列三相异步电动机采用冷轧硅钢片作为导磁材料，符合强制性国家标准 GB 18613—2012 中 3 级电动机能效指标。YE3 系列电动机采用高磁导率、低损耗的冷轧无取向硅钢片作为导磁材料，属于超高效率、低噪声三相异步电动机，符合 GB 18613—2012 的 2 级电动机能效要求，符合 GB 18613—2020 的 3 级电动机能效要求。YE4 系列电动机具有结构合理，外形美观，效率高，噪声低，防护等级、绝缘等级高等优点，效率指标符合 GB 18613—2012 的 1 级电动机能效的要求，符合 GB 18613—2020 的 2 级电动机能效的要求。

小型异步电动机的规格代号由“系列号-基座长度-机座号-极数”组成，例如：YE3-90S-4；表示电动机属于 YE3 系列，中心高 90mm，机座长度代号 S(S：短机座，M：中机座，L：长机座)，极数为 4。

YE2、YE3、YE4 三相异步电动机的外形及安装尺寸见表 12-2～表 12～6。

**表 12-2　机座带底脚、端盖无凸缘电动机的外形及安装尺寸**

（JB/T 11707—2017、GB/T 28575—2020、JB/T 13299—2017 摘录）　　mm

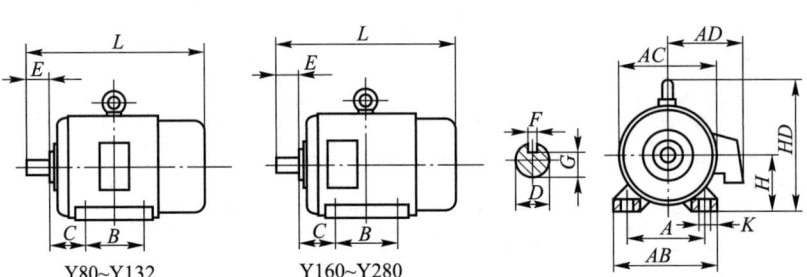

Y80~Y132　　Y160~Y280

| 机座号 | 极 数 | A | B | C | D | | E | F | G | H | K | AB | AC | AD | HD | L |
|---|---|---|---|---|---|---|---|---|---|---|---|---|---|---|---|---|
| 80M | 2,4,6 | 125 | 100 | 50 | 19 | +0.009<br>-0.004 | 40 | 6 | 15.5 | 80 | 10 | 165 | 175 | 145 | 220 | 305 |
| 90S | | 140 | | 56 | 24 | | 50 | 8 | 20 | 90 | | 180 | 195△<br>205 | 165△<br>170 | 260△<br>265 | 360 |
| 90L | | | 125 | | | | | | | | | | | | | 390 |
| 100L | | 160 | 140 | 63 | 28 | | 60 | | 24 | 100 | 12 | 205 | 215 | 180 | 275△<br>270 | 435 |
| 112M | | 190 | | 70 | | | | | | 112 | | 230 | 240△<br>255 | 190△<br>200 | 300△<br>310 | 470△,440 |
| 132S | | 216 | | 89 | 38 | +0.018<br>+0.002 | 80 | 10 | 33 | 132 | | 270 | 275△<br>310 | 210△<br>230 | 345△<br>365 | 510 |
| 132M | | | 178 | | | | | | | | | | | | | 560△,550 |
| 160M | | 254 | 210 | 108 | 42 | | 110 | 12 | 37 | 160 | 14.5 | 320 | 330△<br>340 | 255△<br>260 | 420△<br>425 | 700△,730 |
| 160L | | 279 | 254 | 121 | | | | | | 180 | | 355 | 380△<br>390 | 280△<br>285 | 455△<br>460 | 740△,760 |
| 180M | | | 241 | | 48 | | | 14 | 42.5 | | | | | | | 790△,770 |
| 180L | | 318 | 279 | 133 | | | | | | 200 | | 395 | 420△<br>445 | 305△<br>320 | 505△<br>520 | 790△,800 |
| 200L | | 356 | 305 | 149 | 55 | +0.030<br>+0.011 | | 16 | 49 | 225 | 18.5 | 435 | 470△<br>495 | 335△<br>350 | 560△<br>575 | 830△,860 |
| 225S | 4 | | 286 | | 60 | | 140 | 18 | 53 | | | | | | | 830 |
| 225M | 2 | 406 | 311 | 168 | 55 | | 110 | 16 | 49 | 250 | | 490 | 510△<br>550 | 370△<br>390 | 615△<br>635 | 825△,830 |
| | 4,6 | | | | 60 | | 140 | 18 | 53 | | | | | | | 855△,860 |
| 250M | 2 | 457 | 349 | 190 | | | | | | 280 | 24 | 550 | 580△<br>630 | 410△<br>435 | 680△<br>705 | 915△,990 |
| | 4,6 | | | | 65 | | | | 58 | | | | | | | |
| 280S | 2 | | 368 | | | | | | | | | | | | | 985△,990 |
| | 4,6 | | | | 75 | | | 20 | 67.5 | | | | | | | |
| 280M | 2 | | 419 | | 65 | | | 18 | 58 | | | | | | | 1035△,1040 |
| | 4,6 | | | | 75 | | | 20 | 67.5 | | | | | | | |

注：带△的尺寸是 YE2 系列的尺寸，其他为三个系列共同的尺寸。

## 表 12-3 机座带底脚、端盖有凸缘(带通孔)的电动机的外形及安装尺寸

(JB/T 11707—2017、GB/T 28575—2020、JB/T 13299—2017 摘录)

mm

机座号80~90

机座号100~132

机座号160~355

机座号80~200

机座号225~355

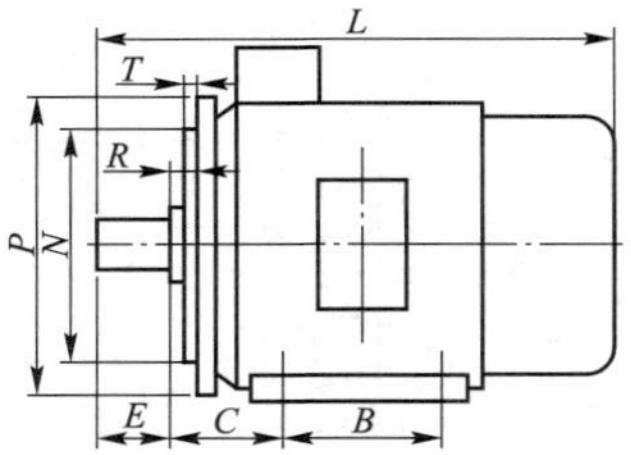

| 机座号 | 极数 | A | B | C | D | | E | F | G | H | K | M | N | P | R | S | T | 凸缘孔数 | AB | AC | AD | HD | L |
|---|---|---|---|---|---|---|---|---|---|---|---|---|---|---|---|---|---|---|---|---|---|---|---|
| 80M | | 125 | 100 | 50 | 19 | | 40 | 6 | 15.5 | 80 | 10 | 165 | 130 | 200 | | | | | 165 | 175 | 145 | 220 | 305 |
| 90S | | 140 | 100 | 56 | 24 | | 50 | 8 | 20 | 90 | 10 | 165 | 130 | 200 | | 12 | 3.5 | | 180 | 195 * | 165 * | 260 * | 360 * 395 |
| 90L | | 140 | 125 | 56 | 24 | +0.009<br>-0.004 | 50 | 8 | 20 | 90 | 10 | 165 | 130 | 200 | | | | | | 205 | 170 | 265 | 390 * 425 |
| 100L | | 160 | 140 | 63 | 28 | | 60 | 8 | 24 | 100 | 12 | 215 | 180 | 250 | | | | | 205 | 215 | 180 | 270 | 435 |
| 112M | | 190 | 140 | 70 | 28 | | 60 | 8 | 24 | 112 | 12 | 215 | 180 | 250 | | 14.5 | 4 | | 230 | 240 *<br>255 | 190 *<br>200 | 300 *<br>310 | 470 * ,475 |
| 132S | 2,4,6 | 216 | 140 | 89 | 38 | | 80 | 10 | 33 | 132 | 12 | 265 | 230 | 300 | | | | 4 | 270 | 275 * | 210 * | 345 * | 510 * ,535 |
| 132M | | 216 | 178 | 89 | 38 | | 80 | 10 | 33 | 132 | 12 | 265 | 230 | 300 | | | | | | 310 | 230 | 365 | 560 * ,550 |
| 160M | | 254 | 210 | 108 | 42 | +0.018<br>+0.002 | 110 | 12 | 37 | 160 | 14.5 | 300 | 250 | 350 | | | | | 320 | 330 * | 255 * | 420 * | 670 * ,730 |
| 160L | | 254 | 254 | 108 | 42 | | 110 | 12 | 37 | 160 | 14.5 | 300 | 250 | 350 | | | | | | 340 | 260 | 425 | 700 * ,760 |
| 180M | | 279 | 241 | 121 | 48 | | 110 | 14 | 42.5 | 180 | 14.5 | 300 | 250 | 350 | | | | | 355 | 380 * | 280 * | 455 * | 740 * ,805 |
| 180L | | 279 | 279 | 121 | 48 | | 110 | 14 | 42.5 | 180 | 14.5 | 300 | 250 | 350 | 0 | | | | | 390 | 285 | 460 | 790 * ,835 |
| 200L | | 318 | 305 | 133 | 55 | | 110 | 16 | 49 | 200 | 18.5 | 350 | 300 | 400 | | | | | 395 | 420 *<br>445 | 305 *<br>320 | 505 *<br>520 | 790 * ,890 |
| 225S | 4 | 356 | 286 | 149 | 60 | | 140 | 18 | 53 | 225 | 18.5 | 400 | 350 | 450 | | | | | | | | | 830 * ,865 |
| 225M | 2 | 356 | 311 | 149 | 55 | | 110 | 16 | 49 | 225 | 18.5 | 400 | 350 | 450 | | 18.5 | 5 | | 435 | 470 * | 335 * | 560 * | 825 * ,865 |
| | 4,6 | 356 | 311 | 149 | 60 | | 140 | 18 | 53 | 225 | 18.5 | 400 | 350 | 450 | | | | | | 495 | 350 | 575 | 855 * ,895 |
| 250M | 2 | 406 | 349 | 168 | 60 | +0.030<br>+0.011 | 140 | 18 | 53 | 250 | 24 | 500 | 450 | 550 | | | | | 490 | 510 * | 370 * | 615 * | 915,995 |
| | 4,6 | 406 | 349 | 168 | 65 | | 140 | 18 | 58 | 250 | 24 | 500 | 450 | 550 | | | | 8 | | 550 | 390 | 635 | 915,995 |
| 280S | 2 | 457 | 368 | 190 | 65 | | 140 | 18 | 58 | 280 | 24 | 500 | 450 | 550 | | | | | | | | | 985 * ,1 030 |
| | 4,6 | 457 | 368 | 190 | 75 | | 140 | 20 | 67.5 | 280 | 24 | 500 | 450 | 550 | | | | | 550 | 580 * | 410 * | 680 * | 985 * ,1 030 |
| 280M | 2 | 457 | 419 | 190 | 65 | | 140 | 18 | 58 | 280 | 24 | 500 | 450 | 550 | | | | | | 630 | 435 | 705 | 1 035 * ,1 080 |
| | 4,6 | 457 | 419 | 190 | 75 | | 140 | 20 | 67.5 | 280 | 24 | 500 | 450 | 550 | | | | | | | | | 1 035 * ,1 080 |

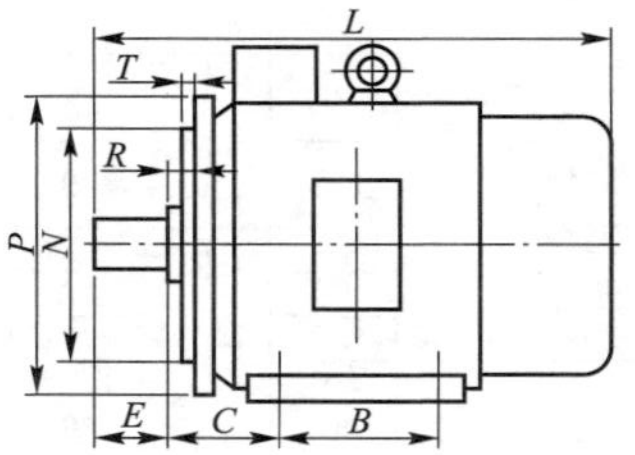

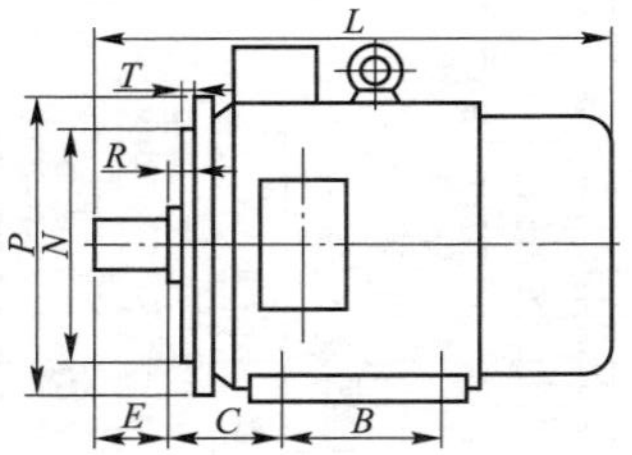

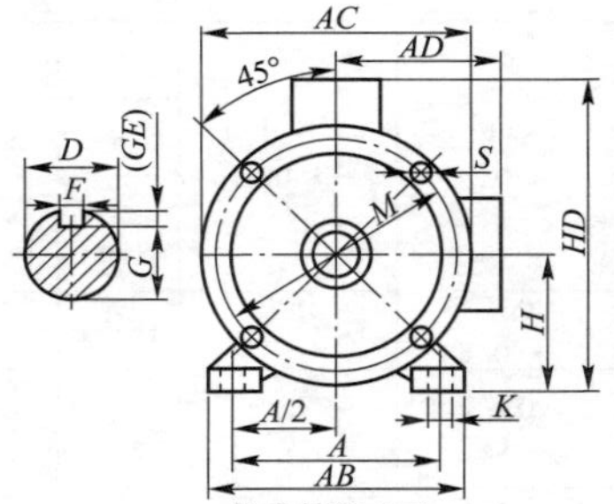

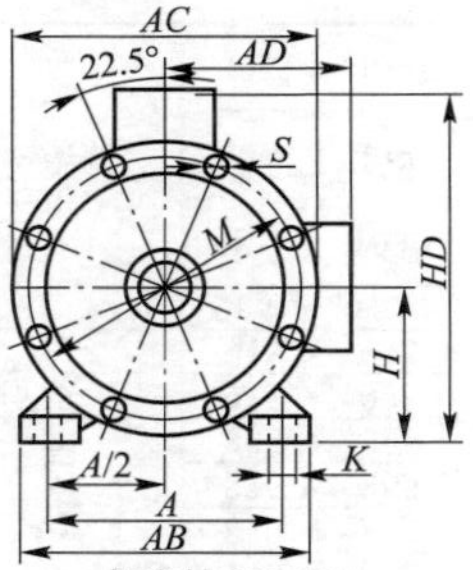

注：1. 带 * 的尺寸是 YE2 系列的尺寸,其他各系列共同的尺寸;

2. 中心高 $H \leqslant 112$,$N$ 的极限偏差为$\left({}^{+0.014}_{-0.011}\right)$,中心高 $132 \leqslant H \leqslant 180$,$N$ 的极限偏差为$\left({}^{+0.016}_{-0.013}\right)$,中心高 200,$N$ 的极限偏差为±0.016,225 为±0.018,250 和 280 为±0.020。

## 表 12-4　机座不带底脚、端盖有凸缘（带通孔）的电动机的外形及安装尺寸

（JB/T 11707—2017、GB/T 28575—2020、JB/T 13299—2017 摘录）

mm

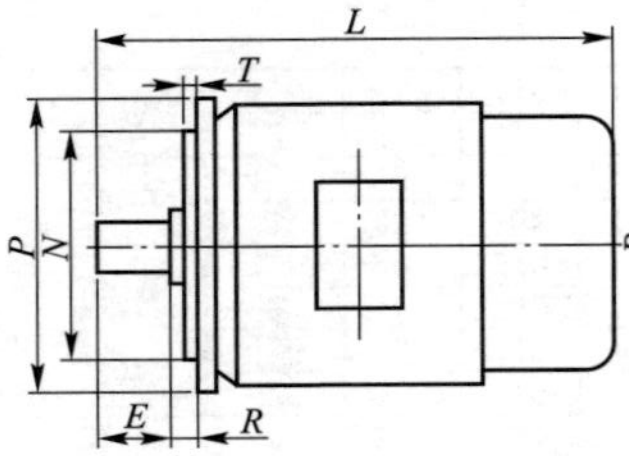

机座号80~90

机座号100~132

机座号160~280

机座号80~200

机座号225~280

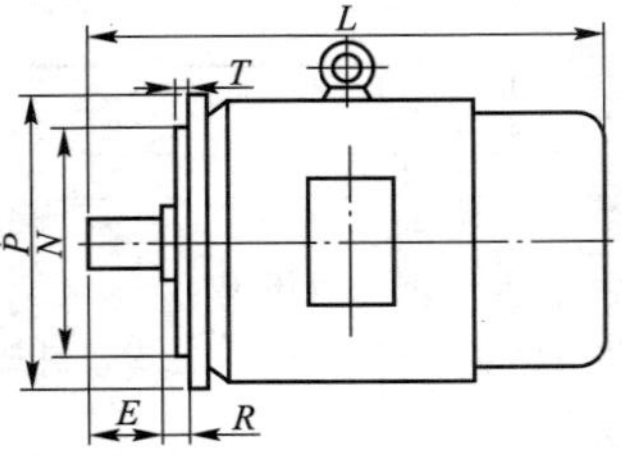

| 机座号 | 极数 | D | | E | F | | G | | M | N | | P | R | S | T | 凸缘孔数 | AC | AD | HF | L |
|---|---|---|---|---|---|---|---|---|---|---|---|---|---|---|---|---|---|---|---|---|
| 80M | | 19 | | 40 | 6 | 0<br>-0.030 | 15.5 | 0<br>-0.10 | 165 | 130 | | 200 | | 12 | 3.5 | 4 | 175 | 145 | | 305 |
| 90S | | 24 | +0.009 | 50 | 8 | | 20 | | 165 | 130 | +0014 | 200 | | 12 | 3.5 | 4 | 195 * | 165 * | | 320 * ,395 |
| 90L | | 24 | -0.004 | 50 | 8 | | 20 | | 165 | 130 | -0.011 | 200 | | 12 | 3.5 | 4 | 205 | 170 | | 390 * ,425 |
| 100L | | 28 | | 60 | 8 | 0 | 24 | | 215 | 180 | | 250 | | 14.5 | 4 | 4 | 215 | 180 | 245 * ,240 | 435 |
| 112M | | 28 | | 60 | 8 | -0.036 | 24 | | 215 | 180 | | 250 | | 14.5 | 4 | 4 | 240 * ,255 | 190 * ,200 | 265 * ,275 | 470 * ,475 |
| 132S | 2,4,6 | 38 | | 80 | 10 | | 33 | | 265 | 230 | | 300 | | 14.5 | 4 | 4 | 275 * | 210 * | 315 * | 510 * ,535 |
| 132M | | 38 | | 80 | 10 | | 33 | | 265 | 230 | | 300 | | 14.5 | 4 | 4 | 310 | 230 | 335 | 560 * ,550 |
| 160M | | 42 | +0.018 | 110 | 12 | | 37 | | 300 | 250 | +0.016 | 350 | | 18.5 | 5 | 4 | 330 * | 255 * | 385 * | 670 * ,730 |
| 160L | | 42 | +0.002 | 110 | 12 | | 37 | | 300 | 250 | -0.013 | 350 | | 18.5 | 5 | 4 | 340 | 260 | 390 | 700 * ,760 |
| 180M | | 48 | | 110 | 14 | | 42.5 | | 300 | 250 | | 350 | | 18.5 | 5 | 4 | 380 * | 280 * | 430 * | 740 * ,805 |
| 180L | | 48 | | 110 | 14 | | 42.5 | | 300 | 250 | | 350 | | 18.5 | 5 | 4 | 390 | 285 | 435 | 790 * ,835 |
| 200L | | 55 | | 110 | 16 | | 49 | | 350 | 300 | ±0.016 | 400 | 0 | 18.5 | 5 | 4 | 420 * ,445 | 305 * ,320 | 480 * ,495 | 790 * ,890 |
| 225S | 4 | 60 | | 140 | 18 | 0 | 53 | 0 | 400 | 350 | | 450 | | 18.5 | 5 | 8 | 470 * | 335 * | 535 * | 830 * ,865 |
| 225M | 2 | 55 | | 110 | 16 | -0.043 | 49 | -0.20 | 400 | 350 | ±0.018 | 450 | | 18.5 | 5 | 8 | 495 | 350 | 550 | 825 * ,865 |
| | 4,6 | 60 | | | 18 | | 53 | | 400 | 350 | | 450 | | 18.5 | 5 | 8 | | | | 855 * ,895 |
| 250M | 2 | 60 | | | 18 | | 53 | | | | | | | 18.5 | 5 | 8 | 510 * | 370 * | 595 * | 915 * ,995 |
| | 4,6 | 65 | | | 18 | | 58 | | | | | | | 18.5 | 5 | 8 | 550 | 390 | 615 | 915 * ,995 |
| 280S | 2 | 65 | +0.030 | | 18 | | 58 | | | | | | | 18.5 | 5 | 8 | | | | 985 * ,1030 |
| | 4,6 | 75 | +0.011 | 140 | 20 | 0<br>-0.052 | 67.5 | | 500 | 450 | ±0.020 | 550 | | 18.5 | 5 | 8 | | | | 985 * ,1030 |
| 280M | 2 | 65 | | | 18 | 0<br>-0.043 | 58 | | | | | | | 18.5 | 5 | 8 | 580 *<br>630 | 410 *<br>435 | 650 *<br>675 | 1035 * ,1080 |
| | 4,6 | 75 | | | 20 | 0<br>-0.052 | 67.5 | | | | | | | 18.5 | 5 | 8 | | | | 1035 * ,1080 |

注：带 * 的尺寸是 YE2 系列的尺寸，其他各系列共同的尺寸。

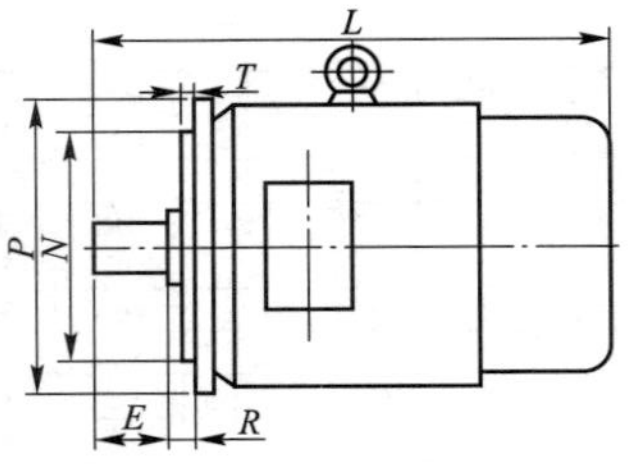

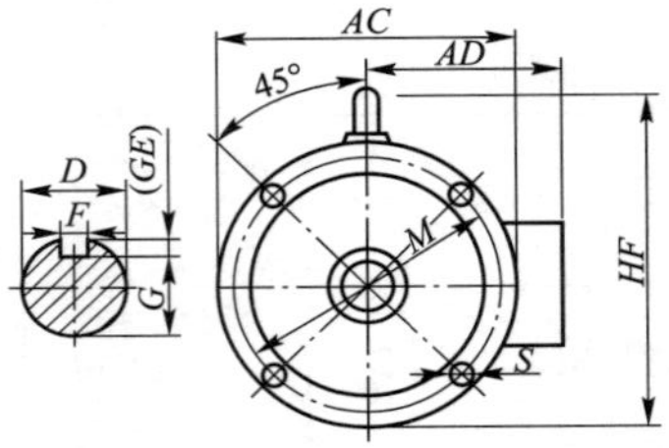

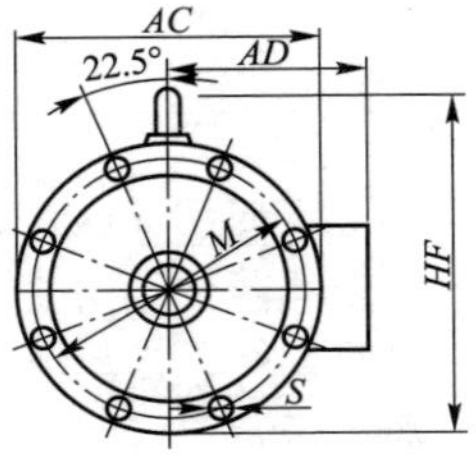

**表 12-5　机座带底脚、端盖有凸缘(带螺孔)和机座不带底脚、端盖有凸缘(带螺孔)的电动机的外形及安装尺寸**

(JB/T 11707—2017、GB/T 28575—2020、JB/T 13299—2017 摘录)

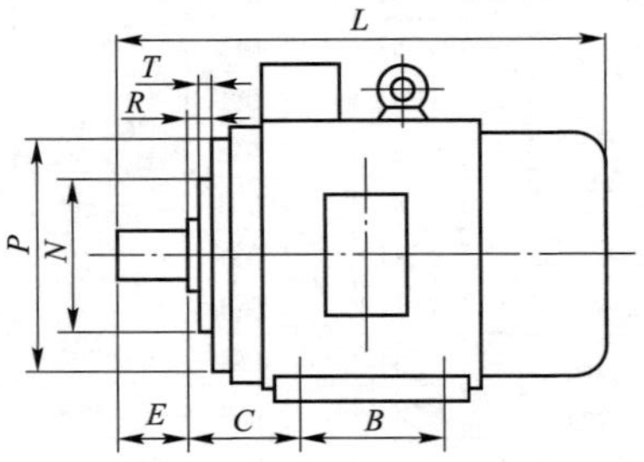

mm

机座号80~90

机座号100~112

机座号80~112

机座号80~90

机座号100~112

机座号80~90

机座号100~112

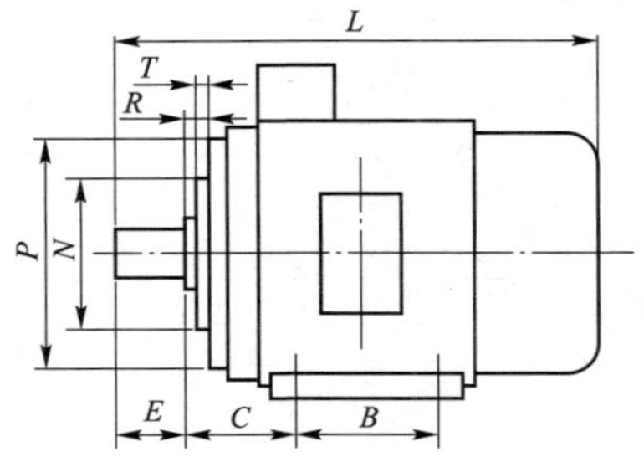

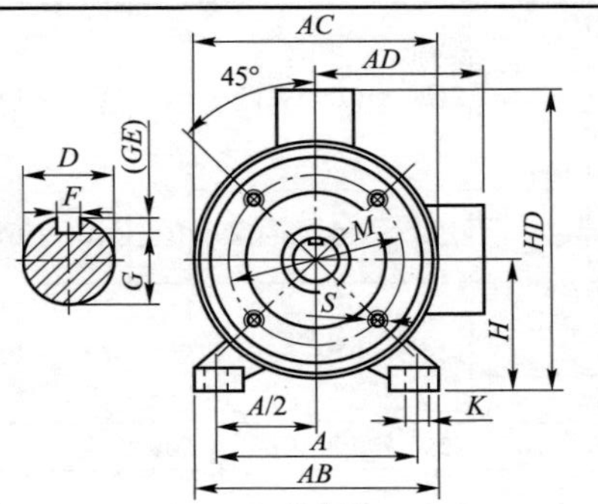

| 机座号 | 极数 | $A$ | $B$ | $C$ | $D$ | | $E$ | $F$ | $G$ | $H$ | $K$ | $M$ | $N$ | $P$ | $R$ | $S$ | $T$ | 凸缘孔数 | $AB$ | $AC$ | $AD$ | $HD$ | $L$ |
|---|---|---|---|---|---|---|---|---|---|---|---|---|---|---|---|---|---|---|---|---|---|---|---|
| 80M | | 125 | 100 | 50 | 19 | | 40 | 6 | 15.5 | 80 | 10 | 100 | 80 | 120 | | M6 | 3.0 | | 165 | 175 | 145 | 220 | 305 |
| 90S | | 140 | 100 | 56 | 24 | | 50 | 8 | 20 | 90 | 10 | 115 | 95 | 140 | | M8 | 3.0 | | 180 | 195<br>205 * | 165<br>170 * | 250 *<br>265 | 360 |
| 90L | 2,4,6 | 140 | 125 | 56 | 24 | +0.009<br>-0.004 | 50 | 8 | 20 | 90 | 10 | 115 | 95 | 140 | 0 | M8 | 3.0 | 4 | | | | | 390 |
| 100L | | 160 | 140 | 63 | 28 | | 60 | 8 | 24 | 100 | 12 | 130 | 110 | 160 | | M8 | 3.5 | | 205 | 215 | 180 | 270 | 435 |
| 112M | | 190 | 140 | 70 | 28 | | 60 | 8 | 24 | 112 | 12 | 130 | 110 | 160 | | M8 | 3.5 | | 230 | 240 *<br>255 | 190 *<br>200 | 300 *<br>310 | 470 *<br>440 |

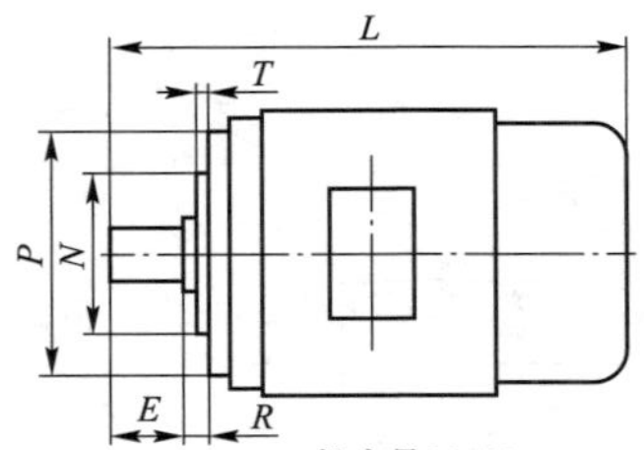

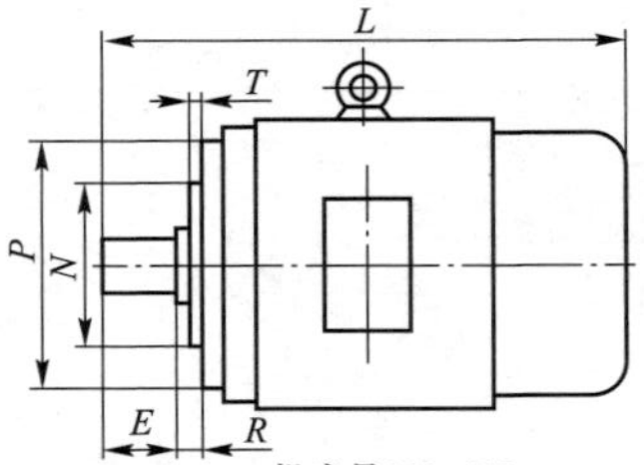

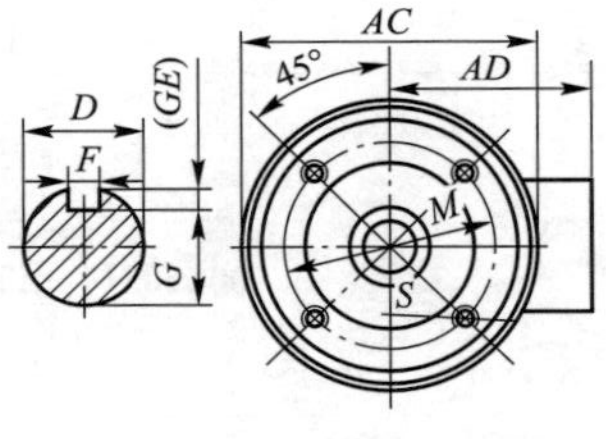

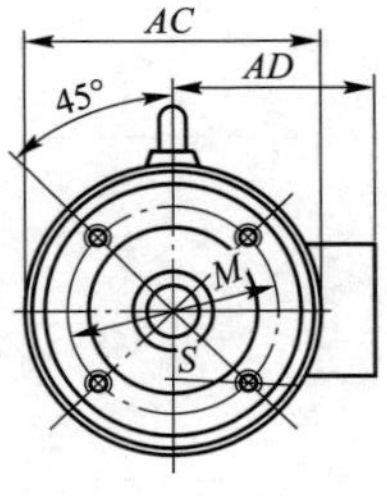

注：1. 带 * 的尺寸是 YE2 系列的尺寸,其他为各系列共用的尺寸;

2. 中心高 80 的 YE2 和 YE3 系列 $N$ 的极限偏差为$\left(\begin{smallmatrix}+0.012\\-0.007\end{smallmatrix}\right)$,其他 $N$ 的极限偏差为$\left(\begin{smallmatrix}+0.013\\-0.009\end{smallmatrix}\right)$。

表 12-6　立式安装，机座不带底脚、端盖有凸缘（带通孔）、轴伸向下的电动机的外形及安装尺寸

（JB/T 11707—2017、GB/T 28575—2020、JB/T 13299—2017 摘录）　　mm

机座号180~200　　机座号225~355

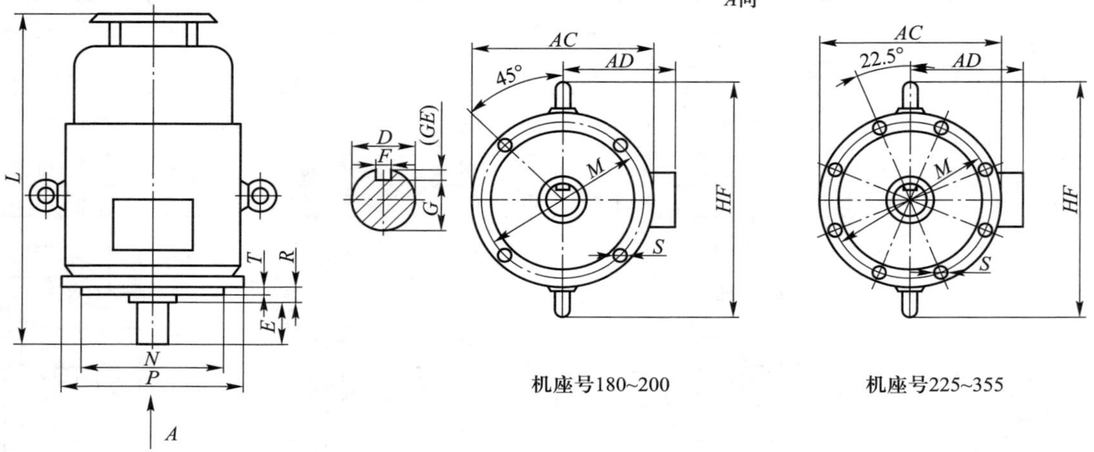

| 机座号 | 极数 | D | | E | F | G | M | N | | P | R | S | T | 凸缘孔数 | AC | AD | HF | L |
|---|---|---|---|---|---|---|---|---|---|---|---|---|---|---|---|---|---|---|
| 180M | 2,4,6 | 48 | +0.018 +0.002 | 110 | 14 | 42.5 | 300 | 250 | +0.016 −0.013 | 350 | 0 | 18.5 | 5 | 4 | 380 * ,390 | 280 * ,285 | 500 * ,505 | 760 * ,825 |
| 180L | | 48 | | 110 | 14 | 42.5 | 300 | 250 | | 350 | | 18.5 | 5 | | | | | 800 * ,845 |
| 200L | | 55 | +0.030 +0.011 | 110 | 16 | 49 | 350 | 300 | ±0.016 | 400 | | 18.5 | 5 | | 420 * ,445 | 305 * ,320 | 550 * ,565 | 840 * ,940 |
| 225S | 4 | 60 | | 140 | 18 | 53 | 400 | 350 | ±0.018 | 450 | | 18.5 | 5 | 8 | 470 * ,495 | 335 * ,350 | 610 * ,625 | 910 * ,945 |
| 225M | 2 | 55 | | 110 | 16 | 49 | 400 | 350 | | 450 | | 18.5 | 5 | | | | | 905 * ,945 |
| | 4,6 | 60 | | 140 | 18 | 53 | 400 | 350 | | 450 | | 18.5 | 5 | | | | | 935 * ,975 |
| 250M | 2 | 60 | | 140 | 18 | 53 | 500 | 450 | ±0.020 | 550 | | 18.5 | 5 | | 510 * ,550 | 370 * ,390 | 650 * ,670 | 1015 * ,1095 |
| | 4,6 | 65 | | 140 | 18 | 58 | 500 | 450 | | 550 | | 18.5 | 5 | | | | | 1015 * ,1095 |
| 280S | 2 | 65 | | 140 | 18 | 58 | 500 | 450 | | 550 | | 18.5 | 5 | | 580 * ,630 | 410 * ,435 | 720 * ,745 | 1110 * ,1155 |
| | 4,6 | 75 | | 140 | 20 | 67.5 | 500 | 450 | | 550 | | 18.5 | 5 | | | | | 1110 * ,1155 |
| 280M | 2 | 65 | | 140 | 18 | 58 | 500 | 450 | | 550 | | 18.5 | 5 | | | | | 1150 * ,1195 |
| | 4,6 | 75 | | 140 | 20 | 67.5 | 500 | 450 | | 550 | | 18.5 | 5 | | | | | 1150 * ,1195 |

注：带 * 的尺寸是 YE2 系列的尺寸，其他为各系列共用的尺寸。

## 二、YZR、YZ 系列冶金及起重用三相异步电动机

冶金及起重用三相异步电动机是用于驱动各种形式的冶金设备和起重机械中的辅助机械的专用系列产品。它具有较大的过载能力和较高的机械强度,特别适用于短时或断续周期运行、频繁起动和制动、有时超负荷及有显著的振动与冲击的设备。

YZR 系列为绕线转子电动机(表 12-7),YZ 系列为笼型转子电动机。冶金及起重用电动机大多采用绕线转子,但对于 30 kW 以下电动机以及在起动不是很频繁而电网容量又许可满压起动的场所,也可采用笼型转子。

根据负荷的不同性质,电动机常用的工作制分为 S2(短时工作制)、S3(断续周期工作制)、S4(包括起动的断续周期性工作制)、S5(包括电制动的断续周期工作制)四种。电动机的基准工作制为 S3,每一工作周期为 10 min,即相当于等效起动 6 次/小时。电动机的基准负载持续率 $FC=40\%$,$FC=$ 工作时间/一个工作周期;工作时间包括起动和制动时间。

电动机的各种起动和制动状态折算成每小时等效全起动次数的方法为:点动相当于 0.25 次全起动;电制动至停转相当于 1.8 次全起动;电制动至全速反转相当于 1.8 次全起动。YZR、YZ 系列冶金及起重用三相异步电动机各种参数见表 12-8~表 12-14。

表 12-7 YZR 系列电动机技术数据(JB/T 10105—2017 摘录)

| 机座号 | 同步转速 r/min | | | | | | | | |
|---|---|---|---|---|---|---|---|---|---|
| | 1 000 | | | 750 | | | 600 | | |
| | 额定功率 /kW | 转子转动惯量 /(kg·m²) | 转子绕组开路电压 /V | 额定功率 /kW | 转子转动惯量 /(kg·m²) | 转子绕组开路电压 /V | 额定功率 /kW | 转子转动惯量 /(kg·m²) | 转子绕组开路电压 /V |
| 112M | 1.5 | 0.03 | 100 | — | — | — | — | — | — |
| 132M1 | 2.2 | 0.06 | 132 | — | — | — | — | — | — |
| 132M2 | 3.7 | 0.07 | 185 | — | — | — | — | — | — |
| 160M1 | 5.5 | 0.12 | 138 | — | — | — | — | — | — |
| 160M2 | 7.5 | 0.15 | 185 | — | — | — | — | — | — |
| 160L | 11 | 0.20 | 250 | 7.5 | 0.20 | 205 | — | — | — |
| 180L | 15 | 0.39 | 218 | 11 | 0.39 | 172 | — | — | — |
| 200L | 22 | 0.67 | 200 | 15 | 0.67 | 178 | — | — | — |
| 225M | 30 | 0.84 | 250 | 22 | 0.82 | 232 | — | — | — |
| 250M1 | 37 | 1.52 | 250 | 30 | 1.52 | 272 | — | — | — |
| 250M2 | 45 | 1.78 | 290 | 37 | 1.79 | 335 | — | — | — |
| 280S | 55 | 2.35 | 280 | 45 | 2.35 | 305 | 37 | 3.58 | 150 |
| 280M | 75 | 2.86 | 370 | 55 | 2.86 | 360 | 45 | 3.98 | 172 |
| 315S | — | — | — | 75 | 7.22 | 302 | 55 | 7.22 | 242 |
| 315M | — | — | — | 90 | 8.68 | 372 | 75 | 8.68 | 325 |
| 355M | — | — | — | — | — | — | 90 | 14.32 | 330 |
| 355L1 | — | — | — | — | — | — | 110 | 17.08 | 388 |
| 355L2 | — | — | — | — | — | — | 132 | 19.18 | 475 |
| 400L1 | — | — | — | — | — | — | 160 | 24.52 | 395 |
| 400L2 | — | — | — | — | — | — | 200 | 28.10 | 460 |

**表 12-8　YZR、YZ 系列电动机安装形式及其代号**

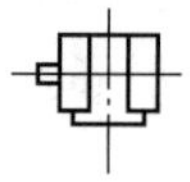

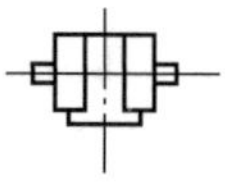

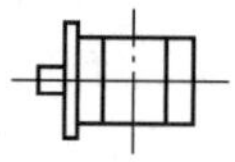

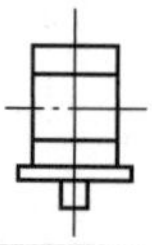

| 安装形式 | 代　号 | 制造范围(机座号) | 安装形式 | 代　号 | 制造范围(机座号) |
|---|---|---|---|---|---|
| 图 1 | IM1001 | 112～160 | 图 3 | IM3001 | 112～160 |
| | IM1003 | 180～400(YZ:180～250) | | IM3003 | 180 |
| 图 2 | IM1002 | 112～160 | 图 4 | IM3011 | 112～160 |
| | IM1004 | 180～400(YZ:180～250) | | IM3013 | 180～315(YZ:180～250) |

**表 12-9　YZR 系列电动机的安装及外形尺寸**
**(IM1001、IM1003 及 IM1002、IM1004 型)**

mm

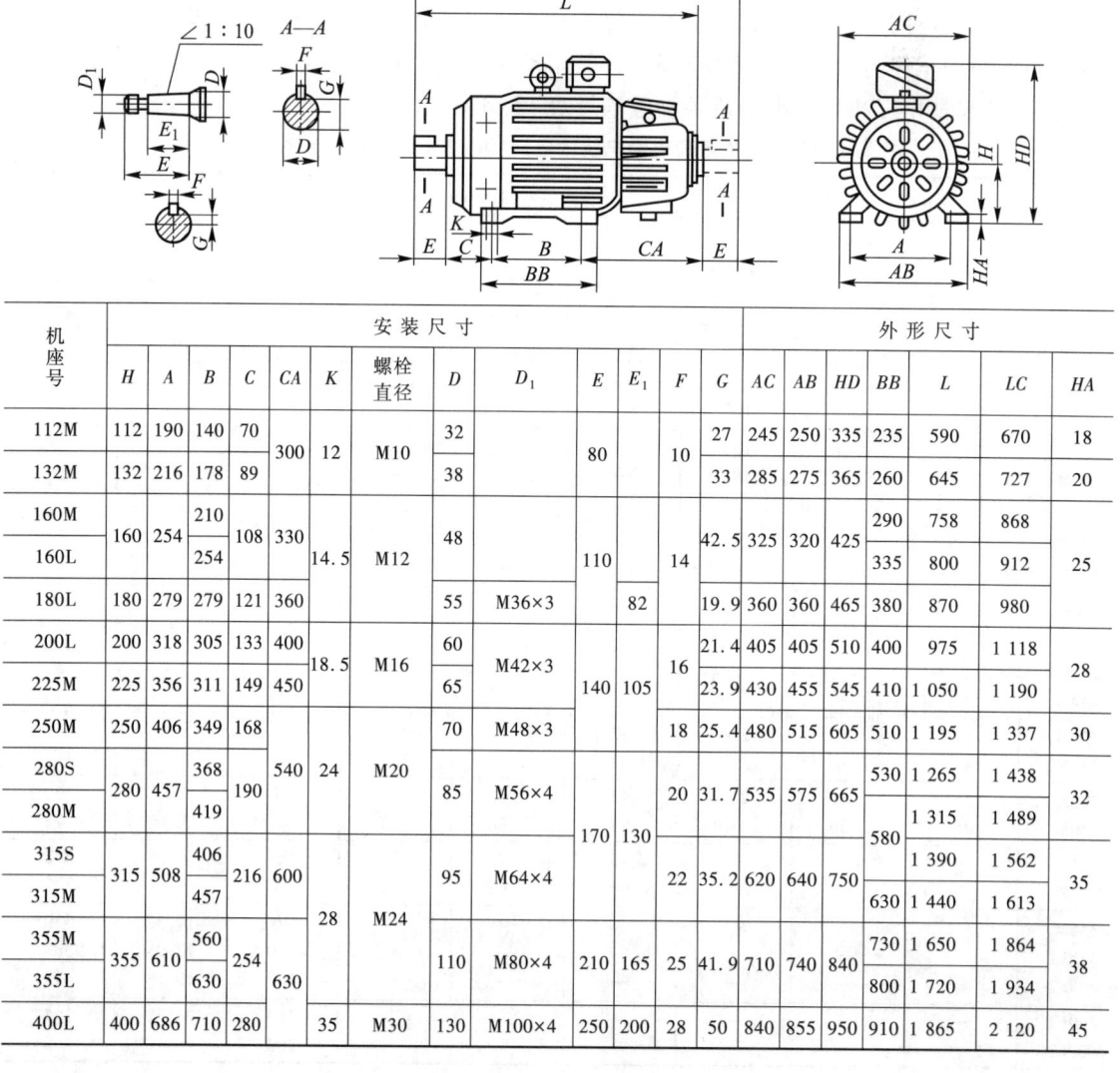

| 机座号 | 安装尺寸 | | | | | | | | | | | | | 外形尺寸 | | | | | | |
|---|---|---|---|---|---|---|---|---|---|---|---|---|---|---|---|---|---|---|---|---|
| | H | A | B | C | CA | K | 螺栓直径 | D | $D_1$ | E | $E_1$ | F | G | AC | AB | HD | BB | L | LC | HA |
| 112M | 112 | 190 | 140 | 70 | 300 | 12 | M10 | 32 | | 80 | | 10 | 27 | 245 | 250 | 335 | 235 | 590 | 670 | 18 |
| 132M | 132 | 216 | 178 | 89 | | | | 38 | | | | | 33 | 285 | 275 | 365 | 260 | 645 | 727 | 20 |
| 160M | 160 | 254 | 210 | 108 | 330 | 14.5 | M12 | 48 | | 110 | | 14 | 42.5 | 325 | 320 | 425 | 290 | 758 | 868 | 25 |
| 160L | | | 254 | | | | | | | | | | | | | | 335 | 800 | 912 | |
| 180L | 180 | 279 | 279 | 121 | 360 | | | 55 | M36×3 | | 82 | | 19.9 | 360 | 360 | 465 | 380 | 870 | 980 | |
| 200L | 200 | 318 | 305 | 133 | 400 | 18.5 | M16 | 60 | M42×3 | 140 | 105 | 16 | 21.4 | 405 | 405 | 510 | 400 | 975 | 1 118 | 28 |
| 225M | 225 | 356 | 311 | 149 | 450 | | | 65 | | | | | 23.9 | 430 | 455 | 545 | 410 | 1 050 | 1 190 | |
| 250M | 250 | 406 | 349 | 168 | 540 | 24 | M20 | 70 | M48×3 | | | 18 | 25.4 | 480 | 515 | 605 | 510 | 1 195 | 1 337 | 30 |
| 280S | 280 | 457 | 368 | 190 | | | | 85 | M56×4 | 170 | 130 | 20 | 31.7 | 535 | 575 | 665 | 530 | 1 265 | 1 438 | 32 |
| 280M | | | 419 | | | | | | | | | | | | | | 580 | 1 315 | 1 489 | |
| 315S | 315 | 508 | 406 | 216 | 600 | 28 | M24 | 95 | M64×4 | | | 22 | 35.2 | 620 | 640 | 750 | | 1 390 | 1 562 | 35 |
| 315M | | | 457 | | | | | | | | | | | | | | 630 | 1 440 | 1 613 | |
| 355M | 355 | 610 | 560 | 254 | 630 | | | 110 | M80×4 | 210 | 165 | 25 | 41.9 | 710 | 740 | 840 | 730 | 1 650 | 1 864 | 38 |
| 355L | | | 630 | | | | | | | | | | | | | | 800 | 1 720 | 1 934 | |
| 400L | 400 | 686 | 710 | 280 | | 35 | M30 | 130 | M100×4 | 250 | 200 | 28 | 50 | 840 | 855 | 950 | 910 | 1 865 | 2 120 | 45 |

## 表 12-10　YZR 系列电动机的安装及外形尺寸
## （IM3001、IM3003 型）

mm

112M~132M

160M~180M

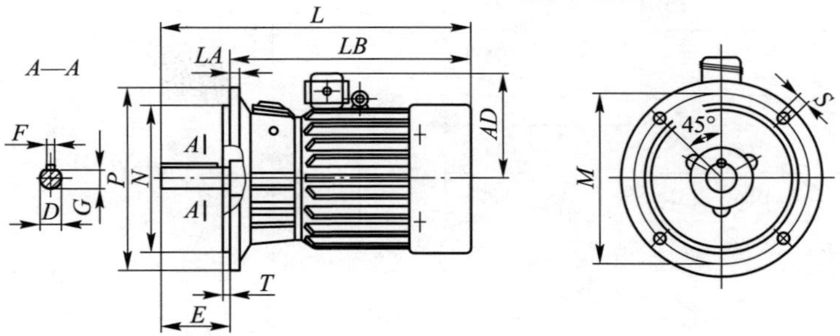

| 机座号 | D | | E | F | G | M | N | P | R | S | T | 凸缘孔数 | AD | L | LA | LB |
|---|---|---|---|---|---|---|---|---|---|---|---|---|---|---|---|---|
| 112M | 32 | +0.018<br>+0.002 | 80 | 10 $^{0}_{-0.036}$ | 27 $^{0}_{-0.2}$ | 215 | 180j6 | 250 | 0 | 14.5 | 4 | 4 | 220 | 595 | 14 | 515 |
| 132M | 38 | | | | 33 $^{0}_{-0.2}$ | 265 | 230j6 | 300 | | | | | 230 | 645 | | 565 |
| 160M | 48 | | 110 | 14 $^{0}_{-0.043}$ | 42.5 $^{0}_{-0.2}$ | 300 | 250j6 | 350 | | 18.5 | 5 | | 260 | 828 | 18 | 718 |
| 160L | | | | | | | | | | | | | 260 | 872 | | 762 |
| 180L | 55 | +0.046<br>0 | | | 19.9 $^{0}_{-0.2}$ | | | | | | | | 280 | 915 | | 805 |

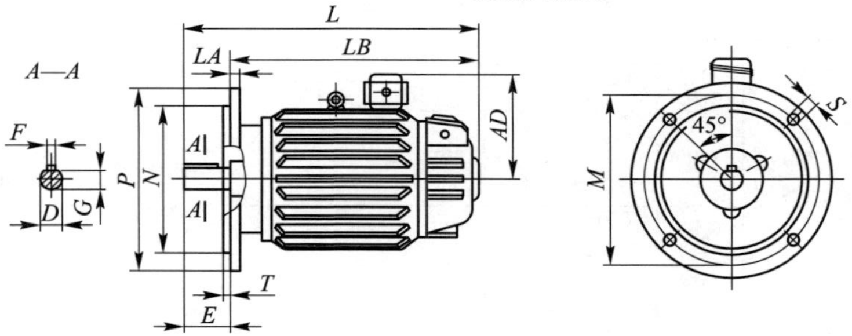

## 表 12-11　YZR 系列电动机的安装及外形尺寸
（IM3011、IM3013 型）

mm

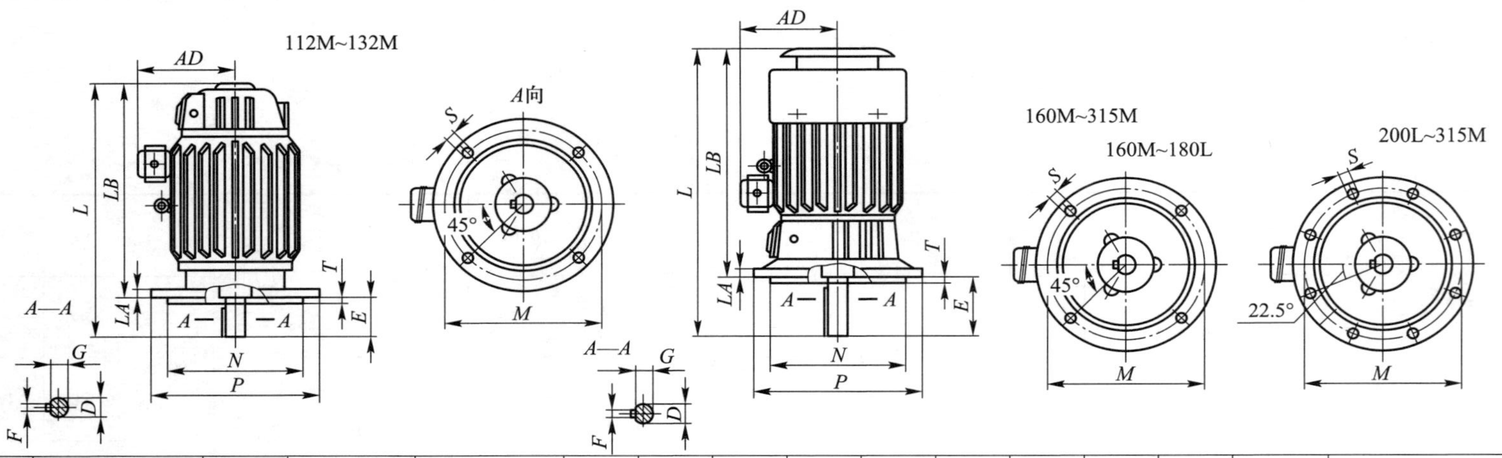

| 机座号 | D | E | F | G | M | N | P | R | S | T | 凸缘孔数 | AD | L | LA | LB |
|---|---|---|---|---|---|---|---|---|---|---|---|---|---|---|---|
| 112M | 32 | 80 | 10 $^{0}_{-0.036}$ | 27 $^{0}_{-0.2}$ | 215 | 180j6 | 250 | 0 | 14.5 | 4 | 4 | 220 | 595 | 14 | 515 |
| 132M | 38 $^{+0.018}_{+0.002}$ | 80 | 10 $^{0}_{-0.036}$ | 33 $^{0}_{-0.2}$ | 265 | 230j6 | 300 | 0 | 14.5 | 4 | 4 | 230 | 645 | 14 | 565 |
| 160M | 48 $^{+0.018}_{+0.002}$ | 110 | 14 $^{0}_{-0.043}$ | 42.5 $^{0}_{-0.2}$ | 300 | 250j6 | 350 | 0 | 18.5 | 5 | 4 | 260 | 828 | 18 | 718 |
| 160L | 48 $^{+0.018}_{+0.002}$ | 110 | 14 $^{0}_{-0.043}$ | 42.5 $^{0}_{-0.2}$ | 300 | 250j6 | 350 | 0 | 18.5 | 5 | 4 | 260 | 872 | 18 | 762 |
| 180L | 55 | 110 | 14 $^{0}_{-0.043}$ | 19.9 $^{0}_{-0.2}$ | 300 | 250j6 | 350 | 0 | 18.5 | 5 | 4 | 280 | 915 | 18 | 805 |
| 200L | 60 $^{+0.046}_{0}$ | 140 | 16 $^{0}_{-0.043}$ | 21.4 $^{0}_{-0.2}$ | 400 | 350j6 | 450 | 0 | 18.5 | 5 | 8 | 320 | 1 050 | 20 | 910 |
| 225M | 65 $^{+0.046}_{0}$ | 140 | 16 $^{0}_{-0.043}$ | 23.9 $^{0}_{-0.2}$ | 400 | 350j6 | 450 | 0 | 18.5 | 5 | 8 | 320 | 1 110 | 20 | 970 |
| 250M | 70 $^{+0.046}_{0}$ | 140 | 18 $^{0}_{-0.043}$ | 25.4 $^{0}_{-0.2}$ | 500 | 450j6 | 550 | 0 | 18.5 | 5 | 8 | 355 | 1 266 | 22 | 1 126 |
| 280S | 85 $^{+0.054}_{0}$ | 170 | 20 $^{0}_{-0.052}$ | 31.7 $^{0}_{-0.2}$ | 500 | 450j6 | 550 | 0 | 18.5 | 5 | 8 | 385 | 1 370 | 22 | 1 200 |
| 280M | 85 $^{+0.054}_{0}$ | 170 | 20 $^{0}_{-0.052}$ | 31.7 $^{0}_{-0.2}$ | 500 | 450j6 | 550 | 0 | 18.5 | 5 | 8 | 385 | 1 420 | 22 | 1 250 |
| 315S | 95 | 170 | 22 $^{0}_{-0.052}$ | 35.2 $^{0}_{-0.2}$ | 600 | 550j6 | 660 | 0 | 24 | 6 | 8 | 435 | 1 475 | 25 | 1 305 |
| 315M | 95 | 170 | 22 $^{0}_{-0.052}$ | 35.2 $^{0}_{-0.2}$ | 600 | 550j6 | 660 | 0 | 24 | 6 | 8 | 435 | 1 525 | 25 | 1 355 |

表 12-12  YZ 系列电动机技术数据( JB/T 10104—2018 摘录)

| 机座号 | 同步转速/(r/min) | | | |
|---|---|---|---|---|
| | 1 000 | | 750 | |
| | 功率/kW | 转子转动惯量/(kg·m²) | 功率/kW | 转子转动惯量/(kg·m²) |
| 112M | 1.5 | 0.022 | | |
| 132M1 | 2.2 | 0.056 | | |
| 132M2 | 3.7 | 0.062 | | |
| 160M1 | 5.5 | 0.114 | | |
| 160M2 | 7.5 | 0.143 | | |
| 160L | 11 | 0.192 | 7.5 | 0.192 |
| 180L | | | 11 | 0.352 |
| 200L | | | 15 | 0.622 |
| 225M | | | 22 | 0.820 |
| 250M1 | | | 30 | 1.432 |

表 12-13  YZ 系列电动机的安装及外形尺寸
( IM1001、IM1002、IM1003、IM1004 型)                     mm

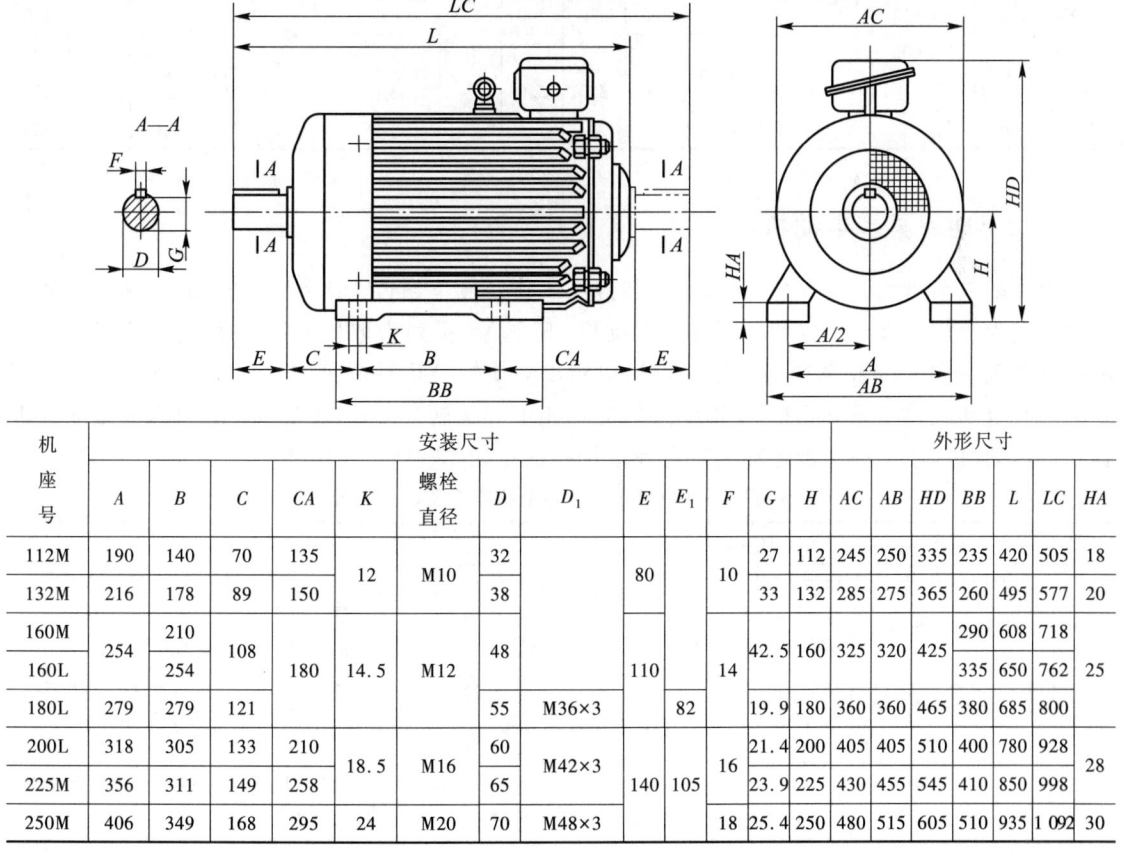

| 机座号 | 安装尺寸 | | | | | | | | | | | | 外形尺寸 | | | | | | |
|---|---|---|---|---|---|---|---|---|---|---|---|---|---|---|---|---|---|---|---|
| | A | B | C | CA | K | 螺栓直径 | D | $D_1$ | E | $E_1$ | F | G | H | AC | AB | HD | BB | L | LC | HA |
| 112M | 190 | 140 | 70 | 135 | 12 | M10 | 32 | | 80 | | 10 | 27 | 112 | 245 | 250 | 335 | 235 | 420 | 505 | 18 |
| 132M | 216 | 178 | 89 | 150 | 12 | M10 | 38 | | 80 | | 10 | 33 | 132 | 285 | 275 | 365 | 260 | 495 | 577 | 20 |
| 160M | 254 | 210 | 108 | 180 | 14.5 | M12 | 48 | | 110 | | 14 | 42.5 | 160 | 325 | 320 | 425 | 290 | 608 | 718 | 25 |
| 160L | 254 | 254 | 108 | 180 | 14.5 | M12 | 48 | | 110 | | 14 | 42.5 | 160 | 325 | 320 | 425 | 335 | 650 | 762 | 25 |
| 180L | 279 | 279 | 121 | | | | 55 | M36×3 | | 82 | | 19.9 | 180 | 360 | 360 | 465 | 380 | 685 | 800 | |
| 200L | 318 | 305 | 133 | 210 | 18.5 | M16 | 60 | M42×3 | 140 | 105 | 16 | 21.4 | 200 | 405 | 405 | 510 | 400 | 780 | 928 | 28 |
| 225M | 356 | 311 | 149 | 258 | 18.5 | M16 | 65 | M42×3 | 140 | 105 | 16 | 23.9 | 225 | 430 | 455 | 545 | 410 | 850 | 998 | 28 |
| 250M | 406 | 349 | 168 | 295 | 24 | M20 | 70 | M48×3 | | | 18 | 25.4 | 250 | 480 | 515 | 605 | 510 | 935 | 1 092 | 30 |

表 12-14 YZ 系列电动机的安装及外形尺寸
（IM3001、IM3003 型）　　　　mm

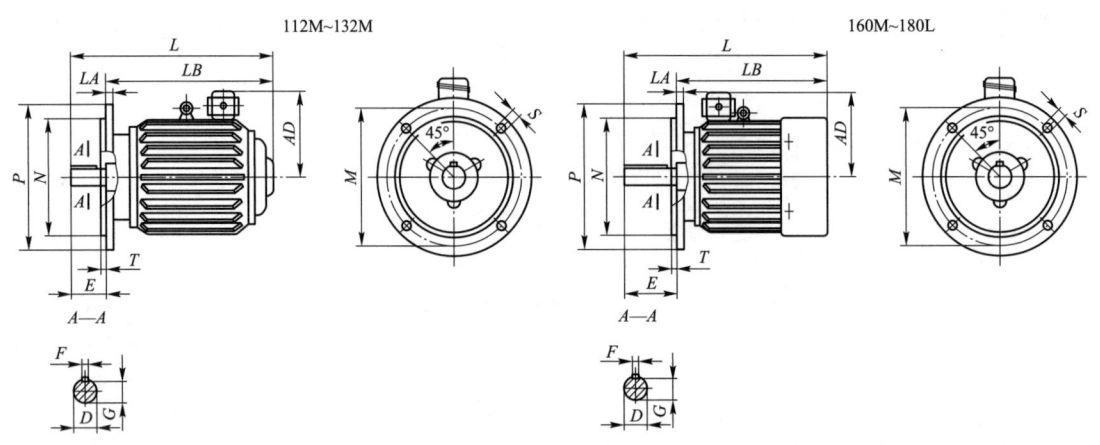

| 机座号 | 安装尺寸 | | | | | | | | | | | 外形尺寸 | | | |
|---|---|---|---|---|---|---|---|---|---|---|---|---|---|---|---|
| | D | | E | F | G | M | N | P | R | S | T | 孔数 | AD | L | LA | LB |
| 112M | 32 | +0.018 +0.002 | 80 | 10 | 27 | 215 | 180 | 250 | 0 | 14.5 | 4 | 4 | 220 | 430 | 14 | 350 |
| 132M | 38 | | | | 33 | 265 | 230 | 300 | | | | | 230 | 495 | | 415 |
| 160M | 48 | | 110 | 14 | 42.5 | 300 | 250 | 350 | | 18.5 | 5 | | 260 | 700 | 18 | 590 |
| 160L | | | | | | | | | | | | | | 743 | | 633 |
| 180L | 55 | +0.046 0 | | | 19.9 | | | | | | | | 280 | 735 | | 625 |

## 三、小功率异步电动机

小功率电动机也称为分马力电动机，指连续工作定额不超过 1.1 kW 的电动机，小功率异步电动机分为三相异步电动机和单相异步电动机，其中 YS 系列为取代 $AO_2$ 系列的三相异步电动机，YU 系列为取代 $BO_2$ 系列的单相电阻起动异步电动机，YC 系列为取代 $CO_2$ 系列的单相电容起动异步电动机，YY 系列为取代 $DO_2$ 系列的单相电容运转异步电动机，YL 系列为单相双值电容异步电动机。小功率异步电动机特点及适用范围见表 12-15。

表 12-15 小功率异步电动机特点及适用范围

| 代号 | 种类 | 标准号 | 特点 | 适用范围 |
|---|---|---|---|---|
| YS | 三相异步电动机 | JB/T 1009—2016 | 优良的起动和运行性能 | 使用三相电源的小型机械 |
| YU | 电阻起动单相异步电动机 | JB/T 1010—2017 | 中等起动和过载能力 | 使用单相电源的小型机械 |
| YC | 电容起动单相异步电动机 | JB/T 1011—2017 | 起动力矩大，起动电流小 | 满载起动的机械，如空压机、磨粉机等 |
| YY | 电容运转单相异步电动机 | JB/T 1012—2017 | 高功率因数，高效率和过载能力，起动力矩小，空载电流大 | 空载或轻载起动的小型机械，如电影放映机、风扇等 |

续表

| 代号 | 种类 | 标准号 | 特点 | 适用范围 |
|---|---|---|---|---|
| YL | 双值电容单相异步电动机 | JB/T 7588—2010 | 高转矩、高效率、高功率因数 | 要求起动力矩大的空气压缩机，木工机械，粉碎机及其他小型机械 |

YS、YU、YC、YY 系列有 IMB3、IMB14、IMB34、IMB5 和 IMB35 五种安装形式，YL 系列有 IMB3、IMB14、IMB34 和 IMB5 四种安装形式。YS、YU、YC、YY、YL 系列电动机的技术数据和外形尺寸见表 12-16～表 12-23。

**表 12-16　YS 系列电动机技术数据（JB/T 1009—2016 摘录）**

| 型号 | 功率 /W | 电压 /V | 频率 /Hz | 同步转速 /(r/min) | 效率 /% | 功率因数 cos φ | 堵转转矩/额定转矩 | 最大转矩/额定转矩 | 堵转电流/额定电流 | 空载噪声 /dB(A) | 外形尺寸 长×宽×高 /(mm×mm×mm) |
|---|---|---|---|---|---|---|---|---|---|---|---|
| YS451-2 | 16 | 220/380 | 50 | 3 000 | 46 | 0.57 | 2.3 | 2.3 | 6.0 | 65 | 150×100×115 |
| YS452-2 | 25 | | | | 52 | 0.60 | | | | 65 | 150×100×115 |
| YS501-2 | 40 | | | | 55 | 0.65 | | | | 65 | 155×110×125 |
| YS502-2 | 60 | | | | 60 | 0.66 | | | | 70 | 155×110×125 |
| YS561-2 | 90 | | | | 62 | 0.68 | | | | 70 | 170×120×135 |
| YS562-2 | 120 | | | | 66.5 | 0.71 | | | | 70 | 170×120×135 |
| YS631-2 | 180 | | | | 65.9 | 0.75 | | | | 70 | 230×130×165 |
| YS632-2 | 250 | | | | 69.7 | 0.78 | | | | 70 | 230×130×165 |
| YS711-2 | 370 | | | | 69.5 | 0.80 | | | | 75 | 235×145×180 |
| YS712-2 | 550 | | | | 74.1 | 0.82 | | | | 75 | 235×145×180 |
| YS801-2 | 750 | | | | 77.4 | 0.85 | 2.2 | | | 75 | 295×165×200 |
| YS802-2 | 1100 | | | | 79.6 | 0.85 | | | 7.0 | 78 | 295×165×200 |
| YS90S-2 | 1500 | | | | 81.3 | 0.85 | | | | 83 | 310×185×220 |
| YS90L-2 | 2200 | | | | 83.2 | 0.86 | 2.0 | | | 83 | 335×185×220 |
| YS451-4 | 10 | | | 1 500 | 28 | 0.45 | 2.4 | 2.4 | 6.0 | 60 | 150×100×115 |
| YS452-4 | 16 | | | | 32 | 0.49 | | | | 60 | 150×100×115 |
| YS501-4 | 25 | | | | 42 | 0.53 | | | | 60 | 155×110×125 |
| YS502-4 | 40 | | | | 50 | 0.54 | | | | 60 | 155×110×125 |
| YS561-4 | 60 | | | | 56 | 0.58 | | | | 65 | 170×120×135 |
| YS562-4 | 90 | | | | 58 | 0.61 | | | | 65 | 170×120×135 |
| YS631-4 | 120 | | | | 59.1 | 0.63 | | | | 65 | 230×130×165 |
| YS632-4 | 180 | | | | 64.7 | 0.66 | | | | 65 | 230×130×165 |
| YS711-4 | 250 | | | | 68.5 | 0.68 | | | | 65 | 235×145×180 |
| YS712-4 | 370 | | | | 72.7 | 0.72 | | | | 70 | 235×145×180 |
| YS801-4 | 550 | | | | 77.1 | 0.73 | | | | 70 | 295×165×200 |
| YS802-4 | 750 | | | | 79.6 | 0.75 | 2.3 | | | 70 | 295×165×200 |
| YS90S-4 | 1100 | | | | 81.4 | 0.78 | | | 6.5 | 73 | 310×185×220 |
| YS90L-4 | 1500 | | | | 82.8 | 0.79 | | | | 78 | 335×185×220 |

功率因数不是 JB/T 1009—2016 的内容。

### 表 12-17  YU 系列电动机技术数据（JB/T 1010—2017 摘录）

| 型号 | 功率/W | 电压/V | 频率/Hz | 同步转速/(r/min) | 效率/% | 功率因数 cos φ | 堵转转矩/额定转矩 | 最大转矩/额定转矩 | 堵转电流/A | 空载噪声/dB(A) | 外形尺寸 长×宽×高/(mm×mm×mm) |
|---|---|---|---|---|---|---|---|---|---|---|---|
| YU631-2 | 90 | 220 | 50 | 3 000 | 56 | 0.67 | 1.5 | 1.8 | 12 | 70 | 230×130×165 |
| YU632-2 | 120 | | | | 58 | 0.69 | 1.4 | | 14 | 70 | 230×130×165 |
| YU711-2 | 180 | | | | 60 | 0.72 | 1.3 | | 17 | 70 | 255×145×180 |
| YU712-2 | 250 | | | | 64 | 0.74 | 1.1 | | 22 | 70 | 255×145×180 |
| YU801-2 | 370 | | | | 65 | 0.77 | 1.1 | | 30 | 75 | 295×165×200 |
| YU802-2 | 550 | | | | 68 | 0.79 | 1.0 | | 42 | 75 | 295×165×200 |
| YU90S-2 | 750 | | | | 70 | 0.80 | 0.8 | | 55 | 75 | 310×185×220 |
| YU90L-2 | 1100 | | | | 72 | 0.80 | 0.8 | | 99 | 78 | 355×185×220 |
| YU631-4 | 60 | | | 1 500 | 39 | 0.57 | 1.7 | | 9 | 65 | 230×130×165 |
| YU632-4 | 90 | | | | 43 | 0.58 | 1.5 | | 12 | 65 | 230×130×165 |
| YU711-4 | 120 | | | | 50 | 0.58 | 1.5 | | 14 | 65 | 255×145×180 |
| YU712-4 | 180 | | | | 53 | 0.62 | 1.4 | | 17 | 65 | 255×145×180 |
| YU801-4 | 250 | | | | 58 | 0.63 | 1.2 | | 22 | 65 | 295×165×200 |
| YU802-4 | 370 | | | | 62 | 0.64 | 1.2 | | 30 | 70 | 295×165×200 |
| YU90S-4 | 550 | | | | 66 | 0.69 | 1.0 | | 42 | 70 | 310×185×220 |
| YU90L-4 | 750 | | | | 68 | 0.73 | 1.0 | | 55 | 70 | 355×185×220 |

### 表 12-18  YC 系列电动机技术数据（JB/T 1011—2017 摘录）

| 型号 | 功率/W | 电压/V | 频率/Hz | 同步转速/(r/min) | 效率/% | 功率因数 cos φ | 堵转转矩/额定转矩 | 最大转矩/额定转矩 | 堵转电流/A | 空载噪声/dB(A) | 外形尺寸 长×宽×高/(mm×mm×mm) |
|---|---|---|---|---|---|---|---|---|---|---|---|
| YC711-2 | 180 | 220 | 50 | 3 000 | 60 | 0.72 | 3.0 | 1.8 | 12 | 70 | 255×145×180 |
| YC712-2 | 250 | | | | 64 | 0.74 | 3.0 | | 15 | 70 | 255×145×180 |
| YC801-2 | 370 | | | | 65 | 0.77 | 2.8 | | 21 | 75 | 295×165×200 |
| YC802-2 | 550 | | | | 68 | 0.79 | 2.8 | | 29 | 75 | 295×165×200 |
| YC90S-2 | 750 | | | | 70 | 0.80 | 2.5 | | 37 | 75 | 370×185×240 |
| YC90L-2 | 1100 | | | | 72 | 0.80 | 2.5 | | 60 | 78 | 400×185×240 |
| YC100L1-2 | 1500 | | | | 74 | 0.81 | 2.5 | | 80 | 83 | 430×200×260 |
| YC100L2-2 | 2200 | | | | 75 | 0.81 | 2.2 | | 120 | 83 | 430×200×260 |
| YC112M-2 | 3000 | | | | 76 | 0.82 | 2.2 | | 150 | 87 | 455×250×300 |
| YC132S-2 | 3700 | | | | 77 | 0.82 | 2.2 | | 175 | 87 | 525×290×350 |
| YC711-4 | 120 | | | 1 500 | 50 | 0.58 | 3.0 | | 9 | 65 | 255×145×180 |
| YC712-4 | 180 | | | | 53 | 0.62 | 2.8 | | 12 | 65 | 255×145×180 |
| YC801-4 | 250 | | | | 58 | 0.63 | 2.8 | | 15 | 65 | 295×165×200 |
| YC802-4 | 370 | | | | 62 | 0.64 | 2.5 | | 21 | 70 | 295×165×200 |
| YC90S-4 | 550 | | | | 66 | 0.69 | 2.5 | | 29 | 70 | 370×185×240 |
| YC90L-4 | 750 | | | | 68 | 0.73 | 2.5 | | 37 | 70 | 400×185×240 |
| YC100L1-4 | 1100 | | | | 71 | 0.74 | 2.5 | | 60 | 73 | 430×200×260 |
| YC100L2-4 | 1500 | | | | 73 | 0.75 | 2.5 | | 80 | 78 | 430×200×260 |
| YC112M-4 | 2200 | | | | 74 | 0.76 | 2.2 | | 120 | 78 | 455×250×300 |
| YC132S-4 | 3000 | | | | 75 | 0.77 | 2.2 | | 150 | 82 | 525×290×350 |
| YC132M-4 | 3700 | | | | 76 | 0.79 | 2.2 | | 175 | 82 | 565×290×350 |

### 表 12-19　YY 系列电动机技术数据(JB/T 1012—2017 摘录)

| 型号 | 功率/W | 电压/V | 频率/Hz | 同步转速/(r/min) | 效率/% | 功率因数 cos φ | 堵转转矩/额定转矩 | 最大转矩/额定转矩 | 堵转电流/A | 空载噪声/dB(A) | 外形尺寸 长×宽×高/(mm×mm×mm) |
|---|---|---|---|---|---|---|---|---|---|---|---|
| YY451-2 | 16 | 220 | 50 | 3 000 | 35 | 0.90 | 0.60 | 1.7 | 1.0 | 65 | 150×100×115 |
| YY452-2 | 25 | | | | 40 | 0.90 | 0.60 | | 1.2 | 65 | 150×100×115 |
| YY501-2 | 40 | | | | 47 | 0.90 | 0.50 | | 1.5 | 65 | 155×110×125 |
| YY502-2 | 60 | | | | 53 | 0.90 | 0.50 | | 2.0 | 70 | 155×110×125 |
| YY561-2 | 90 | | | | 56 | 0.92 | 0.50 | | 2.5 | 70 | 170×120×135 |
| YY562-2 | 120 | | | | 60 | 0.92 | 0.50 | | 3.5 | 70 | 170×120×135 |
| YY631-2 | 180 | | | | 65 | 0.92 | 0.40 | | 5.0 | 70 | 230×130×165 |
| YY632-2 | 250 | | | | 66 | 0.92 | 0.40 | | 7.0 | 70 | 230×130×165 |
| YY711-2 | 370 | | | | 67 | 0.92 | 0.35 | | 10 | 75 | 255×145×180 |
| YY712-2 | 550 | | | | 70 | 0.92 | 0.35 | | 15 | 75 | 255×145×180 |
| YY801-2 | 750 | | | | 72 | 0.92 | 0.33 | | 20 | 75 | 295×165×200 |
| YY802-2 | 1100 | | | | 75 | 0.95 | 0.33 | | 30 | 78 | 295×165×200 |
| YY90S-2 | 1500 | | | | 76 | 0.95 | 0.30 | | 45 | 83 | 310×185×240 |
| YY90L-2 | 2200 | | | | 77 | 0.95 | 0.30 | | 65 | 83 | 355×185×240 |
| YY451-4 | 10 | | | 1 500 | 24 | 0.85 | 0.55 | | 0.8 | 60 | 150×100×115 |
| YY452-4 | 16 | | | | 33 | 0.85 | 0.55 | | 1.0 | 60 | 150×100×115 |
| YY501-4 | 25 | | | | 38 | 0.85 | 0.55 | | 1.2 | 60 | 155×110×125 |
| YY502-4 | 40 | | | | 45 | 0.85 | 0.55 | | 1.5 | 60 | 155×110×125 |
| YY561-4 | 60 | | | | 50 | 0.90 | 0.45 | | 2.0 | 65 | 170×120×135 |
| YY562-4 | 90 | | | | 52 | 0.90 | 0.45 | | 2.5 | 65 | 170×120×135 |
| YY631-4 | 120 | | | | 57 | 0.90 | 0.40 | | 3.5 | 65 | 230×130×165 |
| YY632-4 | 180 | | | | 59 | 0.90 | 0.40 | | 5.0 | 65 | 230×130×165 |
| YY711-4 | 250 | | | | 61 | 0.92 | 0.35 | | 7.0 | 65 | 255×145×180 |
| YY712-4 | 370 | | | | 62 | 0.92 | 0.35 | | 10 | 70 | 255×145×180 |
| YY801-4 | 550 | | | | 64 | 0.92 | 0.35 | | 15 | 70 | 295×165×200 |
| YY802-4 | 750 | | | | 68 | 0.92 | 0.32 | | 20 | 70 | 295×165×200 |
| YY90S-4 | 1100 | | | | 71 | 0.95 | 0.32 | | 30 | 73 | 310×185×240 |
| YY90L-4 | 1500 | | | | 73 | 0.95 | 0.30 | | 45 | 78 | 355×185×240 |

### 表 12-20　YL 系列电动机技术数据(JB/T 7588—2010 摘录)

| 型号 | 功率/kW | 电压/V | 频率/Hz | 同步转速/(r/min) | 效率/% | 功率因数 cos φ | 堵转转矩/额定转矩 | 最大转矩/额定转矩 | 堵转电流/额定电流 | 空载噪声/dB(A) 1 级 | 空载噪声/dB(A) 2 级 | 外形尺寸 长×宽×高/(mm×mm×mm) |
|---|---|---|---|---|---|---|---|---|---|---|---|---|
| YL80M1-2 | 0.75 | 220 | 50 | 3 000 | 72 | 0.95 | 1.8 | 1.6 | 5.5 | 70 | 75 | 355×220×210 |
| YL80M2-2 | 1.1 | | | | 74 | | | | | 70 | 75 | 355×220×210 |
| YL90S-2 | 1.5 | | | | 75 | | | | | 73 | 78 | 380×240×250 |
| YL90L-2 | 2.2 | | | | 76 | | 1.7 | | | 73 | 78 | 405×240×250 |
| YL100L-2 | 3 | | | | 78 | | | | 6 | 78 | 83 | 455×260×260 |
| YL112M-2 | 3.7 | | | | 79 | | | | | 78 | 83 | 475×280×285 |
| YL132S-2 | 5.5 | | | | 80 | | | | | 83 | 83 | 550×300×335 |
| YL80M1-4 | 0.55 | | | 1 500 | 68 | 0.92 | | | 5 | 65 | 70 | 355×220×210 |
| YL80M2-4 | 0.75 | | | | 70 | 0.95 | | | | 65 | 70 | 355×220×210 |
| YL90S-4 | 1.1 | | | | 71 | | | | | 68 | 73 | 380×240×250 |
| YL90L-4 | 1.5 | | | | 73 | | | | | 68 | 73 | 405×240×250 |
| YL100L1-4 | 2.2 | | | | 75 | | | | | 73 | 78 | 455×260×260 |
| YL100L2-4 | 3 | | | | 77 | | | | | 73 | 78 | 455×260×260 |
| YL112M-4 | 3.7 | | | | 78 | | | | 5.5 | 78 | 83 | 475×280×285 |
| YL132S-4 | 5.5 | | | | 79 | | | | | 78 | 83 | 550×300×335 |

表 12-21　YS、YU、YC、YY 系列 IMB34、IMB14 型电动机的外形及安装尺寸

（JB/T 1009—2016、JB/T 1010—2017、JB/T 1011—2017、JB/T 1012—2017 摘录）

mm

IMB34

IMB14(IMV18,IMV19)

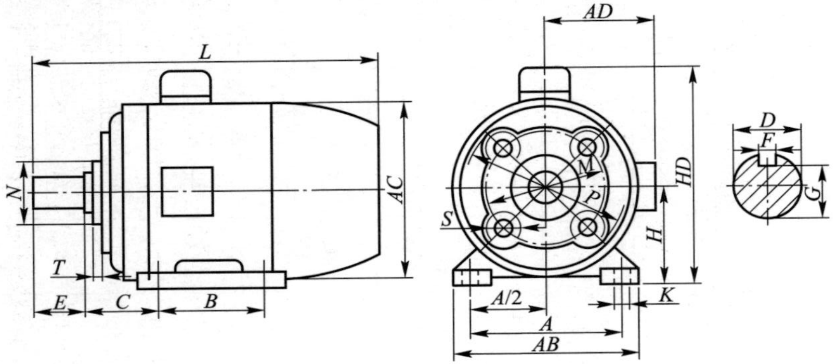

| 机座号 | 安装尺寸 | | | | | | | | | | | | | | | | 外形尺寸不大于 | | | | |
|---|---|---|---|---|---|---|---|---|---|---|---|---|---|---|---|---|---|---|---|---|---|
| | *A* | *B* | *C* | *D* | | *E* | *F* | *G* | *H* | *K* | *M* | *N* | *P* | *R* | *S* | *T* | *AB* | *AC* | *AD* | *HD* | *L* |
| 45 | 71 | 56 | 28 | 9 | +0.007<br>-0.002 | 20 | 3 | 7.2 | 45 | 4.8 | 45 | 32 | 60 | 0 | M5 | 2.5 | 90 | 100 | 90 | 115 | 150 |
| 50 | 80 | 63 | 32 | 9 | | 20 | 3 | 7.2 | 50 | 5.8 | 55 | 40 | 70 | | M5 | 2.5 | 100 | 110 | 100 | 125 | 155 |
| 56 | 90 | 71 | 36 | 9 | | 20 | 3 | 7.2 | 56 | 5.8 | 65 | 50 | 80 | | M5 | 2.5 | 115 | 120 | 110 | 135 | 170 |
| 63 | 100 | 80 | 40 | 11 | +0.008<br>-0.003 | 23 | 4 | 8.5 | 63 | 7 | 75 | 60 | 90 | | M5 | 2.5 | 130 | 130 | 125 | 165 | 230 |
| 71 | 112 | 90 | 45 | 14 | | 30 | 5 | 11 | 71 | 7 | 85 | 70 | 105 | | M6 | 2.5 | 145 | 145 | 140 | 180 | 255 |
| 80 | 125 | 100 | 50 | 19 | +0.009<br>-0.004 | 40 | 6 | 15.5 | 80 | 10 | 100 | 80 | 120 | | M6 | 3 | 160 | 165 | 150 | 200 | 295 |
| 90S | 140 | | 56 | 24 | | 50 | 8 | 20 | 90 | 10 | 115 | 95 | 140 | | M8 | 3 | 180 | 185 | 160 | 220 | 310,370▲ |
| 90L | | 125 | | | | | | | | | | | | | | | | | | 240* | 335,400▲ |

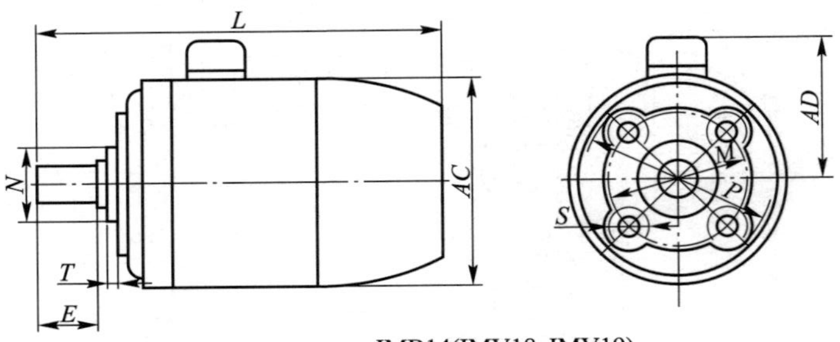

注：1. 带▲的尺寸是 YC 系列的尺寸，带 * 的尺寸为 YY 系列的尺寸，其他为各系列公用的尺寸；

2. *R* 为凸缘配合面至轴伸肩的距离；

3. YS 系列：机座号 45～90，YU 系列：63～90，YC 系列：机座号 71～90，YY 系列：机座号 45～90。

**表 12-22　YS、YU、YC、YY、YL 系列 IMB35、IMB5 型电动机的外形及安装尺寸**

（JB/T 1009—2016、JB/T 1010—2017、JB/T 1011—2017、JB/T 1012—2017、JB/T 7588—2010 摘录）　　mm

IMB35(IMV36)　　IMB5(IMV1，IMV3)

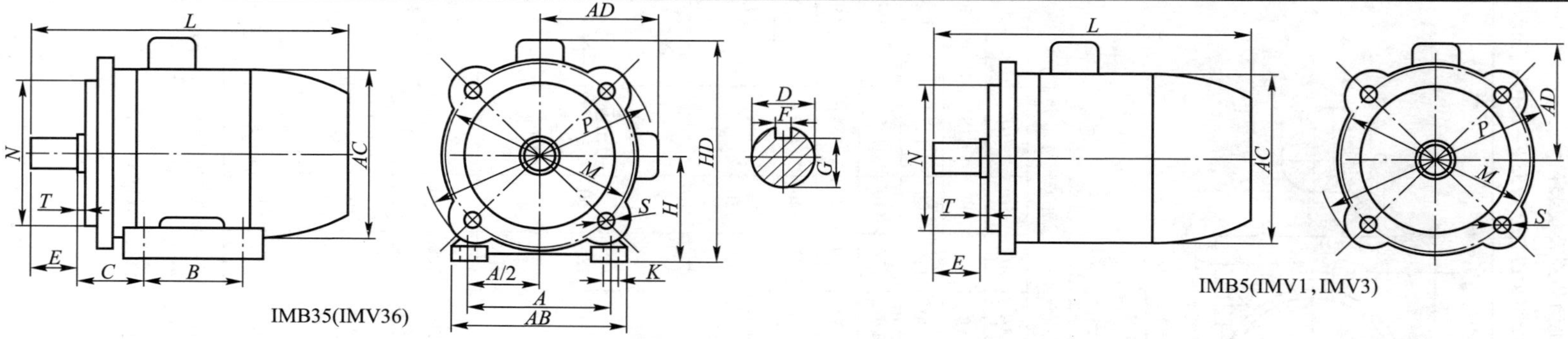

| 机座号 | 安装尺寸 | | | | | | | | | | | | | | | | 外形尺寸不大于 | | | | |
|---|---|---|---|---|---|---|---|---|---|---|---|---|---|---|---|---|---|---|---|---|---|
| | A | B | C | D | | E | F | G | H | K | M | N | P | R | S | T | AB | AC | AD | HD | L |
| 63 | | | | 11 | +0.008 | 23 | 4 | 8.5 | | | 115 | 95 | 140 | | 10 | 3.0 | | 130 | 125 | | 250 |
| 71 | | | | 14 | -0.003 | 30 | 5 | 11 | | | 130 | 110 | 160 | | | | | 145 | 140 | | 275 |
| 80 | 125 | 100 | 50 | 19 | | 40 | 6 | 15.5 | 80 | | | | | | | | 165 | 165 | 150 | 210 | 300<br>355 * |
| 90S | | | 56 | 24 | +0.009<br>-0.004 | 50 | | 20 | 90 | 10 | 165 | 130 | 200 | | 12 | 3.5 | 160<br>180 * | 185 | 160 | 220<br>240▲<br>250 * | 335<br>370▲▲<br>380 * |
| 90L | 140 | 125 | | | | | 8 | | | | | | | 0 | | | | | | | 360<br>400▲▲<br>405 * |
| 100L | 160<br>180 * | | 63 | 28 | | 60 | | 24 | 100 | | 215 | 180 | 250 | | 14.5 * | | 205 | 220 | 180 | 260 | 430<br>455 * |
| 112M | 190 | 140 | 70 | | | | | | 112 | 12 | | | | | | 4.0 | 245 | 250 | 190 | 300<br>285 * | 455<br>475 * |
| 132S | 216 | | 89 | 38 | +0.018<br>+0.002 | 80 | 10 | 33 | 132 | | 265 | 230 | 300 | | 15 | | 280 | 290 | 210 | 350<br>335 * | 525<br>550 * |
| 132M | | 178 | | | | | | | | | | | | | | | | | | 350 | 565 |

注：1. 带▲的尺寸是 YC 系列的尺寸；带▲▲的尺寸是 YC 系列 IMB5 型的尺寸；带 * 的尺寸是 YL 系列的尺寸，其他为各系列公用的尺寸；

2. R 为凸缘配合面至轴伸肩的距离；

3. YL 系列：机座号 80~132S，YY 系列：机座号 63~90L，YC 系列：机座号 71~132M，YU 系列：机座号 63~90L，YS 系列：机座号 63~90L。

**表 12-23　YS、YU、YC、YY、YL 系列 IMB3 型电动机的外形及安装尺寸**　　mm

（JB/T 1009—2016、JB/T 1010—2017、JB/T 1011—2017、JB/T 1012—2017、JB/T7588—2010 摘录）

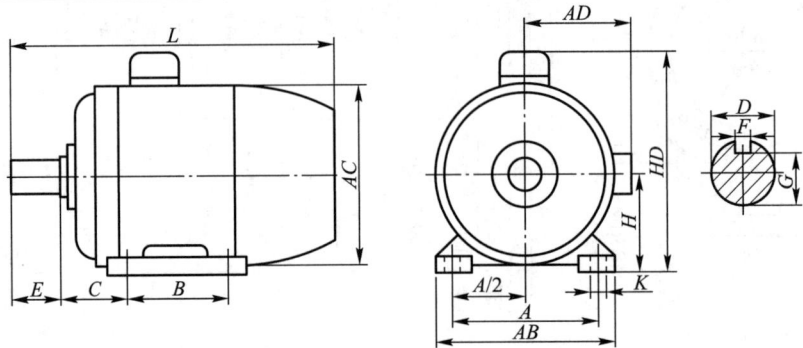

IMB3(IMV5,IMV6)

<table>
<tr><th rowspan="2">机座号</th><th colspan="10">安装尺寸</th><th colspan="5">外形尺寸不大于</th></tr>
<tr><th>A</th><th>B</th><th>C</th><th colspan="2">D</th><th>E</th><th>F</th><th>G</th><th>H</th><th>K</th><th>AB</th><th>AC</th><th>AD</th><th>HD</th><th>L</th></tr>
<tr><td>45</td><td>71</td><td>56</td><td>28</td><td>9</td><td rowspan="3">+0.007<br>-0.002</td><td>20</td><td>3</td><td>7.2</td><td>45</td><td>4.8</td><td>90</td><td>100</td><td>90</td><td>115</td><td>150</td></tr>
<tr><td>50</td><td>80</td><td>63</td><td>32</td><td>9</td><td>20</td><td>3</td><td>7.2</td><td>50</td><td>5.8</td><td>100</td><td>110</td><td>100</td><td>125</td><td>155</td></tr>
<tr><td>56</td><td>90</td><td>71</td><td>36</td><td>9</td><td>20</td><td>3</td><td>7.2</td><td>56</td><td>5.8</td><td>115</td><td>120</td><td>110</td><td>135</td><td>170</td></tr>
<tr><td>63</td><td>100</td><td>80</td><td>40</td><td>11</td><td rowspan="2">+0.008<br>-0.003</td><td>23</td><td>4</td><td>8.5</td><td>63</td><td>7</td><td>130</td><td>130</td><td>125</td><td>165</td><td>230</td></tr>
<tr><td>71</td><td>112</td><td>90</td><td>45</td><td>14</td><td>30</td><td>5</td><td>11</td><td>71</td><td>7</td><td>145</td><td>145</td><td>140</td><td>180</td><td>255</td></tr>
<tr><td>80</td><td>125</td><td>100</td><td>50</td><td>19</td><td rowspan="5">+0.009<br>-0.004</td><td>40</td><td>6</td><td>15.5</td><td>80</td><td>10</td><td>160<br>165 *</td><td>165</td><td>150</td><td>200<br>210 *</td><td>295<br>355 *</td></tr>
<tr><td>90S</td><td rowspan="2">140</td><td>100</td><td rowspan="2">56</td><td rowspan="2">24</td><td rowspan="2">50</td><td rowspan="4">8</td><td rowspan="2">20</td><td rowspan="2">90</td><td rowspan="2">10</td><td rowspan="2">180</td><td rowspan="2">185</td><td rowspan="2">160</td><td rowspan="2">220<br>240●<br>240▲<br>250 *</td><td>310<br>370▲<br>380 *</td></tr>
<tr><td>90L</td><td>125</td><td>335<br>400▲<br>405 *</td></tr>
<tr><td>100L</td><td>160</td><td>125<br>140 * ▲</td><td>63</td><td rowspan="2">28</td><td rowspan="2">60</td><td rowspan="2">24</td><td>100</td><td rowspan="3">12</td><td>205</td><td>200</td><td>180</td><td>260<br>265 *</td><td>430<br>455 *</td></tr>
<tr><td>112M</td><td>190</td><td rowspan="2">140</td><td>70</td><td>112</td><td>245</td><td>250</td><td>190</td><td>300<br>285 *</td><td>455<br>475 *</td></tr>
<tr><td>132S</td><td>216</td><td>89</td><td>38</td><td>+0.018<br>-0.002</td><td>80</td><td>10</td><td>33</td><td>132</td><td>280</td><td>290</td><td>210</td><td>350<br>335 *</td><td>525<br>550 *</td></tr>
</table>

注：1. 带●的尺寸是 YY 系列的尺寸；带▲的尺寸是 YC 系列的尺寸；带 * 的尺寸是 YL 系列的尺寸；其他为各系列公用的尺寸。

2. YS 系列：机座号 45~90，YU 系列：机座号 63~90；YC 系列：机座号 71~132，YY 系列：机座号 45~90。

# 第二篇

## 机械设计课程设计指导书

# 第十三章　机械设计课程设计概述

## 一、机械设计课程设计的目的

机械设计课程设计是培养学生机械设计能力的技术基础课,是机械设计课程的重要实践教学环节,也是学生第一次较全面的设计能力训练。其基本目的如下。

1. 培养理论联系实际的设计思想　通过课程设计,训练综合运用机械设计课程和有关先修课程的理论知识,结合生产实际培养分析和解决实际问题的能力,巩固、加深和扩展有关机械设计方面的知识,掌握机械设计的一般规律,树立正确的设计思想。

2. 培养机械设计能力　学会从机器功能的要求出发,合理选择执行机构和传动机构的类型,制定执行机构方案和传动机构方案,合理选择标准部件的类型和型号,正确计算零件的工作能力,确定其尺寸、形状、结构及材料,并考虑制造工艺、使用、维护、经济和安全等问题,进行结构设计,了解和掌握机械设计方案、机械零件、机械传动装置的设计过程和方法。

3. 进行设计基本技能的训练　通过课程设计,学习运用标准、规范、手册、图册和其他科技文献资料,使用计算机、经验数据,进行经验估算和处理数据,培养机械设计的基本技能和获取有关信息的能力。

在本课程设计中用计算机绘图或手工绘图都能达到以上基本要求,但是由目前发展趋势应尽量采用计算机绘图。

## 二、机械设计课程设计的内容

课程设计的题目为一套简单的整体设备设计,包括电动机、传动装置及执行机构。要求每个学生完成:

1. 设备总装图 1 张;
2. 传动装置部件装配图 1 张;
3. 零件图 1~2 张;
4. 设计计算说明书 1 份。

## 三、机械设计课程设计的步骤

课程设计大致按以下步骤进行:

1. 设计准备

阅读设计任务书,明确设计要求和工作条件;通过实物、模型、视频或拆装实验等了解设计对象;阅读有关资料、图纸;拟订设计方案。

2. 机械系统总体设计

分析设计要求,确定系统总体设计方案。根据机械设计基本原则,拟订多个原理设计方案(机械工作原理或机构运动简图),并对方案进行技术经济性分析,从可靠性和经济性方面考虑评价,通过比较、综合和优选,选出一个最佳设计方案;根据执行机构要求,进行运动学和动力学分析计算,确定工作机载荷(转矩)、速度(转速);计算系统所需功率。

3. 执行机构设计

确定执行机构具体结构,进行执行机构运动和动力分析。

4. 传动装置总体设计

比较和选择传动装置的方案;选定电动机类型和型号;确定总传动比和各级传动比;计算各轴转速和转矩。

5. 传动件设计计算

设计计算各级传动件的参数和主要尺寸,例如减速器外传动零件(带、链传动等)和减速器内传动零件(齿轮、蜗杆传动等),以及选择联轴器的类型和型号。

6. 总装图及装配图设计

7. 零件图设计

8. 编写设计说明书

9. 总结和答辩

## 四、机械设计课程设计中应注意的问题

1. 课程设计是在教师指导下进行的,为了更好地达到培养设计能力的目的,提倡独立思考、严肃认真、精益求精的学习精神,反对照抄照搬和容忍错误的态度。

2. 设计过程中,需要综合考虑多种因素,采取多种办法进行分析、比较和选择,来确定方案、尺寸和结构。计算和画图需要交叉进行,边画图、边计算、反复修改以完善设计,必须耐心、认真对待。

3. 利用已有资料是学习前人经验、提高设计质量的重要保证,但不应该盲目地、机械地抄袭,要根据具体条件和要求,大胆创新。

4. 设计中应学习正确运用标准和规范,要注意一些尺寸需要圆整为标准系列或优先数列。

5. 要注意掌握设计进度,每一阶段的设计都要认真检查,避免出现重大错误,影响下一阶段设计。

# 第十四章　机械系统总体设计

现代机器通常由动力机、传动系统和执行机构三部分组成。此外,为保证机器正常运转还需要一些操纵装置或控制系统,用来操纵和控制机器各组成部分协调动作。在课程设计中,由于课程教学要求和时间限制,我们不进行操纵装置或控制系统的设计。

## 一、机械系统运动方案选择

由于设计的多解性和复杂性,满足某种功能要求的机械系统运动方案可能会有很多种,因此在考虑机械系统运动方案时,除满足基本的功能要求外,还应遵循以下几项原则。

1. 满足使用要求

机构应具有较好的动力特性。机构在机械系统中不仅传递运动,同时还要传递动力,因此要选择具有较好动力学特性的机构。对于执行构件行程不大,而短时克服工作阻力很大的机构(如冲压机械中的主机构),应采用"增力"的方法,即瞬时有较大机械增益的机构。对于高速运转的机构,其作往复运动和平面一般运动的构件以及偏心回转构件的惯性力和惯性力矩较大,在选择机构时,应尽可能考虑机构的对称性,以减小运转过程中的动载荷和振动。

机械系统应具有良好的人机性能。任何机械系统都是由人来设计,并用来为人服务的,而且大多数机械系统都要由人来操作和使用,因此在进行机械设计时,必须考虑人的生理特点,以求得人与机械系统的和谐统一。

采用传动角较大的机构。要尽可能选择传动角较大的机构,以提高机器的传动效率,减少功耗。尤其对于传力大的机构,这一点更为重要。

2. 满足工艺要求

在设计机械的过程中,在满足使用要求的前提下,应尽量使加工、装配更为方便,易于实现高精度,加工效率较高。

高副机构可减少构件数和运动副数,设计简单;但低副机构的运动副元素加工方便,容易保证配合精度且具有较高的承载能力。究竟选用何种机构,应根据具体设计要求全面衡量,尽可能做到扬长避短。在一般情况下,应优先考虑低副机构,而且尽量少用移动副;当执行构件的运动规律要求复杂,采用连杆机构很难完成精确设计时,应考虑采用高副机构。

3. 满足经济性要求

机械系统尽可能简单。机构运动链尽量简短,在保证实现功能要求的前提下,应尽量采用构件数和运动副数少的机构,这样可以简化机器构造,从而减轻重量,降低成本。此外,也可以减少零件的制造误差而形成的运动链的累积误差。机械系统的运动与动力机的形式密切相关,目前电动机、内燃机使用最广泛,价格也较低,但是应结合具体情况灵活选择。

尽量缩小机构尺寸。机械的尺寸和重量随所选择的机构类型不同有很大差别。在相同的传动比情况下,周转轮系减速器的尺寸和重量比普通定轴轮系减速器要小得多。在连杆机构和齿轮机构中,也可利用齿轮传动时节圆作纯滚动的原理,或利用杠杆放大或缩小的原理来缩小机构尺寸。盘状凸轮机构的尺寸也可借助杠杆原理相应缩小。

## 二、动力机选择

1. 动力机类型选择

常用动力机的类型和特点见表 14-1。在设计机械系统时,应选用何种形式的动力机,主要应从以下三个方面进行分析比较。

（1）分析工作机械的负载特性和要求　包括工作机械的载荷特性、工作制度、结构布置和工作环境等。

（2）分析动力机本身的机械特性　包括动力机的功率、转矩、转速等特性以及动力机所能适应的工作环境。应使动力机的机械特性与工作机械的负载特性相匹配。

（3）进行经济性比较　当同时可用多种类型的动力机进行驱动时,经济性的分析是必不可少的,包括能源的供应和消耗,动力机的制造、运行和维修成本的对比等。

除上述三方面外,有些动力机的选择还要考虑对环境的污染,其中包括空气污染、噪声污染和振动污染等。例如,室内工作的机械使用内燃机作为动力机就不很合适。

表 14-1　常用动力机的类型和特点

| 类型 | 功率 | 驱动效率 | 调速性能 | 结构尺寸 | 对环境影响 | 其他 |
| --- | --- | --- | --- | --- | --- | --- |
| 电动机 | 大 | 高 | 好 | 较大 | 小 | 与被驱动的工作机械连接简便,其种类和型号较多,并具有各种运行特性,可满足不同类型机械的工作要求。但使用电动机必须具备相应的电源,对野外工作的机械及移动式机械常因缺乏所需电源而不能选用 |
| 液压马达 | 较大 | 较高 | 好 | 小 | 较大 | 必须具有高压油的供给系统,应使液压系统元件有必要的制造和装配精度,否则容易漏油,这不仅影响工作效率,而且还影响工作机械的运动精度和环境 |
| 气动马达 | 小 | 较低 | 好 | 较小 | 小 | 用空气作为工作介质,容易获得,气动马达动作迅速、反应快、维护简单、成本比较低、绿色环保,对易燃、易爆、多尘和振动等恶劣工作环境的适应性较好。但因空气具有可压缩性,因此气动马达的工作稳定性差,气动系统的噪声较大,一般只适用于小型和轻型的工作机械 |
| 内燃机 | 很大 | 低 | 差 | 大 | 大 | 具有功率范围宽、操作简便、起动迅速和便于移动等优点,大多用于野外作业的工程机械、农业机械以及船舶,车辆等。主要缺点是需要柴油或汽油作为燃料,通常对燃料的要求也比较高,在结构上也比较复杂,而且对零部件的加工精度要求较高 |

根据上述各类动力机的特点,选择时可进行各种方案的比较,首先确定动力机的类型,然后根据执行机构的负载特性计算动力机的容量。有时也可先预选动力机容量,在产品设计出来后再进行校核。

2. 电动机选择

电动机选择的内容包括:电动机的类型、结构形式、功率、额定转速、额定电压。以下仅讨论电动机的类型、功率及转速的选择。

(1) 选择电动机的类型

选择电动机的类型主要根据工作机械的工作载荷特性,有无冲击、过载情况,调速范围,起动、制动的频繁程度以及电网供电状况等。

对恒转矩负载特性的机械,应选用机械特性为硬特性的电动机;对恒功率负载特性的机械,应选用变速直流电动机或带机械变速的交流异步电动机。

由于直流电动机需要直流电源,结构复杂,价格较高。因此,当交流电动机能满足工作机械要求时,一般不采用直流电动机。工业生产现场一般采用三相交流电源,如无特殊要求均应采用三相交流电动机。其中,三相异步电动机应用最多,常用的为 YE2、YE3 或 YE4 系列三相异步电动机。当电动机需经常起动、制动和正、反转时(例如起重机),要求电动机有较小的转动惯量和较大的过载能力,因此应选用起重及冶金用三相异步电动机,常用的为 YZ 或 YZR 系列。

此外,根据电动机的工作环境条件,如环境温度、湿度、通风及有无防尘、防爆等特殊要求,选择不同的防护性能的外壳结构形式。根据电动机与被驱动机械的连接形式,决定其安装方式,一般采用卧式。

(2) 选择电动机的功率

标准电动机的容量由额定功率表示。所选电动机的额定功率应等于或稍大于工作要求的功率。容量小于工作要求,则不能保证工作机正常工作,或使电动机长期过载、发热大而过早损坏;容量过大,则增加成本,并且由于功率和功率因数低而造成浪费。

电动机的容量主要由运行时发热条件限定,在不变或变化很小的载荷下长期连续运行的机械,只要其电动机的负载不超过额定值,电动机便不会过热,通常不必校验发热和起动力矩。所需电动机功率为

$$P_d = \frac{P_w}{\eta} \quad (14-1)$$

式中,$P_d$ 为工作机实际需要的电动机输出功率,kW;$P_w$ 为工作机需要的输入功率,kW;$\eta$ 为电动机至工作机之间传动装置的总效率。

工作机所需功率 $P_w$ 应由机器工作阻力和运动参数计算求得,例如图 14-1 所示的带式运输机传动装置:

$$P_w = \frac{Fv}{1\,000\eta_w} \text{ kW} \quad (14-2)$$

或

$$P_w = \frac{T n_w}{9\,550\eta_w} \text{ kW} \quad (14-3)$$

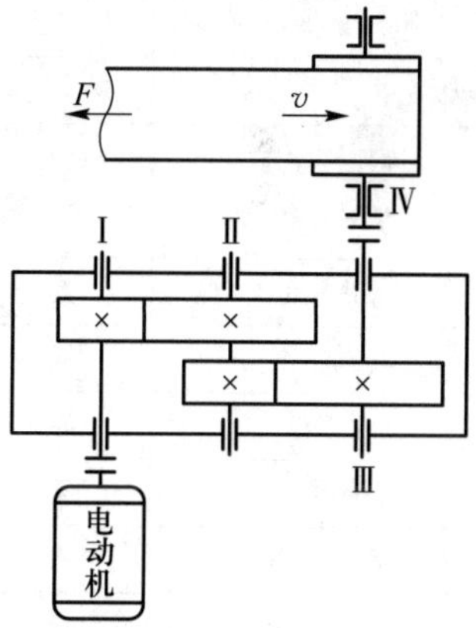

图 14-1 带式运输机传动装置

式中,$F$ 为工作机的阻力,N;$v$ 为工作机的线速度,m/s;$T$ 为工作机的阻力矩,N·m;$n_w$ 为工作机的转速,r/min;$\eta_w$ 为工作机的效率。

传动装置总效率 $\eta$ 按下式计算:

$$\eta = \eta_0\, \eta_1\, \eta_2 \cdots \eta_n \quad (14-4)$$

式中,$\eta_0$、$\eta_1$、$\eta_2$、$\cdots$、$\eta_n$ 分别为传动装置中每一传动副(齿轮、蜗杆、带或链)、每对轴承、每个联轴器的效率,其概略值见表 1-5。选用此表数值时,一般取中间值,如工作条件差,润滑维护不

良时应取低值,反之取高值。

对于行星齿轮减速器的效率将随行星齿轮机构形式的不同而异,而且即便结构形式相同,也还会因传动比的不同,或主动件与从动件选择的不同而相差甚远。其效率高的可达 0.98 以上,甚至比定轴齿轮机构的效率还要高;而低的却可以接近于零,设计不合理时甚至效率出现负值,导致机构自锁而不能运动。行星减速器的效率计算方法有多种,如转化机构法、基本速比法等。在此不再详述,设计时可参阅参考文献[26]。

(3) 选择电动机的转速

同一功率的电动机通常有几种转速可供选用,电动机转速越高,磁极越少,尺寸、重量越小,价格也越低,但传动装置的总传动比要增大,传动级数增多,尺寸及重量增大,从而使成本增加。低转速电动机则相反。因此,应全面分析比较其利弊来选定电动机转速。

按照工作机转速要求和传动机构的合理传动比范围,可以推算电动机转速的可选范围,如

$$n_{d'} = i' n_w = (i'_1 i'_2 i'_3 \cdots i'_n) n_w \tag{14-5}$$

式中,$n_{d'}$ 为电动机转速的可选范围;$i'_1$、$i'_2$、$i'_3$、$\cdots$、$i'_n$ 为各级传动的合理传动比范围,见表 1-6 或表 14-2。

表 14-2 常用传动机构的性能及使用范围

| 选用指标 | | 平带传动 | V带传动 | 圆柱摩擦轮传动 | 链传动 | 齿轮传动 | | 蜗杆传动 |
|---|---|---|---|---|---|---|---|---|
| 功率/kW(常用值) | | 小(≤20) | 中(≤100) | 小(≤20) | 中(≤100) | 大(最大可达 50 000) | | 小(≤50) |
| 单级传动比 | 常用值 | 2~4 | 2~4 | 2~4 | 2~5 | 圆柱 3~5 | 锥 2~3 | 10~40 |
| | 最大值 | 5 | 7 | 5 | 6 | 8 | 5 | 80 |
| 传动效率 | | 见表 1-5 | | | | | | |
| 许用线速度(一般精度等级) | | ≤25 | ≤25~30 | ≤15~25 | ≤40 | ≤15~30* | ≤5~15* | ≤15~35 |
| 外廓尺寸 | | 大 | 大 | 大 | 大 | 小 | | 小 |
| 传动精度 | | 低 | 低 | 低 | 中 | 高 | | 高 |
| 工作平稳性 | | 好 | 好 | 好 | 较差 | 一般 | | 好 |
| 自锁能力 | | 无 | 无 | 无 | 无 | 无 | | 可有 |
| 过载保护作用 | | 有 | 有 | 有 | 无 | 无 | | 无 |
| 使用寿命 | | 短 | 短 | 短 | 中等 | 长 | | 中等 |
| 缓冲吸振能力 | | 好 | 好 | 好 | 中等 | 差 | | 差 |
| 要求制造及安装精度 | | 低 | 低 | 中等 | 中等 | 高 | | 高 |
| 要求润滑条件 | | 不需 | 不需 | 一般不需 | 中等 | 高 | | 高 |
| 环境适应性 | | 不能接触酸、碱、油类爆炸性气体 | 一般 | 好 | 一般 | | 一般 |

* 上限为斜(曲)齿轮,下限为直齿轮圆周速度。

对 YE 系列电机,通常多选用同步转速为 1 500 r/min 和 1 000 r/min 的电动机,如无特殊需

要,不选用低于 750 r/min 的电动机。

根据选定的电动机类型、结构、容量和转速,由表 12-1~表 12-14 查出电动机型号,并记录其型号、额定功率、满载转速、外形尺寸、中心高、轴伸尺寸、键连接尺寸、安装尺寸等参数备用。

设计传动装置时一般按工作机实际需要的电动机输出功率 $P_d$ 计算,转速则取满载转速。

### 三、执行机构设计

执行机构是指最接近被作业工件一端的机械系统,其中接触作业工件或执行终端运动的构件称为执行构件。执行机构的协调动作使执行构件按要求完成机械的预期作业。

执行机构功能原理设计主要通过创造性思维过程确定其功能原理(技术原理)或工艺动作(运动规律),为执行系统的机构结构提供依据。一般分为以下三步:

(1) 功能分析　尽量全面地分析与产品相关的各种因素,准确、简明地描述功能,使功能原理设计思路开阔,不受任何限制,以确定产品的总功能目标。

(2) 功能分解　对较复杂的机械系统来说,难以直接求得满足总功能的原理解,所以要把总功能进行分解,分解到能直接求解的基本功能,即功能元为止。并且,可用树状功能关系图来表示,为以后进一步设计带来方便。

机械系统的基本功能是正确分解总功能的依据,因此,很有必要进一步认识。对于机械系统常见的基本功能有如下几种。

变换功能　例如,能量类型的变化、运动形式的变换、物态的变换、信号类型的变换等。

缩放功能　例如,能量的缩放,信号的缩放、速度、位移等运动量的缩放等。

结合与分离功能　例如,各种物料的混合、分离,能量和信号的结合等。

储存与释放功能　例如,能量的储存与释放(飞轮)、物料的储存与释放等。

传导与离合功能　例如,能量的传导、运动的传导、信号的切断等。

(3) 功能求解　首先对功能元求解,主要是确定具体的技术原理、合适的工艺动作或运动规律;再利用形态矩阵将功能元和其解进行有序排列,它们的各种组合结果即执行系统总功能的系列解;然后对这一系列的解进行初步评价,得出可行初步方案。

执行机构的选型是指根据工作要求,在已有的机构中,进行搜索、比较、选择,选取合适的机构。选型需要对现有机构十分了解,常用机构的功能特点、常用运动形式及功能分类情况分别见表 14-3 及表 14-4。

表 14-3　常用机构的功能特点

| 机构类型 | 功　能　特　点 |
| --- | --- |
| 连杆机构 | 由主动件的转动变为从动件的转动、移动、摆动,可以实现一定轨迹、位置要求;利用死点可用于夹紧、自锁装置;运动副为面接触,承载能力大,但平衡困难,不宜高速 |
| 凸轮机构 | 由主动件的转动变为从动件的任意运动规律的移动、摆动,但行程不大;运动副为高副,不宜重载 |
| 齿轮机构 | 由主动件的转动变为从动件的转动或移动;功率和速度范围大;传动比准确可靠 |
| 螺旋机构 | 由主动件的转动变为从动件的移动;可实现微动、增力、定位等功能;工作平稳,精度高,但效率低,易磨损 |

续表

| 机构类型 | 功 能 特 点 |
|---|---|
| 棘轮机构 | 由主动件的转动变为从动件的间歇运动,且动程可调;有刚性冲击,噪声大,适用于低速轻载 |
| 槽轮机构 | 由主动件的转动变为从动件的间歇运动;转位平稳;有柔性冲击,不适用于高速 |
| 挠性件机构 | 包括带、链、绳传动;一般主动件的转动变为从动件的转动;可实现大距离传动;带传动传动平稳,噪声小,有过载保护;链传动瞬时传动比不准确 |

**表 14-4 常用运动形式及功能分类**

| 实现的运动或功能 | | 机 构 形 式 |
|---|---|---|
| 匀速转动 | 定传动比 | 平行四边形机构、齿轮机构、轮系、谐波传动机构、带传动机构、链传动机构、双万向联轴节机构等 |
| | 变传动比 | 轴向滑移圆柱齿轮机构、混合轮系变速机构、摩擦轮无级变速机构、挠性件无级变速机构等 |
| 非匀速转动 | | 双曲柄机构、转动导杆机构、非圆齿轮机构、单万向联轴节机构等 |
| 往复运动 | 往复移动 | 移动导杆机构、正弦机构、移动从动件凸轮机构、齿轮齿条机构、螺旋机构,气动、液压机构等 |
| | 往复摆动 | 曲柄摇杆机构,摆动导杆机构、双摇杆机构、曲柄摇块机构、摆动从动件凸轮机构,气动、液压机构等 |
| 间歇运动 | 间歇转动 | 棘轮机构、槽轮机构、不完全齿轮机构、凸轮间歇运动机构等 |
| | 间歇摆动 | 特殊形式的连杆机构、摆动从动件凸轮机构等 |
| | 间歇移动 | 棘齿条机构、摩擦轮机构等 |
| 预定轨迹 | 直线轨迹 | 平行四边形机构、连杆近似直线机构连杆精确直线机构、组合机构等 |
| | 曲线轨迹 | 多杆机构、行星轮系机构、组合机构等 |
| 增力及夹持 | | 斜面杠杆机构、肘杆机构、螺旋机构等 |
| 超越 | | 棘轮机构等 |
| 行程可调 | | 棘轮调节机构、偏心调节机构、螺旋调节机构、可调式导杆机构等 |
| 急回特征 | | 曲柄摇杆机构、偏置式曲柄滑块机构、双曲柄机构、导杆机构、组合机构等 |
| 过载保护 | | 带传动机构、摩擦传动机构、安全离合器等 |

机构选型显然比较直观、方便,在实际的工程设计中应用广泛,但是有时选出的机构形式不能完全满足设计要求,则需要创建新的机构形式。

执行机构方案确定后,还需确定具体结构尺寸,以满足具体工作的行程及速度等要求。确定执行机构结构尺寸后,还应就此确定工作机所需的电动机功率,以备选择电动机之用。

## 四、传动方案设计

传动方案一般用机构简图表示。它反映运动和动力传递路线以及各部件的组成和连接关系。图 14-2 为带式输送机传动装置及机构简图。

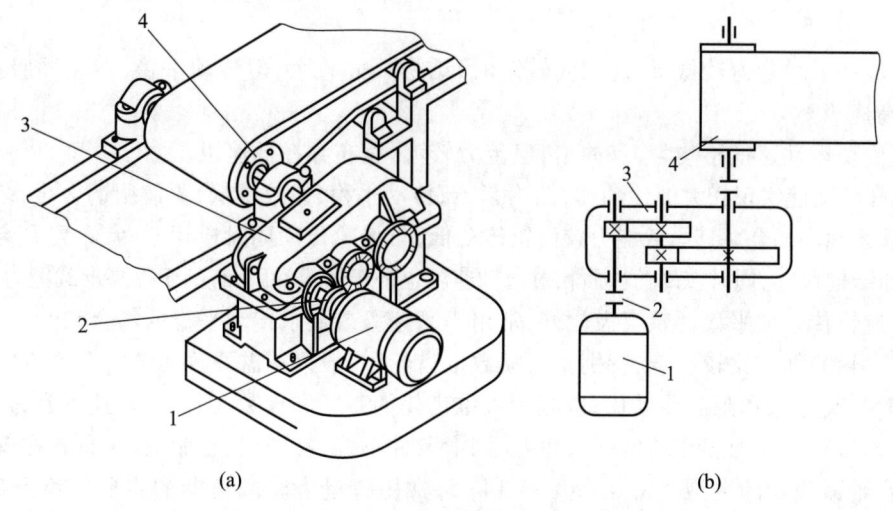

1—电动机；2—联轴器；3—减速器；4—驱动滚筒

图 14-2　带式运输机传动装置及机构简图

合理的传动方案首先要满足机器的功能要求,例如传递功率的大小、转速和运动形式。此外,还要适应工作条件(工作环境、场地、工作制度等),满足工作可靠、结构简单、尺寸紧凑、传动效率高、使用维护便利、工艺性和经济性合理等要求。要同时满足这些要求是比较困难的,因此要通过分析比较多种方案,来选择能保证重点要求的较好传动方案。

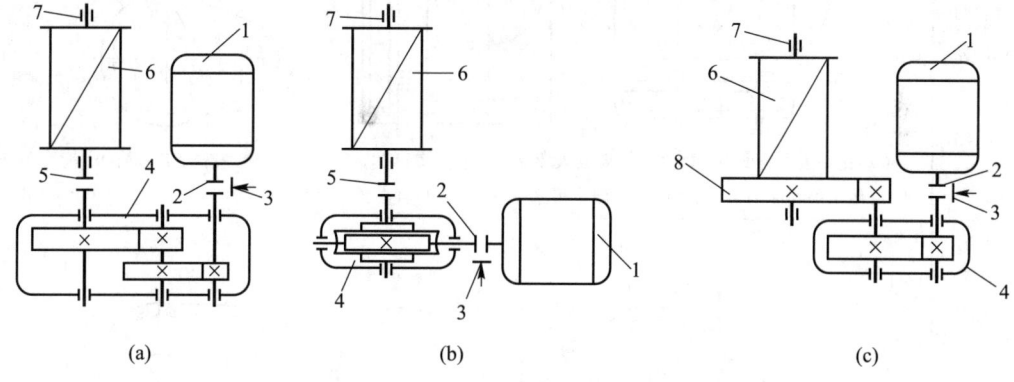

1—电动机；2、5—联轴器；3—制动器；4—减速器；6—卷筒；7—轴承；8—开式齿轮

图 14-3　电动绞车传动方案简图

图 14-3 所示为电动绞车的三种传动方案。图 14-3a 所示方案采用二级圆柱齿轮减速器,适合于繁重及恶劣条件下长期工作,使用维护方便,但结构尺寸较大;图 14-3b 所示方案采用蜗杆减速器,结构紧凑,但传动效率较低,在长期连续使用时成本较高,要使用铜合金;图 14-3c 所示方案采用一级圆柱齿轮减速器和开式齿轮传动,成本较低,但开式齿轮使用寿命较短。可见,这三种方案虽然都能满足电动绞车的功能要求,但结构、性能和经济性不同,要根据工作条件要求去确定较好的传动方案。

拟订传动方案时,往往由几种传动形式组成多级传动,要合理布置其传动顺序,常考虑以下几点。

1) 带传动承载能力较低,传递相同转矩时,结构尺寸较大,但传动平稳,能缓冲吸振,因此,应布置在高速级。

2) 链传动运动速度不均匀,有冲击,但传力较大,宜布置在低速级。

3) 蜗杆传动能实现较大的传动比,结构紧凑,传动平稳,但效率低,要使用铜合金,多用于中、小功率间歇运动的场合。其承载能力较齿轮传动低,与齿轮传动同时应用时,宜布置在高速级,以获得较小的结构尺寸,同时较高的齿面相对滑动速度也易于形成油膜,有利于提高承载能力及效率。

4) 斜齿轮传动的平稳性较直齿轮好,常用于高速级或要求传动平稳的场合。

5) 锥齿轮的加工比较困难,特别是大模数锥齿轮,一般只在需要改变轴的布置方向时采用,并尽量布置在高速级和限制传动比,以减少大锥齿轮的直径和模数,但此时转速不宜过高。

6) 开式齿轮传动的工作环境一般较差,润滑条件不好,易磨损、寿命短,应布置在低速级。

常用定轴减速器的类型及特点参见表 14-5,常用行星齿轮减速器的主要类型及特点见表 14-6。常用传动机构的功能特点参见表 14-3。

表 14-5 常用定轴减速器的类型及特点

| 类型 | 简图及特点 |
|---|---|
| 一级圆柱齿轮减速器 | 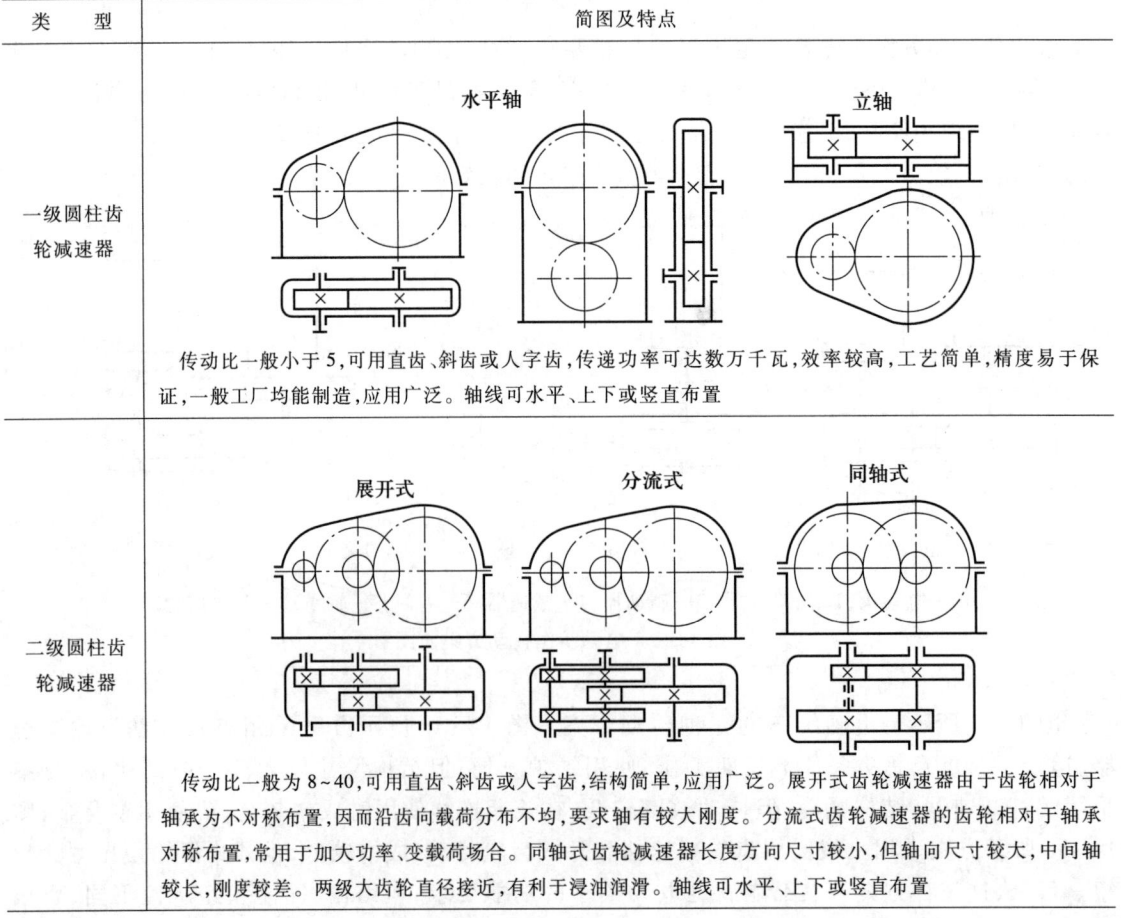<br>传动比一般小于 5,可用直齿、斜齿或人字齿,传递功率可达数万千瓦,效率较高,工艺简单,精度易于保证,一般工厂均能制造,应用广泛。轴线可水平、上下或竖直布置 |
| 二级圆柱齿轮减速器 | 传动比一般为 8~40,可用直齿、斜齿或人字齿,结构简单,应用广泛。展开式齿轮减速器由于齿轮相对于轴承为不对称布置,因而沿齿向载荷分布不均,要求轴有较大刚度。分流式齿轮减速器的齿轮相对于轴承对称布置,常用于加大功率、变载荷场合。同轴式齿轮减速器长度方向尺寸较小,但轴向尺寸较大,中间轴较长,刚度较差。两级大齿轮直径接近,有利于浸油润滑。轴线可水平、上下或竖直布置 |

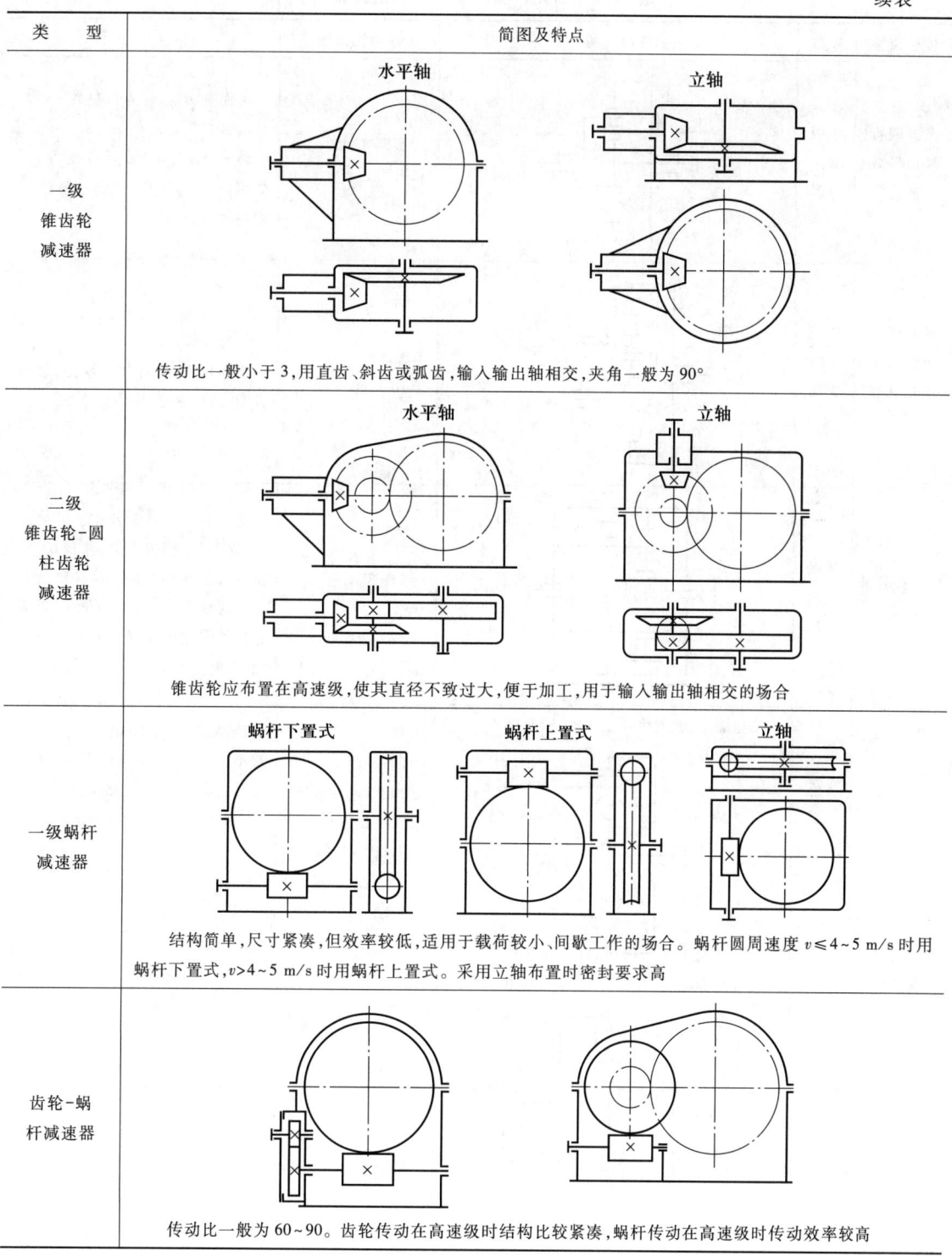

<table>
<tr><th>类　型</th><th>简图及特点</th></tr>
<tr><td>一级<br>锥齿轮<br>减速器</td><td><br>传动比一般小于 3，用直齿、斜齿或弧齿，输入输出轴相交，夹角一般为 90°</td></tr>
<tr><td>二级<br>锥齿轮-圆<br>柱齿轮<br>减速器</td><td><br>锥齿轮应布置在高速级，使其直径不致过大，便于加工，用于输入输出轴相交的场合</td></tr>
<tr><td>一级蜗杆<br>减速器</td><td><br>结构简单，尺寸紧凑，但效率较低，适用于载荷较小、间歇工作的场合。蜗杆圆周速度 $v \leqslant 4 \sim 5$ m/s 时用蜗杆下置式，$v > 4 \sim 5$ m/s 时用蜗杆上置式。采用立轴布置时密封要求高</td></tr>
<tr><td>齿轮-蜗<br>杆减速器</td><td><br>传动比一般为 60～90。齿轮传动在高速级时结构比较紧凑，蜗杆传动在高速级时传动效率较高</td></tr>
</table>

表 14-6 常用行星减速器的类型及特点

| 传动类型 | 级数 | 传动简图 | 传动比范围 | 特点与应用 |
|---|---|---|---|---|
| 渐开线行星齿轮减速器 | 单级 NGW 型 | 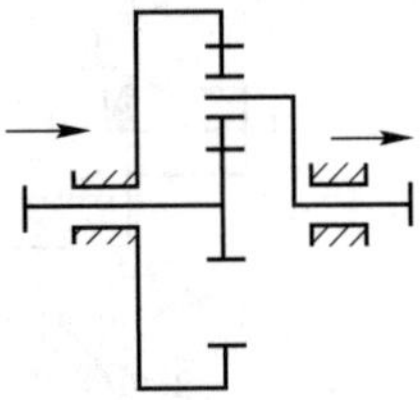 | 单级 $i=2.8\sim12.5$ 双级 $i=14\sim160$ | N 为内啮合，G 为行星轮，W 为外啮合 体积小，重量轻，承载能力大，效率高，工作平稳，但制造精度要求高，结构较复杂 |
| 渐开线少齿差行星齿轮减速器 | 单级 N 型少齿差 | 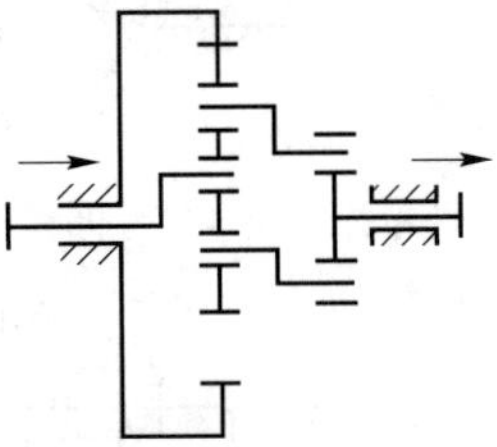 | 单级 $i=10\sim160$ | N 为内啮合； 传动比大，齿形加工容易，装拆方便，结构紧凑，平均效率 90% |
| 摆线针轮减速器 | 单级或两级 | 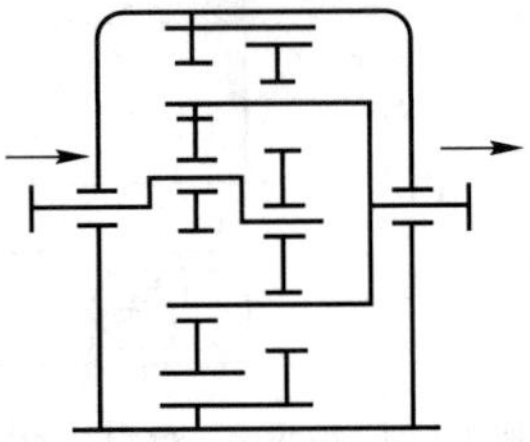 | 单级 $i=11\sim87$ 双级 $i=121\sim7\,500$ | 传动比大，效率较高，传动平稳，噪声低，结构紧凑，体积小，重量轻。相同情况下，体积和重量是普通减速器的 50%~80%，过载和耐冲击能力较强。需专用机床加工，制造工艺复杂 |
| 谐波齿轮减速器 | 单级 | 刚轮固定，波发生器主动，柔轮输出 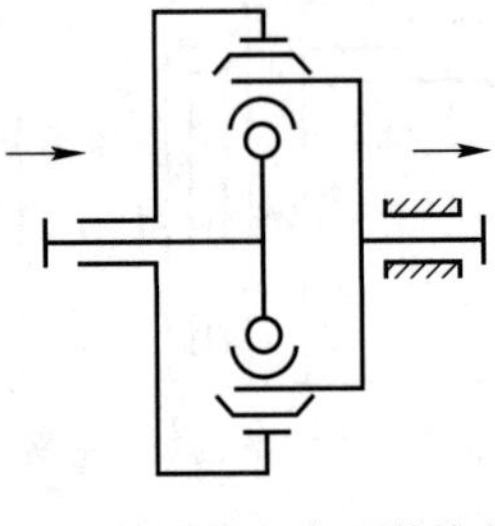 波发生器固定，柔轮主动，刚轮输出 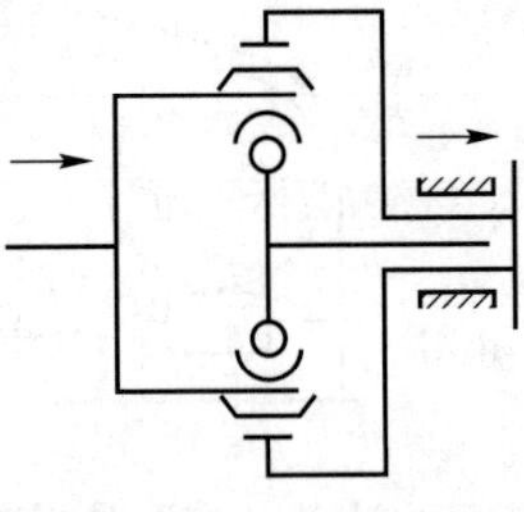 | 单级 $i=50\sim500$ （柔轮或刚轮固定，波发生器主动） $i=1.002\sim1.02$ （波发生器固定，柔轮主动） | 传动比大，范围宽，元件少，体积小，重量轻。相同情况下，体积和重量减少 20%~25%。承载能力大，传动效率高，但制造工艺复杂 |

续表

| 传动类型 | 级数 | 传动简图 | 传动比范围 | 特点与应用 |
|---|---|---|---|---|
| 三环减速器 | 单级或组合多级 | 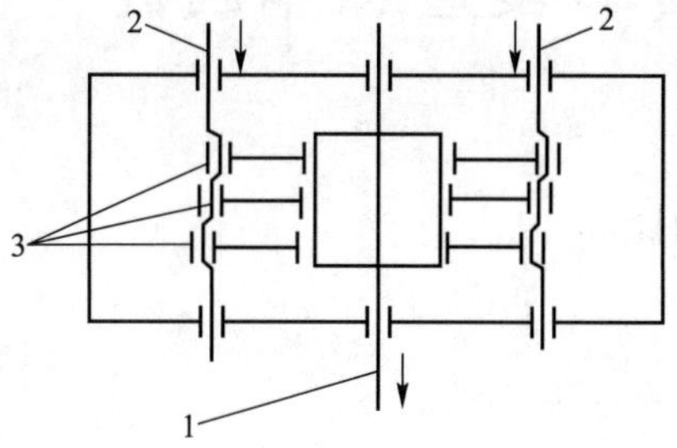 | 单级<br>$i=11\sim99$<br>双级<br>$i_{\min}=9\,801$ | 结构紧凑,体积小,重量轻,传动比大,效率高,单级为92%~98%,噪声低,抗过载能力强。传动功率不受限制,输出转矩可达400 kN·m。不用输出机构,轴承直径不受限制。使用寿命长,零件种类少,齿轮精度要求不高,造价低,适应性广,派生系列多,不适用于高速运动的场合 |

初步选定传动方案后,在设计过程中还可能要不断修改和完善。

# 第十五章　传动装置总体设计

## 一、计算总传动比及分配各级传动比

传动装置的总传动比要求应为

$$i = n_m / n_w \tag{15-1}$$

式中，$n_m$ 为电动机满载转速，r/min；$n_w$ 为执行机构转速，r/min。

多级传动中，总传动比应为

$$i = i_1 i_2 i_3 \cdots i_n \tag{15-2}$$

式中，$i_1, i_2, i_3, \cdots, i_n$ 为各级传动机构的传动比。

在已知总传动比要求时，如何合理选择和分配各级传动比，要考虑以下几点。

（1）各级传动机构的传动比应尽量在推荐范围内选取（参见表 1-6 及表 14-2）。

（2）应使传动装置结构尺寸较小，重量较轻。如图 15-1 所示，二级减速器总中心距和总传动比相同时，粗、细实线所示两种传动比分配方案中，粗实线所示方案因低速级大齿轮直径减小而使减速器外廓尺寸较小。

（3）应使各传动件尺寸协调，结构匀称合理，避免干涉碰撞。在二级减速器中，两级的大齿轮直径尽量相近，以利于浸油润滑。

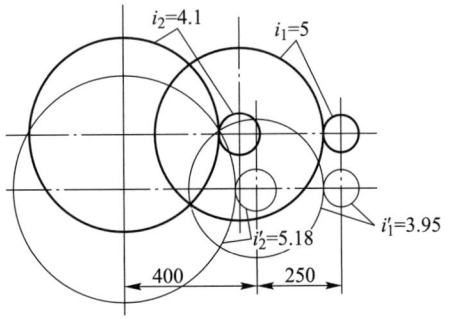

图 15-1　传动比分配方案不同对尺寸的影响

一般推荐：

展开式二级圆柱齿轮减速器　　　$i_1 \approx (1.3 \sim 1.5) i_2$

同轴式二级圆柱齿轮减速器　　　$i_1 \approx i_2$

锥齿轮-圆柱齿轮减速器　　　　　$i_1 \approx 0.25 i$

齿轮-蜗杆减速器　　　　　　　　$i_1 \approx (0.03 \sim 0.06) i_2$

二级蜗杆减速器　　　　　　　　$i_1 \approx i_2$

传动装置的实际传动比要由选定的齿数或标准带轮直径准确计算，因而与要求传动比可能有误差。一般允许工作机实际转速与要求转速的相对误差为 $\pm(3 \sim 5)\%$。

## 二、计算传动装置的运动和动力参数

设计计算传动件时，需要知道各轴的转速、转矩或功率，因此应将工作机上的转速、转矩或功率推算到各轴上。

如一传动装置从电动机到工作机有三轴，依次为 I、II、III 轴，参见图 14-1，则

**1. 各轴转速**

$$n_I = n_m$$

$$n_{\text{II}} = \frac{n_{\text{I}}}{i_{\text{I}}}$$

$$n_{\text{III}} = \frac{n_{\text{II}}}{i_{\text{II}}}$$

式中，$n_\text{m}$ 为电动机满载转速，r/min；$n_\text{I}$、$n_\text{II}$、$n_\text{III}$ 分别为 I、II、III 轴的转速，r/min；I 轴为高速轴，III 轴为低速轴；$i_\text{I}$、$i_\text{II}$ 依次为 I、II 轴与 II、III 轴间的传动比。

2. 各轴功率

$$P_\text{I} = P_\text{d} \eta_\text{dI}$$

$$P_\text{II} = P_\text{I} \eta_\text{I} = P_\text{d} \eta_\text{dI} \eta_\text{I II}$$

$$P_\text{III} = P_\text{II} \eta_\text{II III} = P_\text{d} \eta_\text{dI} \eta_\text{I II} \eta_\text{II III}$$

式中，$P_\text{d}$ 为电动机轴输出功率，kW；$P_\text{I}$、$P_\text{II}$、$P_\text{III}$ 分别为 I、II、III 轴输入功率，kW；$\eta_\text{dI}$、$\eta_\text{I II}$、$\eta_\text{II III}$ 依次为电动机轴与 I 轴，I 轴、II 轴，II 轴、III 轴间的传动效率。

3. 各轴转矩

$$T_\text{I} = T_\text{d} \eta_\text{dI}$$

$$T_\text{II} = T_\text{I} i_\text{I} \eta_\text{I II} = T_\text{d} i_\text{I} \eta_\text{dI} \eta_\text{I II}$$

$$T_\text{III} = T_\text{II} i_\text{II} \eta_\text{II III} = T_\text{d} i_\text{I} i_\text{II} \eta_\text{dI} \eta_\text{I II} \eta_\text{II III}$$

式中，$T_\text{d}$ 为电动机轴的输出转矩，N·m。

$$T_\text{d} = 9\,550 \frac{P_\text{d}}{n_\text{m}}$$

式中，$T_\text{I}$、$T_\text{II}$、$T_\text{III}$ 分别为 I、II、III 轴的输入转矩，N·m。

运动和动力参数的计算数值可以整理列表备查。

# 第十六章 传动零件的设计计算

进行减速器装配图设计时,必须先求得各级传动件的尺寸、参数,并选好联轴器的类型和尺寸。当传动装置中减速器外有传动件时,一般应先进行箱外传动件设计,以便使减速器设计的原始条件比较准确。例如,先设计带传动,可以得到确定的带传动比(由选定标准带轮直径求得)。从而得到较准确的减速器传动比,各轴转速和转矩也才能比较准确确定。

## 一、选择联轴器类型及型号

联轴器除连接两轴并传递转矩外,有些还具有补偿两轴因制造和安装误差而造成的轴线偏移的功能,以及缓冲、吸振、安全保护等功能。因此要根据传动装置工作要求来选定联轴器类型。

电动机轴与减速器高速轴连接用的联轴器,由于轴的转速较高,为减小起动载荷,缓和冲击,应选用具有较小转动惯量和具有弹性的联轴器,一般选用有弹性元件的挠性联轴器,例如弹性柱销联轴器等。减速器低速轴与工作机轴连接用的联轴器,由于轴的转速较低,不必要求具有较小的转动惯量,但传递转矩较大,又因为减速器与工作机常不在同一底座上,要求有较大的轴线偏移补偿,因此常需选用无弹性元件的挠性联轴器,例如齿式联轴器等。

标准联轴器主要按传递的转矩大小和转速来选择型号(参见第八章)。还应注意联轴器轴孔尺寸范围是否与所连接轴的直径大小相适应。

## 二、减速器外传动零件设计

减速器外的传动件,一般常用带传动、链传动或开式齿轮传动。设计时需要注意这些传动件与其他部件的协调问题。

(1) 带传动

设计带传动时,应注意检查带轮尺寸与传动装置外廓尺寸的相互关系,例如,小带轮外圆半径是否大于电动机中心高,大带轮外圆半径是否过大造成带轮与机器底座相干涉等。要注意带轮轴孔尺寸与电动机轴或减速器输入轴尺寸是否相适应。如图 16-1 中带轮的 $D_e$ 和 $B$ 都过大。

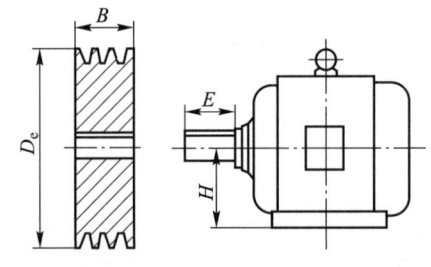

图 16-1 带轮尺寸与电动机尺寸不协调

带轮直径确定后,应验算带传动实际传动比和大带轮转速,并以此修正减速器传动比和输入转矩。

(2) 链传动

链轮外廓尺寸及轴孔尺寸应与传动装置中其他部件相适应。当采用单排链使传动尺寸过大时,应改用双排链或多排链。应记录选定的润滑方式和润滑油牌号以备查。

(3) 开式齿轮传动

开式齿轮传动一般布置在低速级,常选用直齿。因易被灰尘等污染,润滑条件差,轮齿磨损较严重，一般只需计算其弯曲强度。选用材料时，要注意耐磨性能和大小齿轮材料的配对。由于支承刚度较小，齿宽系数应选取小些。应注意检查大齿轮的尺寸与材料及毛坯制造方法是否相应，例如齿轮直径超过 500 mm 时，除单件生产外一般应采用铸造毛坯，材料应是铸铁或铸钢。还应检查齿轮尺寸与传动装置总体尺寸及工作机尺寸是否相称，是否与其他零件相干涉。

开式齿轮传动设计完成后，要由选定的大小齿轮齿数计算实际传动比。

## 三、减速器内传动零件设计

减速器内传动零件设计计算方法及结构设计均可依据教材所述。此外还应注意以下几点。

(1) 所选齿轮材料应考虑与毛坯制造方法协调，并检查是否与齿轮尺寸大小适应。例如，齿轮直径较大时，多用铸造毛坯，应选铸钢或球墨铸铁材料(单件生产不宜用铸造毛坯)，或用焊接齿轮。小齿轮齿根圆直径与轴径接近时，齿轮与轴制成一体(齿轮轴)，因此所选材料应兼顾轴的要求。同一减速器各级小齿轮(或大齿轮)的材料，没有特殊情况应选相同牌号，以减少材料品种和工艺要求。

(2) 锻钢齿轮分软齿面($\leqslant 350$ HBW)和硬齿面($>350$ HBW)两种，应按工作条件和尺寸要求来选择齿面硬度。大小齿轮的齿面硬度一般满足以下条件：

软齿面齿轮　$\mathrm{HBW}_1-\mathrm{HBW}_2\approx 30\sim 50$

硬齿面齿轮　$\mathrm{HRC}_1\approx \mathrm{HRC}_2$

(3) 应该注意，齿轮传动的尺寸与参数的取值，有些应取标准值，有些则应圆整，有些则必须求出精确数值。例如，模数应取标准值，齿宽和其他结构尺应尽量圆整，而啮合几何尺寸(节圆、螺旋角等)则必须求出精确值，其尺寸应准确到微米(μm)，角度应准确到秒(″)。

(4) 由于蜗杆传动副的材料不同，其适用的相对滑动速度范围也不同，因此选材料时要初估相对滑动速度，并且在传动尺寸确定后，校验其滑动速度，检查所选材料是否适当，并修正有关初选数据。

(5) 蜗杆传动的中心距应尽量圆整，为保证其几何参数关系，有时要进行变位。蜗杆和蜗轮的啮合几何尺寸必须计算精确值，其他结构尺寸应尽量圆整。蜗杆螺旋线方向尽量取为右旋。

(6) 蜗杆位置是在蜗轮上面，还是下面，应由蜗杆分度圆的圆周速度来决定，一般 $v<4\sim 5$ m/s 时蜗杆在下面。

(7) 蜗杆强度和刚度验算以及蜗杆传动热平衡计算都要在装配草图设计中进行。

## 四、计算机辅助设计

随着计算机技术的发展，各种传动零件的计算机设计程序也发展很快，有多种计算机辅助传动零件设计软件。设计传动零件时，采用计算机辅助设计软件，可节省时间，并可进行多参数设计，对结果进行人工选优。在这里介绍本书配套的《机械设计课程设计辅助系统 4.0》，它是一种较实用的计算机辅助机械设计软件。

本软件安装好后，会在 AutoCAD 运行环境下的菜单栏中增加显示“机械设计”一项，如图 16-2 所示。

点击图 16-2 中的“机械设计”按钮，可显示出图 16-3 所示的展开式菜单，其中包括齿轮传动、蜗杆传动、带传动和链传动等传动零件的设计计算，轴、滚动轴承和滑动轴承等支承零件的设计计算，以及过盈连接的分析计算等。

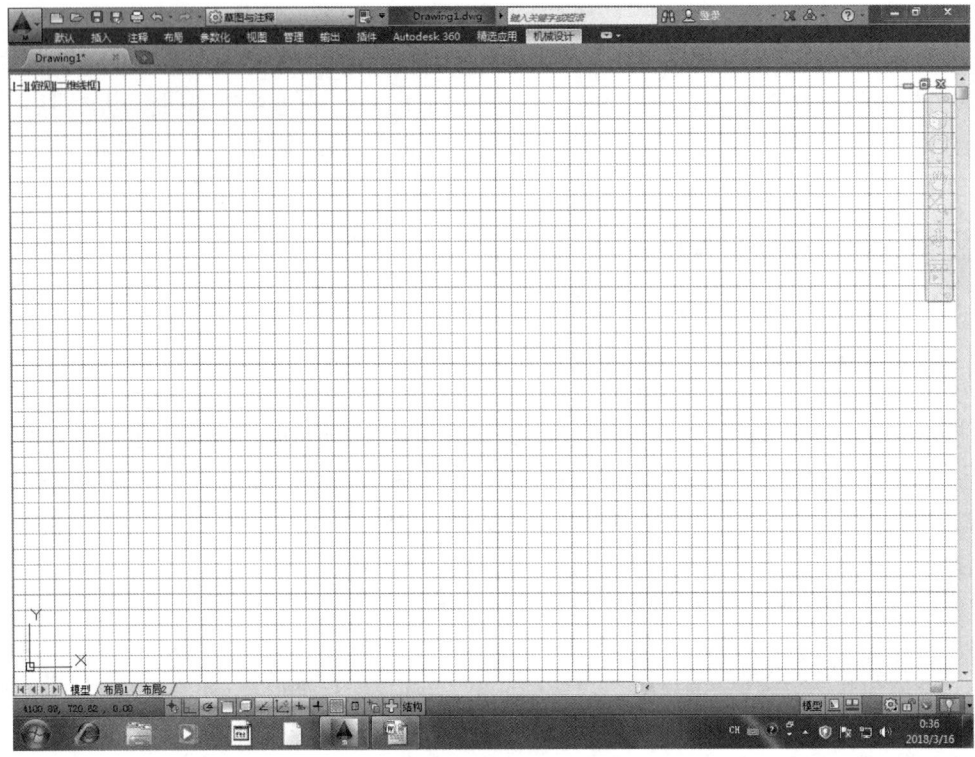

图 16-2　机械设计界面

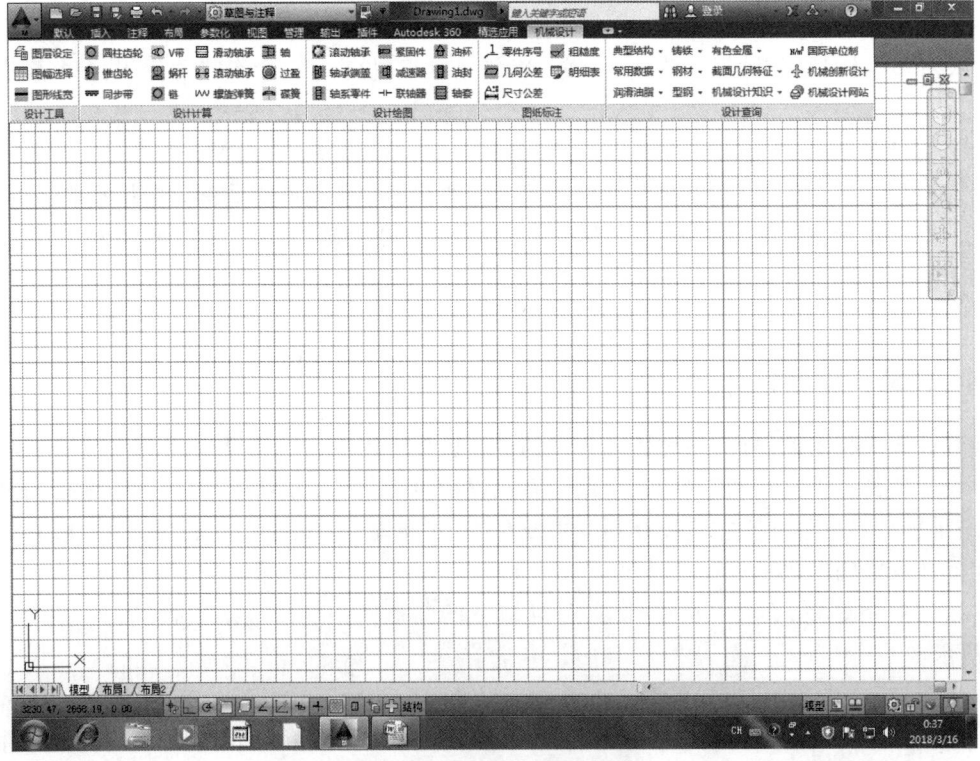

图 16-3　机械设计展开菜单

使用时只要将用鼠标单击所需计算零件的名称,即可进入此零件的计算程序软件。下面以齿轮计算为例,了解本软件的使用方法。鼠标单击"圆柱齿轮传动设计及绘图",进入图16-4所示的齿轮传动设计主界面。

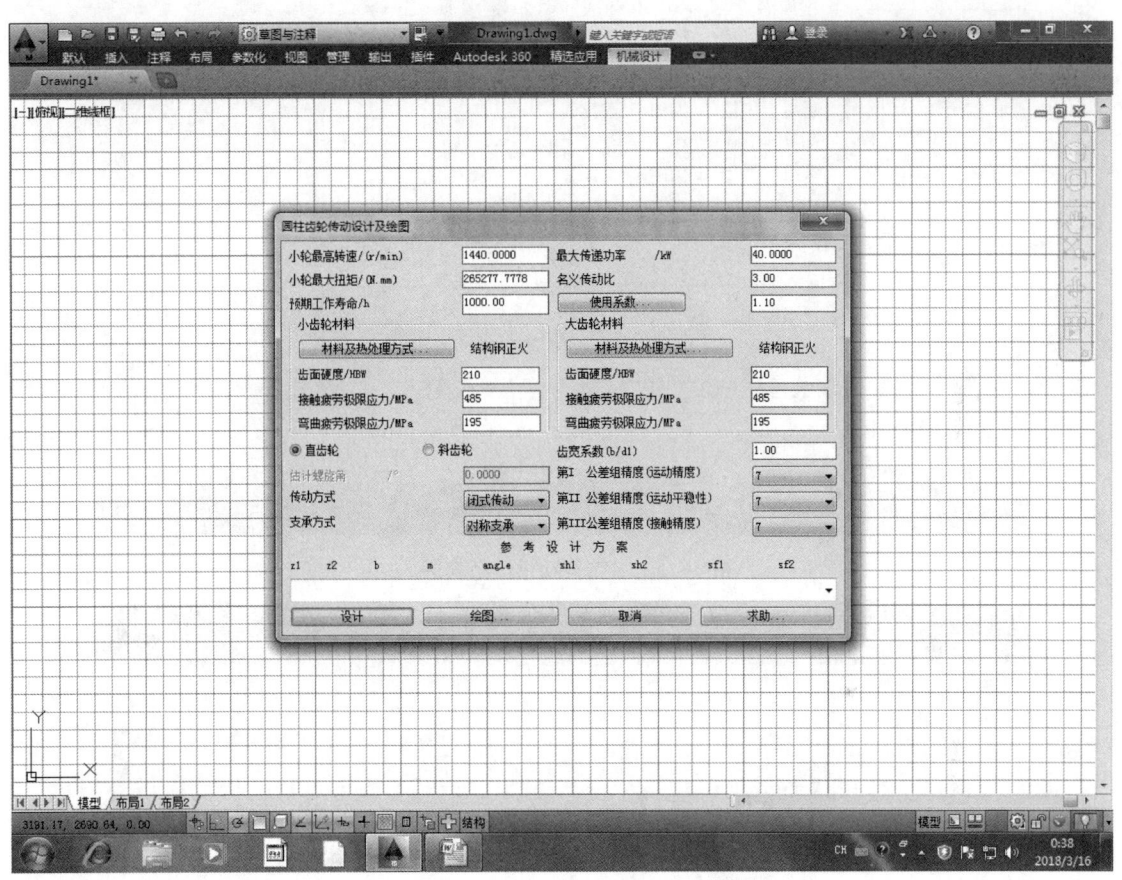

图16-4 齿轮传动设计主界面

按要求填写输入数据,按下"设计"键,即可得到结果。设计结果有几组(图16-5),可从中选择满意的结果,如不满意可重新输入,直到得到满意结果。选中设计结果后(图16-6),可得校核计算结果(图16-7)。最后,按下"输出结果"键,保存结果(图16-8),设计结束。

其他传动件设计,与此类似,按提示执行即可。

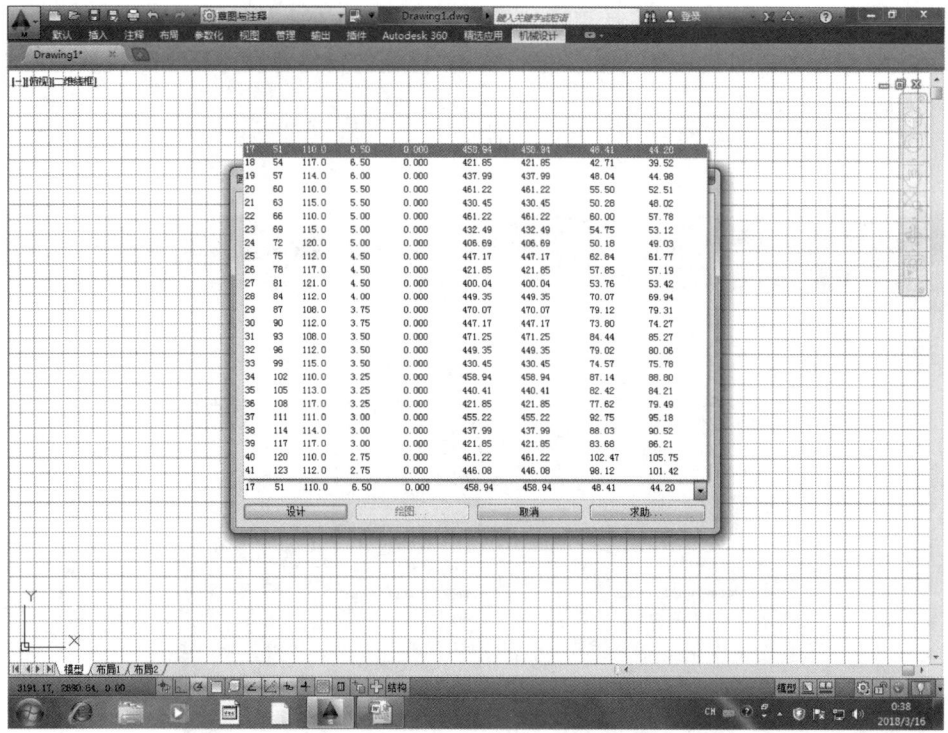

图 16-5 齿轮传动设计结果界面

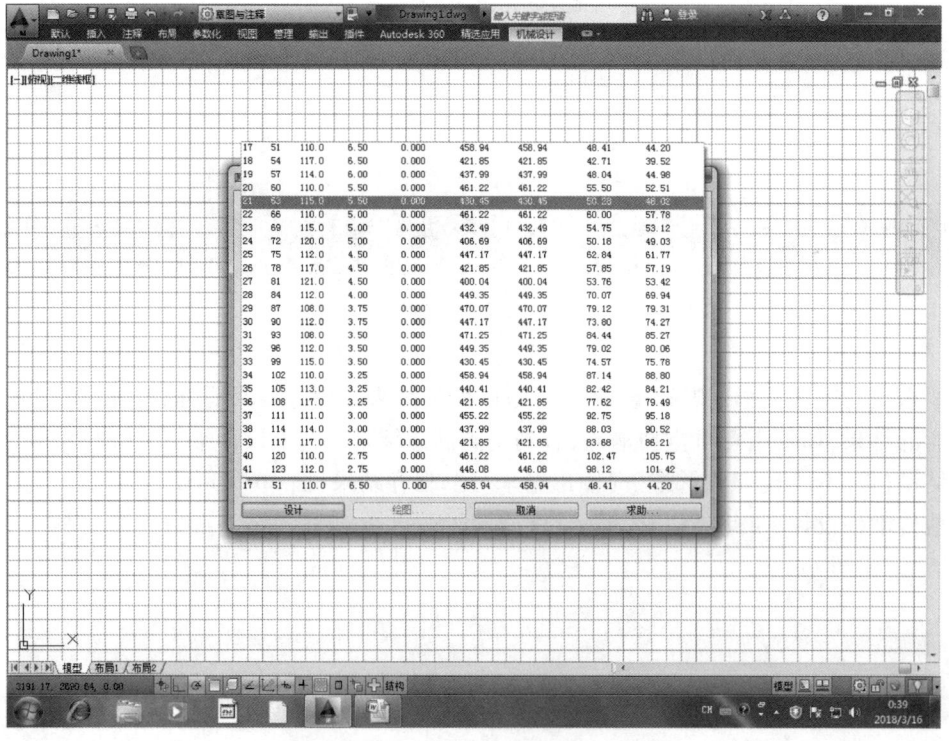

图 16-6 齿轮传动设计结果选择界面

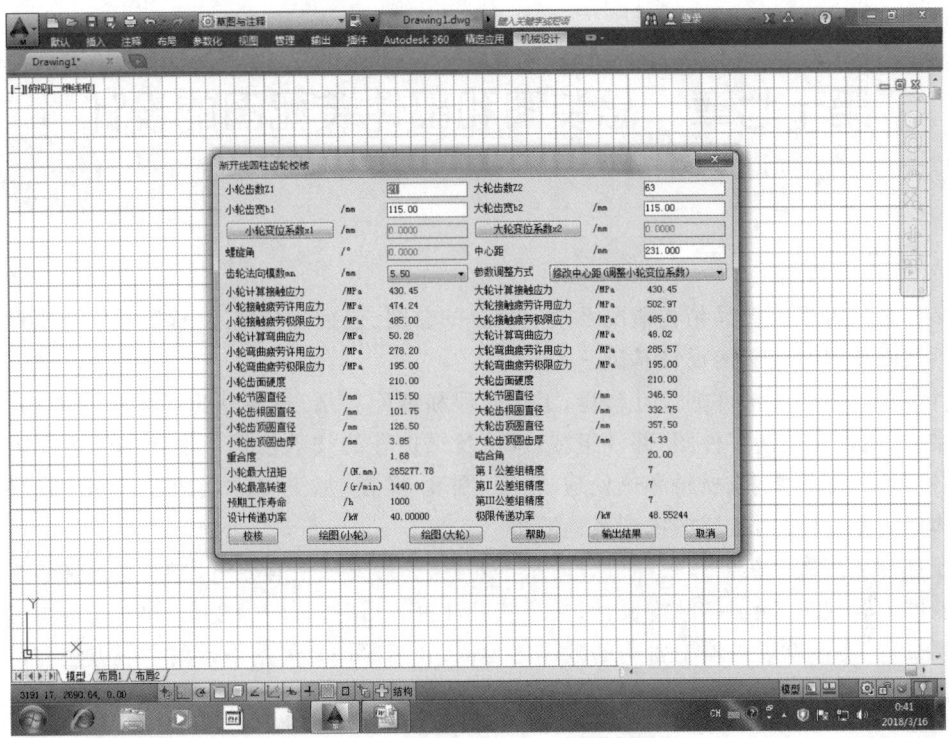

图 16-7 齿轮传动验算结果界面

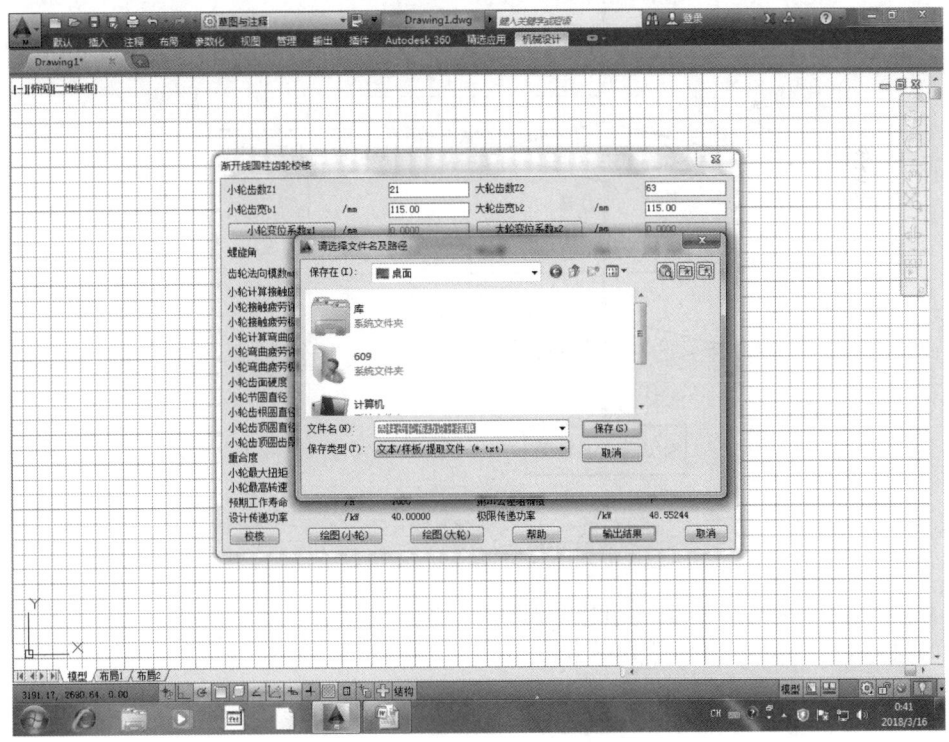

图 16-8 齿轮传动结果保存界面

· 215 ·

# 第十七章 总装图和部件装配图的设计

## 一、概述

总装图是一种反映产品结构概况及组成部分的总图,包括总装施工、检验技术要求和总体尺寸。部件装配图是总装图的设计基础。

部件装配图表达了部件的设计构思、工作原理和装配关系,也表达出各零件间的相互位置、尺寸及结构形状,是绘制零件图、部件组装、调试及维护等的技术依据。设计部件装配图时要综合考虑各零件的工作要求、材料和热处理、强度、刚度、磨损、加工、装拆、调整、润滑和维护、回收以及成本诸因素,并要用足够的视图表达清楚。

由于部件装配图是机器总装图设计的基本要素,表达方法上有相近之处,且部件装配图设计中所涉及的内容较多,既包括结构设计,又有核验计算,设计过程较为复杂,常常是边画、边算、边改(图 17-1)。下面就以机器中常用的减速器为例,介绍部件装配图设计的一般方法和每个步骤的具体内容。

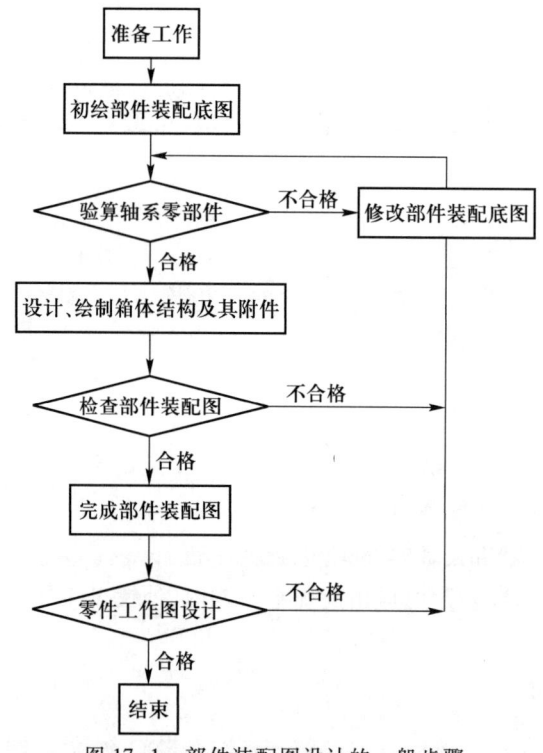

图 17-1 部件装配图设计的一般步骤

## 二、减速器装配图设计的准备

1) 检查已确定的各传动零件及联轴器的规格、型号、尺寸及参数。

2) 阅读有关资料,看录像,拆装或观察减速器,了解各零件的功能、类型和结构。分析并初步考虑减速器的结构设计方案,其中包括考虑传动件结构、轴系结构、轴承类型、轴承组合结构、轴承端盖结构(外装式或嵌入式)、箱体(剖分式或整体式)及其附件结构、润滑和密封方案,并注意各零件的材料、加工和装配方法。

3) 选择图纸幅面、视图、图样比例。装配图应用 A0 或 A1 号图纸绘制。一般需选三个视图并加必要的局部剖视才能表达清楚。应尽量采用 1:1 或 1:2 的比例尺绘图。所有这些都应该符合机械制图国家标准。

## 三、初绘装配底图

初绘装配底图的任务是通过绘图来拟订减速器的主要结构,进行视图的合理布置,更重要的是进行轴和轴系结构的设计,确定轴承的位置和型号,找出轴系上所受各力的作用点,从而对轴、轴承及键等零件进行校核。

传动零件、轴和轴承是减速器的主要零件,其他零件的结构和尺寸随这些零件而定。绘装配底图时要先画主要零件,后画次要零件;由箱内零件画起,逐步向外画;以确定轮廓为主,对细部结构可先不画;以一个视图为主兼顾其他几个视图。

### 1. 确定箱内传动件轮廓及其相对位置

首先,画出箱内传动件的中心线、齿顶圆(或蜗轮外圆)、轮缘及轮毂宽等轮廓线。

要注意各零件间的相互位置和间隙。例如,画二级齿轮减速器时,应注意使一轴上的齿顶不要与另一轴表面相碰,两级齿轮端面间距 $c$ 要大于 $2m$($m$ 为齿轮的模数),并不大于 8 mm(图 17-2)。

### 2. 箱体内壁位置的确定(参见表 11-1)

箱体内壁与齿轮端面(轮毂端面)及齿轮顶圆(或蜗轮外圆)之间应留有一定的间距 $\Delta_2(\geq \delta)$ 及 $\Delta_1(\geq 1.2\delta)$,$\delta$ 为箱座壁厚(图 17-2)。

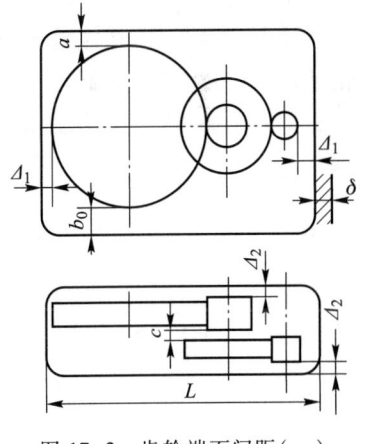

图 17-2 齿轮端面间距(一)

设计减速器结构时,必须全面考虑箱体内传动件的尺寸和箱体各方面的结构关系。例如,某些圆柱齿轮减速器,设计高速级小齿轮处的箱体形状和尺寸时,要考虑到轴承处上、下箱连接螺栓的布置和凸台高度尺寸,应由此确定箱体内、外壁位置。画装配图时,要注意三个视图间的投影关系,应同时画三个视图。

对于蜗杆减速器,箱体内壁和蜗轮轮毂端面常离得较远,这是由蜗杆轴系结构及其轴承尺寸决定的。

对于锥齿轮减速器,由于锥齿轮的轮毂端面常宽于齿轮端面,为避免干涉,应使箱体内壁与轮毂端面间距 $\Delta_3=(0.3\sim 0.6)\delta$,$\Delta_2=\Delta_3$(图 17-3)。

对于箱体底部的内壁位置,由于考虑齿轮润滑及冷却需要一定的装油量,并使油中的杂物能

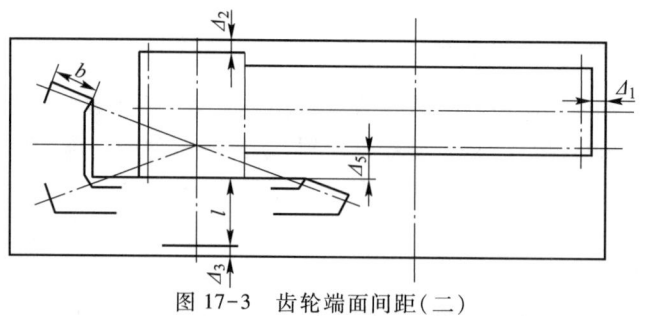

图 17-3 齿轮端面间距(二)

沉淀,箱体底部内壁与最大齿轮顶圆的距离 $b_0$ 应大于 $8m$(齿轮模数),并应不小于 30 mm(图 17-2)。

3. 初步进行视图布置及绘制装配底图

箱体内壁位置确定后,根据箱体壁厚尺寸、凸缘尺寸即可确定箱体最大轮廓尺寸。再考虑箱外传动零件(开式齿轮或带轮)和联轴器的最大尺寸和位置,则可定出箱外输入轴和输出轴伸出端的位置及轴伸直径和长度的尺寸范围。至此,减速器的主要结构也就确定了。

根据减速器各视图的大致轮廓尺寸,并考虑好标题栏、明细栏、零件编号、尺寸的标注、技术特性表及技术要求的文字说明等位置,就可进行图面的合理布置(必要时,需移动中心线位置)。布图时,图面还应留有余地,以便在进一步的设计过程中补充局部视图及必要的说明。视图布置的形式可参考第二十章有关图例。

表 11-1 给出了齿轮减速器、蜗杆减速器箱体的主要结构尺寸及零件相互尺寸关系的经验值。这是在保证强度和刚度的条件下,考虑结构紧凑、制造方便等要求决定的。

图 17-4 及图 17-5 分别为在这一阶段所绘制的一级圆柱齿轮减速器及蜗杆减速器装配底图。减速器凸缘轮廓、箱底位置及箱外零件可先不画,只需在图上留出空间即可。对于二级圆柱齿轮减速器、锥齿轮减速器等其他类型减速器,这一阶段的装配底图绘制可参照上述步骤及方法进行。本章中,部件装配图制图步骤(一)~(四)(如图 17-4、图 17-18、图 17-41、图 17-68、图 17-69)表示各步骤中图面应完成的程度,并给出不同的表示方法以供参考。

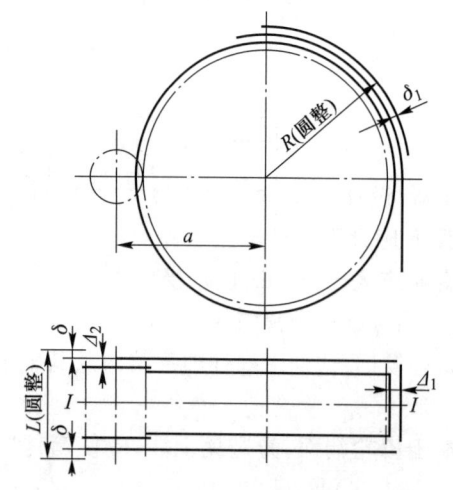

图 17-4 一级圆柱齿轮减速器装配底图(一)

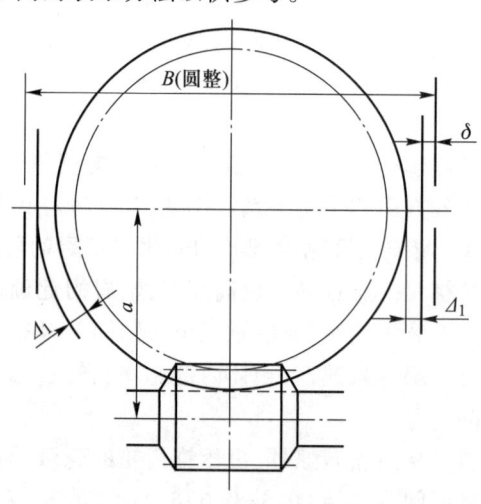

图 17-5 蜗杆减速器装配底图(一)

## 4. 初步计算轴径

画箱体及传动件轮廓图时,要初步计算轴径。这时,可选定轴的材料及热处理方式,并按许用扭转切应力的计算方法初估轴径,其公式见机械设计教材。初步计算的轴径可作为轴端直径,但和联轴器孔配合时,应考虑联轴器孔径的尺寸范围。与电动机相连的轴,要考虑电动机轴、联轴器孔、减速器伸出轴三者直径的关系。

## 5. 轴的结构设计

轴的结构设计包括确定轴的形状、轴的径向尺寸和轴向尺寸,以及轴上零件的固定和装拆。

(1) 确定轴的径向尺寸和结构

确定轴的径向尺寸时,要在初估直径的基础上,考虑轴承型号选择,轴的强度、轴上零件的定位与固定等,以便于加工装配。

1) 初选轴承型号。按工作要求选择轴承类型,直径和宽度系列一般可先按照中等宽度选取,轴承内径则由初估直径并考虑结构要求后确定。型号、尺寸查阅第六章。

2) 保证轴有足够的强度。首先,应考虑受载(弯矩和扭矩)较大或轴径较小的轴段,通常是轴上各受力点附近的轴段,如装传动零件和轴承处的直径。

3) 为了便于轴上零件的装拆,常做成阶梯形轴,其径向尺寸逐段变化,如图17-6、图17-7所示。这样有利于区别各轴段不同的加工要求,以节省加工量。

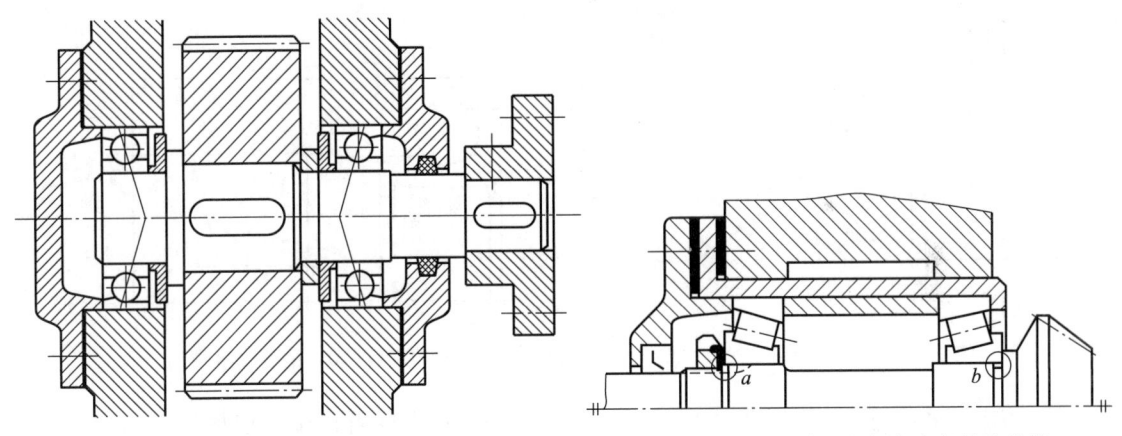

图17-6 直径尺寸两端小、中部大的阶梯轴　　图17-7 从一端逐段加大直径的阶梯轴

4) 综合考虑轴上零件的定位、固定和减少轴的应力集中,这是决定阶梯轴相邻直径变化大小的重要因素。当阶梯直径的变化是为了固定轴上零件及承受轴向力时,相邻直径变化要大些,如图17-8中的直径$d''$和$d$的变化。轴肩的阶梯高度$h$应大于该处轴上零件的圆角半径$r'$或倒角$C$(图17-8a、b)。一般情况下,轴肩的定位面高度$a$应大于1 mm,以承受轴向力。一根轴上的圆角及倒角尺寸,应尽量一致,以便于加工。

另一方面考虑减小轴的应力集中,相邻直径变化应尽量小。如果轴径的变化只是为了装拆方便或区别加工表面时,相邻直径略有差别即可,如图17-8c中的$d$和$d'$的变化。名义尺寸相同时,可以在公差范围内有些变化(图17-11)。为了降低应力集中,轴颈过渡处的圆角应尽量大些,也可做出椭圆角或锥面。圆角、倒角推荐值见表1-25。

当轴肩面需要精加工、磨削或切削螺纹时,应留退刀槽(图17-7中的$a$和$b$)。

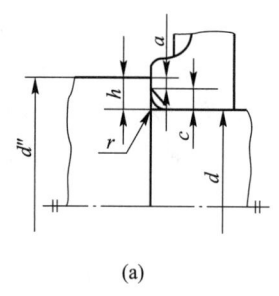 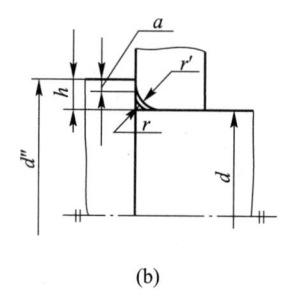 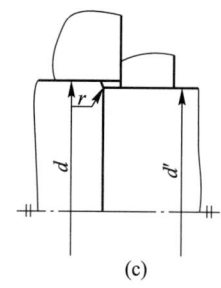

(a)　　　　　　　　　　(b)　　　　　　　　　　(c)

图 17-8　轴向局部结构

当轴上两孔径相同的零件(如轴承)从轴的一端进行装拆时,其中间轴段的径向尺寸也可做得小些,以利于装拆和减小精加工配合面,如图 17-7 所示。

为便于滚动轴承的拆卸,应留有足够的拆卸高度,因而轴肩高度要适当。如拆卸高度不够,可在轴肩上开出轴槽,以便于安装拆卸器(图 17-9)。

当采用过盈配合轴毂连接的结构形式时,为便于装配,直径变化可用锥面过渡,且锥面大端应位于键槽的直线区段(图 17-10)。

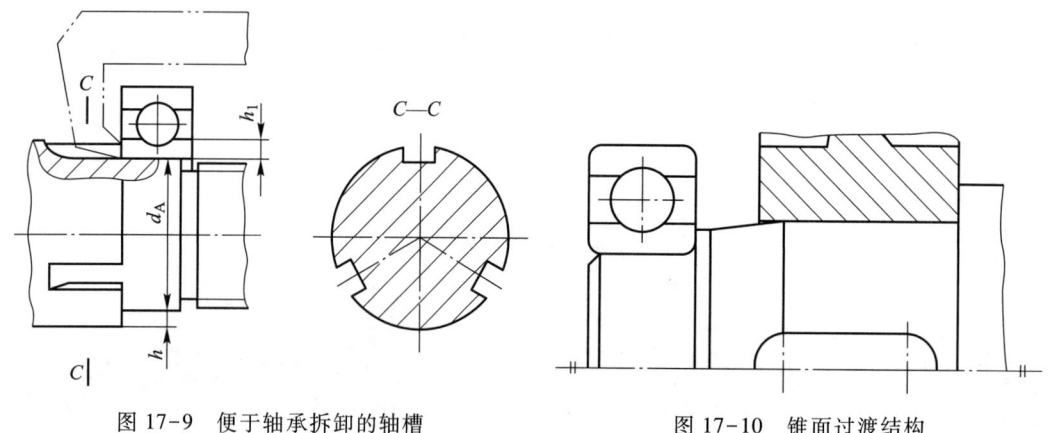

图 17-9　便于轴承拆卸的轴槽　　　　　图 17-10　锥面过渡结构

5) 径向尺寸应符合有关标准和规范。与轴上零件相配合的各段轴径应尽量取标准直径系列值(表 1-14)。与滚动轴承和联轴器相配合的轴径以及安装轴承密封件处的直径应符合有关标准。某些结构工艺要求退刀槽及砂轮越程槽也应采用标准值(表 1-20、表 1-23)。当用轴肩固定滚动轴承时,轴肩的径向尺寸应符合标准的规定(见第六章滚动轴承标准中安装尺寸),以便拆卸轴承。

(2) 确定轴的轴向尺寸

轴的轴向尺寸主要取决于轴上传动件及支承件的轴向宽度及轴向位置,并应考虑有利于提高轴的强度和刚度。一般要注意以下几点:

1) 保证传动件在轴上的固定可靠

与传动件(以及联轴器)相配的轴段长度由与其配合的轮毂宽度决定。当传动件用其他零件顶住来实现其轴向定位时,该轴段的配合长度应比传动件的轮毂宽度稍短。当用平键连接时,键应较配合长度稍短,并布置在偏向传动件装入一侧,以便于装配(图 17-11)。

2）支承件的位置应尽量靠近传动件

为减小轴的弯矩，以提高轴的强度和刚度，轴承应尽量靠近传动件。当轴上的传动件都在两轴承之间时，两轴承支点跨距应尽量减小。若轴上有悬伸传动件，则应使一轴承尽量靠近它，轴承支点跨距应适当增大。轴承的具体位置还与润滑方式有关。当轴承依靠箱内润滑油飞溅润滑时，轴承应尽可能靠近箱体内壁（图 17-12a）。当轴承采用脂润滑时，为防止箱内润滑油和润滑脂混合，需要在轴承前设置挡油环（图 17-12b）。

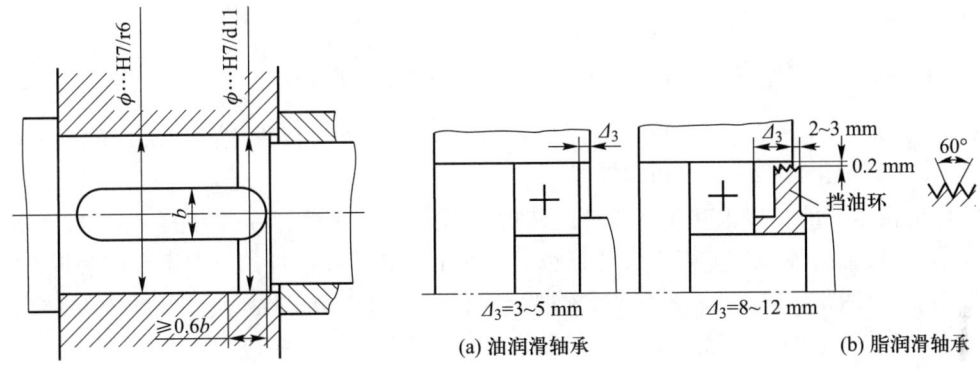

图 17-11　轴段配合长度与零件定位要求

图 17-12　轴承在箱体中的位置

设计蜗杆减速器时，为了提高蜗杆刚度，更要注意减小支点跨距。因此，蜗杆轴承座常伸到箱体内部，如图 17-13 所示。设计时，应使轴承座与蜗轮外圆保持间距 $\Delta_1$，并避免出现尖角，由此来决定端面 $A$ 的位置，从而确定轴承支点跨距。

锥齿轮减速器中的小锥齿轮轴通常是悬臂轴，小锥齿轮也要尽量靠近轴承位置（图 17-14b 为较好结构）。

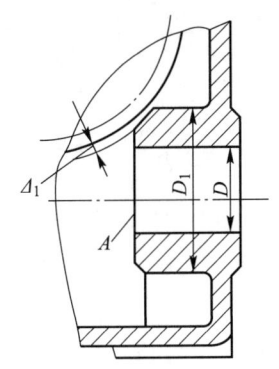

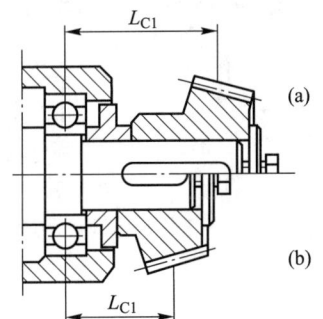

图 17-13　蜗杆减速器的蜗杆轴承座

图 17-14　小锥齿轮靠近轴承

3）应便于零件的装拆

当轴上零件彼此靠得很近时（如图 17-15a 中，$c$ 很小），不利于零件的拆卸，需要适当增加有关轴段的轴向尺寸（$l$ 增加为 $l'$），如图 17-15b 所示。

轴在箱体轴承孔中的轴向尺寸取决于轴承孔的长度，而轴承孔的长度则取决于轴承宽度（对整体式箱体）或轴承旁螺栓的扳手空间尺寸（对中间剖分式箱体）。图 17-16 表示出箱体轴

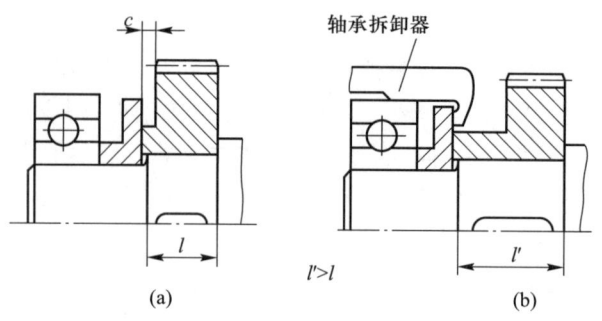

图 17-15　轴上零件的设置应利于装拆

承孔处的轴向尺寸 $L$。$L \geqslant \delta + C_1 + C_2 + (5 \sim 10)$ mm。$C_1$ 及 $C_2$ 为扳手空间所决定的尺寸(参见表 11-2、图 11-1 和图 11-2),$\delta$ 为箱座壁厚。

轴伸出箱体外的长度也和箱外零件的装拆及固定端盖的螺钉装拆有关。例如,当用螺钉固定轴承端盖时,轴的外伸长度则应考虑是否需要在不拆卸箱外零件的情况下自由装拆螺栓,以便于装拆箱盖,如图 17-17a 所示。又如,轴端装有弹性套柱销联轴器时,则要求有足够的装配尺寸 $B$,如图 17-17b 所示。因此,箱外零件不可离轴承端盖过近。相应的轴向尺寸 $L'$ 也不可太小。对中小型减速器,一般可取 $L' \geqslant 15 \sim 20$ mm。

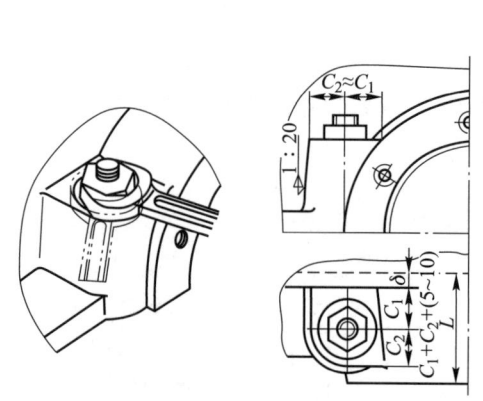

图 17-16　箱体轴承孔处的轴向尺寸

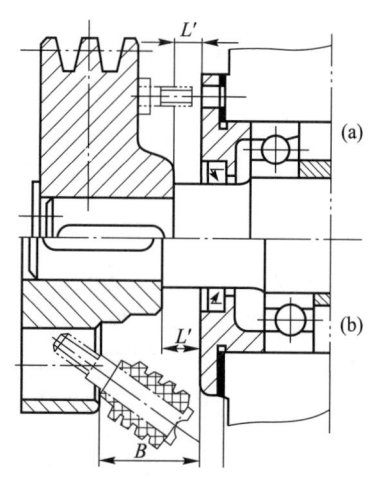

图 17-17　轴上外装零件与端盖间距离

图 17-18、图 17-19 为在这一阶段绘制出的装配底图,图中表达的轴的结构和尺寸可为轴及轴承等零件的核验计算提供数据和条件。

6. 设计和绘制减速器的轴系结构

这一阶段的工作是在已初步绘制的装配底图的基础上,进行轴系的结构设计。它包括传动件的结构设计、滚动轴承的组合设计等内容。

(1) 传动件的结构设计

传动件的结构与所选材料、毛坯尺寸及制造方法有关。当齿轮或蜗杆的齿根圆与其轴径相差无几时,可做成齿轮轴或蜗杆轴。若其齿根圆小于轴径,则可用滚齿法加工齿轮,蜗杆用铣削

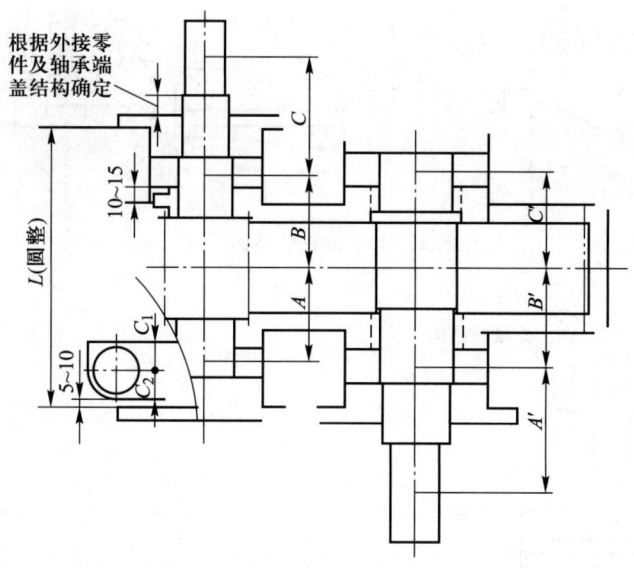

图 17-18 一级圆柱齿轮减速器装配底图(二)

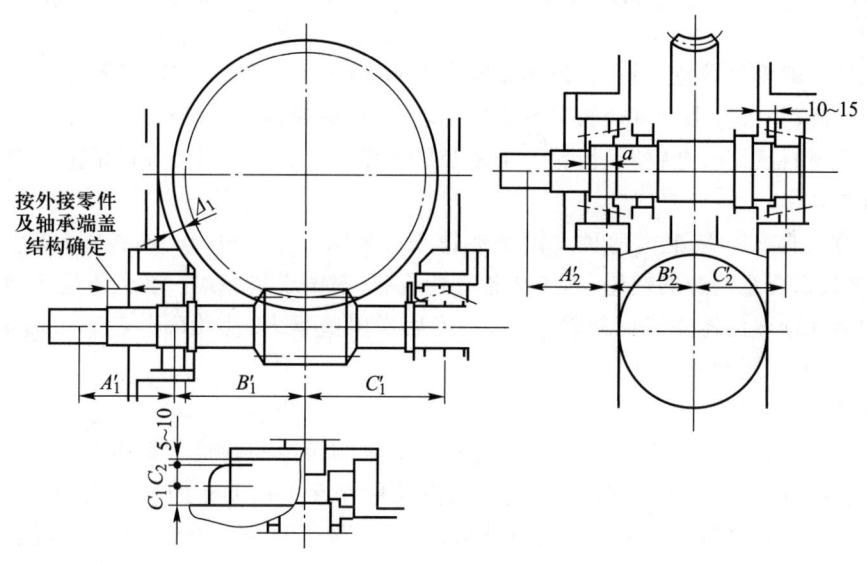

图 17-19 蜗杆减速器装配底图(二)

加工,但都必须保证它们的工作宽度。

如果软齿面圆柱齿轮齿根圆到键槽底部尺寸 $x \geqslant 2.5 m_t$,硬齿面圆柱齿轮 $x \geqslant 3.5 m_t$($m_t$ 为端面模数),锥齿轮 $x' \geqslant (1.6 \sim 2.0) m$($m$ 为大端模数),则可以将齿轮与轴分开制造,而后装配,如图 17-20 所示。齿轮或蜗轮轮毂因铸造工艺要求需要设计成具有一定斜度(图 17-21)。对重型过盈配合,为了减小应力集中,还可在轮毂上做出卸载槽(图 17-22)。

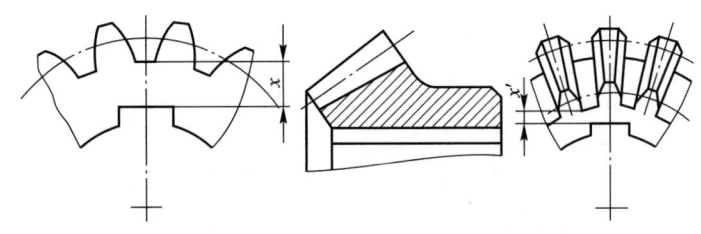

图 17-20　齿轮的结构尺寸

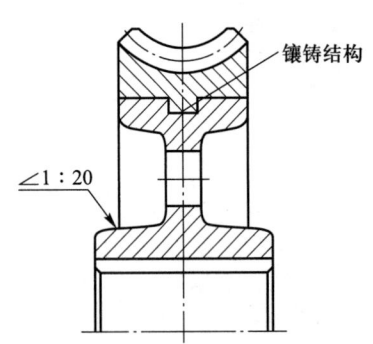

图 17-21　具有一定斜度的蜗轮轮毂

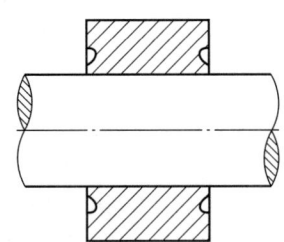

图 17-22　过盈配合轮毂上的卸载槽结构

齿轮毛坯一般都经锻造；而在齿顶圆直径大于 400 mm 的情况下，常选用铸造方式制作齿轮毛坯；对于单件或小批量生产直径较大的齿轮毛坯，可以用焊接方法制造。

当大齿轮材料选用合金钢时，齿轮可采用装配式结构。齿圈用合金钢，而轮芯用普通钢，这样可降低成本。

蜗轮也有整体式和装配式两种。铸铁蜗轮或齿顶圆小于 100 mm 的青铜蜗轮常做成整体式，但对大多数铜合金制造的蜗轮，为了节省有色金属，多做成装配式。在大量生产蜗轮时，常将青铜轮圈镶铸在预热的铸铁或钢制轮芯上，冷缩后产生箍紧力，使轮圈和轮芯可靠地连接在一起，或将二者压配后用螺栓连接。

(2) 滚动轴承的组合设计

轴承的组合设计应从结构上保证轴系的固定、游动与游隙的调整。常用的结构有：

1) 双支点单向固定　这种结构在轴承支点跨距小于 300 mm 的减速器中用得最多。图 17-23 是一种常用的双支点单向固定轴系结构，用端盖顶住两轴承外圈的外侧，其结构简单，但应留有适量的轴向间隙 $a$，以避免工作中因轴系热伸长而引起的热应力，并保证轴承灵活运转。间隙量 $a$ 是靠调整的方法来控制的。图 17-23a 是用凸缘式端盖固定轴系；图 17-23b 是用嵌入式端盖固定轴承。

对可调间隙的向心角接触轴承，可通过调整轴承外圈的轴向位置得到合适的轴承游隙，以保证轴系的游动，并达到一定的轴承刚度，使轴承运转灵活、平稳。

有固定间隙的轴承，如深沟球轴承，可在装配时通过调整，使固定件与轴承外圈外侧留有适量的间隙。

对于圆锥滚子轴承，当采用不同的双支点单向固定形式时，对轴系的刚性有不同的影响。

如图 17-24 所示，在轴承跨距 $L$ 相同的情况下，$L_1 < L_2$，而 $a_1 > a_2$，故采用图 17-24b 所示轴承

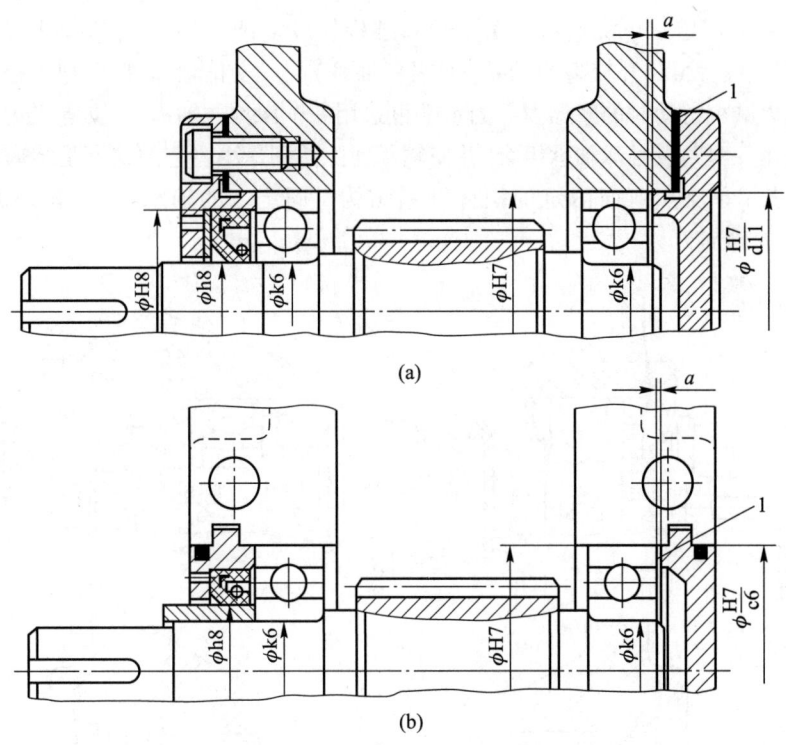

图 17-23 固定轴承外圈外侧的双支点单向固定轴系

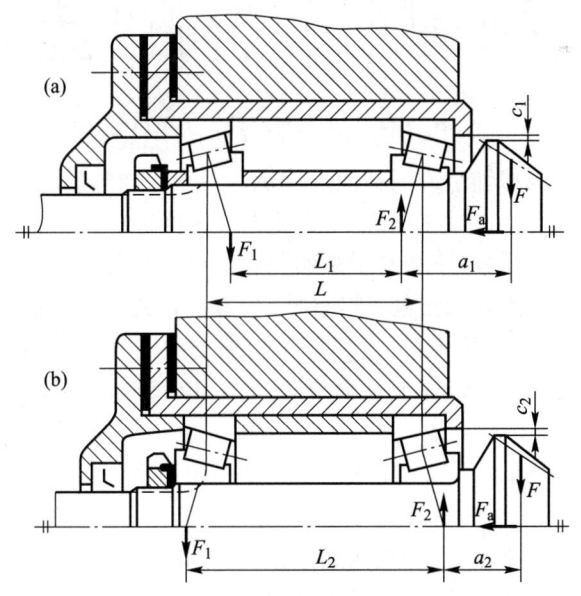

图 17-24 悬臂锥齿轮轴系采用不同的双支点单向固定结构

外圈内侧固定比采用图 17-24a 所示轴承外圈外侧固定的轴承刚性要大;而在相同的径向载荷作用下,轴承所受径向力却较小。它的缺点是受径向力大的轴承承受齿轮的轴向载荷。当要求两轴承布置紧凑而又需要提高悬臂轴系的刚性时,常采用图17-24b所示的结构。

2) 单支点双向固定　单支点双向固定轴系结构比较复杂,但允许轴系有较大的热伸长,多用于轴承支点跨距较大、温升较高的轴系(如蜗杆轴系)中。安排轴承时,常把受径向力较小的一端作为游动端,以减少游动时的摩擦力。固定端可选用一个深沟球轴承,但支点受力大。要求刚度高时,也可以采用一对角接触球轴承组合,并使轴承间隙达到最小。它的缺点是结构比较复杂。

图17-25表示单支点双向固定的蜗杆轴系结构。固定端的轴承组合内、外圈两侧均被固定,以承受双向的轴向力。

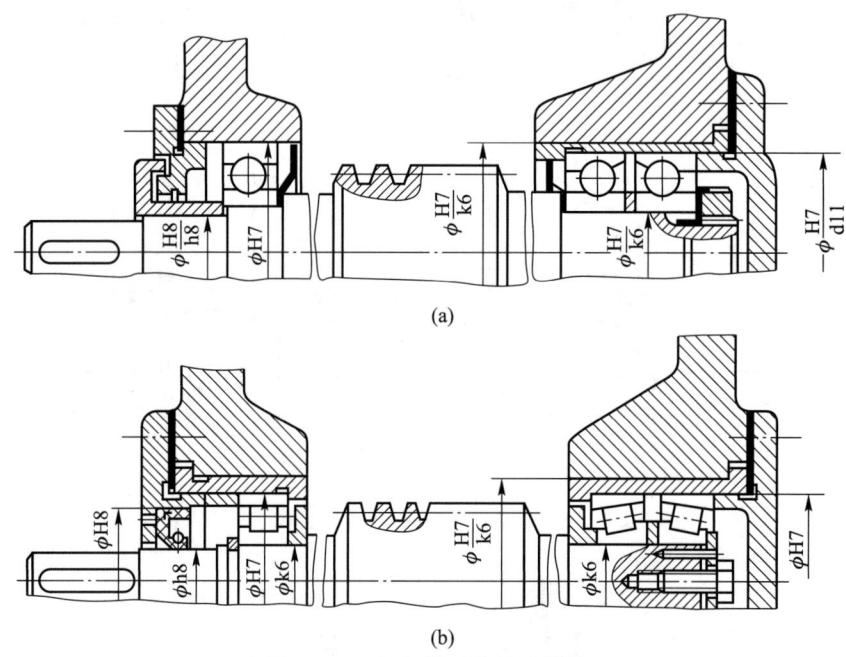

图17-25　蜗杆轴系的轴承结构

游动端支承可选用深沟球轴承或圆柱滚子轴承。对于深沟球轴承(图17-25a),其内圈两侧需固定,外圈则不固定,从而允许轴承游动。对于外圈无挡边的圆柱滚子轴承(图17-25b),其内、外圈两侧都要固定。游动靠滚子相对于外圈的轴向位移来实现。

游动端轴承间隙一般是不能调整的,支座刚性较差。在特殊要求情况下,可在深沟球轴承外圈端面用弹簧1顶住,使轴承保持预紧,以保证游动端支座刚性,但要适当控制弹簧力的大小,以保证轴承游动,如图17-26所示。

轴承外圈的固定常用轴承端盖(图17-23)和凸肩(图17-25a)。

轴承端盖有凸缘式(图17-23a)和嵌入式(图17-23b)两种。凸缘式端盖用螺栓拧在箱体上,其间可加环形垫片1,用来调整及加强密封。垫片1还可以做成两个半环形,以便在不拆端盖情况下增减垫片,进行调整,其使用方便。为保证定位精度,端盖与轴承座配合长度不小于5 mm。

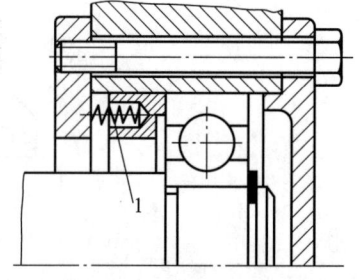

图17-26　提高游动端轴承支座的刚性

嵌入式端盖不用螺钉固定，结构简单，与其相配合的轴段长度比用凸缘式端盖的短，但密封性能较差。采用这种轴承端盖，调整间隙时要开箱盖，以便增减垫片，因此多用于不可调整间隙的轴承，轴承端盖与轴承座孔间可用O形密封圈密封（图17-23b）。

为便于调整轴承间隙，可使用螺纹件连续调节，如图17-27所示。图17-27a是在嵌入式端盖上安装大直径螺纹件1顶住自位垫圈2，这种结构既可调整轴承间隙，又降低了垫圈端面精度要求。调整后，用锁紧片3固定螺纹件1。图17-27b是在凸缘式端盖上设置螺纹调整件1。这种结构调整轴承间隙时不用拆箱体，比较方便，但结构比较复杂。

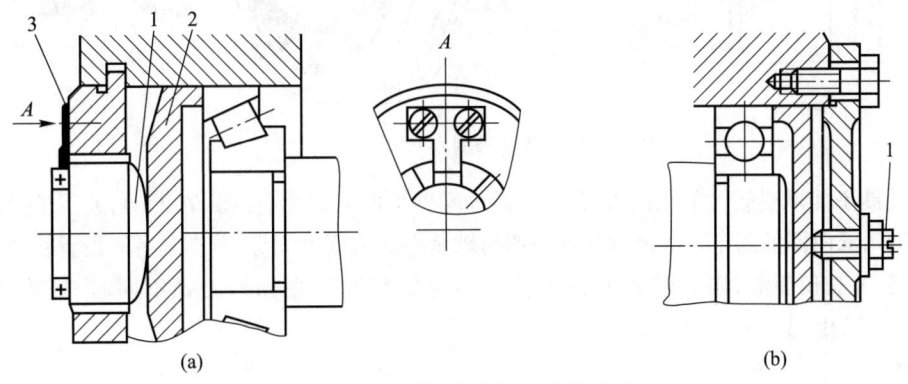

图17-27 用螺纹件调整轴承间隙

轴承的轴向固定也可在箱体或套杯上做出凸肩，顶住轴承外圈（图17-24）。对于悬臂的小锥齿轮轴系，常置于套杯内形成独立组件。套杯凸缘与箱体间的垫片用来调整轴系位置，与凸缘之间的垫片用来调整轴承间隙（图17-24）。如图17-28所示，一般情况下，凸肩不可过大，以保证足够大的$t_2$。另外，$a$也应有足够尺寸，以便拆卸轴承时工具能方便进入。还可在凸肩上做出缺口及孔，以利于轴承的拆卸。

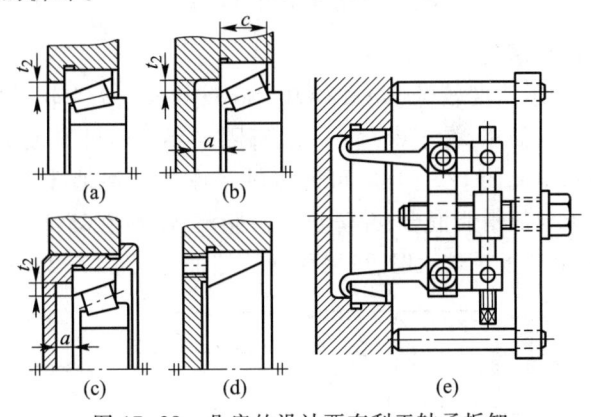

图17-28 凸肩的设计要有利于轴承拆卸

轴承内圈的轴向固定常采用轴肩、轴端挡圈（表5-3）、轴用弹性挡圈（表5-5）、圆螺母与止动垫圈（表5-6、表5-7、图17-29）。圆螺母还可用于调整轴承游隙。设计圆螺母固定结构时，应注意止动垫圈的内舌要嵌入轴的沟槽内，以保证防松，如图17-29所示。图中的隔套1用以防止圆螺母与圆锥滚子轴承的保持架相接触。当用圆螺母移动轴承内圈来调整游隙时，轴与内圈的配合应选松些,常取 h6。

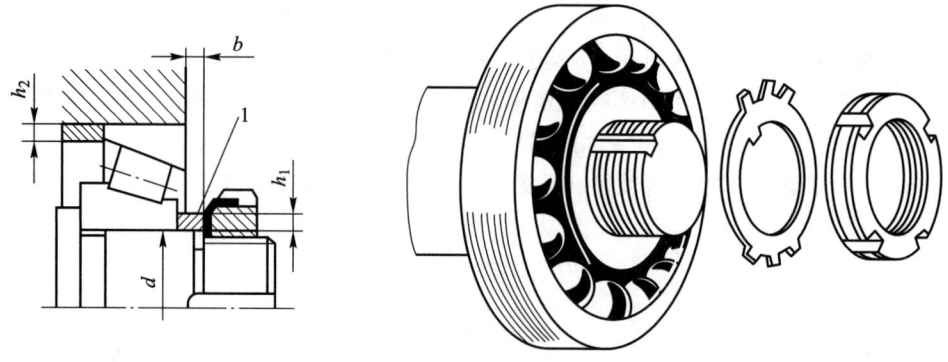

图 17-29　圆螺母固定轴承内圈的结构

弹性挡圈不能承受较大的轴向力,常用于游动端轴承内圈的固定(图 17-25b),或用于受轴向力很小的固定端轴承内圈的固定。为消除弹性挡圈与轴承内圈之间的间隙,可在二者间设置补偿环。

为便于加工和装配,同一轴系的轴承孔应尽可能相同。当轴承外径不同时,可采用套杯结构,以保证孔径相同(图 17-30)。

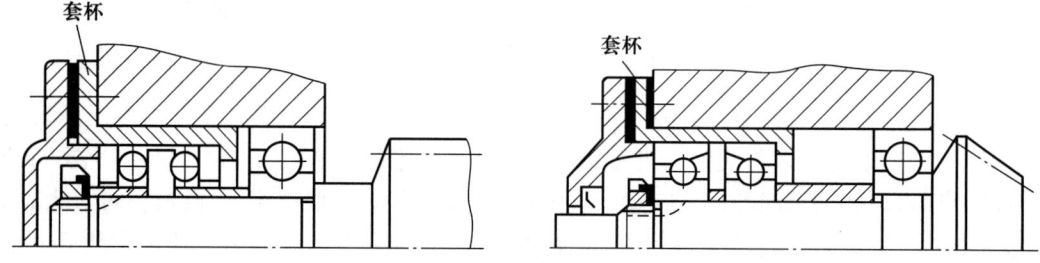

图 17-30　轴承座孔的设计

(3) 滚动轴承的润滑与密封

1) 脂润滑　当滚动轴承速度较低($dn \leqslant 2 \times 10^5$ mm·r/min,$d$ 为轴承内径,$n$ 为转速)时,常采用脂润滑。脂润滑的结构简单,易于密封。一般每隔半年左右补充或更换一次润滑脂。润滑脂的装填量不应超过轴承空间的 1/3~1/2,可通过轴承座上的注油孔及通道注入(图 17-31)。为防止箱内的油浸入轴承与润滑脂混合,并防止润滑脂流失,应在箱体内侧装挡油环,其结构尺寸参见图 17-12b。产品生产批量较大时,可采用冲压挡油环(图 17-25a)。

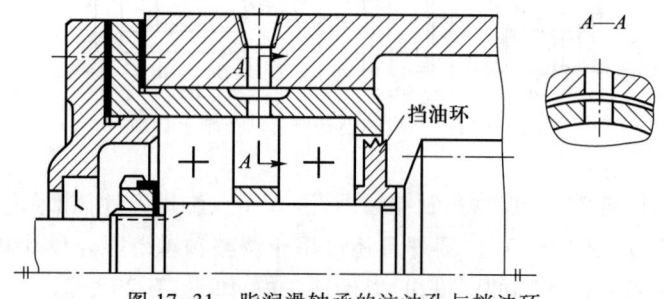

图 17-31　脂润滑轴承的注油孔与挡油环

2) 油润滑　油润滑多用箱体内的油直接润滑轴承。油润滑有利于轴承的冷却散热,但对密封要求高,并且油的性能由传动件确定,长期使用的油中含有杂质,这对轴承润滑有不利影响。油润滑方式可分为以下三种。

① 飞溅润滑　当箱内传动件圆周速度较大时($v \geq 2 \sim 3$ m/s),常用传动件转动时飞溅带起的油润滑轴承。为此,应在箱体剖分面上开输油沟,使溅起的油沿箱体内壁流到沟内,并应在端盖上开缺口。为防止装配时缺口没有对准油沟而将油路堵塞,可将端盖孔配合部分的外径取小些(参看图20-4)。

在传动件圆周速度 $v>5$ m/s 时,油飞溅激烈,也可不开输油沟,但应将轴承尽量靠近箱体内壁布置。

对于悬臂小锥齿轮轴系,套杯内的轴承润滑比较困难,故常在箱体剖分面上开出较宽的集油槽连接输油沟。在进油区,应使套杯直径略小,其宽度大于输油沟宽度,并设置多个进油孔,以利于对准输油沟(图17-32),确保润滑。

上置式蜗杆减速器的蜗杆轴承因远离油面,需要靠蜗杆旋转把油甩入输油沟润滑轴承,如图17-33所示。

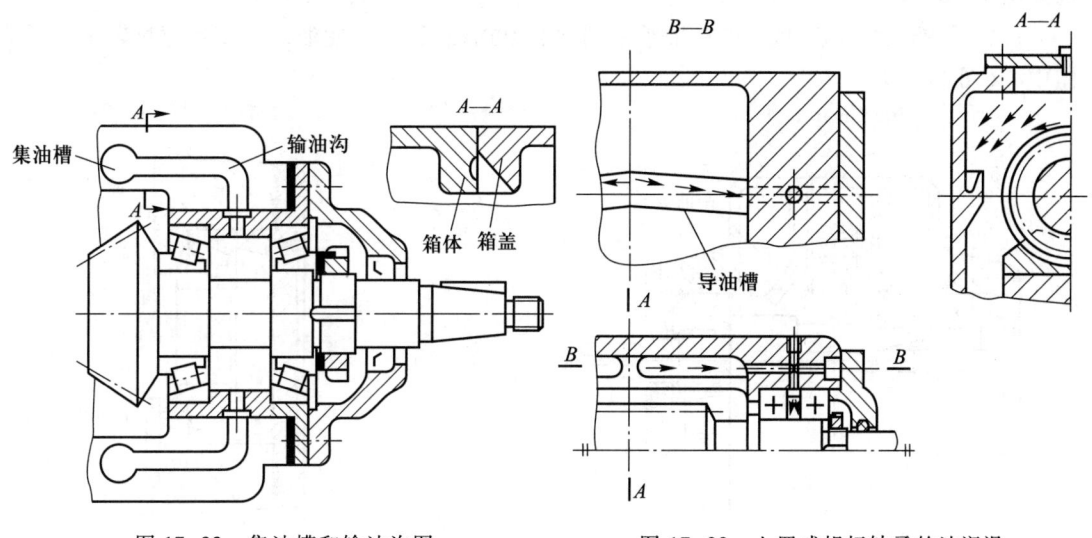

图17-32　集油槽和输油沟图　　　　图17-33　上置式蜗杆轴承的油润滑

② 浸油润滑　这种润滑方式是轴承直接浸入箱体内的油中润滑(例如下置式蜗杆减速器的蜗杆轴承),但油面高度不应超过轴承最低滚动体中心,以免加大搅油损失。若传动件直径小于轴承滚动体中心分布直径时,可在轴上装设溅油轮,使其浸入油中,传动件不接触油面而靠溅油润滑(图17-34)。

对于高速运转的蜗杆和斜齿轮,由于齿的螺旋线作用,会迫使润滑油冲向轴承,带入杂质,影响润滑效果,故在轴承前常设挡油环(图17-35)。但挡油环不应封死轴承孔,以利于油进入润滑轴承。

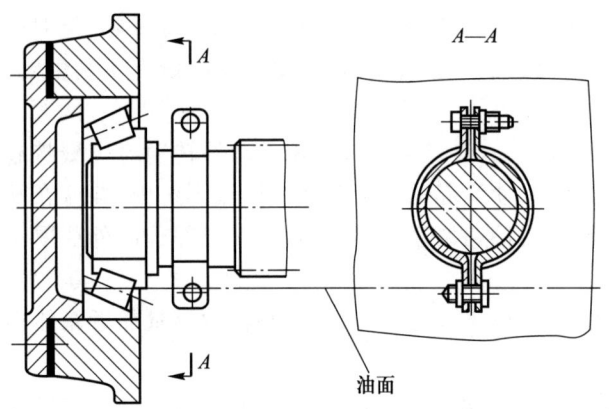
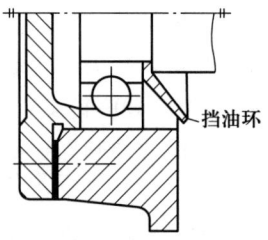

图 17-34 下置式蜗杆的轴承润滑及溅油轮结构　　　　图 17-35 挡油环结构

③ 刮油润滑　当较大传动件(蜗轮及大齿轮)的圆周速度很低时($v<2$ m/s),可在传动件侧面(一般离传动件 0.1~0.5 mm)安装刮油板,此时要求传动件端面跳动及轴的轴向窜动较小,其结构如图 17-36 所示。

为使轴承内保持一定油量,可在轴承室端部装设挡油板,但应使油面高度不超过轴承最低滚动体中心(图 17-37)。

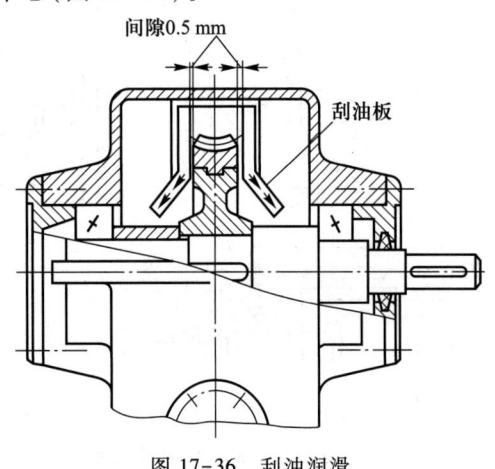
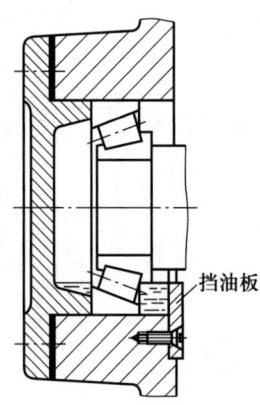

图 17-36 刮油润滑　　　　图 17-37 挡油板结构

3) 密封　轴伸端密封方式有接触式和非接触式两种。橡胶油封是接触式密封中性能较好的一种,可用于油或脂润滑的轴承中。表 7-15 给出 J 形无骨架橡胶油封装置。骨架式油封因有金属骨架,与孔紧配合装配即可。无骨架式油封(图 17-38)则可装于紧固套中,并进行轴向固定。

应注意油封的安装方向。以防漏油为主时,油封唇边对着箱内(图 17-39a);以防外界灰尘、杂质为主时,唇边对着箱外(图 17-39b);当两油封相背放置时(图

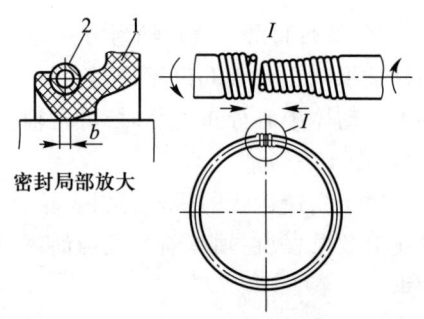

1—油封; 2—弹簧圈
图 17-38 J 形橡胶油封(无骨架式)

17-39c),则防漏防尘能力都好。为安装油封方便,轴上可做出斜角(图17-39a)。对于紧配合的骨架油封,可在密封盖上钻小孔,以便于拆卸(图17-39a)。另外,还可在与油封接触的轴段上做出0.02 mm深的螺旋槽或刻出倾斜的滚花(图17-40)。在单向运转时,泄漏到轴段上的油可被推回到箱内,提高了密封效果,但密封件的磨损较严重。其改进措施是在密封件内孔表面做出浅的螺纹槽,而把轴的表面做成十分光洁,其表面粗糙度 $Ra$ 值不超过 $0.4~\mu m$。

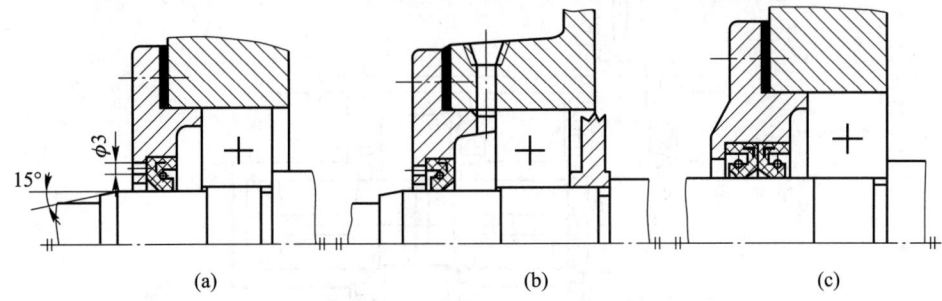

图 17-39　J形橡胶油封的安装方向

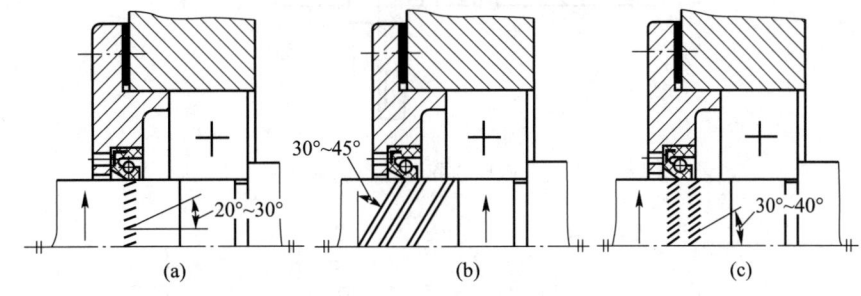

图 17-40　密封轴表面开出螺旋槽或斜线

毡圈油封(表7-12)在接触式密封中寿命较低,密封性能相对较差,但简单、经济,适用于脂润滑轴承中。图20-16的密封结构可调整毡封对轴的压力并便于更换毡圈,效果较好。

为避免磨损,可采用非接触式密封。迷宫密封是其中常用的一种(表7-16)。使用迷宫密封时,应该用脂填满间隙,以加强密封性能。开设回油槽效果更好。迷宫密封结构简单,但不够可靠,适用于脂润滑及工作环境清洁的轴承中。

若要求更高的密封性能,可采用径向迷宫密封(表7-17),适用于环境恶劣的油润滑轴承。若与接触式密封配合使用,则效果更佳。其缺点是结构复杂,对加工及装配要求高。

选择密封方式,要考虑密封处的轴表面圆周速度、润滑剂种类、密封要求、工作温度、环境条件等因素。

表17-1中列出了几种常用密封方式适用的轴表面圆周速度与工作温度,供选用时参考。

表 17-1　常用密封方式适用的轴表面圆周速度与工作温度

| 密封方式 | 毡圈油封 | 橡胶油封 | 迷宫密封 | 径向迷宫密封 |
|---|---|---|---|---|
| 适用的轴表面圆周速度/(m/s) | <3~5 | <8 | <5 | <30 |
| 适用的工作温度/℃ | <90 | <-40~100 | 低于润滑脂熔化温度 | |

在滚动轴承组合设计以后,应检查以前所画装配底图的轴承座宽度是否正确,必要时应改正。图 17-41 及图 17-42 分别给出了在轴系结构设计阶段所绘制的一级圆柱齿轮减速器及蜗杆减速器的装配底图。二级圆柱齿轮减速器及锥齿轮减速器等其他类型减速器的装配底图也可参照上述步骤进行。

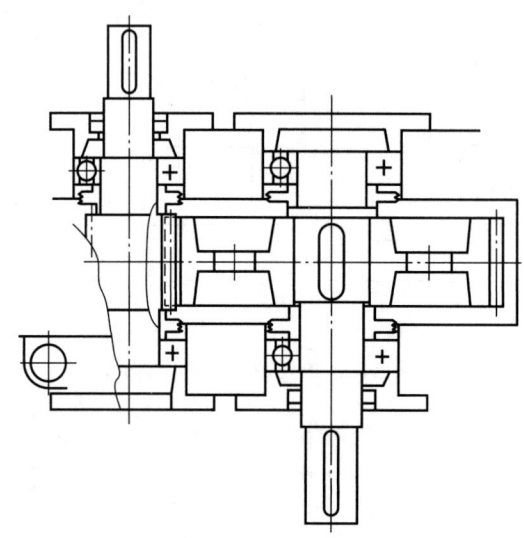

图 17-41　一级圆柱齿轮减速器装配底图(三)

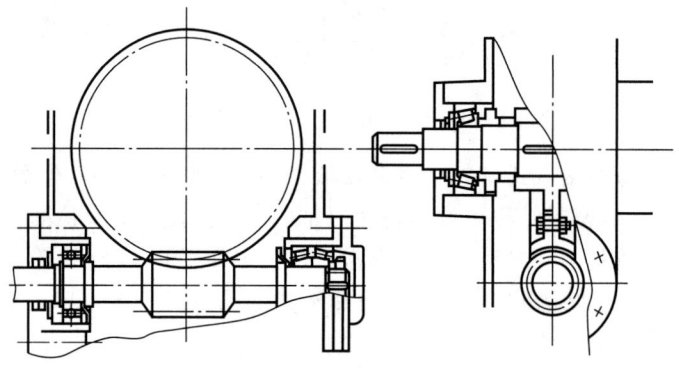

图 17-42　蜗杆减速器装配底图(三)

### 四、验算轴系零件

1. 确定轴上力作用点及支点跨距

轴上力作用点及支点跨距可由装配底图定出。传动件的力作用线位置可取在轮缘宽度的中部,如图 17-43 所示。滚动轴承支反力作用点与轴承端面的距离 $a$ 可查轴承标准。

2. 进行轴、轴承和键连接的核验计算

力作用点及支点跨距确定后,便可求出轴所受的弯矩和扭矩。这时,应综合考虑受载大小、轴径粗细及应力集中等因素,确定一个或几个危险断面,对轴的强度进行校核。

由于蜗杆变形对其啮合精度影响很大,而蜗杆轴又较细,所以一般对蜗杆轴还要进行刚度校核。对滚动轴承应进行寿命、静载荷及极限转速的验算。

一般情况下,可取减速器的使用寿命为轴承寿命,也可取减速器的检修期为轴承寿命,到时便更换。验算结果如不能满足使用要求(寿命太短或过长),可以改用其他宽度系列或直径,必要时可以改变轴承类型。

对于键连接,应先分析受载情况、尺寸大小及所用材料,确定危险件进行验算。

根据核验计算的结果,必要时应对装配底图进行修改。修改后应重新进行上述零件的核验,直至满足强度、刚度和散热能力等要求。

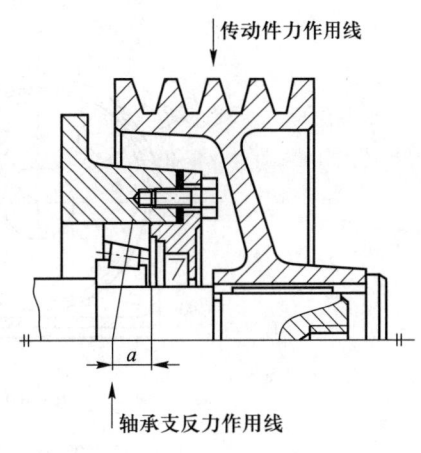

图 17-43 传动件及支承件的力作用点

### 五、设计和绘制箱体及其附件的结构

这一阶段的内容是进行箱体及其附件的结构设计,并进行必要的验算(如热平衡)。画图次序应先箱体,后附件;先主体,后局部;先轮廓,后细节。以主视图为主,并应同时兼顾其他视图。以下分别说明其设计要点。

1. 减速器箱体的结构设计

减速器箱体起着支持和固定轴系零件,保证轴系运转精度、良好润滑及可靠密封等重要作用。

箱体多采用剖分式结构,剖分面一般通过轴心线。在重型立式减速器中,为便于制造、安装和运输,也可采用多个剖分面。

箱体结构设计应考虑以下几方面的问题。

(1) 箱体要具有足够的刚度

箱体在加工和使用过程中,因受复杂的变载荷而引起相应的变形,若箱体的刚度不够,会引起轴承孔中心线的过度偏斜,从而影响传动件的运转精度,甚至由于载荷集中而导致运动副的加速损坏。因此,设计时要注意以下几点。

1) 确定箱体的尺寸与形状　箱体的尺寸直接影响它的刚度。首先要确定合理的箱体壁厚 $\delta$(mm)。它与受载大小有关,可用以下经验公式检查:

$$\delta = 2\sqrt[4]{0.1T} \text{ mm} \geqslant 8 \text{ mm}$$

式中,$T$ 为低速轴转矩,$\text{N} \cdot \text{m}$。

在相同壁厚情况下,增加箱体底面积及箱体轮廓尺寸,可以增加抗弯扭的惯性矩,有利于提高箱体的整体刚性。图 17-44 表示出两种不同轮廓尺寸的箱体,其刚性也不同。

箱体轴承孔附近和箱体底座与地基接合处承受较大的集中载荷,故此处应有更大的壁厚或设计加强筋肋板,以保证局部刚度。

对于锥齿轮减速器的箱体,在支承小锥齿轮悬臂部分的壁厚还可以适当加厚些,但应注意避免过大的铸造应力,并应尽量减小轴的悬臂部分长度,以利于提高轴的刚性,如图 17-45 所示。

为了保证接合面连接处的局部刚度与接触刚度,箱盖与箱座连接部分都应具有较厚的连接凸缘,箱座底面凸缘厚度 $b_2$ 更要适当厚些(其与地面接触处宽度应超过箱座内壁,以利于支承受力),见表 11-1。

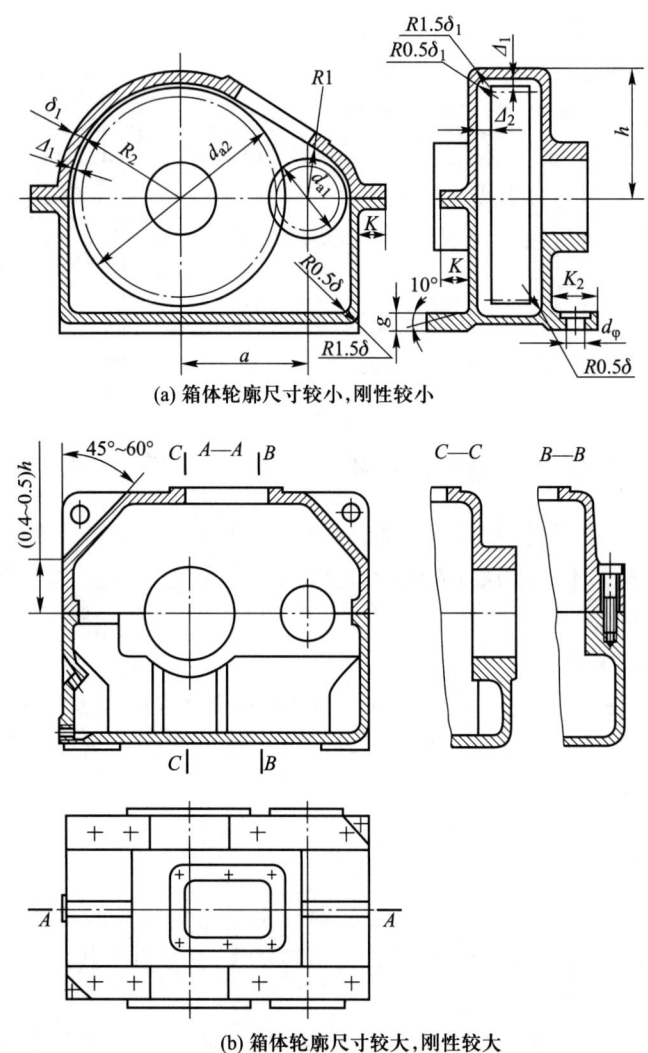

(a) 箱体轮廓尺寸较小，刚性较小

(b) 箱体轮廓尺寸较大，刚性较大

图 17-44 增大箱体轮廓尺寸以提高刚性

所有受载的接合面（箱体剖分面和轴承座孔表面）都要限制其微观不平度（表面粗糙度 $Ra \leqslant 1.6 \sim 2.5~\mu m$）以保证实际接触面积，从而达到一定的接触刚度。对于连接螺栓的数量、间距、大小等都要有一定要求，见表 11-1，并要求接合面预压力不小于 2 MPa。

对于剖分式箱体，轴承座孔两侧的连接螺栓还应尽量靠近（但不能和端盖螺钉孔及箱内输油沟发生干涉，如图 17-46 所示）。为此，在轴承座孔附近应做出凸台（图 17-47、表 11-1、表 11-2）。凸台要有一定高度，以保证其上有足够的扳手空间，但高度不应超过轴承座孔外圆尺寸。凸台的投影关系如图 17-48 所示。

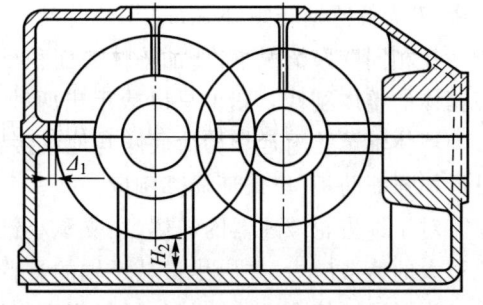

图 17-45 锥齿轮减速器的悬臂轴承座

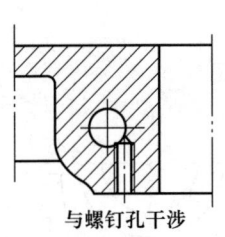

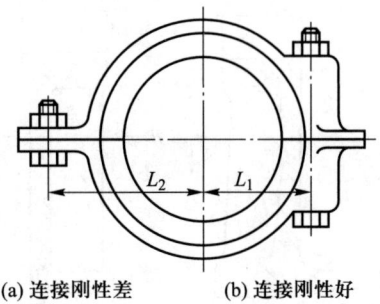

与螺钉孔干涉　　与输油沟干涉

图 17-46　连接螺栓相距过近、造成干涉

(a) 连接刚性差　　(b) 连接刚性好

图 17-47　箱体轴承座孔连接螺栓位置

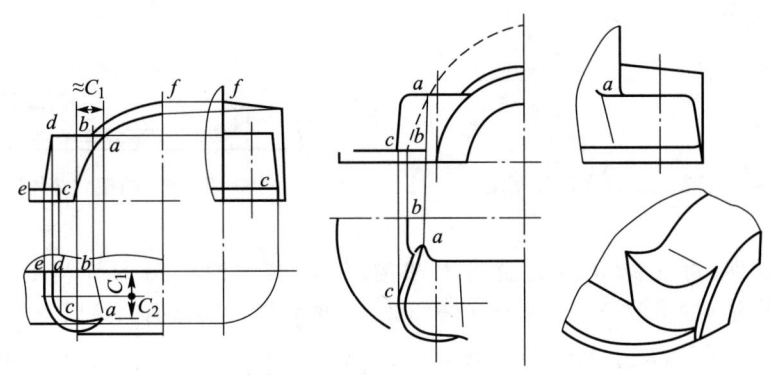

图 17-48　凸台投影关系

2）合理设计肋板　在箱体的受载集中处设置肋板可以明显提高局部刚度。例如，轴承座孔与箱底接合面处设置加强肋，就可减少侧壁的弯曲变形。加强肋的布置应尽量使它受压应力，以起支承作用（图 17-49）。对于伸向箱体内部的轴承座孔，可设置内肋，如图 17-49b 所示。内肋较外肋可更好地提高局部刚度。

还可采用凸壁式箱体结构，它相当于双内肋，刚度更大，外形整齐，但制造较复杂，如图 17-50 所示。

3）合理选择材料及毛坯制造方法　箱体常用灰铸铁（HT150 或 HT200）制成。铸铁易切削，抗压性能好，并具有一定的吸振性。但其弹性模量 $E$ 较小，刚性较差，故在重型减速器中常用铸钢（ZG200-400 或 ZG230-450）箱体。一般情况下，生产批量超过 3~4 件，采用铸件比较经济。

采用钢板焊接箱体代替铸铁箱体，不但不用木模，简化了毛坯制造，而且由于钢的弹性模量 $E$ 与切变模量 $G$ 均较铸铁大 40%~70%，因而可以得到重量较轻而刚性更好的箱体。焊接箱体的壁厚常取为铸铁箱体的 0.8 倍，其他相应部分尺寸也可适当减小，故焊接箱体比铸造箱体常轻 1/4~1/2。但焊接时产生较大热变形，故需经退火及矫直处理，并应留有足够的加工余量。焊接箱体多用于单件和小批生产。焊接箱体结构如图 17-51 所示。

（2）箱体应有可靠的密封，便于传动件润滑和散热

为保证密封，箱体剖分面连接凸缘应有足够宽度，并要经过精刨或刮研，连接螺栓间距也不应过大（小于 150~200 mm），以保证足够的压紧力。为了保证轴承孔的精度，剖分面间不得加垫

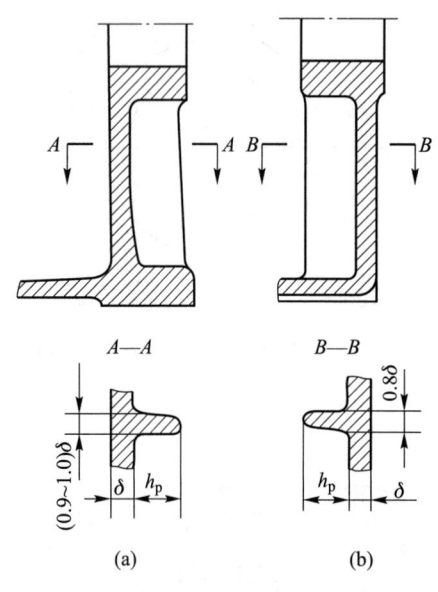

图 17-49 设置肋板提高局部刚度

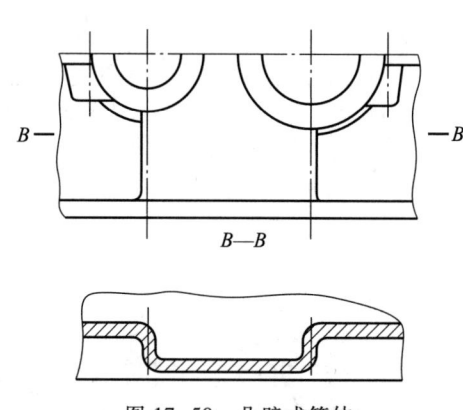

图 17-50 凸壁式箱体

片。为提高密封性,可在剖分面上制出回油沟,使渗出的油可沿回油沟的斜槽流回箱内(图 17-52)。回油沟的形状及尺寸如图 17-53 所示,也允许在剖分面间涂以密封胶。

对于大多数减速器,由于其传动件的圆周速度小于 12 m/s,常用于浸油润滑,故箱体轮廓应足够大,以容纳一定量的润滑油,保证润滑和散热。对于单级传动,每传递 1 kW 的功率需油量 $Q_0 = (0.35 \sim 0.7) \text{dm}^3$(润滑油黏度大时取大值)。对多级传动,应按级数成比例增加。

传动件的浸油深度 $H_1$,对于圆柱齿轮、蜗轮和蜗杆,最少应为 1 个齿高,对于锥齿轮,则最少为 0.7 个齿宽,但都不得少于 10 mm,如图 17-54 所示。为避免搅油损失过大,传动件的浸油深度不应超过其分度圆半径的 1/3。同时,为避免油搅动时沉渣泛起,齿顶到油池底面的距离 $H_2$ 不应小于 30 mm。

在多级传动中,为使各级传动的浸油深度均匀一致,可制成倾斜式箱体剖分面(图 17-55a),或采用溅油轮及溅油环来润滑不接触油面的传动件(图 17-55b)。溅油轮常用塑料制成,其宽度可取为传动件宽度的 1/3。

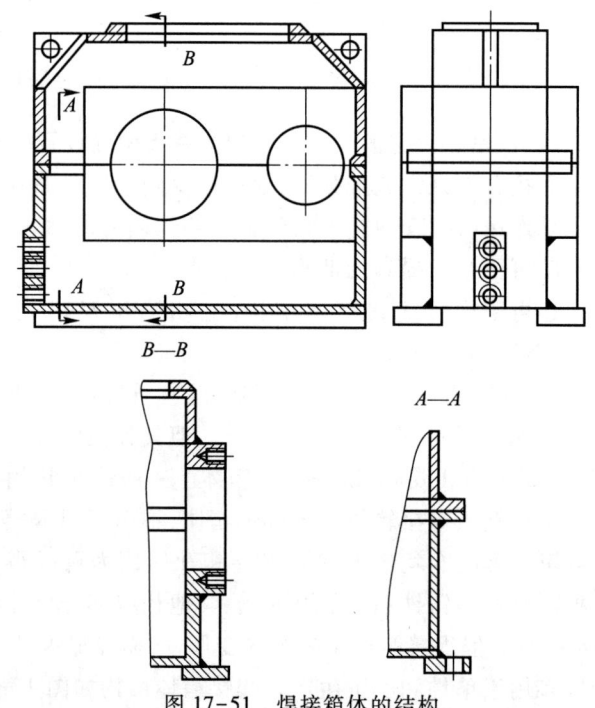

图 17-51 焊接箱体的结构

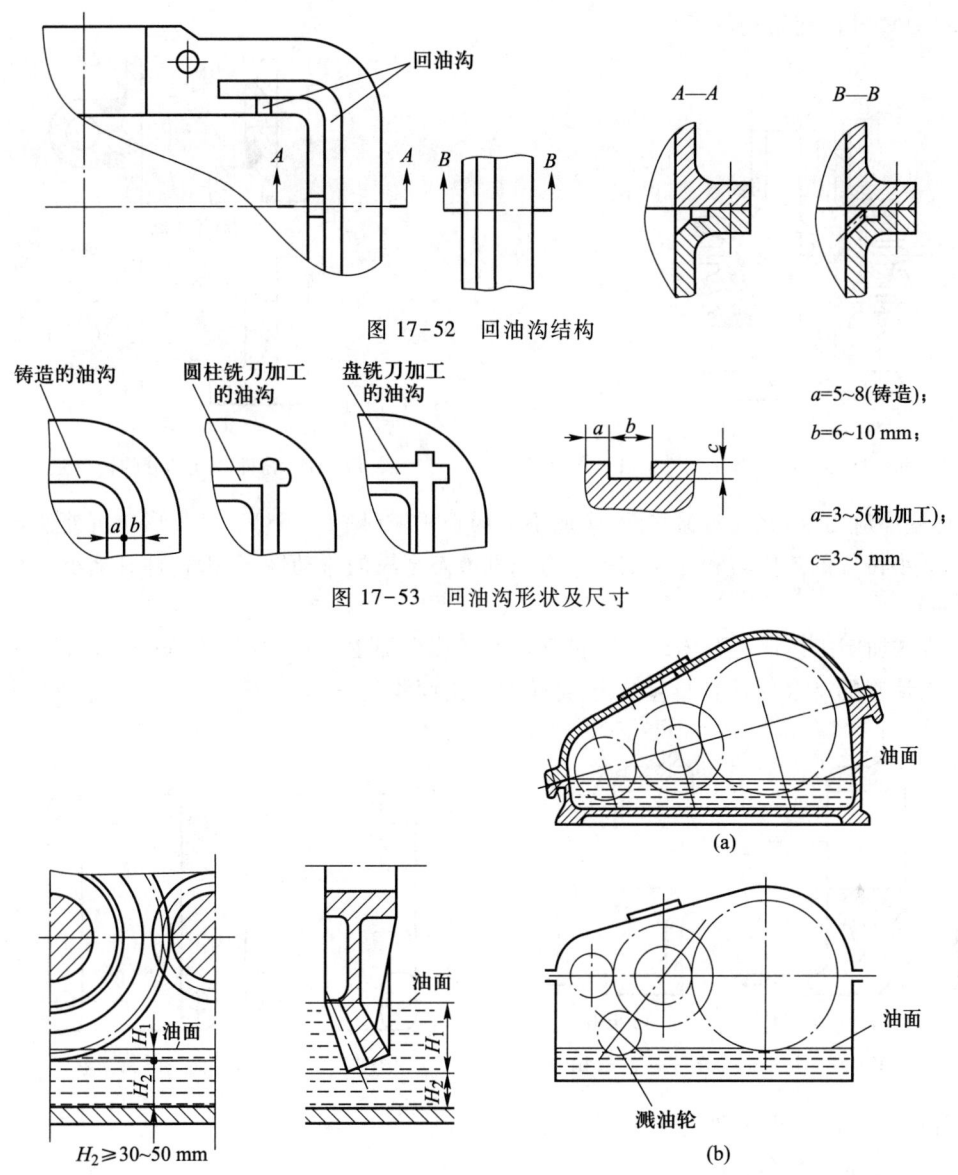

图 17-52 回油沟结构

图 17-53 回油沟形状及尺寸

$a=5\sim8$(铸造)；
$b=6\sim10$ mm；

$a=3\sim5$(机加工)；
$c=3\sim5$ mm

图 17-54 油池深度与浸油深度的确定

图 17-55 保持浸油深度均匀一致的结构

对于蜗杆减速器，由于发热量较大，箱体大小应考虑散热面积的需要，并进行热平衡计算；若不能满足热平衡要求，应适当增大箱体尺寸或增设散热片和风扇。散热片方向应与空气流动方向一致。发热严重时还可在油池中放置蛇形冷却水管，以降低油温。

（3）箱体应有良好的结构工艺性

箱体的制造工艺性对箱体的质量和成本，以及对加工、装配、使用和维修都有直接影响。

1）铸造工艺性 设计铸造箱体时，要考虑到制模、造型、浇注和清理等工艺的方便。外形应力求简单（如各轴承孔的凸台高度应一致），尽量减少沿起模方向的凸起部分，并应具有一定的起模斜度。图 17-56a 所设计的蜗杆减速器散热片便于起模，图 17-56b 是不利于起模的结构。

图 17-57 是铸件凸起结构的设计。

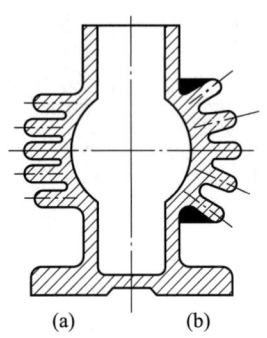

图 17-56 散热片的铸造工艺性对比

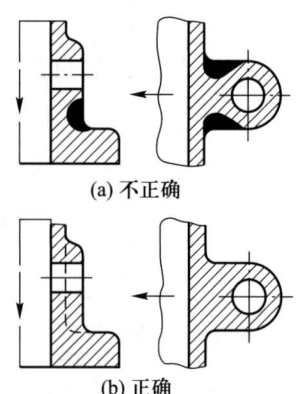

图 17-57 铸件凸起部分的铸造工艺性对比

箱体壁厚应力求均匀,过渡平缓,金属不要局部积聚(图 17-58)。凡外形转折处都应有铸造圆角,以减小铸件的热应力和避免缩孔。考虑到液态金属的流动性,一般铸件有最小壁厚的限制(表 1-34)。

2) 机械加工工艺性　箱体结构形状应有利于减少加工面积。图 17-59 所示的箱座底面形状,是在与地基的结合处具有凸起结构,可减少加工面积。

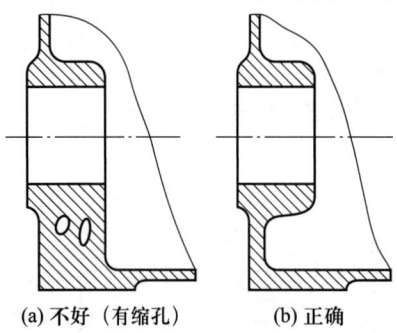

图 17-58 铸造时金属不应局部积聚

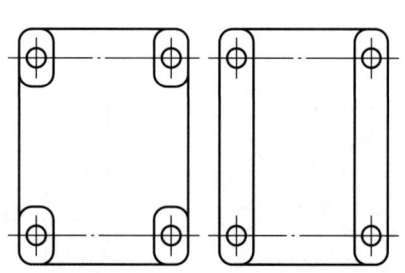

图 17-59 箱座底面的结构形状

设计时应考虑减少工件与刀具的调整次数,以提高加工精度和生产率。例如,同一轴心线两轴承座孔径应尽量相同,以便一次镗出。又如,被加工面(如轴承座端面)应力求在同一平面上。

箱体上的加工面与非加工面应严格分开,并且不应在同一平面内。因此,箱体与轴承端盖接合面、检查孔盖、通气器、油标和油塞接合处与螺栓头部或螺母接触处都应做出凸台(凸起高度 $h = 3 \sim 5$ mm),如图 17-60 所示。也可将与螺栓头部或螺母接触处锪出沉头座坑。图 17-61 表示沉头座坑的加工方法,图 17-61c 和图 17-61d 是刀具不能从下方接近时的加工方法。

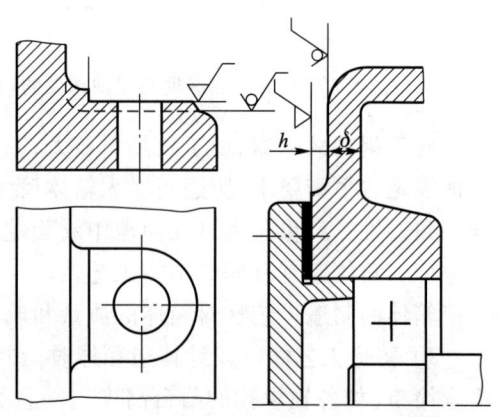

图 17-60 加工表面与非加工表面应分开

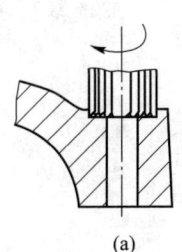 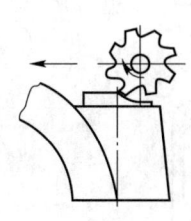 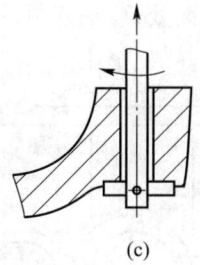 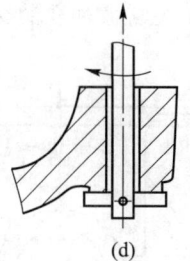

(a)       (b)       (c)       (d)

图 17-61　沉头座坑与凸台的加工方法

（4）箱体形状应力求均匀、美观

箱体设计应考虑艺术造型问题。例如采用"方形小圆角过渡"的造型比"曲线大圆角过渡"显得挺拔有力，庄重大方（图 17-62a）。

外形的简洁和整齐会增强统一协调的美感，例如，尽量减少外凸形体（如图 17-62b），箱体剖分面的凸缘、轴承座的凸台伸到箱体壁内，并设置内肋代替外肋或去掉剖分面（图 17-62a）。这些结构构型不仅提高了刚性，而且有的还克服了造型形象支离破碎的缺点，使外形更加整齐、协调和美观。

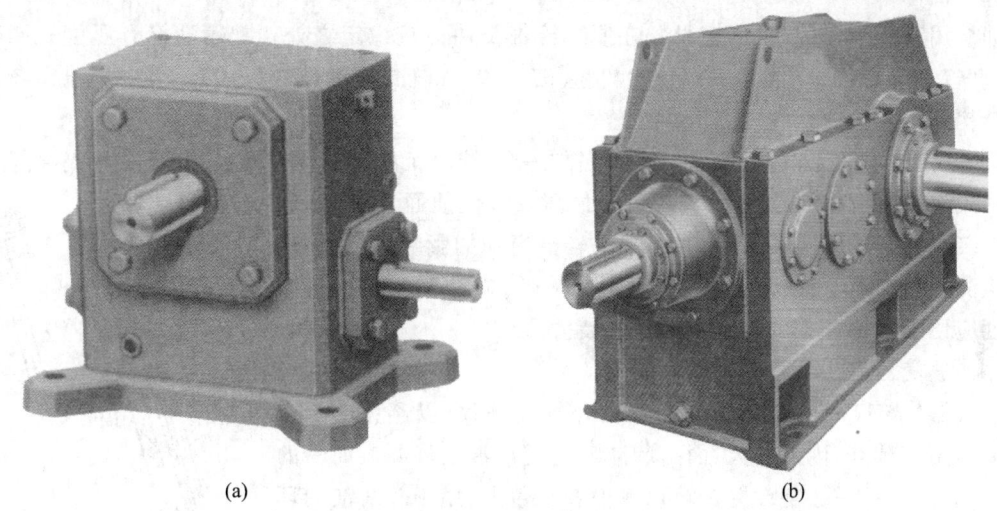

(a)       (b)

图 17-62　箱体具有较好的艺术造型

2. 减速器附件的结构设计

（1）检查孔和孔盖

检查孔用于检查传动件的啮合情况、润滑状态、接触斑点及齿侧间隙，还可用来注入润滑油，故检查孔应开在便于观察传动件啮合区的位置，其尺寸大小应便于检查操作，如图 17-63 所示。

孔盖可用铸铁、钢板或有机玻璃制成，它和箱体之间应加密封垫，还可在孔口处加过滤装置，以过滤注入油中的杂质，如图 17-64 所示。

（2）放油螺塞

放油孔应设在箱座底面最低处，或设在箱底。箱外应有足够的空间，以便于放容器，油孔下也可制出唇边，以利于引油流到容器内。箱体底面常向放油孔方向倾斜 1°~1.5°，并在其附近形成凹坑，以便于油污的汇集和排放（如图 17-63 所示）。放油螺塞（表 7-11）常为六角头细牙螺纹,在六角头与放油孔的接触面处,应加密封油圈密封,也可用锥形螺纹的放油螺塞直接密封。

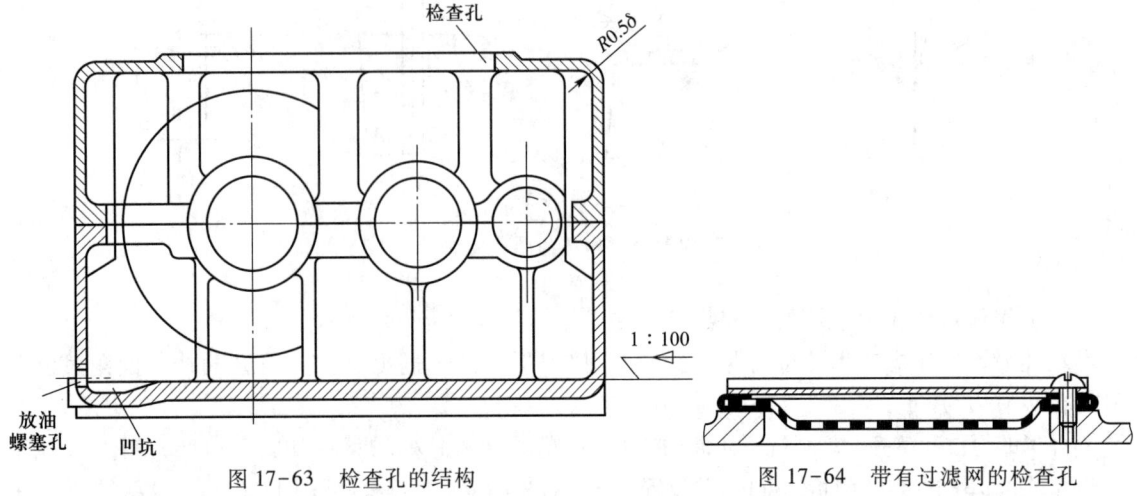

图 17-63 检查孔的结构    图 17-64 带有过滤网的检查孔

(3) 油标

油标用来指示油面高度,应设置在便于检查及油面较稳定之处。常用油标有压配式圆形油标(表 7-7)、长形油标(表 7-8)、管状油标(表 7-9)和杆式油标(表 7-10)。表中给出了各种油标的结构和尺寸。

旋塞式油标应在最高及最低油面位置各放一个,拧动旋塞,视有无油流出以判定油面高度范围。

杆式油标结构简单,其上有刻线表示最高及最低油面。图 17-65 是一种装有隔套的杆式油标结构,可以减轻油搅动的影响,以便在运转时检测油面高度。油标安置的位置不能太低,以防油溢出。其倾斜角度应便于油标座孔的加工及油标的装拆。

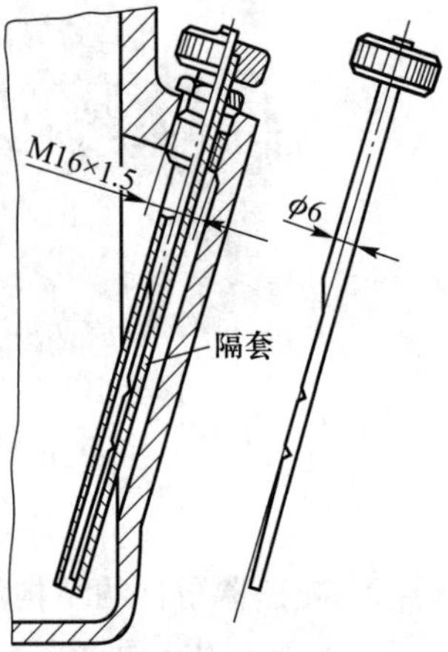

(4) 通气器

通气器(表 11-5)用于通气,使箱内外气压一致,以避免由于运转时箱内温度升高,内压增大,而引起减速器润滑油的渗漏。简易的通气器钻有丁字形孔,常设置在箱顶或检查孔盖上,用于较清洁的环境。较完善的通气器具有过滤网及通气曲路,可减少灰尘进入。

(5) 起吊装置

起吊装置用于拆卸及搬运减速器。它常由箱盖上的吊孔和箱座凸缘下面的吊耳构成(表 11-3),也可采用吊环螺钉拧入箱盖以吊小型减速器或吊起箱盖。吊环螺钉为标准件,可按起重量选取,见表 3-18。

图 17-65 带有隔套的杆式油标结构

(6) 起盖螺钉

为便于起箱盖,可在箱盖凸缘上装设 2 个起盖螺钉。拆卸箱盖时,可先拧动此螺钉顶起箱盖。起盖螺钉直径常与凸缘连接螺栓相同,钉头部位应为圆柱形,以免损坏螺纹,如图 17-66 所示。也可用方头、圆柱头紧定螺钉代替。

(7) 定位销

为保证箱体轴承孔的加工精度与装配精度,应在箱体连接凸缘上相距较远处安置两个圆锥销,并尽量放在不对称位置,以使箱座与箱盖能正确定位。

常用的定位销,其公称直径可取为连接螺栓直径的0.8倍。为便于装拆,定位销长度应大于连接凸缘总厚度(图17-67a)。如果销孔不是通孔,定位销上应具有拆卸螺钉孔(图17-67b)。

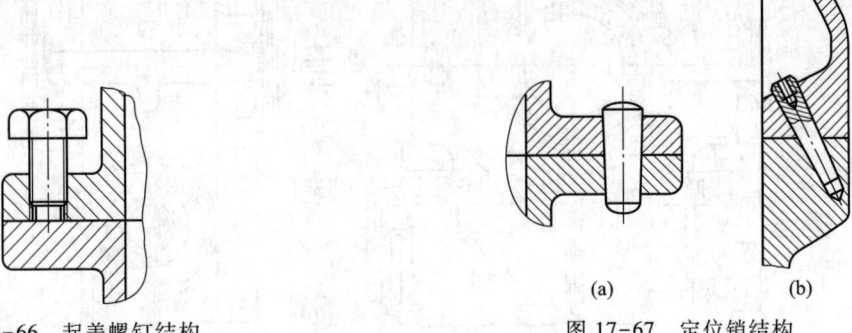

图17-66 起盖螺钉结构　　　　　图17-67 定位销结构

定位销孔是在箱体剖分面加工完毕并用连接螺栓紧固以后进行配钻和配铰的。因此,定位销的位置应考虑到钻、铰孔的方便,且不妨碍附近连接螺栓的装拆。

箱体与附件设计完成后,装配底图就已画好。图17-68及图17-69为这一阶段设计的一级圆柱齿轮减速器及蜗杆减速器的装配底图。

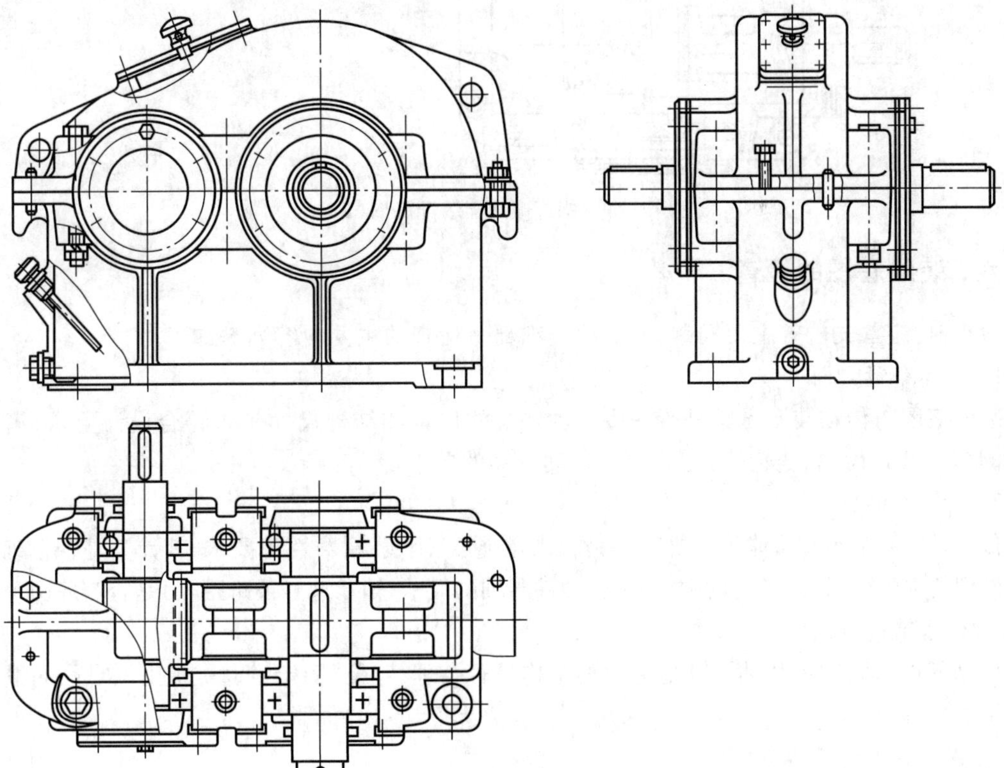

图17-68 一级圆柱齿轮减速器装配底图(四)

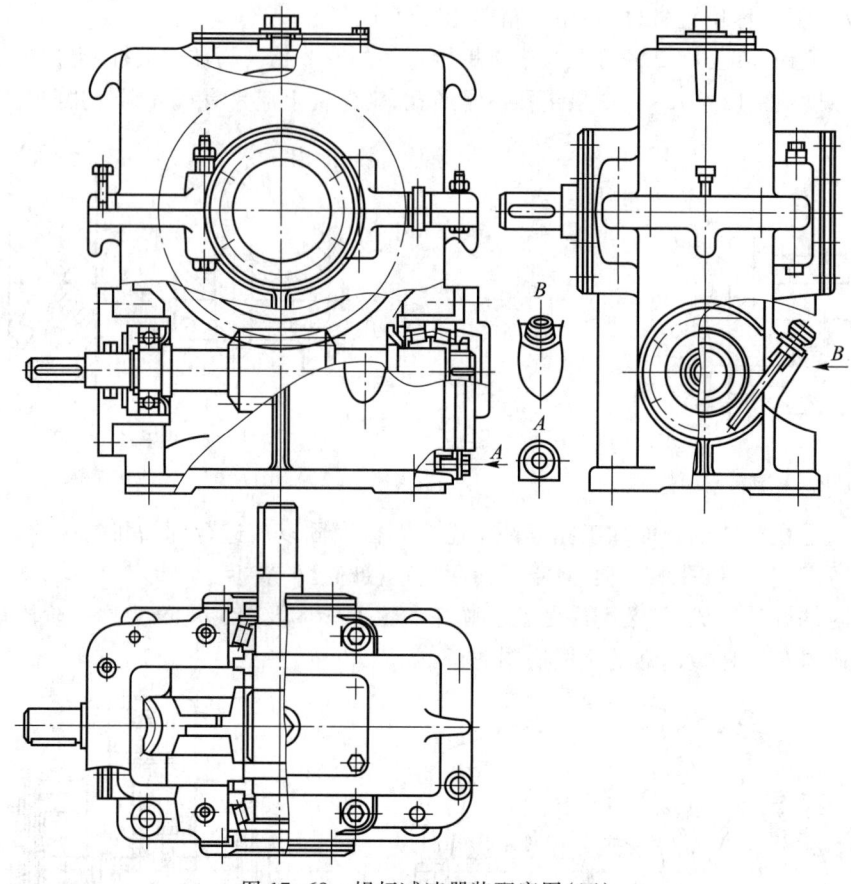

图 17-69 蜗杆减速器装配底图(四)

### 六、装配底图的检查

检查时,应首先检查主要问题,然后检查细部。检查的主要内容列举如下。

1. 总体布置方面

装配底图与传动装置方案是否一致。轴伸端的位置和结构尺寸是否符合设计要求,箱外零件(如带轮、开式齿轮、链轮等)是否符合传动方案的要求。

2. 计算方面

传动件、轴、轴承及箱体等主要零件是否满足强度、刚度、耐磨性等要求,其计算是否正确。计算所得到的主要结果(如齿轮的中心距、传动件与轴的尺寸、轴承型号及跨距等)是否与底图一致。

3. 轴系结构方面

传动零件、轴、轴承和轴上其他零件的结构是否合理,定位、固定、调整、加工、装拆、润滑和密封等是否合理。

4. 箱体和附件结构方面

箱体的结构和加工工艺性是否合理,附件的布置是否恰当,结构是否正确。

5. 制图规范方面

图纸幅面、比例尺是否合适;视图选择(包括局部视图)是否恰当;图面布置是否合理;是否符合机械制图国家标准各方面的规定；投影是否正确。

6. 其他

如材料、热处理、公差、配合、技术条件的选定和要求等是否合理、明确。

## 七、完成装配图

装配图应包括减速器结构的视图、必要尺寸及配合、技术要求及技术特性表、零件编号、明细栏和标题栏等。

装配工作图上某些结构，如螺栓、螺母、滚动轴承等可以按机械制图国家标准有关简化画法的规定绘制。对同类型、尺寸、规格的螺栓连接，可只画一个，其余的用中心线表示。

这一阶段的主要内容如下。

1. 标注装配图尺寸、配合与精度等级

装配图上应标注的尺寸有以下几种。

1) 特性尺寸　如传动零件中心距及其偏差（参见表10-15）。

2) 最大外形尺寸　如减速器总长、宽、高。

3) 安装尺寸　如箱体底面尺寸、底座凸缘厚度、地脚螺钉孔中心线的定位尺寸及其直径和间距、减速器中心高、轴伸端的配合长度与直径。

4) 主要零件的配合尺寸　在减速器中影响运转性能与传动精度的主要零件的配合尺寸，如轴与箱内外传动件、轴承、联轴器的配合尺寸，轴承与轴承座孔的配合尺寸等。标注这些尺寸的同时应注出配合与精度等级。恰当的配合与精度对提高减速器工作性能、改善加工工艺性及降低成本有密切关系。

表17-2给出了减速器主要零件的荐用配合。这些配合不要求全注，仅供设计时参考。

表17-2　减速器主要零件的荐用配合

| 配合零件 | 荐用配合 | 装拆方法 |
| --- | --- | --- |
| 大、中型减速器的低速级齿轮（蜗轮）与轴的配合，轮缘与轮芯的配合 | $\frac{H7}{r6}$，$\frac{H7}{s6}$ | 用压力机或温差法（中等压力的配合，小过盈配合） |
| 一般齿轮、蜗轮、带轮、联轴器与轴的配合 | $\frac{H7}{r6}$ | 用压力机（中等压力的配合） |
| 要求对中性良好及很少装拆的齿轮、蜗轮、联轴器与轴的配合 | $\frac{H7}{n6}$ | 用压力机（较紧的过渡配合） |
| 小锥齿轮及较常装拆的齿轮、联轴器与轴的配合 | $\frac{H7}{m6}$，$\frac{H7}{k6}$ | 手锤打入（过渡配合） |
| 滚动轴承内圈与轴的配合 | 查表6-10 | 用压力机（实际为过盈配合） |
| 滚动轴承外圈与箱体孔的配合 | 查表6-11 | 木锤或徒手装拆 |
| 轴承套杯与箱座孔的配合 | $\frac{H7}{h6}$ | 木锤或徒手装拆 |

2. 写出减速器的技术特性

应在装配图的适当位置列表写出减速器的技术特性。对于二级圆柱齿轮减速器,其具体内容及格式见表 17-3。

**表 17-3　二级圆柱齿轮减速器的技术特性**

| 输入功率 /kW | 输入转速 /(r/min) | 额定输出转矩 /(N·m) | 总传动比 $i$ | 传动参数 | | | | | | | |
|---|---|---|---|---|---|---|---|---|---|---|---|
| | | | | 第一级 | | | | 第二级 | | | |
| | | | | $m_n$ | $z_2/z_1$ | $\beta$ | 精度等级 | $m_n$ | $z_4/z_3$ | $\beta$ | 精度等级 |

注:一级齿轮减速器可删去不适用的部分。

3. 编写技术要求

装配图的技术要求是用文字说明在视图上无法表达的有关装配、调整、检验、润滑、维护等方面的内容。正确制定技术要求将能保证减速器的工作性能。技术要求主要包括以下几个方面。

(1) 对润滑剂的要求

润滑剂对减少运动副间的摩擦、降低磨损和散热冷却起着重要作用,在技术要求中应写明传动件及轴承的润滑剂品种、用量及更换时间。

选择传动件所要求的润滑剂时,应考虑传动特点、载荷性质、大小及运转速度。例如,重型齿轮传动可选用黏度高、油性好的齿轮油;蜗杆传动(阿基米德蜗杆)由于不利于形成油膜,可选既含极压添加剂,还加有油性添加剂的专用蜗杆油;对轻载、高速、间歇工作的传动件,可选黏度较低的润滑油;对开式齿轮传动可选耐腐蚀、抗氧化及减摩性能好的开式齿轮油,详见表 7-1。

当传动件与轴承采用同一润滑剂时,应优选满足传动件的要求并适当兼顾轴承的要求。

对多级传动,应按高速级和低速级对润滑剂黏度要求的平均值来选择润滑剂。

对于圆周速度 $v<2$ m/s 的开式齿轮和滚动轴承也常采用润滑脂。根据工作温度、运转速度、载荷大小和环境情况选择。详见表 7-2。

传动件和轴承所用润滑剂的选择方法参见机械设计教材。换油时间一般为半年。第一次换油时间要短一些,如 2~3 个月。

(2) 滚动轴承的轴向游隙及其调整方法

可调间隙轴承的轴向游隙值可从表 6-16 中查出。对于固定间隙的向心球轴承,一般留有 $\Delta=0.25\sim0.4$ mm 的轴向间隙。这些轴向间隙(游隙)值应标注在技术要求中。

用垫片调整轴向间隙(图 17-70)。先用端盖将轴承完全顶紧,则端盖与箱体端面之间有间隙 $\delta$,用厚度为 $\delta+\Delta$ 的一组垫片置于端盖与箱体端面之间,即可得到需要的间隙 $\Delta$。

图 17-70　用垫片调整轴承间隙

也可用螺纹件调整轴承游隙。可将螺钉或螺母拧紧至基本消除轴向游隙,然后再退转到留有需要的轴向游隙为止,最后锁紧螺纹,如图 17-27 所示。

(3) 传动侧隙量和接触斑点

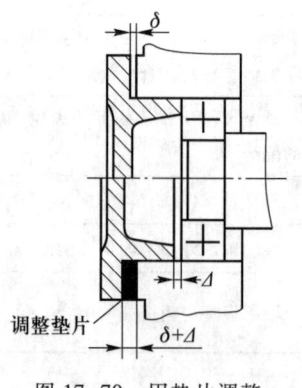

传动侧隙的大小与传动中心距有关,接触斑点的要求是根据传动件的精度确定的。具体数值可参见第十章。查出后,标注在技术要求中,供装配时检查用。

检查侧隙可用塞尺测量,或将铅丝放进传动件啮合的间隙中,然后测量铅丝变形后的厚度即可。

检查接触斑点的方法是在主动件齿面上涂色,施加轻微载荷并将其转动,观察从动件齿面的着色情况,由此分析接触区位置及接触面积大小。

若侧隙及接触斑点不符合要求,可对齿面进行跑合或沿轴向(锥齿轮)调整传动件的啮合位置,也可采用双齿轮偏心套等方式进行调整。对于锥齿轮减速器,可通过垫片调整大、小锥齿轮位置,使两轮锥顶重合。对于蜗杆减速器可调整蜗轮轴承端盖与箱体轴承座之间的垫片(一端加垫片,一端减垫片),使蜗轮中间平面与蜗杆中心面重合。

(4) 减速器的密封

箱体的剖分面、各接触面及密封处均不允许漏油。剖分面上允许涂密封胶或水玻璃,但不允许塞入任何垫片或填料。轴伸处密封应涂上润滑油。

(5) 对试验的要求

减速器装配好后应做空载试验,正反转各 1 h,要求运转平稳,振动和噪声小,连接固定处不得松动。做负载试验时,油池温度不得超过 95 ℃,轴承温升不得超过 40 ℃。

(6) 对外观、包装和运输的要求

箱体表面应涂漆,外伸轴及零件需涂油并包装严密,运输及装拆时不可倒置。

4. 零件编号

零件编号要完全,但不能重复。图上相同零件只能有一个零件编号。对于标准件可以混标,也可分开单独编号。编号引线不应交叉,并尽量不与剖面线平行。独立组件(如滚动轴承、通气器)可作为一个零件编号。对装配关系清楚的零件组(如螺栓、螺母及垫圈)可利用公共引线,如图 17-71 所示。编号应按顺时针或逆时针方向顺次排列,编号的数字高度应比图中所注尺寸的数字高度大一号。

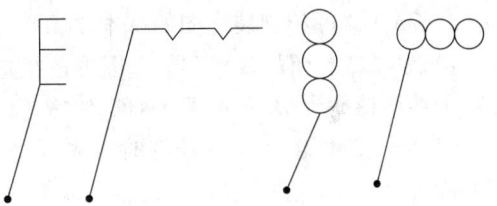

图 17-71 公共引线编号方法

5. 编制明细栏和标题栏

明细栏是整个减速器所有零件的详细目录,对每一个编号的零件都应在明细栏内列出。编制明细栏的过程也是最后确定材料和标准件的过程。因此,填写时应考虑节省贵重材料,减少材料和标准件的品种和规格。对于标准件,则必须按照规定标记完整地写出零件名称、材料、规格及标准代号。材料应注明牌号。对箱内传动件还应在表内注明模数 $m$、齿数 $z$、螺旋角 $\beta$、升角 $\lambda$ 等主要参数。

明细栏及标题栏的格式见表 1-12。

6. 检查装配图

完成装配图后,应对此阶段的设计再进行一次检查。其主要内容包括:

1) 视图的数量是否足够,是否能够清楚地表达减速器的工作原理和装配关系;

2) 尺寸标注是否正确,配合和精度的选择是否适当;

3）技术要求和技术性能是否完善、正确。

4）零件编号是否齐全，标题栏和明细栏是否符合《机械制图》国家标准要求，有无多余或遗漏。

5）所有文字和数字是否清晰，并按制图规定写出。

### 八、计算机绘制部件装配图

随着计算机技术的普及与发展，计算机辅助制图方法越来越多地被引入到机械设计课程设计中。目前，常用的计算机绘图方法包括二维交互式绘图、由三维装配模型生成二维装配图、用拼装方式生成二维装配图及利用自顶向下的思想设计装配图等。各种方法的比较可参见参考文献[29]。其中，二维交互式绘图是目前应用较普遍的一种方法。本教材配套辅助设计软件（登录 https://abooks.hep.com.cn/12269396 网站获取）为读者提供了一套嵌入到 AutoCAD 设计平台中的辅助设计软件，帮助读者在课程设计中进行计算机辅助绘制装配图。

1. CAD 课件中辅助绘图的主要功能

如图 16-3 所示 CAD 设计软件主界面，其基本功能包括以下 5 个部分：

1）设计工具　计算机辅助制图的图层与图幅管理；

2）设计计算　主要传动零件、轴、轴承、弹簧的工作能力设计；

3）设计绘图　支承零件和连接件、润滑与密封、减速器主要附件等的查询与辅助绘图；

4）主要传动零件的标注；

5）设计查询　常用数据查询，机械设计的相关知识。

各功能的主要内容读者可打开各子功能进行详细了解。

2. CAD 课件绘制装配图的基本步骤

1）为提高制图的效率和便于图形的维护与修改，首先要对图形进行有效的管理。通常对图素赋予一些特征参数，如图层、颜色、线宽等。本课件主菜单中的第一个子功能菜单为读者提供了"图层定义"功能，可以在绘图时首先点击该功能，获得各类线形在图层中的定义。因为本课件为读者提供了图层中线形修改子功能模块，因此绘图中线形可以不定义宽度，然后，通过该命令修改相关图层中实体的线宽，如图 17-72 所示。

2）根据绘制的结构草图大小，选择合适的装配图图幅。本课件提供了国家标准中规定的六种图幅尺寸，并且可在标题栏格式一栏中选择图幅的类型（装配图、零件图或不带标题栏）、大小及放置方向等，如图 17-73 所示。

3）根据绘制的结构草图，一般采用由内至外的顺序将结构图绘制在图中。其中，课件中为读者提供了滚动轴承、螺纹连接件等标准件的结构图，可以供读者直接调用，调用后要注意根据投影关系，增加或删除相贯线，以得到正确的装配结构图。

4）装配图检查无误后，可利用课件的"图纸标注"子功能进行零件编号与标题栏填写，如图 17-74 所示。

计算机绘制的一级圆柱齿轮减速器装配图示例参见第二十章。另外，课件中还提供了一些常用参数与结构标准的查询，见图 17-74。

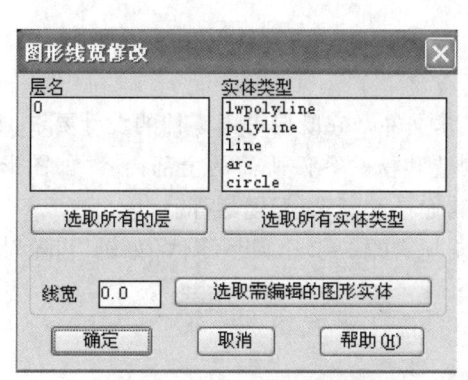
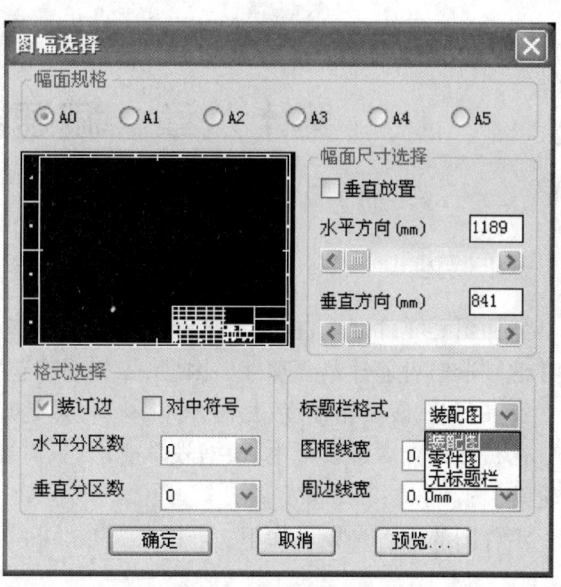

图 17-72　图层实体线宽修改　　　　　图 17-73　图幅的选择

图 17-74　图纸标注与常用设计资料查询

3. 使用计算机辅助绘图需要注意的问题

1）前述装配底图的设计是必不可少的，它可以弥补计算机直接绘图时由于计算机屏幕显示较小而造成的不能兼顾全局的缺陷。同时也是对学生徒手绘制结构图能力的必要训练环节。

2）正确使用和熟练掌握图形软件所具有的图形编辑功能，使设计工作多快好省地完成。例如，有些结构或标准件在图中反复使用时，可将这些结构定义为块（block），既便于成组复制又有利于减少文件的存储空间。比如，有些具有对称结构的图形，可先绘制出其中的一半，然后采用镜像（mirror）功能进行操作。另外，由于计算机屏幕较小，使设计人员缺乏对全局的考察，所以为保证各部分结构在各视图中正确的投影关系，可在某一层中绘制一些结构线，表示图中的一些特征位置，如中心线、齿轮端面、箱体边界等，待图形完成后将其删除或隐藏。

3）装配图中的标注和标题栏等都应符合相关的国家标准。

# 第十八章 减速器零件图设计

## 一、概述

零件图是零件制造、检验和制定工艺规程的基本技术文件。它既要考虑零件的设计要求，又要考虑制造的可能性及合理性。因此，零件图应包括制造和检验零件所需的全部内容，如图形、尺寸及其公差、表面粗糙度、几何公差、材料、热处理及其他技术要求、标题栏等。

在机械设计课程设计中，根据教学要求，只需要绘制规定的 1~2 个典型零件（如轴、齿轮轴、齿轮等）图。

零件图的内容和要求如下。

## 二、视图选择

每个零件必须单独绘制在一张标准图幅中，视图选择应符合机械制图的规定，要能清楚地表达零件内、外部的结构形状，并使视图的数量最少。

在设计中应尽量采用 1:1 的比例尺，对于细部结构，如有必要，可放大绘制局部视图。

轴类零件（包括齿轮轴、蜗杆轴）的零件图一般只需要一个视图。在键槽及孔处，可增加必要的剖面图。对于螺纹退刀槽、砂轮越程槽及齿形等，应绘制局部视图。

齿轮类零件（包括蜗轮）一般只需要两个或一个视图（附有必要的局部剖视图）。对于组合式的蜗轮结构，则应画出齿圈、轮体的零件图和蜗轮的组件图。

在视图中所表达的零件结构形状，应与装配图一致，如需改动，装配图也要做出相应的修改。

## 三、尺寸及其偏差的标注

标注尺寸要符合机械制图的规定。尺寸要足够而不多余。同时，标注尺寸应考虑设计要求并便于零件的加工和检验。因此，在设计中应注意以下几点：

1）从保证设计要求便于加工制造出发，正确选择尺寸基准；
2）图面上应有供加工测量用的足够尺寸，尽可能避免加工时作任何计算；
3）大部分尺寸应尽量集中标注在最能反映零件特征的视图上；
4）对配合尺寸及要求精确的几何尺寸（如轴孔配合尺寸、键配合尺寸、箱体孔中心距等）均应注出尺寸的极限偏差；
5）零件图上的尺寸应与装配图一致。

在设计轴类零件时，应标注好其径向尺寸和轴向尺寸。对于径向尺寸，要注意配合部位的尺寸及其偏差。同一尺寸的几段轴颈，应逐一标注，不得省略。对圆角、倒角等细部结构的尺寸也不要漏掉（或在技术要求中加以说明）。对于轴向尺寸，首先应选好基准面，并尽量使标注的尺寸反映加工工艺及测量的要求，还应注意避免出现封闭的尺寸链。通常，使轴中最不重要的一段轴向尺寸作为尺寸的封闭环而不标出。

图 18-1 是轴类零件标注的示例,它反映了表 18-1 所示的主要加工过程。基面 1 为主要基准,$L_2$、$L_3$、$L_4$、$L_5$ 及 $L_7$ 等尺寸都以基面 1 作为基准注出,减少加工误差。标注 $L_2$ 和 $L_4$ 考虑到齿轮固定及轴承定位的可靠性,而 $L_3$ 则和控制轴承支点跨距有关。$L_6$ 涉及开式齿轮的固定,$L_8$ 为次要尺寸。密封段和左轴承的轴段长度误差不影响装配及其使用,故取作为封闭环,不注尺寸,使加工误差累积在该轴段上,避免了封闭尺寸链。

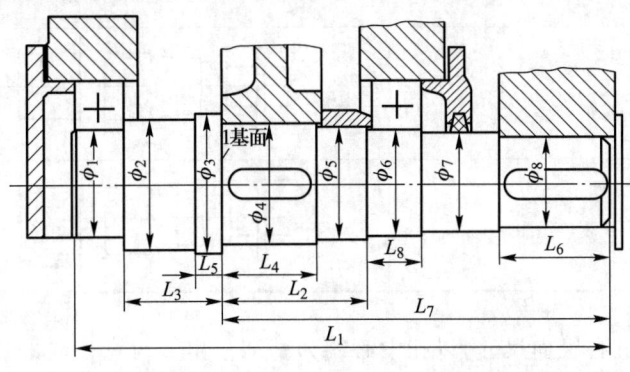

图 18-1 轴的长度及直径尺寸的标注

表 18-1 轴的车削主要工序过程

| 工序号 | 工序名称 | 工序草图 | 所需尺寸 |
|---|---|---|---|
| 1 | 下料,车外圆,车端面,打中心孔 | 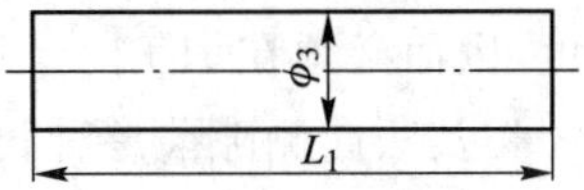 | $L_1$,$\phi_3$ |
| 2 | 卡住一头量 $L_7$ 车 $\phi_4$ | 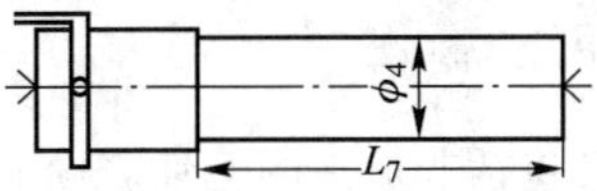 | $L_7$,$\phi_4$ |
| 3 | 量 $L_4$ 车 $\phi_5$ | 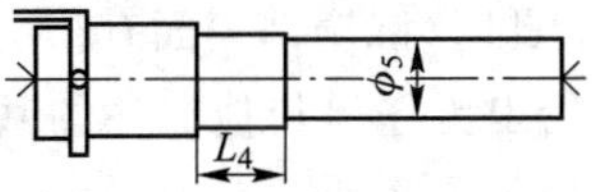 | $L_4$,$\phi_5$ |
| 4 | 量 $L_2$ 车 $\phi_6$ | 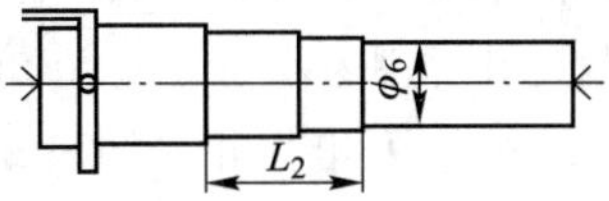 | $L_2$,$\phi_6$ |
| 5 | 量 $L_6$ 车 $\phi_8$ | 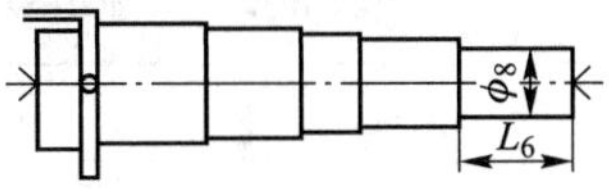 | $L_6$,$\phi_8$ |

续表

| 工序号 | 工序名称 | 工序草图 | 所需尺寸 |
| --- | --- | --- | --- |
| 6 | 量 $L_8$<br>车 $\phi_7$ | | $L_8$，$\phi_7$ |
| 7 | 掉头<br>量 $L_5$，车 $\phi_2$ | | $L_5$，$\phi_2$ |
| 8 | 量 $L_3$<br>车 $\phi_1$ | | $L_3$，$\phi_1$ |

对于齿轮类零件的各径向尺寸，以孔中心线为基准注出。齿宽方向的尺寸则以端面为基准标出。分度圆是设计的基本尺寸，必须标注。轴的中心孔则是加工、测量和装配的重要基准，尺寸精度要求高，因而要标出标准号、形式及尺寸规格。齿顶圆的极限偏差值与该直径是否作为测量基准有关。齿根圆是根据齿轮参数加工得到的，在图纸上不必标注。

锥齿轮的锥距和锥角是保证啮合的重要尺寸，标注时，锥距应精确到 0.01 mm；锥角应精确到分，分度圆锥角则应精确到秒。为了控制锥顶的位置，还应注出基准端面到锥顶的距离，它影响到锥齿轮的啮合精度，因而必须在加工时予以控制。锥齿轮除齿部偏差外，其他必须标注的项目包括最小法向侧隙种类及法向侧隙公差种类的代号。

绘制蜗轮组件图时，应注出齿圈和轮体的配合尺寸、精度及配合性质。

## 四、表面粗糙度的标注

零件的所有表面（包括非加工的毛坯表面）都应注明表面粗糙度值。在常用参数值范围内，推荐优先选用 *Ra* 参数。如较多表面（包括全部）具有同一粗糙度值，则其表面结构要求可统一标注在图样的标题栏附近。此时（除全部表面有相同要求的情况外），表面结构要求的符号后应有：

（1）在圆括号内给出无任何其他标注的基本符号；

（2）在圆括号内给出不同的表面结构要求。

表面粗糙度值的选择应根据设计要求确定。在保证正常工作条件下，应尽量选取数值较大者，以利于加工。例如查得齿轮孔荐用表面粗糙度 *Ra* 值为 3.2 或 1.6，应选用 3.2（参见表 10-14）。

表 10-16、表 10-45 分别列出齿轮、蜗杆、蜗轮荐用的表面粗糙度 *Ra* 值，表 18-2 为轴加工表面的粗糙度的 *Ra* 推荐值。

**表 18-2　轴加工表面粗糙度的 *Ra* 推荐值**

| 加工表面 | 表面粗糙度 *Ra*/μm |
| --- | --- |
| 与传动件及联轴器等轮毂相配合的表面 | 3.2，1.6 或 0.8，0.4 |
| 与 G、E 级滚动轴承相配合的表面 | 见表 6-14 |

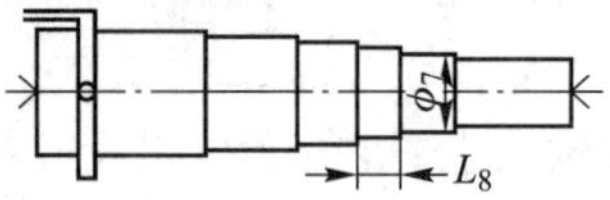

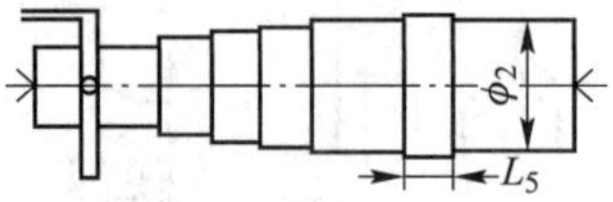

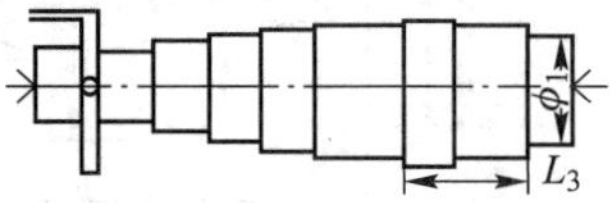

续表

<table>
<tr><td>加 工 表 面</td><td colspan="4">表面粗糙度 $Ra/\mu m$</td></tr>
<tr><td>与传动件及联轴器相配合的轴肩端面</td><td colspan="4">6.3,3.2 或 3.2,1.6</td></tr>
<tr><td>与滚动轴承相配合的轴肩端面</td><td colspan="4">见表 6-14</td></tr>
<tr><td>平键键槽</td><td colspan="4">工作面:6.3,3.2 或 3.2,1.6　　非工作面:12.5,6.3</td></tr>
<tr><td rowspan="4">密封处的表面</td><td>毡 封 油 圈</td><td colspan="2">橡 胶 油 封</td><td>间隙及迷宫</td></tr>
<tr><td colspan="3">与轴接触处的圆周速度/(m/s)</td><td rowspan="3">6.3,3.2~3.2,1.6</td></tr>
<tr><td>≤3</td><td>>3~5</td><td>>5~10</td></tr>
<tr><td>3.2,1.6 或 1.6,0.8</td><td>1.6,0.8 或 0.8,0.4</td><td>0.8,0.4 或 0.4,0.2</td></tr>
</table>

## 五、几何公差的标注

零件图上应标注出必要的几何公差,以保证减速器的装配质量和工作性能。它是评定零件加工质量的重要指标之一。

表 18-3 及表 18-4 给出了轴类及齿轮类零件轮坯的几何公差推荐项目,供设计时参考。

**表 18-3　轴的几何公差推荐项目**

<table>
<tr><td>内　容</td><td>项　目</td><td>符　号</td><td>精度等级</td><td>对工作性能影响</td></tr>
<tr><td rowspan="3">形状公差</td><td>与传动零件相配合直径的圆度</td><td>○</td><td rowspan="2">7~8</td><td rowspan="2">影响传动零件与轴配合的松紧及对中性</td></tr>
<tr><td>与传动零件相配合直径的圆柱度</td><td>⌭</td></tr>
<tr><td>与轴承相配合直径的圆柱度</td><td>⌭</td><td>表 6-13</td><td>影响轴承与轴配合松紧及对中性</td></tr>
<tr><td rowspan="5">位置公差</td><td>齿轮的定位端面相对轴心线的端面圆跳动</td><td rowspan="3">↗</td><td>6~8</td><td rowspan="2">影响齿轮和轴承的定位及其受载均匀性</td></tr>
<tr><td>轴承的定位端面相对轴心线的端面圆跳动</td><td>表 6~13</td></tr>
<tr><td>与传动零件配合的直径相对于轴心线的径向圆跳动</td><td>6~8</td><td>影响传动件的运转同心度</td></tr>
<tr><td>与轴承相配合的直径相对于轴心线的径向圆跳动</td><td>↗</td><td>5~6</td><td>影响轴和轴承的运转同心度</td></tr>
<tr><td>键槽侧面对轴中心线的对称度(要求不高时不注)</td><td>⌯</td><td>7~9</td><td>影响键受载的均匀性及装拆的难易</td></tr>
</table>

表 18-4 轮坯位置公差的推荐项目

| 项 目 | 符 号 | 精度等级 | 对工作性能的影响 |
|---|---|---|---|
| 圆柱齿轮以顶圆作为测量基准时齿顶圆的径向圆跳动<br>锥齿轮的齿顶圆锥的径向圆跳动<br>蜗轮外圆的径向圆跳动<br>蜗杆外圆的径向圆跳动 | ∕ | 按齿轮、蜗轮精度等级确定 | 影响齿厚的测量精度,并在切齿时产生相应的齿圈径向跳动误差<br>产生传动件的加工中心与使用中心不一致,引起分齿不均。同时会使轴心线与机床垂直导轨不平行而引起齿向误差 |
| 基准端面对轴线的端面圆跳动 | ∕ | | 加工时引起齿轮倾斜或心轴弯曲,对轮齿加工精度有较大影响 |
| 键槽侧面对孔中心线的对称度 | = | 7~9 | 影响键侧面受载的均匀性 |

几何公差的具体数值及标注方法参考表 9-8~表 9-12 及第二十章参考图例。

## 六、零件图的技术要求

凡在零件图上不便于用图形或符号表示,而在制造时又必须遵循的要求和条件,可在"技术要求"中标注出。它的内容根据不同的零件、不同的加工方法而有所不同,一般包括:

1) 对材料的力学性能和化学成分的要求;
2) 对铸件及其他毛坯件的要求,如要求不许有氧化皮及毛刺等;
3) 对零件表面力学性能的要求,如热处理方法及热处理后的表面硬度、淬火硬化层深度及渗碳层深度等;
4) 对加工的要求,如是否要与其他零件一起配合加工(如配钻或配铰)等;
5) 对于未注明的圆角、倒角的说明,个别部位的修饰加工要求,如对某表面要求涂色等;
6) 其他特殊要求,如对大型或高速齿轮的平衡试验要求、对长轴的矫直要求、涂漆、表面修饰、电镀等。

## 七、传动件的啮合参数表

啮合传动件的零件图中应编写啮合参数表,以便于选择刀具和检验误差。齿轮、蜗轮、蜗杆的啮合参数表所注主要参数及误差检验项目可参考第二十章参考图例。齿轮传动和蜗杆传动的精度等级和公差数值见第十章。

## 八、零件图的标题栏

在图纸右下角应画出标题栏,其格式及内容见第一章及表 1-12。

零件图设计完成后,若对装配图有修改要求,应对徒手绘制的装配底图修改后进行加深,并最终完成减速器装配图。当采用计算机辅助绘图绘制装配图时,也应对装配图进行相应的修改,最终完成装配图设计。

### 九、计算机辅助零件图设计

如第十七章第八小节所述,本书配套的机械设计课程设计辅助系统可帮助读者进行零件图的计算机辅助绘制。其基本步骤和注意的问题如前所述,这里不再重复。

# 第十九章　编写设计说明书和准备答辩

编写设计说明书是设计工作的重要部分。设计说明书是设计技术文件之一,它提供设计理论根据和计算数据,为审核设计及使用设备的人员查阅。对于课程设计,计算说明书的内容大致包括:

1. 目录(标题及页次)
2. 设计任务书
3. 系统总体方案设计(附总体方案简图)
4. 动力机选择
5. 执行机构选择
6. 传动装置运动及动力参数计算
7. 传动零件的设计计算
8. 轴的计算
9. 轴承(滚动轴承、滑动轴承)的选择和计算
10. 连接的选择和计算
11. 联轴器的选择
12. 润滑方式、润滑油牌号及密封装置的选择
13. 零部件和整机的价格评估
14. 参考文献　各类参考文献的著录格式见 GB/T 7714—2015。专著的著录格式举例如下:
[1] 邱宣怀. 机械设计[M]. 4 版. 北京:高等教育出版社,1997.

此外,如对制造和使用有一些必须加以说明的技术要求,例如装配、拆卸、安装和维护等,也可以写入。

编写计算说明书时应注意以下几点:

(1) 要求用打印件,如手写,用蓝、黑色钢笔或圆珠笔书写,不得用铅笔或彩色笔。应注意书写工整、简图正确清楚,文字简练。

(2) 计算内容要列出公式,代入数值,写出结果,标明单位。中间运算应省略。

(3) 应编写必要的大小标题,附加必需的插图(如轴的受力分析图等)和表格,写出简短结论(例如"满足强度要求"等),注明重要公式或数据的来源(参考文献的编号和页次)。

计算说明书采用 16 开纸书写,并应加封面(格式如图 19-1)后装订成册。

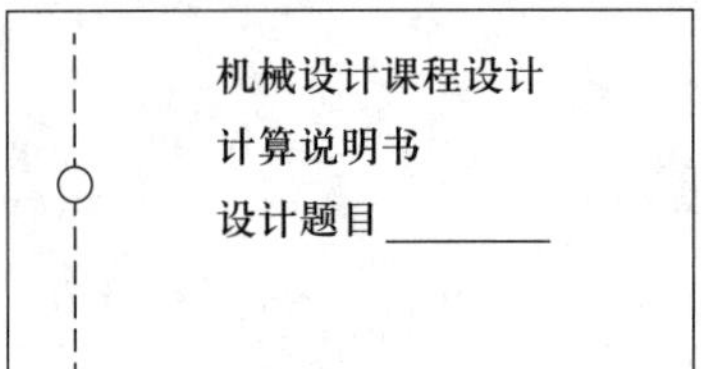

书写格式如表 19-1 所示。

答辩是课程设计最后一个重要环节。通过准备和答辩,可以总结设计方法、步骤和收获,发

图 19-1　计算说明书封面格式

现问题，提高设计能力。答辩也是检查学生实际设计能力、掌握设计知识情况和设计成果、评定成绩的重要方式。

答辩前，应认真整理和检查全部图纸和计算说明书，并按格式（参看图 19-2）折叠图纸，将图纸与计算书装入文件袋，文件袋封面格式如图 19-3 所示。

答辩前应做好比较系统的、全面的回顾和总结，弄懂设计中的计算、结构等问题，巩固设计收获。

**表 19-1　说明书书写格式**

| 计算及说明 | 结　果 |
| --- | --- |
| 七、轴的设计及核验计算<br>1. 低速轴的计算<br>结构和受力如图××所示。<br>（1）轴上作用载荷<br>……<br>（2）计算轴承支反力<br>1）竖直面内支反力<br>$F_{By}=\dfrac{79\times10^{-3}\cdot F+55\times10^{-3}\cdot F_t-M_a}{110\times10^{-3}}$<br>$=\dfrac{79\times10^{-3}\times760+55\times10^{-3}\times665-10.95}{110\times10^{-3}}$<br>$=779\ N$<br>……<br><br><br>图×× | $F_{By}=779\ N$ |

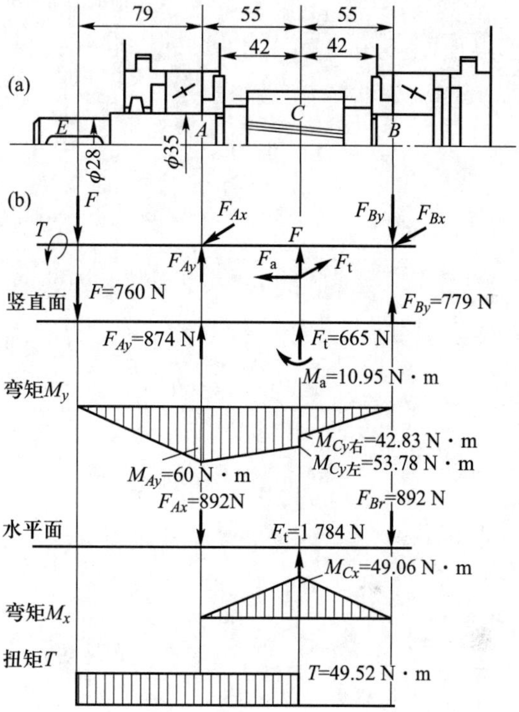

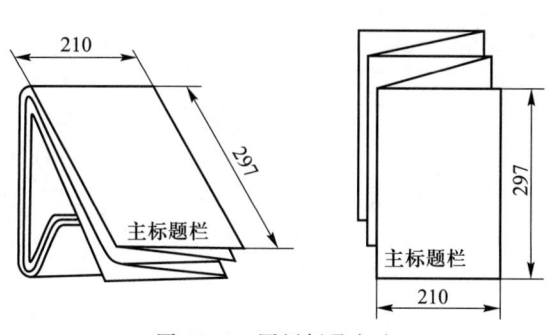

图 19-2　图纸折叠方法

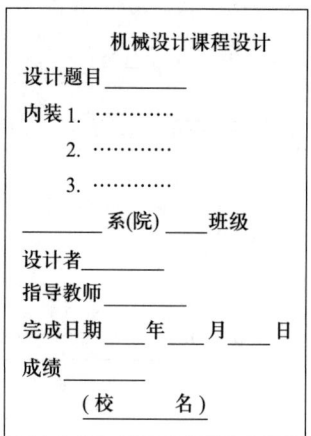

机械设计课程设计

设计题目________

内装 1. …………

2. …………

3. …………

________系(院) ____班级

设计者________

指导教师________

完成日期____年____月____日

成绩________

(校　　名)

图 19-3　文件袋封面格式

# 第三篇

## 参考图例与设计题目

# 第二十章 参考图例

本章编入了课程设计中常用题目的参考图例共 31 幅(图 20-1～图 20-31),包括总体方案图、机构图、传动装置装配图和零件图。选图的原则是以典型结构为主,并适当考虑结构形式多样和新颖。为了有利于读者独立分析和思考问题,除编入少数完整的装配图以作示范外,大多数装配图只以能表示出结构特点为目的,并作简单的说明。为引导读者学习和掌握其结构特点,在图中附有简单说明,这些内容属于该图的制图要求,在设计图中不必写出。

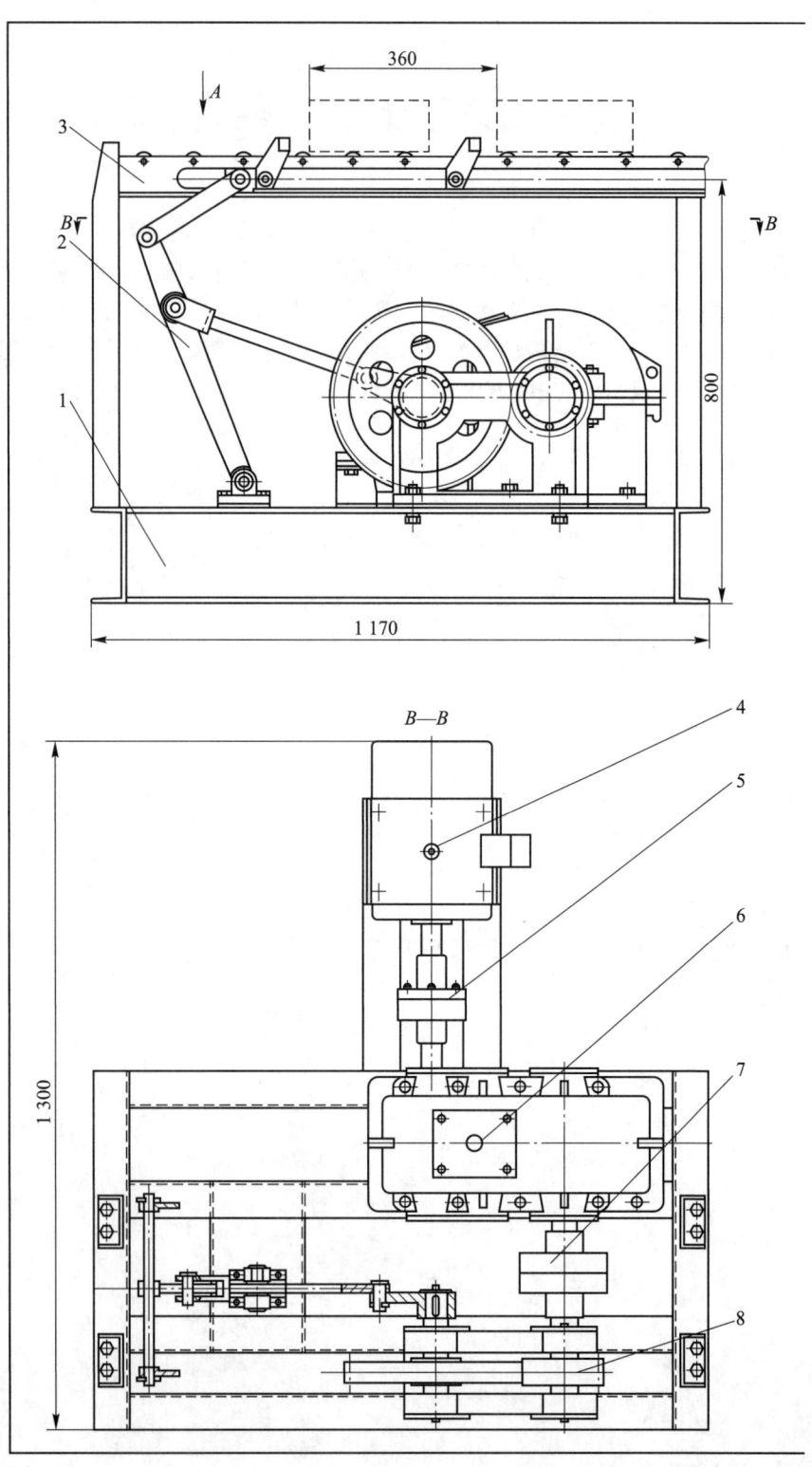

图 20-1 工件

滑架部分 $A$

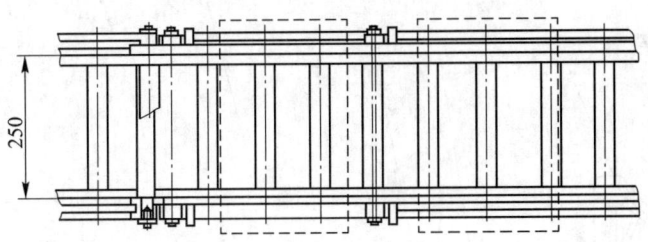

技术特性

| 电动机 | | 推力/N | 步长/mm | 往返次数/(r/min) |
|---|---|---|---|---|
| 功率/kW | 转速/(r/min) | | | |
| 4 | 1 440 | 3 000 | 360 | 65 |

说明：本机间歇输送工件。电动机通过传动装置、六杆机构，驱动滑架往复运动，工作行程时滑架上的推爪推动工件前移一个步长，当滑架返回时，推爪从工件下滑过，工件不动。当滑架再次向前移动时，推爪已复位 并推动新工件前移，前方推爪也推动前一工件前移。周而复始，工件不断前移。

六杆机构简图

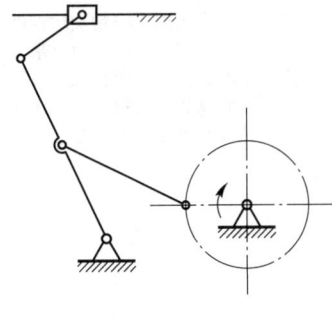

| 8 | 开式齿轮 | 1 | | | |
|---|---|---|---|---|---|
| 7 | 联轴器 LX3 | 1 | | GB/T 5014—2017 | |
| 6 | 减速器 | 1 | | | $a$=250,$i$=9 |
| 5 | 联轴器 LT5 | 1 | | GB/T 4323—2017 | |
| 4 | 电动机 YE3112M-4 | 1 | | GB/T 28575—2020 | |
| 3 | 滑架 | 1 | | | |
| 2 | 六杆机构 | 1 | | | |
| 1 | 机架 | 1 | | | |
| 序号 | 名称 | 数量 | 材料 | 标准 | 备注 |
| （标题栏） | | | | | |

运输机总图

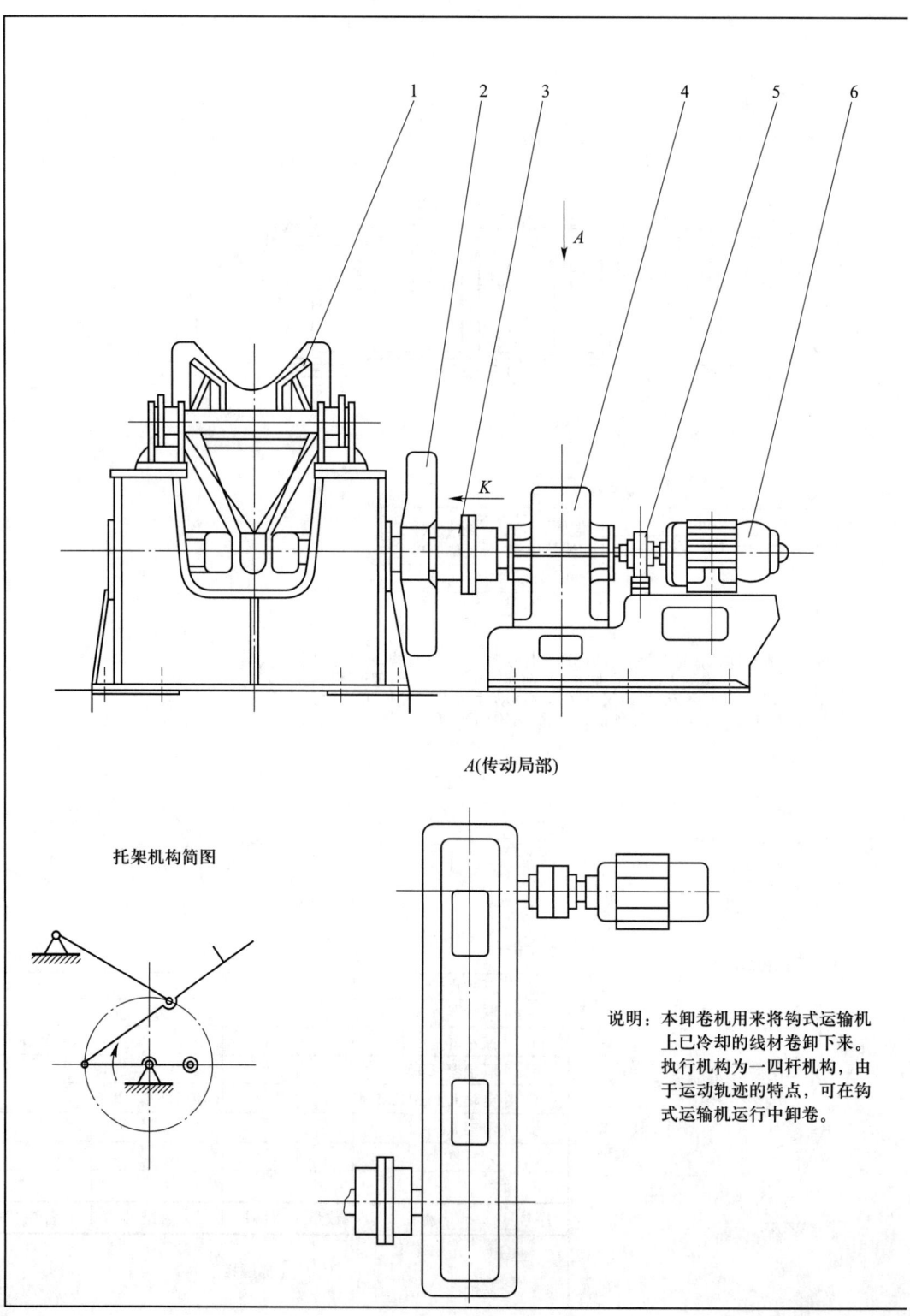

A(传动局部)

托架机构简图

说明：本卸卷机用来将钩式运输机上已冷却的线材卷卸下来。执行机构为一四杆机构，由于运动轨迹的特点，可在钩式运输机运行中卸卷。

图 20-2　卸卷

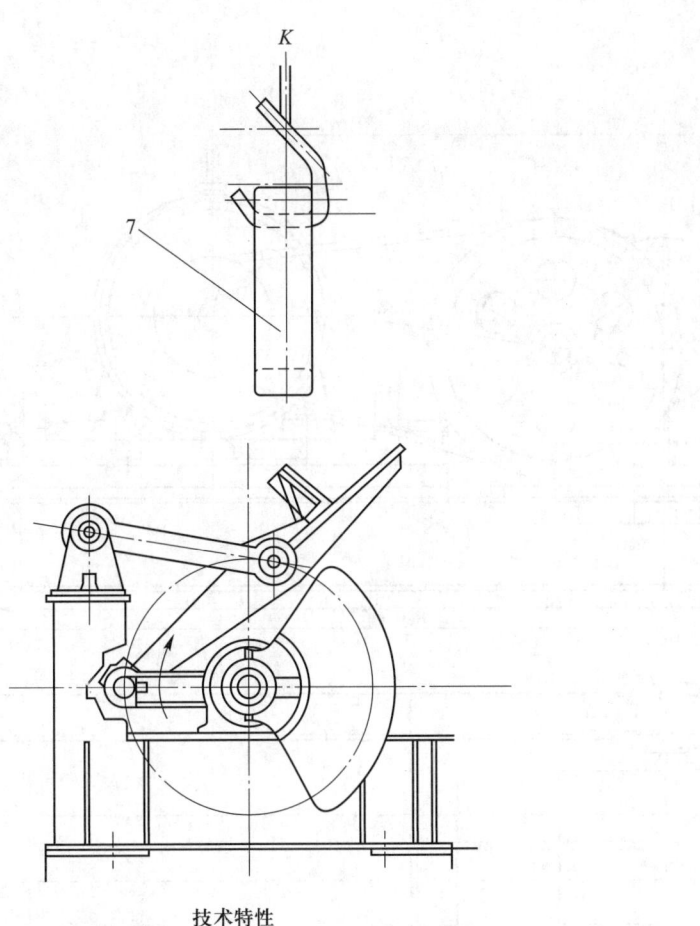

技术特性

| 电动机 | | 盘卷重量 /N | 往返次数 /(次/min) |
|---|---|---|---|
| 功率/kW | 转速/(r/min) | | |
| 7.5 | 970 | ≤900 | 13.69 |

| 7 | 线材盘卷 | 1 | | | |
|---|---|---|---|---|---|
| 6 | 电动机 YE3160M–6 | 1 | | GB/T 28575—2020 | |
| 5 | 联轴器 LX3 | 1 | | GB/T 5014—2017 | |
| 4 | 减速器 | 1 | | | $a$=650,$i$=70.87 |
| 3 | 联轴器 LT5 | 1 | | GB/T 4323—2017 | |
| 2 | 配重 | 1 | HT150 | | 4 750 N |
| 1 | 托架机构 | 1 | | | |
| 序号 | 名称 | 数量 | 材料 | 标准 | 备注 |
| | | (标题栏) | | | |

机总图

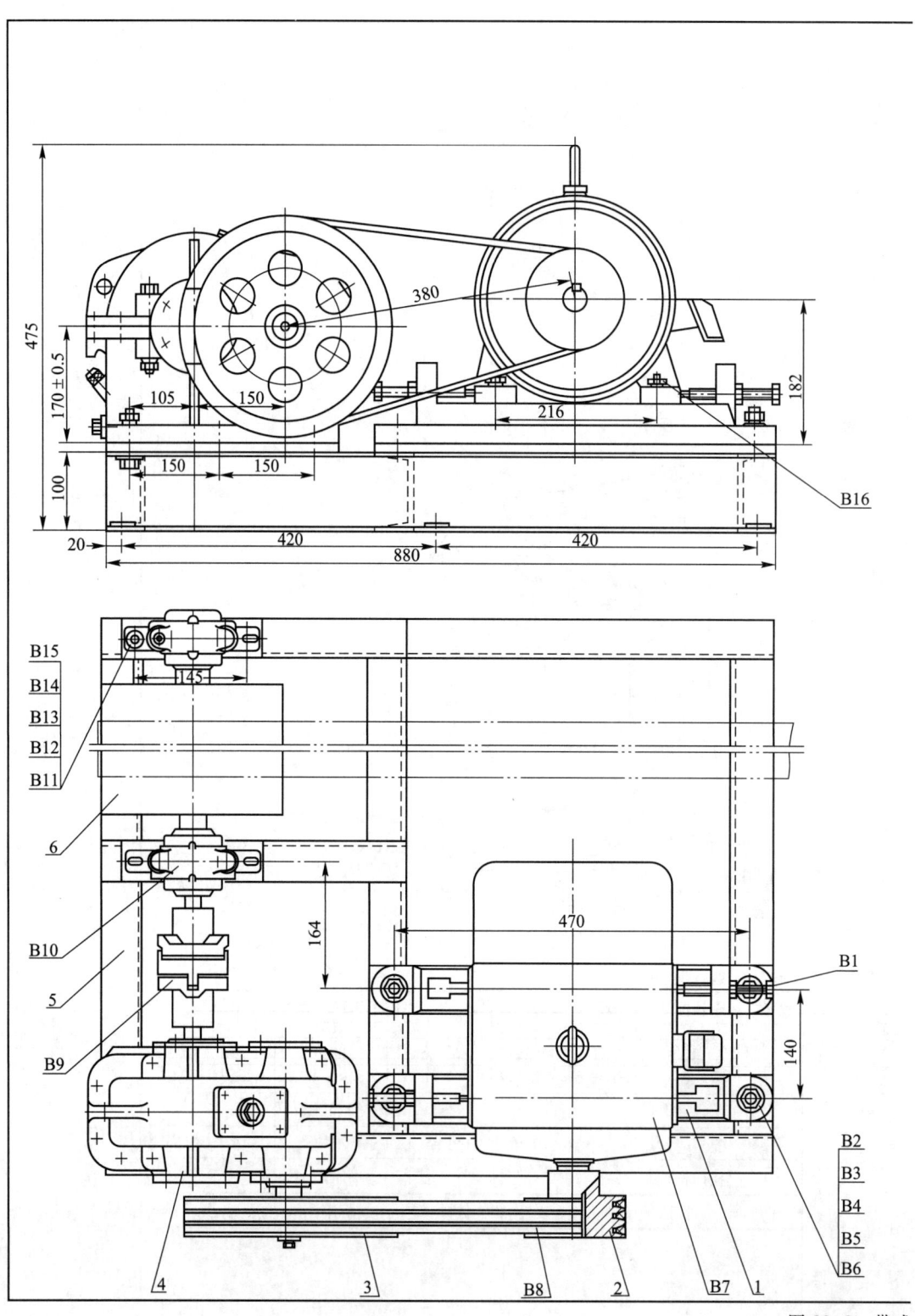

图 20-3 带式

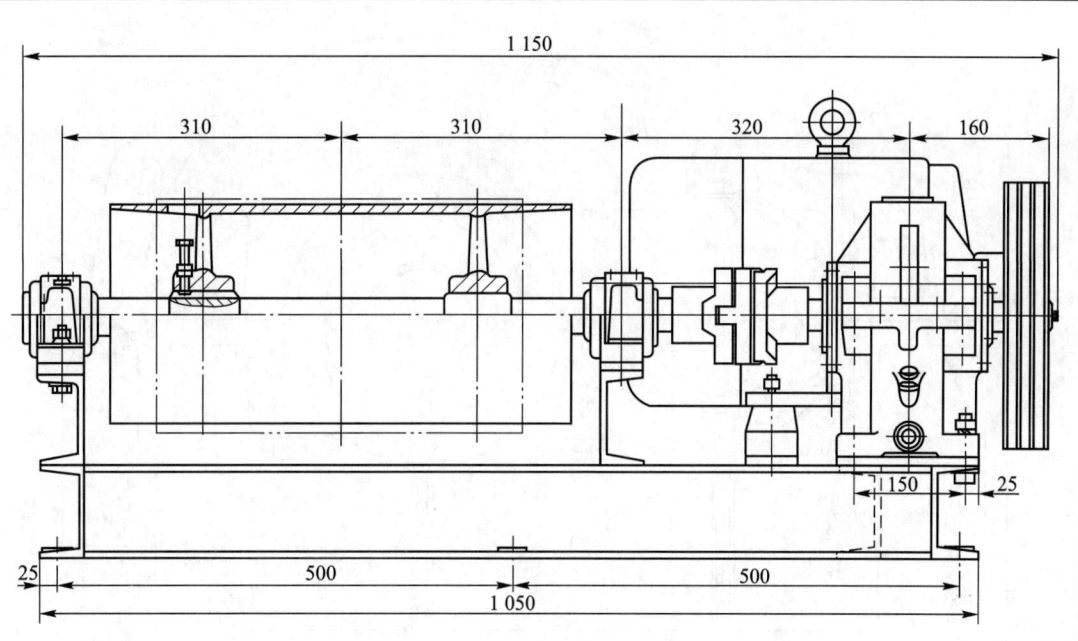

技术特性

| 电动机 | | 索引力/N | 带速/(m/s) | 滚筒直径/mm |
|---|---|---|---|---|
| 功率/kW | 转速/(r/min) | | | |
| 3 | 960 | 2 200 | 1.1 | 240 |

说明：电动机通过V带传动带驱动减速器输入轴，减速器输出轴通过十字滑块联轴器带动滚筒，滚筒轴的两端为独立支承。

| B16 | 螺栓M10×50 | 4 | 8.8 | GB/T 5782—2016 | | B4 | 垫圈16 | 4 | | GB/T 97.1—2002 | 200HV |
|---|---|---|---|---|---|---|---|---|---|---|---|
| B15 | 垫圈12 | 8 | 65Mn | GB/T 93—1987 | | B3 | 螺母M16 | 10 | 5 | GB/T 6170—2015 | |
| B14 | 垫圈12 | 4 | Q235A | GB/T 853—1988 | | B2 | 螺栓M16×75 | 10 | 5.8 | GB/T 5782—2016 | |
| B13 | 垫圈12 | 4 | Q235A | GB/T 97.1—2002 | | B1 | 螺栓M12×120 | 2 | 5.8 | GB/T 5783—2016 | |
| B12 | 螺母M12 | 8 | 5 | GB/T 6170—2015 | | 6 | 滚筒 | 1 | | | 焊接件 |
| B11 | 螺母M12×65 | 4 | 5.8 | GB/T 5782—2016 | | 5 | 机架 | 1 | | | 焊接件 |
| B10 | 滑动轴承座 | 2 | | JB/T 2561—2007 | 组合件 | 4 | 减速器 | 1 | | | 组合件 |
| B9 | 滑块联轴器 | 1 | | JB/Z Q4384—2006 | 组合件 | 3 | 大带轮 | 1 | HT200 | | $d_{d2}=280$ |
| B8 | V带 A1 400 | 3 | | GB/T 11544—2012 | | 2 | 小带轮 | 1 | HT200 | | $d_{d1}=125$ |
| B7 | 电动机YE3132S-6 | 1 | | | | 1 | 滑轨 | 2 | HT150 | | |
| B6 | 垫圈16 | 10 | 65Mn | GB/T 93—1987 | | 序号 | 名称 | 数量 | 材料 | 标准 | 备注 |
| B5 | 垫圈16 | 10 | Q235A | GB/T 853—1988 | | | | | | | |
| 序号 | 名称 | 数量 | 材料 | 标准 | 备注 | | (标题栏) | | | | |

输送机总图

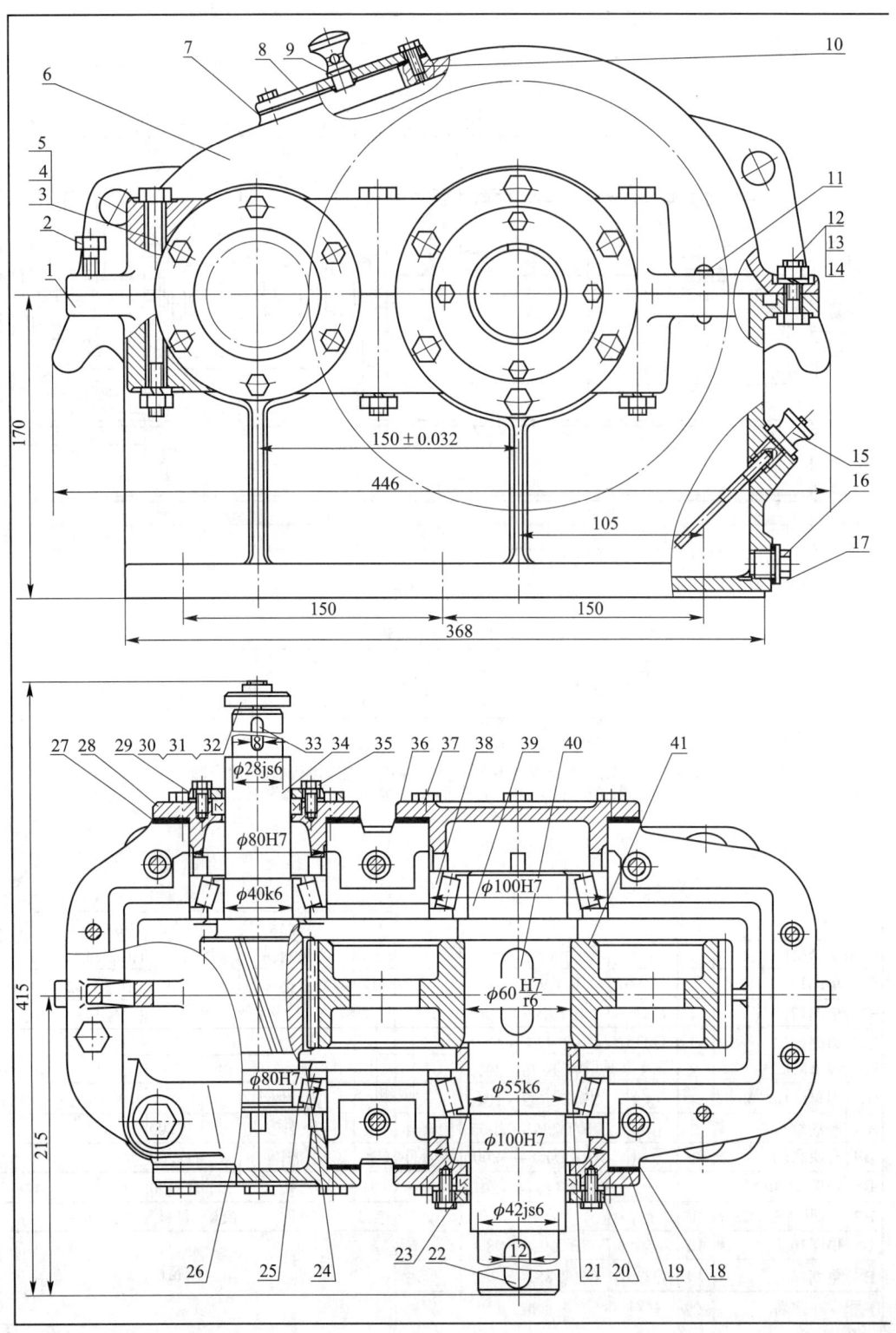

图 20-4 一级圆柱齿轮

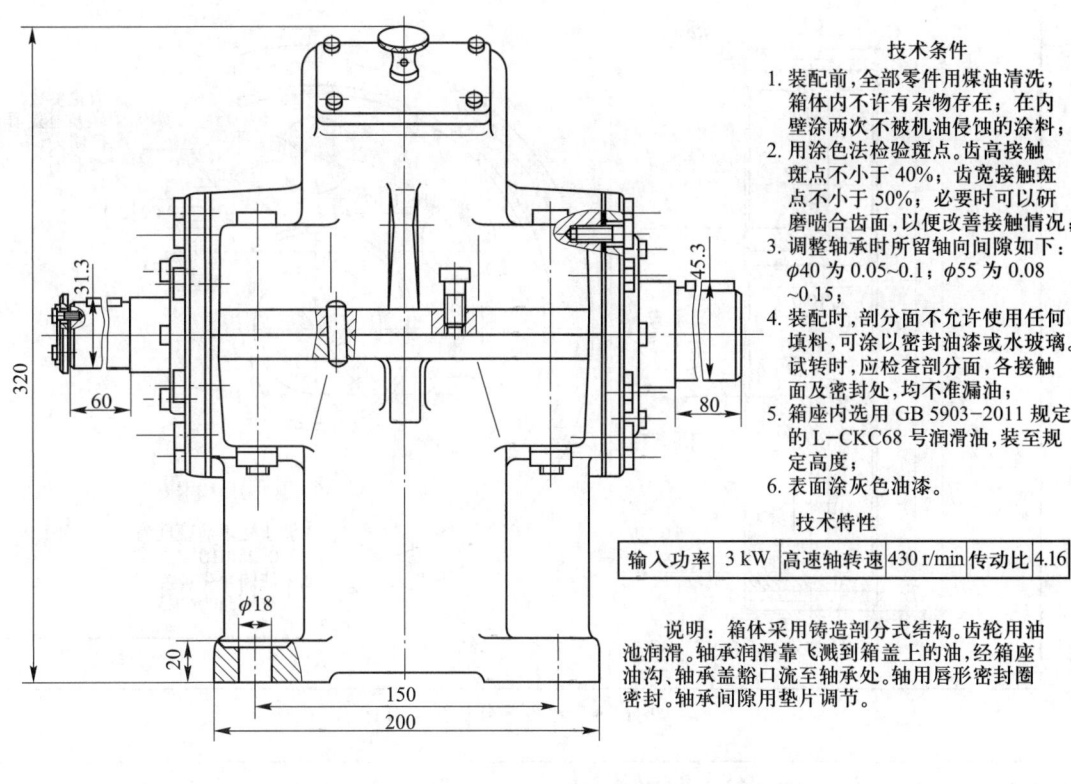

**技术条件**

1. 装配前,全部零件用煤油清洗,箱体内不许有杂物存在;在内壁涂两次不被机油侵蚀的涂料;
2. 用涂色法检验斑点。齿高接触斑点不小于40%;齿宽接触斑点不小于50%;必要时可以研磨啮合齿面,以便改善接触情况;
3. 调整轴承时所留轴向间隙如下: $\phi 40$ 为 $0.05\sim 0.1$;$\phi 55$ 为 $0.08\sim 0.15$;
4. 装配时,剖分面不允许使用任何填料,可涂以密封油漆或水玻璃。试转时,应检查剖分面,各接触面及密封处,均不准漏油;
5. 箱座内选用 GB 5903—2011 规定的 L-CKC68 号润滑油,装至规定高度;
6. 表面涂灰色油漆。

**技术特性**

| 输入功率 | 3 kW | 高速轴转速 | 430 r/min | 传动比 | 4.16 |

说明:箱体采用铸造剖分式结构。齿轮用油池润滑。轴承润滑靠飞溅到箱盖上的油,经箱座油沟、轴承盖豁口流至轴承处。轴用唇形密封圈密封。轴承间隙用垫片调节。

| 41 | 大齿轮 | 1 | 45 | | | 19 | 轴承端盖 | 1 | HT200 | | |
|---|---|---|---|---|---|---|---|---|---|---|---|
| 40 | 键18×16×50 | 1 | 45 | GB/T 1096—2003 | | 18 | 调整垫片 | 2组 | 08 | | |
| 39 | 轴 | 1 | 45 | | | 17 | 油圈25×18 | 1 | 石棉橡胶纸 | | |
| 38 | 轴承30211 | 2 | | GB/T 297—2015 | | 16 | 六角螺塞M18×1.5 | 1 | Q235A | JB/ZQ4450—2006 | |
| 37 | 螺栓M8×25 | 24 | 5.8 | GB/T 5782—2016 | | 15 | 油标 | 1 | Q235A | | |
| 36 | 轴承端盖 | 1 | HT200 | | | 14 | 垫圈10 | 2 | 65Mn | GB/T93—1987 | |
| 35 | J形油封35×60×12 | 1 | 橡胶I-1 | GB/T 9877—2008 | | 13 | 螺母M10 | 2 | 5 | GB/T6170—2015 | |
| 34 | 齿轮轴 | 1 | 45 | | | 12 | 螺栓M10×35 | 4 | 5.8 | GB/T5782—2016 | |
| 33 | 键8×7×50 | 1 | 45 | GB/T 1096—2003 | | 11 | 销A8×30 | 2 | 35 | GB/T117—2000 | |
| 32 | 垫圈6 | 1 | 65Mn | GB/T 93—1987 | | 10 | 螺栓M6×20 | 4 | 5.8 | GB/T5782—2016 | |
| 31 | 轴端挡圈 | 1 | Q235A | GB/T 893—1986 | | 9 | 通气器 | 1 | Q235A | | |
| 30 | 螺栓M6×25 | 2 | 5.8 | GB/T 5782—2016 | | 8 | 视孔盖 | 1 | Q215A | | |
| 29 | 密封盖板 | 1 | Q235A | | | 7 | 垫片 | 1 | 石棉橡胶纸 | | |
| 28 | 轴承端盖 | 1 | HT200 | | | 6 | 箱盖 | 1 | HT200 | | |
| 27 | 调整垫片 | 2 | 08 | | 成组 | 5 | 垫圈12 | 6 | 65Mn | GB/T93—1987 | |
| 26 | 轴承端盖 | 1 | HT200 | | | 4 | 螺母M12 | 6 | 5 | GB/T6170—2015 | |
| 25 | 轴承30208 | 2 | | GB/T 279—2015 | | 3 | 螺栓M12×100 | 6 | 5.8 | GB/T5782—2016 | |
| 24 | 挡油环 | 2 | Q215A | | | 2 | 起盖螺钉M10×30 | 1 | 5.8 | GB/T5782—2016 | |
| 23 | J形油封50×75×12 | 1 | 橡胶I-1 | GB/T 9877—2008 | | 1 | 箱座 | 1 | HT200 | | |
| 22 | 键12×8×56 | 1 | 45 | GB/T 1096—2003 | | 序号 | 名称 | 数量 | 材料 | 标准 | 备注 |
| 21 | 定距环 | 1 | Q235A | | | | | | | | |
| 20 | 密封盖板 | 1 | Q235A | | | | (标题栏) | | | | |
| 序号 | 名称 | 数量 | 材料 | 标准 | 备注 | | | | | | |

减速器装配图

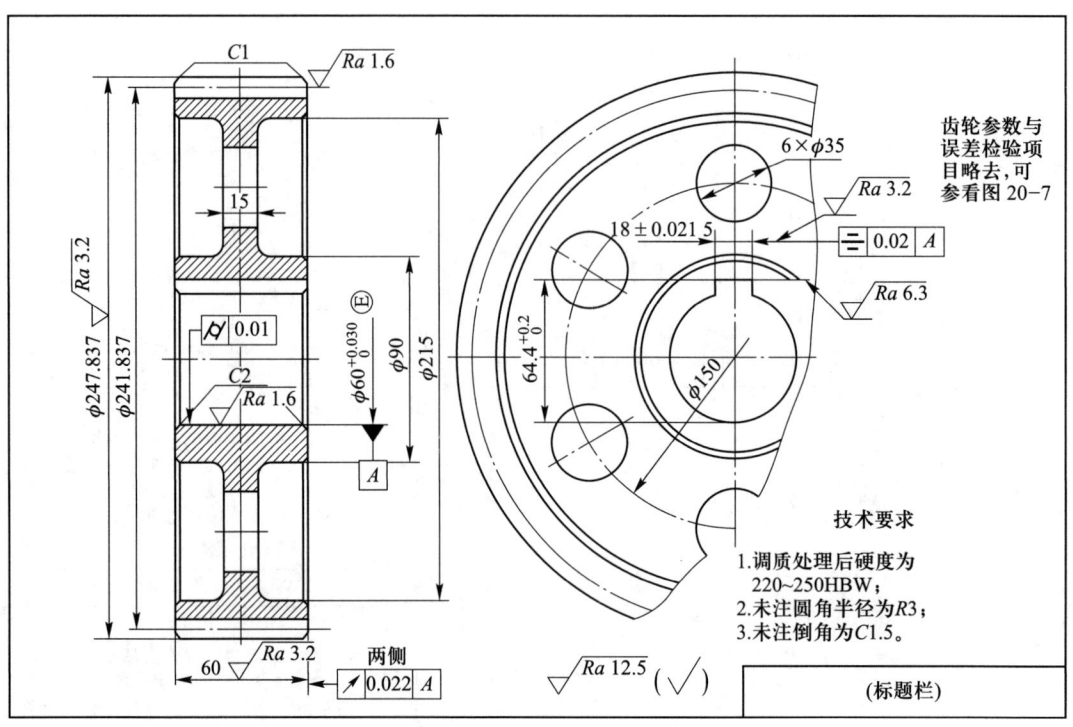

图 20-5　直齿圆柱齿轮零件图

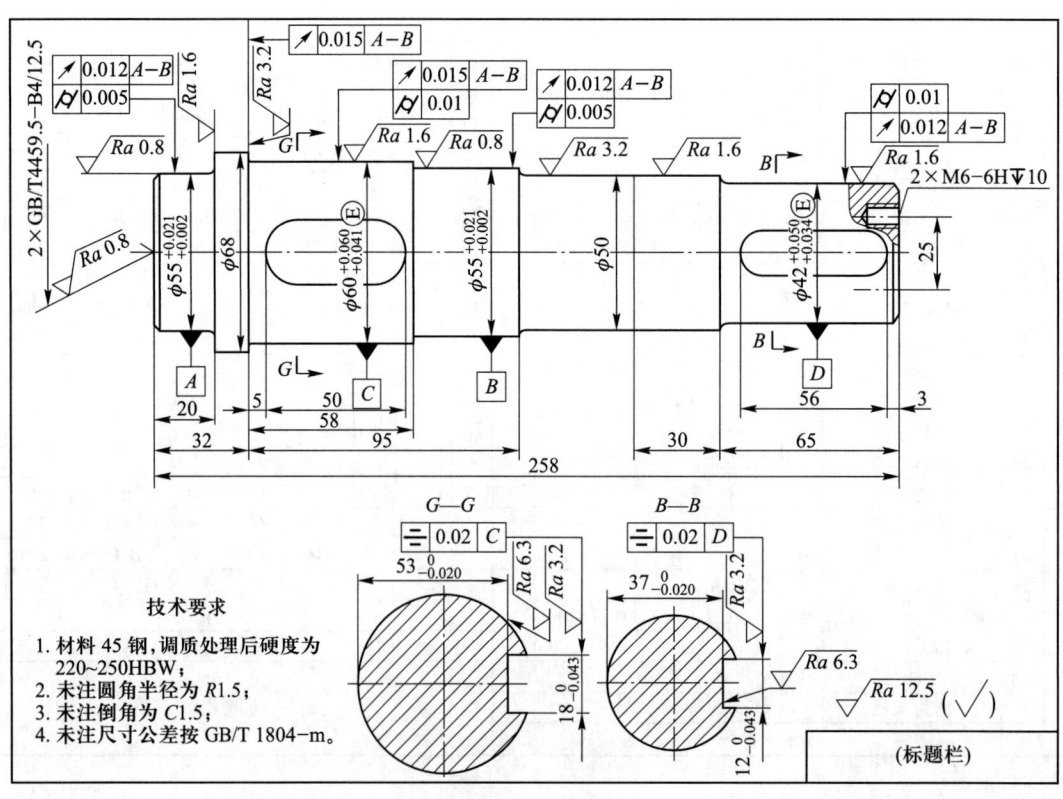

图 20-6　轴零件图

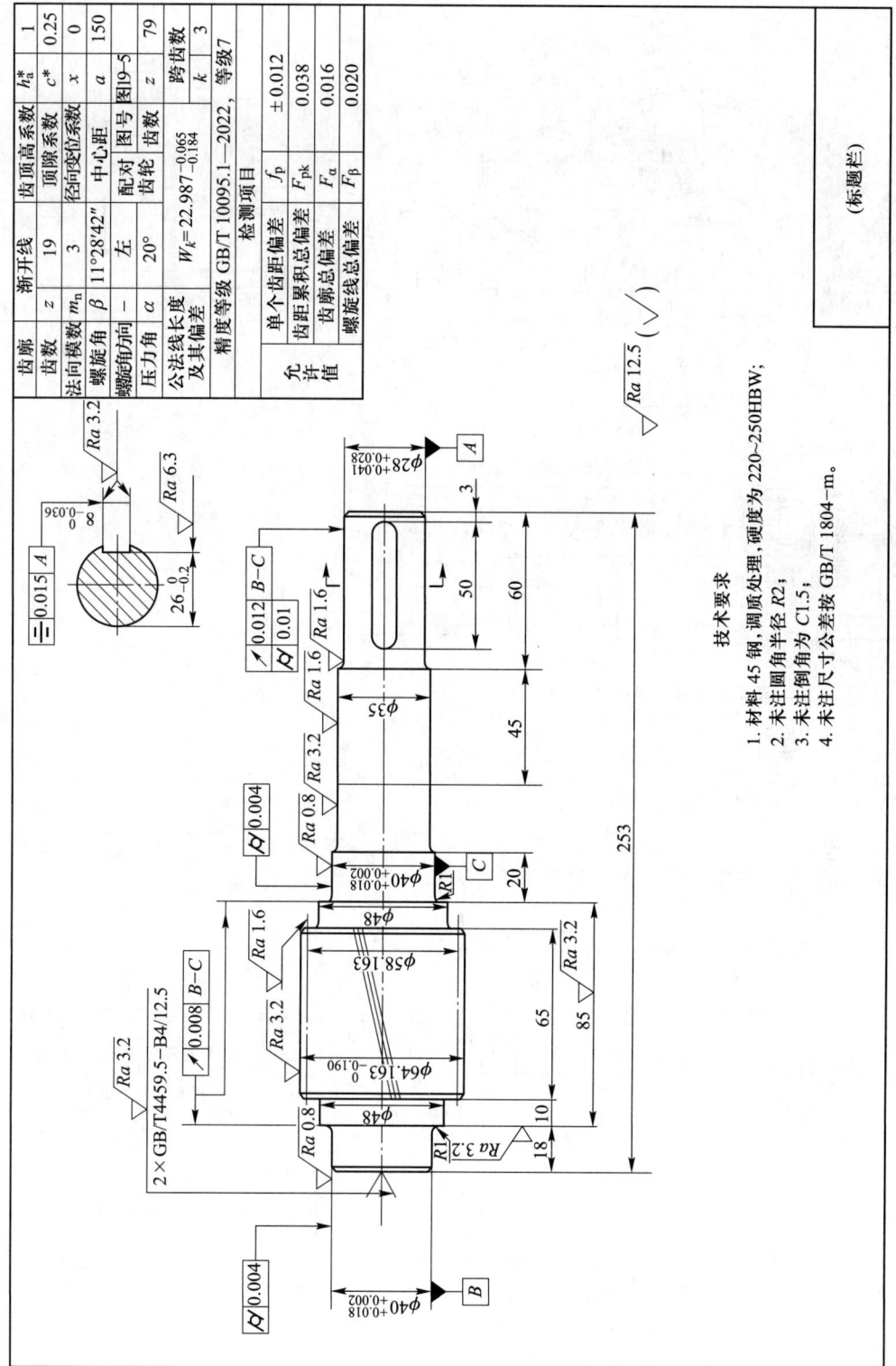

| 齿廓 | | 渐开线 | 齿顶高系数 | $h_a^*$ | 1 |
|---|---|---|---|---|---|
| 齿数 | $z$ | 19 | 顶隙系数 | $c^*$ | 0.25 |
| 法向模数 | $m_n$ | 3 | 径向变位系数 | $x$ | 0 |
| 螺旋角 | $\beta$ | 11°28′42″ | 中心距 | $a$ | 150 |
| 螺旋角方向 | – | 左 | 配对齿轮 图号 | 图19-5 | |
| 压力角 | $\alpha$ | 20° | 配对齿轮 齿数 | $z$ | 79 |
| 公法线长度及其偏差 | | $W_k=22.987^{-0.065}_{-0.184}$ | | 跨齿数 $k$ | 3 |
| 精度等级 GB/T 10095.1—2022，等级7 | | | | | |
| 检测项目 | | | | | |
| 允许值 | 单个齿距偏差 | $f_p$ | ±0.012 | | |
| 允许值 | 齿距累积总偏差 | $F_{pk}$ | 0.038 | | |
| 允许值 | 齿廓总偏差 | $F_\alpha$ | 0.016 | | |
| 允许值 | 螺旋线总偏差 | $F_\beta$ | 0.020 | | |

Ra 12.5 (√)

技术要求

1. 材料 45 钢，调质处理，硬度为 220~250HBW；
2. 未注圆角半径 $R2$；
3. 未注倒角为 $C1.5$；
4. 未注尺寸公差按 GB/T 1804−m。

(标题栏)

图 20-7　齿轮轴零件图

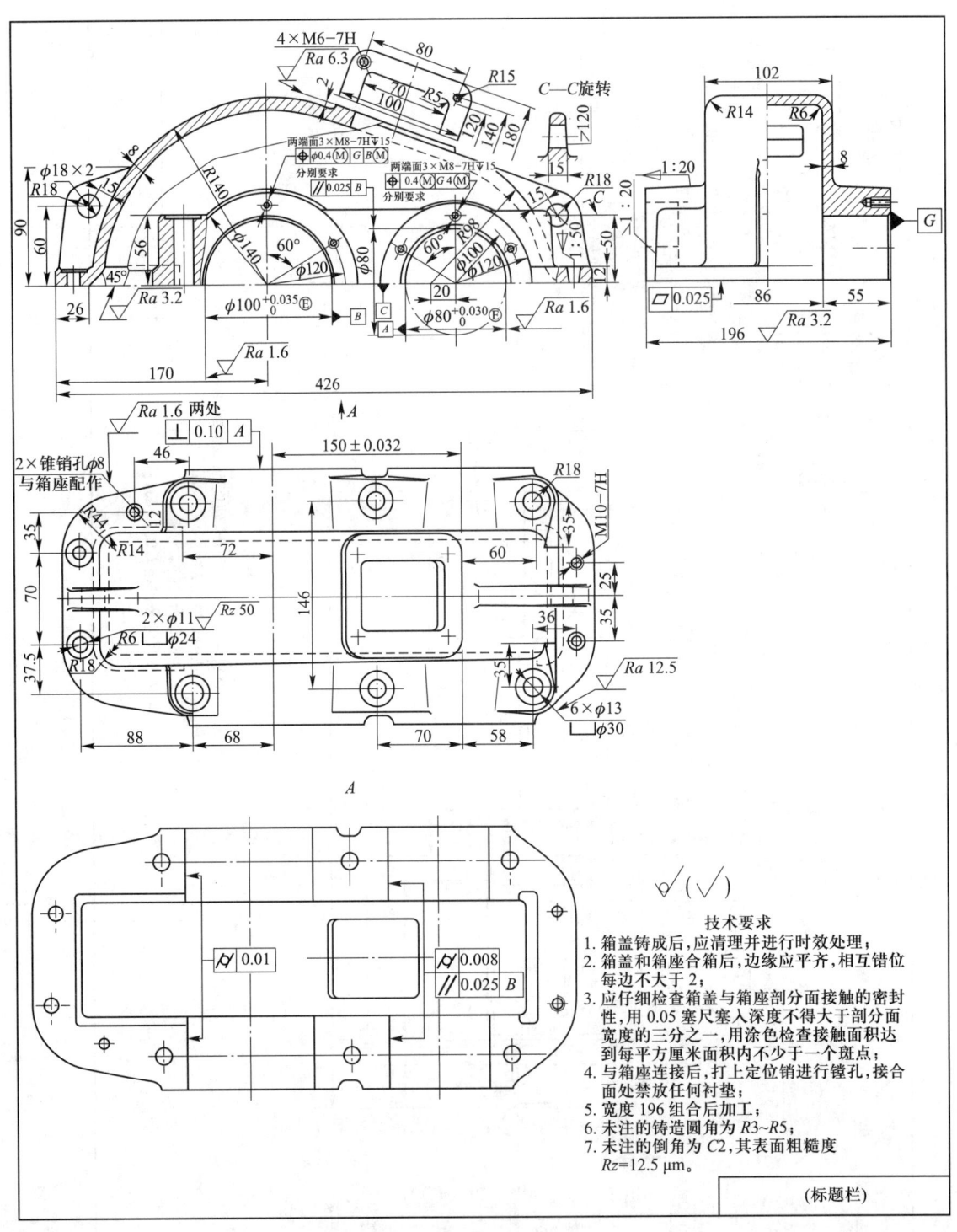

A

√(√)

技术要求

1. 箱盖铸成后，应清理并进行时效处理；
2. 箱盖和箱座合箱后，边缘应平齐，相互错位每边不大于 2；
3. 应仔细检查箱盖与箱座剖分面接触的密封性，用 0.05 塞尺塞入深度不得大于剖分面宽度的三分之一，用涂色检查接触面积达到每平方厘米面积内不少于一个斑点；
4. 与箱座连接后，打上定位销进行镗孔，接合面处禁放任何衬垫；
5. 宽度 196 组合后加工；
6. 未注的铸造圆角为 $R3\sim R5$；
7. 未注的倒角为 C2，其表面粗糙度 $Rz=12.5$ μm。

(标题栏)

图 20-8 箱盖零件图

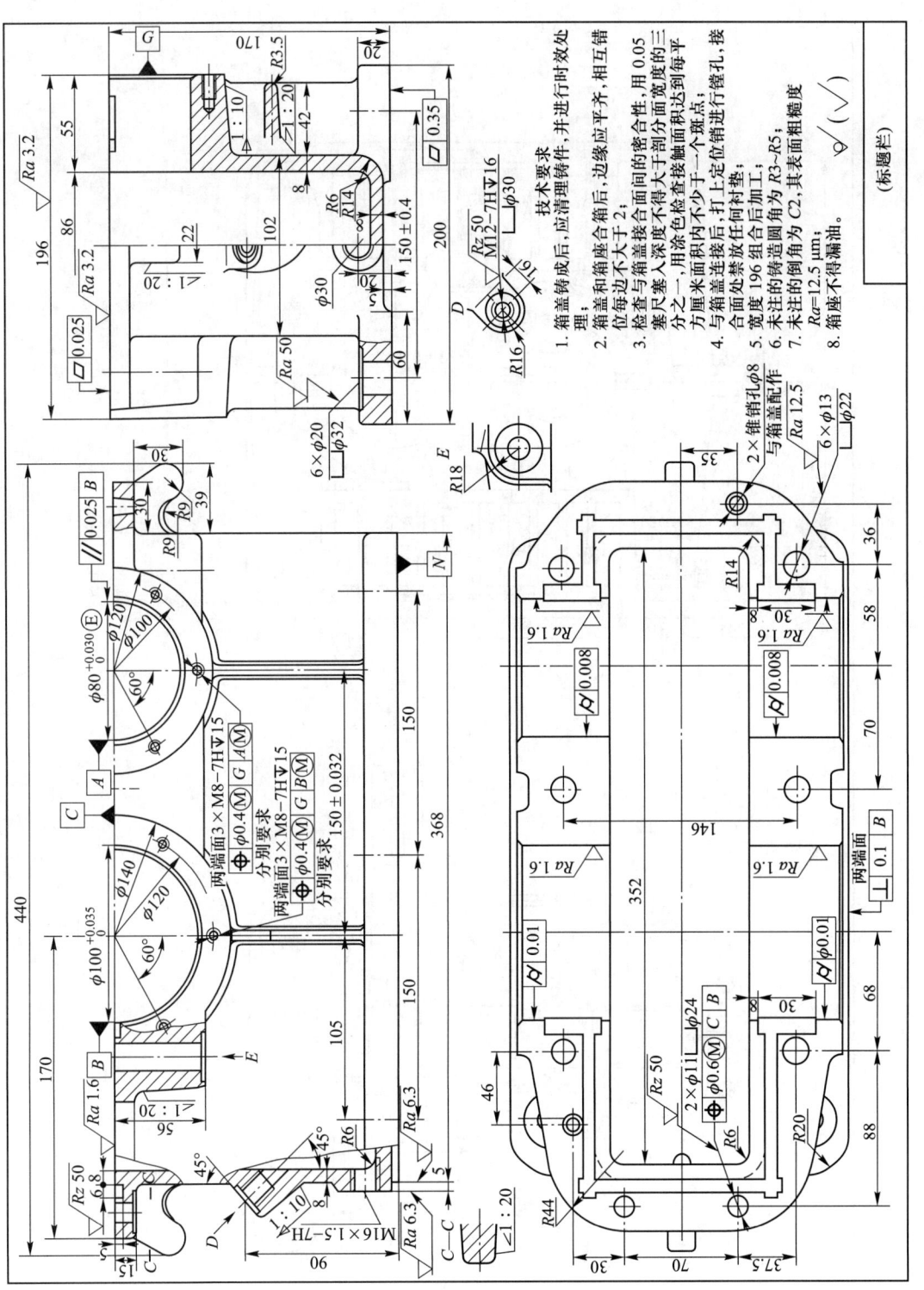

技术要求
1. 箱盖铸成后，应清理铸件，并进行时效处理；
2. 箱盖和箱座合箱后，边缘应平齐，相互错位每边不大于 2；
3. 检查与箱盖接合面间的密合性，用 0.05 塞尺塞入深度不得大于剖分面宽度的三分之一，用涂色检查接触面积达到每平方厘米面积内不少于一个斑点；
4. 与箱盖连接后，打上定位销进行镗孔，接合面处禁放任何衬垫；
5. 宽度 196 组合后加工；
6. 未注的铸造圆角为 R3~R5；
7. 未注的倒角为 C2，其表面粗糙度 Ra=12.5 μm；
8. 箱座不得漏油。
(标题栏)

图 20-9　箱座零件图

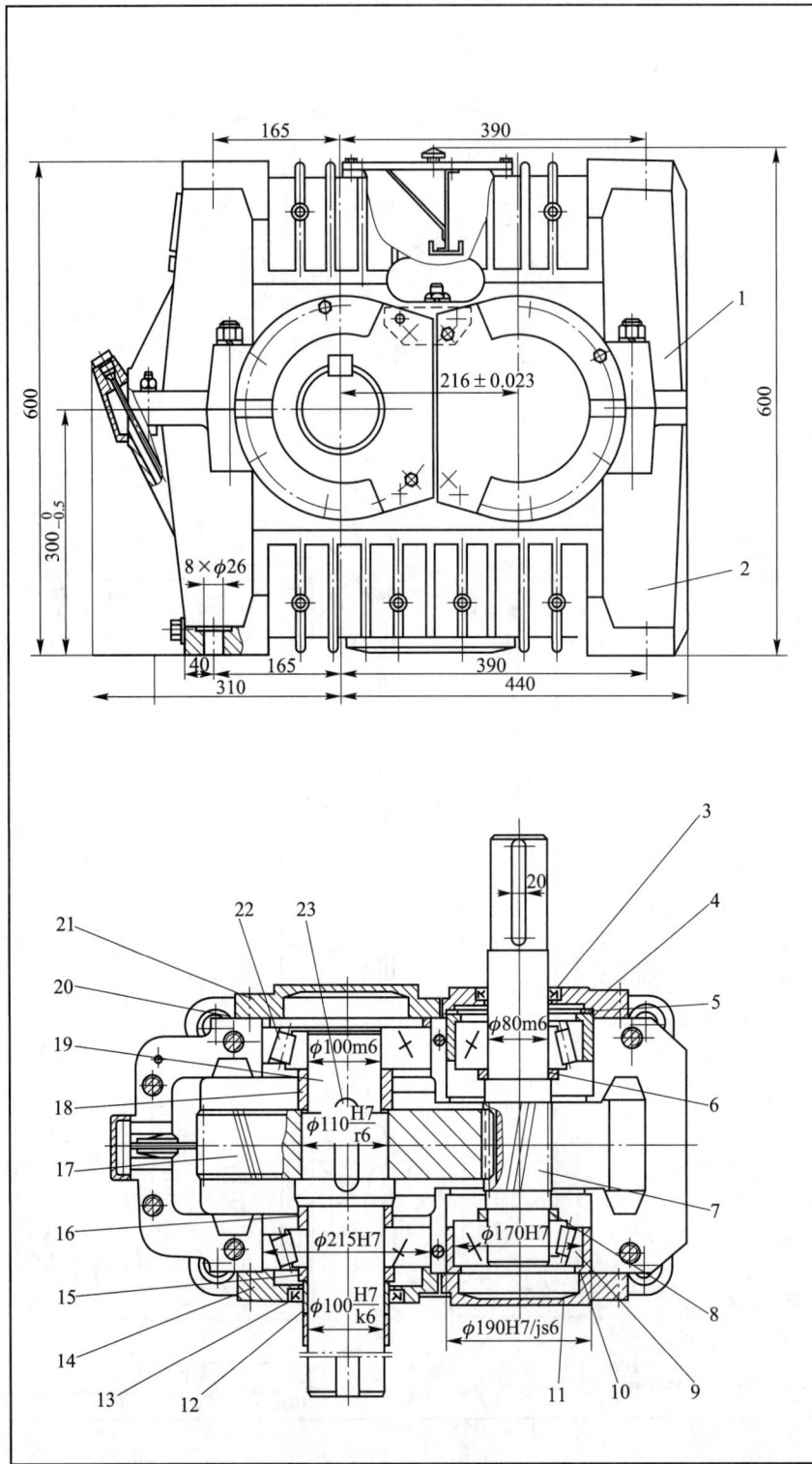

图 20-10 一级圆柱齿

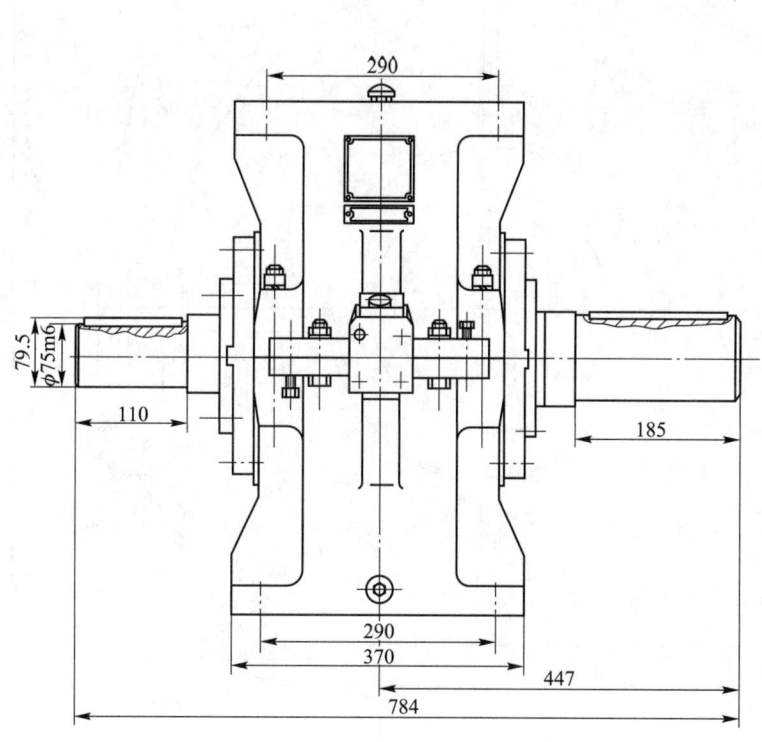

| | 技术参数表 | |
|---|---|---|
| 传动功率 | 100 kW | |
| 输入转速 | 1 000 r/min | |
| 传动比 | 5.062 5 | |
| 模数 | 4.5 | |
| 螺旋角 | 7°55′1″ | |
| 齿数 | 16 | 81 |

**技术要求**

1. 轴承轴向间隙应符合下表规定：

| 轴承内径 | 80 | 100 |
|---|---|---|
| 轴向间隙 | 0.08~0.15 | 0.12~0.2 |

2. 齿轮副最小极限侧隙为 0.185；
3. 空载时齿轮副接触斑点在齿高方向不小于 50%，齿宽方向不小于 70%；
4. 润滑油选用 GB 5903-2011 规定的 L-CKC220 或 L-CKC320；
5. 空运转试验在额定转速下运转 2 h，双向工作时正反向各运转 1 h，要求各连接件、紧固件不松动，密封处、接合处不渗油，运转平稳，无冲击，温升正常，齿面接触斑点合格；
6. 负载性能试验按有关标准要求进行。

说明：箱体采用铸造、剖分式多安装面结构，可正装也可倒装，轴承座无肋板，油针可相应改变安装方向。为适应同一系列不同轴承型号和不同轴长的要求，采用了多个不同宽度的定距环（如件 8、6、15、16）和套筒（件 10）。为改善齿轮润滑情况，采用了挂架式润滑装置。为满足轴承的不同润滑方式，轴承盖有一段加厚，以便开设油孔。为保证键的强度，采用 B 型键，键长基本与齿宽相当。明细栏中只列出主要零件。

| 23 | 键28×16×90 | 1 | 45 | GB/T 1096—2003 | |
|---|---|---|---|---|---|
| 22 | 轴承32220 | 2 | | GB/T 297—2015 | |
| 21 | 端盖 | 1 | ZG270-500 | | |
| 20 | 定距环 | 1 | 45 | | |
| 19 | 轴 | 1 | 42CrMoA | | |
| 18 | 定距环 | 1 | 45 | | |
| 17 | 齿轮 | 1 | 20CrNi2MoA | | |
| 16 | 定距环 | 1 | 45 | | |
| 15 | 定距环 | 1 | 45 | | |
| 14 | 透盖 | 1 | ZG270-500 | | |
| 13 | J形油封 | 1 | 橡胶I-1 | GB/T 9877—2008 | B110×140×16 |
| 12 | 定距环 | 1 | 45 | | |
| 11 | 端盖 | 1 | ZG270-500 | | |
| 10 | 套筒 | 1 | 45 | | |
| 9 | 轴承32216 | 2 | | GB/T 297—2015 | |
| 8 | 定距环 | 2 | 45 | | |
| 7 | 齿轮轴 | 1 | 20CrNi2MoA | | |
| 6 | 定距环 | 1 | 45 | | |
| 5 | 定距环 | 1 | 45 | | |
| 4 | 透盖 | 1 | ZG270-500 | | |
| 3 | J形油封 | 1 | 橡胶I-1 | GB/T 9877—2008 | B80×105×12 |
| 2 | 下箱体 | 1 | ZG270-500 | | |
| 1 | 上箱体 | 1 | ZG270-500 | | |
| 序号 | 名称 | 数量 | 材料 | 标准 | 备注 |
| | (标题栏) | | | | |

轮减速器装配图（模块式结构）

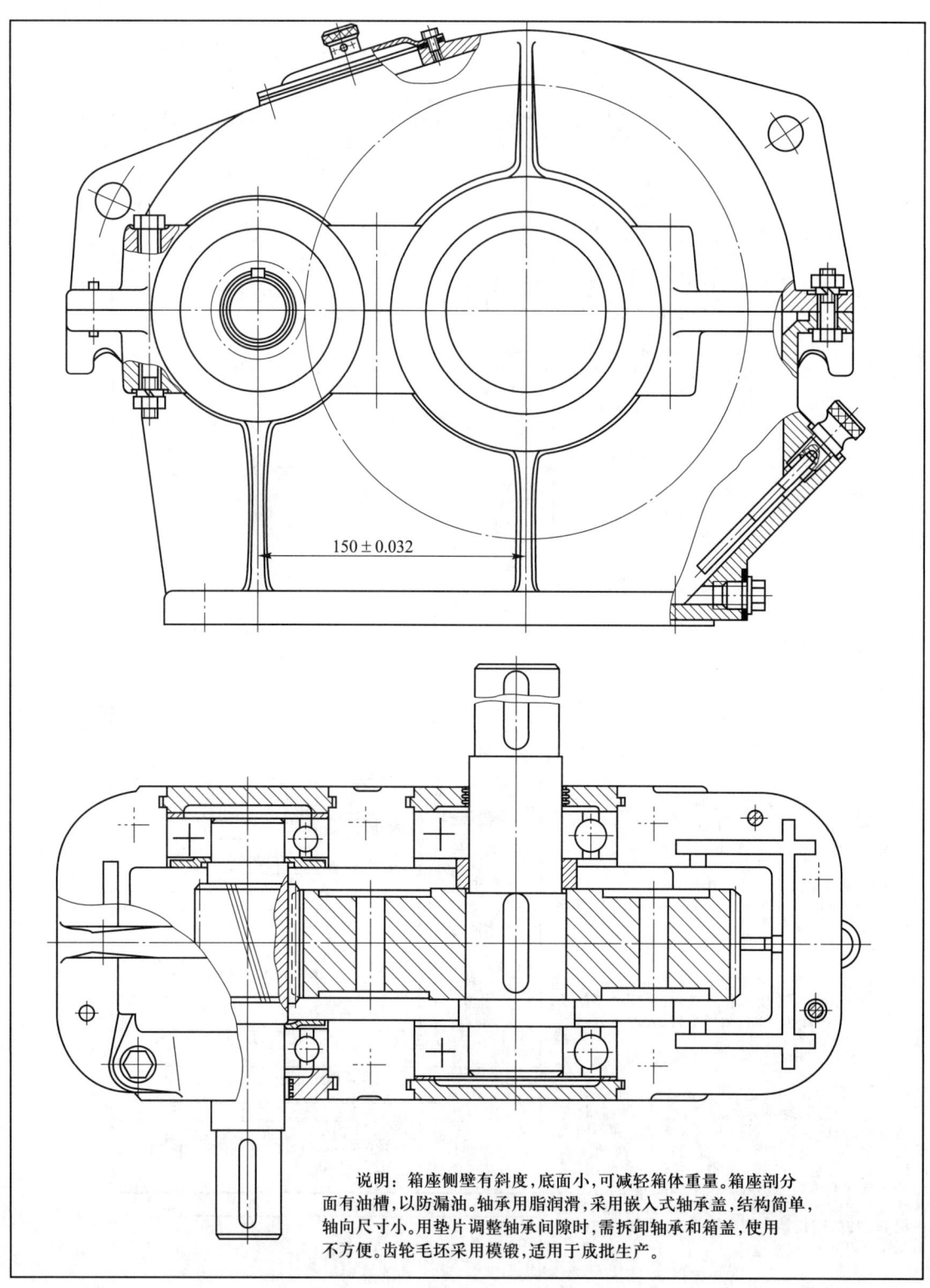

说明：箱座侧壁有斜度，底面小，可减轻箱体重量。箱座剖分面有油槽，以防漏油。轴承用脂润滑，采用嵌入式轴承盖，结构简单，轴向尺寸小。用垫片调整轴承间隙时，需拆卸轴承和箱盖，使用不方便。齿轮毛坯采用模锻，适用于成批生产。

图 20-11　一级圆柱齿轮减速器结构图

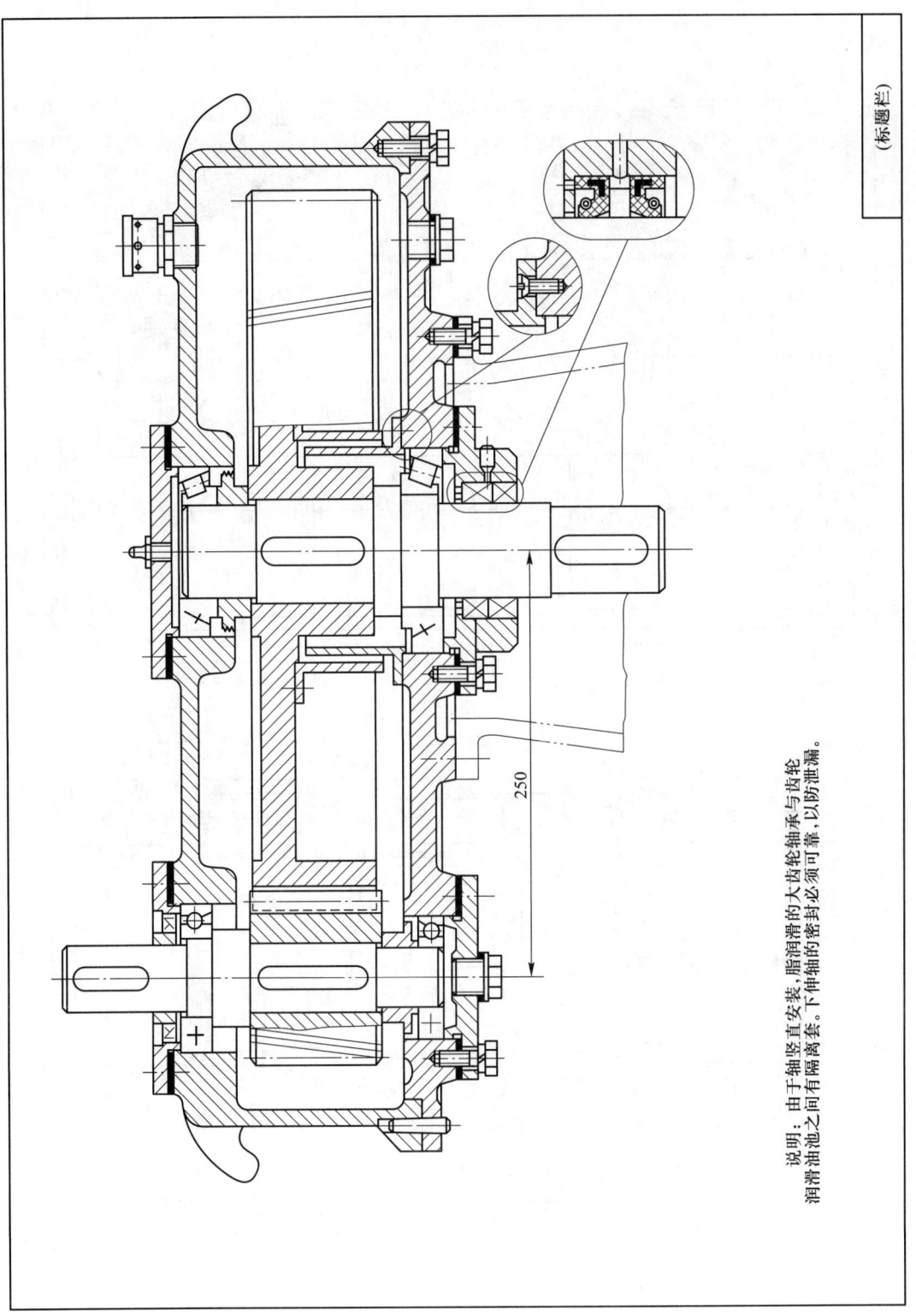

说明：由于轴竖直安装，脂润滑的大齿轮轴承与齿轮润滑油池之间有隔离套。下伸轴的密封必须可靠，以防泄漏。

图 20-12 一级立轴圆柱齿轮减速器结构图

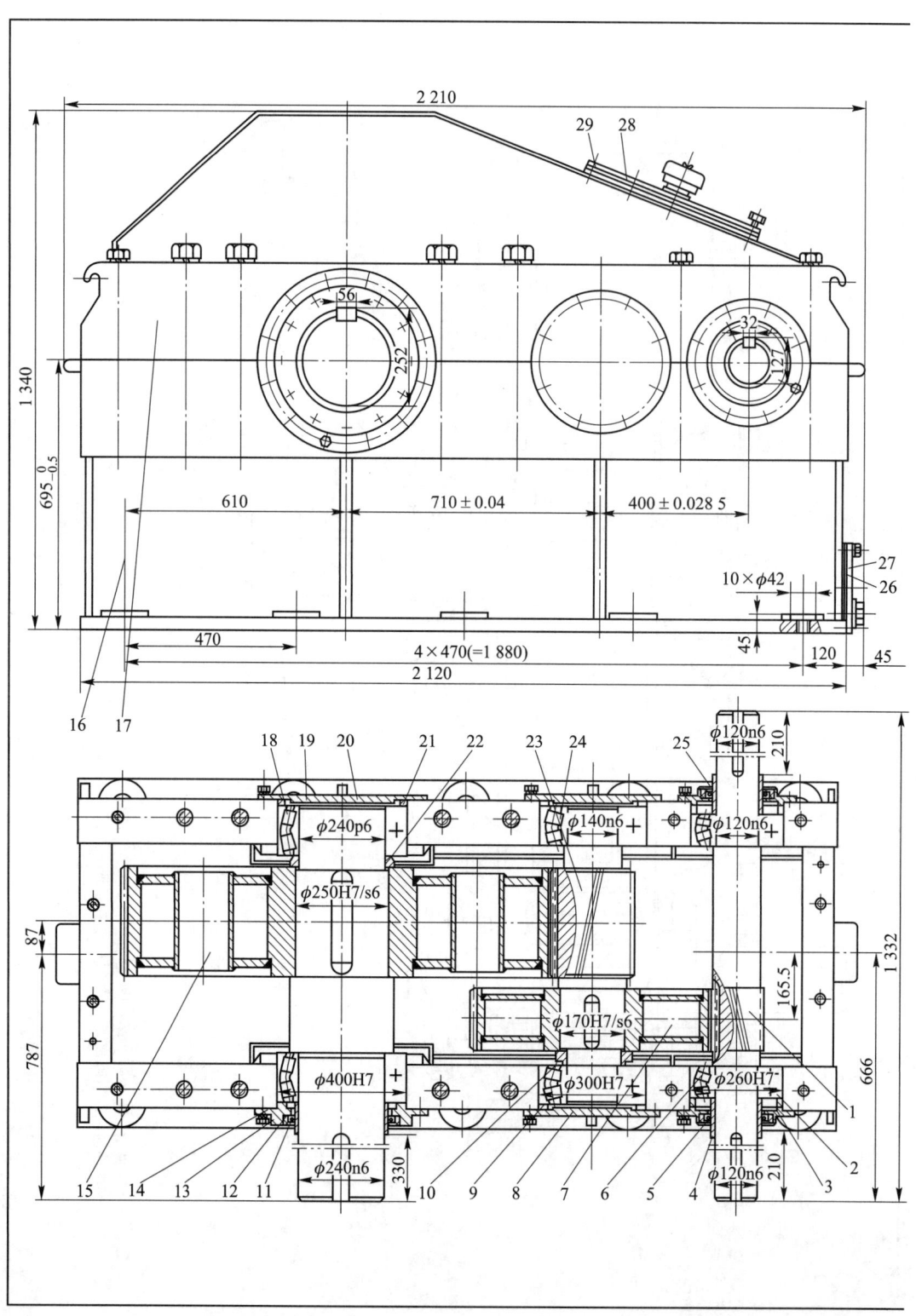

图 20-13 二级圆柱齿轮

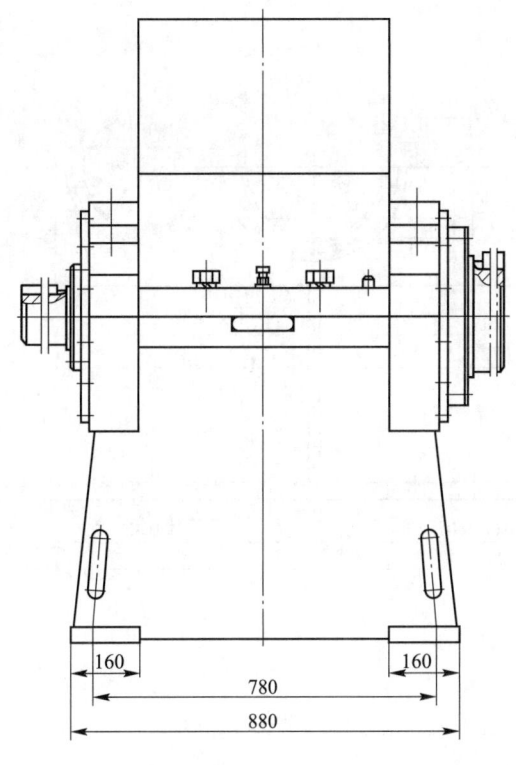

**技术参数表**

| | | | | |
|---|---|---|---|---|
| 传动功率 | 200 kW | | | |
| 输入转速 | 941 r/min | | | |
| 传动比 | 30.85 | | | |
| 级别 | 第一级 | | 第二级 | |
| 模数 | 5 | | 9 | |
| 螺旋角 | 12° | | 12° | |
| 齿数 | 24 | 131 | 23 | 130 |
| 变位系数 | +0.45 | +0.345 | +0.433 | +0.268 |

**技术要求**

1. 轴承轴向间隙应符合下表规定：

| | | | |
|---|---|---|---|
| 轴承内径 | 120 | 140 | 240 |
| 轴向间隙 | 0.12~0.2 | 0.2~0.3 | 0.25~0.35 |

2. 圆柱齿轮副最小极限侧隙应符合下表规定：

| | | |
|---|---|---|
| 中心距 | 400 | 710 |
| 最小极限侧隙 | 0.230 | 0.320 |

3. 空载时齿轮副接触斑点在齿高方向不小于 50%，齿宽方向不小于 70%；
4. 润滑油选用 GB 5903-2011 规定的 L-CKC220 或 L-CKC320。

| 序号 | 名称 | 数量 | 材料 | 标准 | 备注 |
|---|---|---|---|---|---|
| 22 | 定距环 | 1 | 25 | | |
| 21 | 定距环 | 1 | 25 | | |
| 20 | 轴 | 1 | 42CrMoA | | |
| 19 | 端盖 | 1 | Q235A | | |
| 18 | 轴承 23148 | 2 | | GB/T288—2013 | |
| 17 | 上箱体 | 1 | | | 焊接件 |
| 16 | 下箱体 | 1 | | | 焊接件 |
| 15 | 齿轮 | 1 | | | 焊接件 |
| 14 | 透盖 | 1 | Q235A | | |
| 13 | 盖 | 1 | Q235A | | |
| 12 | J 形油封 | 1 | | GB/T 9877—2008 | 280×320×20 |
| 11 | 定距环 | 1 | 25 | | |
| 10 | 定距环 | 2 | 25 | | |
| 9 | 定距环 | 2 | 25 | | |
| 8 | 端盖 | 2 | Q235A | | |
| 7 | 齿轮 | 11 | | | 焊接件 |
| 6 | 轴承 23124 | 2 | | GB/T288—2013 | |
| 5 | 盖 | 2 | Q235A | | |
| 4 | 定距环 | 2 | 25 | | |
| 3 | 透盖 | 2 | Q235A | | |
| 2 | 定距环 | 2 | 25 | | |
| 1 | 齿轮轴 | 1 | 20CrNi2MoA | | |

说明：减速器箱体和大齿轮都采用焊接结构，相比铸造箱体和铸造齿轮，其重量大大减轻。由于齿轮采用双腹板，外表整齐，便于清洗。各轴支承采用调心滚子轴承，可减缓因斜齿圆柱齿轮的螺旋角加工误差和轴的变形引起的齿轮传动的偏载，这对大、中型减速器尤为重要。为保证轴承的润滑油量，在箱座的每一个轴承座处都有储油盒。采用变位齿轮，取螺旋角、中心距为整数。明细栏中只列出主要零件。

| 序号 | 名称 | 数量 | 材料 | 标准 | 备注 |
|---|---|---|---|---|---|
| 29 | 垫片 | 1 | 08 | | |
| 28 | 视孔盖 | 1 | Q235A | | |
| 27 | 清洗盖 | 1 | Q235A | | |
| 26 | 垫片 | 1 | 08 | | |
| 25 | J 形油封 | 2 | 橡胶 I-1 | GB/T 9877—2008 | 140×170×16 |
| 24 | 轴承 23128 | 2 | | GB/T288—2013 | |
| 23 | 齿轮轴 | 1 | 20CrNi2MoA | | |

（标题栏）

减速器装配图（焊接箱体）

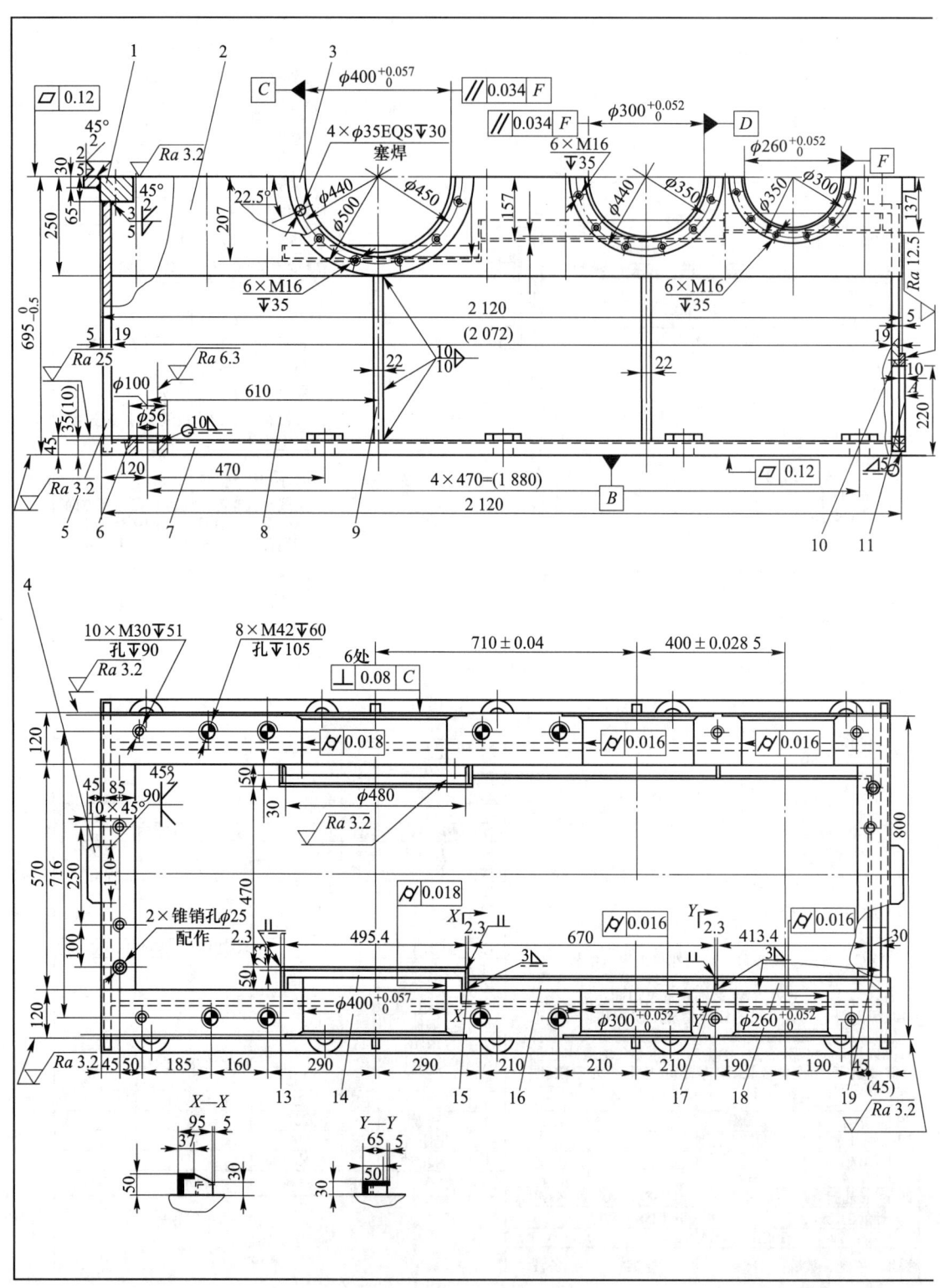

图 20-14 焊接箱座

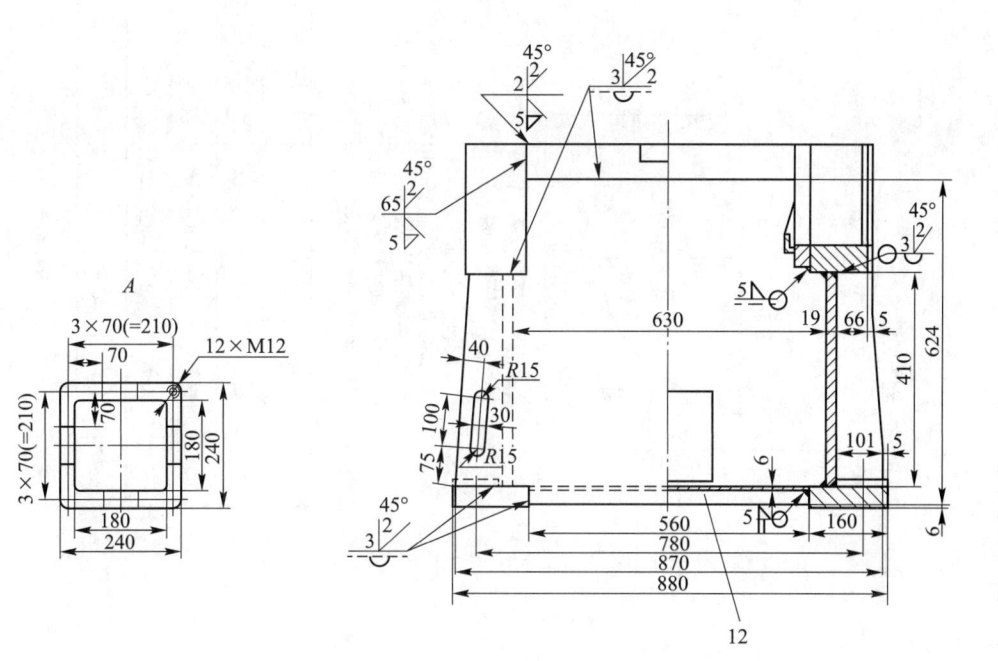

技术要求

1. 加工面留余量；
2. 时效处理。

| 焊接件技术要求 | |
|---|---|
| 通用技术条件 | JB/QZ 4 000.3 |
| 焊缝质量评定级别 | BK, BS |
| 尺寸公差精度等级 | c |
| 几何公差精度等级 | G |
| 密封性试验 | 是 |
| 耐压试验 | 否 |
| 未注角焊缝高度 | 5 |

| 序号 | 名称 | 数量 | 材料 | 标准 | 备注 |
|---|---|---|---|---|---|
| 19 | 钢板2.3×80×570 | 1 | Q235A | | |
| 18 | 钢板2.3×80×443.7 | 2 | Q235A | | |
| 17 | 钢板2.3×30×65 | 2 | Q235A | | |
| 16 | 钢板2.3×80×670 | 2 | Q235A | | |
| 15 | 钢板2.3×50×95 | 2 | Q235A | | |
| 14 | 钢板2.3×87×495.4 | 2 | Q235A | | |
| 13 | 钢板2.3×37×50 | 2 | Q235A | | |
| 12 | 钢板6×560×2 070 | 1 | Q235A | | |
| 11 | 钢板10×240×240 | 1 | Q235A | | |
| 10 | 钢板19 | 1 | Q235A | | |
| 9 | 钢板22 | 4 | Q235A | | |
| 8 | 钢板19×411×2 020 | 2 | Q235A | | |
| 7 | 钢板35×160×2 120 | 2 | Q235A | | |
| 6 | 钢板10×$\phi$100×$\phi$56 | 10 | Q235A | | |
| 5 | 钢板19 | 1 | Q235A | | |
| 4 | 钢板30×45×110 | 2 | Q235A | | |
| 3 | 钢板30×$R$240×$R$200 | 2 | Q235A | | |
| 2 | 钢板120×250×2 120 | 2 | Q235A | | |
| 1 | 钢板65×85×570 | 2 | Q235A | | |

(标题栏)

零件图

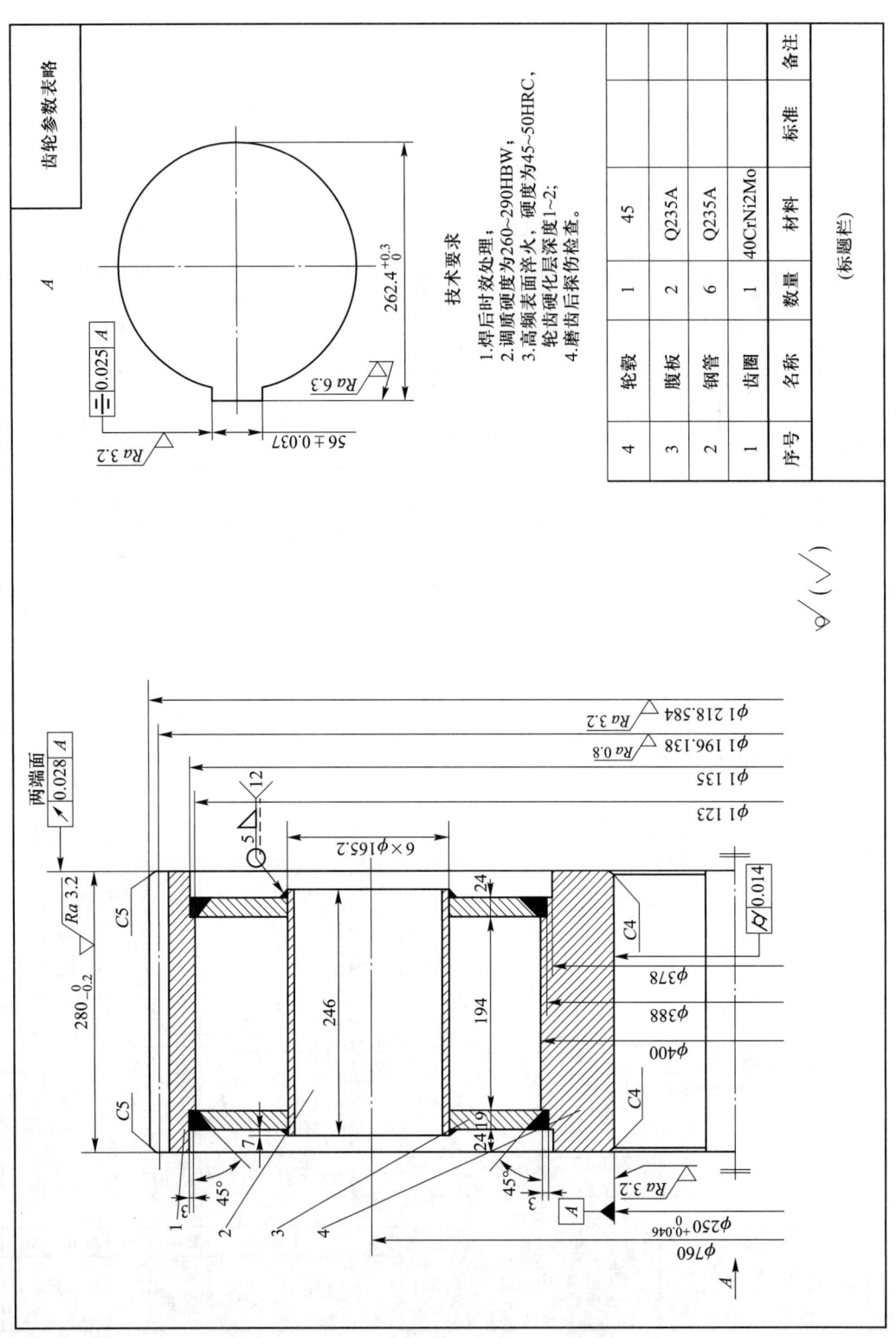

齿轮参数表略

**技术要求**

1.焊后时效处理；
2.调质硬度为260~290HBW；
3.高频表面淬火，硬度为45~50HRC，
轮齿硬化层深度1~2；
4.磨齿后探伤检查。

| 序号 | 名称 | 数量 | 材料 | 标准 | 备注 |
|---|---|---|---|---|---|
| 4 | 轮毂 | 1 | 45 | | |
| 3 | 腹板 | 2 | Q235A | | |
| 2 | 钢管 | 6 | Q235A | | |
| 1 | 齿圈 | 1 | 40CrNi2Mo | | |

(标题栏)

图 20-15 焊接齿轮零件图

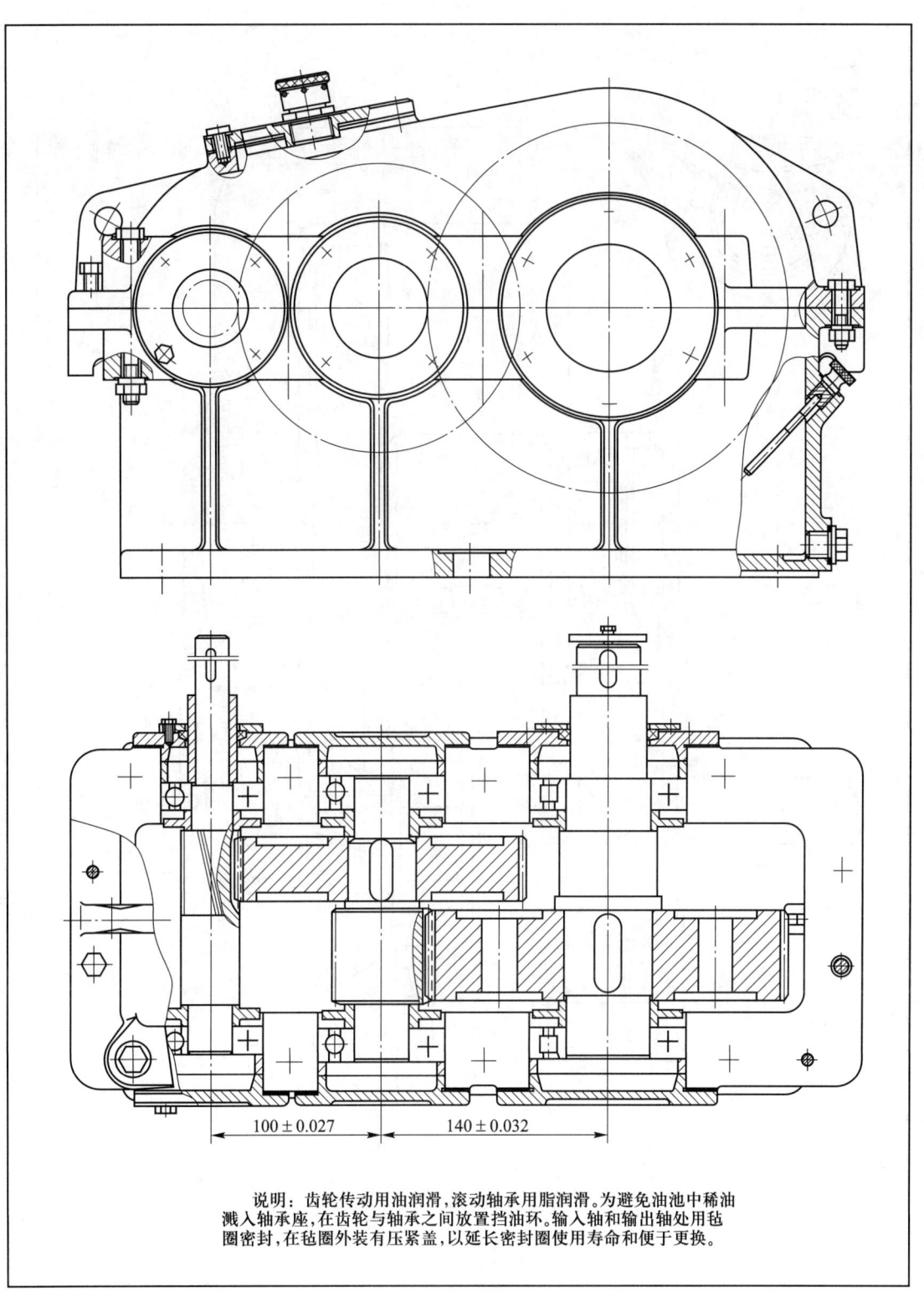

说明：齿轮传动用油润滑，滚动轴承用脂润滑。为避免油池中稀油溅入轴承座，在齿轮与轴承之间放置挡油环。输入轴和输出轴处用毡圈密封，在毡圈外装有压紧盖，以延长密封圈使用寿命和便于更换。

图 20-16　二级圆柱齿轮减速器结构图（展开式）

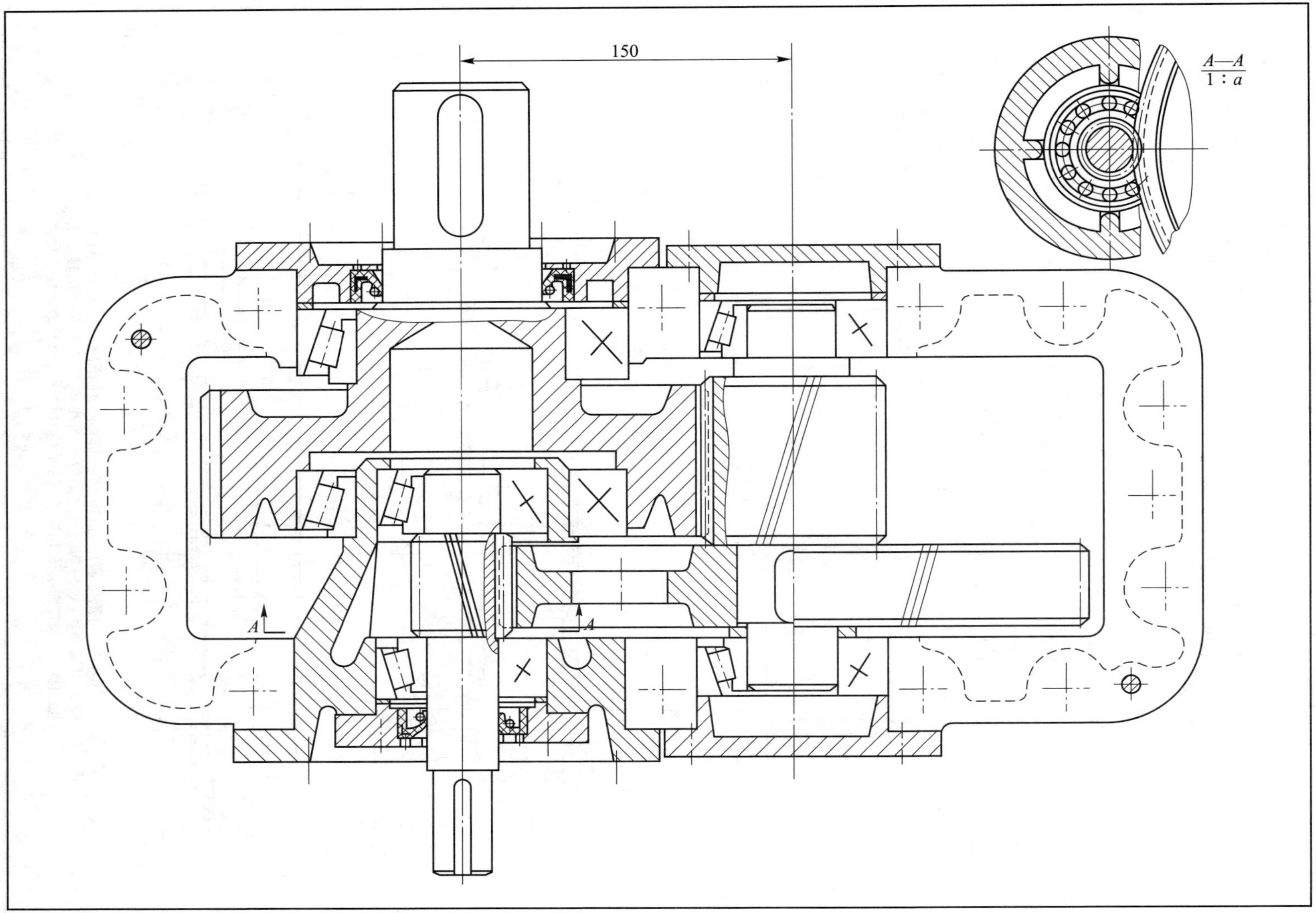

图 20-17 二级圆柱齿轮减速器结构图（同轴式套装轴承）

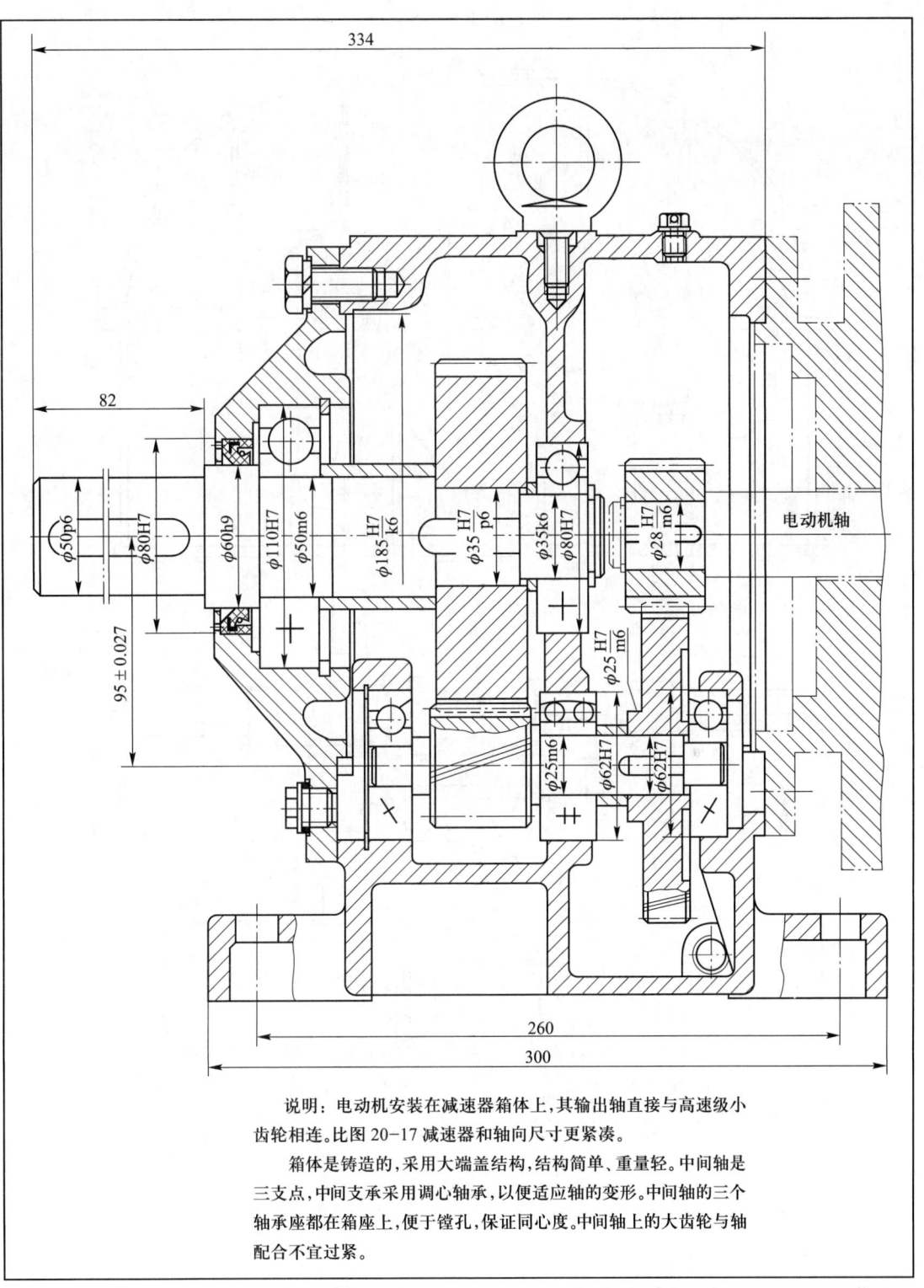

说明：电动机安装在减速器箱体上，其输出轴直接与高速级小齿轮相连。比图 20-17 减速器和轴向尺寸更紧凑。

箱体是铸造的，采用大端盖结构，结构简单、重量轻。中间轴是三支点，中间支承采用调心轴承，以便适应轴的变形。中间轴的三个轴承座都在箱座上，便于镗孔，保证同心度。中间轴上的大齿轮与轴配合不宜过紧。

图 20-18　二级同轴式圆柱齿轮减速器结构图（电动机减速器）

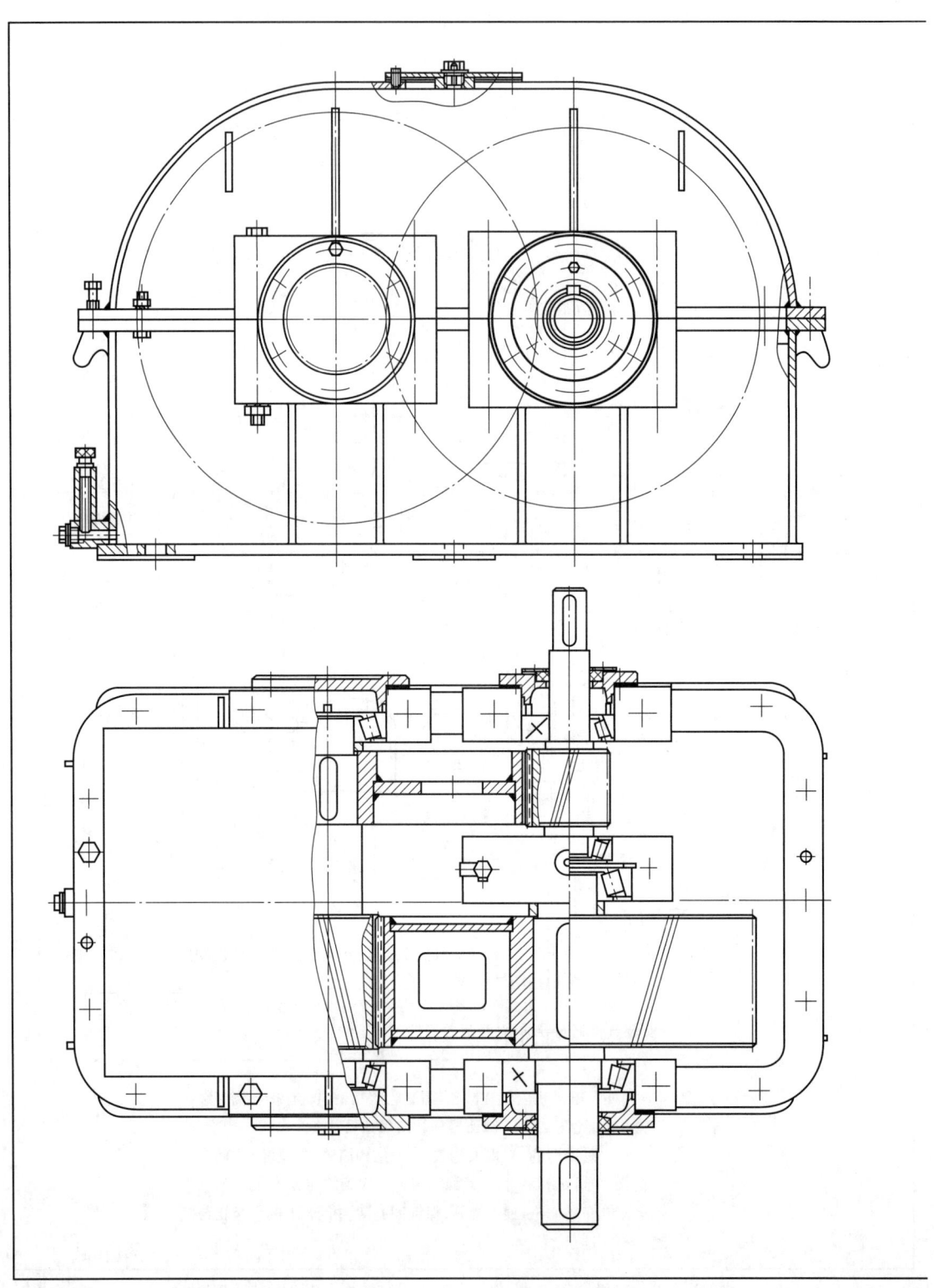

图 20-19 二级圆柱齿轮

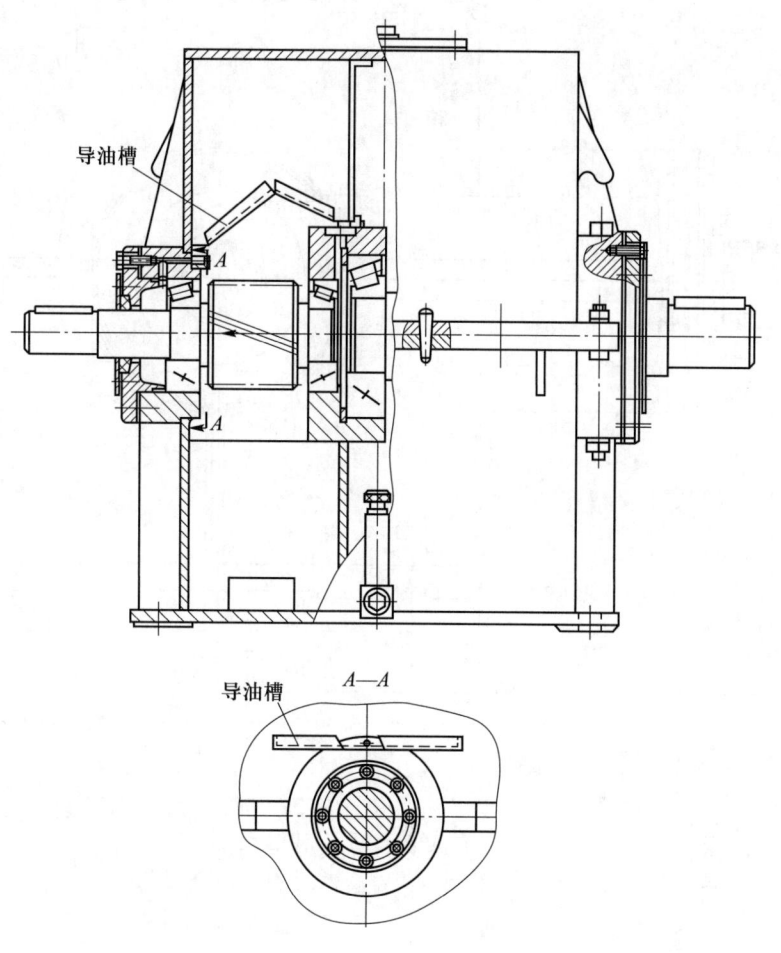

说明：输入轴和输出轴在同一轴线上，与二级展开式圆柱齿轮减速器比，可减小减速器长度方向的尺寸，但轴向尺寸加大了。

减速器箱体和两个大齿轮都是焊接结构。滚动轴承稀油润滑，为保证有足够的油量，在箱盖内安装有特制的导油槽，将齿轮运转时飞溅起的油导入轴承中（见左视图及 $A—A$ 剖视图）。油池中的油面高度用管状油标指示。视孔盖用薄钢板制造，为保证通气器的螺纹有一定的拧入深度，在薄钢板下焊接一钢块。

(标题栏)

减速器结构图（同轴式焊接箱体）

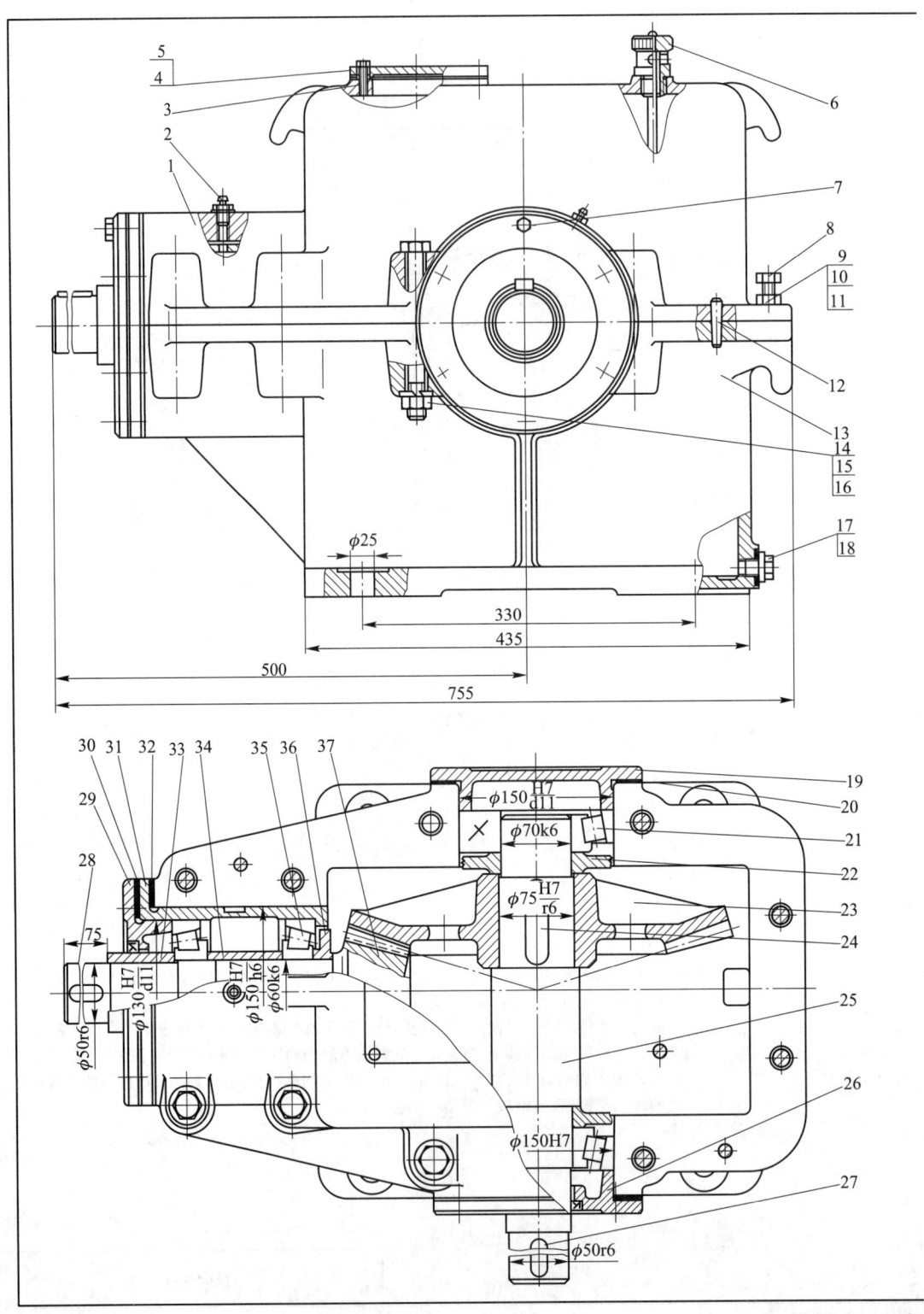

图 20-20 一级

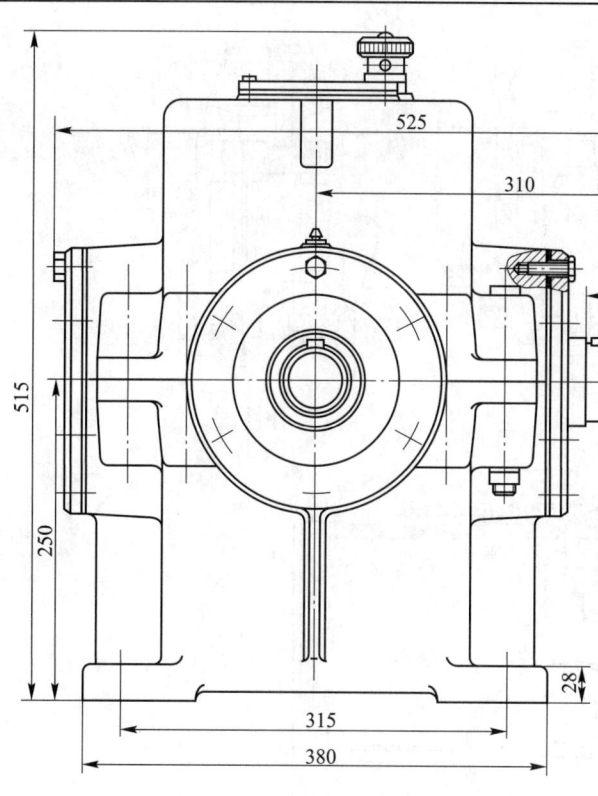

**技术要求**

1. 装配前所有零件进行清洗,箱体内涂耐油油漆;
2. 用涂色法检验斑点,在齿高和齿宽方向接触斑点不小于50%;
3. 高速轴轴承的轴向间隙为0.1;低速轴轴承的轴向间隙为0.13;
4. 减速器剖分面及密封处均不许漏油,剖分面可涂水玻璃或密封胶;
5. 润滑油选用 GB 5903—2011 规定的 L-CKC68 号工业齿轮油;
6. 减速器表面涂灰色油漆。

说明:小齿轮轴承装在套杯内,为保证安装,齿轮轴上小齿轮的齿顶圆直径必须小于套杯的最小直径。小齿轮用一对正装的圆锥滚子轴承支承。用垫片30调节轴承间隙,垫片32调节齿轮啮合。套筒34作为轴承内圈的轴向固定,为减小配合面,轴与小锥齿轮37的配合部分的中段直径减小。轴承用油润滑,用油杯2定期加油。

| 37 | 小锥齿轮 | 1 | 45 | | |
| 36 | 挡油环 | 1 | Q235A | | |
| 35 | 轴承 30312 | 2 | | GB/T 297—2015 | |
| 34 | 套筒 | 1 | Q235A | | |
| 33 | 套筒 | 1 | Q235A | | |
| 32 | 调整垫片 | 1组 | 08 | | |
| 31 | 套杯 | 1 | HT150 | | |
| 30 | 调整垫片 | 1组 | 08 | | |
| 29 | 轴承端盖 | 1 | HT150 | | |
| 28 | 键 14×9×63 | 1 | 45 | GB/T 1096—2003 | |
| 27 | 键 18×80 | 1 | 45 | GB/T 1096—2003 | |
| 26 | 轴承端盖 | 1 | HT150 | | |
| 25 | 轴 | 1 | 45 | | |
| 24 | 键 20×12×80 | 1 | 45 | GB/T 1096—2003 | |
| 23 | 大锥齿轮 | 1 | 45 | | |
| 22 | 挡油环 | 2 | Q235A | | |
| 21 | 轴承 30314 | 2 | | GB/T 297—2015 | |
| 20 | 调整垫片 | 2组 | 08 | | |
| 19 | 轴承端盖 | 1 | HT150 | | |
| 18 | 油圈 25×18 | 1 | 石棉橡胶纸 | | |
| 17 | 六角螺塞 M18×15 | 1 | Q235 | JB/ZQ 4450—2006 | |
| 16 | 螺母 M16 | 8 | 5 | GB/T 6170—2015 | |
| 15 | 垫圈 16 | 8 | 65Mn | GB/T 93—1987 | |
| 14 | 螺栓 M18×130 | 8 | 5.8 | GB/T 5782—2016 | |
| 13 | 箱座 | 1 | HT150 | | |
| 12 | 销 B8×40 | 2 | 35 | GB/T 117—2000 | |
| 11 | 螺母 M12 | 2 | 5 | GB 6170—2015 | |
| 10 | 垫圈 12 | 2 | 65Mn | GB/T 93—1987 | |
| 9 | 螺栓 M12×45 | 2 | 5.8 | GB/T 5782—2016 | |
| 8 | 起盖螺钉 M12×25 | 1 | 5.8 | GB/T 5782—2016 | |
| 7 | 螺栓 M10×25 | 18 | 5.8 | GB/T 5782—2016 | |
| 6 | 油标 | 1 | 组件 | | |
| 5 | 垫片 | 1 | 石棉橡胶组 | | |
| 4 | 检查孔盖 | 1 | HT150 | | |
| 3 | 螺栓 M16×20 | 4 | 5.8 | GB/T 5782—2016 | |
| 2 | 油杯 M10×1 | 2 | | JB/T 7940.1—1995 | |
| 1 | 箱盖 | 1 | HT150 | | |
| 序号 | 名称 | 数量 | 材料 | 标准 | 备注 |
| | | (标题栏) | | | |

锥齿轮减速器装配图

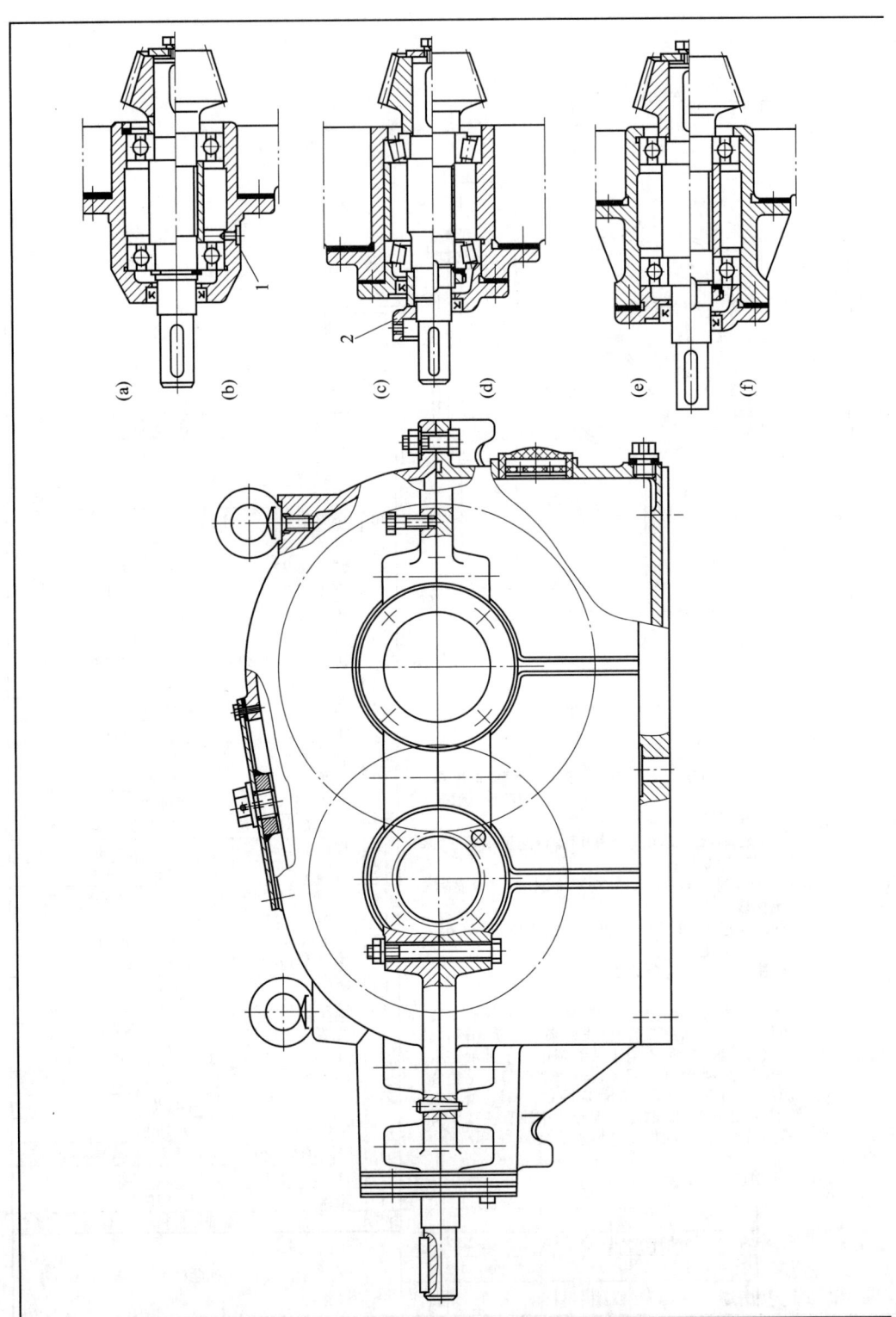

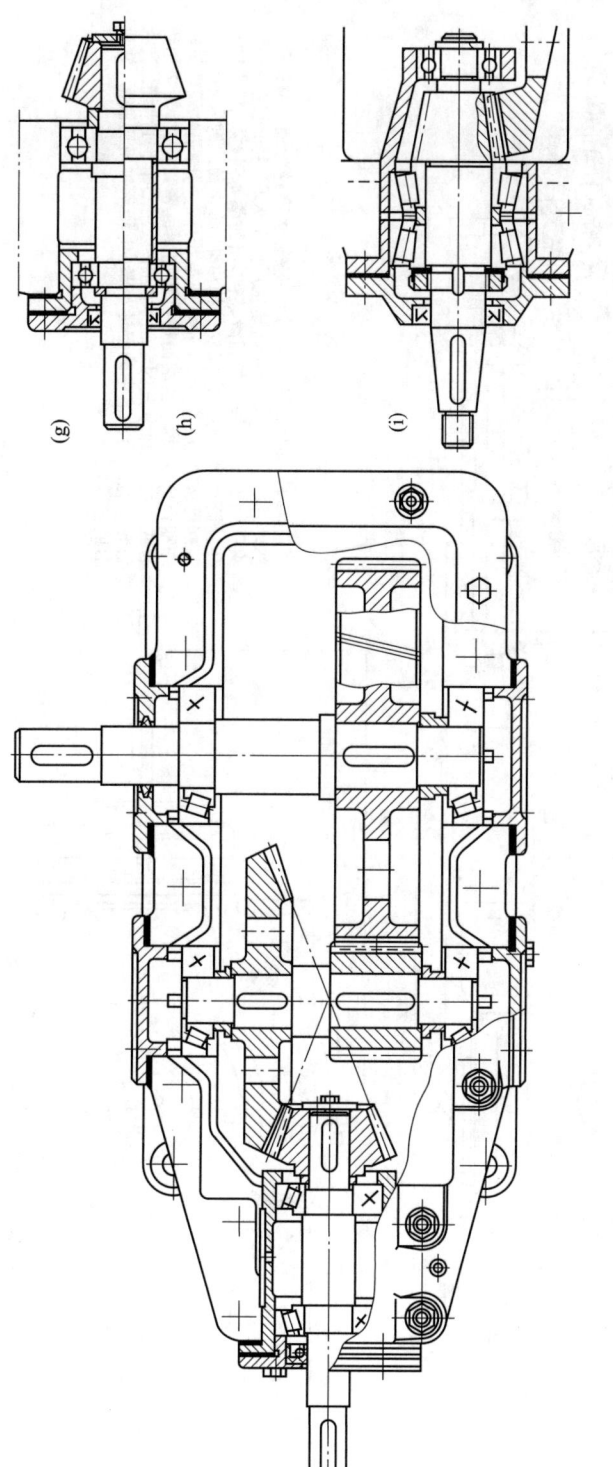

图 20-21 二级锥齿轮-圆柱齿轮减速器结构图

说明：箱体是铸造的剖分式结构，齿轮和轴承都用稀油润滑。小锥齿轮的轴用一对正装于套杯中的圆锥滚子轴承支承。由于齿轮的顶圆直径比套杯的最小直径大，所以齿轮和轴做成分体式。油面通过圆形油标观察。

(a) 轴承采用两端固定。左轴承外圈用套杯固定，结构简单，但轴承间隙调整困难，不宜用圆锥滚子轴承，右轴承外圈用轴用弹性挡圈固定。两轴承内圈用轴肩固定。轴肩也是轴承的安装基准。由于轴的两端由轴承的两端调整，故齿轮和轴孔用弹性挡圈固定。

(b) 采用齿轮轴。轴承左端固定，右端游动。左轴承外圈的轴向固定，左侧用定位螺钉 1，并用此螺钉调节轴承的位置。

(c) 采用一对反装圆锥滚子轴承 c 图。轴承内圈和套筒固定（不能用挡圈做固定）。右轴承内圈的轴向固定用套件 2 调整，轴承间隙用零件 2 调整，轴承外圈用固定用套筒和固定用圆螺母调节，此轴肩也是轴承的安装基准。

(d) 轴承间隙用固定用圆螺母调节，为保证运转灵活，支承刚性好，右侧用套杯，左侧用套筒和固定用套筒的轴向固定。调整后用小螺钉将零件 2 锁紧在轴伸处连接的传动件上。

(e)、(f) 采用深沟球轴承，轴承布置形式是一端固定，一端游动，两轴承型号不同，为保证轴承孔的同心度，采用短套杯结构。

(g)、(h) 轴承支承形式是一端固定，一端游动。这种支承一般用于大中型减速器中，可以改善锥齿轮的偏载，但箱体的支承是非悬臂的，轴承布置的，结构较复杂。

(i) 轴承造结构较复杂。

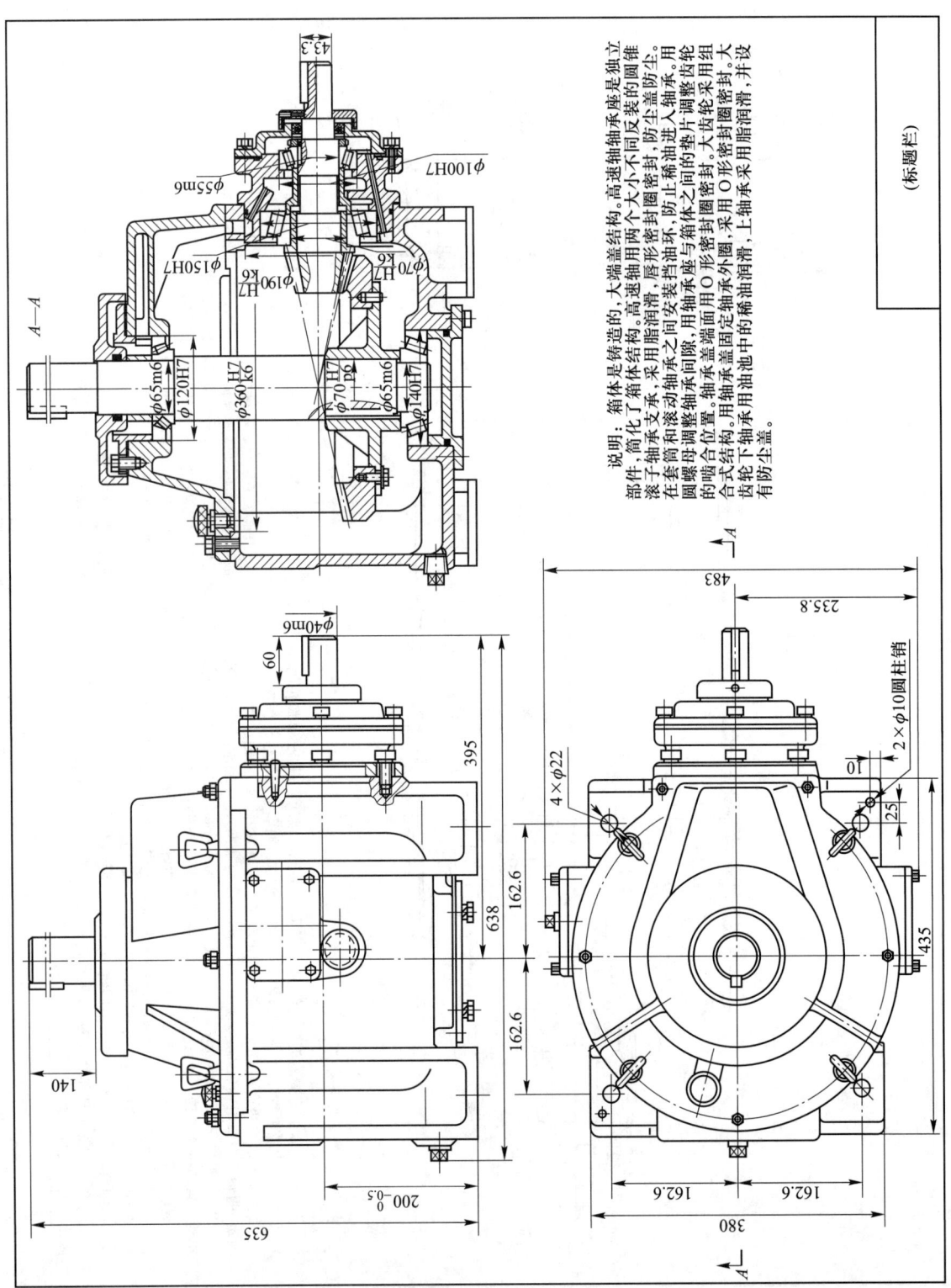

说明：箱体是铸造的，大端盖结构。高速轴轴承座是独立部件，简化了箱体结构。高速轴用两个大小不同反装的圆锥滚子轴承支承，采用脂润滑，唇形密封圈密封，防尘盖防尘。在套筒和滚动轴承之间安装挡油环，防止稀油进入轴承。用圆螺母调整轴承间隙，用轴承座与箱体之间的垫片调整齿轮的啮合位置。轴承盖端面用O形密封圈密封。大齿轮采用组合式结构。用轴承盖固定轴承外圈，采用O形密封圈密封。大齿轮下轴承用油池中的稀油润滑，上轴承采用脂润滑，并设有防尘盖。

图 20-22　一级锥齿轮减速器结构图（立式）

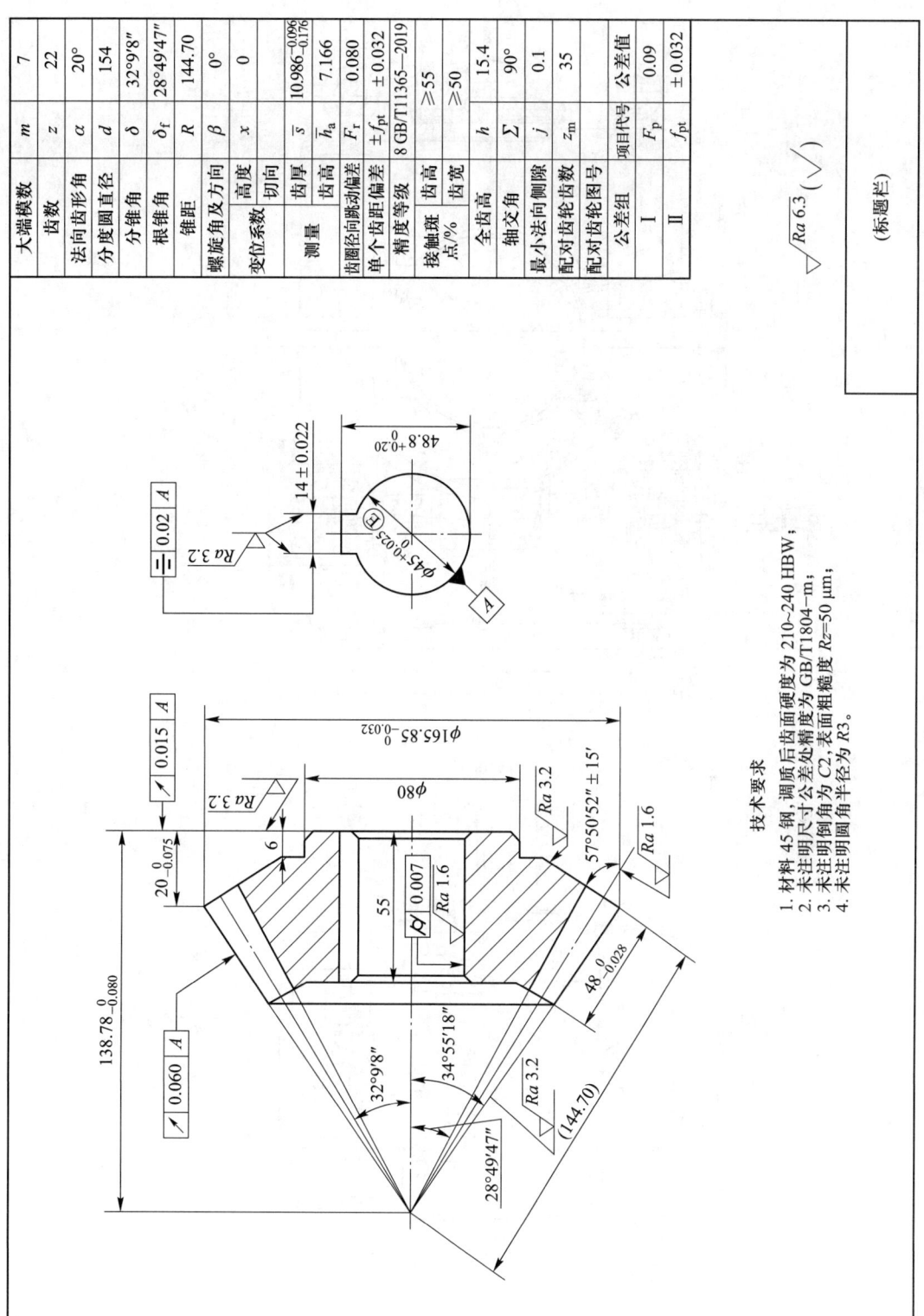

| | | | |
|---|---|---|---|
| 大端模数 | | $m$ | 7 |
| 齿数 | | $z$ | 22 |
| 法向齿形角 | | $\alpha$ | 20° |
| 分度圆直径 | | $d$ | 154 |
| 分锥角 | | $\delta$ | 32°9′8″ |
| 根锥角 | | $\delta_f$ | 28°49′47″ |
| 锥距 | | $R$ | 144.70 |
| 螺旋角及方向 | | $\beta$ | 0° |
| 变位系数 | 高度 | $x$ | 0 |
| | 切向 | | |
| 测量 | 齿厚 | $\bar{s}$ | $10.986^{-0.096}_{-0.176}$ |
| | 齿高 | $\bar{h}_a$ | 7.166 |
| 齿圈径向跳动偏差 | | $F_r$ | 0.080 |
| 单个齿距偏差 | | $\pm f_{pt}$ | ±0.032 |
| 精度等级 | | 8 GB/T11365—2019 | |
| 接触斑点/% | 齿高 | ≥55 | |
| | 齿宽 | ≥50 | |
| 全齿高 | | $h$ | 15.4 |
| 轴交角 | | $\Sigma$ | 90° |
| 最小法向侧隙 | | $j$ | 0.1 |
| 配对齿轮齿数 | | $z_m$ | 35 |
| 配对齿轮图号 | | | |
| 公差组 | | 项目代号 | 公差值 |
| Ⅰ | | $F_p$ | 0.09 |
| Ⅱ | | $f_{pt}$ | ±0.032 |

技术要求

1. 材料 45 钢，调质后齿面硬度为 210~240 HBW；
2. 未注明尺寸公差处精度为 GB/T1804−m；
3. 未注明倒角为 $C2$，表面粗糙度 $Rz$=50 μm；
4. 未注明圆角半径为 $R3$。

$\sqrt{Ra\ 6.3}$ (√)

(标题栏)

图 20−23 直齿锥齿轮零件图

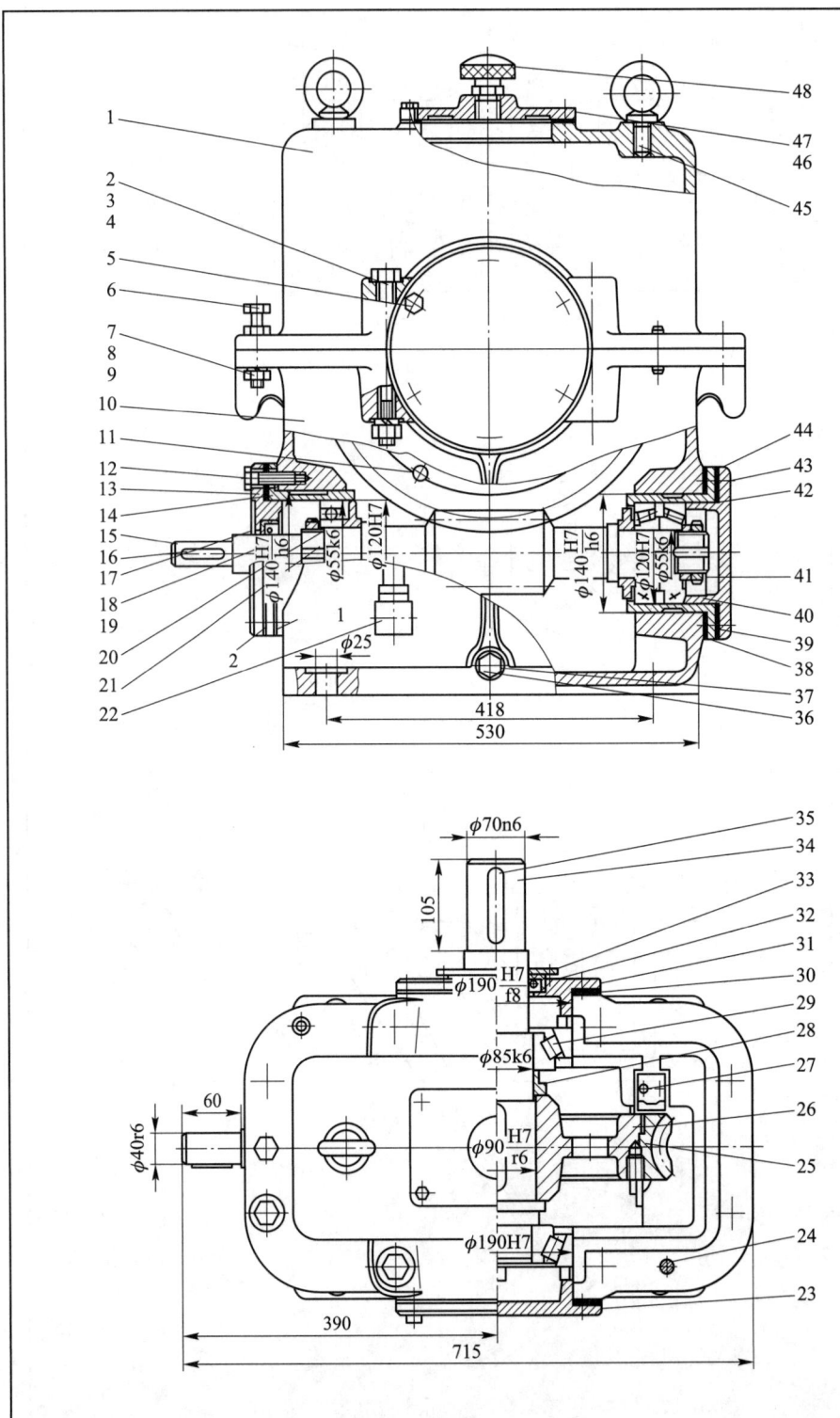

图 20-24 一级

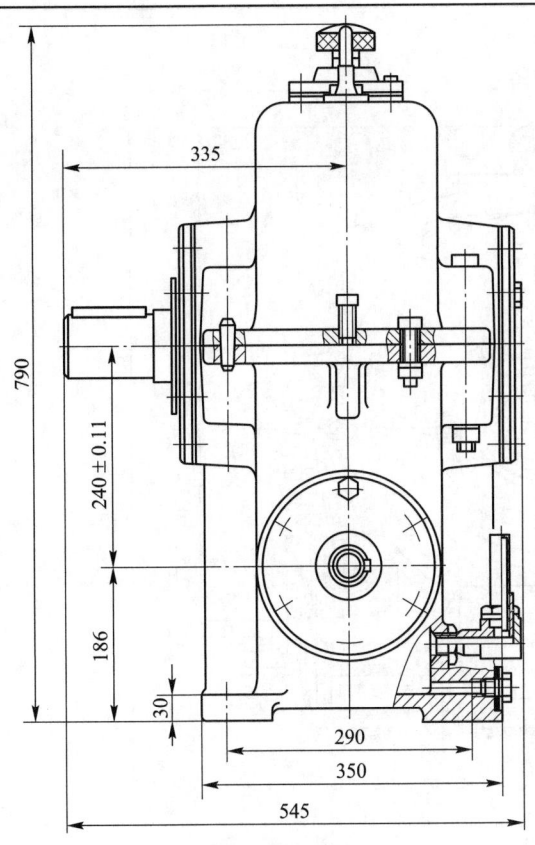

**技术要求**

1. 装配前所有零件进行清洗,箱体内涂耐油油漆;
2. 要求最小极限法向侧隙为 0.072;
3. 在齿宽和齿高方向接触斑点不得小于 60% 和 65%;
4. 蜗杆轴承的轴向游隙为 0.05~0.1;蜗轮轴承的轴向游隙为 0.12~0.20;
5. 减速器剖分面及密封处不许漏油,剖分面可涂水玻璃或密封胶;
6. 装成后进行空负荷试验。条件为:高速级转速 $n$=1 000 r/min,正反转各运转 1 h;运转平稳,无噪声,温升不超过 60℃;
7. 润滑油选用 SH/T 0094—1991 规定的 680 号蜗轮蜗杆油;
8. 减速器表面涂灰色油漆。

说明:蜗杆下置,适用于蜗杆圆周速度 $v<5$ m/s 的场合。箱体采用剖分式结构。蜗杆轴承的支承形式是一端固定、一端游动。在固定端采用一对正装圆锥滚子轴承。垫片 1 用来调整蜗杆位置,垫片 2 用来调整轴承间隙。靠安装在箱座剖分面处的两个刮油板将蜗轮端面上的油引入输油沟润滑蜗轮的轴承。

| 46 | 检查孔盖 | 1 | HT150 | |
|---|---|---|---|---|
| 45 | 螺钉M16 | 2 | 20 | GB/T 825—1988 |
| 44 | 套杯 | 1 | HT150 | |
| 43 | 轴承端盖 | 1 | HT150 | |
| 42 | 轴承30211 | 2 | | GB/T 297—2015 |
| 41 | 套杯 | 1 | Q235A | |
| 40 | 挡油环 | 1 | Q235A | |
| 39 | 调整垫片 | 2组 | 08 | |
| 38 | 调整垫片 | 2组 | 08 | |
| 37 | 油圈40×27 | 1 | 石棉橡胶纸 | |
| 36 | 六角螺塞M27×2 | 1 | Q235A | JB/ZQ 4450—2006 |
| 35 | 键20×12×95 | 1 | 45 | GB/T 1096—2003 |
| 34 | 轴 | 1 | 45 | |
| 33 | 密封盖板 | 1 | Q235A | |
| 32 | J形油封75×100×12 | 1 | 橡胶I-1 | GB/T 9877—2008 |
| 31 | 轴承端盖 | 1 | HT150 | |
| 30 | 调整垫片 | 2 | 08 | |
| 29 | 轴承30217 | 2 | | GB/T 297—2015 |
| 28 | 定距环 | 1 | Q235A | |
| 27 | 刮油装置 | 1 | | 组件 |
| 26 | 蜗轮轮毂 | 1 | HT200 | |
| 25 | 蜗轮轮缘 | 1 | ZCuSn10P1 | |
| 24 | 销B8×35 | 2 | Q235A | GB/T 117—2000 |
| 23 | 轴承端盖 | 1 | HT150 | |
| 22 | 油标 | 1 | | 组件 |
| 21 | 挡油环 | 1 | Q235A | |
| 20 | 轴承6211 | 1 | | GB/T 276—2013 |
| 19 | 垫圈52 | 2 | Q235A | GB/T 858—1988 |
| 18 | 螺母M52×1.5 | 2 | 45 | GB/T 812—1988 |
| 17 | J形油封45×70×12 | 2 | 橡胶I-1 | GB/T 9877—2008 |
| 16 | 键12×8×40 | 1 | 45 | GB/T 1096—2003 |
| 15 | 蜗杆 | 1 | 45 | |
| 14 | 套杯 | 1 | Q235A | |
| 13 | 轴承端盖 | 1 | HT150 | |
| 12 | 螺栓M8×30 | 12 | 5.8 | GB/T 5782—2016 |
| 11 | 螺栓M6×12 | 14 | 5.8 | GB/T 5782—2016 |
| 10 | 箱座 | 1 | HT200 | |
| 9 | 垫圈12 | 4 | 65Mn | GB/T 93—1987 |
| 8 | 螺母M12 | 4 | 5 | GB/T 6170—2015 |
| 7 | 螺栓M12×40 | 4 | 5.8 | GB/T 5782—2016 |
| 6 | 螺栓M12×25 | 2 | 5.8 | GB/T 5782—2016 |
| 5 | 螺栓M8×16 | 12 | 5.8 | GB/T 5782—2016 |
| 4 | 垫圈16 | 4 | 65Mn | GB/T 93—1987 |
| 3 | 螺母M16 | 4 | 5 | GB/T 6170—2015 |
| 2 | 螺栓M16×100 | 4 | 5.8 | GB/T 5782—2016 |
| 1 | 箱盖 | 1 | HT200 | |
| 序号 | 名称 | 数量 | 材料 | 标准 | 备注 |

(标题栏)

| 48 | 通气器 | 1 | | 组件 |
|---|---|---|---|---|
| 47 | 垫片 | 1 | 软钢纸板 | |
| 序号 | 名称 | 数量 | 材料 | 备注 |

蜗杆减速器装配图

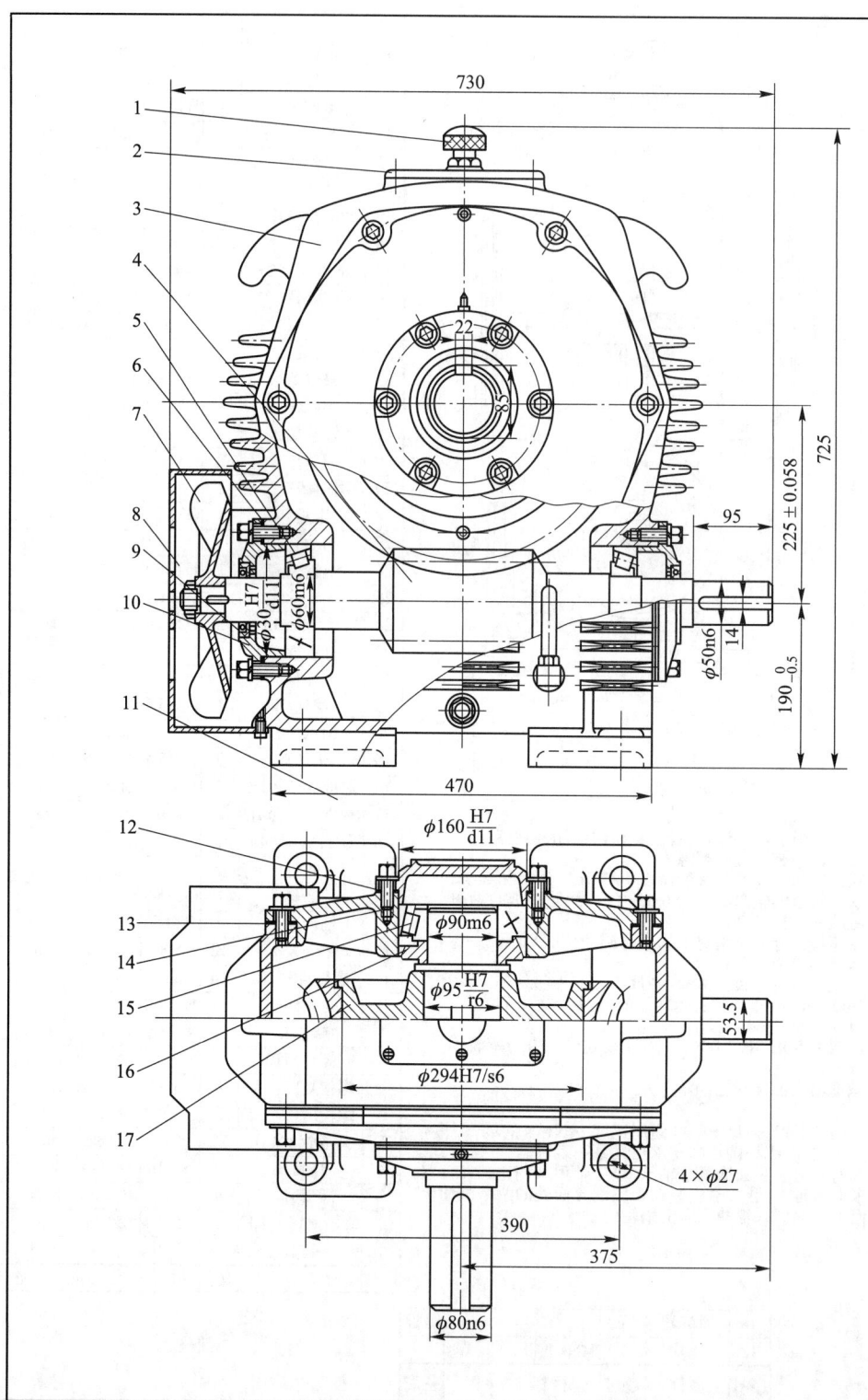

图 20-25 一级蜗杆

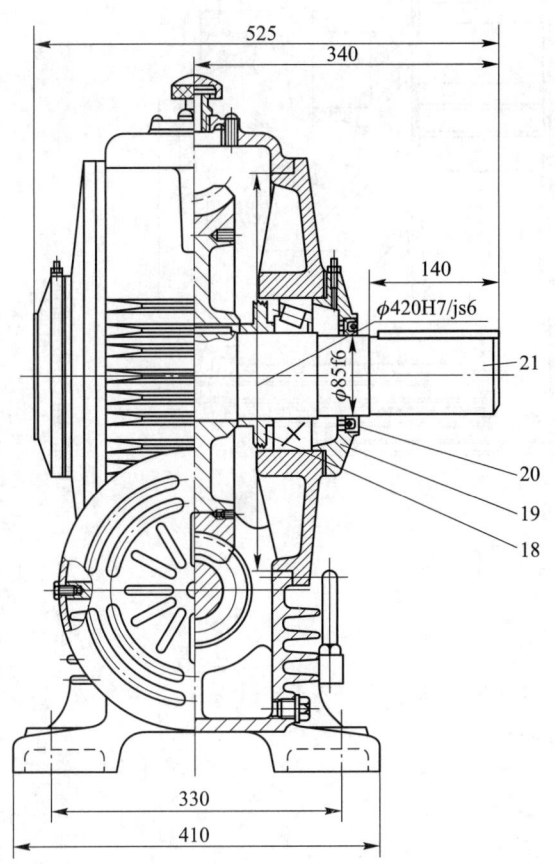

### 技术参数表

| 传动功率 | 15 kW |
|---|---|
| 输入转速 | 980 r/min |
| 传动比 | 10 |
| 模数 | 12 |
| 头数 | 3 |
| 齿数 | 30 |
| 导程角 | 20°33′22″ |

### 技术要求

1. 蜗杆轴承轴向间隙为 0.1~0.15，蜗轮轴承轴向间隙为 0.05~0.1；
2. 蜗杆副最小极限法向侧隙为 0.072；
3. 空载时，传动接触斑点在齿高方向不小于 55%，齿宽方向不小于 50%；
4. 润滑油选用 SH/T 0094—1991 规定的 680 号蜗轮蜗杆油；
5. 空运转试验在额定转速下正反向运转 1h，要求各连接件、紧固件不松动，密封处、接合处不渗油，运转平稳，无冲击，温升不超过 60℃，齿面接触斑点合格；
6. 负载性能试验按有关标准要求进行。

说明：箱体是整体式结构，两端采用两个大端盖。由于发热较大，蜗杆轴上带有风扇，在箱体上有水平方向散热片。大端盖与箱体之间的垫片是用来调整蜗轮位置的。为安装方便，蜗轮外圆与箱体顶部必须留有足够的间隙，以便安装时抬起蜗轮。明细栏中只列出主要零件。

| 21 | 输出轴 | 1 | 40Cr | | |
|---|---|---|---|---|---|
| 20 | J形密封 | 1 | 橡胶I-1 | GB/T 9877—2008 | 85×110×12 |
| 19 | 透盖 | 1 | HT200 | | |
| 18 | 挡油环 | 1 | Q235A | | |
| 17 | 蜗轮 | 1 | | | 组合件 |
| 16 | 挡油环 | 1 | Q235A | | |
| 15 | 轴承32218 | 2 | | GB/T 297—2015 | |
| 14 | 大端盖 | 2 | HT200 | | |
| 13 | 调整垫片 | 2 | 08 | | |
| 12 | 调整垫片 | 2 | 08 | | |
| 11 | 端盖 | 2 | HT200 | | |
| 10 | 透盖 | 2 | HT200 | | |
| 9 | J形密封 | 2 | 橡胶I-1 | GB/T 9877—2008 | 55×80×12 |
| 8 | 风扇罩 | 1 | | | 焊接件 |
| 7 | 风扇 | 1 | HT200 | | |
| 6 | 调整垫片 | 2 | 08 | | |
| 5 | 轴承30312 | 2 | | GB/T 297—2015 | |
| 4 | 蜗杆 | 1 | 40Cr | | |
| 3 | 箱体 | 1 | HT200 | | |
| 2 | 视孔盖 | 1 | HT200 | | |
| 1 | 通气罩 | 1 | | | 组合件 |
| 序号 | 名称 | 数量 | 材料 | 标准 | 备注 |
| (标题栏) | | | | | |

减速器装配图（带风扇）

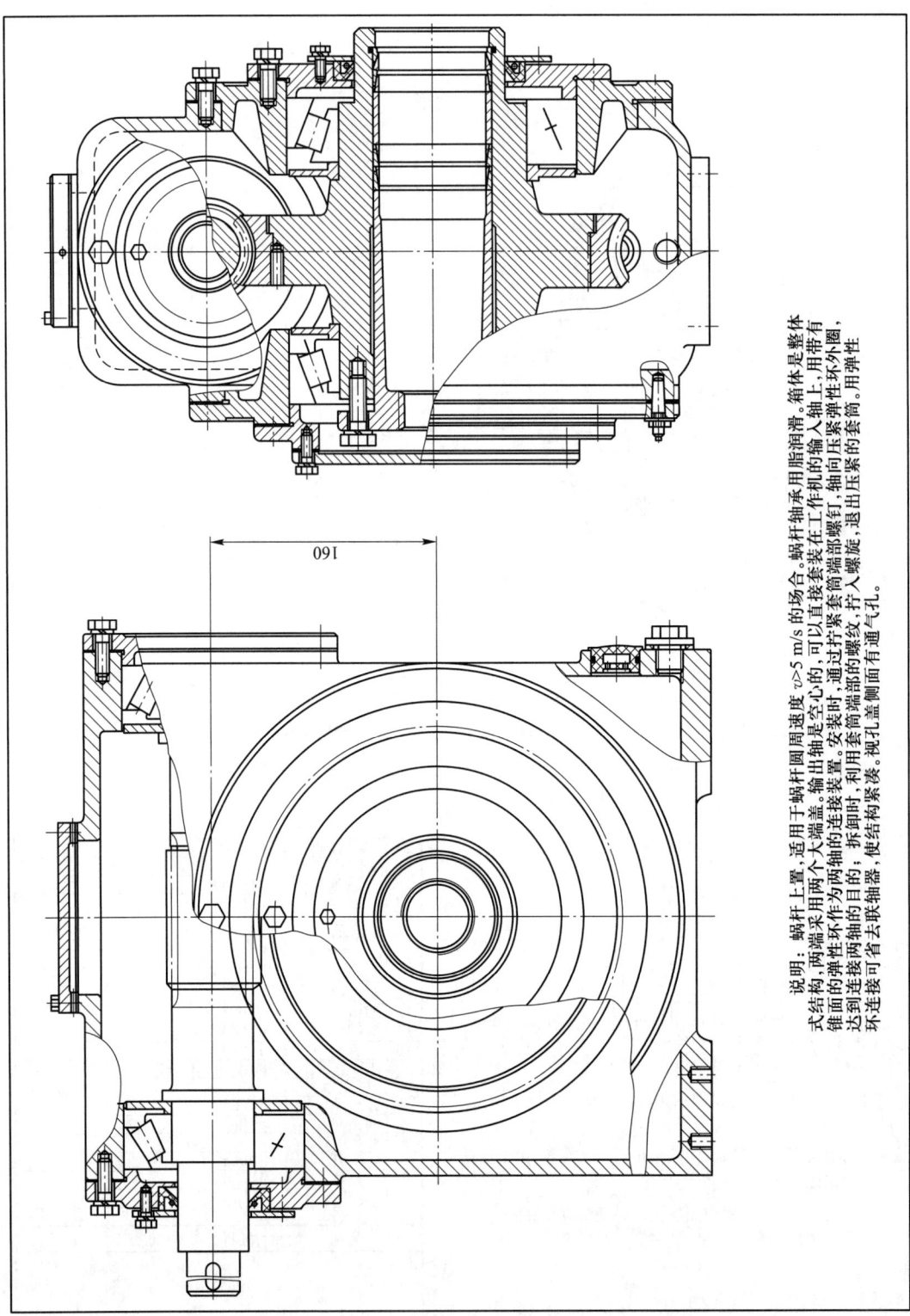

说明：蜗杆上置，适用于蜗杆圆周速度 $v>5$ m/s 的场合。蜗杆轴承用脂润滑。箱体是整体式结构，两端采用两个大端盖。输出轴是空心的，可以直接套装在工作机的输入轴上，用带有锥面的弹性环作为两轴的连接装置。安装时，通过拧紧套筒端部螺钉，轴向压紧弹性环外圈，达到连接两轴的目的；拆卸时，利用套筒端部的螺纹，拧入螺旋，退出压紧的套筒。用弹性环连接可省去联轴器，使结构紧凑。视孔盖侧面有通气孔。

图 20-26　轴装式蜗杆减速器结构图

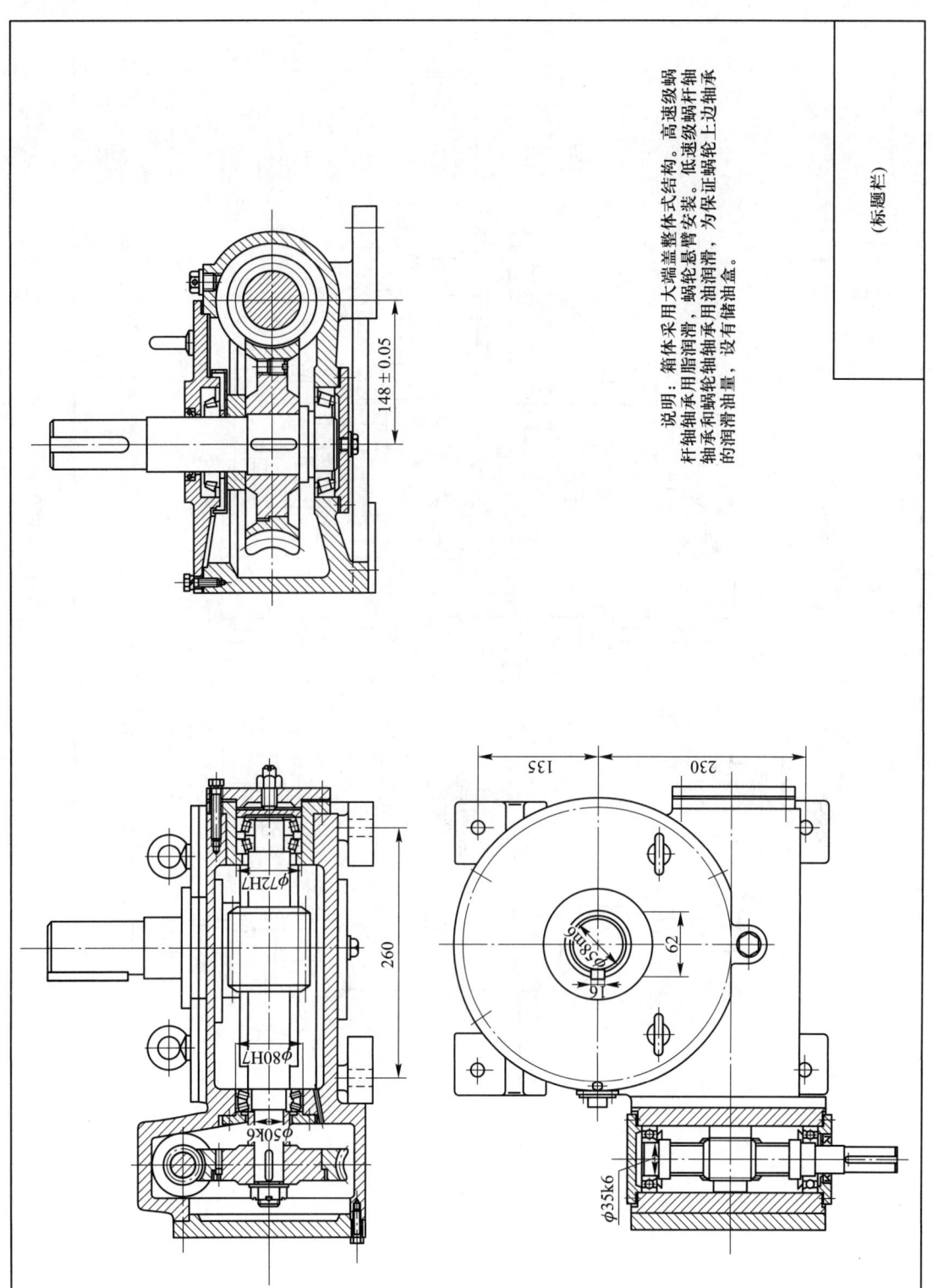

图 20-27 二级蜗杆减速器（立式）

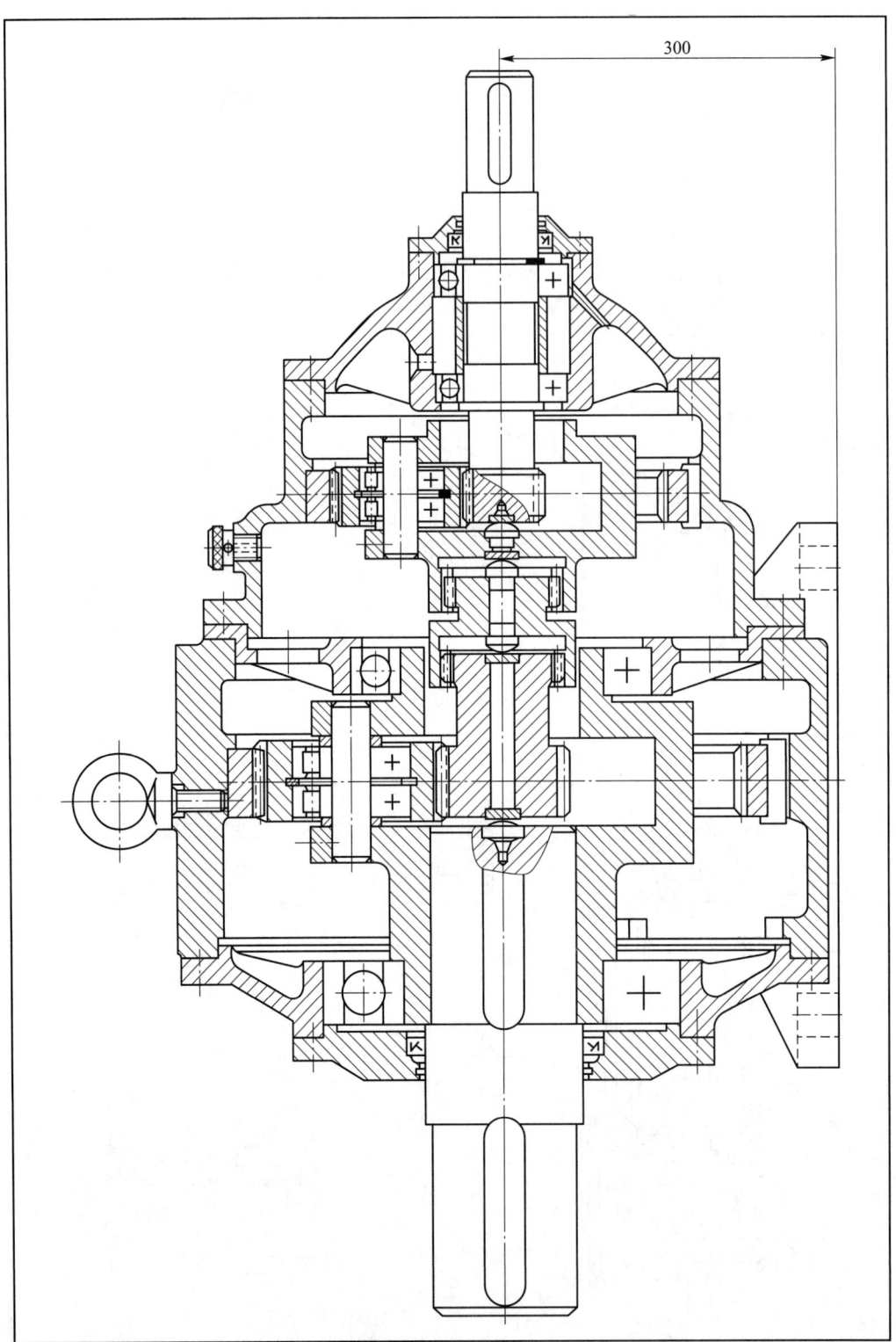

图 20-28 二级行星圆柱齿轮减速器结构图

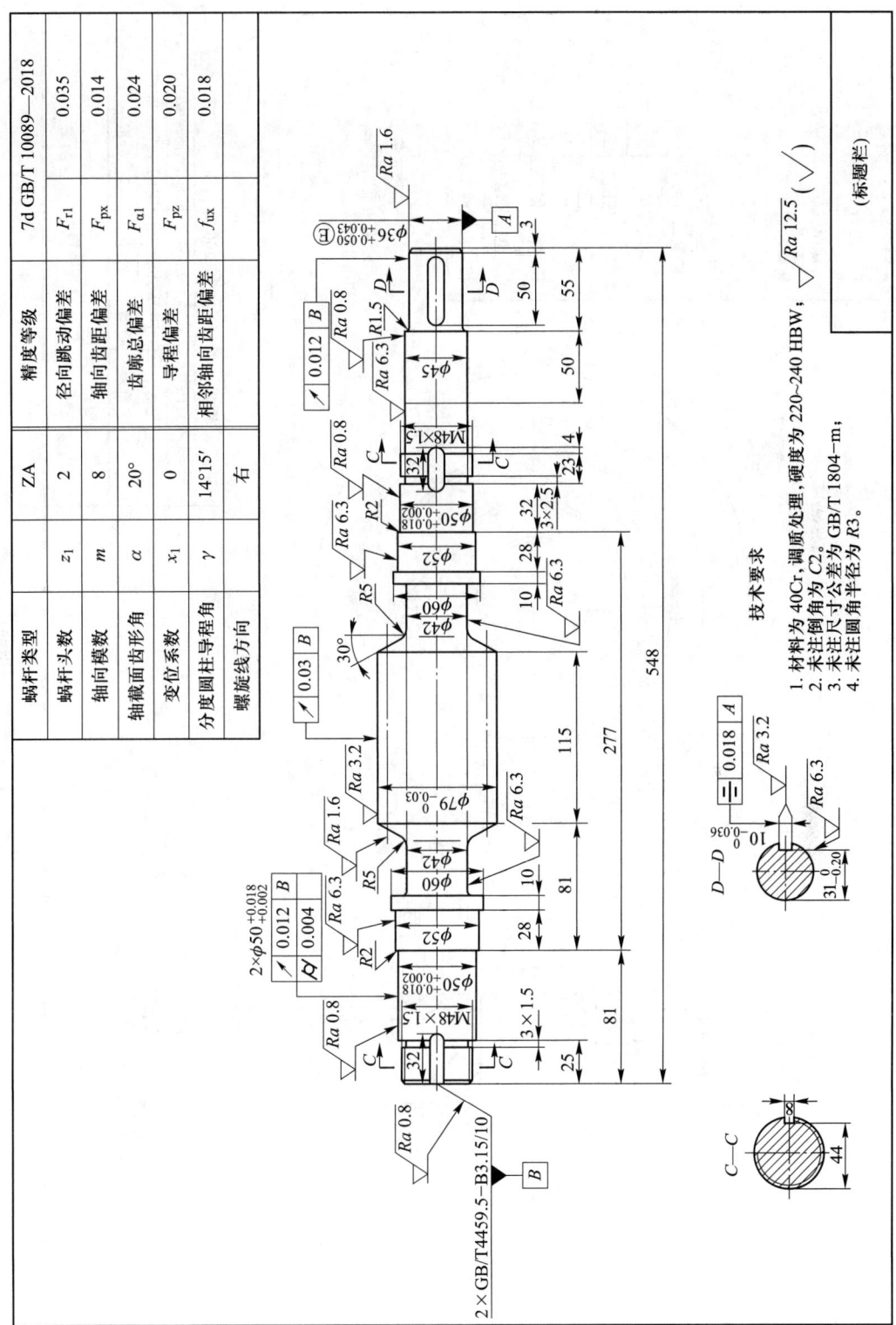

| 蜗杆类型 | | ZA | 精度等级 | 7d GB/T 10089—2018 | |
| --- | --- | --- | --- | --- | --- |
| 蜗杆头数 | $z_1$ | 2 | 径向跳动偏差 | $F_{r1}$ | 0.035 |
| 轴向模数 | $m$ | 8 | 轴向齿距偏差 | $F_{px}$ | 0.014 |
| 轴截面齿形角 | $\alpha$ | 20° | 齿廓总偏差 | $F_{\alpha 1}$ | 0.024 |
| 变位系数 | $x_1$ | 0 | 导程偏差 | $F_{pz}$ | 0.020 |
| 分度圆柱导程角 | $\gamma$ | 14°15′ | 相邻轴向齿距偏差 | $f_{ux}$ | 0.018 |
| 螺旋线方向 | | 右 | | | |

技术要求

1. 材料为 40Cr，调质处理，硬度为 220~240 HBW；Ra 12.5 (√)
2. 未注倒角为 C2。
3. 未注尺寸公差为 GB/T 1804−m；
4. 未注圆角半径为 R3。

(标题栏)

图 20−29　蜗杆零件图

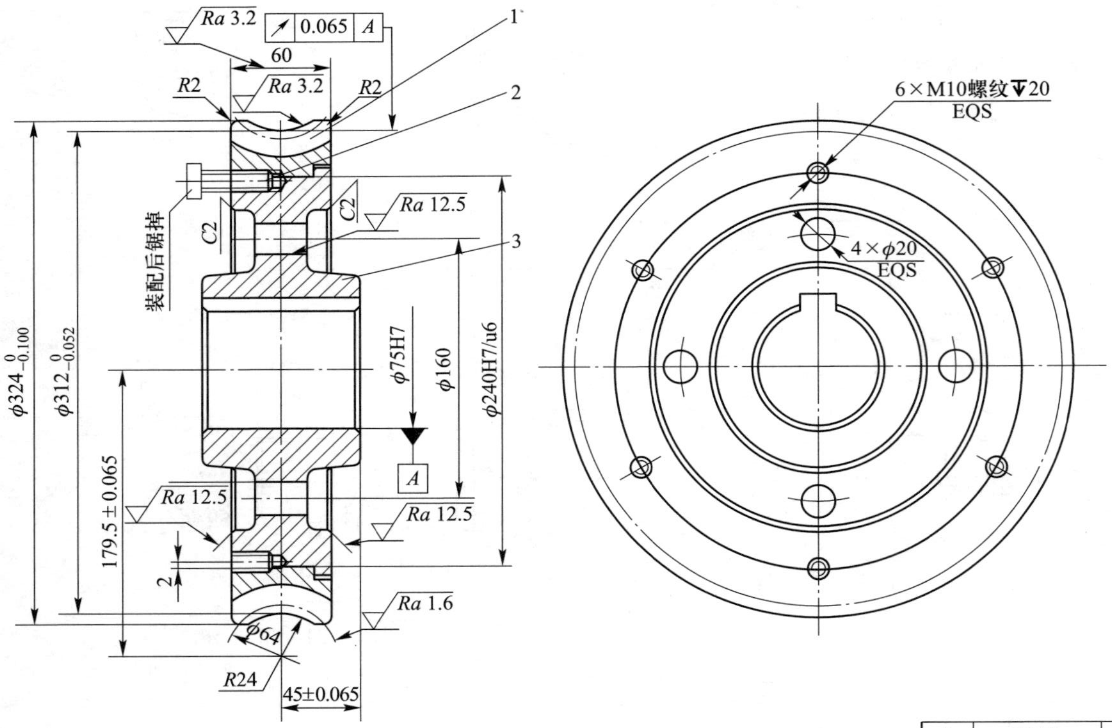

| 蜗杆类型 | | ZA |
|---|---|---|
| 齿数 | $z_2$ | 37 |
| 端面模数 | $m$ | 8 |
| 轴截面齿形角 | $\alpha$ | 20° |
| 变位系数 | $x_2$ | 0 |
| 分度圆螺旋角 | $\gamma$ | 14°15' |
| 螺旋线方向 | | 右 |
| 精度等级 | 7d GB/T 10089—2018 | |
| 齿距累积总偏差 | $F_{p2}$ | 0.059 |
| 齿廓总偏差 | $F_{\alpha 2}$ | 0.024 |
| 径向跳动偏差 | $F_{r2}$ | 0.039 |
| 轴交角极限偏差 | $F_{\Sigma}$ | ±0.01° |
| 相邻齿距偏差 | $f_{u2}$ | 0.020 |

技术要求

轮缘和轮辐装配后,再精车和滚切轮齿。

$\sqrt{}$ ( $\sqrt{}$ )

| 3 | 轮芯 | | 1 | HT200 | |
|---|---|---|---|---|---|
| 2 | 螺栓M10×45 | | 6 | 5.8 | GB/T 5782—2016 |
| 1 | 轮缘 | | 1 | ZCuSn10P1 | GB/T 1176—2013 |
| 序号 | 名称 | | 数量 | 材料 | 标准 备注 |

(标题栏)

说明:一般蜗轮由轮缘、轮芯组合而成,因此必须绘制蜗轮部件图,并填写蜗轮啮合特性表。此外,要分别绘制轮缘和轮芯的零件图,零件图中轮缘和轮毂宽度及蜗轮外圆要留出加工余量,以便装配后精加工和切齿。

图 20-30 蜗轮部件装配图

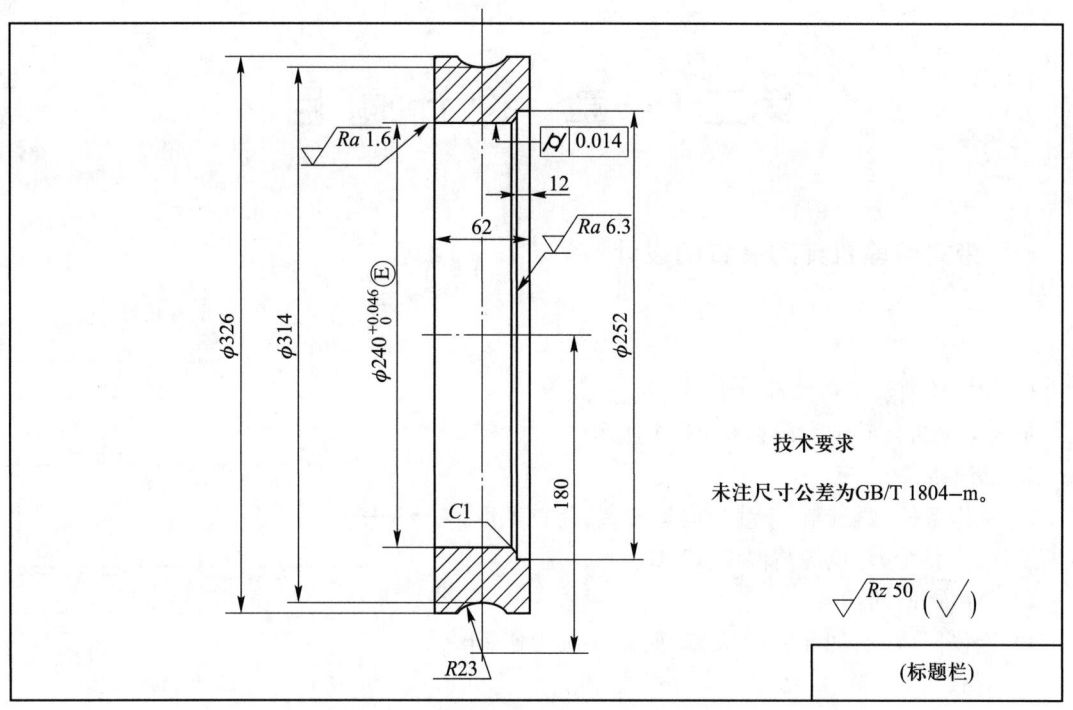

(a) 蜗轮轮缘零件工作图

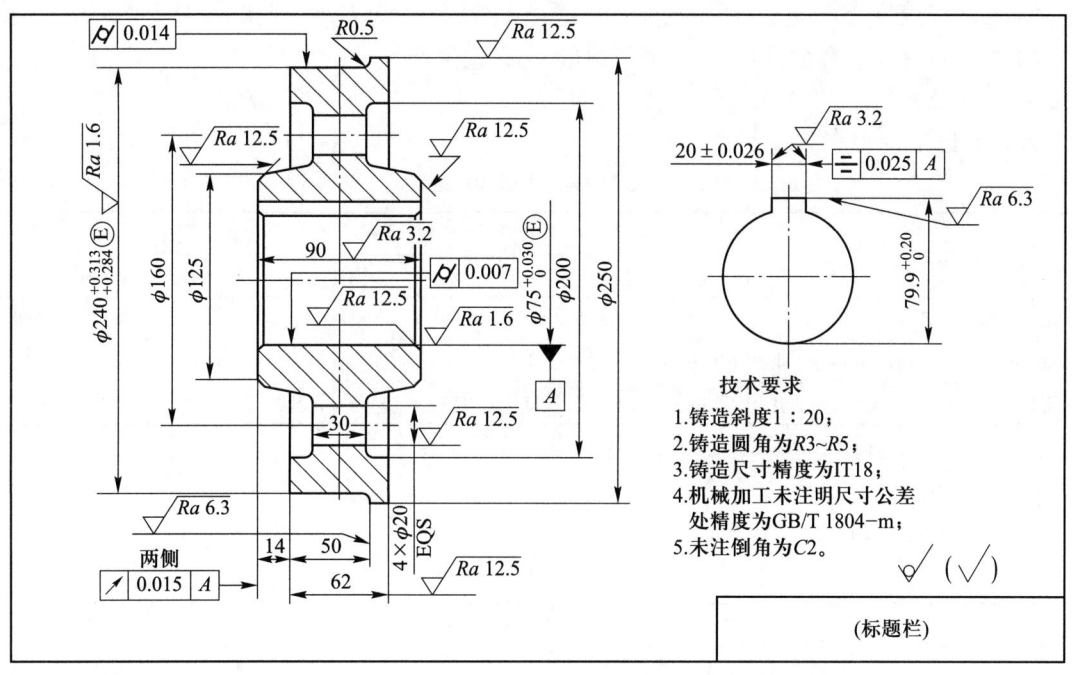

(b) 蜗轮轮芯零件图

图 20-31 蜗轮零件图

# 第二十一章 设 计 题 目

## 一、带式运输机传动装置的设计

班级_____ 学生姓名_____
指导教师_____ 日期_____

1. 带式运输机工作原理
带式运输机传动示意图如图 21-1 所示。
2. 已知条件
1) 工作条件:两班制,连续单向运转,载荷较平稳,室内工作,有粉尘,环境最高温度 35 ℃。
2) 使用折旧期:8 年。
3) 检修间隔期:四年一次大修,两年一次中修,半年一次小修。
4) 动力来源:电力,三相交流,电压 380/220 V。
5) 运输带速度允许误差:±5%。
6) 制造条件及生产批量:一般机械厂制造,小批量生产。
3. 设计数据
设计数据见表 21-1。

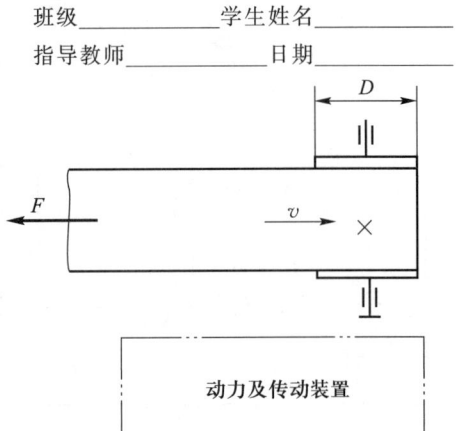

图 21-1 带式运输机传动示意图

表 21-1 设 计 数 据

| 参 数 | 题 号 ||||||||||
|---|---|---|---|---|---|---|---|---|---|---|
| | 1 | 2 | 3 | 4 | 5 | 6 | 7 | 8 | 9 | 10 |
| 运输带工作拉力 $F$/N | 1 500 | 2 200 | 2 300 | 2 500 | 2 600 | 2 800 | 3 300 | 4 000 | 4 500 | 4 800 |
| 运输带工作速度 $v$/(m/s) | 1.1 | 1.1 | 1.1 | 1.1 | 1.1 | 1.4 | 1.2 | 1.6 | 1.8 | 1.25 |
| 卷筒直径 $D$/mm | 220 | 240 | 300 | 400 | 220 | 350 | 350 | 400 | 400 | 500 |

注:运输带与卷筒之间及卷筒轴承的摩擦影响已经在 $F$ 中考虑。

4. 传动方案
传动方案见表 21-2。

表 21-2 传 动 方 案

| 编号 | 方 案 | 编号 | 方 案 |
|---|---|---|---|
| a | 带-单级斜齿圆柱齿轮减速器 | d | 二级同轴式圆柱齿轮减速器 |
| b | 锥齿轮减速器-开式齿轮 | e | 锥齿轮-圆柱齿轮减速器 |
| c | 二级展开式圆柱齿轮减速器 | f | 单级蜗杆减速器 |

传动方案简图如图 21-2 所示。

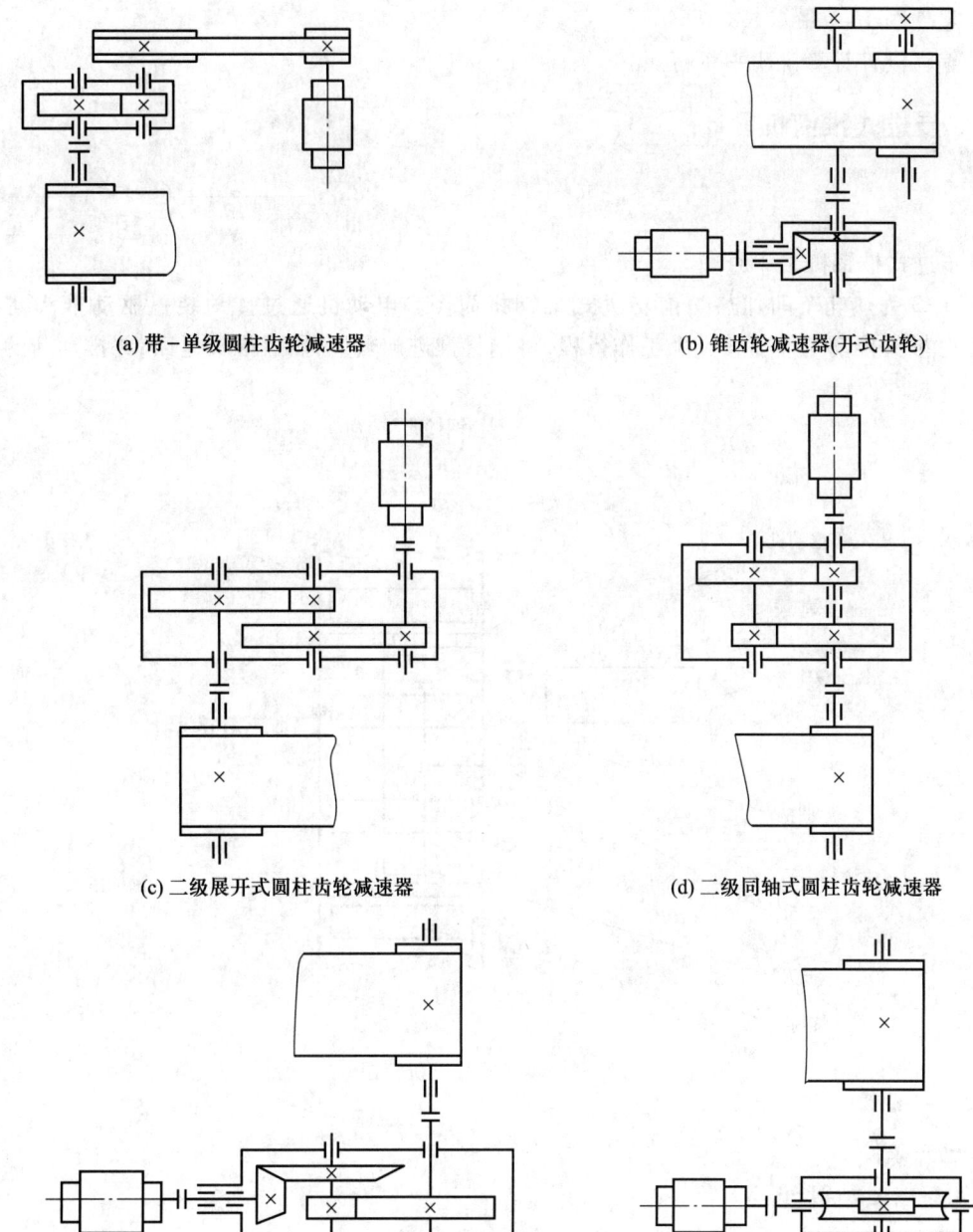

(a) 带-单级圆柱齿轮减速器　　(b) 锥齿轮减速器(开式齿轮)

(c) 二级展开式圆柱齿轮减速器　　(d) 二级同轴式圆柱齿轮减速器

(e) 圆锥-圆柱齿轮减速器　　(f) 单级蜗杆减速器

图 21-2　传动方案简图

5. 设计内容

1) 按照给定的原始设计数据(题号)_____和传动方案(编号)_____设计减速器装置。

2) 完成减速器装配图 1 张(A0 或 A1)。

3）零件图 1~3 张。

4）编写设计计算说明书 1 份。

## 二、步进式推钢机设计

班级____________学生姓名____________

指导教师____________日期____________

1. 步进式推钢机工作原理

图 21-3 为热轧车间加热炉前步进式推钢机简图。电动机通过传动装置驱动推头往复移动，工作时推头推动工件前移一个工作行程，将钢材推进加热炉，然后推头返回，并推动新的钢坯前移。

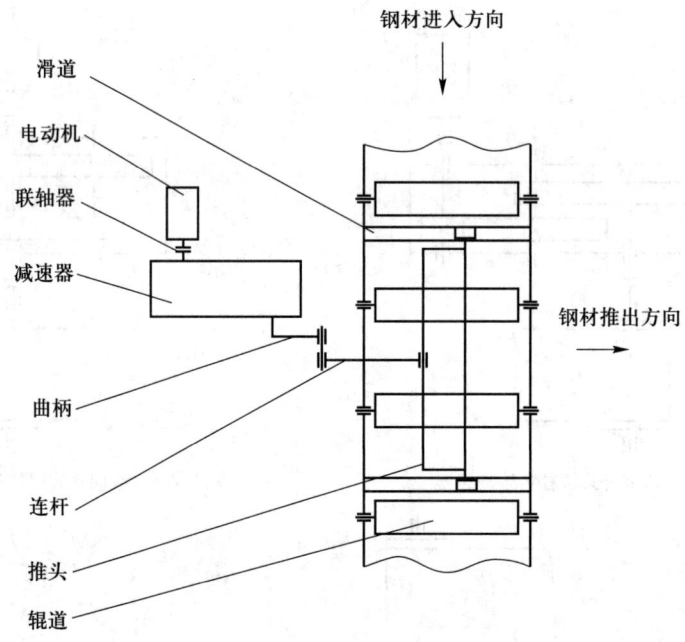

图 21-3　步进式推钢机简图

2. 已知条件

已知参数见表 21-3。

**表 21-3　已知参数**

| 参数 | 题号 | | | | |
|---|---|---|---|---|---|
| | 1 | 2 | 3 | 4 | 5 |
| 推头阻力 $F$/N | 2 500 | 2 800 | 3 000 | 3 500 | 3 800 |
| 推头行程 $s$/mm | 400 | 450 | 500 | 550 | 370 |
| 往复次数 $n$/(1/min) | 1.2 | 1.1 | 1 | 0.9 | 0.8 |

1）选用题号________的工作参数。且辊道高度 $H=800\sim1\ 000$ mm；行程速度变化系数 $K=1.2$；机构最小传动角不小于 40°，往复次数误差不大于±5%。

2）工作情况：两班制，电动机连续单向运转，载荷有轻微冲击，室内工作。
3）使用期限：10 年；检修间隔三年一大修，两年一中修，半年一小修。
4）生产条件：一般机械厂，单件生产。
5）动力来源：电力，三相交流，电压 380/220 V。

3. 设计内容和设计工作量
1）拟订工作机构和传动系统方案。
2）工作机构的运动学与动力学分析。
3）设计绘制推钢机系统总图 1 张。
4）设计绘制减速器装配图 1 张。
5）设计绘制零件工作图 2 张。
6）编写设计计算说明书 1 份。

### 三、塑封包装机封合机构主传动机构设计

班级_____学生姓名_____
指导教师_____日期_____

1. 塑封包装机封合机构主传动机构工作原理

塑封包装机封合机构主传动机构，如图 21-4 所示。电动机通过传动装置驱动凸轮机构转动，进而驱动杠杆机构带动封合头上下移动，完成封合工作。

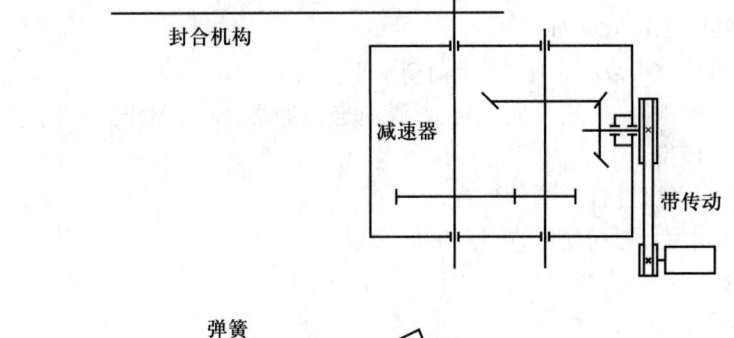

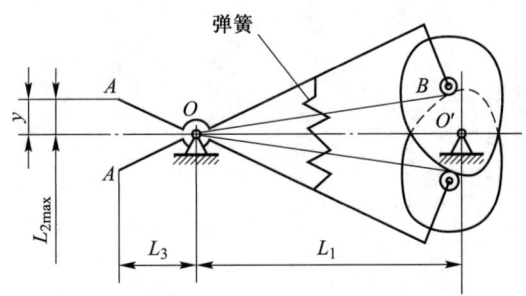

图 21-4　塑封包装机封合机构主传动机构简图

2. 已知条件

已知参数见表 21-4。

表 21-4　已知参数

| 参数 | 题号 | | | | |
|---|---|---|---|---|---|
| | 1 | 2 | 3 | 4 | 5 |
| $L_{2max}$/mm | 20 | 30 | 20 | 30 | 40 |
| $l_3$/mm | 100 | 150 | 100 | 150 | 200 |
| $L_1$/mm | 300 | 300 | 300 | 350 | 350 |
| 凸轮转速 $n$/(r/min) | 20 | 30 | 35 | 30 | 25 |
| 电动机功率/kW | 0.25 | 0.25 | 0.25 | 0.3 | 0.3 |

1）$A$ 点位移曲线，如图 21-5 所示。

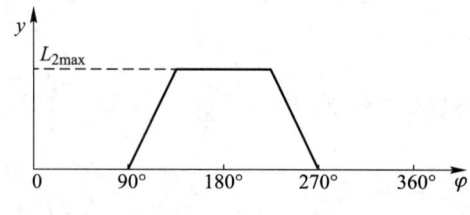

图 21-5　$A$ 点位移曲线

凸轮转角 0°~90°：$OA$ 处于水平位置。

凸轮转角 90°~180°：$OA$ 从水平位置运动到 $L_{2max}$。

凸轮转角 180°~270°：$OA$ 处于 $L_{2max}$。

凸轮转角 270°~360°：$OA$ 从 $L_{2max}$ 运动到水平位置。

2）工作情况：两班制，连续单向运转，载荷有轻微冲击，室内工作。

3）使用期限：10 年。

4）生产条件：一般机械厂，单件生产。

5）动力来源：电力，三相交流，电压 380/220 V。

6）检修间隔：三年一大修，两年一中修，半年一小修。

3. 设计内容和设计工作量

1）拟订工作机构和传动系统方案。

2）工作机构的运动学与动力学分析。

3）设计绘制封合机主传动系统总图 1 张。

4）设计绘制减速器装配图 1 张。

5）设计绘制零件工作图 2 张。

6）编写设计计算说明书 1 份。

## 四、路灯安装提升装置设计

班级＿＿＿＿＿＿学生姓名＿＿＿＿＿＿

指导教师＿＿＿＿＿＿日期＿＿＿＿＿＿

1. 路灯安装提升装置工作原理

在高速公路、立交桥等地方都需要安装照明灯，这些灯具的尺寸大、安装高度高，需要专门的提升设备——路灯安装提升装置。该装置一般安装在灯杆内,尺寸受到灯杆直径的限制,动力通过减速装置传给工作机——卷筒,卷筒上装有钢丝绳,卷筒的容绳量与提升的高度相匹配,如图 21-6 所示。由于安装路灯工作可能会在野外进行,因此动力装置可采用手动方式和电动方式兼顾。

2. 设计要求

卷筒上的钢丝绳直径为 8.7 mm,工作时要求安全、可靠,当提升动力突然消失时,装置应能自动制动,并且能够电动、手动两用,且调整、安装方便,结构紧凑,造价低。

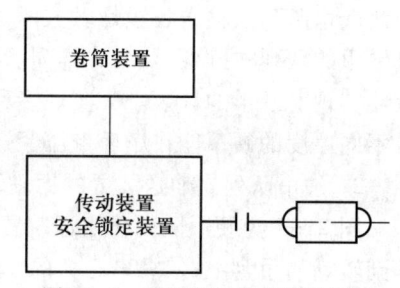

图 21-6 路灯安装提升装置简图

3. 设计数据

1) 根据表 21-5,选用编号_____的数据:

**表 21-5 提升机的提升力、容绳量和安装尺寸**

| 参数 | 数据编号 | | | |
|---|---|---|---|---|
| | 1 | 2 | 3 | 4 |
| 提升力/N | 600 | 800 | 1 000 | 1 200 |
| 容绳量/m | 10 | 14 | 18 | 22 |
| 安装尺寸/(mm×mm) | 300×200 | 350×200 | 300×250 | 250×250 |

2) 根据表 21-6,提升速度为_____:

**表 21-6 提升机的提升速度**

| 参数 | 数据编号 | | | |
|---|---|---|---|---|
| | 1 | 2 | 3 | 4 |
| 提升速度/(m/s) | 0.05 | 0.06 | 0.07 | 0.075 |

手动时手摇力不大于 150~200 N,手摇转速不大于 60 r/min,手摇轮半径不大于 400 mm。

工作条件:间歇工作,载荷平稳,半开式。

生产批量:10 台。

4. 设计内容

1) 设计绘制减速器装配图 1 张。

2) 设计绘制零件工作图 2 张(大齿轮,输出轴)。

3) 编写设计计算说明书 1 份。

## 五、硬币队列式输送装置设计

班级_____学生姓名_____

指导教师_____日期_____

1. 设计背景

大面值货币的电子化,小面值货币的硬币化是各国货币发行的趋势。随着硬币在公交车、自动售货机等场合的使用,对硬币的高效率自动化处理提出了要求,硬币计数机、硬币计数包卷机由此而得到发展。硬币计数、包卷的前提必须使硬币队列式排列以方便电子设备对其进行计数,因此硬币队列式输送装置是以上两种设备的关键部件。硬币队列式输送装置的功能首先要实现对硬币的队列式排列;队列式排列后的硬币在输送带的驱动下沿输币道输出,通过输币道上的计数器实现对硬币的计数。为实现多种硬币的计数,输币道的宽度应根据硬币的尺寸有级可调,同时不同厚度的硬币能在压币带压紧产生的摩擦力下可靠输出。

2. 硬币队列式输送装置的原理图(仅供参考)

图 21-7 为硬币队列化输送装置的原理示意图,其工作过程为:输送带将储币斗中的硬币输送到转动的币盘上,依靠离心力的作用,硬币被加速并连续排列在币盘边缘,与围挡紧贴。围挡缺口与币道入口之间由引导弧板和连接底板组成,币盘中的硬币在引导弧板处滑出币盘,进入输币道并在压币带的带动下滑出。

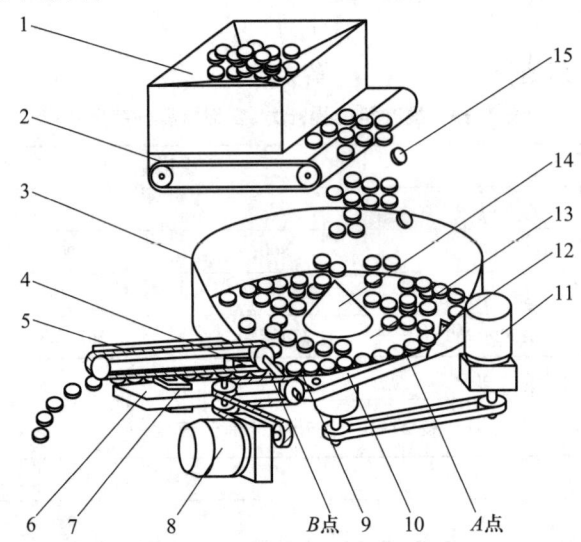

1—储币斗; 2—输送带; 3—围挡; 4—导向滚轮; 5—压币带;
6—输币道; 7—光电计数器; 8—压币带电动机; 9—连接底板; 10—引导弧板;
11—币盘电动机; 12—抬币杆; 13—币盘; 14—锥体; 15—硬币

图 21-7 硬币队列化输送装置原理示意图

3. 主要技术参数和功能

1) 硬币的尺寸:国内流通的 6 种硬币尺寸见表 21-7。

表 21-7 6 种硬币的尺寸

| 参数 | 币种 | | | | | | |
|---|---|---|---|---|---|---|---|
| | 1分 | 2分 | 5分 | 1角 | | 5角 | 1元 |
| | | | | 新 | 旧 | | |
| 直径/mm | 18 | 21 | 24 | 19 | 22.5 | 20.5 | 25 |
| 厚/mm | 1.4 | 1.6 | 1.8 | 1.8 | 2.4 | 1.65 | 1.8 |

2) 本硬币队列式装置用于硬币包卷机,为保证硬币包卷部分的正确工作,硬币的输出中心应基本保持不变,即币道宽度的调节装置的输出中心基本不变。

3) 压币带驱动硬币时,为保证可靠驱动硬币移动,压币带应根据厚度的变化调整压紧位置,使压紧可靠。

4) 输送盘的直径范围:160~200 mm。
5) 硬币计数速度为 1 500~2 500 枚/min。

4. 设计内容

1) 完成对硬币计数机输币系统的方案设计,要求结构紧凑、成本低。
2) 完成总体设计方案原理图、传动系统及执行系统的方案原理简图及原理设计说明书一份。
3) 传动系统、执行系统机械结构设计。完成装配图、主要零部件图一套及结构设计说明书一份。

## 六、自动盖章机设计

班级_____ 学生姓名_____
指导教师_____ 日期_____

1. 设计背景

在文件、证件、财务票据、绘画作品上加盖印章是目前证明法律有效性的通用手段,在生活和工作中至关重要。但是大批量盖章处理过程不仅浪费人力,劳动强度大,而且工作效率低,盖章质量不易保证。研制一台自动盖章机代替工作人员完成这些枯燥的工作,是办公自动化的发展需要。

2. 设计要求

设计一台自动盖章机,具体要求如下。

1) 可采用目前传统印章(原子章,不用印泥),适用于常见的几种办公印章结构形状。
2) 实现在单页 A3、B4、B5 纸上盖章,纸的厚度为常见厚度,最大允许装纸量不少于 100 张。
3) 纸面盖章位置可以任意调节。
4) 每分钟盖章次数不低于 10 页次。
5) 具有计数及其结果显示功能。
6) 电源为 220 V。
7) 对于工作过程中出现的非正常情况或危险情况具有保护措施。
8) 适合于桌面工作,操作简单安全,盖章质量可靠,工作噪声低,结构轻巧,外形美观。

3. 设计内容

1) 自动盖章机的总体方案设计,包括:
① 确定工作原理,完成工艺动作分解;
② 设计主要执行构件的运动规律,绘制运动规律曲线;
③ 完成各执行机构和传动机构的方案设计(至少三种),绘制机构运动简图,并进行方案比较;
④ 对所选方案进行基本参数设计,选择原动机,撰写设计计算报告;
⑤ 完成系统总体方案简图的绘制,并进行协调性设计,绘制运动循环图。
2) 主要部分的结构设计,包括:
① 主要执行系统和传动系统的结构设计,绘制总装配图、主要零件图、三维总装图;

② 主要零件的强度校核,撰写设计计算说明书。
3) 计数及显示系统的设计。

## 七、曲柄连杆式飞剪机设计

班级_____学生姓名_____
指导教师_____日期_____

1. 飞剪机工作原理

轧制钢材时,轧钢机出口处钢材需在行进中被剪断,此时所用剪切机称为飞剪机,图 21-8 所示为曲柄连杆式飞剪机机构简图,图 21-9 为双四杆飞剪执行机构简图。电动机通过传动装置驱动曲柄转动,带动剪切机构往复摆动,进行剪切。在剪切过程中,要求剪刃水平速度与钢材移动速度相同,垂直剪切时剪刃与钢材垂直,以保证剪切质量。

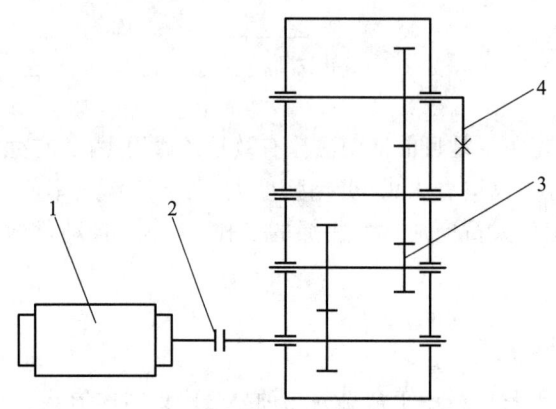

1—电动机;2—联轴器;3—传动装置;4—剪切机构
图 21-8 曲柄连杆式飞剪机机构简图

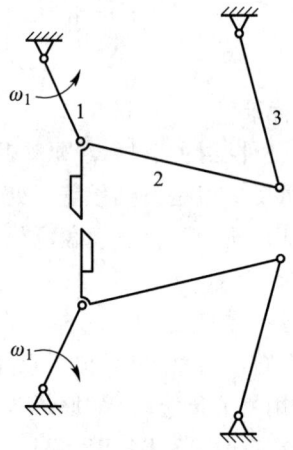

图 21-9 双四杆飞剪执行机构简图

2. 已知条件

飞剪机的已知设计参数见表 21-8。

表 21-8 飞剪机的已知设计参数

| 剪切轧件规格 /mm² | 轧件速度 /(m/s) | 剪刃重合度 /mm | 剪切力/kN | | 工作机主轴转速/(r/min) |
| | | | 法向剪力 | 侧向推力 | |
|---|---|---|---|---|---|
| 25×25 | 2 | 4 | 300 | 75 | 200 |
| 20×20 | 2.5 | 4 | 250 | 60 | 220 |

1) 机构最小传动角不小于 40°,剪刃水平速度误差小于+3%。
2) 工作情况:两班制,单向运转,频繁起动,有冲击振动。
3) 工作环境:室内,灰尘较大,环境温度最高 40℃。
4) 动力来源:电力,三相交流,电压 380 V/220 V。
5) 检修间隔期:两年一次大修,一年一次中修,半年一次小修。

6）使用折旧期:8 年。

7）制造条件及生产批量:专业机械厂制造,小批量生产。

3. 设计内容和设计工作量

(1) 机构尺寸设计及运动与动力分析

求出构件 2 和构件 3 的角速度 $\omega_2$ 及 $\omega_3$、剪刃水平速度、各构件质心的速度和加速度、各运动副的反力及加在主动件上的平衡力矩,并形成数据文件,然后画出构件 2 和构件 3 的角速度 $\omega_2$ 及 $\omega_3$、剪刃水平速度、各运动副的反力及平衡力矩的曲线图。各构件序号见图 21-9。

根据计算得到的平衡力矩或题目给出的工作机所需功率选择电动机。

(2) 写入设计说明书的内容

1）选型过程及方案拟订;

2）尺寸综合过程及结果(数据);

3）运动分析过程及结果(曲线图);

4）动力分析过程及结果(曲线图);

5）程序一份。

(3) 减速器设计

(4) 设计图纸内容

1）飞剪机总图 1 张;

2）减速器装配图 1 张;

3）主要零件工作图 2 张。

## 八、管道机器人

班级____________学生姓名____________

指导教师____________日期____________

1. 设计背景

管道机器人可以在狭窄空间中完成多种人难以从事的操作,它能够在狭窄空间中行走,能够携带多种信息工具及操作工具。

2. 设计性能

1）机器人能够在直径 100 mm 的管道内通行,可以在转弯半径不大于 200 mm 的弯管内转弯,可以通过粗糙路段(如管道接头),可以通过竖直路段,可以在任意路段上停留;

2）行走速度不低于 1 m/min;

3）可以携带电源,也可以拖带电源线;

4）负重能力不小于 1 kg。

3. 设计要求

1）查阅国内外相关文献和专利,注意利用互联网查询相关的最新信息,撰写文献综述及调研报告;

2）对管道机器人的各部分(原动机、传动装置、行走方式、转弯方式、适应路面的方法等)技术分别进行选择、构思和评价;

3）确定最适合设计性能要求的整体方案;

4）进行运动学、动力学计算,主要零件的工作能力计算,确定零部件的主要参数;
5）绘制装配图,全部零件的零件图,编写设计说明书。

## 九、螺旋输送机

班级_____学生姓名_____
指导教师_____日期_____

1. 螺旋输送机工作原理

螺旋输送机简图如图 21-10 所示,用于输送散料,如沙石、谷物等。

图 21-10 螺旋输送机简图

2. 工作机参数

工作机参数见表 21-9。

表 21-9 工作机参数

| 题号 | 1 | 2 | 3 | 4 | 5 | 6 | 7 | 8 | 9 |
|---|---|---|---|---|---|---|---|---|---|
| 输送功率 $P/\text{kW}$ | 1.6 | 2.0 | 1.5 | 2.2 | 2.8 | 3.0 | 2.7 | 2.0 | 3.0 |
| 输送轴转速 $n/(\text{r/min})$ | 55 | 65 | 75 | 60 | 45 | 60 | 65 | 70 | 55 |

3. 工作条件

1）三班制连续工作,每班工作 8 小时;使用期限 8 年,大修期为 4 年;一般机械厂生产,小批量生产。
2）单向运转,输送机转速误差允许为±5%,螺旋输送机效率为 0.92。
3）起动载荷为名义载荷的 1.2 倍,工作时有中等冲击。
4）室内工作,环境有灰尘,三相交流电电压为 380/220 V。

4. 设计内容和设计工作量

1）拟订工作机构和传动系统方案。
2）设计绘制螺旋输送机总图 1 张。
3）设计绘制减速器装配图 1 张。
4）设计绘制零件工作图 2 张。
5）编写设计计算说明书 1 份。

## 十、炒菜机器人

班级_____学生姓名_____
指导教师_____日期_____

1. 设计背景

中国有句古话:"民以食为天"。烹饪就是为人们提供赖以生存的卫生、营养、可口的菜肴。

这一过程的实现往往离不开相关的烹饪设备。近年来,国内外出现大量的现代化厨房设备,如电饭煲等。但是这些设备的出现仅仅只减轻了一部分做饭工作量。智能炒菜机器人的出现不仅仅改变了餐饮业传统的生产模式,也对人们的生活方式产生了重大影响,特别是针对工作压力巨大的上班族、做饭困难人群(如独居老人等)、以科技提升品牌形象的时尚餐厅等,使人们从繁重的厨房劳动中解放出来,有更多的时间创造额外的社会价值,具有广泛的应用前景和现实意义。

2. 设计指标

设计一个炒菜机器人的原理样机,技术参数自定。

3. 设计任务与要求

1)调研炒菜机器人的相关产品、结构设计等方面的资料,结合国内外炒菜机器人的研究现状,提出具体的设计指标、核心技术和解决方案,进行方案论证,制定路线和时间安排,完成开题报告。

2)根据核心技术和设计方案将任务分割成三部分,每个组员完成其中一个部分的最终方案选择、计算并确定设计参数,设计运动循环图及机构运动简图,完成驱动器的选型,整理机构设计说明书。

3)对所设计的机构进行结构化设计,包括结构方案的分析、比较及设计,并设计绘制零件图和装配图,进行关键零部件的校核,撰写结构设计说明书。

4)在开题报告、机构设计和结构设计说明书的基础上,整理出机械设计综合实践报告一份,并撰写答辩 PPT,进行答辩。

5)需要提交存档的资料:

① 全部调研资料;

② 机械设计综合实践报告;

③ 答辩 PPT;

④ 设计的零件图和装配图。

## 十一、智能助餐机器人

班级_____学生姓名_____

指导教师_____日期_____

1. 设计背景

随着社会老龄化的日趋严重,一些老年人日常照料和护理成为难题。

对于一些疾病患者,以及某些手部功能衰退的老年人,吃饭是个大问题。在敬老院,护工给老年人喂饭占用了大量时间,而且效率比较低。同时,愿意在敬老院工作的年轻人越来越少,使得医院护工短缺。

2. 设计指标

设计一个智能助餐机器人的原理样机,技术参数自定。

3. 设计任务与要求

1)调研智能助餐机器人的相关产品、结构设计等方面的资料,结合国内外智能助餐机器人的研究现状,提出具体的设计指标、核心技术和解决方案,进行方案论证,制定路线和时间安排,完成开题报告。

2）根据核心技术和设计方案将任务分割成三部分，每个组员完成其中一个部分的最终方案选择、计算并确定设计参数，设计运动循环图及机构运动简图，完成驱动器的选型，整理机构设计说明书。

3）对所设计的机构进行结构化设计，包括结构方案的分析、比较及设计，并设计绘制零件图和装配图，进行关键零部件的校核，撰写结构设计说明书。

4）在开题报告、机构设计和结构设计说明书的基础上，整理出机械设计综合实践报告一份，并撰写答辩PPT，进行答辩。

5）需要提交存档的资料：

① 全部调研资料；

② 机械设计综合实践报告；

③ 答辩PPT；

④ 设计的零件图和装配图。

## 十二、机械臂关节驱动精密谐波减速器设计

班级_____ 学生姓名_____
指导教师_____ 日期_____

### 1. 设计背景

随着机器人技术的快速发展，机械臂关节驱动系统的性能至关重要。传统减速器存在效率低、体积大等问题，无法满足高精度、高负载的要求。谐波减速器以其高精度、紧凑性和高效能广泛应用于机器人关节驱动中。谐波减速器多用于精密机械臂、微型机器人和要求极高传动精度的场合。

### 2. 工作原理

谐波减速器主要应用于机械臂关节等传动部位，用于驱动机械臂完成抓取、搬运物件等作业。图21-11所示为机械臂关节驱动机构简图。通常应用于抓取、搬运物件。

图 21-11 机械臂关节驱动机构简图

### 3. 设计指标

设计指标见表21-10。

表 21-10 设 计 指 标

| 题号 | 1 | 2 | 3 | 4 | 5 | 6 | 7 | 8 | 9 |
|---|---|---|---|---|---|---|---|---|---|
| 型号 | XB1-40 | | | XB1-60 | | | XB1-80 | | |
| 输入转速/(r/min) | 3 000 | | | 3 000 | | | 3 000 | | |
| 速比 | 50 | 80 | 100 | 50 | 80 | 100 | 50 | 80 | 100 |
| 输入功率/kW | 0.084 | 0.059 | 0.059 | 0.281 | 0.197 | 0.197 | 0.583 | 0.493 | 0.473 |
| 输出扭矩/(N·m) | 10 | 12 | 15 | 30 | 40 | 50 | 60 | 100 | 120 |

4. 工作条件

1) 单班制,机器人间歇工作,每班机械臂连续工作4小时,每年260个工作日,使用期限为10年,寿命不小于10 000小时,一般机械厂大批量生产。

2) 单向运转,谐波减速器运动精度和回差均小于1′,传动效率范围为0.7~0.8。

3) 起动载荷为名义载荷的1.4倍,工作时有轻微冲击。

4) 采用伺服电动机,室内工作,环境有灰尘,三相交流电,电压为380/220 V。

5. 设计任务与要求

1) 拟订工作机构和传动系统方案。

2) 设计绘制机械臂关节驱动机构总装图1张。

3) 设计绘制谐波减速器装配图1张。

4) 设计绘制输入轴、输出轴、刚轮、柔轮、波发生器零件工作图5张。

5) 编写设计计算说明书1份。

## 十三、机械臂关节驱动精密RV减速器设计

班级_____学生姓名_____
指导教师_____日期_____

1. 设计背景

随着工业机器人和智能制造的快速发展,机械臂关节驱动系统的性能要求不断提高。传统减速器在精度、负载和体积方面存在局限,难以满足高精度、高负载应用需求。RV减速器因其高传动精度、紧凑性和优异的承载能力,成为机械臂关节驱动的理想选择。RV减速器广泛应用于大型工业机器人、重载机械臂及需要较高扭矩和稳定性的场合。

2. RV减速器工作原理

RV减速器应用于机器人关节等传动部位,用于驱动机械臂完成抓取、搬运物件等作业。图21-12为机械臂驱动机构简图。

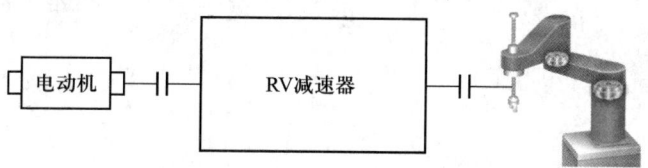

图 21-12 机械臂驱动机构简图

3. 设计指标

设计指标见表21-11。

表 21-11 设 计 指 标

| 序号 | 1 | 2 | 3 | 4 | 5 | 6 | 7 | 8 | 9 |
|---|---|---|---|---|---|---|---|---|---|
| 速比 | 81 | 105 | 121 | 81 | 105 | 121 | 81 | 101 | 121 |
| 型号 | RV-20E | | | RV-40E | | | RV-80E | | |
| 输入功率/kW | 0.16 | | | 0.40 | | | 0.76 | | |

续表

| 序号 | 1 | 2 | 3 | 4 | 5 | 6 | 7 | 8 | 9 |
|---|---|---|---|---|---|---|---|---|---|
| 输出轴转速/(r/min) | | 5 | | | 5 | | | 5 | |
| 输出转矩/(N·m) | | 231 | | | 572 | | | 1088 | |
| 允许力矩/(N·m) | | 882 | | | 1666 | | | 1176 | |
| 瞬时最大允许转矩/(N·m) | | 1764 | | | 2056 | | | 3920 | |

4. 工作条件

1）单班制，每班间歇工作 8 小时，连续工作约 4.5 小时；使用期限 5 年（每年工作 260 天），一般机械厂大批量生产；

2）单向运转，RV 减速器空转误差允许为 1′；

3）起动载荷为名义载荷的 1.35 倍，工作时有轻微冲击；

4）选用伺服电动机，室内工作，环境有灰尘，三相交流电，电压为 380/220 V。

5. 设计任务与要求

1）拟定工作机构和传动系统方案；

2）设计含 RV 减速器关节的机械臂总图 1 张；

3）设计绘制 RV 减速器装配图 1 张；

4）设计绘制零件工作图（输入轴、输出轴、摆线轮、曲柄轴、针齿壳、行星齿轮）6 张；

5）编写设计计算说明书 1 份。

# 参 考 文 献

[1] 濮良贵.机械设计[M].10 版.北京:高等教育出版社,2019.
[2] 邱宣怀.机械设计[M].4 版.北京:高等教育出版社,1997.
[3] 张策.机械原理与机械设计:下册[M].3 版.北京:机械工业出版社,2018.
[4] 刘莹,吴宗泽.机械设计教程[M].3 版.北京:机械工业出版社,2019.
[5] 吴宗泽,高志.机械设计[M].2 版.北京:高等教育出版社,2009.
[6] 吴宗泽,肖丽英.机械设计学习指南[M].北京:机械工业出版社,2005.
[7] 吴宗泽.机械零件设计手册[M].2 版.北京:机械工业出版社,2013.
[8] 吴宗泽,高志.机械设计师手册:上册[M].3 版.北京:机械工业出版社,2019.
[9] 吴宗泽,高志.机械设计师手册:下册[M].3 版.北京:机械工业出版社,2019.
[10] 吴宗泽,高志.机械设计实用手册[M].4 版.北京:化学工业出版社,2020.
[11] 吴宗泽、卢颂峰、冼建生.简明机械零件设计手册[M].2 版.北京:中国电力出版社,2018.
[12] 闻邦椿.机械设计手册:第 1 卷[M].6 版.北京:机械工业出版社,2018.
[13] 闻邦椿.机械设计手册:第 2 卷[M].6 版.北京:机械工业出版社,2018.
[14] 闻邦椿.机械设计手册:第 3 卷[M].6 版.北京:机械工业出版社,2018.
[15] 闻邦椿.机械设计手册:第 6 卷[M].6 版.北京:机械工业出版社,2018.
[16] 机械设计实用手册编委会.机械设计实用手册[M].北京:机械工业出版社,2008.
[17] 陈乐怡.合成树脂及塑料速查手册[M].北京:机械工业出版社,2006.
[18] 程乃士.减速器和变速器设计与选用手册[M].北京:机械工业出版社,2007.
[19] 文斌.联轴器设计选用手册[M].北京:机械工业出版社,2009.
[20] 文斌.管接头和管件选用手册[M].北京:机械工业出版社,2007.
[21] 成大先.机械设计手册:第 1 卷[M].6 版.北京:化学工业出版社,2016.
[22] 成大先.机械设计手册:第 2 卷[M].6 版.北京:化学工业出版社,2016.
[23] 成大先.机械设计手册:第 3 卷[M].6 版.北京:化学工业出版社,2016.
[24] 成大先.机械设计手册:第 4 卷[M].6 版.北京:化学工业出版社,2016.
[25] 朱孝录.机械传动设计手册[M].北京:电子工业出版社,2007.
[26] 朱孝录.齿轮传动设计手册[M].2 版.北京:化学工业出版社,2010.
[27] 余梦生,吴宗泽.机械零部件设计手册:选型、设计、指南[M].北京:机械工业出版社,1996.
[28] 汪德涛,林亨耀.设备润滑手册[M].北京:机械工业出版社,2009.
[29] 刘朝儒,等.机械制图[M].5 版.北京:高等教育出版社,2006.

## 郑重声明

高等教育出版社依法对本书享有专有出版权。任何未经许可的复制、销售行为均违反《中华人民共和国著作权法》，其行为人将承担相应的民事责任和行政责任；构成犯罪的，将被依法追究刑事责任。为了维护市场秩序，保护读者的合法权益，避免读者误用盗版书造成不良后果，我社将配合行政执法部门和司法机关对违法犯罪的单位和个人进行严厉打击。社会各界人士如发现上述侵权行为，希望及时举报，我社将奖励举报有功人员。

反盗版举报电话　(010)58581999　58582371
反盗版举报邮箱　dd@hep.com.cn
通信地址　北京市西城区德外大街4号
　　　　　高等教育出版社知识产权与法律事务部
邮政编码　100120

防伪查询说明
用户购书后刮开封底防伪涂层，使用手机微信等软件扫描二维码，会跳转至防伪查询网页，获得所购图书详细信息。
防伪客服电话　(010)58582300